QUELLEN UND FORSCHUNGEN

ZUR

SPRACH- UND CULTURGESCHICHTE

DER

GERMANISCHEN VÖLKER.

HERAUSGEGEBEN

VON

ALOIS BRANDL, ERNST MARTIN, ERICH SCHMIDT.

CII.

STUDIEN ÜBER DIE NAMENGEBUNG IM DEUTSCHEN SEIT DEM ANFANG DES XVI. JAHRHUNDERTS.

STRASSBURG.
KARL J. TRÜBNER.
1908.

STUDIEN ÜBER DIE NAMENGEBUNG IM DEUTSCHEN SEIT DEM ANFANG DES XVI. JAHRHUNDERTS

VON

KARL HEINRICHS

DR. PHIL.

STRASSBURG.
KARL J. TRÜBNER.
1908.

M. DuMont Schauberg, Straßburg.

HERRN PROFESSOR DR. **CHR. BARTHOLOMAE**

UND

HERRN GEHEIMEN HOFRAT PROFESSOR DR. **O. BEHAGHEL**

IN VEREHRUNG UND DANKBARKEIT

GEWIDMET.

VORWORT.

Das vorliegende Buch ist aus einer Seminararbeit des Gießener Seminars für deutsche Philologie hervorgegangen. Das Manuskript hat im Mai 1906 der philosophischen Fakultät der Ludoviciana vorgelegen. Dadurch, daß sich bei dem Verfasser Doktor- und Staatsexamen, Eintritt in den Schuldienst und Beginn des Militärjahres in einem Jahr zusammendrängten, hat sich jedoch der Druck bis in die zweite Hälfte des Jahres 1908 hineingezogen. Ein Teil des Buches, das vierte Kapitel, die Entstehung der Doppelvornamen, ist bereits zu Anfang dieses Jahres als Gießener Dissertation erschienen.

Ich freue mich, meine Arbeit denjenigen von meinen Gießener Universitätslehrern widmen zu dürfen, die sie stets mit lebhaftem Interesse verfolgten und die mir meine Gießener Studienjahre zu einer arbeitsfreudigen und ertragreichen Zeit haben werden lassen.

Eine angenehme Pflicht ist es mir, hier nochmals den Herren zu danken, die mir in zuvorkommender Weise das Material für meine Arbeit zur Verfügung stellten: Herrn Pfarrer Lic. Fuchs in Rüsselsheim und seinen beiden Vorgängern, Herrn Pfarrer Ritter und Herrn Pfarrer Sattler, Herrn Pfarrer Spring in Flörsheim und Herrn Dr. Müller in Frankfurt. Besonderen Dank schulde ich Fräulein Käthe Jung für ihre treue Mitarbeit bei der Korrektur und die Herstellung des Namenverzeichnisses.

Rüsselsheim a. M., Juli 1908.

KARL HEINRICHS.

INHALT.

Seite

ERSTER HAUPTTEIL:

DIE EINFACHEN UND DIE DOPPELTEN VORNAMEN.

ZWEITER HAUPTTEIL:

DIE DREI- UND MEHRFACHEN VORNAMEN.

(ZUR GESCHICHTE UNSERES NAMENSCHATZES II.)

LITERATUR.

Förstemann, Altdeutsches Namenbuch. 2. Aufl. Bonn 1901.

Socin, Mhd. Namenbuch. Basel 1903.

Stadler, Vollständiges Heiligenlexikon. Augsburg 1858.

A. Dietz, Frankfurter Bürgerbuch. Frankfurt 1897.

Heintze, Die deutschen Familiennamen. 2. Aufl. Halle 1903.

Arnold, Die deutschen Vornamen. Wien 1901.

K. Braun, Etwas über deutsche Vornamen. Westermanns illustr. Monatshefte 1872 (April, Mai, Juni).

G. Blumschein, Zur Geschichte unserer mehrfachen Vornamen. Zeitschrift des Allg. Deutschen Sprachvereins 21. Jahrgang (1906) Dezember-Nummer [fälschlich unterzeichnet mit A. Hackemann].

Schnack, Vollständige Sammlung von Vor- und Taufnamen mit Angabe des Ursprungs und der Bedeutung. Hamburg 1901.

F. Khull, Deutsches Namenbüchlein. Berlin 1903 (= Verdeutschungsbücher des Allg. Deutsch. Sprachver. IV).

Einzeluntersuchungen: Bibliographie bei Adamek, Die Räthsel unserer deutschen Schülernamen. Wien 1894. und bei Socin im Mhd. Namenbuch.

v. Zahn, Über steiermärkische Taufnamen. Mitteilungen des Histor. Vereins für Steiermark Heft 29 (1881) S. 3 ff. Referat darüber von F. Ilwof, Zur Geschichte der Taufnamen. Zeitschr. für allg. Geschichte Bd. 3 (1886) S. 630 ff.

R. Jecht, Die Rufnamen der Schuljugend in der Stadt Görlitz. Neues Lausitzisches Magazin Bd. 62 (1886) S. 149 ff. Zitiert als Jecht [1].

— Beiträge zur Görlitzer Namenkunde. Neues Lausitzisches Magazin Bd. 68 (1892) S. 1 ff. Zitiert als Jecht [2].

F. Leist, Zur Geschichte der Bürger- und Bauernvornamen. Zeitschr. f. allg. Gesch. Bd. 3 (1886) S. 305 f. Zitiert als Leist [1].

— Zur Geschichte der Taufnamen. Allg. Zeitung 1887 Beilage 33.

F. Thudichum, Die Vornamen der deutschen Bürger und Bauern. Allg. Zeitung 1886 Beil. 10.

E. Wernicke, Die Vornamen der Bürger u. Bauern in Schlesien. Allg. Zeitung 1886 Beil. 41.

v. Löher, Dauer und Wandlungen der deutschen Personennamen. Allg. Zeitung 1886 Beill. 137, 138.

R. Weitbrecht, Deutsche und nichtdeutsche Vornamen. Allg. Zeitung 1887 Beil. 18.

H. Weber, Zur Geschichte der Taufnamen. Histor.-politische Blätter für das katholische Deutschland Bd. 99 (1887) S. 900 ff.

O. Schütte u. H. Menges, Die Doppelvornamen. Zeitschrift des Allg. Deutschen Sprachvereins 22. Jahrgang (1907) März-Nummer.

EINLEITUNG.

Erstes Kapitel:

DIE AUFGABE UND DIE METHODE DER UNTERSUCHUNG.

Trotzdem in den letzten Jahrzehnten mannigfache Anregungen gegeben worden sind,[1]) die Schicksale unserer Vor- oder Taufnamen durch den Wandel der Jahrhunderte hindurch zu verfolgen, liegt doch sogut wie keine Abhandlung vor, welche es sich zur Aufgabe gestellt hätte, die Entwickelung unserer Namengebung hinsichtlich der Vornamen nach dem 13. Jahrh. innerhalb eines größeren Zeitraums, wenn auch nur für ein kleines Gebiet, auf urkundlicher Grundlage mit Hilfe der Statistik darzulegen. Was aus der Geschichte unserer Vornamen vom 14. Jahrh. bis zur Gegenwart bekannt ist, sind nur Einzelheiten, die für eine bestimmte Örtlichkeit entweder ohne statistische Grundlage für einen größeren Zeitraum oder unter Anwendung der Statistik nur für einen kürzeren Zeitabschnitt festgestellt sind. Sie gestatten es nicht, sich von der Entwickelung unserer Namengebung ein einigermaßen vollständiges Bild zu machen. Denn alle hierhergehörigen Abhandlungen, die mir zu Gesicht gekommen sind, beschäftigen sich nur mit einzelnen ganz bestimmten Fragen, etwa der, wie sich das Verhältnis der deutschen Vornamen zu den fremden im Laufe der Zeiten verschoben habe; keine auf statistischer Grundlage ruhende erstreckt sich über mehr als 200 Jahre. Insbesondere sind das 18. und 19. Jahrh. sogut wie ganz unberücksichtigt gelassen worden. Dazu kommt, daß jene Aufsätze an den verschiedensten Stellen zerstreut und meist schwer zugänglich sind. Das Gesamtbild der in Frage stehenden Zeit, das Arnold in seinem geistvollen Büch-

[1]) Zuletzt von Arnold a. a. O. S. 69 u. 70.

lein entwirft, entbehrt der urkundlich-statistischen Grundlage und kann daher keine genaue Vorstellung von dem gegenseitigen Verhältnis der verschiedenen Erscheinungen in der Namengebung erwecken. Aus demselben Grunde sind die Angaben, die der Verfasser über die Geschichte einzelner Vornamen macht, mit Vorsicht aufzunehmen.

Mehrere Jahre vor dem Erscheinen von Arnolds Buch hat R. Jecht in seinen „Beiträgen zur Görlitzer Namenkunde" die Entwickelung der Namengebung in der Stadt Görlitz auf urkundlich-statistischer Grundlage verfolgt. Er tut dies für die Zeit von 1415 bis 1705 unter Benutzung von Steuerbüchern (libri censuum). Daß das aus diesen geschöpfte Material weit eher als dasjenige, worauf Arnold sich stützt, zu Schlüssen auf die tatsächlich vorliegenden Verhältnisse geeignet ist, leuchtet ein. Doch ist auch die Mangelhaftigkeit dieser Grundlage für genauere Beobachtungen nicht zu verkennen. Denn, um nur dies hervorzuheben: derartige Urkunden umfassen, da die Erwähnung der Bürger in den libri censuum von ihrem census abhängt, nicht Namen aus allen Schichten des Volkes, und sie weisen fast nur männliche Namen auf, sodaß wir über die weiblichen Namen keinen näheren Aufschluß bekommen. Von diesen beiden Punkten einmal abgesehen, erhalten wir jedoch aus den Aufstellungen Jechts ein annäherndes Bild von den tatsächlichen Verhältnissen in der Görlitzer Namenwelt vom 15. bis zum Anfang des 18. Jahrhs.

Warum der Verfasser seine Beobachtungen nicht bis auf die Gegenwart fortgesetzt hat, sagt er selbst (S. 49): „Ich hatte die Absicht, diese statistischen Aufstellungen bis zur Gegenwart fortzuführen, aber die sich seit dem Anfang des vorigen [18.] Jahrhunderts sehr häufig findenden Doppelvornamen verleideten es mir, die überaus mühsame Arbeit weiter fortzusetzen. Sollte man diese Doppelvornamen gleichsam für ein ganzes rechnen, oder jeden einzelnen Namen besonders in Rücksicht ziehen?" Wie hier Jecht diese für die Zusammensetzung unseres heutigen Namenschatzes und unsere Namengebung überhaupt sehr bedeutsamen „Doppelvornamen" nur gestreift hat, so sind auch, soweit ich habe sehen können, mit Ausnahme Arnolds, alle anderen fast achtlos an ihnen vorübergegangen. Weiterhin aber ergibt sich aus der angeführten Stelle, daß es bei Anwendung des statistischen Verfahrens, das ich zur Gewinnung greifbarer Ergebnisse für durchaus nötig halte, für den einzelnen Beobachter bei der ungeheueren Fülle des in jedem Falle zu Gebote stehenden Stoffes unmöglich sein wird, ein größeres Gebiet zu behandeln.

Derartige Forschungen werden sich daher nach dem Grundsatze der Arbeitsteilung zersplittern müssen. Erst wenn aus einer Reihe von Orten und Gegenden eingehende Einzeluntersuchungen vorliegen, wird es möglich sein, ein getreues und allseitiges Bild der Gesamtentwickelung unserer Namengebung zu entwerfen. Die Ergebnisse solcher Einzeluntersuchungen werden mehr oder weniger von einander abweichen, je nachdem die Untersuchung in der Stadt oder auf dem Lande, in evangelischer oder katholischer Gegend, im Norden oder Süden Deutschlands, unter anderen politischen oder wirtschaftlichen Verhältnissen vorgenommen wird. So wünschenswert es daher auch erscheinen mag, für künftige Einzeluntersuchungen in sich geschlossene Gebiete zu wählen, so mußte ich bei diesem ersten Versuch einer eingehenderen Behandlung unserer Namengebung in der neueren Zeit davon absehen. Dadurch habe ich erreicht, daß die in den ausgebeuteten Urkunden sich zeigenden Gegensätze jetzt schon auf die verschiedenen Gesichtspunkte aufmerksam machen, die bei etwaigen späteren Arbeiten vor allem zu berücksichtigen sein werden.

So ist die nächste und zugleich allgemeinste Aufgabe der folgenden Abhandlung die, aufzuzeigen, in welcher Weise sich die Namengebung in der Zeit von etwa 1500 bis zur Gegenwart in der von mir betrachteten Gegend entwickelt hat, und dabei insbesondere die Entstehung und Bedeutung der doppelten und mehrfachen Vornamen zu untersuchen. Daß vielfach auch Fragen berührt werden, die mit dem so umschriebenen Thema nur in loserer Verbindung stehen, ergibt sich von selbst. Feste Grenzen habe ich mir hier nirgends gesteckt, weil ich mir wünsche, die Abhandlung möchte nicht nur belehren, sondern auch zu weiteren Beobachtungen anregen. Im folgenden betrachte ich die Entwickelung der Namengebung in annähernd 400 Jahren, nämlich vom zweiten Viertel des 16. Jahrhs. bis zum Jahre 1905, ohne daß das Bild der Entwickelung durch irgend eine nennenswerte Lücke gestört würde. Als Grundlage meiner Beobachtungen konnte ich durchaus einwandfreie und zu allgemeinen Schlüssen vorzüglich geeignete Urkunden benutzen, nämlich Geburts- und Taufbücher. Darüber, daß solche nicht sonst schon in den bereits vorliegenden Untersuchungen verwendet worden sind, mag man sich billig verwundern: denn sie sind doch zur Beantwortung der hier auftauchenden Fragen in einzigartiger Weise geeignet. Daß es nicht geschehen ist, liegt zum Teil wohl daran, daß sie vielfach schwerer zugänglich sind als andere öffentliche Urkunden, teils auch daran, daß die aus älterer Zeit vorhandenen Geburts- oder Taufbücher, wie allgemein versichert wird, nur selten über das Ende des 30jährigen Krieges zurückgehen.

Die nachstehende Untersuchung erstreckt sich auf die Stadt Frankfurt und die Orte Rüsselsheim und Flörsheim a. Main. Im Mittelpunkt derselben wird die Betrachtung der Namengebung in meinem Heimatorte Rüsselsheim stehen, weil hier die Verhältnisse so liegen, daß sie uns am besten mit den verschiedenen Erscheinungen in der Geschichte der Namengebung bekannt machen.

Nur soviel sei hier im allgemeinen über die Art und den Umfang unserer Untersuchung gesagt. Noch einmal wollen wir betonen, daß sie in erster und letzter Linie auf Statistik und hier, soweit es möglich war, auf vollständiger Induktion beruht.

Bevor wir jedoch in die Untersuchung selbst eintreten, will ich die Ergebnisse jener an verschiedenen Stellen verstreuten größeren und kleineren auf unser Thema bezüglichen Aufsätze, soweit sie mir zugänglich waren, kurz zusammenstellen.

Zweites Kapitel:

ÜBERSICHT ÜBER DIE ERGEBNISSE DER BIS JETZT ERSCHIENENEN ARBEITEN ZUR ENTWICKELUNGS-GESCHICHTE DER DEUTSCHEN NAMENGEBUNG SEIT DEM 14. JAHRH. [1]

Basel und Umgebung. [2]

Trotzdem im 12. und 13. Jahrh. noch soviele altgermanische Namen lebendig waren, und zugleich eine beträchtliche Aufnahme fremden Sprachgutes stattfand, man also um eine reiche Auswahl unter den Vornamen nicht verlegen zu sein brauchte, ist in dieser Zeit mehrfach belegt, daß Brüder den gleichen Taufnamen führen. Diese in einzelnen Familien auf die Spitze getriebene Verwendung ihrer traditionellen oder Lieblingsnamen scheint der Ausgangspunkt gewesen zu sein für die Sitte, dem Kinde mehr als einen Taufnamen beizulegen, indem eine Unterscheidung der Gleichnamigen zur Notwendigkeit ward. Zu den ältesten Beispielen gehört Otto Berthold Truchseß von Waldburg 1239/60. Die geringe Zahl der Belege lehrt, daß es sich um einen seltenen in der Mitte des 13. Jahrhs. erst auftretenden Ausnahmefall handelt. Die älteren Beispiele von doppelten Taufnamen finden sich durchaus in den Kreisen des Freiherrenstandes. Der Zusammenhang dieser Neuerung mit dem stark entwickelten Familiengefühl ist nicht abzuweisen. Nur häufige Taufnamen werden gedoppelt. Es treten folgende Doppelvornamen auf: Beretholdus Heimo, Brůno Wernher, Cůnradus Bertholdus, Conradus Gŏthmann, Cuonradus Wernher, Cuonrat Wernher, Dietrich Cůonrat, Dietricus Gregorius, Frizhinheinzin, Heinzi Eglolf, Henricus Waltherus, Johannes Ůlricus, Johannes Salmon, Ulricus Waltherus, Walther Symon, Wernherus Gůtmann; Claragnes.

---

[1]) An einigen Stellen ist über diesen Zeitpunkt zurückgegangen.

[2]) Nach Socin a. a. O. S. 105 ff.

Bleidenstadt im Taunus.[1])

Nach einem Codex des Klosters aus dem 12. und 13. Jahrh., der neben dem Namen der Mönche und Nonnen auch zahlreiche von Bauern und Bäuerinnen enthält, kommen im 12. Jahrh. Namen, die nicht echt deutsch sind, nur höchst selten vor. Vor hebräischen Namen trägt man Scheu, es sei denn, daß sie auch im neuen Testament vorkommen. An den Namen Maria wagt sich noch keine heran. Von fremden Namen ist Johannes der beliebteste, ihm folgt Nicolaus, sodann Andreas, Joseph, Philipp, Cyprian, Christian, Leo. Die Frauennamen sind teils klösterliche wie Benedicta, Benigna, Petrissa, Aurelia, Officia, Sapientia, Carissima, teils im Volke gebräuchliche wie Christina, Agnes, Sophia, Justina, Margaretha, Beatrix, Elisabetha.

Steiermark.[2])

12. u. 13. Jahrh.

Bis zum 13. Jahrh. geläufige Taufnamen treten außer Reih' und Glied, dafür gewinnen einzelne Namen an Beliebtheit. Namen, die vorher bereits selten waren, wie Charl, Germant, Hiltebrand u. a. m. gehen vollständig verloren oder treten in die konservativen Kreise der unteren Volksschichten zurück. Besonders häufig werden verwandt Chunrad, Dietmar, Friederich, Heinrich, Luitpold, Udalrich. Ihre Verbreitung hatte damals weder mit Politik noch mit irgendwelcher Heiligenobservanz etwas zu tun, sondern ergab sich ganz unbewußt aus der Gesamtheit selber. Unter den in dieser Zeit mehr und mehr eindringenden Heiligennamen gewinnt bloß der Name Johannes, und zwar bei den Priestern und Hörigen, noch nicht beim Adel und der Bürgerschaft, auffällig an Verbreitung. Neben den Heiligennamen erfreuen sich auch die biblischen Namen einer steigenden Beliebtheit. Namen anderer Nationalitäten, deren Herrscher damals im Lande sich geltend machten, vermissen wir. Die deutschen Namen verhalten sich im 12. Jahrh. zu den fremden Namen etwa wie 50 : 2.

---

[1]) Nach v. Löher a. a. O.

[2]) Nach v. Zahn a. a. O.

14. Jahrh.

Die Zahl der deutschen Taufnamen sinkt während des 14. Jahrhs. mehr und mehr. Selbst im 13. Jahrh. beliebte treten bis zur Seltenheit zurück: so der Name Heinrich. Der Name Conrad dagegen nimmt an Beliebtheit zu. Die fremden Heiligennamen wachsen fühlbar an Zahl. Johann wird nicht allein häufig, sondern tritt aus den Kreisen der Priester und Hörigen auch in jene des Adels über. Christian, Christoph, Georg, Jacob, Nicolaus, Simon „lagern ein", zum Teil auch beim Adel, wesentlich aber bei den Landleuten. Bei den Bauern stehen die Namen Johann, Georg, Jacob den übrigen an Verbreitung voran, vielleicht weil es sog. „Grundheilige" oder „Zinspatrone" waren (zu Georgi, Johannis, Jacobi mußten die Bodenabgaben entrichtet werden). Allerdings gehört auch Michael zu jenen; merkwürdigerweise fällt jedoch dieser Name für das 14. Jahrh. ganz aus (und taucht auch im 15. Jahrh. bloß selten auf). Das 14. Jahrh. bietet auch den ersten Fall von Doppelvornamen und zwar im Hause der von Lichtenstein, wo bald mit, bald ohne Zusammenziehung Rudolf Otto (Rudott) erwähnt wird. Im Gegensatz zu den Mannsnamen ist bei den Frauennamen der alte volkstümliche Charakter fast unbeschadet geblieben. Der Anteil der fremden Namen am Namenschatz ist im 14. Jahrh. kaum merkbar höher als im 12. Jahrh.

15. Jahrh.

Die deutschen Namen verhalten sich zu den fremden Namen nunmehr schon wie 5 : 4. Die Verbreitung des Namens Johannes gegenüber den übrigen meistverwendeten Namen wird durch folgende Reihe angegeben: Johann 1, Nicolaus etwas geringer, Heinrich $^1/_2$, Georg $^1/_3$, Andreas $^1/_4$, Conrad $^1/_4$, Friedrich $^1/_4$, Jacob $^1/_4$, Ulrich $^1/_4$.

Das Ergebnis der Herabminderung der deutschen Namen sowie der Mannigfaltigkeit hat sich also ziemlich rasch vollzogen, während die Anbahnung ersichtlich bloß langsam erfolgt war. Der Hauptumschwung fällt in die erste Hälfte des 15. Jahrhs., das ist die Zeit der Beendigung der Kirchenspaltung, der Konzile von Konstanz und Basel und der Hussitenkriege. In dieser Zeit treten uns die Namen Joseph und

Maria nur in sehr vereinzelten Fällen entgegen, hundert und mehr Jahre später als in Italien und selbst in Krain.

16. Jahrh.

Der seitherige Entwickelungsgang wird gestört. Während im 15. Jahrh. nur eine religiöse Richtung vorhanden war, so reflektieren sich jetzt politische und religiöse, rein humanistische, eigen- und fremdnationale Bewegungen in der Namenwelt. Überall beliebt ist nur der Name Johannes. Er mag 30 bis 40 % der *männlichen* Bewohner als *Ruf*- oder als Beiname gedient haben und inauguriert bei uns den Brauch der Doppelnamen, welcher seit der Mitte des 16. Jahrhs. besonders in den Kreisen der Vornehmen um sich greift. Es scheint, als ob die Katholiken den Namen Johannes eine Zeitlang weniger gern gewählt hätten, ähnlich wie sie Maria bevorzugten, die Protestanten aber lieber nach anderen Namen griffen. Das 16. Jahrhundert bietet in Steiermark eine wahre Musterkarte von Namensystemen und Namen dar.

17. Jahrh.

Mit der Beseitigung des Protestantismus in Steiermark hören die jüdisch-biblischen Namen gänzlich auf, und die humanistischen nehmen ab. Dafür kommen eine Menge früher nie gekannter Heiligennamen in Gunst, namentlich Ignaz, Cajetan, Dismas, Liborius; bei Frauen ist ganz vorwaltend Maria, und man beginnt, auch die Männer in den besseren Ständen mit diesem Namen zu schmücken. Die Zahl der deutschen Namen ist verschwindend gegenüber den spezifischen Heiligennamen. Nur eines hat sich aus dem 16. Jahrh. intakt fortgebildet, denn es war nicht nur Mode, sondern auch ein Ausdruck der Frömmigkeit und Heiligenverehrung: die Doppelung, auch Vervielfältigung der Taufnamen. Die besseren Stände haben diese durch das ganze 17. Jahrh. geübt und sind mit dem Schlusse desselben auf sieben und mehr Namen gestiegen. Der kleine Adel und der Beamtenstand folgen ihnen allmählich nach, und wer um 1700 nur mit einem Vornamen in die Taufmatrikel eingetragen war, gehörte unbedingt nicht annähernd zur „Gesellschaft“. Dabei wechseln aber dieselben Personen die ihnen vorgeschriebenen Taufnamen nach Belieben, oder aber sie nehmen andere Vornamen an, die ihnen gar nicht verliehen sind, aber besser gefallen. Eine Maria Anna Antonia kann sehr wohl mit Anna Maria Antonia, mit Anna Antonia oder Antonia gleich sein.

18. Jahrh.

Das 18. Jahrh. ist eine Zeit des Stillstandes. Neue Bewegungen zeigen sich nicht in der Namenwelt. Die Einflüsse, die im 17. Jahrh. maßgebend waren, gewinnen an Ausdehnung.

19. Jahrh.

Nach dem Grazer Adreßbuch vom Jahre 1881 teilen sich 660 Personen aus den unter A bis M meistvertretenen Familien in 102 verschiedene Taufnamen, von denen 41 deutsch, 27 römisch, 18 griechisch, 16 jüdisch-biblisch, 1 slavisch sind. 93 von diesen verteilen sich auf 246 Personen, und es bleiben somit 9 als die beliebtesten für 414 Personen übrig. Von diesen Namen sind 3 deutschen, 6 biblischen Ursprungs. Die ersteren sind Alois (21 ×), Karl (45 ×), Franz (66 ×). In der Gesamtzahl erscheint sonst kein deutscher Name öfter als 10 mal. Die drei genannten beziehen sich auf Alois von Padua, Karl Borromäus, Franz Xaver oder Seraphicus, haben also, was Beliebtheit anbelangt, mit deutschem Wesen nichts zu tun. Sonst sind am häufigsten Joseph (88 ×) und Johann (80 ×).

Friedberg i. d. Wetterau. [1])

14. Jahrh.

Fast umsonst sucht man unter den Burgmannen und Schöffen des (13. und) 14. Jahrhs. christliche Taufnamen. Ganz selten begegnet uns ein Johann oder Philipp. Die Regel bilden vielmehr Burchard, Carl, Conrad, Eberhard, Eckehard, Friedrich, Gerlach, Hartmut, Heilmann, Henne, Marquard, Rudolf, Rupert, Werner, Wigand, Wilhelm u. a.

Württembergische Landgemeinden. [1])

14. Jahrh.

In Urkunden der Gemeinden Leonberg, Eltingen, Gerringen, Weil i. D., Münchingen, Höfingen, Ditzingen führen

[1]) Nach Thudichum a. a. O.

die Bürger und Bauern fast ausschließlich germanische Vornamen: Berchtold, Burchard, Conrad, Cunz, Eberlin, Fritz, Hainz, Heinrich, Hermann, Ludwig, Lutz, Ortwin, Reinhard, Walther, Wernher, neben welchen nur einmal Peter und zweimal Hans erscheint.

Fränkisch-bayrische Gebiete.[1])

14. Jahrh.

Im ganzen 14. Jahrh. herrschen in den Kreisen der Bürger und Bauern die alten germanischen Namen noch weitaus vor. Nur ganz vereinzelt erscheinen Hans, Steffan, Jacob, Simon. Selbst bei den Geistlichen sind noch überwiegend die alten germanischen Namen im Schwange. Nur sehr selten finden wir hier die Namen Johannes, Andreas, Petrus, Paulus, Jacobus, Michael, Jodocus. Die Frauen gingen im Gegensatz zu den Männern schon geraume Zeit früher — wohl mindestens ein halbes Jahrhundert — zur Benennung mit christlichen Heiligennamen über. Dies hat seinen Grund vielleicht in der größeren Neigung der Frauen zur Frömmigkeit und ihrem dem stillen seelischen Verkehr mit den Heiligen mehr zugewandten Gemüt: indem sie den Namen der Heiligen annehmen, stellen sie sich in deren besonderen Schutz. Weibliche Namen wie Agnes, Anna, Catharina, Christina, Elisabetha, Euphemia, Juliana, Margaretha, Petrissa, Sophia haben schon im ganzen 14. Jahrh. bei den Bürger- und Bauernfrauen ein gewisses Übergewicht, während auf den Adelssitzen noch mit Vorliebe altgermanische Namen wie Berchta, Ediltrudis, Erintrudis, Hadewigis, Hildegardis, Hildegundis gepflegt werden. Aber immerhin begegnen wir auch bei den Bürger- und Bauernfrauen einer Gerhus, Gertrud, Gysela, Irmengard, doch bilden hier diese alten germanischen Namen nicht mehr die Regel, sondern die Ausnahme. Einzelne Namen erscheinen in der gesamten Bevölkerung eines Landes, besonders in bürgerlichen und bäuerlichen Kreisen, in einer geradezu an Einförmigkeit grenzenden Häufigkeit. Dabei geht dieser Gebrauch einzelner Namen durch Jahrhunderte

---

[1]) Nach v. Leist [1] a. a. O.

hindurch, ohne daß sie im mindesten durch andere verdrängt werden. So steht der Name Chuonrad volle Jahrhunderte hindurch an der Spitze aller Namen. Ihm reiht sich Heinrich ebenbürtig an, und auch die weiblichen Namen Agnes und Elisabetha haben eine gleiche Bedeutung für das 14. (und auch noch für das 15.) Jahrh.

15. Jahrh.

Um die Wende des 14. zum 15. Jahrh., besonders aber in der ersten Hälfte des 15. Jahrhs., bürgern sich die mehr und mehr in Gebrauch kommenden Heiligennamen dauernd ein.

16. Jahrh.

Die altbiblischen Namen sind bis zum Ausgang des 16. Jahrhs. bei den Bürgern und Bauern nicht in ausgedehntem Gebrauch gewesen. Auch in den höheren Ständen kommen sie nicht allzuhäufig vor. Sie finden jedoch, ebenso wie die Heiligennamen, mehr und mehr Eingang in Bevölkerungskreisen, nach deren sonstigem Leben man schließen darf, daß die Führung altbiblischer Namen einem Modebedürfnis entspricht. Kreise, die derartigen Einflüssen fern stehen, also namentlich Bauern, halten sich auch den modegewordenen altbiblischen Namen ferne, und ein Bauer Moses, Josua, Abraham oder eine Bäuerin Rebecca, Sara sind gewiß Erscheinungen von äußerster Seltenheit. In einem Bamberger Kodex, der im Jahre 1520 abgeschlossen ist, und der wohl mehrere 100 000 adeliger und bürgerlicher Namen enthält, finden wir von biblischen Vornamen nur Adam, Tobias; Eva, Susanna.

Görlitz.[1])

14 Jahrh.

Lieblingsnamen des 14. Jahrhs. sind: Hanns, Heinrich, Konrad, Nikil, Peter, Titz; Katharina, Else, Anne. Die Namen Pecz, Peter, Peczold, Heinrich, Heincze, Hermann werden im Verlauf des Jahrhunderts seltener. Gleicher Vorname bei Brüdern ist belegt in folgendem Beispiel: „Hermanni Jencz filii: Ulricus, Petrus, Ulricus“. Es handelt sich im folgenden nur um männliche Vornamen.

---

[1]) Nach Jecht[a] a. a. O.

15. Jahrh.

Noch in der zweiten Hälfte des 15. Jahrhs. gab Georg Emerich zweien seiner Söhne den Namen Hans. Die im 15. Jahrh. meistverwandten Namen ordnen sich für die einzelnen Jahre wie folgt:

1415 (101 Mannsnamen): 33 Nicolaus (33 %), 13 Johann (13 %), 10 Peter (10 %), 7 Heinrich (7 %), 3 Jacob (3 %), 3 Nitzhe (3 %). Noch zweimal kommen vor: Andreas, Hermann, Jocheim, Jost, Lorenz, Mathes, Mertin, Michel, Titzhe.

Altbiblische Namen: Seraphim.

1430 (93 Mannsnamen): 15 Nicolaus (16 %), 15 Johann (16 %), 10 Peter (11 %), 5 Heintze (5 %), 5 George (5 %), 5 Mathes (5 %), 4 Jacob (4 %), 3 Nitzhe (3 %), 3 Paul (3 %).

Altbiblische Namen: Aswerus.

1450 (311 Mannsnamen): 61 Nicolaus (19 %), 42 Johann (13 %), 24 Peter (8 %), 17 Jacob (5,5 %), 17 Martin (5,5 %), 15 Michael (5 %), 14 Mathes (4 %), 11 Frenczel (3,5 %), 11 Lorenz (3,5 %), 10 Paul (3 %), 10 Georg (3 %).

Altbiblische Namen fehlen. Auf 100 Personen kommen 13 bis 14 verschiedene Vornamen.

1472 (600 Mannsnamen): 103 Johann (17 %), 69 Nicolaus (11,5 %), 31 Peter (5 %), 28 Martin (4,7 %), 26 Mathes (4,3 %), 25 Georg (4 %), 23 Paul (4 %), 22 Michael (3,7 %), 20 Lorenz (3,3 %), 18 Andreas (3 %).

Altbiblische Namen fehlen. Auf 100 Personen kommen 8 bis 9 verschiedene Vornamen.

1500 (598 Mannsnamen): 115 Johann (19 %), 49 Nicolaus (8 %), 49 Mathes (8 %), 45 Georg (7,5 %), 30 Peter (5 %), 30 Andreas (5 %), 27 Martin (4,5 %), 25 Paul (4 %), 23 Michael (4 %), 21 Jacob (3,5 %), 19 Caspar (3 %), 17 Lorenz (3 %).

Altbiblische Namen: Adam, Gabriel. Auf 100 Personen kommen 9 bis 10 verschiedene Vornamen.

16. Jahrh.

1533 (720 Mannsnamen): 107 Johann (15 %), 46 Georg (6,4 %), 41 Martin (6 %), 37 Peter (5 %), 36 Jacob (5 %), 31 Nicolaus (4 %), 31 Mathes (4 %), 30 Paul (4 %), 28 Franz (4 %), 26 Caspar (3,5 %), 25 Michael (3,5 %), 22 Andreas (3 %).

Altbiblische Namen: 9 Adam, 1 Daniel. Auf 100 Personen kommen 9 bis 10 verschiedene Vornamen.

1570 (683 Mannsnamen): 105 Johann (15 %), 47 Martin (7 %), 43 Georg (6 %), 33 Jacob (5 %), 27 Paul (4 %), 26 Peter (3,8 %), 26 Franz (3,8 %), 23 Matz (3,4 %), 22 Valentin (3,2 %), 20 Bartholomäus (3 %), 20 Caspar (3 %), 20 Michael (3 %), 20 Zacharias (3 %).

Altbiblische Namen: 11 Elias, 10 Adam, 4 Abraham, 2 Salomon, 1 Ahasver, David, Isaak, Israel, Manasse. Auf 100 Personen kommen *11 bis 12 verschiedene Namen.*

1585 (699 Mannsnamen): 120 Johann (17 %), 56 Georg (8 %), 41 Martin (6 %), 28 Christoph (4 %), 28 Jacob (4 %), 28 Mathes (4 %), 28 Paul (4 %), 28 Peter (4 %), 25 Michael (3,5 %), 22 Caspar (3 %), 21 Zacharias (3 %), 20 Joachim (3 %).

Altbiblische Namen: 10 Elias, 8 Adam, 6 Abraham, 5 Tobias, 4 David, 3 Jeremias, 2 Benjamin, 2 Manasse, 1 Asverus, Isaak, Israel, Jonas, Salomon, Samuel. Auf 100 Personen kommen etwas über 11 verschiedene Vornamen.

17. Jahrh.

1615 (581 Mannsnamen): 80 Johann (14 %), 53 Georg (9,1 %), 46 Martin (8 %), 35 Christoph (6,1 %), 24 Jacob (4,1 %), 23 Joachim (4 %), 23 Paul (4 %), 22 Michael (3,8 %), 21 Caspar (3,6 %), 20 Mathes (3,4 %).

Altbiblische Namen: 13 Elias, 12 Tobias, 10 David, 6 Adam, 5 Jeremias, 4 Abraham, 2 Benjamin, 2 Salomon, 1 Daniel, Jonas, Malachias, Noe. Auf 100 Personen kommen 12 verschiedene Namen.

1642 (506 Mannsnamen).

Es kommen 9 Doppelnamen vor. Sie sind sämtlich mit Hans als erstem Bestandteil gebildet. Fünfmal begegnet dabei die Zusammensetzung Hans Georg, wie auch der gleichzeitige Landesfürst heißt. Die Doppelvornamen rechnet Jecht im folgenden als einfache: 62 Johann (12,2 %), 57 Georg (11,2 %), 35 Christoph (7 %), 28 Martin (5,5 %), 21 Jacob (4,1 %), 19 Michael (3,7 %), 16 Caspar (3,1 %), 15 Friedrich (3 %).

Altbiblische Namen: 11 Elias, 11 Tobias, 10 David, 6 Jeremias, 5 Adam, 3 Daniel, 3 Salomon, 2 Benjamin, 2 Jonas, 2 Samuel, 1 Abraham, Eliseus, Esaias, Gabriel, Malachias, Michäus. Auf 100 Personen kommen etwas über 14 verschiedene Namen.

1675 (434 Mannsnamen).

Es treten 23 Doppelnamen auf, darunter siebenmal Hansgeorg. Die einfachen Namen ordnen sich so: 55 Georg (12,7 %), 47 Johann (10,8 %), 23 Gottfried (5,3 %), 20 Christoph (4,6 %), 19 Martin (4,3 %), 17 Michael (4 %), 15 Andreas (3,4 %), 15 Elias (3,4 %), 15 Friedrich (3,4 %), 14 Jacob (3,2 %), 13 Christian (3 %), 13 Mathes (3 %).

Altbiblische Namen: 15 Elias, 12 *Tobias*, 9 *Daniel*, 6 *Adam*, 6 Jeremias, 6 Samuel, 4 David, 2 Hiob, 1 Abraham, Benjamin, Ezechiel, Gedeon, Jonas, Levin, Malachias, Michäus, Salomon. Auf 100 Personen mit einfachen Vornamen kommen etwas über 16 verschiedene Vornamen.

18. Jahrh.

1705 (374 Mannsnamen).

Es kommen 69 Doppelnamen vor. Die einfachen Namen ordnen sich wie folgt: 41 Johann (11,1 %), 40 Christian (10,7 %), 37 Georg (10 %), 35 Gottfried (9,3 %), 26 Christoph (7 %), 16 Martin (4,3 %), 15 Michael (4 %), 15 Andreas (4 %), 12 Caspar (3,2 %), 11 Elias (3 %), 11 Mathäus (3 %).

Altbiblische Namen: 11 Elias, 10 Daniel, 10 Tobias, 9 David, 6 Jeremias, 5 Samuel, 4 Adam, 2 Abraham, 2 Malachias, 1 Abel, Benjamin, Hiob, Michäus, Nathaniel, Salomon. Auf 100 Personen mit einfachen Vornamen kommen etwas über 20 verschiedene Einzelvornamen. Von Doppelvornamen treten folgende auf: 15 Johann (Hans) Georg, 7 Johann Christoph, 6 Johann Heinrich, 4 Johann Christian, 4 Johann Friedrich, 4 Johann Jacob, 2 Johann Caspar, 2 Johann Daniel, 2 Johann David, 2 Johann Gottfried, 2 Johann Wilhelm. Nur einmal kommen vor: Carl Christoph, Carl Gottfried, Caspar Siegfried, Christian Friedrich, Christian Gottlob, Daniel Ludwig, Florian Friedrich, Friedrich Dietrich, Georg Friedrich, Hans Adam, Hans Jacob, Hans Sigmund, Jeremias Victorinus, Johann Andreas, Johann Anton, Johann Conrad, Julius Ernst, Otto Heinrich, Otto Wilhelm, Tobias Martin. Das sind 31 verschiedene Doppelungen. Die Doppelvornamen betragen beinahe 16 % der Gesamtsumme aller vorkommenden Vornamen.

1884/5. Rufnamen.[1])

a) Knaben. 4450 Knaben teilen sich in 129 Namen, für 100 Knaben stehen also noch nicht 3 Namen zur Verfügung. Am meisten kommen vor: 662 Paul (14,5%), 514 Max (11,3%), 278 Richard (6%), 255 Carl (5,6%), 186 Alfred (4%), 179 Bruno (4%), 169 Wilhelm (Willi) (3,6%), 164 Otto (3,6%), 152 Arthur (3,3%), 151 Gustav (3,3%), 130 Fritz (3%), 130 Georg (3%), [91 Hans (Johann) (1,9%)]. Bis zu 1% kommen noch vor: Hermann, Curt, Ernst, Oskar, Hans (Johannes), Robert, Adolf, Emil, Hugo. 42 Namen kommen nur je einmal vor. Die Namen verteilen sich auf

α) Volksschüler: 88 verschiedene Namen auf 3167 Schüler: 565 Paul (18%), 401 Max (12%), 230 Richard (7%), 174 Carl (5,5%), 146 Bruno (4,6%), 136 Gustav (4,3%), 125 Alfred (3,9%), 113 Otto (3,6%), 99 Arthur (3,1%). 25 Namen kommen nur einmal vor. Von diesen weist die katholische Gemeindeschule auf: Guido, Lorenz, Ottomar, Ignaz, Hieronymus, unter welchen etliche auf Rechnung des Bekenntnisses zu setzen sind. Bemerkenswert ist auch, daß von den 308 katholischen Knaben 11 Franz und 7 Joseph heißen, während von den 2860 evangelischen Schülern nur 6 Franz und 1 Joseph benannt sind.

β) Mittelschüler: 86 verschiedene Namen auf 850 Schüler: 77 Max (8,5%), 66 Paul (7,5%), 46 Alfred (5%), 46 Carl (5%), 45 Curt (5%), 42 Fritz (4,9%), 39 Richard (4,5%), 37 Arthur (4,3%), 36 Georg (4,2%), 36 Otto (4,2%). 26 Namen finden sich nur je einmal.

γ) Gymnasiasten: 84 verschiedene Namen auf 500 Schüler: 38 Johannes (+ Hans) (7,6%), 36 Max (7%), 35 Carl (7%), 31 Paul (6%), 30 Fritz (6%), [25 Hans (5%)], 23 Curt (4,6%), 21 Ernst (4%), 20 Georg (4%), 16 Arthur (3,2%), 15 Otto (3%), 15 Alfred (3%). 30 Namen kommen nur je einmal vor. Die 500 Schüler auf dem Gymnasium verfügen über beinahe ebensoviele Namen als die mehr als sechsfache Anzahl der Knaben auf den Volksschulen. Es tritt hier sofort zutage, was ja in der Natur der Sache liegt, daß eine umso weniger mannigfaltige Namengebung sich zeigt, je niedriger der Stand der Eltern ist.

[1]) Nach Jecht[1] a. a. O.

b) Mädchen. 4500 Mädchen teilen sich in 147 verschiedene Namen, sodaß auf je 100 Mädchen etwas über 3 Namen kommen. Am meisten kommen vor: 538 Anna (12 %), 454 Martha (10 %), 326 Emma (7,3 %), 295 Maria (6,5 %), 275 Clara (6 %), 250 Elisabetha / Elise (5,5 %), 194 Bertha (4,3 %), 190 Margaretha (4,2 %), 184 Helene (4 %), 173 Hedwig (3,8 %), 154 Ida (3,4 %), [137 Elisabetha (3 %)]. Dann folgen der Reihe nach: Elise, Gertrud, Selma, Agnes, Alma, Minna, Luise, Frida, Meta, Lina, Else, Olga, Auguste, Pauline (0,8 %). 52 Namen kommen nur einmal vor. Die Namen verteilen sich auf:

α) Volksschülerinnen: 102 Namen auf 3347 Schülerinnen: 486 Anna (14,5 %), 389 Martha (11,6 %), 298 Emma (8,9 %), 232 Clara (7 %), 215 Maria (6,4 %), 180 Bertha (5,3 %), 145 Ida (4,3 %), 129 Hedwig (3,8 %), 120 Helene (3,5 %). 33 Namen kommen nur einmal vor. Den Namen Maria führen bei den Evangelischen 6 %, bei den Katholiken 13 %.

β) Mittelschülerinnen: 83 Namen auf 601 Mädchen: 54 Margaretha (9 %), 52 Elisabetha / Elise (8,5 %), 44 Martha (7 %), 37 Gertrud (6 %), 35 Maria (6 %), 33 Helene (5,5 %), 33 Anna (5,5 %), 28 Hedwig (4,7 %), [27 Elise (4,5 %)], [25 Elisabetha (4 %)], 24 Emma (4 %), 24 Clara (4 %). 31 Namen finden sich nur einmal.

γ) Schülerinnen der höheren Töchterschule: 101 Namen auf 550 Mädchen: 74 Elisabetha / Elise (13,4 %), 64 Margaretha (11,5 %), [61 Elisabetha (11 %)], 38 Maria (7 %), 36 Gertrud (6,5 %), 31 Helene (5,6 %), 21 Martha (4 %), 19 Anna (3,4 %), 19 Clara (3,4 %). 42 Namen kommen nur einmal vor.

Die Schülerinnen der höheren Töchterschule haben fast genau ebensoviel Vornamen zur Verfügung als die 6 mal so zahlreichen Mädchen in der Volksschule. Es bestätigt sich auch hier, daß eine umso mannigfaltigere Namengebung sich zeigt, je höheren Standes die Eltern sind.

Es ergibt sich aus dieser Übersicht, daß die höheren Stände in Görlitz in den 70er u. 80. Jahren des vorigen Jahrhunderts mit Vorliebe ihre Söhne Curt, Hans, Fritz, Georg, Ernst, ihre Töchter Margaretha, Elisabetha, Gertrud, die niederen Volkskreise ihre Söhne Gustav, Richard, Bruno, ihre Töchter Anna, Emma, Martha nannten.

Schlesien.[1])

16. Jahrh.

Seit dem 16. Jahrh. macht sich eine außerordentliche Vorliebe für altbiblische Namen bemerkbar. So ist Adam sehr häufig vertreten, aber auch andere begegnen öfter, so Abraham. Neben diesen altbiblischen Namen und den fremden Heiligennamen erscheinen die deutschen Namen in der Minderzahl. Von deutschen Namen, die nicht zugleich Heiligennamen sind, begegnen nur *Albrecht, Ernst, Friedrich*. Dazu kommen die deutschen Heiligennamen Bernhard, Burchard, Erhard, Heinrich, Lambert, Leonhard, Oswald, Sigismund, Wolfgang.

Bunzlau.[2])

17. Jahrh.

In einer „Erbschichtung" aus dem Anfange des 17. Jahrhs. (1596—1621) stehen im Register folgende Namen: Abel, Abraham, Adam (5 unter 21), David (3 unter 5), Daniel, Dietrich, Elias, Esaias; unter H bloß 2 mal Heinrich, sonst nur Hans; Jeremias, Jonas (2 mal), Josias, Samuel, Tobias; unter L nur Lorenz; unter N nur Nicolaus; Martin, Mathes, Melchior, Zacharias (5 mal).

In einem Bunzlauer Stadtbuch stehen im Register (1613): 4 Abraham, 7 Adam; unter D nur Daniel und David; 20 Elias, 1 Esaias; unter G nur 1 Gottfried, sonst nur Georg; 1 Tobias, 8 Zacharias (unter 12).

In einer „Erbschichtung" aus dem Jahre 1668 stehen außer den bereits erwähnten altbiblischen Namen noch Benjamin; Eva (3 unter 14), Sara, Susanna. Für Schlesien steht es sogut wie fest, daß diese altbiblischen Namen mit dem Umsichgreifen der Reformation und der lutherischen Lehre in innigem Zusammenhange stehen.

Ulmer Land.[3])

16. Jahrh.

Aus Taufbüchern der Zeit unmittelbar nach der Reformation ergibt sich, daß die alttestamentlichen und die biblischen Namen überhaupt weitaus in der Mehrzahl sind. Allen voran

[1]) Nach R. Weitbrecht a. a. O.
[2]) Nach E. Wernicke a. a. O.
[3]) Nach R. Weitbrecht a. a. O.

steht Hans (selten Johannes) und bei den Mädchen Maria und Anna, beide ungefähr in gleicher Anzahl. Daneben kommen vor Abraham, David, Gedeon, Jeremias, Samuel, Zacharias; Rebecca, Sara. Außerdem Andreas, Bartholomäus, Gabriel, Jacob, Matthias, Michael, Petrus. Von nichtbiblischen Namen sind am häufigsten Christian und Georg. Daß Martin sich häufig findet, ist im Zeitalter der Reformation und auf evangelischem Gebiete natürlich. — Bei den Mädchen sind die Namen Catharina, Apollonia, Angelica, Magdalena, Barbara neben Anna und Maria häufig. Von deutschen Namen kommt Walburg am meisten vor.

17. Jahrh.

Aus Taufbüchern verschiedener Landgemeinden in der Nähe Ulms ergibt sich, daß die deutschen Vornamen im 17. Jahrh. eine Vermehrung erfahren, ebenso aber auch die alttestamentlichen und biblischen überhaupt, während Martin weniger oft auftritt. Es kommen zu den im 16. Jahrh. gebräuchlichen biblischen Namen hinzu: Adam, Joseph, Josua, Moses, Samuel, Tobias; Esther, Eva. Zu den deutschen Albrecht, Conrad, Gotthard, Leonhard.

Wien.[1]

19. Jahrh.

Eine in den westlichen Bezirken Wiens an Volksschulen bei Kindern, deren Geburtsjahr zwischen 1887 und 1892 liegt, vorgenommene Namenzählung hatte folgendes Ergebnis: Auf 700 Knaben kommen 69 verschiedene Namen (= 9,8 %), auf ebensoviele Mädchen 86 verschiedene Namen (= 12,3 %). Am häufigsten kamen folgende Namen vor: a) Knaben: 82 Carl (11,7 %), 67 Joseph (9,6 %), 65 Franz (9,3 %), 50 Johann (7,1 %), 37 Rudolf (5,3 %), 31 Leopold (4,4 %), 22 Friedrich (3,1 %), 22 Otto (3,1 %).

b) Mädchen: 117 Maria (16,7 %), 71 Anna (10 %), 33 Rosa(lie) (4,7 %), 32 Leopoldine (4,6 %), 25 Hermine (3,6 %), 25 Therese (3,6 %), 23 Catharina (3,3 %), 21 Johanna (3 %), 21 Caroline (3 %).

Braunschweig.[2]

In den Bürgerkreisen der Stadt Braunschweig herrschen

[1]) Nach Arnold a. a. O. S. 62 ff.

[2]) Nach O. Schütte a. a. O.

bis zum 17. Jahrh. einfache Vornamen. Zu Beginn des 17. Jahrhs. kommt die Mode der „doppelten Rufnamen" auf. Belegt sind: 1620 Johann Friedrich, 1628 Anna Otilia, 1635 Friedrich Wilhelm, 1640 Anna Sophia, 1660 Johann Günther, Adam Ulrich, Anna Margaretha; 1653 zuerst die Verschweißung Katleine (= Katharina + Helene oder Magdalene).

So geht es in Braunschweig weiter bis ins 18. Jahrh. Dann kehrt man in der Stadt wieder zu den einfachen Rufnamen zurück. Auf dem Lande dauern die doppelten Rufnamen bis ins 19. Jahrh.: Anndortjen (= Anna Dorothea), Annefike (= Anna Sophia), Trinefike (= Catharina Sophia), Hannjörg (= Johann Georg). Um die Mitte des 19. Jahrhs. kommen die Doppelnamen auch auf dem Lande außer Gebrauch, dagegen werden sie gegen Ende des 19. Jahrhs. wiederum in der Stadt Mode.

Rufach i. Ober-Elsaß.[1])

In dem „Gewerfft-büchlein" (Steuerbüchlein) weist das Jahr 1598 noch keinen einzigen Doppelnamen auf. Dagegen erscheinen 1660 unter 51 männlichen Vornamen 16 (verschiedene) Doppelvornamen (= 30%) nämlich: Hans Jacob (12), Hans Diebolt (8), Hans Jörg (6), Hans Conrad (2), Hans Martin (2), Hans Ulrich (2), Hans Wilhelm (2), Hans Andreas (1), Hans Baschen (1), Hans Heinrich (1), Hans Paul (1), Johann Melchior (1), Carly Ludwig (1), Görg Alexander (1), Philipps Heinrich (1), Wende Christoph (1).

Heute sind in dem katholischen Rufach die volkstümlichsten Doppelnamen: Anna Maria, Maria Anna, Maria Magdalena, Maria Luise, Maria Rose, Maria Therese, Maria Regina, Franz Joseph, Franz Xaver, Johann Baptist, Johann Peter, Peter Paul. Davon werden in der Mundart als Rufnamen meist zusammengesprochen Anna Maria (Annemarei, Annemei), Maria Anna (Marianna), Maria Rosa (Mariros), Franz Joseph (Franzsepp), Johann Baptist (Schambetis aus Jean-Baptiste), Johann Peter (Schambiär aus Jean-Pierre).

Die deutschen Namen haben in Rufach beständig abgenommen: Männliche Vornamen 1428 : 44 : deutsch davon 28

---

[1]) Nach H. Menges a. a. O.

(ca. 2/5); 1492 : 57 : 26; 1558 : 73 : 28; 1598 : 81 : 29; 1660 : 51 : 17; 1708 : 68 : 20; 1752 : 51 : 16; 1894 : 101 : 28 (ca. 1/4).

Doppelte Vornamen in deutschen Fürsten- und Adelsgeschlechtern; in deutschen Universitätsstädten.[1]

I. Ursprung der Doppelvornamen in den Fürstenhäusern.

1. Ernestinische Wettiner: zuerst Johann Friedrich geb. 1500. Derselbe benennt zwei seiner Söhne gleichfalls Johann Friedrich (!), die darum „der Mittlere" und „der Jüngere" zubenannt werden müssen, einen dritten Johann Kasimir.

2. Albertinische Wettiner: zuerst Johann Georg geb. 1585.

3. Pfalz-Wittelsbach: zuerst Otto Heinrich geb. 1504, der nächste ist Karl Ludwig († 1685).

4. Bayern (-Wittelsbach): zuerst Max Emanuel (1679–1729).

5. In Brandenburg, Mecklenburg, Anhalt, Schwarzburg: zuerst Johann Georg (geb. 1525), Johann Friedrich (1608—28), Johann Georg (geb. 1567), Johann Günther (geb. 1532).

6. Zähringen: Ernst Friedrich; Jülich: Carl Friedrich (geb. 1555).

7. Von dem Mannesstamme des Hauses Habsburg hat keiner als Herrscher einen Doppelnamen geführt.

II. Nachahmung der neuen Namensitte beim Adel.

1. Johann Gebhard v. Mansfeld (1558—62 Erzbischof von Köln).

2. Hans Gerhard von Manderscheid und Hans Philipp von Manderscheid: 1586 in Köln.

3. Johann Kasimir (1596—1622): der erste Graf von Löwenstein mit einem Doppelvornamen.

4. Johann Reinhard (1579—1626): der erste der Metternichs mit einem Doppelvornamen.

5. Georg VIII († 1584) von Auersperg ist der erste seines Geschlechts, der allen seinen 4 Söhnen doppelte Vornamen gibt.

6. Im westfälischen Grafengeschlechte der Rittberg: zuerst Johann Gebhard (geb. 1649).

---

[1]) Nach G. Blumschein [A. Hackemann] a. a. O. Man vergleiche dazu vor allem noch viertes Kapitel, 2. Abschnitt, Anmerkung 1.

7. Landadel: Vereinzelte Fälle in der ersten Hälfte des 16. Jahrhs. Amtshauptleute des deutschen Ordens in Preußen: Johann Jacob, Erbtruchseß zu Waldburg (1557), Christoph Albrecht von Kuhnheim (1560), Caspar Wilhelm von der Ölsnitz (1561). Ausbreitung der Doppelvornamen erst in der zweiten Hälfte des 16. Jahrhs. Die Sitte dringt in Norddeutschland langsamer vor: Claus Moltke gibt nur einem seiner 10 Kinder einen Doppelvornamen (1602: Joachim Christoph). Im Geschlechte derer v. Bismarck ist August Friedrich (1695–1742) der erste mit einem Doppelvornamen. Am Niederrhein verbreitet sich die Sitte noch langsamer. In Aachen weisen die Adeligen erst in den 30er Jahren des 17. Jahrhs. vereinzelte Doppelnamen auf.

III. Im Bürgerstande

ist die neue Sitte in Köln bereits in den 80er Jahren des 16. Jahrhs. bekannt, doch nur sehr wenig verbreitet.

Kölner Universitätsmatrikel von 1604/5: Unter 209 Studierenden befindet sich ein Doppelnamiger (= 0,5 %): Jodocus Adrian de Wendt, ein Adeliger. Noch 1627 sind die Doppelvornamen selten.

Rostock: 1590 unter 106 Studierenden nur einer mit einem Doppelnamen (= 1 %). Auch 1610 unter 116 nur einer.

Erfurt: 1575 drei Doppeltbenannte [unter wieviel?], davon zwei adelig. Ebensoviel noch 1595. Bis 1610 nur unerhebliche Steigerung.

Heidelberg: Doppelnamen zuerst 1445. 1566: 4 von 117 (ca. 4 %); 1578: 10 von 153 (= 6,5 %). Regelmäßig ist der erste Name Johannes. Die meisten Träger von Doppelnamen stammen aus Franken und vom Oberrhein.

In Bayern erscheinen im 16. Jahrh. nur vereinzelt Doppelnamen. Bis ins 17. Jahrh. hinein überwiegen in den norddeutschen Städten die einfachen Rufnamen. Belege für doppelte: In der Kramergilde in Münster erst 1624; Dortmunder Ratslinie erst 1658; Ratsherrn von Wismar est 1681.

In den Städten der Schweiz finden, wie es scheint, die Doppelvornamen frühzeitig Anklang: Unter den 54 Herrn und Freunden des Glückhaften Schiffes führen bereits 6 neben Johann noch einen zweiten Namen.

Drittes Kapitel:

DIE URKUNDLICHE GRUNDLAGE.

Erster Abschnitt: Beschreibung der Urkunden.

In der folgenden Untersuchung wird, wie bereits erwähnt, die Namengebung in den beiden Landgemeinden Rüsselsheim und Flörsheim und in der Stadt Frankfurt am Main behandelt. Rüsselsheim hat heute gegen 5000 Einwohner, Flörsheim etwa ebensoviel. Ersteres liegt auf der linken Seite des Mains, an der Bahnstrecke Frankfurt-Mainz, etwa 10 km von Mainz entfernt, im Großherzogtum Hessen, letzteres auf der rechten Seite des Mains, eine halbe Stunde von Rüsselsheim stromaufwärts an der Bahnstrecke Frankfurt-Kastel, in der preußischen Provinz Hessen-Nassau. Rüsselsheim ist bis auf den heutigen Tag vorwiegend evangelisch, Flörsheim vorwiegend katholisch.

Unserer Untersuchung liegen zugrunde für Rüsselsheim die auf dem Pfarramt daselbst aufbewahrten evangelischen Taufbücher. Sie beginnen mit dem Jahre 1586 und verteilen sich bis zum Jahre 1905 auf 9 Bände in folgender Weise: 1. Band 1586—1659. 2. B. 1660—1760. 3. B. 1761—1807. 4. B. 1808—1826. 5. B. 1827—1844. 6. B. 1845—1865. 7. B. 1865—1879. 8. B. 1880—1896. 9. B. 1897—1905 ff.

Die Kirchenbücher sind, von Einzelheiten in den älteren Teilen abgesehen, in deutscher Sprache abgefaßt und auch in der älteren Zeit mit Sorgfalt angefertigt. Einigermaßen beeinträchtigt wird die Zuverlässigkeit der Urkunden jedoch durch die im ersten Bande an vielen Stellen geradezu unleserliche Schrift und die außerordentliche Unübersichtlichkeit der Anordnung. Eine Lücke habe ich in den Taufeinträgen nirgends bemerkt. Sämtliche Kirchenbücher sind von mir wiederholt durchgesehen worden. Im folgenden wird der ganze Zeitraum von 1586 bis 1905 behandelt. Dieser umfaßt in den Kirchenbüchern 4404 Folioseiten mit 12845 Taufeinträgen. Von den in diesen vorkommenden Namen sind vollständig die jedesmal dem Täufling beigelegten Namen für die Untersuchung herangezogen. Die übrigen auftretenden Namen, so die der Eltern oder der Taufpaten, sind nur gelegentlich zur Bestätigung oder Ergänzung des bereits Ermittelten verwertet. Von diesen abgesehen beruht also die nachstehende Untersuchung für die Gemeinde Rüsselsheim auf durchweg gleichartiger Grundlage und vollständiger Induktion.

Für die Gemeinde

Flörsheim fußt die Untersuchung auf den auf dem katholischen Pfarramt in Flörsheim aufbewahrten Taufbüchern der Gemeinde Flörsheim, die in der älteren Zeit auch die Taufeinträge der katholischen Nachbargemeinden Eddersheim und Haßloch enthalten. Sie beginnen mit dem Jahre 1621. Der 1. Band derselben besteht aus den Resten dreier Kirchenbücher, was schon an der Größe der einzelnen Blätter zu erkennen ist. Der erste und älteste Teil enthält zunächst 39 Folioseiten Hochzeitseinträge in deutscher Sprache (Ende 1601 bis Anfang 1614), sodann 100 Folioseiten Tauf-, Hochzeits- und Sterbeeinträge (nicht von einander gesondert; Mitte 1621 bis 1646). Anfangs stehen links die Einträge für Flörsheim, rechts die für Eddersheim und Haßloch. Später ist diese Trennung aufgegeben und über die Zugehörigkeit zu Flörsheim oder zu Eddersheim-Haßloch in vielen Fällen gar nicht zu entscheiden. Diese Beschaffenheit machte es unmöglich, völlige Gleichmäßigkeit in unseren Aufstellungen zu erzielen. Der zweite Teil des Kirchenbuchs umfaßt 154 Folioseiten Taufeinträge von Mitte 1653 bis Anfang 1710 in lateinischer Sprache mit Sorgfalt abgefaßt. Daran schließt sich, weniger sorgfältig geführt und durch falsches Einbinden der einzelnen Blätter ziemlich in Verwirrung geraten, das gleichfalls lateinisch abgefaßte Verzeichnis der Taufen von 1710 (Ende?) bis 1713. Es umfaßt 10 Folioseiten und weist mancherlei Lücken auf. Der Rest des zweiten Teiles enthält Hochzeits-, Sterbeeinträge u. a. Der dritte Teil des Kirchenbuches besteht aus einer Reihe von teilweise verkehrt eingehefteten Einzelblättern (20 Folioseiten), welche wir als Überreste eines besonderen Kirchenbuches anzusehen haben. Es erscheinen darin Einträge aus den Jahren 1675—1709. Weder Anfang noch Ende sind vorhanden. Mehrmals wird Astheim (katholisch, in der Nähe von Rüsselsheim) genannt, sodaß wohl Reste eines besonderen für die Gemeinde Astheim geführten Kirchenbuchs vorliegen. Vollständig verwertet habe ich nur die Flörsheimer Taufeinträge. Ihre Zahl beträgt 2981 auf 254 Folioseiten. Auch die übrigen Einträge habe ich untersucht, jedoch haben sie weder für die Frage nach den Doppelvornamen Bedeutung, noch sind sie zu Rückschlüssen auf die Zeit vor 1621 geeignet.

Der zweite Band der Flörsheimer Kirchenbücher enthält die Jahre 1713—1765. Die Taufeinträge sind in deutscher Sprache abgefaßt, die auch in allen folgenden Bänden verwandt ist. Von diesen umfaßt der 3. Band die Jahre 1766—1811, 4. B. 1811—1823, 5. B. 1824—1828, 6. B. 1828—1845, 7. B. 1845—1862, 8. B. 1862—1876, 9. B. 1876—1890, 10. B. 1890—1899, 11. B. 1900—1905 ff. Die Einträge stehen in Band 1—4 auf 808 Folioseiten, in Band 5—11 auf 1542 Folio-Doppelseiten. Ihre Zahl beträgt 17 982. Alle in ihnen erteilten Namen sind von mir zu der nachstehenden Untersuchung herangezogen worden. So beruht diese auch für die Gemeinde Flörsheim auf durchweg gleichartigen, wenn auch nicht bis ins einzelne gleichmäßigen Urkunden und vollständiger Induktion.

Für

Frankfurt stützt sich die Untersuchung auf die Geburtsbücher, die sich auf dem königlichen Standesamt 1 in Frankfurt (Münzgasse) befinden. Sie beginnen mit dem Jahre 1533. Über die Religion der in den Geburtsprotokollen verzeichneten Kinder ist in den älteren Bänden, soviel ich gesehen habe, nirgends etwas vermerkt. Wohl aber sind die einzelnen Taufpaten genau angegeben, was besonders für die ältere Zeit für uns von großer Wichtigkeit ist. Lücken weisen die Geburtsbücher in den von mir ausgebeuteten Teilen nicht auf. Sie sind auch in der älteren Zeit durchschnittlich sehr gut und übersichtlich geschrieben. Die Geburtseinträge verteilen sich vom Jahre 1533 bis zum Jahre 1875 auf 115 Foliobände, deren jeder durchschnittlich 700 Seiten enthält. Von 1876 ab stehen die Einträge in Bänden, von denen jeder etwa 2 bis 3 Monate umfaßt.

Vollständige Induktion durchzuführen war bei dieser ungeheueren Fülle des Stoffes für mich natürlich unmöglich. Ganz durchgesehen habe ich nur die ersten drei Bände der ganzen Reihe und mir auch dabei nur die Geburtseinträge ausgezogen, in denen die Erteilung eines Doppelvornamens angezeigt ist. Diese drei ersten Bände umfassen die Jahre 1533 bis 1585, reichen also genau bis zu dem Jahre, wo die Rüsselsheimer Taufbücher beginnen.

Zur Ermittelung der Gründe für das Auftreten der Doppelvornamen und ihrer allmählichen Verbreitung bieten sie wichtige und zugleich ausreichende Belege dar. Daher konnte ich es mir ersparen, auch die Zeit nach dem Jahre 1585 genau durchzugehen, umso eher, als ja mit dem Jahre 1586 die Kirchenbücher in Rüsselsheim und wenige Jahrzehnte später auch die in Flörsheim beginnen und so die von mir ausgezogenen Frankfurter Geburtsbücher aufs beste ergänzen.

Der erste Band der Frankfurter Geburtsbücher umfaßt auf 624 Folioseiten (als Doppelseiten bis 312 durchgezählt) die Jahre 1533 bis 1549. Er beginnt „anno Domini funffzehenhundertunddryunnddrifzig. auff denn hailigen phingftag denn ersten Tag des Brachmonats“ und führt den Titel „Das Erste Khinderbuch darin | nen alle Jungekhinder, So allhie zu Franckfurt und Sachsenhaufsen | auch zu Oberrodt, Niderrodt, und zu Bornheim, Ehelich unnd un | ehelich geboren und Christlicher Ordnung nach getaufft wor | den, mit Ihren, auch Ihrer ällteren unnd Tauff. Paten | Nahmen und Zunahmen verzeichnet sind, Erstlich | inn an(no) 1533“.

Die Zahl der darin enthaltenen und von mir durchgesehenen Geburtseinträge beträgt 7439.

Der zweite Band „Das Ander Kinderbuch des gemeinen Caftens“ vereinigt in sich auf 548 × 2 Folioseiten die Jahre 1550—1572 und enthält 11 220 Geburtsprotokolle. Das „Dritt Kinder Buch“ umfaßt die Jahre 1573—1585 auf 410 × 2 Folioseiten mit 7404 Einträgen.

Während diese drei Bände mit ihren 26 063 Protokollen

vollständig von mir durchgesehen worden sind, habe ich mich für die anderen Bände, also die Zeit nach 1585, darauf beschränkt, alle fünf Jahre bis zum Jahre 1830 einen Monat, von 1835—1870 etwa einen halben Monat, von 1875—1900 etwa einen viertel Monat vollständig auszuschreiben. Um nun auch von 1585 rückwärts derselben Reihe folgen zu können, habe ich auch für die Jahre 1533—1585 alle fünf Jahre einen ganzen Monat ausgeschrieben. Um jedoch nicht stets dabei die — vielleicht vorhandenen — Eigentümlichkeiten eines bestimmten Monats für die des betreffenden Jahres in Rechnung zu bekommen, habe ich von Jahrfünft zu Jahrfünft in der Wahl des in Rechnung zu stellenden Monats abgewechselt.[1]) Von der Zeit an, wo auch die Geburten der Juden in den Büchern angezeigt sind, habe ich nur den Juden eigentümliche Namen wie Aron, Levi, Meyer, Sally u. a. nicht aufgenommen, da diese für den allgemeinen Charakter unseres Namenschatzes keine Bedeutung besitzen und auch keine gewinnen können. Nicht so bin ich verfahren bei solchen Namen, die mit Vorliebe von Juden verwendet werden, wie Betty, Moriz, Simon, die jedoch, da sie auch unter den Christennamen begegnen, von Bedeutung für den Namenschatz werden können.

Die Untersuchung zieht also, wie aus dem Gesagten ersichtlich ist, für Frankfurt allerdings nur einen sehr geringen Teil aller in dem behandelten Zeitraum erteilten Namen heran, beruht jedoch für die Frage nach der Entstehung der Doppelvornamen auch hier auf vollständiger Induktion.

Im ganzen sind für die vorliegende Untersuchung über 60 000 Einträge durchgesehen und gegen 40 000 auf den folgenden Seiten verwendet worden.

Nach diesen Bemerkungen über die Beschaffenheit der Urkunden und den Umfang, in welchem sie herangezogen worden sind, gebe ich nunmehr die genauen statistischen Übersichten in der Reihenfolge Rüsselsheim, Flörsheim, Frankfurt.

---

[1]) Da ich jedoch bei dem ganzen Verfahren, ursprünglich in etwas anderer Absicht, mit dem Jahre 1650 begonnen hatte und erst später von da aus rückwärts ging, fängt die ganze Reihe mit dem Februar statt Januar an. Zur Sache selbst tut das ja freilich nichts.

Zweiter Abschnitt: Die Stoffsammlung.
(Statistische Übersichten.)

Aus der ersten Tabelle kann für jedes einzelne in die Untersuchung einbezogene Jahr die Zahl der Taufen (bezw. Geburten) [Spalte I] und die Zahl der dabei erteilten Doppelvornamen [Spalte II] abgelesen werden, und zwar einmal für die Gesamtheit der Geburten [Spalten I u. II], und sodann daneben für die Knaben [Spalten Ia u. II a] und Mädchen [Spalten I b u. II b] besonders. Für Frankfurt verteilt sich diese Übersicht auf zwei Tabellen, indem auf der ersten alle einzelnen Jahre von 1533 bis 1585 aufgeführt sind, auf der zweiten vom Jahre 1535 ab alle mit 5 oder 0 endigenden Jahre den Überblick bis zum Jahre 1900 geben. Die Ziffern wie 9 bedeuten stets die Gesamtsummen, solche wie *2* die Zahl der doppelten + drei- und mehrfachen Vornamen.

Es folgen die nach dem Vorbilde Jechts angelegten Tabellen über das Vorkommen der einzelnen Vornamen selbst, zunächst der einfachen Vornamen, dann der Doppelvornamen. [1]) Diese Tabellen erlauben uns, für jeden einzelnen Namen die Zeit seines Auftretens abzulesen und zu sehen, wie oft er vorkommt. Dabei ist für Rüsselsheim und Flörsheim der ganze Zeitraum in Jahrzehnte zerlegt, die jedoch von Mitte zu Mitte der von 0 und 9 eingeschlossenen Jahrzehnte gerechnet sind. Diese Einteilung erfolgte einerseits mit Rücksicht auf den gemeinsamen Endpunkt 1905 (der Anfangspunkt ist ja bei beiden Gemeinden verschieden), andererseits erwies sie sich auch aus anderen in den Veränderungen des Namenschatzes selbst liegenden Gründen als zweckmäßig. Bei der Übersicht für Frankfurt ist dagegen die Zeit in Abschnitte von 30 Jahren (dargestellt anscheinend nur durch 25 Jahre) eingeteilt. Eine Einteilung in kleinere Zeitabschnitte schien für die Beurteilung der Namengebung unnötig, eine Einteilung in größere Abschnitte wurde deshalb nicht gewählt, weil sich gerade bei der von mir getroffenen die meisten Berührungspunkte mit den in Rüsselsheim und Flörsheim gemachten Abschnitten boten.

---

[1]) Die Tabellen der drei- und mehrfachen Vornamen stehen da, wo diese Vornamengattungen besonders behandelt werden.

Statistische Übersichten für Rüsselsheim.

Tabelle Nr. 1.

1586—1645.

Spalten	I	II	Ia	IIa	Ib	IIb		I	II	Ia	IIa	Ib	IIb		I	II	Ia	IIa	Ib	IIb
Rüsselsheim	Gesamtziffer		Knaben		Mädchen		Rüsselsheim	Gesamtziffer		Knaben		Mädchen		Rüsselsheim	Gesamtziffer		Knaben		Mädchen	
1586	7		3		4		1606	19	1	12		7	1	1626	20	4	13	2	7	2
87	20	2	9	2	11		07	17		12		5		27	16	2	10	1	6	1
88	25		11		14		08	24		14		10		28	24	6	8	3	16	3
89	14	1	5		9	1	09	18	1	6		12	1	29	20	4	11	2	9	2
90	27	2	11		16	2	10	15	2	7		8	2	30	26	12	14	6	12	6
91	20	2	12	1	8	1	11	18		10		8		31	21	8	10	4	11	4
92	19	3	9	3	10		12	19	1	8		11	1	32	14	3	7	2	7	1
93	25		12		13		13	13		6		7		33	18	3	5	1	13	2
94	27	2	13		14	2	14	26		12		14		34	30	10	10	4	20	6
95	27		11		16		15	24	2	15	1	9	1	35	24	13	31	7	22	6
	(211)	(12)	(96)	(6)	(115)	(6)		(193)	(7)	(102)	(1)	(91)	(6)		(243)	(66)	(119)	(32)	(123)	(34)
1596	17		9		8		1616	22	1	10		12	1	1636	30	8	18	5	12	3
97	21	3	15	2	6	1	17	23	5	15	4	8	1	37	20	7	11	4	9	3
98	15	1	8		7	1	18	18	5	8		9	5	38	22	12	9	4	13	8
99	13		6		7		19	23	3	7	1	16	2	39	15	6	5	2	10	4
1600	24	2	17		7	2	20	21	3	11	1	10	2	40	52	25	25	12	27	13
01	15	4	9	2	6	2	21	24	5	10	3	14	2	41	16	9	10	4	6	5
02	19	2	10	1	9	1	22	12	4	7	2	5	2	42	36	21	14	5	22	16
03	22	1	11		11	1	23	23	6	10	4	13	2	43	18	11	10	2	18	9
04	18	1	10		8	1	24	17	7	14	6	3	1	44	47	18	25	8	22	10
05	20		11		9		25	17	3	11	2	6	1	45	41	19	23	11	18	8
	(184)	(14)	(106)	(5)	(78)	(9)		(200)	(42)	(103)	(23)	(96)	(19)		(307)	(136)	(150)	(58)	(157)	(78)

Anmerkung. Wo die Gesamtsumme der Namen nicht durch die Summen der Knaben- und Mädchennamen erreicht wird, handelt es sich um solche Fälle, in welchen nicht angegeben ist, ob das getaufte Kind ein Knabe oder ein Mädchen war.

Tabelle Nr. 1.

1646—1705.

Rüsselsheim	Gesamtziffer		Knaben		Mädchen		Rüsselsheim	Gesamtziffer		Knaben		Mädchen		Rüsselsheim	Gesamtziffer		Knaben		Mädchen	
1646	42	*17*	18	*5*	24	*12*	1666	21	*12*	15	*7*	6	*5*	1686	28	*20*	12	*8*	16	*12*
47	40	*16*	26	*10*	14	*6*	67	23	*17*	9	*7*	14	*10*	87	27	*21*	18	*13*	9	*8*
48	27	*11*	15	*6*	12	*5*	68	14	*9*	10	*6*	4	*3*	88	28	*20*	14	*10*	14	*10*
49	16	*10*	9	*6*	7	*4*	69	22	*15*	6	*4*	16	*11*	89	30	*24*	11	*11*	19	*13*
50	26	*13*	9	*4*	17	*9*	70	25	*16*	14	*7*	11	*9*	90	19	*15*	8	*7*	11	*8*
51	16	*7*	10	*5*	6	*2*	71	22	*14*	13	*9*	9	*5*	91	25	*22*	11	*10*	14	*12*
52	22	*11*	14	*9*	8	*2*	72	20	*14*	11	*6*	9	*8*	92	18	*13*	11	*8*	7	*5*
53	23	*9*	12	*3*	11	*6*	73	10	*5*	6	*2*	4	*3*	93	20	*17*	15	*12*	5	*5*
54	16	*9*	8	*4*	8	*5*	74	23	*16*	11	*6*	12	*10*	94	10	*9*	6	*5*	4	*4*
55	28	*17*	16	*10*	12	*7*	75	22	*16*	8	*6*	14	*10*	95	17	*12*	6	*3*	11	*9*
	(256)	*(119)*	(137)	*(61)*	(119)	*(58)*		(202)	*(134)*	(103)	*(60)*	(99)	*(74)*		(222)	*(172)*	(112)	*(86)*	(110)	*(86)*
1656	28	*17*	16	*9*	12	*8*	1676	24	*14*	9	*6*	15	*8*	1696	21	*14*	16	*10*	5	*4*
57	16	*10*	8	*4*	8	*6*	77	27	*15*	20	*9*	7	*6*	97	33	*26*	17	*12*	16	*14*
58	21	*17*	9	*6*	12	*11*	78	27	*23*	11	*8*	16	*15*	98	23	*19*	15	*12*	8	*7*
59	25	*15*	9	*5*	16	*10*	79	31	*20*	16	*8*	15	*12*	99	35	*29*	14	*13*	21	*16*
60	21	*14*	8	*5*	13	*9*	80	31	*25*	19	*15*	12	*10*	1700	26	*21*	10	*10*	16	*11*
61	26	*21*	14	*10*	12	*11*	81	29	*22*	8	*6*	21	*16*	01	25	*19*	13	*10*	12	*9*
62	21	*15*	13	*11*	8	*4*	82	25	*23*	13	*12*	12	*11*	02	25	*22*	14	*11*	11	*11*
63	23	*17*	11	*8*	12	*9*	83	26	*22*	8	*8*	18	*14*	03	30	*27*	18	*15*	12	*12*
64	11	*8*	7	*4*	4	*4*	84	27	*21*	18	*14*	9	*7*	04	35	*19*	13	*8*	12	*11*
65	24	*14*	9	*5*	13	*9*	85	20	*18*	12	*10*	8	*8*	05	31	*26*	17	*14*	14	*12*
	(216)	*(147)*	(114)	*(75)*	(110)	*(80)*		(267)	*(203)*	(134)	*(90)*	(133)	*(113)*		(274)	*(221)*	(147)	*(115)*	(127)	*(106)*

1706—1765. Tabelle Nr. 1.

Rüsselsheim	Gesamtziffer		Knaben		Mädchen		Rüsselsheim	Gesamtziffer		Knaben		Mädchen		Rüsselsheim	Gesamtziffer		Knaben		Mädchen	
1706	22	*17*	14	*11*	8	*6*	1726	29	*23*	15	*11*	14	*12*	1746	32	*29*	20	*17*	12	*12*
07	27	*24*	15	*12*	12	*12*	27	23	*18*	12	*10*	11	*8*	47	30	*27*	17	*14*	13	*13*
08	23	*21*	14	*13*	9	*8*	28	25	*22*	14	*12*	11	*10*	48	25	*20*	15	*11*	10	*9*
09	25	*23*	14	*12*	11	*11*	29	32	*29*	12	*12*	20	*17*	49	41	*32*	27	*19*	14	*13*
10	16	*12*	5	*5*	10	*7*	30	23	*21*	11	*10*	12	*11*	50	25	*21*	14	*11*	11	*10*
11	25	*17*	15	*9*	10	*8*	31	28	*23*	17	*15*	11	*8*	51	29	*24*	16	*12*	13	*12*
12	23	*19*	11	*9*	12	*10*	32	29	*26*	14	*13*	15	*13*	52	33	*29*	20	*16*	13	*13*
13	23	*19*	11	*7*	12	*12*	33	25	*22*	14	*13*	11	*9*	53	27	*24*	15	*13*	12	*11*
14	23	*16*	10	*7*	13	*9*	34	33	*26*	15	*9*	18	*17*	54	33	*25*	16	*11*	17	*14*
15	31	*23*	18	*12*	13	*11*	35	37	*28*	18	*14*	19	*14*	55	30	*25*	14	*9*	16	*16*
	(238)	(*191*)	(127)	(*97*)	(110)	(*94*)		(284)	(*238*)	(142)	(*119*)	(142)	(*119*)		(305)	(*256*)	(174)	(*133*)	(131)	(*123*)
1716	26	*22*	11	*8*	14	*14*	1736	28	*23*	14	*11*	14	*12*	1756	31	*23*	13	*9*	18	*14*
17	30	*23*	16	*11*	14	*12*	37	28	*24*	15	*13*	13	*11*	57	39	*37*	21	*20*	18	*17*
18	25	*23*	12	*11*	13	*12*	38	29	*24*	13	*10*	16	*14*	58	25	*24*	14	*14*	11	*10*
19	28	*23*	16	*14*	12	*9*	39	24	*21*	14	*11*	10	*10*	59	34	*28*	15	*11*	19	*17*
20	20	*19*	9	*8*	11	*11*	40	28	*25*	13	*10*	15	*15*	60	21	*16*	14	*10*	7	*6*
21	22	*20*	9	*8*	13	*12*	41	25	*21*	12	*10*	13	*11*	61	33	*26*	16	*11*	17	*15*
22	23	*20*	9	*8*	14	*12*	42	28	*26*	6	*5*	22	*21*	62	27	*21*	13	*7*	14	*14*
23	15	*12*	6	*4*	9	*8*	43	14	*14*	6	*6*	8	*8*	63	34	*29*	19	*14*	15	*15*
24	27	*23*	11	*8*	16	*15*	44	20	*19*	11	*10*	9	*9*	64	33	*24*	16	*8*	17	*16*
25	28	*27*	16	*15*	12	*12*	45	28	*24*	13	*11*	15	*13*	65	30	*24*	18	*14*	12	*10*
	(244)	(*213*)	(115)	(*97*)	(128)	(*116*)		(252)	(*221*)	(117)	(*97*)	(135)	(*124*)		(307)	(*252*)	(159)	(*118*)	(148)	(*134*)

1766—1825. Tabelle Nr. 1.

Rüsselsheim	Gesamtziffer		Knaben		Mädchen		Rüsselsheim	Gesamtziffer		Knaben		Mädchen		Rüsselsheim	Gesamtziffer		Knaben		Mädchen	
1766	33	*27*	14	*10*	19	*17*	1786	33	*32*	18	*17*	15	*15*	1806	32	*26*	19	*17*	13	*9*
67	34	*27*	19	*15*	15	*12*	87	29	*27*	20	*18*	9	*9*	07	33	*24*	22	*16*	11	*8*
68	31	*29*	15	*15*	16	*14*	88	26	*14*	14	*12*	12	*12*	08	41	*37*	14	*11*	27	*26*
69	33	*26*	21	*14*	12	*12*	89	31	*27*	17	*13*	14	*14*	09	44	*40*	20	*18*	24	*22*
70	25	*21*	12	*9*	13	*12*	90	31	*28*	18	*16*	13	*12*	10	39	*38*	20	*20*	19	*18*
71	21	*20*	19	*8*	12	*12*	91	37	*31*	20	*16*	17	*15*	11	56	*51*	24	*22*	32	*29*
72	33	*28*	22	*18*	11	*10*	92	33	*29*	14	*14*	19	*15*	12	39	*38*	23	*22*	16	*16*
73	19	*18*	13	*12*	6	*6*	93	31	*26*	14	*11*	17	*15*	13	46	*41*	28	*25*	18	*16*
74	28	*24*	16	*13*	12	*11*	94	33	*19*	24	*14*	9	*5*	14	40	*31*	17	*14*	23	*17*
75	33	*32*	19	*18*	14	*14*	95	31	*26*	16	*14*	15	*12*	15	49	*31*	22	*10*	27	*21*
	(290)	*(252)*	(160)	*(132)*	(130)	*(120)*		(315)	*(269)*	(175)	*(145)*	(140)	*(124)*		(419)	*(357)*	(209)	*(175)*	(210)	*(182)*
1776	22	*22*	14	*14*	8	*8*	1796	19	*13*	8	*5*	11	*8*	1816	46	*37*	23	*19*	23	*18*
77	35	*30*	15	*13*	20	*17*	97	40	*35*	23	*20*	17	*15*	17	48	*34*	31	*19*	17	*15*
78	21	*20*	13	*12*	8	*8*	98	33	*23*	14	*9*	19	*14*	18	48	*39*	24	*16*	24	*23*
79	30	*24*	20	*14*	10	*10*	99	27	*24*	12	*10*	15	*14*	19	39	*27*	26	*16*	13	*11*
80	40	*38*	23	*22*	17	*16*	1800	37	*32*	22	*17*	15	*15*	20	46	*40*	25	*21*	21	*19*
81	26	*22*	16	*13*	10	*9*	01	27	*22*	17	*12*	10	*10*	21	41	*25*	25	*14*	16	*11*
82	27	*25*	15	*13*	12	*12*	02	36	*33*	15	*13*	21	*20*	22	48	*39*	29	*24*	19	*15*
83	26	*23*	12	*10*	14	*13*	03	31	*26*	23	*19*	8	*7*	23	39	*31*	21	*15*	18	*16*
84	36	*33*	20	*18*	16	*15*	04	33	*31*	22	*20*	11	*11*	24	48	*38*	28	*23*	20	*15*
85	29	*29*	18	*18*	11	*11*	05	39	*32*	15	*14*	24	*18*	25	43	*34*	20	*15*	23	*19*
	(292)	*(266)*	(166)	*(147)*	(126)	*(119)*		(322)	*(271)*	(171)	*(139)*	(151)	*(132)*		(446)	*(344)*	(252)	*(182)*	(194)	*(162)*

1826—1885. Tabelle Nr. 1.

Rüsselsheim	Gesamtziffer		Knaben		Mädchen		Rüsselsheim	Gesamtziffer		Knaben		Mädchen		Rüsselsheim	Gesamtziffer		Knaben		Mädchen	
1826	40	*26*	14	*11*	26	*15*	1846	56	*15*	29	*4*	27	*11*	1866	75	*28*	33	*16*	42	*12*
27	51	*27*	15	*11*	26	*16*	47	67	*24*	35	*8*	32	*16*	67	68	*24*	33	*14*	35	*10*
28	53	*19*	32	*10*	21	*9*	48	56	*14*	28	*5*	28	*9*	68	74	*22*	39	*10*	35	*12*
29	47	*27*	26	*12*	21	*15*	49	65	*15*	31	*1*	34	*14*	69	78	*25*	41	*12*	37	*13*
30	49	*19*	24	*6*	25	*13*	50	74	*35*	41	*17*	33	*18*	70	87	*27*	42	*10*	45	*17*
31	53	*21*	26	*10*	27	*11*	51	60	*17*	24	*6*	36	*11*	71	65	*12*	29	*6*	36	*6*
32	41	*16*	20	*5*	21	*11*	52	56	*12*	31	*5*	25	*7*	72	71	*22*	39	*7*	32	*15*
33	62	*25*	27	*8*	35	*17*	53	69	*13*	30	*4*	39	*9*	73	91	*20*	46	*10*	45	*10*
34	50	*15*	26	*3*	24	*12*	54	54	*15*	31	*6*	23	*9*	74	80	*16*	37	*8*	43	*8*
35	54	*16*	31	*9*	23	*7*	55	62	*14*	35	*6*	27	*8*	75	108	*27*	57	*14*	51	*13*
	(500)	(*211*)	(351)	(*85*)	(249)	(*126*)		(619)	(*174*)	(315)	(*62*)	(304)	(*112*)		(797)	(*223*)	(396)	(*107*)	(401)	(*116*)
1836	78	*26*	47	*11*	31	*15*	1856	65	*10*	32	*4*	33	*6*	1876	86	*19*	37	*5*	49	*14*
37	53	*22*	27	*10*	26	*12*	57	63	*10*	26	*2*	37	*8*	77	89	*18*	46	*9*	43	*9*
38	73	*26*	38	*14*	35	*12*	58	53	*10*	23		30	*10*	78	87	*17*	41	*5*	46	*12*
39	58	*23*	34	*7*	24	*16*	59	64	*13*	28	*3*	36	*10*	79	99	*22*	50	*12*	49	*10*
40	70	*18*	38	*6*	32	*12*	60	65	*32*	25	*20*	40	*12*	80	83	*22*	38	*10*	45	*12*
41	66	*20*	34	*8*	32	*12*	61	68	*15*	34	*6*	34	*9*	81	104	*20*	55	*9*	49	*11*
42	66	*29*	33	*13*	33	*16*	62	56	*10*	32	*4*	24	*6*	82	97	*21*	51	*9*	46	*12*
43	68	*25*	35	*10*	33	*15*	63	67	*17*	34	*9*	33	*8*	83	91	*20*	36	*5*	55	*15*
44	69	*29*	34	*15*	35	*14*	64	77	*23*	38	*8*	39	*15*	84	110	*27*	66	*11*	44	*16*
45	62	*24*	33	*11*	29	*13*	65	74	*12*	49	*9*	25	*3*	85	96	*26*	51	*8*	45	*18*
	(663)	(*242*)	(353)	(*105*)	(310)	(*137*)		(652)	(*152*)	(321)	(*65*)	(331)	(*87*)		(942)	(*212*)	(417)	(*83*)	(471)	(*129*)

1886—1905. Tabelle Nr. 1.

Rüsselsheim	Gesamtziffer		Knaben		Mädchen		Rüsselsheim	Gesamtziffer		Knaben		Mädchen	
1886	110	*29*	59	*11*	51	*18*	1896	111	*41*	61	*16*	50	*25*
87	90	*23*	42	*10*	48	*13*	97	107	*29*	54	*17*	53	*12*
88	94	*21*	51	*10*	43	*11*	98	108	*31*	54	*16*	54	*15*
89	92	*27*	41	*10*	51	*17*	99	119	*45*	70	*23*	49	*22*
90	109	*42*	52	*14*	57	*28*	1900	125	*42*	54	*17*	71	*25*
91	95	*24*	49	*10*	46	*14*	01	130	*54*	58	*19*	72	*35*
92	109	*24*	59	*12*	50	*12*	02	128	*38*	65	*19*	63	*19*
93	108	*31*	61	*15*	47	*16*	03	115	*35*	56	*17*	59	*18*
94	87	*29*	40	*14*	47	*15*	04	120	*32*	64	*18*	56	*14*
95	117	*35*	68	*20*	49	*15*	1905	109	*33*	58	*19*	51	*14*
	(1011)	(*285*)	(522)	(*126*)	(489)	(*159*)		(1172)	(*380*)	(594)	(*181*)	(578)	(*199*)

Tabelle Nr. 2a. Ein

	1586—1595	1596—1605	1606—1615	1616—1625	1626—1635	1636—1645	1646—1655	1656—1665	1666—1675	1676—1685	1686—1695	1696—1705	1706—1715	1716—1725
1. Adam	4	2	1	.	.	4	1	2	4	1	2	1	1	.
2. Adolf	.	.	.	.	.	.	.	.	.	.	.	.	.	.
3. Albert	.	.	.	.	.	.	.	.	.	.	.	.	.	.
4. Albin	.	.	.	.	.	.	.	.	.	.	.	.	.	.
5. Alexander	.	.	.	.	.	.	.	.	.	.	.	.	.	.
6. Andreas	.	.	.	.	1	.	2	1	.	4	2	2	1	.
7. Anton	.	.	.	1	4	1	.	.	.	1	.	.	.	.
8. August	.	.	.	.	.	.	.	.	.	.	.	.	.	.
9. Balthasar	1	1	3	.	1	3	2	1	1	1	.	.	1	.
10. Bartholomäus	.	.	1	.	.	.	1	.	2	2	2	1	2	.
11. Benedikt	.	.	.	.	1	.	.	.	.	.	.	.	.	.
12. Bernhard	.	1	1	.	1	1	.	.	1	1	.	.	.	.
13. Burkhard	.	.	.	.	.	1	1	1	.	.	.	.	.	.
14. Carl	.	.	.	.	.	.	.	.	.	.	.	.	.	.
15. Caspar	1	.	.	.	1	2	1	2	4	1	.	.	.	.
16. Christian	1	.	.	.	2	.	.	.	2	.	.	.	.	.
17. Christoph	6	6	2	2	1	5	3	2	2	3	.	2	1	.
18. Conrad	1	4	3	9	3	2	2	.	1	.	.	.	.	1
19. Constantin	.	.	.	.	.	.	.	.	.	.	.	.	.	.
20. Daniel	.	.	2	.	.	.	1	.	.	.	.	.	.	.
21. Dietrich	.	.	.	.	.	.	.	.	.	.	.	.	.	1
22. Eberhard	.	.	.	.	.	1	1	.	.	.	.	.	.	.
23. Elias	.	.	.	.	.	.	.	.	.	.	1	.	.	1
24. Emil	.	.	.	.	.	.	.	.	.	.	.	.	.	.
25. Erich	.	.	.	.	.	.	.	.	.	.	.	.	.	.

fache Mannsnamen.

1726 — 1735	1736 — 1745	1746 — 1755	1756 — 1765	1766 — 1775	1776 — 1785	1786 — 1795	1796 — 1805	1806 — 1815	1816 — 1825	1826 — 1835	1836 — 1845	1846 — 1855	1856 — 1865	1866 — 1875	1876 — 1885	1886 — 1895	1896 — 1905
.	3	4	2	.	.	.	.	1	1	19	19	18	25	21	32	35	30
.	.	.	.	.	.	.	.	.	.	.	.	2	1	2	4	2	2
.	.	.	.	.	.	.	.	.	.	.	1	.	.	.	.	.	1
.	.	.	.	.	.	.	.	.	.	.	.	.	.	.	.	.	1
.	.	.	.	.	.	.	.	.	.	.	.	.	1	.	1	2	1
3	.	1	.	.	.	.	.	1	.	.	.	.	.	.	.	.	.
.	.	.	.	.	.	.	.	.	.	.	.	.	.	.	1	1	.
.	.	.	.	.	.	.	.	1	.	.	2	4	4	4	9	10	6
.	.	.	2	1	.	1	.	.	2	3	1	3	2	1	2	3	.
.	.	.	.	.	.	.	.	.	.	.	.	.	.	.	.	.	.
.	.	.	.	.	.	.	.	.	.	.	.	.	.	.	.	.	.
.	.	.	.	1	.	.	.	.	.	.	.	.	.	.	1	.	.
.	.	.	.	.	.	.	.	.	.	.	.	.	.	.	.	.	.
.	.	.	.	.	.	.	.	1	.	.	4	5	5	11	18	28	26
.	.	.	.	.	.	.	.	.	.	.	.	.	.	.	.	.	.
.	.	.	1	.	.	1	.	.	2	1	10	5	3	3	7	8	6
1	2	4	1	2	.	.	.	1	1	1	2	1	3	2	1	1	1
.	.	.	1	.	.	1	.	.	2	1	2	2	2	1	1	3	1
.	.	.	.	.	.	.	.	.	.	.	.	.	.	.	.	1	.
.	.	.	.	.	.	.	.	2	.	7	7	6	5	8	3	3	.
.	.	.	.	.	.	.	.	.	.	.	.	.	.	.	.	.	.
.	.	.	.	.	.	.	.	.	.	.	.	.	.	.	.	.	.
.	.	1	.	.	.	.	.	.	.	.	.	.	.	.	.	.	.
.	.	.	.	.	.	.	.	.	.	.	.	.	.	.	.	1	.
.	.	.	.	.	.	.	.	.	.	.	.	.	.	.	.	.	2

	1586—1595	1596—1605	1606—1615	1616—1625	1626—1635	1636—1645	1646—1655	1656—1665	1666—1675	1676—1685	1686—1695	1696—1705	1706—1715	1716—1725
26. Ernst	.	.	.	.	.	.	.	.	.	.	.	.	.	.
27. Eugen	.	.	.	.	.	.	.	.	.	.	.	.	.	.
28. Ewalt	4	3	.	.	.	.	.	.	.	.	.	.	.	.
29. Ferdinand	.	.	.	.	.	.	.	.	.	.	.	.	.	.
30. Franz	.	.	.	.	.	.	.	.	.	.	.	.	.	.
31. Friedrich	.	1	1	1	1	.	.	.	.	.	.	.	.	.
32. Georg	.	2	1	1	1	2	4	.	1	1	.	1	.	.
33. Gottfried	.	.	.	.	.	.	.	.	.	.	.	.	.	.
34. Gotthard	.	.	.	.	1	.	.	.	.	.	.	.	.	.
35. Gottlieb	.	.	.	.	.	.	.	.	.	.	.	.	.	.
36. Günther	.	.	.	.	.	.	1	.	.	.	.	.	.	.
37. Gustav	.	.	.	.	.	.	.	.	.	.	.	.	.	.
38. Hartmann	.	.	.	.	.	.	.	.	.	.	.	1	.	.
39. Heinrich	3	1	4	.	1	1	2	1	1	1	.	1	.	.
40. Helfrich	.	.	.	.	.	.	.	.	.	.	.	.	.	.
41. Hermann	.	.	.	.	.	.	.	.	.	.	.	.	.	.
42. Hugo	.	.	.	.	.	.	.	.	.	.	.	.	.	.
43. Jacob	10	3	3	2	4	8	1	.	.	.	.	.	.	.
44. Jeremias	.	.	.	.	3	.	.	1	.	.	.	.	.	.
45. Johann	22	31	29	21	29	28	20	11	14	9	12	18	18	15
46. Joseph	.	.	.	.	.	.	.	.	.	.	.	.	.	.
47. Jost	1	5	.	.	1	.	.	.	.	1	.	.	.	.
48. Israel	.	.	.	.	.	.	.	.	.	.	.	.	.	.
49. Julius	.	.	.	.	.	.	.	.	.	.	.	1	.	.
50. Justus	.	.	1	.	1	.	.	.	.	.	.	.	.	.

1726 — 1735	1736 — 1745	1746 — 1755	1756 — 1765	1766 — 1775	1776 — 1785	1786 — 1795	1796 — 1805	1806 — 1815	1816 — 1825	1826 — 1835	1836 — 1845	1846 — 1855	1856 — 1865	1866 — 1875	1876 — 1885	1886 — 1895	1896 — 1905
.	.	.	.	.	.	.	.	.	.	.	.	.	1	3	5	5	4
.	.	.	.	.	.	.	.	.	.	.	.	.	.	.	.	2	2
.	.	.	.	.	.	.	.	.	.	.	.	.	.	.	.	.	.
.	.	.	.	.	.	.	.	.	.	.	.	.	.	1	.	.	1
.	.	.	.	.	.	.	.	.	1	.	.	1	.	.	4	1	2
1	.	.	.	.	.	.	1	.	1	4	9	8	12	14	18	30	28
1	.	.	.	.	.	.	.	2	4	16	36	32	24	34	39	43	33
.	.	.	.	.	.	.	.	.	.	.	.	.	.	1	1	2	1
.	.	.	.	.	.	.	.	.	.	.	.	.	.	.	.	.	.
.	.	.	.	.	.	.	.	.	1	.	.	.	.	.	.	3	.
.	.	.	.	.	.	.	.	.	.	.	.	.	.	.	.	.	.
.	.	.	.	.	.	.	.	.	.	.	.	.	.	1	.	.	1
.	.	.	.	.	.	.	.	.	.	.	.	.	.	.	.	.	.
.	.	1	.	.	.	.	.	.	1	7	20	22	26	32	41	47	56
.	.	.	.	.	.	.	.	.	.	1	.	.	.	.	.	.	.
.	.	.	.	.	.	.	.	.	.	.	1	4	.	.	3	1	4
.	.	.	.	.	.	.	.	.	.	.	.	.	.	.	.	.	1
.	.	.	5	2	.	3	.	3	4	24	38	47	30	39	43	29	39
.	.	.	.	.	.	.	.	.	.	.	.	.	.	.	.	.	.
14	16	27	24	20	19	25	30	21	37	22	26	28	26	22	41	25	20
.	.	.	.	.	.	.	.	.	.	.	.	.	1	.	1	1	1
.	.	.	.	.	.	.	.	.	.	.	.	.	.	.	.	.	.
.	.	1	.	.	.	.	.	.	.	.	.	.	.	.	.	.	.
.	.	.	.	.	.	.	.	.	.	.	1	.	.	.	1	.	1
.	.	.	.	.	.	.	.	.	.	1	3	.	2	1	1	.	.

	1586–1595	1596–1605	1606–1615	1616–1625	1626–1635	1636–1645	1646–1655	1656–1665	1666–1675	1676–1685	1686–1695	1696–1705	1706–1715	1716–1725
51. Leonhard	.	.	.	.	.	.	.	.	2	1	.	.	.	.
52. Leopold	.	.	.	.	.	.	.	.	.	.	.	.	.	.
53. Lorenz	.	.	.	1	1	.	.	.	.	.	.	.	.	.
54. Louis	.	.	.	.	.	.	.	.	.	.	.	.	.	.
55. Ludwig	2	1	.	.	.	.	.	.	.	.	.	.	.	.
56. Marcus	.	.	.	.	.	.	.	.	.	.	.	.	.	.
57. Martin	2	7	5	4	3	6	2	1	.	1	3	.	.	.
58. Matthäus	.	.	.	.	.	.	.	.	.	.	.	.	1	.
59. Matthias	.	2	.	.	.	.	1	.	.	.	.	.	.	.
60. Melchior	.	.	.	.	.	1	1	1	.	.	.	.	.	.
61. Michael	1	1	1	6	2	1	1	.	1	.	.	.	.	.
62. Nicolaus	9	7	6	6	3	6	1	1	1	.	.	.	.	.
63. Otto	.	.	.	.	.	.	.	.	.	.	.	.	.	.
64. Paul	2	.	3	.	3	3	1	.	1	.	.	.	.	.
65. Peter	1	3	2	4	.	4	1	1	.	1	1	1	.	.
66. Philipp	15	14	22	12	5	7	6	5	3	5	1	2	2	.
67. Reinhard	.	.	.	.	.	.	.	2	.	.	.	.	.	.
68. Richard	.	.	.	.	.	.	.	.	.	.	.	.	.	.
69. Ruben	.	.	.	1	.	.	.	.	.	.	.	.	.	.
70. Rudolf	1	2	.	.	.	.	.	1	.	.	.	.	.	.
71. Theodor	.	.	.	.	.	.	.	.	.	.	.	.	.	.
72. Valentin	.	1	1	.	.	2	.	.	.	.	.	.	.	.
73. Vincenz	.	.	.	.	1	.	.	.	.	.	.	.	.	.
74. Waldemar	.	.	.	.	.	.	.	.	.	.	.	.	.	.
75. Walther	.	.	.	.	1	.	.	.	.	.	.	.	.	.

1726—1735	1736—1745	1746—1755	1756—1765	1766—1775	1776—1785	1786—1795	1796—1805	1806—1815	1816—1825	1826—1835	1836—1845	1846—1855	1856—1865	1866—1875	1876—1885	1886—1895	1896—1905
.	.	.	.	.	.	.	.	.	.	.	.	.	.	.	.	.	.
.	.	.	.	.	.	.	.	.	.	.	1	.	.	.	1	.	.
.	.	.	.	.	.	.	.	.	1	.	.	2	1	.	2	1	1
.	.	.	.	.	.	.	.	.	.	.	.	1	.	1	.	.	.
.	.	.	.	.	.	.	.	.	1	.	11	7	5	9	15	26	24
.	.	.	.	.	.	.	.	.	.	.	.	1	.	.	.	.	.
.	.	.	.	.	.	1	.	.	3	10	.	5	10	4	1	8	2
1	.	1	.	.	.	.	.	.	.	.	1	1	.	1	.	.	.
.	.	.	.	.	.	.	.	.	.	.	.	.	.	.	.	.	.
.	.	.	.	.	.	.	.	.	.	.	.	.	.	.	.	.	.
.	.	.	1	.	.	.	.	1	.	3	3	1	.	1	.	.	1
.	.	1	.	.	.	.	.	.	.	.	.	.	.	1	.	.	.
.	.	.	.	.	.	.	.	.	.	.	.	.	.	.	1	.	4
.	.	.	.	.	.	.	.	.	.	.	.	.	.	1	.	.	1
.	.	.	3	1	.	.	2	2	2	17	19	16	23	24	16	16	23
2	.	3	2	1	.	.	.	.	4	18	17	22	26	30	35	22	34
.	.	.	.	.	.	.	.	.	.	.	.	.	.	.	.	.	.
.	.	.	.	.	.	.	.	.	.	.	.	.	.	.	1	.	.
.	.	.	.	.	.	.	.	.	.	.	.	.	.	.	.	.	.
.	.	.	.	.	.	.	.	.	.	.	.	.	.	.	.	.	1
.	.	.	.	.	.	.	.	.	.	.	.	.	1	1	1	.	2
.	.	.	.	.	.	.	.	.	.	.	1	1	.	.	.	.	2
.	.	.	.	.	.	.	.	.	.	.	.	.	.	.	.	.	.
.	.	.	.	.	.	.	.	.	.	.	.	.	.	.	.	.	1
.	.	.	.	.	.	.	.	.	.	.	.	.	.	.	.	.	.

	1586 — 1595	1596 — 1605	1606 — 1615	1616 — 1625	1626 — 1635	1636 — 1645	1646 — 1655	1656 — 1665	1666 — 1675	1676 — 1685	1686 — 1695	1696 — 1705	1706 — 1715	1716 — 1725
76. Weipert	.	.	.	.	.	.	.	.	.	.	1	.	.	.
77. Wendel(in)	2	.	.	1	.	.	.	1	.	1	.	.	.	.
78. Werner	.	.	.	1	2	1	1	.	.	1	.	.	.	.
79. Wilhelm	.	4	5	2	1	1	7	.	.	1	.	.	.	1
80. Wolf	1	.	.	.	.	.	.	.	.	.	.	.	.	.
81. Wolrat	.	.	.	.	.	.	.	.	.	.	.	.	1	.
(82.) Unbestimmt	.	.	4	6	4	2	12	6	2	1	1	.	.	.
Summe der verglichenen Namen	90	101	101	80	87	92	76	39	43	44	26	32	30	18
Summe d. verschiedenen Namen	21	22	21	17	29	23	25	16	16	18	9	11	9	5
in °/o	23	22	21	21	33	25	33	41	38	41	35	34	30	28

Tabelle Nr. 2b. Ein-

	1586 — 1595	1596 — 1605	1606 — 1615	1616 — 1625	1626 — 1635	1636 — 1645	1646 — 1655	1656 — 1665	1666 — 1675	1676 — 1685	1686 — 1695	1696 — 1705	1706 — 1715	1716 — 1725
1. Agatha	2	.	.	2	1	2	1	1	.	.	.	.	.	.
2. Agnes	1	.	1	.	.	1	.	.	.	.	.	.	.	.
3. Amalia	.	.	.	.	.	.	.	.	.	.	.	.	.	.
4. Anna	13	7	9	15	5	8	8	2	1	.	.	3	1	1
5. Antonetta	.	.	.	.	.	.	.	.	.	.	.	.	.	.
6. Apollonia	.	.	.	2	.	2	3	3	.	.	.	.	.	1
7. Augusta	.	.	.	.	.	.	.	.	.	.	.	.	.	.
8. Babetta	.	.	.	.	.	.	.	.	.	.	.	.	.	.
9. Barbara	15	1	1	2	1	5	4	.	.	.	1	1	.	.

1726–1735	1736–1745	1746–1755	1756–1765	1766–1775	1776–1785	1786–1795	1796–1805	1806–1815	1816–1825	1826–1835	1836–1845	1846–1855	1856–1865	1866–1875	1876–1885	1886–1895	1896–1905
.	.	.	.	.	.	.	.	.	.	.	.	.	.	.	.	.	.
.	.	.	.	.	.	.	.	.	.	.	.	.	.	.	.	.	.
.	.	.	.	.	.	.	.	.	.	.	.	.	.	.	.	.	.
.	.	.	.	.	.	.	.	.	4	10	16	8	12	15	33	34	45
.	.	.	.	.	.	.	.	.	.	.	.	.	.	.	.	.	.
.	.	.	.		.	.	.	.	.	.	.	.	.	.	.	.	.
.	.	.	.	.	.	.	.	.	.	.	.	.	.	.	.	.	.
23	20	41	41	28	19	30	32	34	70	266	248	253	256	289	388	396	413
6	3	10	10	7	1	5	3	11	18	18	25	27	25	30	34	31	39
26	15	24	24	25	5	17	9	32	26	7	10	11	9	10	9	8	9

fache Frauennamen.

1726–1735	1736–1745	1746–1755	1756–1765	1766–1775	1776–1785	1786–1795	1796–1805	1806–1815	1816–1825	1826–1835	1836–1845	1846–1855	1856–1865	1866–1875	1876–1885	1886–1895	1896–1905
.	.	1	.	.	.	.	.	.	.	.	.	.	.	.	.	.	.
.	.	.	.	.	.	.	.	.	.	.	.	.	.	1	.	.	.
.	.	.	.	.	.	1	.	.	.	.	1	1	1	2	.	.	.
.	.	.	.	.	.	.	.	.	.	1	.	2	4	8	15	25	33
.	.	.	.	.	.	.	.	.	.	.	.	.	1	.	.	.	.
.	.	1	.	.	.	.	.	.	.	.	.	.	.	.	.	.	1
.	.	.	.	.	.	.	.	.	.	.	1	.	1	.	2	3	4
.	.	.	.	.	.	.	.	.	.	.	.	.	1	.	.	.	2
.	.	.	.	.	.	.	.	.	1	.	1	.	2	1	3	4	2

	1586–1595	1596–1605	1606–1615	1616–1625	1626–1635	1636–1645	1646–1655	1656–1665	1666–1675	1676–1685	1686–1695	1696–1705	1706–1715	1716–1725
10. Bertha	.	.	.	.	.	.	.	.	.	.	.	.	.	.
11. Carolina	.	.	.	.	.	.	.	.	.	.	.	.	.	.
12. Catharina	28	11	17	10	14	17	7	3	1	3	.	1	.	1
13. Charlotte	.	.	.	.	.	.	.	.	.	.	.	.	.	.
14. Christiana	.	.	.	.	.	.	.	.	.	.	.	.	.	.
15. Christina	.	4	1	3	1	2	1	.	.	2	1	.	1	1
16. Clara	.	.	.	.	.	.	.	.	.	.	.	.	.	.
17. Dorothea	1	1	.	1	2	.	2	1	.	.	.	.	.	.
18. Eleonore	.	.	.	.	.	.	.	.	.	.	.	.	.	.
19. Elisabetha	10	8	16	6	8	8	4	5	3	3	2	1	1	.
20. Elise	.	.	.	.	.	.	.	.	.	.	.	.	.	.
21. Emerentia	.	1	.	.	.	.	.	.	.	.	.	.	.	.
22. Emilia	.	.	.	.	.	.	.	.	.	.	.	.	.	.
23. Emma	.	.	.	.	.	.	.	.	.	.	.	.	.	.
24. Erna	.	.	.	.	.	.	.	.	.	.	.	.	.	.
25. Ernestina	.	.	.	.	.	.	.	.	.	.	.	.	.	.
26. Esther	3	3	4	2	5	7	.	1	1	.	.	1	.	.
27. Eva	.	.	.	.	.	.	.	.	1	.	.	.	.	.
28. Francisca	.	.	.	.	.	.	.	.	.	.	.	.	.	.
29. Frida	.	.	.	.	.	.	.	.	.	.	.	.	.	.
30. Friederika	.	.	.	.	.	.	.	.	.	.	.	.	.	.
31. Gela	1	.	.	.	.	.	.	.	.	.	.	.	.	.
32. Gertrud	1	1	.	1	3	3	2	1	1	1	1	1	1	.
33. Hedwig	.	.	.	.	.	.	.	.	.	.	.	.	.	.
34. Helena	3	1	1	3	2	.	.	.	.	.	.	.	.	.

1726—1735	1736—1745	1746—1755	1756—1765	1766—1675	1776—1785	1786—1795	1796—1805	1806—1815	1816—1825	1826—1835	1836—1845	1846—1855	1856—1865	1866—1875	1876—1885	1886—1895	1896—1905
.	.	.	.	.	.	.	.	.	.	.	.	.	.	.	.	1	1
.	.	.	.	.	.	.	1	.	.	3	3	1	1	4	3	2	5
4	1	1	4	2	2	7	4	10	4	28	30	37	39	44	55	42	49
.	.	.	.	1	.	.	4	.	1	1	6	5	3	6	7	2	11
.	.	.	.	.	.	.	.	.	1	.	.	.	.	.	.	1	.
.	.	.	1	1	.	1	1	.	4	10	4	6	11	12	12	10	14
.	.	.	.	.	.	.	.	.	.	.	1	.	.	.	1	.	.
.	.	.	.	.	1	3	1	.	1	2	8	14	18	19	22	15	14
1	.	.	.	.	.	.	1	1	2	3	5	3	2	3	3	1	.
2	1	1	2	1	.	.	1	5	5	22	21	25	46	35	57	59	57
.	.	.	.	.	.	.	.	.	.	.	1	.	1	.	2	.	8
.	.	.	.	.	.	.	.	.	.	.	.	.	.	.	.	.	.
.	.	.	.	.	.	.	.	.	.	.	1	.	.	.	.	1	.
.	.	.	.	.	.	.	.	.	.	.	.	.	.	.	1	1	2
.	.	.	.	.	.	.	.	.	.	.	.	.	.	.	.	.	1
.	.	.	.	.	.	.	.	.	.	1	1	.	.	1	.	.	1
.	.	.	.	.	.	.	.	.	.	.	.	.	.	.	.	.	.
.	.	.	.	.	.	.	.	1	2	5	5	3	3	4	4	4	1
.	.	.	.	.	.	.	.	.	.	.	.	.	.	.	1	.	2
.	.	.	.	.	.	.	.	.	.	.	.	.	.	.	.	.	1
.	.	.	.	.	.	.	.	.	.	1	2	1	.	2	.	8	.
.	.	.	.	.	.	.	.	.	.	.	.	.	.	.	.	.	.
1	.	.	.	.	.	.	1	.	.	.	.	.	.	1	.	.	.
.	.	.	.	.	.	.	.	.	.	.	.	.	.	.	.	.	1
.	.	.	.	.	.	.	1	3	1	2	2	4	4	2	3	5	13

	1586–1595	1596–1605	1606–1615	1616–1625	1626–1635	1636–1645	1646–1655	1656–1665	1666–1675	1676–1685	1686–1695	1696–1705	1706–1715	1716–1725
35. Henrietta	.	.	.	.	.	.	.	.	.	.	.	.	.	.
36. Hertha	.	.	.	.	.	.	.	.	.	.	.	.	.	.
37. Hildegard	.	.	.	.	.	.	.	.	.	.	.	.	.	.
38. Jacobina	.	.	.	.	.	.	.	.	.	.	.	.	.	.
39. Ida	.	.	.	.	.	.	.	.	.	.	.	.	.	.
40. Johanna	.	.	.	.	.	.	.	.	.	.	.	.	.	.
41. Johannetta	.	.	.	.	.	.	.	.	.	.	.	.	.	.
42. Irma	.	.	.	.	.	.	.	.	.	.	.	.	.	.
43. Judith	1	.	2	.	.	.	.	.	.	.	.	.	.	.
44. Julia	.	.	.	.	.	.	.	.	.	.	1	.	.	.
45. Juliana	.	.	.	.	4	.	4	1	3	1	1	.	1	.
46. Justina	.	.	.	.	.	.	.	.	.	.	.	.	.	.
47. Kunigunde	.	2	1	.	2	.	.	.	.	.	.	.	.	.
48. Lina	.	.	.	.	.	.	.	.	.	.	.	.	.	.
49. Lisetta	.	.	.	.	.	.	.	.	.	.	.	.	.	.
50. Luise	.	.	.	.	.	.	.	.	.	.	.	.	.	.
51. Magdalena	2	3	5	1	3	3	2	.	1	3	2	.	1	.
52. Margaretha	17	17	10	14	11	7	7	1	7	3	5	6	1	2
53. Maria	3	3	1	2	2	1	.	.	.	.	.	.	.	.
54. Marianna	.	.	.	.	.	.	.	.	.	.	.	.	.	.
55. Martha	.	.	.	2	.	.	1	.	.	.	1	.	.	.
56. Mathilde	.	.	.	.	.	.	.	.	.	.	.	.	.	.
57. Mina	.	.	.	.	.	.	.	.	.	.	.	.	.	.
58. Nannetta	.	.	.	.	.	.	.	.	.	.	.	.	.	.
59. Ottilia	2	.	2	1	2	3	1	.	.	1	2	1	1	.

1726–1735	1736–1745	1746–1755	1756–1765	1766–1775	1776–1785	1786–1795	1796–1805	1806–1815	1816–1825	1826–1835	1836–1845	1846–1855	1856–1865	1866–1875	1876–1885	1886–1895	1896–1905
.	.	.	.	.	.	.	.	.	1	1	2	6	2	5	6	4	4
.	.	.	.	.	.	.	.	.	.	.	.	.	.	.	.	.	1
.	.	.	.	.	.	.	.	.	.	.	.	.	.	.	.	.	1
.	.	.	.	.	.	.	.	.	.	.	.	.	.	1	1	2	2
.	.	.	.	.	.	.	.	.	.	.	.	1	.	.	.	3	1
.	.	.	.	.	.	.	.	.	.	.	.	.	.	1	3	1	3
.	.	.	.	.	.	.	.	.	.	.	1	2	2	2	1	1	1
.	.	.	.	.	.	.	.	.	.	.	.	.	.	.	.	.	1
.	.	.	.	.	.	.	.	.	.	.	.	.	.	.	.	.	.
.	.	.	.	.	.	.	.	.	.	.	.	.	.	.	.	.	1
.	.	.	1	.	.	.	.	1	.	.	.	.	1	.	.	.	1
.	.	.	.	.	.	1	.	1	2	3	11	3	3	14	10	10	8
.	.	.	.	.	.	.	.	.	.	.	.	.	.	.	.	.	.
.	.	.	.	.	.	.	.	.	.	.	.	.	.	2	4	2	3
.	.	.	.	.	.	.	.	.	.	1	3	4	4	9	3	7	4
.	.	.	.	.	.	1	.	.	.	.	4	4	4	9	16	9	10
.	.	.	1	.	.	.	1	2	2	5	12	16	18	22	13	20	16
1	.	.	.	1	.	.	.	.	2	22	20	27	33	35	42	42	45
.	.	.	.	.	.	.	.	1	.	2	9	14	23	23	29	26	28
.	.	.	.	.	.	.	.	.	.	3	2	4	6	2	3	3	1
.	.	.	.	.	.	.	.	.	.	.	.	.	.	.	.	1	1
.	.	.	.	.	.	.	.	.	.	.	.	.	.	1	1	.	1
.	.	.	.	.	.	.	.	.	.	.	.	.	.	.	.	1	.
.	.	.	.	.	.	.	.	.	.	.	1	.	.	.	.	.	.
4	.	.	.	1	.	.	.	.	.	.	.	1	.	.	1	.	1

	1586–1595	1596–1605	1606–1615	1616–1625	1626–1635	1636–1645	1646–1655	1656–1665	1666–1675	1676–1685	1686–1695	1696–1705	1706–1715	1716–1725
60. Petronella	.	.	.	.	.	.	.	.	.	.	.	.	.	.
61. Philippina	.	.	.	.	.	.	.	.	.	.	1	.	.	.
62. Rahel	.	.	.	.	.	1	.	.	.	.	.	.	.	.
63. Rebecca	.	1	.	.	.	.	.	.	1	.	.	.	.	.
64. Regina	.	.	.	.	.	.	.	.	.	.	.	.	1	.
65. Rosa	.	.	.	.	.	.	.	.	.	.	.	.	.	.
66. Rosina	.	.	.	.	.	.	.	.	.	.	.	.	.	.
67. Sara	.	.	.	.	.	1	.	.	.	.	.	.	.	.
68. Sibylla	.	.	.	.	.	.	.	1	.	.	1	.	1	.
69. Sophia	.	.	.	.	.	.	.	1	.	.	.	.	.	.
70. Susanna	2	3	3	4	6	2	3	2	4	3	4	5	10	4
71. Thecla	.	.	.	.	.	.	.	.	.	.	.	.	.	.
72. Theresia	.	.	.	.	.	.	.	.	.	.	.	.	.	.
73. Ursula	.	1	.	.	.	.	.	.	.	.	.	.	.	.
74. Veronica	3	1	.	2	2	1	.	.	.	3	.	.	.	.
75. Wendelina	.	.	.	.	.	.	.	.	.	.	.	.	.	.
76. Wilhelmina	.	.	.	.	.	.	.	.	.	.	.	.	.	.
(77.) Unbestimmt	1	.	11	4	18	5	10	7	1	3	2	.	.	2
Summe der verglichenen Namen	109	69	85	77	89	79	61	30	25	20	24	21	16	12
Summe d. verschiedenen Namen	18	18	15	18	18	18	15	13	11	10	13	9	11	6
in %	17	26	18	23	20	23	25	43	44	50	54	43	69	50

1726–1735	1736–1745	1746–1755	1756–1765	1766–1775	1776–1785	1786–1795	1796–1805	1806–1815	1816–1825	1826–1835	1836–1845	1846–1855	1856–1865	1866–1875	1876–1885	1886–1895	1896–1905
.	.	.	.	.	.	.	.	.	.	.	.	.	.	.	.	.	1
.	.	.	.	.	.	.	.	.	.	1	2	2	.	.	3	1	1
.	.	.	.	.	.	.	.	.	.	.	.	.	.	.	.	.	.
.	.	.	.	.	.	.	.	.	.	.	.	.	.	.	.	.	.
.	.	.	.	.	1	.	.	1	.	.	.	.	.	.	.	.	1
.	.	.	.	.	.	.	.	.	.	.	.	.	.	.	.	.	1
.	.	.	.	.	.	.	1	2	.	2	1	2	1	.	2	1	.
.	.	.	.	.	.	.	.	.	.	.	.	.	.	.	.	.	.
.	.	.	.	.	.	.	.	1	.	.	.	.	.	.	.	.	.
.	1	.	.	1	.	1	.	1	.	.	1	.	1	2	5	2	3
8	8	5	5	2	3	2	5	2	3	7	8	4	9	10	6	6	8
.	.	.	.	.	.	.	.	.	.	.	.	.	.	.	1	.	.
.	.	.	.	.	.	.	.	.	.	.	.	.	.	.	.	2	2
.	.	.	.	.	.	.	.	.	.	.	.	.	.	.	.	.	.
.	.	.	.	.	.	.	.	.	.	.	.	.	.	2	1	1	.
.	.	.	.	.	.	.	.	.	.	.	.	.	.	.	.	.	1
.	.	.	.	.	.	.	.	.	1	.	1	.	.	2	.	2	4
.	.	.	.	.	.	.	.	.	.	.	.	.	.	.	.	.	.
23	11	8	14	10	7	16	19	28	32	123	173	192	234	285	342	330	379
7	4	5	7	7	5	8	12	14	16	22	32	26	29	33	36	39	51
30	36	63	50	70	71	50	63	50	50	18	19	14	12	12	15	12	13

Tabelle Nr. 3 a. Männ

		1586 — 1595	1596 — 1605	1606 — 1615	1616 — 1625	1626 — 1635	1636 — 1645	1646 — 1655	1656 — 1665	1666 — 1675	1676 — 1685	1686 — 1695	1696 — 1705	1706 — 1715	171 — 172
Adam	Adolf	.	.	.	.	.	.	.	.	.	.	.	.	.	.
	Christoph	.	.	.	.	.	.	.	.	.	.	.	.	.	.
	Friedrich	.	.	.	.	.	.	.	.	.	.	.	.	.	.
	Heinrich	.	.	.	.	.	.	.	.	.	.	1	.	.	.
	Jacob	.	.	.	.	.	.	.	.	.	.	.	.	.	.
	Joseph	.	.	.	.	.	.	.	.	.	.	.	.	.	.
	Stephan	.	.	.	.	.	.	.	.	.	.	.	.	.	.
	Valentin	.	.	.	.	.	.	.	.	.	.	.	.	.	.
	Wilhelm	.	.	.	.	.	.	.	.	.	.	.	.	.	.
Adolf	Ernst	.	.	.	.	.	.	.	.	.	.	.	.	.	.
Albert	Peter	.	.	.	.	.	.	.	.	.	.	.	.	.	.
	Wilhelm	.	.	.	.	.	.	.	.	.	.	.	.	.	.
Alfred	August	.	.	.	.	.	.	.	.	.	.	.	.	.	.
	Ludwig	.	.	.	.	.	.	.	.	.	.	.	.	.	.
Ambrosius	Andreas	.	.	.	.	.	.	.	.	.	1	.	.	.	.
Andreas	Alfred	.	.	.	.	.	.	.	.	.	.	.	.	.	.
	Christoph	.	.	.	.	.	1	.	.	.	.	.	.	.	.
	Friedrich	.	.	.	.	.	.	.	.	.	.	.	.	.	.
	Heinrich	.	.	.	.	.	1	.	.	.	.	.	.	.	.
Asmus	Paulus	.	.	.	.	.	.	.	1	.	.	.	.	.	.
August	Anton	.	.	.	.	.	.	.	.	.	.	.	.	.	.
	Eberhard	.	.	.	.	.	.	.	.	.	.	.	.	.	.
	Friedrich	.	.	.	.	.	.	.	.	.	.	.	.	.	.
	Heinrich	.	.	.	.	.	.	.	.	.	.	.	.	.	.
	Jacob	.	.	.	.	.	.	.	.	.	.	.	.	.	.

iche Doppelvornamen.

	1726—1735	1736—1745	1746—1755	1756—1765	1766—1775	1776—1785	1786—1795	1796—1805	1806—1815	1816—1825	1826—1835	1836—1845	1846—1855	1856—1865	1866—1875	1876—1885	1886—1895	1896—1905
	.	.	.	.	.	.	.	.	.	.	.	.	.	.	.	1	.	.
	.	.	.	.	1	.	.	.	.	.	2	.	1	1	.	.	.	.
	.	.	.	.	.	.	.	.	.	.	.	.	1	.	2	.	.	3
	.	.	.	.	.	.	.	.	.	1	.	.	1	.	.	.	.	.
	.	.	.	.	.	.	.	.	.	.	.	.	.	.	.	.	1	.
	.	.	.	.	.	.	.	.	.	.	.	.	.	1	.	.	.	.
	.	.	.	.	.	.	.	.	.	.	1	.	.	.	.	.	.	.
	.	.	.	.	.	.	.	.	1	.	.	.	.	.	.	.	.	.
	.	.	.	.	.	.	.	.	.	.	.	.	.	1	.	.	2	2
	.	.	.	.	.	.	.	.	.	.	.	.	.	.	.	.	.	1
	.	.	.	.	.	.	.	.	.	.	.	.	.	.	.	.	1	.
	.	.	.	.	.	.	.	.	.	.	.	.	.	.	1	.	.	.
	.	.	.	.	.	.	.	.	.	.	.	.	.	.	1	.	.	.
	.	.	.	.	.	.	.	.	.	.	.	.	.	.	.	.	.	1
	.	.	.	.	.	.	.	.	.	.	.	.	.	.	.	.	.	.
	.	.	.	.	.	.	.	.	.	.	.	.	.	.	.	1	.	.
	.	.	.	.	.	.	.	.	.	.	.	.	.	.	.	.	.	.
	.	.	.	.	.	.	.	.	.	.	.	.	.	1	.	.	.	.
	.	.	.	.	.	.	.	.	.	.	.	.	.	.	.	.	.	.
	.	.	.	.	.	.	.	.	.	.	.	.	.	.	.	.	.	.
	.	1	.	.	.	.	.	.	.	.	.	.	.	.	.	.	.	.
	1	.	.	.	.	.	.	.	.	.	.	.	.	.	.	.	.	.
	.	.	.	.	.	.	.	.	.	1	.	.	.	.	.	.	.	.
	.	.	.	.	.	.	.	.	.	.	.	.	.	.	.	.	.	1
	.	.	.	.	.	.	.	.	.	.	.	.	.	.	1	.	.	.

		1586—1595	1596—1605	1606—1615	1616—1625	1626—1635	1636—1645	1646—1655	1656—1665	1666—1675	1676—1685	1686—1695	1696—1705	1706—1715	1716—1725
August	Peter	.	.	.	.	.	.	.	.	.	.	.	.	.	.
	Wilhelm	.	.	.	.	.	.	.	.	.	.	.	.	.	.
Benedict	Georg	.	.	.	.	.	.	.	.	.	.	.	.	.	.
Burkhard	Heinrich	.	.	.	.	.	.	.	.	.	1	.	.	.	.
	Nicolaus	.	.	.	.	.	.	1	.	.	.	.	.	.	.
Carl	Adolf	.	.	.	.	.	.	.	.	.	.	.	.	.	.
	Anton	.	.	.	.	.	.	.	.	.	.	.	.	.	.
	August	.	.	.	.	.	.	.	.	.	.	.	.	.	.
	Caspar	.	.	.	.	.	.	.	.	.	.	.	.	.	.
	Christian	.	.	.	.	.	.	.	.		.	.	.	.	.
	Christoph	.	.	.	.	.	.	.	.	.	.	.	.	.	.
	Conrad	.	.	.	.	.	.	.	.	.	.	.	.	.	.
	Daniel	.	.	.	.	.	.	.	.	.	.	.	.	.	.
	Eduard	.	.	.	.	.	.	.	.	.	.	.	.	.	.
	Eckart	.	.	.	.	.	.	.	.	.	.	.	.	.	.
	Friedrich	.	.	.	.	.	.	.	.	.	.	.	.	.	.
	Georg	.	.	.	.	.	.	.	.	.	.	.	.	.	.
	Gottfried	.	.	.	.	.	.	.	.	.	.	.	.	.	1
	Heinrich	.	.	.	.	.	.	.	.	.	.	.	.	.	.
	Hermann	.	.	.	.	.	.	.	.	.	.	.	.	.	.
	Jacob	.	.	.	.	.	.	.	.	.	.	.	.	.	.
	Ludwig	.	.	.	.	.	.	.	.	.	.	.	.	.	.
	Matthäus	.	.	.	.	.	.	.	.	.	.	.	.	.	.
	Philipp	.	.	.	.	.	.	.	.	.	.	.	.	.	.
	Theodor	.	.	.	.	.	.	.	.	.	.	.	.	.	.

1726 — 1735	1736 — 1745	1746 — 1755	1756 — 1765	1766 — 1775	1776 — 1785	1786 — 1795	1796 — 1805	1806 — 1815	1816 — 1825	1826 — 1835	1836 — 1845	1846 — 1855	1856 — 1865	1866 — 1875	1876 — 1885	1886 — 1895	1896 — 1905
.	.	.	.	.	.	.	.	.	.	.	.	.	.	.	.	1	.
.	1	.	.	.	.	.	.	.	.	.	.	.	.	.	.	.	.
.	.	.	.	.	.	.	.	.	.	.	.	.	.	.	.	.	1
.	.	.	.	.	.	.	.	.	.	.	.	.	.	.	.	.	.
.	.	.	.	.	.	.	.	.	.	.	.	.	.	.	.	.	.
.	.	.	.	.	.	.	.	.	.	.	.	1	.	.	1	.	.
.	.	.	.	.	.	.	.	.	.	.	1	.	.	.	.	.	.
.	.	.	.	.	.	.	.	.	.	.	.	1	1	1	.	.	.
.	.	.	.	.	.	.	.	.	.	.	.	.	.	1	.	.	.
.	.	.	.	.	1	.	.	.	.	.	1	.	1	1	.	2	.
.	.	.	.	.	.	.	.	.	.	.	.	.	.	1	1	.	.
.	.	.	.	.	.	.	.	.	.	.	.	.	.	1	.	.	1
.	.	.	.	.	.	.	1	.	.	.	.	.	.	.	.	.	.
.	.	.	.	.	.	.	.	.	.	.	.	.	.	.	.	2	.
.	.	.	.	.	.	.	.	.	.	.	.	.	.	.	.	.	1
1	.	.	.	.	.	.	1	1	.	.	.	.	.	1	1	.	3
.	.	.	.	.	.	.	.	.	.	.	.	.	.	.	.	.	2
.	.	.	1	.	.	.	.	.	.	.	.	.	.	.	.	.	.
.	.	.	.	.	.	.	.	.	.	.	.	.	.	1	1	.	3
.	.	.	.	.	.	.	.	.	.	.	.	.	.	.	.	.	1
.	1	.	.	.	.	.	.	1	.	.	.	.	.	1	1	1	.
.	.	.	.	.	1	.	1	.	.	1	2	.	.	1	1	.	1
.	.	.	.	.	.	.	.	.	.	.	.	.	.	.	1	.	.
.	.	1	.	.	.	.	.	.	.	.	.	.	.	.	.	3	1
.	.	.	.	.	.	.	.	.	.	.	.	1	.	.	1	.	.

		1586 — 1595	1596 — 1605	1606 — 1615	1616 — 1625	1626 — 1635	1636 — 1645	1646 — 1655	1656 — 1665	1666 — 1675	1676 — 1685	1686 — 1695	1696 — 1705	1706 — 1715	1716 — 1725
Carl	Thomas	.	.	.	.	.	.	.	.	.	.	.	.	.	.
	Wilhelm	.	.	.	.	.	.	.	.	.	.	.	.	.	.
Christian	Anton	.	.	.	.	.	.	.	.	.	.	.	1	.	.
	August	.	.	.	.	.	.	.	.	.	.	.	.	.	.
	Christoph	.	.	.	.	.	.	.	.	.	.	.	.	.	.
	Friedrich	.	.	.	.	.	.	.	.	.	.	.	.	.	.
	Georg	.	.	.	.	.	.	.	.	.	.	.	.	.	.
	Gottlieb	.	.	.	.	.	.	.	.	.	.	.	.	.	.
	Heinrich	.	.	.	.	.	.	.	.	.	.	.	.	.	.
	Ludwig	.	.	.	.	.	.	.	.	.	.	.	.	.	.
	Michael	.	.	.	.	.	1	.	.	.	.	.	.	.	.
	Peter	.	.	.	.	.	.	.	.	.	.	.	.	.	.
	Wilhelm	.	.	.	.	.	.	.	.	.	.	.	.	.	.
Christoph	Christian	.	.	.	.	.	.	.	.	.	.	.	.	.	.
	Wilhelm	.	.	.	.	.	.	.	.	.	.	.	.	.	1
Conrad	Adam	.	.	.	.	.	.	.	.	.	.	.	.	.	.
	Bernhard	.	.	.	.	.	.	.	.	.	.	.	.	1	.
	Friedrich	.	.	.	.	.	.	.	.	.	.	.	.	.	.
	Jeremias	.	.	.	.	.	.	.	1	.	.	.	.	.	.
	Johann	.	.	.	.	.	.	.	.	.	.	.	.	.	.
Constantin	Ludwig	.	.	.	.	.	.	.	.	.	.	.	.	.	.
Daniel	Martin	.	.	.	.	.	.	.	.	.	.	.	.	.	.
David	Wilhelm	.	.	.	.	.	.	.	.	.	.	1	.	.	.
Dietrich	Heinrich	.	.	.	.	.	.	.	.	.	.	.	.	.	.
Elias	Michael	.	.	.	.	.	.	1	.	.	.	.	.	.	.

1726 — 1735	1736 — 1745	1746 — 1755	1756 — 1765	1766 — 1775	1776 — 1785	1786 — 1795	1796 — 1805	1806 — 1815	1816 — 1825	1826 — 1835	1836 — 1845	1846 — 1855	1856 — 1865	1866 — 1875	1876 — 1885	1886 — 1895	1896 — 1905
.	.	1	.	.	.	.	.	.	.	.	.	.	.	.	.	.	.
.	1	.	.	.	.	1	.	1	1	.	1	2	.	1	.	2	5
.	.	.	.	.	.	.	.	.	.	.	.	.	.	.	.	.	.
.	.	.	.	.	.	.	.	.	.	.	1	.	.	.	.	.	.
.	.	.	.	.	.	.	.	.	.	.	.	.	1	.	.	.	.
.	.	.	.	.	.	.	.	.	.	.	.	.	.	.	1	.	.
.	.	.	.	.	.	.	.	.	.	.	.	.	.	.	.	1	2
.	.	.	.	.	.	.	.	1	.	.	.	.	.	.	.	.	.
1	.	.	1	.	.	.	.	.	.	.	.	.	.	.	.	.	.
.	.	1	.	.	.	.	.	1	.	.	.	.	.	.	.	.	.
.	.	.	.	.	.	.	.	.	.	.	.	.	.	.	.	.	.
.	.	.	.	.	.	.	.	.	.	.	.	.	.	.	.	1	.
.	.	.	.	1	.	.	.	.	.	.	.	.	1	.	.	.	.
.	.	.	.	.	.	.	.	.	.	.	.	.	.	1	.	.	.
.	.	.	.	.	.	.	.	.	.	.	.	.	.	.	.	.	.
.	.	.	.	.	.	.	.	.	.	.	.	.	.	1	.	.	.
.	.	.	.	.	.	.	.	.	.	.	.	.	.	.	.	.	.
.	.	.	.	.	.	.	.	.	.	.	1	.	1	.	.	.	.
.	.	.	.	.	.	.	.	.	.	.	.	.	.	.	.	.	.
.	.	.	.	.	1	.	.	.	.	.	.	.	.	.	.	.	.
.	.	.	.	.	.	.	.	.	.	.	.	1	.	.	.	.	.
.	.	.	.	.	.	.	.	.	.	1	.	1	.	.	.	.	.
.	.	.	.	.	.	.	.	.	.	.	.	.	.	.	.	.	.
.	1	.	.	.	.	.	.	.	.	.	.	.	.	.	.	.	.
.	.	.	.	.	.	.	.	.	.	.	.	.	.	.	.	.	.

		1586—1595	1596—1605	1606—1615	1616—1625	1626—1635	1636—1645	1646—1655	1656—1665	1666—1675	1676—1685	1686—1695	1696—1705	1706—1715	1716—1725
Ernst	Adam	.	.	.	.	.	.	.	.	.	.	.	.	.	.
	Christian	.	.	.	.	.	.	.	.	.	.	.	.	.	.
	Friedrich	.	.	.	.	.	.	.	.	.	.	.	.	.	.
	Heinrich	.	.	.	.	.	.	.	.	.	.	.	.	.	.
	Ludwig	.	.	.	.	.	.	.	.	.	.	.	.	.	.
	Moriz	.	.	.	.	.	.	.	.	.	.	.	.	.	1
	Wilhelm	.	.	.	.	.	.	.	.	.	.	.	.	.	.
Erwin	August	.	.	.	.	.	.	.	.	.	.	.	.	.	.
Eugen	Friedrich	.	.	.	.	.	.	.	.	.	.	.	.	.	.
	Hermann	.	.	.	.	.	.	.	.	.	.	.	.	.	.
Ferdinand	Christian	.	.	.	.	.	.	.	.	.	.	.	1	.	.
	Reinhard	.	.	.	.	.	.	.	.	.	.	.	.	.	.
	Richard	.	.	.	.	.	.	.	.	.	.	.	.	.	.
Franz	Albrecht	.	.	.	.	.	.	.	1	.	.	.	.	.	.
	Carl	.	.	.	.	.	.	.	.	.	.	.	.	.	.
	Georg	.	.	.	.	.	.	.	.	.	.	.	.	.	.
	Jacob	.	.	.	.	.	.	.	.	.	.	.	.	.	.
	Joseph	.	.	.	.	.	.	.	.	.	.	.	.	.	.
	Peter	.	.	.	.	.	.	.	.	.	.	.	.	.	.
	Wilhelm	.	.	.	.	.	.	.	.	.	.	.	.	.	.
Friedrich	Adam	.	.	.	.	.	.	.	.	.	.	.	.	.	.
	Arthur	.	.	.	.	.	.	.	.	.	.	.	.	.	.
	August	.	.	.	.	.	.	.	.	.	.	.	.	.	.
	Balthasar	.	.	.	.	.	.	.	.	1	.	.	.	.	.
	Carl	.	.	.	.	.	.	.	.	1	.	.	.	.	.

1726—1735	1736—1745	1746—1755	1756—1765	1766—1775	1776—1785	1786—1795	1796—1805	1806—1815	1816—1825	1826—1835	1836—1845	1846—1855	1856—1865	1866—1875	1876—1885	1886—1895	1896—1905
.	.	.	.	.	.	.	.	.	.	.	.	.	.	.	.	.	1
.	.	.	.	.	.	.	.	.	.	.	.	.	.	.	1	1	.
.	.	.	1	.	.	.	.	.	.	.	1	1	.	1	.	.	1
.	.	.	.	.	.	.	.	.	.	.	.	.	.	.	.	1	.
.	.	.	.	.	.	.	.	.	1	.	1	.	.	.	.	1	2
.	.	.	.	.	.	.	.	.	.	.	.	.	.	.	.	.	.
.	.	.	.	.	.	.	.	.	.	.	.	.	.	.	.	2	.
.	.	.	.	.	.	.	.	.	.	.	.	.	.	.	.	.	1
.	.	.	.	.	.	.	.	.	.	.	.	.	.	.	.	.	1
.	.	.	.	.	.	.	.	.	.	.	.	.	.	.	.	.	1
.	.	.	.	.	.	.	.	.	.	.	.	.	.	.	.	.	.
1	.	.	.	.	.	.	.	.	.	.	.	.	.	.	.	.	.
.	.	.	.	.	.	.	.	.	.	.	.	.	.	.	.	.	1
.	.	.	.	.	.	.	.	.	.	.	.	.	.	.	.	.	.
.	.	.	.	.	.	.	1	.	.	.	.	.	.	.	.	.	.
.	.	.	.	.	.	.	.	.	.	.	.	.	.	1	.	.	.
.	.	.	.	.	.	.	.	.	.	.	.	.	.	1	.	.	1
.	.	.	.	.	.	.	.	.	.	1	.	.	.	.	.	.	1
.	.	.	.	.	.	.	.	.	.	.	.	.	.	.	1	.	.
.	.	.	.	.	.	.	.	.	.	1	.	.	.	.	.	.	.
.	.	.	.	.	.	.	.	.	.	.	1	.	.	.	.	.	1
.	.	.	.	.	.	.	.	.	.	.	.	.	.	.	.	.	1
.	.	.	.	.	.	.	.	.	.	.	1	.	.	1	.	2	.
.	.	.	.	.	.	.	.	.	.	.	.	.	.	.	.	.	.
.	1	.	.	.	1	.	.	2	.	1	.	.	.	.	.	2	1

		1586—1595	1596—1605	1606—1615	1616—1625	1626—1635	1636—1645	1646—1655	1656—1665	1666—1675	1676—1685	1686—1695	1696—1705	1706—1715	1716—1725
Friedrich	Daniel	.	.	.	.	.	.	.	.	.	.	.	.	.	.
	David	.	.	.	.	.	.	.	.	.	.	.	.	.	1
	Franz	.	.	.	.	.	.	.	.	.	.	.	.	.	.
	Heinrich	.	.	.	.	.	.	.	.	.	.	.	.	.	.
	Jacob	.	.	.	.	.	.	.	.	.	.	.	.	.	.
	Johann	.	.	.	.	.	.	.	.	.	.	.	.	.	.
	Joseph	.	.	.	.	.	.	.	.	.	.	.	.	.	.
	Ludwig	.	.	.	.	.	.	.	.	.	1	.	.	.	.
	Martin	.	.	.	.	.	.	.	.	.	.	.	.	.	.
	Oswald	.	.	.	.	.	.	.	.	.	.	.	.	.	.
	Otto	.	.	.	.	.	.	.	.	.	.	.	.	.	.
	Peter	.	.	.	.	.	.	.	.	.	.	.	.	.	.
	Philipp	.	.	.	.	.	.	.	.	.	.	.	.	.	.
	Theodor	.	.	.	.	.	.	.	.	.	.	.	.	.	.
	Wilhelm	.	.	.	.	.	.	.	.	.	.	.	.	.	.
Fritz	Theophil	.	.	.	.	.	.	.	.	.	.	.	.	.	.
Gallus	Anton	.	.	.	.	.	.	.	.	.	.	1	.	.	.
Georg	Adam	.	.	.	.	.	.	.	.	.	.	.	.	.	.
	Andreas	.	.	.	.	.	.	.	1	.	.	.	.	.	.
	Arnold	.	.	.	.	.	.	.	.	.	.	.	.	1	.
	August	.	.	.	.	.	.	.	.	.	.	.	.	1	.
	Balthasar	.	.	.	.	.	1	.	.	.	.	.	.	.	.
	Bernhard	.	.	.	.	.	.	.	.	.	.	.	.	.	1
	Carl	.	.	.	.	.	.	.	.	.	.	.	.	.	.
	Christoph	.	.	.	.	.	.	.	.	.	.	.	.	1	.

1726—1735	1736—1745	1746—1755	1756—1765	1766—1775	1776—1785	1786—1795	1796—1805	1806—1815	1816—1825	1826—1835	1836—1845	1846—1855	1856—1865	1866—1875	1876—1885	1886—1895	1896—1905
.	.	.	.	.	.	.	.	.	.	.	1	.	.	.	.	.	.
.	.	.	.	.	.	.	.	.	.	.	.	.	.	.	.	.	.
.	.	.	.	.	.	1	1	.	.	.	.	.	.	1	.	.	.
.	.	.	.	.	.	1	.	.	.	.	.	.	.	.	.	.	.
.	.	.	.	.	.	.	.	.	.	.	1	.	.	2	1	.	.
.	.	.	.	.	.	.	.	.	.	.	.	.	.	.	1	.	.
.	.	.	.	.	.	.	.	.	.	.	.	.	.	.	.	.	1
.	.	.	.	1	1	.	.	.	.	.	1	.	1	.	.	.	.
.	.	.	.	.	.	.	.	.	.	.	.	.	.	.	.	1	.
.	.	.	.	.	.	.	.	.	.	.	.	.	.	.	.	.	1
.	.	.	.	.	.	.	.	.	.	.	.	.	.	.	.	1	.
.	.	.	.	.	.	.	.	.	.	.	.	.	.	1	.	.	1
.	.	.	.	.	.	.	.	.	.	.	1	.	.	.	.	.	.
.	.	.	.	.	.	.	.	.	.	1	.	.	.	.	.	.	.
.	.	.	.	.	.	.	.	.	.	.	1	2	.	1	.	1	7
.	.	.	.	.	.	.	.	.	.	.	.	.	.	.	.	.	1
.	.	.	.	.	.	.	.	.	.	.	.	.	.	.	.	.	.
.	.	.	.	.	.	.	.	.	.	.	1	.	1	1	.	1	.
.	.	.	.	.	.	.	.	.	.	.	.	.	.	.	.	.	.
1	.	.	.	.	.	.	.	.	.	.	.	.	.	.	.	.	.
.	.	.	.	.	.	.	.	.	.	.	1	.	.	.	.	.	.
.	.	.	.	1	.	.	.	.	.	.	.	.	.	.	.	.	.
.	.	.	1	.	.	.	.	.	.	.	.	.	.	.	.	.	.
.	.	.	.	1	.	.	.	.	.	.	.	.	.	.	.	.	2
.	.	1	1	.	.	.	.	.	.	.	.	.	.	.	.	.	.

		1586 — 1595	1596 — 1605	1606 — 1615	1616 — 1625	1626 — 1635	1636 — 1645	1646 — 1655	1656 — 1665	1666 — 1675	1676 — 1685	1686 — 1695	1696 — 1705	1706 — 1715	1716 — 1725
Georg	Conrad	.	.	.	.	.	.	.	.	.	.	.	.	.	.
	Daniel	.	.	.	.	.	.	.	.	.	.	.	.	.	.
	Ferdinand	.	.	.	.	.	.	.	.	.	.	.	.	.	.
	Franz	.	.	.	.	.	.	.	.	.	.	.	.	.	.
	Friedrich	.	.	.	.	.	1	1	.	.	.	.	.	.	.
	Heinrich	.	.	.	.	.	.	2	.	.	.	.	.	1	.
	Jacob	.	.	.	.	.	.	.	1	.	.	.	.	.	.
	Johann	.	.	.	.	.	.	.	.	.	.	.	.	.	.
	Joseph	.	.	.	.	.	.	.	.	.	.	.	.	.	.
	Julius	.	.	.	.	.	.	.	.	.	.	.	.	.	.
	Justus	.	.	.	.	.	.	.	.	.	.	.	.	.	1
	Ludwig	.	.	.	.	.	.	.	.	1	.	.	.	.	.
	Paul	.	.	.	.	.	.	1	.	.	.	.	.	.	.
	Peter	.	.	.	.	.	.	.	.	.	.	.	.	.	.
	Philipp	.	.	.	.	.	.	.	.	.	1	.	.	.	.
	Wilhelm	.	.	.	1	.	1	1	.	.	.	.	.	1	.
Gottfried	Heinrich	.	.	.	.	.	.	.	.	.	.	1	.	.	.
Gottlieb	Hermann	.	.	.	.	.	.	.	.	.	.	.	.	.	.
Gustav	Jacob	.	.	.	.	.	.	.	.	.	.	.	.	.	.
	Wilhelm	.	.	.	.	.	.	.	.	.	.	.	.	.	.
Heinrich	Adam	.	.	.	.	.	.	.	.	.	.	.	.	1	.
	Adolf	.	.	.	.	.	.	.	.	.	.	.	.	.	.
	Alexander	.	.	.	.	.	.	.	.	.	.	.	.	.	.
	Andreas	.	.	.	.	.	.	1	1	.	.	.	.	.	.
	August	.	.	.	.	.	.	.	.	.	.	.	.	.	.

1726—1735	1736—1745	1746—1755	1756—1765	1766—1775	1776—1785	1786—1795	1796—1805	1806—1815	1816—1825	1826—1835	1836—1845	1846—1855	1856—1865	1866—1875	1876—1885	1886—1895	1896—1905
.	.	.	.	.	.	.	.	.	.	.	.	.	1	.	.	.	.
.	.	.	.	.	.	.	.	.	1	.	.	.	.	1	.	.	1
.	.	.	.	.	.	.	.	1	.	.	.	.	.	.	.	.	.
.	.	.	.	.	.	.	.	.	.	.	.	.	1	.	1	.	.
.	.	.	.	.	.	1	1	.	1	3	2	.	.	.	1	.	3
.	.	.	.	.	2	1	1	2	1	2	4	.	2	5	1	4	3
.	.	.	.	.	.	.	.	.	.	.	.	.	2	2	.	.	.
.	.	.	.	.	.	.	.	.	.	.	.	.	.	1	.	.	.
.	.	.	.	.	.	.	.	.	.	.	.	.	.	.	.	.	1
.	.	.	.	.	.	.	.	.	.	.	.	.	.	.	.	1	.
.	.	.	.	.	.	.	.	.	.	.	.	.	.	.	.	.	.
.	.	.	.	.	.	.	1	3	.	.	1	.	.	.	.	.	2
.	.	.	.	.	.	.	.	.	.	.	.	.	.	.	.	.	.
.	.	.	.	.	.	1	.	3	3	1	2	.	2	2	3	5	2
.	.	3	1	.	2	2	1	3	1	2	.	.	1	2	1	1	4
.	1	.	.	.	.	1	.	1	.	1	1	1	2	1	1	3	2
.	.	.	.	.	.	.	.	.	.	.	.	.	.	1	.	.	.
.	.	.	.	.	.	.	.	.	1	.	.	.	.	.	.	.	.
.	.	.	.	.	.	.	.	.	.	.	.	.	.	.	.	1	.
.	.	.	.	.	.	.	.	.	.	.	.	.	.	.	1	.	.
.	.	1	.	.	2	.	.	1	.	1	.	1	.	1	.	1	1
.	.	.	.	.	.	.	.	.	.	.	.	.	1	2	.	.	1
.	.	.	.	.	.	.	.	.	.	.	.	.	.	.	.	.	1
.	.	.	.	.	.	.	.	.	.	.	.	.	.	.	.	.	.
.	.	.	.	.	.	.	.	.	.	.	.	.	.	.	.	.	1

		1586—1595	1596—1605	1606—1615	1616—1625	1626—1635	1636—1645	1646—1655	1656—1665	1666—1675	1676—1685	1686—1695	1696—1705	1706—1715	1716—1725
Heinrich	Carl	.	.	.	.	.	.	.	.	.	.	.	.	.	.
	Christian	.	.	.	.	.	.	.	.	.	.	.	.	.	.
	Conrad	.	.	.	.	.	.	.	.	.	.	.	.	1	.
	Emil	.	.	.	.	.	.	.	.	.	.	.	.	.	.
	Franz	.	.	.	.	.	.	.	.	.	.	.	1	.	.
	Friedrich	.	.	.	.	.	.	.	.	.	.	.	.	.	.
	Georg	.	.	.	.	.	.	.	.	.	.	.	.	.	1
	Hermann	.	.	.	.	.	.	.	.	.	.	.	.	.	.
	Jacob	.	.	.	.	.	.	.	.	.	.	.	.	.	.
	Johann	.	.	.	.	.	.	.	.	.	.	.	.	.	.
	Joseph	.	.	.	.	.	.	.	.	.	.	.	.	.	.
	Israel	.	.	.	.	.	.	.	.	.	.	.	.	1	.
	Justus	.	.	.	.	.	.	.	.	.	.	.	.	.	.
	Leopold	.	.	.	.	.	.	.	.	.	.	.	.	.	.
	Ludwig	.	.	.	.	.	.	.	.	.	.	.	.	.	.
	Peter	.	.	.	.	.	.	.	.	.	.	.	.	1	.
	Philipp	.	.	.	.	.	.	.	.	.	.	.	.	.	.
	Wilhelm	.	.	.	.	.	.	.	.	.	.	.	.	.	.
	Wolrat	.	.	.	.	.	.	.	.	.	.	.	.	1	.
Herbert	Wilhelm	.	.	.	.	.	.	.	.	.	.	.	.	.	.
Hermann	Adolf	.	.	.	.	.	.	.	.	.	.	.	1	.	.
	Martin	.	.	.	.	.	.	.	.	.	.	.	.	.	.
	Wilhelm	.	.	.	.	.	.	.	.	.	.	.	.	.	.
Jacob	Adam	.	.	.	.	.	.	.	.	.	.	.	.	.	.
	Adolf	.	.	.	.	.	.	.	.	.	.	.	.	.	.

1726—1735	1736—1745	1746—1755	1756—1765	1766—1775	1776—1785	1786—1795	1796—1805	1806—1815	1816—1825	1826—1835	1836—1845	1846—1855	1856—1865	1866—1875	1876—1885	1886—1895	1896—1905
.	.	.	.	.	.	.	.	.	.	.	.	.	.	.	.	.	2
.	.	.	.	.	.	.	.	.	1	.	.	.	.	.	.	1	.
.	.	.	.	.	.	.	.	.	.	.	.	.	.	.	.	1	.
.	.	.	.	.	.	.	.	.	.	.	.	.	.	.	.	1	.
.	.	.	.	.	.	.	.	.	.	.	.	.	.	.	.	.	.
.	.	.	.	.	.	.	.	.	.	.	1	1	.	.	.	1	1
.	.	.	.	.	.	.	.	.	.	.	.	1	.	1	1	.	.
.	.	.	.	.	.	.	.	.	.	.	.	.	.	.	.	.	1
.	.	.	.	.	.	.	1	.	.	.	.	.	.	2	.	.	.
.	.	.	.	.	.	.	.	.	.	.	.	.	.	2	.	2	4
.	.	.	.	.	.	.	.	.	.	.	.	.	.	1	.	1	.
.	.	.	.	.	.	.	.	.	.	.	.	.	.	.	.	.	.
.	.	.	.	.	.	.	.	.	1	.	.	.	.	1	.	.	.
.	.	.	.	.	.	.	.	.	2	2	.	1	.	.	.	.	.
1	.	.	.	.	.	.	.	.	.	.	.	.	.	.	.	.	2
.	.	.	.	.	.	.	.	.	.	.	.	.	1	.	.	.	.
.	.	.	.	.	.	.	.	.	.	.	.	.	.	2	.	.	2
.	.	.	.	.	.	.	.	.	.	.	.	.	.	.	.	1	.
.	.	.	.	.	.	.	.	.	.	.	.	.	.	.	.	.	.
.	.	.	.	.	.	.	.	.	.	.	.	.	.	.	.	.	1
.	.	.	.	.	.	.	.	.	.	.	.	.	.	.	.	.	.
.	.	.	.	.	.	.	.	.	.	.	.	.	.	.	1	.	.
.	.	.	.	.	.	.	.	.	.	.	.	.	.	.	.	.	1
.	.	.	1	1	.	.	.	.	.	1	1	.	.	.	.	.	.
.	.	.	.	.	.	.	.	.	.	.	.	.	.	1	.	.	.

		1586—1595	1596—1605	1606—1615	1616—1625	1626—1635	1636—1645	1646—1655	1656—1665	1666—1675	1676—1685	1686—1695	1696—1705	1706—1715	171—172
Jacob	Christian	.	.	.	.	.	.	.	.	.	.	.	.	.	.
	Christoph	.	.	.	.	.	.	.	.	.	.	.	.	.	.
	Conrad	.	.	.	.	.	.	.	.	.	.	.	1	.	.
	Daniel	.	.	.	.	.	.	.	.	.	.	.	.	.	.
	Friedrich	.	.	.	.	.	.	.	.	.	.	.	.	.	.
	Heinrich	.	.	.	.	.	.	.	.	.	.	.	.	.	.
	Ludwig	.	.	.	.	.	.	.	.	.	.	.	.	.	.
	Peter	.	.	.	.	.	.	.	.	.	.	.	.	.	.
	Philipp	.	.	.	.	.	.	.	.	.	.	.	.	.	.
	Wilhelm	.	.	.	.	.	.	.	.	.	.	.	1	.	.
	Wolrat	.	.	.	.	.	.	.	.	.	1	1	.	.	.
Jeremias	Daniel	.	.	.	.	1	.	.	.	.	.	.	.	.	.
Joachim	Georg	.	.	.	.	.	1	.	.	.	.	.	.	.	.
	Johannes	.	.	.	.	.	1	.	.	.	.	.	.	.	.
Johann	Abraham	.	.	.	.	.	1	.	.	.	.	.	.	.	.
	Adam	.	.	1	.	.	1	2	3	2	7	7	8	15	12
	Adolf	.	.	.	.	.	.	1	.	.	.	.	.	.	.
	Albert	.	.	.	.	.	.	.	.	2	.	.	.	.	.
	Albrecht	.	.	.	.	.	.	.	.	1	.	.	.	.	.
	Andreas	.	.	.	.	.	.	.	.	.	3	.	1	.	.
	Anton	.	.	.	.	.	1	.	.	.	.	.	.	.	.
	Arnold	.	.	.	.	.	.	.	1	.	.	.	.	.	.
	August	.	.	.	.	.	.	.	.	.	1	.	.	1	.
	Balthasar	.	.	.	.	1	.	2	1	.	.	2	.	2	2
	Baptist	.	.	.	.	.	.	.	.	.	.	1	.	.	.

1726 — 1735	1736 — 1745	1746 — 1755	1756 — 1765	1766 — 1775	1776 — 1785	1786 — 1795	1796 — 1805	1806 — 1815	1816 — 1825	1826 — 1835	1836 — 1845	1846 — 1855	1856 — 1865	1866 — 1875	1876 — 1885	1886 — 1895	1896 — 1905
.	.	.	.	.	.	.	.	.	.	.	1	.	.	.	.	.	1
.	.	.	.	.	.	.	.	1	.	.	.	.	.	.	.	1	.
.	.	.	.	.	.	.	.	.	.	.	.	.	.	.	.	.	.
.	.	1	.	.	.	.	.	.	.	.	.	.	.	.	.	.	.
.	.	.	.	.	.	.	.	.	1	.	2	.	2	2	.	5	2
.	.	.	.	.	.	.	.	.	.	.	.	.	.	2	1	.	1
.	.	.	.	.	.	.	.	.	.	.	.	.	.	1	.	.	.
.	.	1	.	.	.	.	.	.	.	.	.	.	.	1	.	.	.
.	.	.	.	.	.	.	.	.	.	.	.	.	.	.	.	.	1
.	.	.	1	.	.	.	.	.	.	.	.	.	.	.	.	.	.
.	.	.	.	.	.	.	.	.	.	.	.	.	.	.	.	.	.
.	.	.	.	.	.	.	.	.	.	.	.	.	.	.	.	.	.
.	.	.	.	.	.	.	.	.	.	.	.	.	.	.	.	.	.
.	.	.	.	.	.	.	.	.	.	.	.	.	.	.	.	.	.
.	.	.	.	.	.	.	.	.	.	.	.	.	.	.	.	.	.
12	12	17	12	16	15	15	21	21	16	6	7	1	3	1	2	.	.
.	.	.	.	.	.	.	.	.	.	.	.	.	.	.	.	.	.
.	.	.	.	.	.	1	.	.	.	.	.	.	.	.	.	.	1
.	.	.	.	.	.	.	.	.	.	.	.	.	.	.	.	.	.
3	.	.	1	.	.	.	1	.	.	.	.	.	.	.	.	.	.
.	.	.	.	.	.	.	.	.	.	.	.	.	.	.	.	.	.
.	.	.	.	.	.	.	.	.	.	.	.	.	.	.	.	.	.
.	.	.	.	.	.	.	.	.	.	.	1	1	1	.	.	1	.
3	2	1	1	6	5	2	5	2	4	1	.	.	.	.	.	.	.
.	.	.	.	.	1	1	.	1	.	.	.	.	.	.	.	.	.

	1586–1595	1596–1605	1606–1615	1616–1625	1626–1635	1636–1645	1646–1655	1656–1665	1666–1675	1676–1685	1686–1695	1696–1705	1706–1715	1716–1725
Johann Bartholomäus	.	.	.	.	.	.	.	.	.	1	2	.	.	.
Benjamin	.	.	.	.	.	.	.	.	.	.	.	.	.	.
Bernhard	.	.	.	1	.	1	1	2	1	1	1	2	.	.
Burkhard	.	.	.	.	.	.	.	2	1	.	.	.	.	.
Carl	.	.	.	.	.	.	.	.	.	.	.	.	.	.
Caspar	.	.	.	.	.	1	3	2	2	6	1	2	2	3
Christian	.	.	.	.	.	1	.	.	.	.	.	.	.	.
Christoph	.	.	.	.	3	6	1	1	3	2	4	3	1	2
Conrad	.	.	.	.	.	.	2	2	5	4	2	6	4	6
Daniel	.	.	.	.	1	.	.	.	1	1	1	1	.	2
David	.	.	.	.	.	.	.	.	.	.	.	1	.	.
Dietrich	.	.	.	.	1	.	.	1	.	.	.	.	.	.
Eberhard	.	.	.	.	.	.	.	.	.	.	.	.	.	.
Ernst	.	.	.	.	.	.	.	.	.	.	1	.	.	.
Ferdinand	.	.	.	.	.	.	.	.	.	.	.	.	.	.
Friedrich	.	.	.	2	.	.	1	.	1	.	.	2	.	.
Georg	.	.	.	1	.	4	7	3	2	5	5	4	5	5
Gerhard	.	.	.	.	.	.	.	.	.	1	.	.	.	.
Gottfried	.	.	.	.	1	.	.	.	.	.	.	.	.	.
Gottlieb	.	.	.	.	.	.	.	.	.	.	.	.	.	.
Heinrich	2	2	.	3	3	8	4	6	6	4	4	9	7	4
Helfrich	.	.	.	.	.	.	.	.	.	.	.	.	.	.
Hermann	.	.	.	.	.	.	.	.	1	.	.	.	.	.
Hieronymus	.	.	.	.	.	.	.	.	1	.	.	.	.	.
Jacob	.	.	.	.	1	4	4	4	2	5	11	12	9	7

1726—1735	1736—1745	1746—1755	1756—1765	1766—1775	1776—1785	1786—1795	1796—1805	1806—1815	1816—1825	1826—1835	1836—1845	1846—1855	1856—1865	1866—1875	1876—1885	1886—1895	1896—1905
1	.	.	.	.	.	.	.	.	.	.	.	.	.	.	.	.	.
.	.	.	.	1	.	.	.	.	.	.	.	.	.	.	.	.	.
1	.	.	.	.	.	.	.	.	1	.	.	.	.	.	.	.	.
.	.	.	.	.	.	.	.	.	.	.	.	.	.	.	.	.	.
1	.	.	.	.	.	1	1	.	2	.	1	1	.	1	.	2	.
1	.	.	1	.	.	.	.	.	.	.	.	1	.	.	.	.	.
3	1	3	1	2	3	2	1	2	.	.	.	.	.	1	1	.	.
9	3	4	5	4	7	8	2	5	3	1	.	1	.	1	2	1	1
8	5	1	3	2	4	1	1	3	2	.	2	.	.	1	.	.	.
1	.	1	2	2	2	5	2	1	6	.	1	.	.	1	.	1	1
.	.	.	.	.	.	.	.	.	.	.	.	.	.	.	.	.	.
1	.	.	.	.	.	.	.	.	.	.	.	.	.	.	.	.	.
.	1	.	.	.	.	.	.	.	.	.	.	.	.	.	.	.	.
1	.	.	.	.	.	.	.	.	.	.	.	.	.	.	.	.	1
.	.	.	.	.	.	.	.	.	.	.	.	.	.	.	1	.	.
.	.	1	1	.	.	2	.	1	2	1	4	.	2	4	6	2	4
10	6	11	14	13	12	14	12	18	21	14	3	6	4	4	4	.	1
.	.	.	.	.	.	.	.	.	.	.	.	.	.	.	.	.	.
.	.	.	.	.	.	.	.	.	.	.	.	.	.	.	.	.	.
.	.	.	.	.	.	.	.	.	.	.	.	.	1	.	.	.	.
5	6	6	3	6	2	6	11	2	9	5	7	1	1	3	2	2	6
.	.	.	.	.	.	.	1	.	.	.	.	1	.	.	.	.	.
.	.	1	1	.	1	.	.	.	.	.	.	.	.	.	.	.	.
.	.	.	.	.	.	.	.	.	.	.	.	.	.	.	.	.	.
5	6	20	11	12	16	23	15	23	29	2	9	1	2	3	3	.	2

		1586—1595	1596—1605	1606—1615	1616—1625	1626—1635	1636—1645	1646—1655	1656—1665	1666—1675	1676—1685	1686—1695	1696—1705	1706—1715	1716—1725
Johann	Jeremias	.	.	.	.	.	1	.	.	.	.	.	.	.	.
	Joseph	.	.	.	.	.	.	.	.	.	.	.	.	.	.
	Jost	.	.	.	.	.	.	1	3	1	1	1	1	1	.
	Israel	.	.	.	.	.	.	.	.	.	.	1	.	1	.
	Julius	.	.	.	.	.	.	.	.	.	.	.	.	.	.
	Justus	.	.	.	.	.	1	.	.	.	.	.	.	.	.
	Krafft	.	.	.	.	.	.	1	1	1	2	.	.	1	.
	Leonhard	.	.	.	.	.	.	.	1	.	.	.	.	.	.
	Lorenz	.	.	.	.	.	.	.	.	.	.	.	.	.	.
	Ludwig	.	.	.	.	.	.	.	.	.	.	.	1	.	.
	Martin	.	.	.	.	.	1	.	.	1	2	.	1	1	2
	Matthäus	.	.	.	.	.	.	.	1	1	.	.	.	1	.
	Matthias	.	.	.	.	.	1	1	.	.	.	.	.	.	1
	Max	.	.	.	.	.	.	.	.	.	.	.	.	.	.
	Melchior	.	.	.	.	.	.	.	.	.	.	.	.	.	.
	Michael	.	.	.	1	2	3	1	3	.	.	.	4	.	1
	Nicolaus	.	.	.	.	.	.	.	1	1	1	.	4	.	2
	Paul	.	.	.	.	1	.	.	.	1	.	.	.	.	.
	Peter	.	.	.	4	4	2	6	3	4	7	9	13	8	8
	Philipp	3	.	.	5	2	.	6	5	11	10	15	15	9	15
	Ratius	.	.	.	.	.	1	.	.	.	.	.	.	.	.
	Reinhard	.	.	.	.	.	.	2	.	.	.	1	.	.	.
	Samuel	.	.	.	.	.	.	.	.	.	.	.	.	1	.
	Simeon	.	.	.	.	.	1	.	.	.	.	.	.	.	.
	Simon	.	.	.	.	.	.	.	.	.	.	1	.	.	.

1726–1735	1736–1745	1746–1755	1756–1765	1766–1775	1776–1785	1786–1795	1796–1805	1806–1815	1816–1825	1826–1835	1836–1845	1846–1855	1856–1865	1866–1875	1876–1885	1886–1895	1896–1905
.	.	.	.	.	.	.	.	.	.	.	.	.	.	.	.	.	.
.	.	.	.	.	.	.	.	.	.	.	.	.	.	.	.	.	1
1	1	.	.	1	1	.	.	.	.	.	.	.	.	.	.	.	.
.	.	.	.	.	.	.	.	.	.	.	.	.	.	.	.	.	.
.	.	.	.	.	.	.	.	.	.	.	.	.	.	.	.	.	2
.	.	.	.	1	.	.	.	2	.	.	.	.	.	.	.	.	.
.	.	.	.	.	.	.	.	.	.	.	.	.	.	.	.	.	.
.	.	.	1	.	.	.	.	.	.	.	.	.	.	.	.	1	.
.	.	.	.	.	1	.	1	.	.	.	.	.	.	.	.	.	.
.	.	1	1	.	.	.	.	.	1	1	1	.	1	.	1	.	.
.	1	2	3	5	2	3	1	4	1	1	3	.	1	.	1	1	.
2	.	.	.	.	.	.	.	.	.	.	.	.	.	.	.	.	.
.	.	.	.	.	.	.	.	.	.	.	.	.	.	.	.	.	.
.	.	.	.	.	.	.	.	.	.	.	.	.	.	.	1	.	.
.	.	.	1	1	.	.	.	.	.	.	.	.	.	.	.	.	.
2	1	1	2	2	2	1	1	2	.	.	.	1	.	.	.	.	.
4	1	3	.	1	3	2	1	.	1	.	.	.	.	.	.	.	.
.	.	.	.	.	.	.	.	.	.	.	.	.	.	.	.	.	.
5	8	14	10	7	12	15	12	17	12	8	3	3	.	.	2	.	1
9	11	19	13	23	29	18	23	25	22	13	11	5	10	2	.	3	1
.	.	.	.	.	.	.	.	.	.	.	.	.	.	.	.	.	.
.	.	1	.	.	.	.	.	.	.	.	.	.	1	.	.	.	.
.	.	.	.	.	.	.	.	.	.	.	.	.	.	.	.	.	.
.	.	.	.	.	.	.	.	.	.	.	.	.	.	.	.	.	.
.	.	.	.	.	.	.	.	.	.	.	.	.	.	.	.	.	.

		1586—1595	1596—1605	1606—1615	1616—1625	1626—1635	1636—1645	1646—1655	1656—1665	1666—1675	1676—1685	1686—1695	1696—1705	1706—1715	1716—1725
Johann	Stephan	.	.	.	1	.	.	.	.	.	.	.	.	.	.
	Tilmann	.	.	.	.	.	.	.	.	.	.	1	.	.	.
	Tobias	.	.	.	.	1	.	.	.	.	.	.	.	.	.
	Ulrich	.	.	.	.	.	.	.	.	.	.	.	.	1	.
	Valentin	.	.	.	.	.	2	1	.	.	1	1	1	.	.
	Veit	.	.	.	.	.	.	.	.	.	1	.	.	.	.
	Vincenz	.	.	.	.	.	.	.	.	.	.	.	.	.	.
	Vollmar	.	.	.	.	.	.	.	.	1	.	.	1	.	.
	Walther	.	.	.	.	.	1	.	.	.	.	.	.	.	.
	Wendel	.	.	.	1	.	.	1	.	1	.	.	.	1	.
	Werner	.	.	.	.	.	.	.	1	.	.	.	.	.	.
	Wilhelm	.	1	.	.	6	5	1	8	1	5	3	2	6	2
	Wolf	.	.	.	.	.	.	.	2	.	.	1	.	.	.
	Zacharias	.	.	.	1	.	.	.	.	.	.	.	.	.	.
Joseph	Anton	.	.	.	.	.	.	.	.	.	.	.	.	.	.
Julius	Georg	.	.	.	.	.	.	.	.	.	.	.	.	.	.
	Wolfgang	.	.	.	.	.	.	1	.	.	.	.	.	.	.
Justus	Ernst	.	.	.	.	.	.	.	.	.	.	.	.	1	1
Leopold	Heinrich	.	.	.	.	.	.	.	.	.	.	.	.	.	.
Lorenz	Heinrich	.	.	.	.	.	.	.	.	.	.	.	.	.	.
Ludwig	Adam	.	.	.	.	.	.	.	.	.	.	.	.	.	.
	Alexander	.	.	.	.	.	.	.	.	.	.	.	.	.	.
	Balthasar	.	.	.	.	.	.	.	.	.	.	.	.	.	.
	Carl	.	.	.	.	.	.	.	.	.	.	.	.	.	1
	Casimir	.	.	.	.	.	.	.	.	.	.	.	.	.	1

1726—1735	1736—1745	1746—1755	1756—1765	1766—1775	1776—1785	1786—1795	1796—1805	1806—1815	1816—1825	1826—1835	1836—1845	1846—1855	1856—1865	1866—1875	1876—1885	1886—1895	1896—1905
.	.	.	.	.	.	.	.	.	.	.	.	.	.	.	.	.	.
.	.	.	.	.	.	.	.	.	.	.	.	.	.	.	.	.	.
.	.	.	.	.	.	.	.	.	.	.	.	.	.	.	.	.	.
.	.	.	.	.	.	.	.	.	.	.	.	.	.	.	.	.	.
.	1	.	.	1	.	.	.	.	1	.	.	.	.	.	.	.	.
.	.	.	.	.	.	.	.	.	.	.	.	.	.	.	.	.	.
1	.	.	.	.	.	.	.	.	.	.	.	.	.	.	.	.	.
.	.	.	.	.	.	.	.	.	.	.	.	.	.	.	.	.	.
.	.	.	.	.	.	.	.	.	.	.	.	.	.	.	.	.	.
.	.	.	.	.	.	1	.	.	.	.	.	.	.	.	.	.	.
.	1	1	.	.	.	.	.	.	.	.	.	.	.	.	.	.	.
3	4	1	4	2	3	4	2	4	6	2	3	2	.	1	.	2	4
.	.	.	.	.	.	.	.	.	.	.	.	.	.	.	.	.	.
.	.	.	.	.	.	.	.	.	.	.	.	.	.	.	.	.	.
.	.	.	.	.	.	.	.	.	.	.	.	.	.	1	.	.	.
.	.	.	.	.	.	.	.	.	.	.	.	.	.	.	.	1	.
.	.	.	.	.	.	.	.	.	.	.	.	.	.	.	.	.	.
.	.	.	.	.	.	.	.	.	.	.	.	.	.	.	.	.	.
.	.	.	.	.	.	.	2	1	.	.	.	.	.	.	.	.	.
.	.	.	.	.	.	.	.	.	.	.	.	.	.	.	.	1	.
.	.	.	.	.	.	.	.	.	.	.	.	.	1	.	.	.	1
.	.	.	.	.	.	.	.	.	.	.	.	.	.	.	.	.	1
.	1	.	.	.	.	.	.	.	.	.	.	.	.	.	.	1	.
.	.	.	.	.	.	.	.	.	.	.	.	.	.	.	.	.	.
.	.	.	.	.	.	.	.	.	.	.	.	.	.	.	.	.	.

		1586–1595	1596–1605	1606–1615	1616–1625	1626–1635	1636–1645	1646–1655	1656–1665	1666–1675	1676–1685	1686–1695	1696–1705	1706–1715	1716–1725
Ludwig	Christoph	.	.	.	.	.	.	.	.	.	.	.	.	.	.
	Daniel	.	.	.	.	.	.	.	.	.	.	.	.	.	.
	Friedrich	.	.	.	.	.	.	.	.	.	.	.	.	.	.
	Jacob	.	.	.	.	.	.	.	.	.	.	.	.	.	.
	Johann	.	.	.	.	.	.	.	.	.	.	.	.	.	.
	Paul	.	.	.	.	.	.	.	.	.	.	.	.	.	.
	Peter	.	.	.	.	.	.	.	.	.	.	.	.	.	.
	Philipp	.	.	.	.	.	.	.	.	.	.	.	.	.	.
	Rudolf	.	.	.	.	.	.	.	1	.	.	.	.	.	.
	Wilhelm	.	.	.	.	.	.	.	.	.	.	.	.	.	.
Martin	Christoph	.	.	.	.	.	.	.	.	.	.	.	.	.	.
Maximilian	August	.	.	.	.	.	.	.	.	.	.	.	.	.	.
Otto	Adolf	.	.	.	.	.	.	.	.	.	.	.	.	.	.
	Carl	.	.	.	.	.	.	.	.	.	.	.	.	.	.
	Conrad	.	.	.	.	.	.	.	.	.	.	.	.	.	.
	Friedrich	.	.	.	.	.	.	.	.	.	.	.	.	.	.
	Georg	.	.	.	.	.	.	.	.	.	.	.	.	.	.
	Heinrich	.	.	.	.	.	.	.	.	.	.	.	.	.	.
	Ludwig	.	.	.	.	.	.	.	.	.	.	.	.	.	.
Paul	Curt	.	.	.	.	.	.	.	.	.	.	.	.	.	.
	Emil	.	.	.	.	.	.	.	.	.	.	.	.	.	.
	Heinrich	.	.	.	.	.	.	.	.	.	.	.	.	.	.
Peter	August	.	.	.	.	.	.	.	.	.	.	.	.	.	.
	Friedrich	.	.	.	.	.	.	.	.	.	.	.	1	.	.
	Jacob	.	.	.	.	.	.	.	.	.	.	.	1	.	.

1726—1735	1736—1745	1746—1755	1756—1765	1766—1775	1776—1785	1786—1795	1796—1805	1806—1815	1816—1825	1826—1835	1836—1845	1846—1855	1856—1865	1866—1875	1876—1885	1886—1895	1896—1905
.	.	.	.	.	.	.	.	.	1	.	.	.	.	.	.	.	.
.	.	.	.	.	.	.	.	.	.	.	.	.	.	1	.	.	1
.	.	.	.	.	.	.	.	.	.	.	.	.	.	.	.	1	.
.	.	.	.	.	.	.	.	.	.	.	.	.	.	.	1	.	.
.	.	.	.	.	.	.	.	.	.	.	.	.	.	.	.	1	1
.	.	.	.	.	.	.	.	.	.	.	.	.	.	.	.	1	.
.	.	.	.	.	.	.	.	.	.	.	.	.	.	.	.	.	1
.	.	.	.	.	.	.	.	.	.	.	.	.	.	.	1	.	.
.	.	.	.	.	.	.	.	.	.	.	.	.	.	.	.	.	.
.	1	.	.	.	.	.	.	.	1	.	1	.	1	1	.	1	.
.	.	.	.	1	.	.	2	.	.	.	.	.	.	.	.	.	.
.	.	.	.	.	.	.	1	.	.	.	.	.	.	.	.	.	.
.	.	.	.	.	.	.	.	.	.	.	.	.	.	.	.	.	1
.	.	.	.	.	.	.	.	.	.	.	.	.	.	.	.	.	1
.	.	.	.	.	.	.	.	1	.	.	.	.	.	.	.	.	.
.	.	.	.	.	.	.	.	.	.	.	.	.	.	1	.	.	1
.	.	.	.	.	.	.	.	.	.	.	.	.	.	.	1	.	.
.	.	.	.	.	.	.	.	.	.	.	.	.	.	.	.	.	1
.	.	.	.	.	.	.	.	.	.	.	.	.	.	.	.	.	1
.	.	.	.	.	.	.	.	.	.	.	.	.	.	.	.	.	2
.	.	.	.	.	.	.	.	.	.	.	.	.	.	1	.	.	.
.	.	.	.	.	.	.	.	.	.	.	.	.	.	.	.	1	.
.	.	.	.	.	.	.	.	.	.	1	.	.	.	.	.	.	.
.	.	.	.	.	.	.	.	.	.	.	.	.	.	1	.	.	.
.	.	1	.	.	.	.	.	.	1	.	2	1	.	.	.	.	.

		1586 — 1595	1596 — 1605	1606 — 1615	1616 — 1625	1626 — 1635	1636 — 1645	1646 — 1655	1656 — 1665	1666 — 1675	1676 — 1685	1686 — 1695	1696 — 1705	1706 — 1715	1716 — 1725
Peter	Johann	.	.	.	.	1	.	.	.	.	.	.	.	.	.
	Joseph	.	.	.	.	.	.	.	.	.	.	.	.	.	.
	Leopold	.	.	.	.	.	.	.	.	.	.	.	.	.	.
	Ludwig	.	.	.	.	.	.	.	.	.	.	.	.	.	.
	Philipp	.	.	.	.	.	.	.	.	.	.	.	.	.	.
	Wilhelm	.	.	.	.	.	.	.	.	.	1	.	.	.	.
	Zacharias	.	.	.	.	.	.	.	.	.	.	.	.	.	.
Philipp	Adam	.	.	.	.	.	.	.	.	.	.	.	1	.	.
	Adolf	.	.	.	.	.	.	.	.	.	1	.	.	.	.
	Andreas	.	.	.	.	.	.	.	.	.	1	.	.	.	.
	August	.	.	.	.	.	.	.	.	.	.	.	.	.	.
	Carl	.	.	.	.	.	.	.	.	.	.	.	.	.	1
	Caspar	.	.	.	.	.	.	.	.	.	1	.	.	1	1
	Christian	.	.	.	.	.	.	.	.	.	1	.	.	.	.
	Christoph	.	.	.	.	.	.	.	.	.	1	.	.	.	.
	Conrad	.	.	.	.	.	.	.	.	1	.	.	.	.	.
	Ernst	.	.	.	.	.	.	.	.	.	.	.	.	.	.
	Friedrich	.	.	.	.	.	.	.	.	.	.	.	.	.	.
	Heinrich	.	.	.	.	.	.	.	.	.	.	.	.	.	1
	Helfrich	.	.	.	.	.	.	.	.	1	.	.	.	.	.
	Hermann	.	.	.	.	.	.	.	.	.	.	.	.	.	.
	Jacob	1	.	.	1	.	.	.	.	1	.	2	2	1	.
	Leonhard	.	.	.	.	.	.	.	.	.	1	.	.	.	.
	Lorenz	.	.	.	.	.	.	.	.	.	.	.	.	.	.
	Ludwig	.	.	.	.	.	.	.	.	.	1	2	.	.	.

1726—1735	1736—1745	1746—1755	1756—1765	1766—1675	1776—1785	1786—1795	1796—1805	1806—1815	1816—1825	1826—1835	1836—1845	1846—1855	1856—1865	1866—1875	1876—1885	1886—1895	1896—1905
.	.	.	.	.	.	.	.	.	1	.	.	.	.	.	.	.	.
.	.	.	.	.	.	.	.	.	.	.	.	.	.	.	1	1	1
.	.	.	.	.	.	.	.	.	.	.	1	.	1	.	1	.	.
.	.	.	.	.	.	.	.	.	.	.	.	.	.	.	1	.	.
.	.	.	.	1	.	.	.	.	1	.	.	.	.	.	.	.	.
.	.	.	.	.	.	.	.	.	.	.	.	.	.	.	.	2	.
.	.	.	.	.	.	.	1	1	.	1	1	.	.	.	.	.	.
.	.	.	.	1	.	.	.	.	.	.	.	.	.	1	.	2	3
.	.	.	.	.	.	.	.	.	.	.	.	1	.	.	.	.	.
.	.	.	.	.	.	.	.	.	.	.	.	.	.	.	.	.	.
.	.	.	.	.	.	.	.	.	.	.	.	2	1	2	3	5	1
.	1	.	.	.	.	.	.	.	.	.	.	.	.	.	.	1	.
.	2	.	.	3	.	.	.	.	.	.	.	.	.	.	.	.	.
.	.	.	.	.	.	.	1	.	2	1	.	.	.	.	.	.	.
.	.	.	.	.	.	.	.	.	.	.	.	.	.	.	.	.	.
.	.	.	.	.	1	1	.	.	.	1	1	1	1	.	.	1	.
.	1	.	.	.	.	.	.	.	.	.	.	.	.	.	.	.	.
.	.	.	.	.	.	.	.	.	.	1	1	.	.	.	.	.	.
.	2	2	.	1	2	.	.	1	4	1	.	1	1	1	1	1	3
.	.	.	.	.	.	.	.	.	.	.	.	.	.	.	.	.	.
.	.	.	.	.	.	.	.	.	.	.	.	1	.	.	.	.	.
.	2	.	1	1	1	.	1	.	1	1	.	.	2	1	3	.	2
.	.	.	.	.	.	.	.	.	.	.	.	.	.	.	.	.	.
.	.	.	.	.	.	.	.	.	.	.	.	.	.	.	.	1	.
1	.	.	.	.	.	.	.	.	.	.	.	.	.	.	.	.	.

		1586–1595	1596–1605	1606–1615	1616–1625	1626–1635	1636–1645	1646–1655	1656–1665	1666–1675	1676–1685	1686–1695	1696–1705	1706–1715	1716–1725
Philipp	Michael	.	.	.	.	.	.	1	.	.	.	.	.	.	.
	Nicolaus	.	.	.	.	.	.	.	.	.	.	.	.	.	.
	Paul	.	.	.	.	.	.	.	.	.	.	.	.	.	.
	Peter	.	.	.	.	.	.	.	.	.	1	.	1	.	2
	Theodor	.	.	.	.	.	.	.	.	.	.	.	.	.	.
	Wilhelm	.	.	.	.	.	.	.	.	.	.	.	.	.	.
	Wolf	.	1	.	.	.	.	.	.	.	.	.	.	.	.
Reinhard	Wilhelm	.	.	.	.	.	.	.	.	.	2	.	.	.	3
Richard	Magnus	.	.	.	.	.	.	.	.	.	.	.	.	.	.
Rudolf	Vollmar	.	.	.	.	.	.	.	1	.	.	.	.	.	.
	Wilhelm	.	.	.	.	.	.	.	1	.	.	.	.	.	.
Theodor	Carl	.	.	.	.	.	.	.	.	.	.	.	.	.	.
	Conrad	.	.	.	.	.	.	.	.	.	.	.	.	.	.
	Hermann	.	.	.	.	.	.	.	.	.	.	.	.	.	.
	Ludwig	.	.	.	.	.	.	.	.	.	.	.	.	.	.
Thomas	Christoph	.	.	.	.	.	.	.	.	.	.	.	.	1	.
Valentin	Johannes	.	.	.	.	.	1	.	.	.	.	.	.	.	.
Walther	Hugo	.	.	.	.	.	.	.	.	.	.	.	.	.	.
Wilhelm	Andreas	.	.	.	.	.	.	.	.	.	.	1	.	.	.
	August	.	.	.	.	.	.	.	.	.	.	.	.	.	.
	Carl	.	.	.	.	.	.	.	.	.	.	.	.	.	.
	Christoph	.	.	.	.	.	.	.	.	.	.	.	.	.	.
	Daniel	.	.	.	.	.	.	.	.	.	.	.	.	.	.
	Eugen	.	.	.	.	.	.	.	.	.	.	.	.	.	.
	Friedrich	.	.	.	.	.	.	.	.	.	.	.	.	.	.

1726 — 1735	1736 — 1745	1746 — 1755	1756 — 1765	1766 — 1775	1776 — 1785	1786 — 1795	1796 — 1805	1806 — 1815	1816 — 1825	1826 — 1835	1836 — 1845	1846 — 1855	1856 — 1865	1866 — 1875	1876 — 1885	1886 — 1895	1896 — 1905
.	.	.	.	.	.	.	.	.	.	.	.	.	.	.	.	.	.
.	.	.	.	1	.	.	.	.	.	.	.	.	.	.	.	.	.
.	1	.	.	.	.	.	.	.	.	.	.	.	.	.	.	.	.
.	.	.	.	.	.	.	.	.	.	.	.	1	.	1	.	.	.
.	.	.	.	.	.	.	.	.	.	.	.	1	.	.	.	.	.
.	.	.	.	.	.	.	.	.	1	.	.	.	.	.	.	.	1
.	.	.	.	.	.	.	.	.	.	.	.	.	.	.	.	.	.
.	.	.	2	.	.	.	.	.	.	.	.	.	.	.	.	.	.
.	.	.	.	.	.	.	.	.	.	.	.	.	.	.	.	.	1
.	.	.	.	.	.	.	.	.	.	.	.	.	.	.	.	.	.
.	.	.	.	.	.	.	.	.	.	.	.	.	.	.	.	.	.
.	.	.	.	.	.	.	.	.	.	.	.	.	.	.	2	.	.
.	.	1	.	.	.	.	.	.	.	.	.	.	.	.	.	.	.
.	.	.	.	.	.	.	.	.	.	.	.	.	.	.	.	.	1
.	.	.	.	.	.	.	.	.	.	.	.	.	.	.	.	.	1
.	.	.	.	.	.	.	.	.	.	.	.	.	.	.	.	.	.
.	.	.	.	.	.	.	.	.	.	.	.	.	.	.	.	.	.
.	.	.	.	.	.	.	.	.	.	.	.	.	.	.	.	.	1
.	.	.	.	.	.	.	.	.	.	.	.	.	.	.	.	.	.
.	.	.	.	.	.	.	.	.	.	.	.	.	.	.	.	.	1
.	.	.	.	.	.	.	.	.	.	.	.	.	.	.	.	1	.
.	.	.	.	.	1	.	.	.	.	.	.	.	.	.	.	.	.
.	.	.	.	.	1	.	.	1	.	.	.	.	.	.	.	.	.
.	.	.	.	.	.	.	.	.	.	.	.	.	.	.	.	.	1
.	.	.	.	.	.	.	.	.	.	.	.	.	.	.	.	3	.

		1586 — 1595	1596 — 1605	1606 — 1615	1616 — 1625	1626 — 1635	1636 — 1645	1646 — 1655	1656 — 1665	1666 — 1675	1676 — 1685	1686 — 1695	1696 — 1705	1706 — 1715	1716 — 1725
Wilhelm	Heinrich	.	.	.	.	.	.	.	.	.	.	.	.	.	.
	Jacob	.	.	.	.	.	.	.	.	.	.	.	.	.	.
	Joseph	.	.	.	.	.	.	.	.	.	.	.	.	.	.
	Peter	.	.	.	.	.	.	.	.	.	.	.	.	.	.
	Philipp	.	.	.	.	.	.	.	.	.	.	.	.	1	.
Wolf	Heinrich	.	1	.	.	1	.	.	.	.	.	.	.	.	.
Wolfgang	Heinrich	.	.	.	.	.	.	.	.	.	.	.	.	1	.
Wolrat	Balthasar	.	.	.	.	.	.	.	.	.	1	.	.	.	.
Summe der verglichenen Namen		6	5	1	23	32	58	61	73	59	86	84	111	94	95
Summe d. verschiedenen Namen		3	4	1	12	16	31	29	32	32	38	31	33	37	31
in %		50	80	100	52	50	53	48	44	54	44	37	30	39	33

Tabelle Nr. 3b. Weib

		1586 — 1595	1596 — 1605	1606 — 1615	1616 — 1625	1626 — 1635	1636 — 1645	1646 — 1655	1656 — 1665	1666 — 1675	1676 — 1685	1686 — 1695	1696 — 1705	1706 — 1715	1716 — 1725
Agnes	Margaretha	.	.	.	.	.	1	.	.	.	.	.	.	.	.
	Maria	.	.	.	.	.	2	.	.	.	.	.	.	.	.
Amalia	Catharina	.	.	.	.	.	.	.	.	.	.	.	.	.	1
	Elisabetha	.	.	.	.	.	.	.	.	1	.	.	.	.	.
	Luise	.	.	.	.	.	.	.	.	.	.	.	.	.	.
Anna	Augusta	.	.	.	.	.	.	.	.	.	.	.	.	.	.
	Babetta	.	.	.	.	.	.	.	.	.	.	.	.	.	.
	Barbara	.	.	.	.	.	1	5	1	3	1	.	.	2	1

1726—1735	1736—1745	1746—1755	1756—1765	1766—1775	1776—1785	1786—1795	1796—1805	1806—1815	1816—1825	1826—1835	1836—1845	1846—1855	1856—1865	1866—1875	1876—1885	1886—1895	1896—1905
.	1	.	1	.	.	.	.	.	.	.	.	.	.	.	1	.	1
.	.	.	1	.	.	.	1	1	.	.	.	.	.	1	1	.	.
.	.	.	.	.	.	.	.	.	.	.	.	.	.	1	.	.	.
.	.	.	.	.	.	.	.	.	.	.	.	.	.	1	.	.	1
.	.	.	.	.	.	.	.	.	.	.	.	.	.	.	.	.	1
.	.	.	.	.	.	.	.	.	.	.	.	.	.	.	.	.	.
.	.	.	.	.	.	.	.	.	.	.	.	.	.	.	.	.	.
.	.	.	.	.	.	.	.	.	.	.	.	.	.	.	.	.	.
113	93	128	109	120	139	139	133	165	170	83	103	58	61	98	69	105	161
31	34	31	33	33	32	29	36	38	41	35	46	37	39	72	49	65	97
27	37	24	30	28	23	21	27	23	24	42	35	64	64	73	71	62	60

liche Doppelvornamen.

1726—1735	1736—1745	1746—1755	1756—1765	1766—1775	1776—1785	1786—1795	1796—1805	1806—1815	1816—1825	1826—1835	1836—1845	1846—1855	1856—1865	1866—1875	1876—1885	1886—1895	1896—1905
.	.	.	.	.	.	.	.	.	.	.	.	.	.	.	.	.	.
.	.	.	.	.	.	.	.	.	.	.	.	.	.	.	.	.	.
.	.	.	.	.	.	.	.	.	.	.	.	.	.	.	.	.	.
.	.	.	.	.	.	.	.	.	.	.	.	.	.	.	.	.	.
.	.	.	.	.	.	.	.	.	.	.	.	1	.	.	.	.	.
.	.	.	.	.	.	.	.	.	.	.	.	.	.	.	.	.	1
.	.	.	.	.	.	.	.	.	.	.	.	.	.	.	.	.	1
1	.	4	.	.	1	1	1	.	4	3	.	2	1	3	3	4	.

		1586–1595	1596–1605	1606–1615	1616–1625	1626–1635	1636–1645	1646–1655	1656–1665	1666–1675	1676–1685	1686–1695	1696–1705	1706–1715
Anna	Bibliana	.	.	.	.	.	1	.	.	.	.	.	.	.
	Carolina	.	.	.	.	.	.	.	.	.	.	.	.	.
	Catharina	2	1	1	6	4	11	9	17	16	22	11	14	12
	Christina	1	3	1	3	3	13	4	4	7	4	13	11	15
	Clara	.	.	.	.	.	.	.	.	.	.	.	.	.
	Dorothea	.	.	.	.	.	1	1	.	3	.	1	.	.
	Eleonore	.	.	.	.	.	.	.	.	.	1	.	1	1
	Elisabetha	.	.	.	1	.	2	3	3	.	2	5	.	6
	Eva	.	.	.	.	.	1	.	.	.	.	.	.	.
	Friederica	.	.	.	.	.	.	.	.	.	.	.	1	.
	Gela	.	.	.	1	.	.	.	.	.	.	.	.	.
	Gertrud	.	.	.	.	.	.	.	.	.	.	.	.	.
	Hedwig	.	.	.	.	.	.	.	.	.	.	.	.	.
	Helena	.	.	.	.	.	.	.	1	.	.	.	.	.
	Julia	.	.	1	.	.	.	.	.	.	.	.	.	.
	Juliana	.	.	.	.	.	.	1	.	1	1	.	2	.
	Justina	.	.	.	.	.	.	.	.	.	1	.	3	.
	Lucia	.	1	.	1	.	.	.	1	.	.	.	.	.
	Lucretia	.	.	.	.	.	.	.	1	.	.	.	.	.
	Luise	.	.	.	.	.	.	.	.	.	.	.	.	.
	Magdalena	.	.	.	.	.	1	2	1	3	2	3	3	5
	Margaretha	.	.	1	.	8	12	5	7	6	5	8	2	8
	Maria	2	4	1	6	12	20	9	5	6	10	7	4	4
	Marianna	.	.	.	.	.	.	.	.	.	.	.	.	.
	Regina	.	.	.	.	.	.	1	.	.	.	.	.	.

736–745	1746–1755	1756–1765	1766–1775	1776–1785	1786–1795	1796–1805	1806–1815	1816–1825	1826–1835	1836–1845	1846–1855	1856–1865	1866–1875	1876–1885	186–185	1896–1905
.	.	.	.	.	.	.	.	.	.	.	.	.	.	.	.	.
.	.	.	.	.	.	.	.	.	.	.	.	.	.	.	1	.
16	16	16	14	14	18	14	18	14	8	8	6	3	15	9	12	15
9	7	4	8	4	6	8	3	6	2	2	1	1	2	4		2
.	.	.	.	.	.	.	.	.	1	.	.	.	.	.		.
.	.	.	1	.	.	.	.	.	.	.	1	.	1	.	.	.
.	.	.	.	.	.	.	.	.	.	.	.	.	.	.		.
4	9	6	7	3	6	4	9	8	.	2	1	.	2	.	7	3
1	.	1	.	.	2	.	3	.	.	.	2	.	.	.	.	1
.	.	.	.	.	.	.	.	.	.	.	.	.	.	.	.	.
.	.	.	.	.	.	.	.	.	.	.	.	.	.	.	.	.
.	.	.	1	.	.	.	.	.	.	.	.	.	.	.	.	.
.	.	.	.	.	.	.	.	.	.	.	.	.	.	.	1	.
.	.	.	.	.	.	.	.	.	.	.	.	.	1	.	.	.
.	.	.	.	.	.	.	.	.	.	.	.	.	.	.	.	.
1	.	.	.	.	.	.	.	.	.	.	.	.	.	.	.	.
.	.	.	.	.	.	.	.	.	.	.	.	.	.	.	.	.
.	.	.	.	.	.	.	.	.	.	.	.	.	.	.	.	.
.	.	.	.	.	.	.	.	.	.	.	.	.	.	.	.	.
.	.	.	.	.	.	.	.	.	.	.	.	.	.	.	.	.
3	2	.	1	.	.	1	1	.	1	1	.	1	.	.	.	1
10	10	11	13	16	8	10	19	8	8	3	4	.	.	3	1	5
7	5	12	11	17	16	17	18	18	16	18	14	16	17	15	2.	16
.	.	.	.	.	.	.	.	.	.	.	.	.	.	1	.	.
.	.	.	.	.	.	.	.	.	.	.	.	.	.	.	.	.

		1586–1595	1596–1605	1606–1615	1616–1625	1626–1635	1636–1645	1646–1655	1656–1665	1666–1675	1676–1685	1686–1695	1696–1705	1706–1715	1716–1725
Anna	Rosina	.	.	.	.	.	.	.	.	.	1	.	.	.	.
	Sabina	.	.	.	.	.	.	.	.	.	.	.	.	.	.
	Sibylla	.	.	.	.	.	.	.	1	1	.	1	.	2	.
	Sophia	.	.	.	.	.	.	.	1	.	.	.	.	.	.
	Susanna	.	.	.	.	.	.	1	1	.	.	.	.	.	.
	Ursula	.	.	1	.	.	.	1	.	.	.	.	.	.	.
	Wilhelmina	.	.	.	.	.	.	.	.	.	.	.	.	.	.
Augusta	Apollonia	.	.	.	.	.	.	.	.	.	.	.	.	.	.
	Catharina	.	.	.	.	.	.	.	.	.	.	.	.	1	.
	Elisabetha	.	.	.	.	.	.	.	.	.	.	.	.	.	.
	Elise	.	.	.	.	.	.	.	.	.	.	.	.	.	.
	Friederika	.	.	.	.	.	.	.	.	.	.	.	.	.	.
	Johannetta	.	.	.	.	.	.	.	.	.	.	.	.	.	.
	Susanna	.	.	.	.	.	.	.	.	.	.	.	.	.	.
	Wilhelmina	.	.	.	.	.	.	.	.	.	.	.	.	.	.
Babetta	Elisabetha	.	.	.	.	.	.	.	.	.	.	.	.	.	.
	Paulina	.	.	.	.	.	.	.	.	.	.	.	.	.	.
Barbara	Bertha	.	.	.	.	.	.	.	.	.	.	.	.	.	.
	Catharina	.	.	.	.	1	.	.	.	.	.	.	.	.	.
	Elisabetha	.	.	.	.	.	.	.	.	.	.	.	.	.	3
Bertha	Eleonore	.	.	.	.	.	.	.	.	.	.	.	.	.	.
	Elisabetha	.	.	.	.	.	.	.	.	.	.	.	.	.	.
Carolina	Augusta	.	.	.	.	.	.	.	.	.	.	.	.	.	.
	Frida	.	.	.	.	.	.	.	.	.	.	.	.	.	.
	Henrietta	.	.	.	.	.	.	.	.	.	.	.	.	.	.

1726—1735	1736—1745	1746—1755	1756—1765	1766—1775	1776—1785	1786—1795	1796—1805	1806—1815	1816—1825	1826—1835	1836—1845	1846—1855	1856—1865	1866—1875	1876—1885	1886—1895	1896—1905
.	.	.	.	.	1	.	.	.	1	.	.	.	.	.	1	1	.
1	.	.	.	.	.	.	.	.	.	.	.	.	.	.	.	.	.
1	.	1	.	1	.	.	.	.	.	.	.	.	.	.	.	.	.
.	.	.	.	.	.	.	.	.	.	.	.	.	.	.	.	.	.
.	.	.	.	.	.	1	.	3	2	.	.	.	.	.	1	.	.
.	.	.	.	.	.	.	.	.	.	.	.	.	.	.	.	.	.
.	.	.	.	.	.	.	.	.	.	.	.	.	.	.	.	.	1
.	.	.	.	.	.	.	.	.	.	.	.	.	.	.	.	1	.
.	.	.	.	.	.	.	1	.	.	.	.	.	.	.	.	.	1
.	.	.	.	.	.	.	.	.	1	.	.	.	.	.	.	.	.
.	.	.	.	.	.	.	.	.	.	.	.	.	.	.	.	.	1
.	.	.	.	.	.	.	.	.	.	.	.	.	1	.	.	.	.
.	.	.	.	.	.	.	.	.	.	.	.	.	.	.	.	.	1
.	.	.	.	.	.	.	.	.	.	.	.	.	.	.	.	.	1
.	.	.	.	.	.	.	.	.	.	.	.	.	.	.	.	.	1
.	.	.	.	.	.	.	.	.	.	.	.	.	.	.	1	.	1
.	.	.	.	.	.	.	.	.	.	.	.	.	.	.	.	.	1
.	.	.	.	.	.	.	.	.	.	.	.	.	.	.	.	.	1
.	.	.	.	.	.	.	.	.	.	.	.	.	.	.	.	.	.
1	.	.	.	.	1	.	.	.	.	.	1	.	.	.	1	.	.
.	.	.	.	.	.	.	.	.	.	.	.	.	.	.	.	.	1
.	.	.	.	.	.	.	.	.	.	.	.	.	.	.	1	.	.
.	.	.	.	.	.	.	.	.	.	.	.	.	.	.	1	.	.
.	.	.	.	.	.	.	.	.	.	.	.	.	.	.	.	.	1
.	.	.	.	.	.	.	.	.	.	1	.	.	.	.	.	.	.

		1586–1595	1596–1605	1606–1615	1616–1625	1626–1635	1636–1645	1646–1655	1656–1665	1666–1675	1676–1685	1686–1695	1696–1705	1706–1715	1716–1725
Carolina	Lisetta	.	.	.	.	.	.	.	.	.	.	.	.	.	.
	Margaretha	.	.	.	.	.	.	.	.	.	.	.	.	.	.
	Wilhelmina	.	.	.	.	.	.	.	.	.	.	.	.	.	.
Catharina	Augusta	.	.	.	.	.	.	.	.	.	.	.	.	.	.
	Barbara	.	.	.	.	.	.	.	1	.	.	.	.	.	.
	Christina	.	.	.	.	.	.	.	.	.	.	.	1	.	.
	Clara	.	.	.	.	.	.	.	.	.	.	.	.	.	.
	Dorothea	.	.	.	.	.	.	.	.	.	.	.	.	.	.
	Eleonore	.	.	.	.	.	.	.	.	.	.	.	.	.	1
	Elisabetha	.	.	.	.	.	1	.	.	.	.	.	.	1	2
	Felicitas	.	.	.	.	.	.	.	.	.	.	.	.	1	.
	Friederika	.	.	.	.	.	.	.	.	.	.	.	.	.	.
	Gertrud	.	.	.	.	.	.	.	.	.	.	.	.	.	.
	Helena	.	.	.	.	.	.	.	.	.	.	.	1	.	1
	Henrietta	.	.	.	.	.	.	.	.	.	.	.	.	.	.
	Josepha	.	.	.	.	.	.	.	.	.	.	.	.	.	.
	Josephina	.	.	.	.	.	.	.	.	.	.	.	.	.	.
	Juliana	.	.	.	.	.	.	.	.	.	1	.	.	.	.
	Justina	.	.	.	.	.	.	.	.	.	.	.	.	.	.
	Kunigunde	.	.	.	.	.	.	.	.	.	.	.	.	.	.
	Luise	.	.	.	.	.	.	.	.	.	.	.	.	.	.
	Magdalena	.	.	.	.	.	.	.	.	.	.	.	.	.	.
	Margaretha	1	.	.	.	.	.	.	1	1	2	2	3	1	1
	Maria	.	.	.	.	.	.	.	.	.	.	.	.	.	1
	Marianna	.	.	.	.	.	.	.	.	.	.	.	.	.	.

1726 — 1735	1736 — 1745	1746 — 1755	1756 — 1765	1766 — 1775	1776 — 1785	1786 — 1795	1796 — 1805	1806 — 1815	1816 — 1825	1826 — 1835	1836 — 1845	1846 — 1855	1856 — 1865	1866 — 1875	1876 — 1885	1886 — 1895	1896 — 1905
.	.	.	.	.	.	.	.	.	.	.	.	.	.	.	.	.	1
.	.	.	.	.	.	.	.	.	.	.	.	.	.	.	1	.	.
.	.	.	.	.	.	.	.	.	.	1	.	1	.	.	.	.	.
.	.	.	.	.	.	.	1	.	.	.	.	.	.	.	.	.	.
.	.	1	.	.	.	.	.	1	.	.	.	.	.	.	.	.	.
.	.	.	.	.	1	.	.	1	1	1	.	.	.	.	.	.	.
.	.	.	.	.	.	.	.	.	.	.	1	.	.	.	.	.	.
.	.	.	.	1	.	1	.	.	.	.	.	.	.	.	.	.	.
.	.	.	.	.	.	.	.	.	.	.	1	.	.	.	.	.	.
.	4	5	3	3	6	3	5	8	11	18	5	6	5	7	5	4	5
.	.	.	.	.	.	.	.	.	.	.	.	.	.	.	.	.	.
.	.	.	.	.	.	.	.	.	.	.	1	.	.	.	.	.	.
.	1	.	.	.	.	.	.	.	.	.	.	.	.	.	.	.	.
.	.	1	1	.	.	.	.	.	.	.	.	.	.	1	.	.	.
.	.	.	.	.	.	.	.	.	.	.	.	.	.	1	.	.	.
.	.	.	.	.	.	.	.	1	.	.	.	.	.	.	.	.	.
.	.	.	.	.	.	.	.	.	1	.	.	.	.	.	.	.	.
.	.	.	.	.	.	.	.	.	.	.	.	.	.	.	.	.	.
.	.	.	.	.	.	.	.	.	.	.	.	.	1	.	.	.	.
.	.	.	.	.	.	.	.	.	.	.	.	.	.	1	.	.	.
1	.	1	1	.	.	.	.	1	1	.	.	.	.	.	1	.	1
.	.	.	.	.	.	.	.	.	.	.	.	.	.	1	.	.	.
3	.	3	1	2	3	1	6	.	2	1	7	2	2	3	2	3	2
.	.	.	.	.	.	.	.	.	.	.	.	.	.	.	1	.	1
.	.	.	.	.	1	.	.	.	.	.	.	.	.	.	.	.	.

		1586 — 1595	1596 — 1605	1606 — 1615	1616 — 1625	1626 — 1635	1636 — 1645	1646 — 1655	1656 — 1665	1666 — 1675	1676 — 1685	1686 — 1695	1696 — 1705	1706 — 1715	1716 — 1725
Catharina	Philippina	.	.	.	.	.	.	.	.	.	.	.	1	1	3
	Sibylla	.	.	.	.	.	.	.	.	.	1	.	.	.	.
	Sophia	.	.	.	.	.	.	.	.	.	.	.	.	.	.
	Susanna	.	.	.	.	.	.	.	.	.	.	.	.	1	.
	Wilhelmina	.	.	.	.	.	.	.	.	.	.	.	.	.	.
Charlotte	Catharina	.	.	.	.	.	.	.	.	.	.	.	.	.	.
	Eleonore	.	.	.	.	.	.	.	.	.	.	.	.	.	.
	Elisabetha	.	.	.	.	.	.	.	.	.	.	.	.	.	.
	Luise	.	.	.	.	.	.	.	.	.	.	.	.	.	.
	Magdalena	.	.	.	.	.	.	.	.	.	.	.	.	.	.
	Margaretha	.	.	.	.	.	.	.	.	.	.	.	.	.	.
	Sibylla	.	.	.	.	.	.	.	.	.	.	.	.	.	.
Christiana	Christina	.	.	.	.	.	.	.	.	.	.	.	.	.	.
	Sibylla	.	.	.	.	.	.	.	.	.	.	.	.	.	.
Christina	Agatha	.	.	.	.	.	.	.	.	.	1	.	.	.	.
	Amalia	.	.	.	.	.	.	.	.	.	.	.	.	.	.
	Barbara	.	.	.	.	.	.	.	.	.	.	.	.	.	.
	Catharina	.	.	.	.	.	.	.	.	.	.	.	1	.	.
	Dorothea	.	.	.	.	.	.	.	.	.	.	.	.	.	.
	Elisabetha	.	.	.	.	.	.	.	.	.	.	.	1	.	.
	Hedwig	.	.	.	.	.	1	.	.	.	.	.	.	.	.
	Juliana	.	.	.	.	.	.	.	.	.	.	.	.	.	.
	Magdalena	.	.	.	.	.	.	1	1	1	.	.	.	1	1
	Margaretha	.	.	.	.	1	.	.	.	.	.	.	1	2	2
	Maria	.	.	.	.	.	.	.	.	.	.	.	.	.	1

1726—1735	1736—1745	1746—1755	1756—1765	1766—1775	1776—1785	1786—1795	1796—1805	1806—1815	1816—1825	1826—1835	1836—1845	1846—1855	1856—1865	1866—1875	1876—1885	1886—1895	1896—1905
2	.	1	.	.	.	.	.	.	.	.	.	.	.	.	.	.	.
.	.	.	1	.	.	.	.	.	.	.	.	.	.	.	.	.	.
.	.	.	.	.	.	.	.	.	.	.	.	.	.	.	.	.	1
.	.	.	.	.	.	.	.	.	.	.	.	.	.	.	.	.	.
.	.	.	.	.	.	.	.	1	.	.	.	.	.	.	1	1	.
.	.	.	.	.	.	.	.	.	.	.	.	.	.	1	.	1	.
.	.	.	.	.	.	.	.	.	1	.	2	.	.	.	.	.	.
.	.	.	.	.	.	.	.	.	1	.	.	.	.	.	.	.	.
.	.	.	.	.	.	.	.	.	.	.	.	.	.	.	.	1	.
.	.	.	.	.	.	.	.	.	1	.	1	1	1	.	.	1	.
.	.	.	1	.	.	.	.	.	.	1	.	2	1	.	1	.	.
.	.	.	1	.	.	.	.	.	.	.	.	.	.	.	.	.	.
.	.	.	.	.	.	.	.	1	.	.	.	.	.	.	.	.	.
.	.	.	.	.	.	.	1	.	.	.	.	.	.	.	.	.	.
.	.	.	.	.	.	.	.	.	.	.	.	.	.	.	.	.	.
.	.	.	.	.	.	.	.	.	.	.	.	.	.	.	.	.	1
.	.	.	.	.	.	.	.	.	.	.	.	1	.	.	.	.	.
.	.	.	.	.	.	.	.	.	.	.	.	.	.	.	.	.	.
1	.	.	.	.	.	.	.	.	.	1	.	.	.	.	1	.	.
.	.	1	1	.	.	.	1	.	.	1	.	.	.	1	.	1	1
.	.	.	.	.	.	.	.	.	.	.	.	.	.	.	.	.	.
.	.	.	1	.	.	.	.	.	.	.	.	.	.	.	.	.	.
.	.	.	.	.	.	.	.	.	.	.	.	.	.	.	.	.	1
.	1	.	2	3	.	.	3	.	1	2	2	1	.	.	.	.	.
.	.	.	.	.	.	.	.	.	.	.	1	.	.	.	.	.	1

		1586—1595	1596—1605	1606—1615	1616—1625	1626—1635	1636—1645	1646—1655	1656—1665	1666—1675	1676—1685	1686—1695	1696—1705	1706—1715	1716—1725
Clara	Elisabetha	.	.	.	.	.	.	.	.	.	1	.	.	.	.
Dorothea	Barbara	.	.	.	.	.	.	.	.	.	.	.	1	.	.
	Catharina	.	.	.	.	.	.	1	.	.	.	.	.	.	.
	Charlotte	.	.	.	.	.	.	.	.	.	.	.	.	.	.
	Elisabetha	.	.	.	.	.	2	.	.	.	.	.	.	.	.
	Lisetta	.	.	.	.	.	.	.	.	.	.	.	.	.	.
	Magdalena	.	.	.	.	1	.	.	.	.	1	.	.	.	.
	Margaretha	.	.	.	.	.	1	.	.	.	.	.	.	.	.
	Maria	.	.	.	.	.	.	1	.	.	.	.	1	.	1
	Wilhelmina	.	.	.	.	.	.	.	.	.	.	.	.	.	1
Eleonore	Augusta	.	.	.	.	.	.	.	.	.	.	.	.	.	.
	Carolina	.	.	.	.	.	.	.	.	.	.	.	.	.	.
	Catharina	.	.	.	.	.	.	.	.	.	.	.	.	.	.
	Dorothea	.	.	.	.	.	.	.	.	.	.	.	.	.	.
	Margaretha	.	.	.	.	.	.	.	.	.	.	.	.	.	.
	Maria	.	.	.	.	.	.	.	.	.	.	.	.	.	1
	Sophia	.	.	.	.	.	.	.	.	.	.	.	.	.	.
Elisabetha	Adelheid	.	.	.	.	.	.	.	.	.	.	.	.	.	.
	Agatha	.	.	.	.	.	.	.	.	.	.	.	.	.	1
	Barbara	.	.	.	.	.	.	.	.	.	.	1	.	.	.
	Bertha	.	.	.	.	.	.	.	.	.	.	.	.	.	.
	Carolina	.	.	.	.	.	.	.	.	.	.	.	.	.	.
	Catharina	.	.	.	.	.	3	4	6	7	5	3	4	5	4
	Charlotte	.	.	.	.	.	.	.	.	.	.	.	.	.	.
	Christina	.	.	.	.	.	.	.	.	.	.	.	2	1	.

1726 — 1735	1736 — 1745	1746 — 1755	1756 — 1765	1766 — 1775	1776 — 1785	1786 — 1795	1796 — 1805	1806 — 1815	1816 — 1825	1826 — 1835	1836 — 1845	1846 — 1855	1856 — 1865	1866 — 1875	1876 — 1885	1886 — 1895	1896 — 1905
.	.	.	.	.	.	.	.	.	.	.	.	.	.	.	.	.	.
.	.	.	.	.	.	.	.	.	.	.	.	.	.	.	.	.	.
.	.	.	.	.	.	.	.	.	.	.	.	.	.	1	.	.	1
.	.	.	.	.	.	.	.	1	.	.	.	.	.	.	.	.	.
1	1	.	1	1	3	1	1	4	6	6	7	6	2	4	2	4	4
.	.	.	.	.	.	.	.	.	.	.	.	.	.	.	.	.	1
.	.	.	.	.	.	.	.	.	.	.	.	.	.	.	.	.	.
.	.	1	.	.	.	.	.	2	.	2	.	2	.	.	.	.	1
.	.	.	1	.	.	1	2	1	1	1	.	.	.	.	.	.	.
.	.	.	.	.	.	.	.	.	.	.	.	.	.	.	.	.	.
.	.	.	.	.	.	1	.	.	.	.	.	.	.	.	.	.	.
.	.	.	.	.	.	.	.	.	.	.	.	.	.	.	.	.	1
.	.	.	.	.	.	.	.	.	1	.	.	.	.	.	.	.	.
.	.	.	.	.	.	.	.	.	.	.	.	.	.	.	.	.	1
.	.	.	.	.	.	.	.	.	1	.	1	.	.	.	.	.	.
.	.	.	.	.	.	.	.	.	.	.	.	.	.	.	.	.	.
.	.	.	.	1	.	.	.	.	.	.	.	.	.	.	.	.	1
.	.	.	.	.	.	.	.	.	.	.	.	.	.	.	.	.	1
.	.	1	.	.	.	1	1	2	1	.	1	1	1	1	.	.	.
.	.	.	.	.	.	.	.	.	.	.	.	.	.	.	.	.	.
.	.	.	.	.	.	.	.	.	.	.	.	.	.	.	1	.	.
.	.	.	.	.	.	.	.	.	.	.	.	.	.	.	.	1	.
9	12	2	7	7	8	6	7	9	14	4	12	6	4	4	5	5	4
.	.	.	.	.	.	.	1	.	.	.	.	1	.	1	.	.	.
.	.	.	.	.	1	.	.	.	.	.	.	.	.	.	.	.	.

		1586—1595	1596—1605	1606—1615	1616—1625	1626—1635	1636—1645	1646—1655	1656—1665	1666—1675	1676—1685	1686—1695	1696—1705	1706—1715	1716—1725
Elisabetha	Dorothea	.	.	.	.	.	.	.	.	.	.	.	.	.	.
	Frida	.	.	.	.	.	.	.	.	.	.	.	.	.	.
	Friederika	.	.	.	.	.	.	.	.	.	.	.	.	.	.
	Gertrud	.	.	.	.	.	.	.	.	.	.	.	.	.	.
	Helena	.	.	.	.	.	.	.	1	.	.	.	.	.	.
	Johannetta	.	.	.	.	.	.	.	.	.	.	.	.	1	.
	Justina	.	.	.	.	.	.	.	.	.	.	.	.	.	.
	Kunigunde	.	.	.	.	.	.	.	.	.	.	1	.	.	.
	Luise	.	.	.	.	.	.	.	.	.	.	.	.	.	.
	Magdalena	.	.	.	.	.	.	.	2	.	2	2	.	.	2
	Margaretha	.	.	.	.	.	1	.	1	1	2	2	2	2	1
	Maria	.	.	.	.	.	.	.	.	.	.	.	.	.	.
	Philippina	.	.	.	.	.	.	.	.	.	1	.	.	.	.
	Sophia	.	.	.	.	.	.	.	1	.	.	.	.	.	.
Elise	Margaretha	.	.	.	.	.	.	.	.	.	.	.	.	.	.
	Ottilia	.	.	.	.	.	.	.	.	.	.	.	.	.	.
	Regina	.	.	.	.	.	.	.	.	.	.	.	.	.	.
Emilia	Agnes	.	.	.	.	.	.	.	.	.	.	.	.	.	.
	Carolina	.	.	.	.	.	.	.	.	.	.	.	.	.	.
	Josephina	.	.	.	.	.	.	.	.	.	.	.	.	.	.
Emma	Emilia	.	.	.	.	.	.	.	.	.	.	.	.	.	.
	Johanna	.	.	.	.	.	.	.	.	.	.	.	.	.	.
	Lina	.	.	.	.	.	.	.	.	.	.	.	.	.	.
Emmi	Helena	.	.	.	.	.	.	.	.	.	.	.	.	.	.
Erdmuth	Luise	.	.	.	.	.	.	.	.	.	1	.	.	.	.

1726–1735	1736–1745	1746–1755	1756–1765	1766–1775	1776–1785	1786–1795	1796–1805	1806–1815	1816–1825	1826–1835	1836–1845	1846–1855	1856–1865	1866–1875	1876–1885	1886–1895	1896–1905
.	.	1	.	.	.	2	.	.	1	1	.	2	2	3	1	2	1
.	.	.	.	.	.	.	.	.	.	.	.	.	.	.	1	.	.
.	.	.	.	.	.	.	.	.	.	.	.	.	.	.	.	.	1
.	.	.	.	.	.	.	.	.	.	.	.	.	.	.	.	.	1
.	.	.	.	.	.	.	.	.	.	.	.	.	.	.	.	.	.
.	.	.	.	.	.	.	.	.	.	.	.	.	.	.	.	.	1
.	.	.	.	1	.	.	.	.	.	.	.	.	.	.	.	.	.
.	.	.	.	.	.	.	.	.	.	.	.	.	.	.	.	.	.
.	.	.	.	.	.	.	.	.	.	1	.	.	.	.	.	.	2
2	.	1	2	.	.	1	1	.	.	.	.	1	1	.	.	.	1
2	6	4	3	5	1	3	.	5	2	4	1	3	3	1	3	.	2
.	1	.	.	.	.	.	.	.	.	.	.	.	.	.	.	.	.
.	.	.	.	.	.	.	1	.	.	.	.	.	.	.	.	.	.
.	.	.	.	.	.	.	.	.	.	.	.	.	.	.	.	.	.
.	.	.	.	.	.	.	.	.	.	.	.	.	.	1	.	.	.
.	.	.	.	.	.	.	.	.	.	.	.	.	.	.	.	.	1
.	.	.	.	.	.	.	.	.	.	.	.	.	.	.	.	1	.
.	.	.	.	.	.	.	.	.	.	.	.	.	.	.	.	1	.
.	.	.	.	.	.	.	.	.	.	.	1	.	.	.	.	.	.
.	.	.	.	.	.	.	.	.	.	.	.	.	.	.	.	1	.
.	.	.	.	.	.	.	.	.	.	.	.	.	.	.	.	1	.
.	.	.	.	.	.	.	.	.	.	.	.	.	.	.	.	.	1
.	.	.	.	.	.	.	.	.	.	.	.	.	.	.	.	.	1
.	.	.	.	.	.	.	.	.	.	.	.	.	.	.	1	.	.
.	.	.	.	.	.	.	.	.	.	.	.	.	.	.	.	.	.

		1586—1595	1596—1605	1606—1615	1616—1625	1626—1635	1636—1645	1646—1655	1656—1665	1666—1675	1676—1685	1686—1695	1696—1705	1706—1715	1716—1725
Ernestina	Friederika	.	.	.	.	.	.	.	.	.	.	.	.	.	.
Eva	Catharina	.	.	.	.	.	.	.	.	.	.	.	.	.	.
	Christina	.	.	.	.	.	.	.	.	1	.	.	.	.	.
	Dorothea	.	.	.	.	.	.	.	.	.	.	.	.	.	.
	Else	.	.	.	.	.	.	.	.	.	.	.	.	.	.
	Esther	.	.	.	.	.	.	1	.	.	.	.	.	.	.
	Luise	.	.	.	.	.	.	.	.	.	.	.	.	.	.
	Maria	.	.	.	.	.	.	.	.	.	.	.	.	.	.
Ferdinande	Lisetta	.	.	.	.	.	.	.	.	.	.	.	.	.	.
Franzisca	Barbara	.	.	.	.	.	.	.	.	.	.	.	.	.	.
	Charlotte	.	.	.	.	.	.	.	.	.	.	1	.	.	.
Frida	Else	.	.	.	.	.	.	.	.	.	.	.	.	.	.
Friederika	Catharina	.	.	.	.	.	.	.	.	.	.	.	.	.	.
	Eleonore	.	.	.	.	.	.	.	.	.	.	.	.	.	.
	Elisabetha	.	.	.	.	.	.	.	.	.	.	.	.	.	.
	Ferdinande	.	.	.	.	.	.	.	.	.	.	.	.	.	.
	Wilhelmina	.	.	.	.	.	.	.	.	.	.	.	.	.	.
Georgina	Johanna	.	.	.	.	.	.	.	.	.	.	.	.	.	.
Gertrud	Henrietta	.	.	.	.	.	.	.	.	.	.	.	.	.	.
Hanna	Margaretha	.	.	.	.	.	.	.	.	.	.	.	.	.	.
Hedwig	Catharina	.	.	.	.	.	.	.	.	.	.	.	.	.	.
	Wilhelmina	.	.	.	.	.	.	.	.	.	.	.	.	.	.
Helena	Catharina	.	.	.	.	.	.	.	.	.	.	.	.	.	.
	Margaretha	.	.	.	.	.	.	.	.	.	.	.	.	.	.
	Marianna	.	.	.	.	.	.	.	.	.	.	.	.	.	.

1726–1735	1736–1745	1746–1755	1756–1765	1766–1775	1776–1785	1786–1795	1796–1805	1806–1815	1816–1825	1826–1835	1836–1845	1846–1855	1856–1865	1866–1875	1876–1885	1886–1895	1896–1905
.	.	.	.	1	.	.	.	1	.	.	.	.	.	1	.	1	.
1	.	2	4	1	1	3	4	4	3	1	.	.	1	1	.	1	.
.	.	.	.	.	.	.	.	.	.	.	.	.	.	.	.	.	.
.	.	.	.	.	.	.	.	.	.	.	1	1	.	2	.	.	.
.	.	.	.	.	.	.	.	.	.	.	.	.	.	.	.	.	1
.	.	.	.	.	.	.	.	.	.	.	.	.	.	.	.	.	.
.	.	.	.	.	.	.	.	.	.	.	.	.	.	.	.	.	1
.	.	.	.	.	.	.	.	.	.	.	.	.	1	1	2	1	.
.	.	.	.	.	.	.	.	1	.	.	.	.	.	.	.	.	.
.	.	.	.	.	.	.	.	.	.	.	.	.	.	.	.	.	1
.	.	.	.	.	.	.	.	.	.	.	.	.	.	.	.	.	.
.	.	.	.	.	.	.	.	.	.	.	.	.	.	.	.	.	1
.	.	.	.	.	.	.	.	1	.	.	.	.	.	.	.	.	.
1	.	.	.	.	.	.	.	.	.	.	.	.	.	.	.	.	.
.	.	.	.	.	.	.	.	.	.	.	.	.	.	.	1	2	.
.	.	.	.	.	.	.	.	1	.	.	.	.	.	.	.	.	.
.	.	.	.	.	.	.	.	.	.	.	1	.	.	.	.	.	.
.	.	.	.	.	.	.	.	.	.	.	.	.	.	.	.	1	.
.	.	.	.	.	.	1	.	.	.	.	.	.	.	.	.	.	.
.	.	.	1	.	.	.	.	.	.	.	.	.	.	.	.	.	.
.	.	.	.	.	.	.	.	.	.	.	.	.	.	.	.	1	.
.	.	.	.	.	.	.	.	.	.	.	.	.	.	.	.	.	1
.	.	.	.	.	.	.	1	.	.	.	.	.	.	.	.	.	.
.	.	.	.	.	.	.	.	.	.	.	.	.	.	.	.	.	1
.	.	.	.	.	.	.	.	.	.	.	.	.	.	.	.	.	1

		1586–1595	1596–1605	1606–1615	1616–1625	1626–1635	1636–1645	1646–1655	1656–1665	1666–1675	1676–1685	1686–1695	1696–1705	1706–1715	1716–1725
Helena	Wilhelmina	.	.	.	.	.	.	.	.	.	.	.	.	.	.
Henrietta	Elisabetha	.	.	.	.	.	.	.	.	.	.	.	.	.	.
	Elise	.	.	.	.	.	.	.	.	.	.	.	.	.	.
	Ida	.	.	.	.	.	.	.	.	.	.	.	.	.	.
Ida	Clara	.	.	.	.	.	.	.	.	.	.	.	.	.	.
	Ella	.	.	.	.	.	.	.	.	.	.	.	.	.	.
	Luise	.	.	.	.	.	.	.	.	.	.	.	.	.	.
	Wilhelmina	.	.	.	.	.	.	.	.	.	.	.	.	.	.
Johanna	Dorothea	.	.	.	.	.	.	.	.	.	.	.	.	.	.
	Eleonore	.	.	.	.	.	.	.	.	.	.	.	.	.	.
	Elisabetha	.	.	.	.	.	.	.	.	.	.	.	.	.	.
	Georgina	.	.	.	.	.	.	.	.	.	.	.	.	.	.
	Magdalena	.	.	.	.	.	.	.	.	.	.	.	.	.	.
	Margaretha	.	.	.	.	.	.	.	.	.	.	.	.	.	.
	Marianna	.	.	.	.	.	.	.	.	.	.	.	.	.	.
	Wilhelmina	.	.	.	.	.	.	.	.	.	.	.	.	.	.
Johannetta	Catharina	.	.	.	.	.	.	.	.	.	.	1	.	.	.
	Charlotte	.	.	.	.	.	.	.	.	.	.	.	.	.	.
	Elisabetha	.	.	.	.	.	.	.	.	.	.	.	3	.	2
	Elise	.	.	.	.	.	.	.	.	.	.	.	.	.	.
	Helena	.	.	.	.	.	.	.	.	.	.	.	1	.	.
	Lucia	.	.	.	.	.	.	.	.	.	1	.	.	.	.
	Margaretha	.	.	.	.	.	.	.	.	.	.	.	1	.	1
	Maria	.	.	.	.	.	.	.	.	.	1	1	.	.	1
	Philippina	.	.	.	.	.	.	.	.	.	.	.	.	.	1

1726—1735	1736—1745	1746—1755	1756—1765	1766—1775	1776—1785	1786—1795	1796—1805	1806—1815	1816—1825	1826—1835	1836—1845	1846—1855	1856—1865	1866—1875	1876—1885	1886—1895	1896—1905
.	.	.	.	.	.	.	.	.	.	.	.	.	.	.	.	.	1
.	.	.	.	.	.	.	.	.	.	.	.	.	.	1	.	.	.
.	.	.	.	.	.	.	.	.	.	.	2	.	.	.	.	.	.
.	.	.	.	.	.	.	.	.	.	.	.	.	.	1	.	.	.
.	.	.	.	.	.	.	.	.	.	.	.	.	.	.	.	.	1
.	.	.	.	.	.	.	.	.	.	.	.	.	.	.	.	.	1
.	.	.	.	.	.	.	.	.	.	.	1	.	.	.	.	.	.
.	.	.	.	.	.	.	.	.	.	.	.	.	.	.	.	.	1
.	.	.	.	.	.	.	.	.	.	.	.	.	.	.	.	.	1
.	.	.	.	.	.	.	.	.	.	.	1	.	.	.	.	.	.
.	2	.	.	.	.	.	.	.	.	.	.	.	.	.	.	.	1
.	.	.	.	.	.	.	.	.	.	.	.	1	.	.	.	.	1
.	.	.	.	.	.	.	.	.	.	.	.	.	.	.	.	.	1
.	2	.	1	1	1	.	.	.	.	.	.	.	.	.	.	.	.
.	.	.	.	.	.	.	.	.	.	.	1	.	2	.	.	.	.
.	.	.	.	.	.	.	.	.	.	.	.	.	.	.	.	1	.
.	.	.	.	.	.	.	1	.	.	1	1	.	.	.	.	.	.
.	1	.	.	.	.	.	.	.	.	.	.	.	.	.	.	.	.
.	.	.	1	2	.	.	.	.	.	.	.	.	.	.	.	.	.
.	.	.	.	.	.	.	.	.	.	.	.	1	.	.	.	.	.
.	.	.	.	.	.	.	.	.	.	.	.	.	.	.	.	.	.
.	.	.	.	.	.	.	.	.	.	.	.	.	.	.	.	.	.
3	.	2	.	1	1	4	1	2	5	2	2	3	1	.	.	.	.
.	.	.	.	.	.	.	.	.	.	.	.	1	.	.	.	.	.
.	.	.	.	.	.	.	.	.	.	.	.	.	.	.	.	.	.

		1586 — 1595	1596 — 1605	1606 — 1615	1616 — 1625	1626 — 1635	1636 — 1645	1646 — 1655	1656 — 1665	1666 — 1675	1676 — 1685	1686 — 1695	1696 — 1705	1706 — 1715	1716 — 1725
Johannetta	Rosina	.	.	.	.	.	.	.	.	.	1	.	.	.	.
	Sibylla	.	.	.	.	.	.	.	.	.	.	.	.	1	.
Julia	Georgina	.	.	.	.	.	.	.	.	.	.	.	.	.	.
Juliana	Catharina	.	.	.	.	.	.	.	.	.	.	.	.	.	.
	Regina	.	.	.	.	.	.	.	.	.	.	.	.	.	.
	Wilhelmina	.	.	.	.	.	.	.	.	.	1	.	.	.	.
Justina	Amalia	.	.	.	.	.	.	.	.	.	.	.	.	1	1
	Catharina	.	.	.	.	.	.	.	.	.	.	.	.	.	.
	Christina	.	.	.	.	.	.	.	.	.	.	.	.	.	.
	Elisabetha	.	.	.	.	.	.	.	.	.	.	.	.	.	.
	Friederika	.	.	.	.	.	.	.	.	.	.	.	.	.	.
	Juliana	.	.	.	.	.	.	.	.	.	1	.	2	.	.
	Margaretha	.	.	.	.	.	.	.	.	.	1	1	2	.	1
	Maria	.	.	.	.	.	.	.	1	.	.	.	.	.	.
Kunigunde	Catharina	.	.	.	.	.	.	.	.	.	.	.	.	.	.
Lina	Emma	.	.	.	.	.	.	.	.	.	.	.	.	.	.
	Hertha	.	.	.	.	.	.	.	.	.	.	.	.	.	.
	Margaretha	.	.	.	.	.	.	.	.	.	.	.	.	.	.
Lisetta	Catharina	.	.	.	.	.	.	.	.	.	.	.	.	.	.
	Christina	.	.	.	.	.	.	.	.	.	.	.	.	.	.
	Luise	.	.	.	.	.	.	.	.	.	.	.	.	.	.
Lucia	Magdalena	.	.	.	.	.	.	.	.	.	1	.	.	.	.
Luise	Anna	.	.	.	.	.	.	.	.	.	.	.	.	.	.
	Carolina	.	.	.	.	.	.	.	.	.	.	.	.	.	.
	Catharina	.	.	.	.	.	.	.	.	.	.	.	.	.	.

1726—1735	1736—1745	1746—1755	1756—1765	1766—1775	1776—1785	1786—1795	1796—1805	1806—1815	1816—1825	1826—1835	1836—1845	1846—1855	1856—1865	1866—1875	1876—1885	1886—1895	1896—1905
.	.	.	.	1	.	1	1	.	.	.	.	.	.	.	.	.	.
.	.	.	.	.	.	.	.	.	.	.	.	.	.	.	.	.	.
.	.	.	.	.	.	.	.	.	.	.	.	.	.	.	.	1	.
.	.	.	1	.	.	.	.	.	.	.	.	.	.	.	.	.	.
.	.	.	1	1	.	.	.	.	.	.	.	.	.	.	.	.	.
.	.	.	.	.	.	.	.	.	.	.	.	.	.	.	.	.	.
5	2	2	3	3	3	3	4	3	6	4	4	5	4	3	2	1	1
.	.	.	.	.	.	.	1	.	.	.	.	.	.	.	.	.	1
.	.	.	.	.	.	.	.	.	.	.	.	.	.	.	.	1	.
.	.	.	.	.	.	.	.	.	.	.	.	.	.	.	.	1	.
.	.	.	.	.	.	.	.	.	.	.	.	.	.	.	.	1	.
.	.	.	.	.	.	.	.	.	.	.	.	.	.	.	.	.	.
1	.	.	.	2	1	2	2	.	1	.	.	.	.	.	.	.	.
.	.	.	.	.	.	.	.	.	.	.	.	.	.	.	.	.	.
.	.	.	.	.	.	.	.	.	.	.	.	.	.	.	.	1	.
.	.	.	.	.	.	.	.	.	.	.	.	.	.	.	.	1	1
.	.	.	.	.	.	.	.	.	.	.	.	.	.	.	.	.	1
.	.	.	.	.	.	.	.	.	.	.	.	.	.	.	.	.	1
.	.	.	.	.	.	.	.	.	.	.	.	.	2	1	2	1	.
.	.	.	.	.	.	.	.	.	.	.	.	.	.	.	.	.	1
.	.	.	.	.	.	.	.	.	.	.	.	1	.	1	.	.	.
.	.	.	.	.	.	.	.	.	.	.	.	.	.	.	.	.	.
.	.	.	.	.	.	.	.	.	.	.	.	.	.	.	.	.	1
.	.	.	.	.	1	.	.	.	.	.	.	.	.	.	.	.	.
.	.	.	1	.	.	.	1	.	.	1	.	.	.	.	.	.	1

		1586—1595	1596—1605	1606—1615	1616—1625	1626—1635	1636—1645	1646—1655	1656—1665	1666—1675	1676—1685	1686—1695	1696—1705	1706—1715	1716—1725
Luise	Christina	.	.	.	.	.	.	.	.	.	.	.	.	.	.
	Dorothea	.	.	.	.	.	.	.	.	.	.	.	.	.	.
	Elisabetha	.	.	.	.	.	.	.	.	.	.	.	.	.	.
	Jacobina	.	.	.	.	.	.	.	.	.	.	.	.	.	.
	Johanna	.	.	.	.	.	.	.	.	.	.	.	.	.	.
	Lisetta	.	.	.	.	.	.	.	.	.	.	.	.	.	.
	Margaretha	.	.	.	.	.	.	.	.	.	1	.	.	.	.
	Maria	.	.	.	.	.	.	.	.	.	.	.	.	.	.
	Philippina	.	.	.	.	.	.	.	.	.	.	.	.	.	.
Magdalena	Catharina	.	.	.	.	.	.	.	.	.	.	.	.	.	.
	Charlotte	.	.	.	.	.	.	.	.	.	.	.	.	.	.
	Elisabetha	.	.	.	.	.	.	.	.	.	.	.	.	.	.
	Henrietta	.	.	.	.	.	.	.	.	.	.	.	.	.	.
	Margaretha	.	.	.	.	.	.	.	.	.	.	.	.	.	.
	Philippina	.	.	.	.	.	.	.	.	.	1	.	.	1	.
	Susanna	.	.	.	.	.	.	.	.	.	.	.	.	.	.
Margaretha	Agatha	.	.	.	.	.	.	.	1	.	.	.	1	.	.
	Amalia	.	.	.	.	.	.	.	.	.	1	.	.	.	.
	Apollonia	.	.	.	.	.	.	.	1	.	.	.	.	.	.
	Augusta	.	.	.	.	.	.	.	.	.	.	.	.	.	.
	Barbara	.	.	.	.	.	.	.	.	.	.	.	.	.	.
	Catharina	.	.	.	1	.	.	.	1	.	.	.	.	.	.
	Christina	.	.	.	.	.	1	.	.	.	.	.	.	.	.
	Dorothea	.	.	.	.	.	.	.	1	.	.	.	.	.	.
	Elisabetha	.	.	.	.	.	1	.	.	.	.	.	.	1	.

	1726–1735	1736–1745	1746–1755	1756–1765	1766–1775	1776–1785	1786–1795	1796–1805	1806–1815	1816–1825	1826–1835	1836–1845	1846–1855	1856–1865	1866–1875	1876–1885	1886–1895	1896–1905
	.	.	.	.	.	.	.	.	.	.	.	.	.	.	.	.	1	.
	.	.	.	.	.	.	.	.	.	.	.	.	.	.	.	.	.	1
	.	.	.	.	.	.	.	.	.	.	1	.	2	3	.	.	.	.
	.	.	.	.	.	.	.	.	.	.	.	1	.	.	.	.	.	.
	.	.	.	.	.	.	.	.	.	.	.	1	.	.	.	.	.	.
	.	.	.	.	.	.	.	.	.	.	1	1	.	.	.	.	.	.
	.	.	.	.	.	.	.	.	1	.	.	2	.	.	.	.	1	1
	.	.	.	.	.	.	.	.	.	.	.	1	.	.	.	1	.	.
	.	.	.	.	.	.	.	.	.	.	.	.	.	.	.	.	.	1
	.	.	.	.	.	.	.	.	.	.	.	.	.	.	.	.	1	.
	.	.	.	.	.	.	.	.	.	.	1	.	.	.	.	.	.	.
	.	1	.	.	.	.	.	.	.	.	.	.	.	.	.	2	.	1
	.	1	.	.	.	.	.	.	.	.	.	.	.	.	.	.	.	.
	.	.	.	.	.	.	.	.	.	.	.	.	.	.	.	.	1	.
	.	.	.	.	.	.	.	.	.	.	.	.	.	.	.	.	.	.
	.	.	.	.	.	.	.	1	.	.	.	.	.	.	.	.	.	.
	.	.	.	.	.	.	.	.	.	.	.	.	.	.	.	.	.	.
	.	.	.	.	.	.	.	.	.	.	.	.	.	.	.	.	.	.
	.	.	.	.	.	.	.	.	.	.	.	.	.	.	.	.	.	.
	.	.	.	.	.	.	.	.	.	.	.	.	.	.	.	.	.	1
	.	.	.	.	.	.	.	.	.	.	.	.	.	1	1	.	1	.
	.	.	.	.	.	.	.	.	.	.	.	.	.	.	1	.	1	.
	.	.	.	.	.	.	.	.	.	.	.	.	.	.	.	.	.	.
	.	.	.	.	.	.	.	.	.	.	.	.	.	.	.	.	.	.
	2	.	1	1	8	3	3	1	6	2	4	1	1	1	2	1	1	5

		1586–1595	1596–1605	1606–1615	1616–1625	1626–1635	1636–1645	1646–1655	1656–1665	1666–1675	1676–1685	1686–1695	1696–1705	1706–1715	1716–1725
Margaretha	Emilia	.	.	.	.	.	.	.	.	.	.	.	.	.	.
	Friederika	.	.	.	.	.	.	.	.	.	.	.	.	.	.
	Henrietta	.	.	.	.	.	.	.	.	.	.	.	.	.	.
	Julia	.	.	.	.	.	.	.	.	.	.	.	.	.	.
	Juliana	.	.	.	.	.	.	.	.	1	.	.	.	.	.
	Justina	.	.	.	.	.	.	.	.	.	.	.	.	.	.
	Lucia	.	.	.	.	.	.	.	.	.	.	.	1	.	.
	Luise	.	.	.	.	.	.	.	.	.	.	.	.	.	.
	Magdalena	.	.	.	.	.	.	.	.	.	.	.	.	.	.
	Maria	.	.	.	.	.	.	.	.	.	.	.	.	.	.
	Sibylla	.	.	.	.	.	.	1	.	.	.	.	.	.	.
	Veronica	.	.	.	.	.	.	.	.	.	.	.	.	.	.
Maria	Agnes	.	.	.	.	.	.	.	.	.	.	1	.	.	.
	Angela	.	.	.	.	.	.	.	.	1	.	.	.	.	.
	Anna	.	.	.	.	.	.	.	.	.	.	.	.	.	.
	Antonetta	.	.	.	.	.	.	.	.	.	1	.	.	.	.
	Apollonia	.	.	.	.	.	.	.	1	.	.	.	.	.	.
	Barbara	.	.	.	.	.	.	.	.	.	1	.	1	.	.
	Carolina	.	.	.	.	.	.	.	.	.	.	.	.	.	.
	Catharina	.	.	.	.	.	.	.	1	.	5	2	5	3	4
	Charlotte	.	.	.	.	.	.	.	.	.	.	.	.	.	1
	Christina	.	.	.	.	.	.	.	.	.	.	1	1	.	1
	Clara	.	.	.	.	.	.	.	.	.	.	.	.	.	.
	Dorothea	.	.	.	.	.	.	3	.	3	.	.	.	1	.
	Eleonore	.	.	.	.	.	.	.	.	.	.	.	.	1	.

1726—1735	1736—1745	1746—1755	1756—1765	1766—1775	1776—1785	1786—1795	1796—1805	1806—1815	1816—1825	1826—1835	1836—1845	1846—1855	1856—1865	1866—1875	1876—1885	1886—1895	1896—1905
.	.	.	.	.	.	.	.	.	.	.	.	.	.	.	1	.	.
.	.	.	.	.	.	.	.	.	.	.	1	.	1	.	1	.	.
.	.	.	.	.	.	.	.	.	.	.	.	.	.	.	1	.	.
.	.	.	.	.	.	.	.	.	.	.	.	.	.	.	.	1	.
.	.	.	.	.	.	.	.	.	.	.	.	.	.	.	.	.	.
.	.	.	.	.	.	.	.	.	.	.	.	.	.	.	1	.	.
.	.	.	.	.	.	.	.	.	.	.	.	.	.	.	.	.	.
.	.	.	.	.	.	.	.	.	.	.	1	.	.	1	1	.	1
.	.	.	.	.	.	.	.	.	.	1	.	.	.	.	1	.	1
.	.	.	.	.	.	.	.	.	.	.	.	.	.	.	.	1	.
.	.	.	.	.	.	.	.	.	.	.	.	.	.	.	.	.	.
.	.	.	.	.	.	.	.	.	1	1	.	.	.	.	.	.	.
.	.	.	.	.	.	.	.	.	.	.	.	.	.	.	.	.	.
.	.	.	.	.	.	.	.	.	.	.	.	.	.	.	.	.	.
.	.	.	.	.	.	.	.	.	.	.	.	1	.	.	.	.	.
.	.	.	.	.	.	.	.	.	.	.	.	.	.	.	.	.	.
.	.	.	.	.	.	.	.	.	.	.	.	.	.	.	.	.	.
.	.	.	.	.	.	.	.	.	.	1	.	1	.	1	.	.	.
.	.	.	.	.	.	.	2	.	1	.	2	.	.	.	.	2	.
5	4	4	4	.	2	.	2	7	1	4	3	3	3	2	2	2	2
.	3	3	1	.	.	.	1	1	1	1	1	1	.	.	.	.	1
.	1	.	2	.	.	.	1	.	.	.	1	1	.	1	1	1	.
.	.	1	.	.	1	.	.	.	.	.	.	.	.	.	.	.	.
.	.	.	.	.	.	.	.	1	.	.	.	.	.	.	.	1	.
.	.	.	.	1	1	2	.	1	.	.	.	.	.	.	.	.	.

		1586–1595	1596–1605	1606–1615	1616–1625	1626–1635	1636–1645	1646–1655	1656–1665	1666–1675	1676–1685	1686–1695	1696–1705	1706–1715	1716–1725
Maria	Elisabetha	.	.	.	.	1	.	1	4	2	7	2	4	3	2
	Elise	.	.	.	.	.	.	.	.	.	.	.	.	.	.
	Emilia	.	.	.	.	.	.	.	.	.	.	.	.	.	.
	Emma	.	.	.	.	.	.	.	.	.	.	.	.	.	.
	Esther	.	.	.	.	.	.	.	.	.	.	.	1	.	1
	Eva	.	.	.	.	.	.	.	.	.	.	.	.	.	.
	Franzisca	.	.	.	.	.	.	.	.	.	.	.	.	.	.
	Friederika	.	.	.	.	.	.	.	.	.	.	.	.	.	.
	Gertrud	.	.	.	.	.	.	.	.	.	.	.	.	.	.
	Helena	.	.	.	.	.	.	.	.	.	.	.	.	.	.
	Jacobäa	.	.	.	.	.	.	.	.	.	.	.	.	.	.
	Jacobina	.	.	.	.	.	.	.	.	.	1	.	.	.	.
	Juliana	.	.	.	.	.	.	.	1	1	.	2	1	.	.
	Lucina	.	.	.	.	1	.	.	.	.	.	.	.	.	.
	Luise	.	.	.	.	.	.	.	.	.	.	.	.	.	.
	Magdalena	.	.	.	.	1	1	.	2	.	1	2	.	.	.
	Margaretha	.	.	.	.	.	.	.	.	1	.	.	1	1	2
	Martha	.	.	.	.	.	.	.	1	1	3	.	.	.	.
	Paulina	.	.	.	.	.	.	.	.	.	.	.	.	.	.
	Philippina	.	.	.	.	.	.	.	.	.	.	.	.	.	1
	Rahel	.	.	.	.	.	.	.	1	.	.	.	.	.	.
	Rosina	.	.	.	.	.	.	.	.	.	.	.	.	.	.
	Sibylla	.	.	.	.	.	.	.	.	.	.	.	1	.	.
	Sophia	.	.	.	.	.	.	.	.	.	1	.	.	.	.
	Susanna	.	.	.	.	.	.	.	.	.	.	.	.	.	1

1726 — 1735	1736 — 1745	1746 — 1755	1756 — 1765	1766 — 1775	1776 — 1785	1786 — 1795	1796 — 1805	1806 — 1815	1816 — 1825	1826 — 1835	1836 — 1845	1846 — 1855	1856 — 1865	1866 — 1875	1876 — 1885	1886 — 1895	1896 — 1905
.	5	1	2	3	2	5	3	5	7	4	6	5	.	1	5	3	2
.	.	.	.	.	.	.	.	.	.	.	.	.	.	.	1	.	1
.	.	.	.	.	.	.	.	.	.	.	1	.	.	.	1	.	2
.	.	.	.	.	.	.	.	.	.	.	.	.	.	.	.	.	1
.	.	.	.	.	.	.	.	.	.	.	.	.	.	.	.	.	.
.	.	.	.	.	.	.	.	.	.	.	.	.	1	.	1	.	.
.	.	.	.	.	.	.	.	.	.	.	.	.	.	.	.	.	1
.	.	.	1	.	.	.	.	.	.	1	.	.	.	.	.	.	.
.	.	.	.	.	.	1	.	.	.	.	.	.	.	.	.	.	.
.	.	.	.	.	.	.	.	.	1	.	.	.	.	.	.	.	1
1	.	.	.	.	.	.	.	.	.	.	.	.	.	.	.	.	.
.	.	.	.	.	.	.	.	.	.	.	.	.	.	.	.	.	.
.	1	.	.	.	.	.	.	.	.	.	.	.	.	.	.	.	.
.	.	.	.	.	.	.	.	.	.	.	.	.	.	.	.	.	.
.	.	.	.	.	.	.	.	.	.	.	1	.	1	.	.	.	1
3	1	1	2	1	3	2	3	1	4	2	2	3	3	1	1	1	1
.	.	1	1	.	.	.	.	1	.	.	1	.	.	3	1	2	5
.	.	.	.	.	.	.	.	.	.	.	.	.	.	.	.	.	.
.	.	.	.	.	.	.	.	.	.	.	.	.	.	.	.	1	.
.	.	.	1	.	.	.	.	.	.	.	.	.	.	1	.	.	.
.	.	.	.	.	.	.	.	.	.	.	.	.	.	.	.	.	.
.	.	2	2	.	.	.	.	.	.	.	.	.	.	.	.	.	.
.	.	.	.	.	.	.	.	.	.	.	.	.	.	.	.	.	.
.	.	.	1	.	.	.	.	.	.	.	1	.	.	.	.	.	.
.	.	.	.	.	.	.	.	.	.	.	.	.	.	.	.	.	.

		1586—1595	1596—1605	1606—1615	1616—1625	1626—1635	1636—1645	1646—1655	1656—1665	1666—1675	1676—1685	1686—1695	1696—1705	1706—1715	1716—1725
Maria	Theresia	.	.	.	.	.	.	.	.	.	.	.	.	.	.
	Ursula	.	.	.	.	.	.	.	.	.	.	1	.	.	.
	Ursulina	.	.	.	.	.	.	.	.	.	.	.	.	.	.
Marianna	Luise	.	.	.	.	.	.	.	.	.	.	.	.	.	.
Martha	Catharina	.	.	.	.	.	.	1	.	.	.	.	.	.	.
	Elisabetha	.	.	.	.	.	.	.	.	.	.	.	1	.	.
	Margaretha	.	.	.	.	.	.	.	.	.	.	.	.	.	.
	Wilhelmina	.	.	.	.	.	.	.	.	.	.	.	.	.	.
Nannetta	Margaretha	.	.	.	.	.	.	.	.	.	.	.	.	.	.
Ottilia	Anna	.	.	.	.	.	.	.	.	.	.	.	.	.	.
	Margaretha	.	.	.	.	.	.	.	.	.	.	.	.	.	.
	Wilhelmina	.	.	.	.	.	.	.	.	.	.	.	.	.	.
Paulina	Augusta	.	.	.	.	.	.	.	.	.	.	.	.	.	.
Philippina	Catharina	.	.	.	.	.	.	.	.	.	.	.	.	.	.
	Margaretha	.	.	.	.	.	.	.	.	.	.	.	.	1	.
Rebecca	Margaretha	.	.	.	.	.	.	.	.	.	.	.	.	.	.
Regina	Catharina	.	.	.	.	.	.	.	.	1	.	.	1	.	.
	Margaretha	.	.	.	.	.	.	.	.	.	.	.	1	.	.
Rosa	Anna	.	.	.	.	.	.	.	.	.	.	.	.	.	.
Rosina	Sophia	.	.	.	.	.	.	.	.	.	.	.	.	.	.
Sabina	Margaretha	.	.	.	.	.	.	.	.	.	.	.	.	.	.
Sara	Amalia	.	.	.	.	.	.	.	.	.	.	.	.	.	.
Sibylla	Anna	.	.	.	.	.	.	.	.	.	.	.	.	.	.
	Catharina	.	.	.	.	.	.	.	.	.	.	1	.	1	.
	Dorothea	.	.	.	.	.	.	.	.	.	.	.	.	.	.

1726 — 1735	1736 — 1745	1746 — 1755	1756 — 1765	1766 — 1775	1776 — 1785	1786 — 1795	1796 — 1805	1806 — 1815	1816 — 1825	1826 — 1835	1836 — 1845	1846 — 1855	1856 — 1865	1866 — 1875	1876 — 1885	1886 — 1895	1896 — 1905
.	.	.	.	.	.	.	.	.	.	.	.	.	.	.	.	1	.
.	.	.	.	.	.	.	.	.	.	.	.	.	.	.	.	.	.
.	.	.	.	.	.	.	.	.	.	.	.	.	.	1	.	.	.
.	.	.	.	.	.	.	1	.	.	.	.	.	.	.	.	.	.
.	.	.	.	.	.	.	.	.	.	.	.	.	.	.	.	.	.
.	.	.	.	.	.	.	.	.	.	.	.	.	.	1	.	.	.
.	.	.	.	.	.	.	.	.	.	.	.	.	.	.	.	.	1
.	.	.	.	.	.	.	.	.	.	.	.	.	.	.	.	.	1
.	.	.	.	.	.	.	.	.	.	1	.	.	.	.	.	.	.
.	.	.	.	.	.	.	.	.	.	.	.	.	.	.	.	1	.
.	.	.	.	.	.	.	.	.	.	.	.	.	1	.	.	.	.
.	.	.	.	.	.	.	.	.	.	.	.	.	.	.	1	.	.
.	.	.	.	.	.	.	.	.	.	.	.	.	.	.	.	1	.
.	.	.	1	.	.	.	.	.	.	.	.	.	.	.	.	.	.
.	.	.	.	.	1	.	.	.	.	.	.	.	.	.	.	.	.
.	1	.	.	.	.	.	.	.	.	.	.	.	.	.	.	.	.
.	.	1	.	.	.	.	.	.	.	.	.	.	.	.	.	.	.
.	.	.	.	.	.	.	.	.	.	.	.	.	.	.	.	.	.
.	.	.	.	.	.	.	.	.	.	.	.	.	.	.	.	.	1
.	.	.	.	.	.	1	.	.	.	.	.	.	.	.	.	.	.
.	.	1	1	.	.	.	.	.	.	.	.	.	.	.	.	.	.
.	.	.	.	.	.	.	1	.	.	.	.	.	.	.	.	.	.
.	.	.	.	.	.	.	.	.	.	.	.	.	.	.	1	.	.
1	.	.	.	.	.	.	.	.	.	.	.	.	.	.	.	.	.
.	.	.	.	.	.	.	.	.	.	.	.	1	.	.	.	.	.

		1586–1595	1596–1605	1606–1615	1616–1625	1626–1635	1636–1645	1646–1655	1656–1665	1666–1675	1676–1685	1686–1695	1696–1705	1706–1715	1716–1725
Sibylla	Magdalena	.	.	.	.	.	.	.	.	.	2	1	1	1	4
	Margaretha	.	.	.	.	.	.	.	.	.	.	2	1	.	1
	Theresa	.	.	.	.	.	.	.	.	.	.	.	.	.	.
Sophia	Catharina	.	.	.	.	.	.	2	2	1	.	1	2	.	3
	Christina	.	.	.	.	.	.	.	.	.	.	.	.	.	.
	Eleonore	.	.	.	.	.	.	.	.	.	.	.	.	.	1
	Elisabetha	.	.	.	.	.	.	.	1	.	.	1	.	1	2
	Ferdinande	.	.	.	.	.	.	.	.	.	.	.	.	.	.
	Juliana	.	.	.	.	.	.	.	.	.	.	.	.	.	.
	Justina	.	.	.	.	.	.	.	.	.	.	.	.	.	.
	Luise	.	.	.	.	.	.	.	.	.	1	.	.	.	.
	Margaretha	.	.	.	.	.	.	.	.	.	.	.	.	1	.
	Maria	.	.	.	.	.	.	.	.	.	.	.	.	.	.
Susanna	Catharina	.	.	.	.	.	.	.	.	.	1	3	.	.	.
	Christina	.	.	.	.	.	.	.	.	.	.	.	2	.	.
	Dorothea	.	.	.	.	.	.	.	.	.	.	.	.	.	.
	Elisabetha	.	.	.	.	.	.	.	.	.	.	.	1	.	.
	Friederika	.	.	.	.	.	.	.	.	.	.	.	.	.	.
	Luise	.	.	.	.	.	.	.	.	.	.	.	.	.	.
	Magdalena	.	.	.	.	.	.	.	.	.	.	.	.	.	.
	Margaretha	.	.	.	.	.	.	.	.	.	1	1	2	.	1
	Maria	.	.	.	.	.	.	.	.	.	.	.	2	.	.
	Regina	.	.	.	.	.	.	.	.	.	.	.	.	.	.
	Sophia	.	.	.	.	.	.	.	.	.	.	.	1	.	.
Walli	Dora	.	.	.	.	.	.	.	.	.	.	.	.	.	.

1726 — 1735	1736 — 1745	1746 — 1755	1756 — 1765	1766 — 1775	1776 — 1785	1786 — 1795	1796 — 1805	1806 — 1815	1816 — 1825	1826 — 1835	1836 — 1845	1846 — 1855	1856 — 1865	1866 — 1875	1876 — 1885	1886 — 1895	1896 — 1905
.	.	1	1	.	.	.	.	.	.	.	.	.	.	.	.	.	.
.	.	.	.	.	.	.	.	.	.	.	.	.	.	.	.	.	.
.	.	.	.	.	.	.	.	.	.	.	.	.	.	.	.	1	.
1	2	.	1	.	.	.	.	.	.	.	.	.	.	.	.	.	.
.	.	.	.	.	.	.	1	.	.	.	.	.	.	.	.	.	.
.	.	.	.	.	.	.	.	.	.	.	.	.	.	.	.	.	.
2	1	2	2	3	1	4	.	2	1	.	2	.	.	.	.	.	.
.	.	.	.	.	.	.	.	.	.	.	1	.	.	.	.	.	.
.	.	.	.	.	.	.	.	.	.	.	.	.	.	.	.	.	1
.	.	.	.	.	.	.	.	.	.	.	.	.	.	.	.	.	1
.	.	.	.	.	.	.	.	.	.	.	.	.	.	.	.	.	.
.	.	.	.	.	.	.	.	.	.	.	1	.	.	.	.	.	.
.	.	.	.	.	.	.	.	1	.	.	.	.	.	.	.	.	.
.	.	1	1	1	2	.	.	1	2	1	.	.	.	.	1	.	2
.	.	.	.	.	.	.	.	.	.	.	.	.	.	.	.	.	1
.	.	.	.	.	.	.	.	.	1	.	.	.	.	.	.	.	.
.	.	.	.	.	.	.	.	.	.	.	1	.	.	1	.	1	1
.	.	.	.	.	.	.	.	.	.	.	.	1	.	.	.	.	.
.	.	1	.	.	.	.	.	.	.	.	.	.	.	.	.	.	.
.	.	.	.	.	.	.	.	1	.	.	.	.	.	.	.	.	.
1	1	.	.	.	.	.	.	.	.	.	.	1	.	1	.	.	.
.	.	.	.	.	.	.	.	.	.	.	1	.	.	.	.	.	.
.	.	.	.	.	.	.	.	.	1	.	.	.	.	.	.	.	.
.	.	.	.	.	.	.	.	.	.	.	.	.	.	.	.	.	.
.	.	.	.	.	.	.	.	.	.	.	.	.	.	.	.	.	1

	1586—1595	1596—1605	1606—1615	1616—1625	1626—1635	1636—1645	1646—1655	1656—1665	1666—1675	1676—1685	1686—1695	1696—1705	1706—1715	17
Wilhelmina Catharina	.	.	.	.	.	.	.	.	.	.	.	.	.	
Friederika	.	.	.	.	.	.	.	.	.	.	.	.	.	
Luise	.	.	.	.	.	.	.	.	.	.	.	.	.	
Magdalena	.	.	.	.	.	.	.	.	.	.	.	.	.	
Summe d. vergl. Nam.	6	9	6	19	33	78	57	79	73	109	85	103	89	1
Summe d. versch. Nam.	4	4	6	7	10	20	23	34	24	44	32	47	35	4
in %	67	45	100	37	30	26	40	43	33	40	38	46	39	4

Statistische Übersicht

1621—1695. **Tabel**

Spalten Flörsheim	I Gesamtziffer	II	Ia Knaben	IIa	Ib Mädchen	IIb	Flörsheim	I Gesamtziffer	II	Ia Knaben	IIa	Ib Mädchen	II
							1636 [1])	15	*4*	9	*2*	6	
							37						
							38 [2])	1 [3])	*1*			1	
							39						
							40						
1621	29	*2*	15	*2*	14		41						
22	38	*2*	17	*1*	21	*1*	42 [4])	1	*1*	1	*1*		
23	43	*3*	18	*1*	25	*2*	43						
24	54	*2*	31	*1*	23	*1*	44 [5])	11	*5*	5	*2*	6	
25	40	*1*	23		17	*1*	45 [6])	12	*2*	10	*2*	2	
	(204)	(*10*)	(104)	(*5*)	(100)	(*5*)		(40)	(*13*)	(25)	(*7*)	(15)	(
1626	46	*2*	19	*1*	27	*1*	1646 [7])	8	*4*	5	*2*	3	
27	34	*3*	21	*2*	13	*1*	47						
28	61	*8*	33	*4*	28	*4*	48						
29	33	*5*	19	*3*	14	*2*	49						
30	63	*9*	29	*5*	34	*4*	50						
31	39	*3*	22	*2*	17	*1*	51						
32	41		18		23		52						
33	45	*7*	25	*2*	20	*5*	53 [8])	10	*4*	3	*2*	7	
34	36	*10*	16	*2*	20	*8*	54	26	*12*	16	*7*	10	
35	34	*8*	20	*5*	14	*3*	55	23	*10*	11	*6*	12	
	(432)	(*55*)	(222)	(*26*)	(210)	(*29*)		(67)	(*30*)	(35)	(*17*)	(32)	(

Anmerkungen. [1]) Jan. — Okt. [2]) 20. Mai. [3]) oder 1645 (?); obiit.

1726—1735	1736—1745	1746—1755	1756—1765	1766—1775	1776—1785	1786—1795	1796—1805	1806—1815	1816—1825	1826—1835	1836—1845	1846—1855	1856—1865	1866—1875	1876—1885	1886—1895	1896—1905
.	.	.	.	.	.	.	.	.	.	.	.	.	.	.	1	.	.
.	.	.	.		.	.	.	.	.	.	.	.	.	.	1	.	1
.	.	.	.	.	.	.	1	.	.	.	.	.	.	.	.	.	.
.	.	.	.	.	.	.	.	.	.	.	1	.	.	.	.	.	.
107	110	113	118	111	110	110	125	158	148	123	131	99	77	107	105	127	177
33	31	37	46	33	31	25	42	43	33	41	57	43	32	47	53	61	104
31	28	33	39	29	28	23	34	27	22	35	44	43	42	44	50	49	59

für Flörsheim.

Nr. 1.

Spalten	I	II	Ia	IIa	Ib	IIb		I	II	Ia	IIa	Ib	IIb
Flörsheim	Gesamtziffer		Knaben		Mädchen		Flörsheim	Gesamtziffer		Knaben		Mädchen	
1656	34	*20*	19	*13*	15	*7*	1676	48	*26*	29	*12*	19	*14*
57	21	*8*	9	*3*	12	*5*	77	44	*26*	20	*10*	24	*16*
58	30	*13*	17	*4*	13	*9*	78	35	*20*	20	*12*	15	*8*
59	25	*9*	12	*3*	13	*6*	79	41	*15*	20	*7*	21	*8*
60	19	*6*	10	*2*	9	*4*	80	53	*21*	23	*11*	30	*10*
61	22	*5*	7	*2*	15	*3*	81	50	*24*	22	*10*	28	*14*
62	20	*10*	13	*5*	7	*5*	82	49	*21*	25	*9*	24	*12*
63	21	*9*	10	*4*	11	*5*	83	43	*19*	23	*12*	20	*7*
64	26	*7*	13	*3*	13	*4*	84	42	*25*	19	*8*	23	*17*
65	30	*19*	13	*9*	17	*10*	85	37	*17*	18	*6*	19	*11*
	(248)	(*106*)	(123)	(*48*)	(125)	(*58*)		(442)	(*214*)	(219)	(*97*)	(223)	(*117*)
1666	40	*16*	19	*7*	21	*9*	1686	80	*31*	21	*11*	15	*10*
67	26	*13*	12	*9*	14	*4*	87	55	*30*	24	*11*	31	*19*
68	34	*21*	20	*14*	14	*7*	88	38	*24*	20	*8*	18	*16*
69	44	*18*	19	*7*	25	*11*	89	34	*16*	15	*6*	19	*10*
70	34	*17*	20	*10*	14	*7*	90	32	*14*	14	*5*	18	*9*
71	48	*15*	30	*11*	18	*4*	91	26	*15*	11	*7*	15	*8*
72	44	*13*	24	*8*	20	*5*	92	13	*7*	5	*2*	8	*5*
73	31	*13*	16	*6*	15	*7*	93	12	*4*	9	*2*	3	*2*
74	38	*15*	9	*4*	29	*11*	94	23	*15*	16	*10*	7	*5*
75	36	*18*	25	*10*	11	*8*	95	29	*12*	16	*5*	13	*7*
	(375)	(*159*)	(194)	(*86*)	(181)	(*73*)		(301)	(*158*)	(154)	(*67*)	(147)	(*91*)

) 24. Nov.; obiit. [5]) Nicht vollständig. [6]) Jan. — Dez. [7]) Jan. — Apr. [8]) Aug. — Dez.

1696—1755. Tabelle Nr. 1.

Flörsheim	Gesamtziffer		Knaben		Mädchen		Flörsheim	Gesamtziffer		Knaben		Mädchen		Flörsheim	Gesamtziffer		Knaben		Mädchen	
1696	22	*11*	14	*7*	8	*4*	1716	61	*23*	32	*7*	29	*16*	1736	62	*24*	31	*8*	31	*16*
97	25	*15*	16	*8*	9	*7*	17	46	*19*	25	*6*	21	*13*	37	74	*30*	41	*9*	33	*21*
98	27	*11*	17	*6*	10	*5*	18	70	*37*	39	*16*	31	*21*	38	69	*34*	32	*12*	37	*22*
99	39	*18*	17	*6*	21	*12*	19	51	*23*	24	*10*	27	*13*	39	68	*22*	35	*5*	33	*17*
1700	44	*24*	24	*14*	20	*10*	20	48	*22*	25	*8*	22	*14*	40	76	*34*	42	*13*	34	*21*
01	51	*29*	32	*17*	19	*12*	21	62	*34*	26	*10*	36	*24*	41	62	*25*	27	*6*	35	*19*
02	38	*19*	19	*9*	19	*10*	22	52	*24*	34	*12*	18	*12*	42	78	*31*	41	*12*	37	*19*
03	28	*18*	8	*3*	20	*15*	23	68	*37*	34	*11*	34	*26*	43	73	*27*	37	*6*	36	*21*
04	62	*34*	35	*16*	27	*18*	24	57	*30*	31	*14*	26	*16*	44	61	*34*	32	*14*	29	*20*
05	49	*22*	18	*7*	31	*15*	25	65	*28*	31	*9*	34	*19*	45	85	*27*	46	*10*	39	*17*
	(385)	(*201*)	(200)	(*93*)	(184)	(*108*)		(580)	(*277*)	(301)	(*103*)	(278)	(*174*)		(708)	(*288*)	(364)	(*95*)	(344)	(*193*)
1706	52	*28*	29	*12*	23	*16*	1726	54	*29*	32	*10*	22	*19*	1746	72	*34*	35	*8*	37	*26*
07	61	*28*	33	*10*	28	*18*	27	48	*21*	26	*9*	22	*12*	47	62	*26*	31	*8*	33	*18*
08	47	*26*	22	*7*	25	*19*	28	68	*34*	36	*11*	32	*23*	48	77	*28*	35	*9*	42	*19*
09	50	*30*	29	*16*	21	*14*	29	75	*39*	44	*13*	31	*26*	49	75	*29*	41	*10*	34	*19*
10[1]	22	*16*	15	*9*	7	*7*	30	51	*32*	22	*7*	29	*25*	50	74	*38*	34	*8*	40	*30*
11[2]	21	*12*	11	*5*	10	*7*	31	78	*38*	38	*13*	40	*25*	51	74	*33*	40	*15*	34	*18*
12[3]	53	*34*	30	*16*	23	*18*	32	59	*30*	31	*16*	28	*14*	52	86	*37*	39	*10*	47	*27*
13	63	*30*	31	*10*	32	*20*	33	65	*30*	28	*10*	37	*20*	53	74	*33*	44	*13*	30	*20*
14	40	*23*	22	*9*	18	*14*	34	62	*36*	31	*14*	31	*22*	54	72	*37*	39	*12*	33	*25*
15	61	*40*	32	*19*	29	*21*	35	66	*33*	33	*11*	33	*22*	55	66	*27*	37	*6*	29	*21*
	(470)	(*267*)	(254)	(*113*)	(216)	(*154*)		(626)	(*322*)	(321)	(*114*)	(305)	(*208*)		(734)	(*322*)	(375)	(*99*)	(359)	(*223*)

Anmerkungen. [1]) Jan.: Sept. — Dez. [2]) Jan. — April. [3]) Aug. — Sept. fehlt.

1756—1815. **Tabelle Nr. 1.**

Flörsheim	Gesamtziffer		Knaben		Mädchen		Flörsheim	Gesamtziffer		Knaben		Mädchen		Flörsheim	Gesamtziffer		Knaben		Mädchen	
1756	78	*32*	43	*10*	35	*22*	1776	67	*23*	38	*6*	29	*17*	1796	58	*14*	33	*3*	25	*11*
57	61	*29*	35	*14*	26	*15*	77	79	*27*	36	*5*	43	*22*	97	56	*8*	37	*2*	19	*6*
58	57	*24*	28	*6*	29	*18*	78	62	*23*	32	*7*	30	*16*	98	57	*16*	36	*7*	21	*9*
59	75	*29*	44	*13*	31	*16*	79	57	*14*	26	*2*	31	*12*	99	67	*22*	32	*6*	35	*16*
60	51	*16*	23	*4*	28	*12*	80	65	*22*	31	*5*	34	*17*	1800	54	*14*	34	*7*	20	*7*
61	66	*23*	34	*8*	32	*15*	81	62	*25*	30	*8*	32	*17*	01	60	*10*	31	*2*	29	*8*
62	62	*27*	30	*7*	32	*20*	82	70	*20*	36	*7*	34	*13*	02	81	*25*	47	*11*	34	*14*
63	51	*22*	27	*7*	24	*15*	83	59	*14*	34	*4*	35	*10*	03	64	*17*	40	*7*	24	*10*
64	53	*24*	28	*8*	25	*16*	84	54	*15*	33	*8*	21	*7*	04	56	*16*	25	*4*	31	*12*
65	56	*30*	28	*9*	28	*21*	85	62	*18*	32	*3*	30	*15*	05	73	*16*	33	*3*	40	*13*
	(610)	*(256)*	(320)	*(86)*	(290)	*(170)*		(637)	*(201)*	(328)	*(55)*	(309)	*(146)*		(626)	*(158)*	(348)	*(52)*	(278)	*(106)*
1766	66	*37*	27	*9*	39	*28*	1786	61	*17*	36	*3*	25	*14*	1806	59	*17*	25	*4*	34	*13*
67	54	*19*	35	*8*	19	*11*	87	59	*16*	31	*3*	28	*13*	07	76	*14*	40	*4*	36	*10*
68	65	*26*	28	*4*	37	*22*	88	72	*28*	37	*10*	35	*18*	08	71	*19*	23	*5*	48	*14*
69	55	*22*	29	*6*	26	*16*	89	67	*22*	30	*7*	37	*15*	09	59	*16*	25	*1*	34	*15*
70	50	*17*	26	*5*	24	*12*	90	52	*14*	32	*6*	20	*8*	10	68	*19*	32	*6*	36	*13*
71	54	*19*	31	*7*	23	*12*	91	66	*17*	34	*5*	32	*12*	11	65	*21*	36	*8*	29	*13*
72	44	*20*	22	*2*	22	*18*	92	72	*22*	37	*6*	35	*16*	12	69	*17*	44	*6*	25	*11*
73	49	*20*	28	*8*	21	*12*	93	66	*21*	33	*4*	33	*17*	13	70	*26*	27	*8*	43	*18*
74	60	*24*	29	*4*	31	*20*	94	60	*18*	35	*5*	25	*13*	14	51	*15*	26	*2*	25	*13*
75	63	*27*	30	*6*	33	*21*	95	79	*24*	35	*3*	44	*21*	15	87	*23*	53	*6*	34	*17*
	(560)	*(231)*	(285)	*(59)*	(275)	*(172)*		(654)	*(199)*	(340)	*(52)*	(314)	*(147)*		(675)	*(187)*	(331)	*(50)*	(344)	*(137)*

1816—1875. **Tabelle Nr. 1.**

Flörsheim	Gesamtziffer		Knaben		Mädchen		Flörsheim	Gesamtziffer		Knaben		Mädchen		Flörsheim	Gesamtziffer		Knaben		Mädchen	
1816	70	*19*	33	*4*	37	*15*	1836	85	*20*	47	*6*	38	*14*	1856	76	*19*	38	*9*	38	*10*
17	72	*18*	36	*7*	36	*11*	37	91	*22*	42	*5*	49	*17*	57	61	*16*	36	*6*	25	*10*
18	64	*15*	39	*6*	25	*9*	38	73	*11*	36	*2*	37	*9*	58	84	*27*	47	*16*	37	*11*
19	74	*13*	41	*3*	33	*10*	39	76	*17*	38	*4*	38	*13*	59	77	*19*	42	*15*	35	*4*
20	65	*14*	32	*3*	33	*11*	40	80	*15*	38	*1*	42	*14*	60	88	*29*	47	*15*	41	*14*
21	80	*19*	46	*6*	34	*13*	41	83	*18*	43	*6*	40	*12*	61	83	*24*	50	*14*	33	*10*
22	76	*19*	43	*6*	33	*13*	42	77	*19*	33	*4*	44	*15*	62	98	*38*	48	*11*	50	*27*
23	66	*11*	35	*4*	31	*7*	43	81	*20*	38	*2*	43	*18*	63	95	*26*	53	*10*	42	*16*
24	81	*19*	44	*6*	37	*13*	44	76	*22*	41	*9*	35	*13*	64	96	*31*	46	*16*	50	*15*
25	76	*21*	39	*9*	37	*12*	45	79	*18*	40	*8*	39	*10*	65	88	*33*	47	*15*	41	*18*
	(924)	(*168*)	(388)	(*54*)	(336)	(*114*)		(801)	(*182*)	(396)	(*47*)	(405)	(*135*)		(846)	(*262*)	(454)	(*127*)	(392)	(*135*)
1826[1]	52	*10*	32	*4*	20	*6*	1846	82	*19*	46	*7*	36	*12*	1866	104	*38*	53	*13*	51	*25*
27	79	*20*	39	*7*	40	*13*	47	78	*26*	40	*6*	38	*20*	67	100	*23*	49	*10*	51	*13*
28	64	*14*	34	*2*	30	*12*	48	72	*17*	36	*7*	36	*10*	68	89	*25*	46	*13*	43	*12*
29	69	*19*	26	*3*	43	*16*	49	88	*21*	43	*5*	45	*16*	69	120	*32*	60	*14*	60	*18*
30	71	*15*	39	*6*	32	*9*	50	87	*22*	46	*10*	41	*12*	70	95	*25*	51	*14*	44	*11*
31	83	*22*	40	*7*	43	*15*	51	76	*17*	43	*4*	33	*13*	71	89	*24*	43	*8*	46	*16*
32	73	*18*	42	*9*	31	*9*	52	73	*17*	37	*6*	36	*11*	72	114	*30*	62	*12*	52	*18*
33	78	*14*	44	*4*	34	*10*	53	91	*26*	50	*13*	41	*13*	73	115	*24*	46	*5*	69	*19*
34	76	*16*	35	*4*	41	*12*	54	68	*19*	34	*8*	34	*11*	74	111	*25*	50	*11*	61	*14*
35	88	*21*	43	*9*	45	*12*	55	67	*24*	24	*6*	43	*18*	75	129	*42*	65	*15*	64	*27*
	(733)	(*169*)	(374)	(*55*)	(359)	(*114*)		(782)	(*208*)	(399)	(*72*)	(383)	(*136*)		(1066)	(*288*)	(525)	(*115*)	(541)	(*173*)

Anmerkung. [1]) Von hier ab Flörsheim allein.

1876—1905. **Tabelle Nr. 1.**

Flörsheim	Gesamtziffer		Knaben		Mädchen		Flörsheim	Gesamtziffer		Knaben		Mädchen		Flörsheim	Gesamtziffer		Knaben		Mädchen	
1876	114	*38*	55	*14*	59	*24*	1886	105	*25*	57	*11*	48	*14*	1896	120	*30*	61	*14*	59	*16*
77	111	*34*	60	*18*	51	*16*	87	100	*32*	58	*13*	42	*19*	97	136	*28*	71	*16*	65	*12*
78	113	*32*	56	*11*	57	*21*	88	123	*42*	60	*19*	63	*23*	98	130	*34*	75	*19*	55	*15*
79	117	*34*	60	*17*	57	*17*	89	115	*31*	53	*16*	62	*15*	99	138	*38*	77	*19*	61	*19*
80	114	*30*	60	*12*	54	*18*	90	109	*33*	63	*21*	46	*12*	1900	179	*51*	102	*25*	77	*26*
81	111	*30*	68	*10*	50	*20*	91	123	*34*	66	*15*	57	*19*	01	140	*36*	73	*17*	67	*19*
82	105	*29*	53	*11*	52	*18*	92	93	*20*	48	*7*	45	*13*	02	160	*40*	85	*18*	75	*22*
83	104	*25*	59	*16*	45	*9*	93	126	*23*	63	*11*	63	*12*	03	147	*53*	71	*21*	76	*32*
84	110	*37*	56	*16*	54	*21*	94	106	*29*	55	*14*	51	*15*	04	161	*42*	94	*24*	67	*18*
85	101	*36*	48	*17*	53	*19*	95	110	*29*	55	*12*	55	*17*	05	135	*39*	74	*22*	61	*17*
	(1100)	*(325)*	(568)	*(147)*	(532)	*(183)*		(1110)	*(298)*	(578)	*(139)*	(532)	*(159)*		(1446)	*(391)*	(783)	*(195)*	(663)	*(196)*

Tabelle Nr. 2a. Ein.

		1621—1625	1626—1635	1636—1645	1646—1655	1656—1665	1666—1675	1676—1685	1686—1695	1696—1705	1706—1715	1716—1725
	Adam	4	2	1		2	.	1	.	.	2	1
	Adolf	.	.	.	.	1	.	1	.	.	.	.
	Alban	.	.	.	.	.	.	1	.	.	.	.
	Albert	.	.	.	.	.	.	.	.	.	.	.
	Alexander	.	.	.	.	.	.	.	.	.	.	.
	Alois	.	.	.	.	.	.	.	.	.	.	.
	Andreas	.	4	.	.	1	2	2	.	3	6	4
	Anton	3	1	.	.	1	.	.	.	1	1	2
	August	.	.	.	.	.	.	.	.	.	.	.
10.	Augustin	.	.	.	.	.	.	.	.	.	.	.
	Balthasar	2	2	.	.	.	2	1	1	3	5	2
	Bartholomäus	1	.	.	.	.	.	.	.	.	.	1
	Bernhard	.	1	.	.	.	.	.	.	1	.	2
	Bernhardin	.	.	.	.	.	.	.	1	.	.	.
	Burkhard	.	.	.	.	.	.	.	.	.	.	.
	Carl	.	.	.	.	.	.	.	.	.	.	.
	Caspar	1	9	.	.	1	2	1	2	3	2	5
	Christian	.	2	.	.	.	2	.	.	1	4	2
	Christoph	3	3	.	.	.	.	.	3	1	.	5
20.	Claudius	.	.	.	.	.	.	.	.	.	.	.
	Conrad	2	3	1		1	2	1	1	2	3	7
	Constantin	.	.	.	.	.	.	.	.	.	.	.
	Constanz	.	.	.	.	.	.	.	.	.	.	.
	Cornelius	.	.	.	.	.	.	.	.	.	.	.
25.	Daniel	.	1	.	.	.	.	1	.	.	.	.

fache Mannsnamen.

1726–1735	1736–1745	1746–1755	1756–1765	1766–1775	1776–1785	1786–1795	1796–1805	1806–1815	1816–1825	1826–1835	1836–1845	1846–1855	1856–1865	1866–1875	1876–1885	1886–1895	1896–1905
1	1	1	1	5	4	8	9	8	8	14	12	13	12	16	17	17	23
.	.	.	.	.	.	.	1	.	.	.	.	1	.	3	.	4	4
.	.	.	.	.	.	.	.	.	.	.	.	.	.	.	.	.	.
.	.	.	.	.	.	.	.	.	.	.	.	.	1	.	.	1	1
1	.	.	.	.	.	.	.	.	.	.	.	.	.	.	.	1	3
.	.	.	.	.	.	.	.	.	.	.	.	1	2	1	1	.	5
9	4	9	6	12	11	12	18	6	12	11	12	9	7	6	8	5	14
1	2	4	2	3	5	1	4	4	12	5	7	10	6	15	7	16	20
.	.	.	.	.	.	.	.	.	.	.	.	.	1	3	.	2	.
.	.	.	1	.	.	.	1	.	.	.	.	.	.	.	.	.	.
5	4	1	1	.	1	3	1	2	2	2	3	.	2	1	.	1	1
.	.	.	.	1	.	.	1	.	.	.	.	.	.	.	.	.	.
1	3	.	.	.	.	.	2	.	1	.	.	1	2	1	1	2	.
.	.	.	.	.	.	.	.	.	.	.	.	.	.	.	.	.	.
.	.	.	.	.	.	.	.	.	.	.	.	.	.	.	.	.	3
.	.	1	.	.	.	.	1	2	1	7	3	.	3	4	4	12	20
5	7	9	4	7	10	9	5	7	12	9	9	2	9	8	5	5	3
2	2	3	.	2	2	.	1	.	2	1	2	1	1	.	1	2	.
6	6	3	7	4	3	8	5	7	3	4	2	7	9	11	9	5	8
.	.	.	.	.	.	.	.	.	.	.	.	.	1	.	1	1	.
6	6	10	7	4	8	4	2	.	2	4	1	1	1	2	.	1	.
.	.	.	.	.	.	.	.	.	.	.	.	.	.	.	1	.	.
.	.	.	.	.	.	.	.	.	.	.	1	.	.	.	.	.	.
1	.	1	.	.	1	.	.	.	.	.	1	.	1	.	.	1	1
.	1	.	.	.	.	.	.	.	.	.	1	.	.	.	.	.	.

		1621—1625	1626—1635	1636—1645	1646—1655	1656—1665	1666—1675	1676—1685	1686—1695	1696—1705	1706—1715	1716—1725
26.	David	.	.	.	.	.	.	.	.	.	.	.
	Diether	.	.	.	.	.	.	.	.	.	.	1
	Diodor	.	1	.	.	.	.	.	.	.	.	.
	Dominicus	.	.	.	.	.	.	.	.	.	.	.
30.	Eberhard	.	2	.	.	.	.	1	.	.	.	.
	Edmund	.	.	.	.	.	.	.	.	.	.	.
	Eduard	.	.	.	.	.	.	.	.	.	.	.
	Elias	.	.	.	.	.	.	2	.	.	.	.
	Emil	.	.	.	.	.	.	.	.	.	.	.
	Engelbert	.	.	.	.	.	1	.	.	.	.	.
	Engelhard	.	1	.	.	.	.	.	.	.	.	.
	Eramund	.	.	.	.	1	.	.	.	.	.	.
	Ernst	.	.	.	.	.	.	.	.	.	.	.
	Ewald	.	.	.	.	.	.	.	.	.	.	.
40.	Fabian	.	.	.	.	2	2	1	.	.	.	.
	Ferdinand	.	.	.	.	.	.	.	.	.	.	.
	Franz	.	.	.	.	.	.	2	.	.	1	1	3
	Friedrich	.	.	2		2	1	.	1	1	2	5
	Fritz	.	.	.	.	.	.	.	.	.	.	.
	Gabriel	.	.	.	.	.	.	.	.	.	.	.
	Gallus	.	.	.	.	.	.	.	.	.	.	1
	Gebhard	.	.	.	.	.	.	.	.	.	.	.
	Georg	3	6	.	.	2	2	3	1	1	.	2
	Gerhard	1	.	.	.	1	.	.	.	.	.	.
50.	Gottfried	.	.	.	.	.	.	.	.	.	1	1

1726—1735	1736—1745	1746—1755	1756—1765	1766—1775	1776—1785	1786—1795	1796—1805	1806—1815	1816—1825	1826—1835	1836—1845	1846—1855	1856—1865	1866—1875	1876—1885	1886—1895	1896—1905
.	.	1	.	.	.	.	.	.	.	.	.	.	.	.	.	.	.
.	.	.	.	.	.	.	.	.	.	.	.	.	.	.	.	.	.
.	.	.	.	.	.	.	.	.	.	.	.	.	.	.	.	.	.
.	2	1	1	.	.	.	.	.	.	.	.	.	.	.	.	.	.
.	1	.	.	.	.	.	.	.	.	.	.	.	.	.	.	.	.
.	.	.	.	.	.	.	.	.	.	.	.	.	.	.	1	.	.
.	.	.	.	.	.	.	.	.	1	.	.	.	1	1	.	2	2
.	.	.	.	.	.	.	.	.	.	.	.	.	.	.	.	.	.
.	.	.	.	.	.	.	.	.	.	.	.	.	.	.	1	.	1
.	.	.	.	.	.	.	.	.	.	.	.	.	.	.	.	.	.
.	.	.	.	.	.	1	.	.	.	.	.	.	.	.	.	.	.
.	.	.	.	.	.	.	.	.	.	.	.	.	.	.	.	.	.
.	.	.	.	.	.	.	.	.	.	.	3	.	.	2	1	2	1
.	.	.	.	1	.	.	1	1	1	.	.	1	.	.	.	.	.
2	.	.	.	.	.	.	.	.	.	.	.	.	.	.	.	.	.
.	.	.	.	.	.	.	.	.	.	.	.	.	1	.	1	1	2
1	6	2	4	3	4	5	9	4	9	11	12	13	19	16	21	27	32
2	5	8	.	1	2	1	2	.	4	2	2	.	2	4	7	8	6
.	.	.	.	.	.	.	.	.	.	.	.	.	.	.	.	.	1
.	.	.	.	.	.	.	.	1	.	.	.	.	.	.	.	.	.
.	2	3	6	3	.	.	.	.	.	.	.	.	.	.	.	.	.
.	.	.	.	.	.	.	.	.	.	.	.	.	.	.	.	1	.
1	.	3	1	2	4	.	8	6	9	11	18	12	6	26	22	21	37
1	6	5	9	5	11	14	14	14	17	14	5	17	14	21	11	14	9
.	.	1	.	.	.	.	.	.	.	1	.	.	1	1	.	1	2

		1621–1625	1626–1635	1636–1645	1646–1655	1656–1665	1666–1675	1676–1685	1686–1695	1696–1705	1706–1715	1716–1725
51.	Gregor	.	.	.	.	.	.	.	1	.	1	.
	Hans	.	.	.	.	.	.	.	.	.	.	.
	Hatard	.	.	.	.	2	.	.	.	.	.	.
	Heinrich	7	10	2		3	2	2	3	4	3	4
	Hermann	.	.	.	.	1	.	.	.	.	.	.
	Hieronymus	.	.	.	.	.	.	1	.	.	.	1
	Jacob	3	16	1		2	2	5	3	.	1	4
	Ignaz	.	.	.	.	.	.	1	.	.	.	.
	Joachim	5	1	.	.	1	2	.	.	.	.	.
60.	Jodocus	.	2	.	.	.	.	2	.	1	.	.
	Johann	28	64	14		24	39	48	32	43	58	53
	Joseph	.	.	.	.	.	1	1	.	.	2	2
	Julius	.	.	.	.	.	.	.	.	.	.	.
	Kilian	.	1	.	.	.	1	.	1	1	.	.
	Lambert	.	.	.	.	.	1	.	.	.	.	.
	Leonhard	.	1	.	.	.	.	.	.	.	.	.
	Leopold	.	.	.	.	.	.	.	.	.	.	.
	Lorenz	1	2	.	.	.	.	2	.	1	4	1
	Ludwig	.	.	.	.	.	.	.	2	1	.	1
70.	Marcus	.	.	3		.	.	1	1	.	.	.
	Marquard	.	.	.	.	.	1	.	.	.	.	.
	Martin	1	.	.	.	6	2	5	5	3	11	12
	Matthäus	.	.	.	.	1	1	3	3	4	3	5
	Matthias	1	2	1		.	.	.	.	.	.	2
75.	Melchior	2	2	1		.	.	.	.	.	.	.

1726—1735	1736—1745	1746—1755	1756—1765	1766—1775	1776—1785	1786—1795	1796—1805	1806—1815	1816—1825	1826—1835	1836—1845	1846—1855	1856—1865	1866—1875	1876—1885	1886—1895	1896—1905
.	1	.	.	.	.	.	.	.	.	.	.	.	.	1	.	.	.
.	.	.	.	.	.	.	.	.	.	.	.	.	.	.	.	.	1
.	.	.	.	.	.	.	.	.	.	.	.	.	.	.	.	.	.
11	27	14	14	11	11	6	7	7	11	5	5	2	6	11	14	20	29
.	.	.	.	.	.	.	.	.	.	.	.	.	1	.	2	1	5
.	2	1	3	.	1	6	3	1	2	1	1	1	.	1	1	2	2
6	.	4	4	16	17	25	24	21	24	32	26	27	21	32	33	27	35
.	.	2	1	1	1	1	1	2	.	2	2	2	8	3	4	5	4
.	.	.	.	.	.	.	.	.	.	.	.	.	.	.	.	.	.
.	.	.	.	.	.	.	.	.	.	.	.	.	.	.	.	.	.
71	52	65	52	44	47	38	42	45	38	29	42	35	28	48	47	43	50
2	2	3	4	6	5	9	17	7	17	24	16	26	24	33	43	30	64
.	.	.	.	.	1	.	.	.	1	.	.	.	.	.	.	.	1
.	.	.	.	.	.	.	.	.	.	.	1	.	.	.	.	.	1
.	.	.	.	.	.	.	.	.	.	.	.	.	.	.	.	.	.
.	.	.	.	.	2	1	.	.	.	.	.	.	.	.	.	.	2
.	.	.	.	.	.	.	1	.	.	.	.	.	.	.	.	.	.
.	10	5	5	4	8	7	10	6	12	10	21	18	20	14	17	18	12
1	2	1	3	.	1	6	.	2	1	1	.	3	.	5	5	4	3
1	1	1	.	.	1	1	.	.	.	.	.	.	.	.	.	.	.
.	.	.	.	.	.	.	.	.	.	.	.	.	.	.	.	.	.
5	19	18	12	12	22	21	10	17	16	13	22	18	14	17	18	15	13
5	4	.	.	1	5	1	3	3	.	2	3	4	1	4	.	2	4
1	1	3	5	1	2	1	1	.	2	1	1	.	.	1	1	5	1
.	.	.	.	.	.	.	.	.	.	.	.	.	.	.	.	.	.

		1621–1625	1626–1635	1636–1645	1646–1655	1656–1665	1666–1675	1676–1685	1686–1695	1696–1705	1706–1715	1716–1725
76.	Michael	7	4	.	.	2	8	6	2	3	4	5
	Moriz	.	.	.	.	.	.	.	.	.	.	.
	Nicolaus	2	10	2		3	8	9	4	3	2	8
	Norbert	.	.	.	.	.	.	.	.	.	.	.
80.	Oswald	.	.	.	.	.	1	1	3	1	.	1
	Otto	.	.	.	.	.	.	.	.	.	.	.
	Ottomar	.	.	.	.	.	.	.	.	.	.	.
	Pancraz	.	1	.	.	.	.	.	.	.	.	.
	Paul	.	.	.	.	1	1	3	.	1	3	3
	Peter	7	18	1		5	.	1	1	2	.	7
	Philipp	6	6	1		4	8	4	2	6	7	13
	Quirin	1	.	.	.	.	.	.	.	.	.	.
	Reimund	.	.	.	.	.	.	.	.	.	.	.
	Reinhard	.	.	.	.	.	.	.	.	.	.	.
90.	Richard	.	.	.	.	1	.	.	.	.	.	.
	Robert	.	.	.	.	.	.	.	.	.	.	.
	Rudolf	2	.	.	.	.	.	.	.	.	.	.
	Rupert	.	.	.	.	.	.	.	.	1	.	.
	Sebastian	.	1	.	.	2	3	1	1	.	2	4
	Servilian	.	.	.	.	.	.	.	.	.	.	.
	Sigmund	.	.	.	.	.	.	.	.	.	.	.
	Silvester	.	.	.	.	.	.	.	.	1	.	.
	Simon	.	1	.	.	.	1	1	.	1	.	2
	Stephan	1	.	.	.	.	2	.	.	1	.	4
100.	Theobald	.	.	.	.	.	.	.	.	.	.	.

1726 — 1735	1736 — 1745	1746 — 1755	1756 — 1765	1766 — 1775	1776 — 1785	1786 — 1795	1796 — 1805	1806 — 1815	1816 — 1825	1826 — 1835	1836 — 1845	1846 — 1855	1856 — 1865	1866 — 1875	1876 — 1885	1886 — 1895	1896 — 1905
5	6	3	1	3	.	3	3	3	2	1	2	2	4	2	1	2	2
.	.	.	.	.	1	1	.	.	.	.	.	.	.	.	.	.	.
12	13	11	10	13	8	10	14	8	12	13	11	14	10	11	15	19	22
.	.	.	1	.	.	.	.	.	.	.	.	.	.	.	.	.	.
.	6	4	.	1	2	2	3	4	2	3	8	1	2	4	.	2	3
.	.	.	.	.	.	.	.	.	.	.	.	.	.	.	.	2	2
.	.	.	.	.	.	.	.	.	.	.	.	.	.	.	.	.	1
.	.	.	.	.	.	.	.	.	2	.	.	.	.	.	.	.	.
2	5	4	4	1	2	5	4	3	3	5	2	2	4	.	2	4	6
3	8	13	12	18	14	31	25	32	30	28	41	43	21	31	44	34	31
23	25	25	25	23	25	24	26	23	31	26	34	21	35	22	29	23	30
.	.	.	.	.	.	.	.	.	.	.	.	.	.	.	.	.	.
.	.	.	1	.	1	1	.	.	.	1	.	.	.	.	.	.	.
.	.	.	.	.	.	.	.	.	.	.	1	.	.	.	.	.	.
.	.	.	.	.	.	.	.	.	1	.	.	.	.	.	.	.	.
.	.	.	.	.	.	.	.	1	.	.	.	.	.	.	.	.	.
.	.	.	.	.	.	.	.	.	.	.	.	.	.	.	2	1	2
.	.	.	.	.	.	.	.	.	.	.	.	.	.	.	.	.	.
4	4	4	3	.	1	2	2	1	1	1	2	2	1	1	.	1	.
.	.	.	.	.	1	.	.	.	1	.	.	.	.	.	.	.	.
.	.	.	.	.	.	.	.	.	.	.	.	.	.	.	1	.	.
1	.	.	.	.	.	.	.	.	.	.	.	.	.	.	.	.	.
.	.	.	.	.	.	.	1	.	.	.	.	.	.	.	.	.	.
1	1	2	1	1	1	1	1	3	4	5	2	2	.	.	1	.	1
.	1	.	.	.	.	.	.	.	1	.	.	1	.	.	1	.	.

		1621–1625	1626–1635	1636–1645	1646–1655	1656–1665	1666–1675	1676–1685	1686–1695	1696–1705	1706–1715	1716–1725
101.	Theodor	.	.	1		.	.	.	.	.	.	.
	Theodoricus	1	.	.	.	1	.	.	.	1	1	.
	Thomas	1	.	.	.	.	1	1	2	1	1	4
	Tilmann	.	1	.	.	.	.	.	.	.	.	.
	Tobias	.	.	.	.	.	.	.	1	.	.	2
	Ulrich	.	.	.	.	.	.	.	1	.	.	.
	Valentin	1	1	.	.	.	2	2	1	1	1	11
	Veit	.	.	.	.	.	.	.	.	.	.	.
	Waldus	.	.	.	.	.	.	1	.	.	.	.
110.	Walther	.	2	.	.	.	.	.	.	.	.	.
	Wendelin	1	6	.	.	1	.	.	1	1	.	3
	Wigand	.	.	1		.	.	2	2	1	3	3
	Wilhelm	.	.	.	.	1	1	1	1	1	1	.
	Wolfgang	.	.	.	.	.	1	2	.	.	.	.
115.	Xaver	.	.	.	.	.	.	.	.	.	.	.
	Unbestimmt	1	.	2		.	1	.	2	1	2	1
	Summe der verglichenen Namen	99	96	36		75	108	122	87	107	141	198
	Summe der verschiedenen Namen	29	35	15		29	34	37	44	36	29	41
	in %	29	36	42		39	31	30	51	34	21	21

1726—1735	1736—1745	1746—1755	1756—1765	1766—1775	1776—1785	1786—1795	1796—1805	1806—1815	1816—1825	1826—1835	1836—1845	1846—1855	1856—1865	1866—1875	1876—1885	1886—1895	1896—1905
.	.	.	.	.	.	2	.	2	.	.	1	2	1	2	1	1	5
.	.	.	.	.	.	.	.	.	.	.	.	.	.	.	.	.	.
2	3	2	.	2	.	2	.	.	.	.	1	.	.	.	.	.	.
.	.	.	.	.	.	.	.	.	.	.	.	.	.	.	.	.	.
.	2	2	1	1	.	2	.	1	4	.	.	.	.	.	.	.	.
.	.	.	.	.	.	.	.	.	.	.	.	.	.	.	.	.	.
4	.	3	2	4	4	2	.	3	2	3	2	3	5	5	3	4	4
1	.	.	.	.	.	.	.	.	.	.	.	.	.	.	.	.	.
.	.	.	.	.	.	.	.	.	.	.	.	.	.	.	.	.	.
.	.	.	.	.	.	.	.	1	.	.	.	.	.	.	.	.	.
3	1	1	.	.	.	1	.	.	.	.	.	.	.	.	.	.	1
1	9	15	10	3	6	1	1	.	1	1	.	.	1	.	.	.	.
1	7	4	7	6	11	9	8	10	15	10	10	9	14	20	21	22	51
.	.	.	.	.	1	.	2	1	2	5	.	.	.	.	1	1	2
.	.	.	.	.	.	.	1	1	.	.	.	.	.	.	.	.	.
.	.	.	.	.	.	.	.	.	.	.	.	.	.	.	.	.	.
207	269	276	234	226	273	288	296	281	334	319	349	327	327	410	426	439	578
30	41	43	36	35	41	41	42	38	42	38	41	36	42	40	43	50	55
19	15	16	15	11	15	14	14	14	13	12	12	11	13	10	10	11	10

Tabelle Nr. 2 b.

		1621 — 1625	1626 — 1635	1636 — 1645	1646 — 1655	1656 — 1665	1666 — 1675	1676 — 1685	1686 — 1695	1696 — 1705	170 — 171
	Adelheid	.	.	.	.	.	.	.	.	.	.
	Agatha	.	.	.	.	.	.	1	.	1	.
	Agnes	.	.	1		1	.	2	.	.	.
	Albina	.	.	.	.	.	.	.	.	.	.
	Amalia	1	.	.	.	.	.	.	.	.	.
	Angela	1	1	.	.	.	.	.	.	.	.
	Anna	20	38	5		6	11	8	3	4	5
	Antonetta	.	.	.	.	.	.	.	.	.	.
	Antonia	.	.	.	.	.	.	.	.	.	.
10.	Apollonia	4	4	.	.	2	5	4	1	4	.
	Augusta	.	.	.	.	.	.	.	.	.	.
	Barbara	9	10	2		3	5	4	3	3	2
	Beatrix	.	.	.	.	.	.	.	.	.	.
	Benedicta	.	.	.	.	.	.	.	.	.	.
	Caecilia	.	.	.	.	.	1	.	.	.	.
	Carolina	.	.	.	.	.	.	.	.	.	.
	Catharina	10	20	2		6	7	11	6	6	10
	Charitas	.	.	.	.	.	1	.	.	.	.
	Christina	3	2	.	.	3	4	2	.	4	2
20.	Clara	1	.	.	.	.	.	.	.	.	.
	Dorothea	.	2	2		.	1	1	.	6	1
	Ela	1	.	.	.	.	.	.	.	.	.
	Elisabetha	10	21	.	.	8	17	25	11	16	13
	Else	.	.	.	.	.	.	.	.	.	.
25.	Emilia	.	.	.	.	.	.	.	.	.	.

fache Frauennamen.

1726–1735	1736–1745	1746–1755	1756–1765	1766–1775	1776–1785	1786–1795	1796–1805	1806–1815	1816–1825	1826–1835	1836–1845	1846–1855	1856–1865	1866–1875	1876–1885	1886–1895	1896–1905
.	.	.	.	.	.	.	.	1	.	.	.	.	.	.	.	.	.
1	.	.	.	.	.	.	.	.	.	.	.	.	.	.	.	.	.
1	1	1	2	4	.	2	3	.	3	1	6	4	3	9	6	7	5
.	.	.	.	.	.	.	.	.	.	.	.	.	.	.	1	.	.
.	.	.	.	.	.	.	.	.	.	.	.	.	.	.	1	.	3
.	.	.	.	.	1	.	.	.	.	.	.	.	.	.	.	.	.
3	4	4	2	1	.	2	.	.	.	.	1	7	11	26	14	25	39
.	.	.	.	.	.	.	.	.	1	.	.	.	.	.	.	.	1
1	.	.	.	.	.	.	.	.	1	.	1	.	1	1	1	1	.
2	3	1	4	1	2	5	5	4	9	4	14	2	4	9	7	2	9
.	.	.	.	.	.	.	.	.	.	.	.	.	.	.	.	.	2
9	15	17	15	8	15	16	15	15	11	28	16	18	22	37	25	25	24
.	.	.	2	.	.	.	.	.	.	.	.	.	.	.	.	.	.
.	.	.	.	.	.	.	.	.	.	.	.	.	1	.	.	.	.
.	.	.	.	.	.	.	.	.	.	.	.	.	.	.	.	.	.
.	.	.	.	.	.	.	.	.	.	.	.	.	1	3	6	5	1
17	35	30	25	34	48	37	38	52	60	71	50	69	64	74	69	81	92
.	.	.	.	.	.	.	.	.	.	.	.	.	.	.	.	.	.
6	14	8	9	5	7	5	10	10	10	8	12	9	19	15	11	14	15
.	.	2	1	.	1	.	.	1	2	.	2	5	4	7	7	7	9
.	1	2	3	1	.	2	1	.	.	1	.	.	.	.	.	1	.
.	.	.	.	.	.	.	.	.	.	.	.	.	.	.	.	.	.
23	25	32	25	22	36	39	35	44	39	43	55	48	38	55	54	58	72
.	.	.	.	.	.	.	.	.	.	.	.	.	.	.	.	.	2
.	.	.	.	.	.	.	.	.	.	.	.	.	.	1	.	2	1

		1621 — 1625	1626 — 1635	1636 — 1645	1646 — 1655	1656 — 1665	1666 — 1675	1676 — 1685	1686 — 1695	1696 — 1705	1706 — 1715	1716 — 1725
26.	Emma	.	.	.	.	.	.	.	.	.	.	.
	Esther	2	5	.	.	1	.	1	1	.	.	.
	Eulelia (Eulogia)	1	.	.	.	.	.	.	.	.	.	.
	Eva	.	4	.	.	.	2	.	3	1	1	.
30.	Franzisca	.	.	.	.	.	.	.	.	.	.	.
	Frida	.	.	.	.	.	.	.	.	.	.	.
	Gela	1	.	.	.	.	.	.	.	.	.	.
	Genovefa	.	.	.	.	.	.	.	.	.	.	.
	Georgina	.	.	.	.	.	.	.	.	.	.	.
	Gertrud	2	9	1		5	3	10	2	4	6	5
	Hedwig	.	.	.	.	.	1	.	2	.	1	.
	Helena	1	1	1		1	.	1	1	.	.	2
	Henrietta	.	.	.	.	.	.	.	.	.	.	.
	Jacobina	.	.	.	.	.	.	.	.	.	.	.
40.	Johanna	.	.	.	.	.	.	.	.	.	.	.
	Josepha	.	.	.	.	.	.	.	.	.	.	.
	Josephina	.	.	.	.	.	.	.	.	.	.	.
	Isabella	.	.	.	.	.	.	.	.	.	.	.
	Juliana	1	2	4		4	7	3	2	2	2	4
	Justina	.	.	.	.	.	.	.	.	.	.	.
	Kunigunde	.	.	.	.	.	.	.	.	.	.	.
	Lina	.	.	.	.	.	.	.	.	.	.	.
	Lisbetha	.	.	.	.	.	.	.	.	.	.	.
	Lucia	.	3	.	.	.	.	.	.	.	.	.
50.	Ludovica	.	.	.	.	.	.	.	.	.	.	.

1726—1735	1736—1745	1746—1755	1756—1765	1766—1775	1776—1785	1786—1795	1796—1805	1806—1815	1816—1825	1826—1835	1836—1845	1846—1855	1856—1865	1866—1875	1876—1885	1886—1895	1896—1905
.	.	.	.	.	.	.	.	.	.	.	.	.	.	1	1	.	.
.	1	.	.	.	.	.	.	.	.	.	.	.	.	.	.	.	.
.	.	.	.	.	.	.	.	.	.	.	.	.	.	.	.	.	.
1	2	.	3	4	4	4	3	3	4	1	2	2	8	6	6	7	9
.	.	.	.	.	.	.	.	.	.	2	3	6	4	2	3	8	9
.	.	.	.	.	.	.	.	.	.	.	.	.	.	.	.	1	1
.	.	.	.	.	.	.	.	.	.	.	.	.	.	.	.	.	.
.	.	.	.	.	.	.	.	.	1	.	.	.	.	.	.	.	.
.	.	.	.	.	.	.	.	.	.	.	.	.	.	.	1	.	.
16	10	7	5	2	6	4	2	1	5	5	2	3	2	4	4	3	5
.	2	.	.	.	2	.	.	.	.	.	.	.	.	.	.	.	.
.	5	.	2	2	.	.	.	.	.	2	1	.	1	.	2	3	5
.	.	.	.	.	.	.	.	.	.	.	1	.	.	.	.	.	.
.	.	.	.	.	.	.	.	.	.	1	1	1	2	4	.	.	1
.	.	.	.	.	.	.	.	.	.	.	.	.	.	.	3	2	5
.	.	.	.	.	.	.	.	.	1	1	.	.	.	.	.	.	2
.	.	.	.	.	.	.	.	.	1	1	1	.	5	6	2	4	4
.	.	.	.	.	.	.	.	.	.	.	.	.	.	.	.	1	.
.	3	.	1	2	.	2	2	3	.	3	1	.	3	.	3	2	1
.	.	.	.	1	1	1	2	2	2	3	7	1	3	4	1	1	1
.	.	.	1	.	1	1	1	.	1	.	1	.	.	.	.	.	.
.	.	.	.	.	.	.	.	.	.	.	.	.	.	.	.	1	2
.	.	.	.	.	.	.	.	.	.	4	.	.	.	.	.	.	.
.	.	.	.	.	.	.	.	.	.	.	.	.	.	.	.	.	1
.	.	.	.	.	.	1	3	1	1	3	.	.	.	.	2	.	.

		1621—1625	1626—1635	1636—1645	1646—1655	1656—1665	1666—1675	1676—1685	1686—1695	1696—1705	1706—1715	1716—1725
51.	Luise	.	.	.	.	.	.	.	.	.	.	.
	Magdalena	1	1	.	.	3	4	2	.	1	1	2
	Margaretha	13	35	4		10	22	9	7	10	7	7
	Maria	6	9	1		2	10	10	3	3	.	.
	Martha	1	3	2		2	1	.	.	.	1	.
	Mathilde	.	.	.	.	.	.	.	.	.	.	.
	Mina	.	.	.	.	.	.	.	.	.	.	.
	Olalia	1	.	.	.	.	.	.	.	.	.	.
	Ottilia	2	1	.	.	.	2	1	1	1	.	1
60.	Paula	.	.	.	.	.	.	.	.	.	.	.
	Petronella	.	.	.	.	.	.	.	.	.	.	.
	Philippina	.	.	.	.	.	.	.	.	.	.	.
	Regina	1	5	.	.	.	.	.	.	.	1	1
	Rosa	.	.	.	.	.	.	.	.	.	.	.
	Rosalia	.	.	.	.	.	.	.	.	.	.	.
	Rosina	.	.	.	.	.	.	.	.	.	.	.
	Rufina	.	.	.	.	.	.	.	.	.	.	.
	Sabina	.	.	.	.	.	.	.	.	.	.	.
	Salome	.	.	.	.	.	.	.	.	.	.	.
70.	Sara	.	1	.	.	.	.	.	.	.	.	.
	Sibylla	.	.	.	.	.	.	.	.	.	.	.
	Sophia	.	1	.	.	.	1	.	1	1	.	.
	Susanna	.	.	.	.	3	1	5	5	6	1	7
	Thecla	.	.	.	.	.	.	.	.	.	.	.
75.	Theresia	.	.	.	.	.	.	.	.	.	.	.

1726—1735	1736—1745	1746—1755	1756—1765	1766—1775	1776—1785	1786—1795	1796—1805	1806—1815	1816—1825	1826—1835	1836—1845	1846—1855	1856—1865	1866—1875	1876—1885	1886—1895	1896—1905
.	.	.	.	.	.	.	.	.	1	4	2	2	2	2	4	4	8
3	5	4	3	3	1	3	7	6	8	6	7	7	5	15	13	17	23
4	7	7	1	4	19	17	27	33	29	31	40	37	33	51	59	46	56
.	2	.	.	.	.	.	.	.	.	.	.	.	1	5	6	10	23
.	.	1	.	.	.	.	.	.	.	.	.	.	.	.	.	.	.
.	.	.	.	.	.	.	.	.	.	.	1	.	1	.	1	.	2
.	.	.	.	.	.	.	.	.	.	.	.	.	.	.	.	1	.
.	.	.	.	.	.	.	.	.	.	.	.	.	.	.	.	.	.
3	.	1	.	.	.	1	.	.	.	.	.	.	.	.	1	.	.
.	.	.	.	.	.	.	.	.	.	.	.	.	.	.	.	.	1
.	.	.	.	.	.	.	.	.	.	.	.	.	.	.	.	.	1
.	.	.	.	.	.	.	.	.	.	.	.	.	1	1	2	1	.
1	1	3	3	4	2	1	2	4	.	.	3	2	2	1	1	.	1
.	.	.	.	.	.	.	.	.	.	.	.	.	.	.	.	5	2
.	.	.	.	.	.	1	.	.	.	.	.	.	.	.	.	.	.
.	.	.	.	.	.	2	1	1	3	1	3	1	1	.	5	2	2
.	.	.	.	.	2	2	3	2	3	5	4	2	.	1	2	1	3
.	.	.	.	.	.	.	1	2	1	1	1	6	1	1	1	.	.
.	.	.	.	.	1	1	.	.	.	.	.	.	.	.	.	.	.
.	.	.	.	.	.	.	.	.	.	1	.	.	1	1	.	1	1
.	.	.	.	.	.	.	.	.	.	.	.	.	.	.	.	1	.
.	1	.	2	1	1	3	.	2	.	3	5	2	2	2	5	5	4
1	8	6	7	2	9	8	9	3	10	3	9	5	8	15	4	6	5
.	.	.	.	.	1	1	.	1	1	.	1	.	.	.	1	1	.
.	.	.	1	.	.	1	3	6	5	8	12	6	5	8	7	7	8

	1621–1625	1626–1635	1636–1645	1646–1655	1656–1665	1666–1675	1676–1685	1686–1695	1696–1705	1706–1715	1716–1725
76. Ursula	.	2	.	.	1	1	2	.	4	3	5
Veronica	.	.	.	.	.	1	.	.	1	1	.
Walburg	.	1	.	.	.	.	.	.	.	.	.
79. Wilhelmina	.	.	.	.	.	.	.	.	.	.	.
Unbestimmt	2	.	3		5	.	2	2	1	.	1
Summe der verglichenen Namen	95	181	28		67	108	106	56	76	62	104
Summe der verschiedenen Namen	24	24	12		18	22	20	17	20	17	19
in %	25	13	43		27	20	19	30	26	27	18

Tabelle Nr. 3 a. Männ-

		1621–1625	1626–1635	1636–1645	1646–1655	1656–1665	1666–1675	1676–1685	1686–1695	1696–1705	1706–1715	1716–1725
Adam	Anton	.	.	.	.	.	.	.	.	.	.	.
	August	.	.	.	.	.	.	.	.	.	.	.
	Bertold	.	.	.	.	.	.	.	.	.	.	.
	Christoph	.	.	.	.	.	.	.	.	.	.	.
	Edmund	.	.	.	.	.	.	.	.	.	1	.
	Heinrich	.	.	.	.	.	.	.	.	.	.	.
	Joseph	.	.	.	.	.	.	.	.	.	1	.
	Justin	.	.	.	.	.	.	.	.	.	.	.
	Lorenz	.	.	.	.	.	.	.	.	.	.	.
	Martin	.	.	.	.	.	.	.	.	.	.	.
	Matthias	.	.	.	.	.	.	.	.	.	.	.

1726—1735	1736—1745	1746—1755	1756—1765	1766—1775	1776—1785	1786—1795	1796—1805	1806—1815	1816—1825	1826—1835	1836—1845	1846—1855	1856—1865	1866—1875	1876—1885	1886—1895	1896—1905
1	4	3	2	1	2	3	1	1	7	1	1	2	.	1	4	.	4
4	3	6	2	1	5	2	3	3	1	.	.	1	.	.	1	3	1
.	.	.	.	.	.	.	.	.	.	.	.	.	.	.	.	.	.
.	.	.	.	.	.	.	.	.	.	1	1	.	.	.	.	.	.
.	.	.	.	.	.	.	.	.	.	.	.	.	.	.	.	.	.
97	151	136	120	103	163	167	172	207	222	245	270	247	257	368	349	373	467
18	22	18	23	20	22	28	23	24	28	30	33	25	32	31	30	39	44
19	15	13	19	19	14	17	14	11	12	12	12	10	12	8	9	10	9

liche Doppelvornamen.

1726—1735	1736—1745	1746—1755	1756—1765	1766—1675	1776—1785	1786—1795	1796—1805	1806—1815	1816—1825	1826—1835	1836—1845	1846—1855	1856—1865	1866—1875	1876—1885	1886—1895	1896—1905
.	.	.	.	.	.	.	.	.	2	.	.	.	1	.	.	.	1
.	.	.	.	.	.	.	.	.	.	.	.	.	.	.	.	.	1
.	.	.	.	.	.	.	.	.	.	.	.	.	.	.	.	.	1
.	.	.	.	.	.	.	.	.	.	.	.	1	.	2	.	.	.
.	.	.	.	.	.	.	.	.	.	.	.	.	.	.	.	.	.
.	.	.	.	.	.	.	.	.	.	.	.	.	.	1	.	.	.
.	.	.	.	1	.	.	.	.	1	1	1	.	2	1	1	4	3
.	.	.	.	.	.	.	.	.	.	.	.	.	1	.	.	.	.
.	.	.	.	.	.	.	.	.	.	.	.	.	1	.	.	.	.
.	.	.	.	.	.	.	.	.	.	.	.	.	.	.	2	.	.
.	.	.	.	.	.	.	.	.	.	.	.	.	.	.	1	.	.

		1621–1625	1626–1635	1636–1645	1646–1655	1656–1665	1666–1675	1676–1685	1686–1695	1696–1705	1706–1715	1716–1725
Adam	Oswald	.	.	.	.	.	.	.	.	.	.	.
	Peter	.	.	.	.	.	.	.	.	.	.	.
	Philipp	.	.	.	.	.	.	.	.	.	.	.
	Valentin	.	.	.	.	.	.	.	.	.	.	.
	Wilhelm	.	.	.	.	.	.	.	.	.	.	.
Adolf	Gabriel	.	.	.	.	.	.	.	1	.	.	.
	Wilhelm	.	.	.	.	.	1	.	.	.	.	.
Albert	Valentin	.	.	.	.	.	.	1	.	.	.	.
Alois	Jacob	.	.	.	.	.	.	.	.	.	.	.
	Marquard	.	.	.	.	.	.	.	.	.	.	.
	Oswald	.	.	.	.	.	.	.	.	.	.	.
Andreas	Christoph	.	.	.	.	.	.	.	.	.	.	.
	Franz	.	.	.	.	.	.	.	.	.	1	.
	Gerhard	.	.	.	.	.	.	.	.	.	.	.
	Jacob	.	.	.	.	.	.	.	.	.	.	.
	Lorenz	.	.	.	.	.	.	.	.	.	.	.
	Martin	.	.	.	.	.	.	.	.	.	.	.
	Peter	.	.	.	.	.	.	.	.	.	.	.
	Wilhelm	.	.	.	.	.	.	.	.	.	.	.
Anton	Friedrich	.	.	.	.	.	.	.	.	.	.	.
	Joseph	.	.	.	.	.	.	.	.	.	.	.
	Martin	.	.	.	.	.	.	.	.	.	.	.
	Peter	.	.	.	.	.	.	.	.	.	.	.
	Wilhelm	.	.	.	.	.	.	.	.	.	.	.
Arnold	Ferdinand	.	.	.	.	.	.	.	.	.	.	.

1726 — 1735	1736 — 1745	1746 — 1755	1756 — 1765	1766 — 1775	1776 — 1785	1786 — 1795	1796 — 1805	1806 — 1815	1816 — 1825	1826 — 1835	1836 — 1845	1846 — 1855	1856 — 1865	1866 — 1875	1876 — 1885	1886 — 1895	1896 — 1905
.	.	.	.	.	.	.	.	.	.	.	.	1	.	.	.	.	.
.	.	.	.	.	.	.	.	.	.	.	1	1	1	.	.	.	.
.	.	.	2	.	.	.	1	3	1	1	.	2	1	1	2	3	4
.	.	.	.	.	.		.	.	.	.	.	.	.	.	.	1	.
.	.	1	1	1	:	.	.	.	.	1	.	.	.	.	.	.	1
.	.	.	.	.	.	.	.	.	.	.	.	.	.	.	.	.	.
.	.	.	.	.	.	.	.	.	.	.	.	.	1	.	.	.	.
.	.	.	.	.	.	.	.	.	.	.	.	.	.	.	.	.	.
.	.	.	.	.	.	.	.	.	.	.	.	.	.	.	.	.	1
.	.	.	.	.	.	.	.	.	.	.	.	.	.	1	.	.	.
.	.	.	.	.	.	.	.	.	.	.	.	.	.	.	1	.	.
.	.	.	.	.	.	.	.	.	.	.	.	.	.	.	1	.	.
.	.	.	.	.	.	.	.	.	.	.	.	.	.	.	.	.	.
.	.	.	.	.	.	.	.	.	.	.	.	.	.	.	1	.	.
.	.	.	.	.	1	.	.	.	.	.	.	.	.	.	.	.	.
.	.	.	.	.	.	.	.	.	.	.	.	.	.	.	.	1	.
.	.	.	.	.	.	.	.	.	.	.	.	.	.	.	.	.	1
.	.	.	.	.	.	.	.	.	.	.	.	.	.	.	.	1	.
.	.	.	.	.	.	.	.	.	.	.	.	.	1	.	.	.	.
.	.	.	.	.	.	.	.	.	.	.	.	.	1	.	.	1	.
.	.	.	.	.	.	.	.	.	.	.	.	.	1	1	.	1	.
.	.	.	.	.	.	.	.	.	.	.	.	.	.	.	1	.	.
.	.	.	.	.	.	.	.	.	.	.	.	.	.	.	.	.	1
.	.	.	.	.	.	.	.	.	.	.	.	.	.	.	.	.	1
.	.	.	.	.	.	.	.	.	1	.	.	.	.	.	.	.	.

		1621—1625	1626—1635	1636—1645	1646—1655	1656—1665	1666—1675	1676—1685	1686—1695	1696—1705	1706—1715	1716—1725
August	Ignaz	.	.	.	.	.	.	.	.	.	.	.
Balthasar	Georg	.	.	.	.	.	.	.	.	.	.	.
Carl	Adam	.	.	.	.	.	.	.	.	.	.	.
	Andreas	.	.	.	.	.	.	.	.	.	.	.
	Caspar	.	.	.	.	.	.	.	.	.	.	.
	Christian	.	.	.	.	.	.	.	.	.	.	.
	Constantin	.	.	.	.	.	.	.	.	.	.	.
	Franz	.	.	.	.	.	.	.	.	.	.	.
	Friedrich	.	.	.	.	.	.	.	.	.	.	.
	Gerhard	.	.	.	.	.	.	.	.	.	.	.
	Gustav	.	.	.	.	.	.	.	.	.	.	.
	Heinrich	.	.	.	.	.	.	.	.	.	.	.
	Jacob	.	.	.	.	.	.	.	.	.	.	.
	Johann	.	.	.	.	.	.	.	.	.	.	.
	Joseph	.	.	.	.	.	.	.	.	.	.	.
	Lorenz	.	.	.	.	.	.	.	.	.	.	.
	Ludwig	.	.	.	.	.	.	.	.	.	.	.
	Martin	.	.	.	.	.	.	.	.	.	.	.
	Nicolaus	.	.	.	.	.	.	.	.	.	.	.
	Paul	.	.	.	.	.	.	.	.	.	.	.
	Peter	.	.	.	.	.	.	.	.	.	.	.
	Philipp	.	.	.	.	.	.	.	.	.	.	.
	Valentin	.	.	.	.	.	.	.	.	.	.	.
Caspar	Adam	.	.	.	.	.	.	.	.	.	.	.
	Anton	.	.	.	.	.	.	.	.	.	.	.

1726—1735	1736—1745	1746—1755	1756—1765	1766—1775	1776—1785	1786—1795	1796—1805	1806—1815	1816—1825	1826—1835	1836—1845	1846—1855	1856—1865	1866—1875	1876—1885	1886—1895	1896—1905
.	.	.	.	.	.	.	.	.	.	.	.	.	.	.	.	1	.
.	.	.	.	.	.	.	.	1	.	.	.	.	.	.	.	.	.
.	.	.	.	.	.	.	.	.	.	.	.	.	1	.	.	.	.
.	.	.	.	.	.	.	.	.	1	.	.	.	.	.	.	.	.
.	.	.	.	.	.	1	.	.	.	.	.	.	.	.	.	.	.
.	.	.	.	1	.	.	.	.	.	.	.	.	.	.	.	.	.
.	.	.	.	.	.	.	.	.	.	.	.	.	.	.	.	1	.
.	.	.	.	.	.	.	.	.	.	.	.	.	.	.	.	.	1
.	.	.	.	.	.	.	.	.	.	.	.	.	.	.	.	.	1
.	.	.	.	.	.	.	.	.	.	.	.	.	1	.	.	.	.
.	.	.	.	.	.	.	.	.	.	.	.	.	.	.	.	1	.
.	.	.	.	.	.	1	.	.	.	.	.	.	.	.	.	.	.
.	.	.	.	.	.	.	.	.	2	.	.	.	1	.	.	.	1
.	.	.	.	.	.	.	.	.	1	.	.	.	.	.	1	1	1
.	.	.	.	.	1	2	1	1	1	2	1	.	1	1	.	2	.
.	.	.	.	.	.	.	.	.	.	.	.	.	.	1	.	.	.
.	.	.	.	.	.	.	.	.	.	.	.	.	.	.	.	.	2
.	.	.	.	.	.	.	.	.	.	.	1	.	.	.	.	.	.
.	.	.	.	.	.	.	.	.	.	.	.	.	.	1	.	.	.
.	.	.	.	.	.	.	.	.	.	.	.	.	1	.	.	.	.
.	.	.	.	.	.	.	.	.	.	.	.	.	1	.	.	.	.
.	.	.	.	.	.	.	.	.	.	.	.	1	.	.	.	.	.
1	.	.	.	.	.	.	.	.	.	.	.	.	.	.	.	.	.
.	.	.	.	.	.	.	.	.	.	.	.	1	.	.	.	1	.
.	.	.	.	.	.	.	.	.	.	.	.	.	.	.	.	1	.

		1621–1625	1626–1635	1636–1645	1646–1655	1656–1665	1666–1675	1676–1685	1686–1695	1696–1705	1706–1715	1716–1725
Caspar	Balthasar	.	.	.	.	.	.	.	.	.	.	.
	Franz	.	.	.	.	.	.	.	.	.	.	.
	Joseph	.	.	.	.	.	.	.	.	.	.	.
	Lorenz	.	.	.	.	.	.	.	.	.	.	.
	Martin	.	.	.	.	.	.	.	.	.	.	.
Christian	Alois	.	.	.	.	.	.	.	.	.	.	.
	Friedrich	.	.	.	.	.	.	.	.	.	.	.
	Georg	.	1	2		4	11	5	9	.	7	10
	Heinrich	.	.	.	.	.	.	.	.	.	.	.
	Ignaz	.	.	.	.	.	.	.	.	.	.	.
	Joseph	.	.	.	.	.	.	.	.	.	.	.
Christoph	Friedrich	.	.	.	.	.	.	.	.	.	.	.
	Georg	.	.	.	.	.	.	.	.	.	.	.
	Ignaz	.	.	.	.	.	.	.	.	.	.	.
	Joseph	.	.	.	.	.	.	.	.	.	.	.
	Ludwig	.	.	.	.	.	.	.	.	.	.	.
	Martin	.	.	.	.	.	.	.	.	.	.	.
	Philipp	.	.	.	.	.	.	.	.	.	.	.
	Wilhelm	.	.	.	.	.	.	.	.	.	.	.
Claudius	Emmerich	.	.	.	.	.	.	.	.	.	1	.
	Johann	.	.	.	.	.	.	.	.	.	.	.
Conrad	Caspar	.	.	.	.	.	.	.	.	.	.	.
	Joseph	.	.	.	.	.	.	.	.	.	.	.
	Michael	.	.	.	.	.	.	.	.	.	.	.
	Philipp	.	.	.	.	.	.	.	.	.	.	.

1726–1735	1736–1745	1746–1755	1756–1765	1766–1775	1776–1785	1786–1795	1796–1805	1806–1815	1816–1825	1826–1835	1836–1845	1846–1855	1856–1865	1866–1875	1876–1885	1886–1895	1896–1905
.	.	.	.	.	.	.	.	.	.	.	.	.	.	.	1	.	.
.	.	.	.	.	.	.	1	.	.	.	.	1	.	.	.	.	.
.	.	.	.	.	.	.	.	.	.	.	.	.	.	.	.	.	1
.	1	.	.	.	.	.	.	.	.	.	.	.	.	.	.	.	.
.	.	.	.	.	.	.	.	.	.	.	.	.	.	.	1	.	.
.	.	.	.	.	.	.	.	1	.	.	.	.	.	.	.	.	.
.	.	.	.	.	.	.	.	.	.	.	.	.	.	.	.	.	1
1	3	5	2	1	2	.	.	.	1	.	.	.	.	.	.	.	.
.	.	.	.	.	.	.	.	.	.	1	.	.	.	.	.	1	.
.	.	.	1	.	.	.	.	.	.	.	.	.	.	.	.	.	.
.	.	.	.	.	.	.	.	.	.	.	.	.	.	.	.	1	.
.	.	.	.	.	.	.	.	.	.	.	.	1	.	.	1	.	.
.	.	.	.	.	.	.	.	.	.	.	.	.	.	.	.	1	.
1	.	.	.	1	.	.	.	.	.	.	.	.	.	.	.	.	.
.	.	.	.	.	.	.	.	.	.	.	.	.	.	1	.	.	.
.	.	.	.	.	.	.	.	.	.	.	.	.	.	1	.	.	.
.	.	1	.	.	.	.	.	.	.	.	.	.	.	.	.	.	.
.	.	1	.	.	.	.	.	.	.	.	.	.	.	.	.	.	.
.	.	.	.	.	.	.	.	.	.	.	.	.	1	.	.	.	.
.	.	.	.	.	.	.	.	.	.	.	.	.	.	.	.	.	.
.	.	.	.	.	.	.	.	.	.	.	.	.	.	.	.	.	1
.	.	.	.	.	.	.	.	.	.	.	.	1	.	.	.	.	.
.	.	.	.	.	.	.	.	.	.	.	.	.	.	.	.	1	.
.	.	1	.	.	.	.	.	.	.	.	.	.	.	.	.	.	.
.	.	.	1	.	.	.	.	.	.	.	.	.	.	.	.	.	.

		1621—1625	1626—1635	1636—1645	1646—1655	1656—1665	1666—1675	1676—1685	1686—1695	1696—1705	1706—1715	1716—1725
Diether	Martin	.	.	.	.	.	.	.	.	.	.	1
Edmund	Carl	.	.	.	.	.	.	.	.	.	.	.
	Matthias	.	.	.	.	.	.	.	.	.	1	.
Eduard	Ignaz	.	.	.	.	.	.	.	.	.	.	.
Ernst	Heinrich	.	.	.	.	.	.	.	.	.	.	.
	Ludwig	.	.	.	.	.	.	.	.	.	.	.
	Wilhelm	.	.	.	.	.	.	.	.	.	.	.
Ferdinand	Anton	.	.	.	.	.	.	.	.	.	.	.
	Joseph	.	.	.	.	.	.	.	.	.	.	.
	Peter	.	.	.	.	.	.	.	.	.	.	.
Franz	Adam	.	.	.	.	.	.	.	.	.	.	.
	Andreas	.	.	.	.	.	.	.	.	.	.	.
	Anton	.	.	.	.	.	.	.	.	.	.	1
	Carl	.	.	.	.	.	.	.	.	.	.	.
	Friedrich	.	.	.	.	.	.	.	.	.	.	.
	Gottlieb	.	.	.	.	.	.	.	.	.	.	.
	Hartmann	.	.	.	.	.	.	.	.	.	1	.
	Hermann	.	.	.	.	.	.	.	.	.	.	.
	Jacob	.	.	.	.	.	.	.	.	.	1	.
	Ignaz	.	.	.	.	.	.	.	.	.	.	.
	Joseph	.	.	.	.	.	.	.	.	.	.	.
	Justus	.	.	.	.	.	.	.	.	.	.	.
	Leonhard	.	.	.	.	.	.	.	.	.	.	.
	Lorenz	.	.	.	.	.	.	.	.	.	.	.
	Michael	.	.	.	.	.	.	.	.	.	.	.

1726 — 1735	1736 — 1745	1746 — 1755	1756 — 1765	1766 — 1775	1776 — 1785	1786 — 1795	1796 — 1805	1806 — 1815	1816 — 1825	1826 — 1835	1836 — 1845	1846 — 1855	1856 — 1865	1866 — 1875	1876 — 1885	1886 — 1895	1896 — 1905
.	.	.	.	.	.	.	.	.	.	.	.	.	.	.	.	.	.
.	.	.	.	.	.	.	.	.	.	.	.	.	.	1	.	.	.
.	.	.	.	.	.	.	.	.	.	.	.	.	.	.	.	.	.
.	.	.	.	.	.	.	.	.	.	.	.	.	.	.	.	.	1
.	.	.	.	.	.	.	.	.	.	.	.	1	.	.	.	.	.
.	.	.	.	.	.	.	.	.	.	.	.	.	.	.	.	.	2
1	.	.	.	.	.	.	.	.	.	.	.	.	.	.	.	.	.
.	.	.	.	.	.	.	.	.	.	.	.	.	.	.	1	.	.
.	.	.	.	.	.	.	1	.	.	.	.	.	.	.	.	.	.
.	.	.	.	.	.	.	.	.	.	.	.	.	.	1	.	.	.
.	.	.	.	.	.	.	.	.	.	.	.	.	.	.	.	1	1
.	.	.	.	1	.	.	.	.	.	.	.	.	.	.	1	.	.
1	1	.	.	2	.	1	1	2	.	4	3	3	2	1	9	.	3
.	.	.	.	.	.	.	.	.	1	.	.	.	.	.	.	.	1
.	.	.	.	.	.	.	.	.	.	.	.	.	.	.	1	.	1
.	.	.	.	.	.	.	.	.	.	.	.	1	.	.	.	.	.
.	.	.	.	.	.	.	.	.	.	.	.	.	.	.	.	.	.
.	.	.	.	.	.	.	.	.	.	.	.	.	.	.	1	.	.
.	.	.	.	.	.	.	1	1	.	1	.	.	1	2	1	3	.
.	.	.	.	.	1	.	.	.	.	.	.	.	.	.	.	.	.
.	.	.	1	.	.	2	1	1	1	5	.	.	2	6	1	3	.
.	.	.	.	.	.	.	.	.	.	.	.	1	.	.	.	.	.
.	.	.	.	.	1	.	.	.	.	.	.	.	.	.	.	.	.
.	.	.	.	.	.	.	.	.	.	.	.	.	.	.	.	1	.
.	.	.	.	.	.	.	.	.	.	.	.	.	.	.	1	.	.

		1621–1625	1626–1635	1636–1645	1646–1655	1656–1665	1666–1675	1676–1685	1686–1695	1696–1705	1706–1715	1716–1725
Franz	Otto	.	.	.	.	.	.	.	.	.	.	.
	Peter	.	.	.	.	.	.	.	.	.	.	.
	Stephan	.	.	.	.	.	.	.	.	.	.	.
	Wendelin	.	.	.	.	.	.	.	.	.	.	.
	Wilhelm	.	.	.	.	.	.	.	.	.	.	.
	Xaver	.	.	.	.	.	.	.	.	.	.	.
Friedrich	Adolf	.	.	.	.	.	.	.	.	.	.	.
	Albert	.	.	.	.	.	.	.	.	.	.	.
	Anton	.	.	.	.	.	.	.	.	.	.	.
	Christoph	.	.	.	.	.	.	.	.	.	.	.
	Gottlieb	.	.	.	.	.	.	.	.	.	.	.
	Heinrich	.	.	.	.	.	.	.	.	.	.	.
	Jacob	.	.	.	.	.	.	.	.	.	.	.
	Johann	.	.	.	.	.	.	.	.	.	.	.
	Joseph	.	.	.	.	.	.	.	.	.	.	.
	Ludwig	.	.	.	.	.	.	.	.	.	.	.
	Martin	.	.	.	.	.	.	.	.	.	.	.
	Theresia	.	.	.	.	.	.	.	.	.	.	.
	Wilhelm	.	.	.	.	.	.	.	.	.	.	.
Gallus	Balthasar	.	.	.	.	.	.	.	.	.	.	.
	Gerhard	.	.	.	.	.	.	.	.	.	.	.
Georg	Adam	.	.	.	.	.	.	.	.	.	.	.
	Adolf	.	.	.	.	.	.	.	1	.	.	.
	Andreas	.	.	.	.	.	.	.	.	.	.	.
	Anton	.	.	.	.	.	.	.	.	.	.	.

1726—1735	1736—1745	1746—1755	1756—1765	1766—1775	1776—1785	1786—1795	1796—1805	1806—1815	1816—1825	1826—1835	1836—1845	1846—1855	1856—1865	1866—1875	1876—1885	1886—1895	1896—1905
.	.	.	.	.	.	.	.	.	.	.	.	.	.	.	.	.	1
1	.	.	.	.	.	.	1	4	3	1	.	1	1	.	.	.	.
.	.	.	.	.	.	.	.	.	.	.	.	.	.	.	.	1	.
.	.	.	.	.	.	.	.	.	.	.	.	.	.	.	.	.	1
.	.	.	.	.	.	.	.	.	1	.	.	.	.	.	.	.	1
.	.	.	.	.	.	.	1	.	1	.	.	.	.	.	.	.	.
.	.	.	.	.	.	.	.	.	.	.	.	.	.	1	.	.	.
.	.	.	.	.	.	.	.	.	.	.	.	.	.	.	.	1	.
.	.	.	.	.	.	.	.	.	.	.	.	.	.	1	1	.	1
.	.	.	.	.	.	.	.	.	.	1	.	.	.	.	.	.	.
.	.	.	.	.	.	.	.	.	.	.	.	.	.	.	.	.	1
.	.	.	.	.	.	.	.	.	.	.	.	.	.	.	.	1	.
.	.	.	.	.	.	.	.	.	.	.	.	.	.	.	1	.	.
.	.	.	.	.	.	.	.	.	.	.	.	.	.	1	1	.	.
.	.	.	.	1	.	.	.	.	.	.	.	.	.	.	.	.	1
.	.	.	.	.	.	.	.	.	.	.	.	.	.	.	.	1	1
.	.	.	.	.	.	.	.	.	.	.	.	1	.	.	.	1	.
.	.	.	.	.	.	.	.	.	.	.	.	.	1	.	.	.	.
.	.	.	.	1	.	.	.	.	.	.	.	.	1	.	1	2	3
.	.	.	2	.	.	.	.	.	.	.	.	.	.	.	.	.	.
.	.	.	.	.	.	.	.	.	.	.	.	.	.	1	.	.	.
.	.	.	.	.	1	.	2	.	.	1	.	4	.	1	2	1	2
.	.	.	.	.	.	.	.	.	.	.	.	.	.	.	.	.	.
.	.	2	.	1	.	1	1	.	.	.	.	.	.	.	.	.	.
.	.	.	.	.	.	.	1	.	.	.	.	.	.	.	.	.	.

		1621—1625	1626—1635	1636—1645	1646—1655	1656—1665	1666—1675	1676—1685	1686—1695	1696—1705	1706—1715	1716—1725
Georg	Carl	.	.	.	.	.	.	.	.	.	.	.
	Christian	.	.	.	.	.	.	1	.	.	.	.
	Franz	.	.	.	.	.	.	.	.	.	.	.
	Friedrich	.	.	.	.	.	.	.	.	.	1	.
	Gerhard	.	.	.	.	.	.	.	.	.	.	.
	Heinrich	.	.	.	.	.	.	.	.	.	1	.
	Jacob	.	.	.	.	.	.	.	.	.	.	.
	Ignaz	.	.	.	.	.	.	.	.	.	.	.
	Joseph	.	.	.	.	.	.	.	.	.	.	.
	Lorenz	.	.	.	.	.	.	.	.	.	.	.
	Ludwig	.	.	.	.	.	.	.	.	.	.	.
	Martin	.	.	.	.	.	.	.	.	.	.	.
	Michael	.	.	.	.	.	.	.	.	.	.	.
	Peter	.	.	.	.	.	.	.	.	.	.	.
	Philipp	.	.	.	.	.	.	.	.	.	.	1
Gerhard	Ernst	.	.	.	.	.	.	.	.	.	.	.
	Johann	.	.	.	.	.	.	.	.	.	.	.
	Joseph	.	.	.	.	.	.	.	.	.	.	.
	Nicolaus	.	.	.	.	.	.	.	.	.	.	.
	Peter	.	.	.	.	.	.	.	.	.	.	.
	Philipp	.	.	.	.	.	.	.	.	.	.	.
	Wilhelm	.	.	.	.	.	.	.	.	.	.	.
Gottfried	Hieronymus	.	.	.	.	.	.	.	.	.	.	.
	Joseph	.	.	.	.	.	.	.	.	.	.	.
	Nicolaus	.	.	.	.	.	.	.	.	.	.	.

1726—1735	1736—1745	1746—1755	1756—1765	1766—1775	1776—1785	1786—1795	1796—1805	1806—1815	1816—1825	1826—1835	1836—1845	1846—1855	1856—1865	1866—1875	1876—1885	1886—1895	1896—1905
.	.	.	.	.	.	.	.	1	.	.	.	.	.	.	.	.	2
.	.	.	.	.	.	.	.	.	.	.	.	.	.	.	.	.	.
1	.	.	.	.	1	.	.	.	.	.	.	.	.	.	1	.	1
.	.	.	.	2	1	1	2	2	.	4	2	1	.	2	3	.	.
.	.	.	.	.	.	.	.	.	.	.	.	.	.	.	1	.	1
.	.	.	.	.	.	.	.	2	.	.	.	.	.	.	1	.	.
.	.	.	.	.	.	.	.	.	.	.	.	.	2	.	1	1	1
.	.	.	.	.	.	.	1	.	.	.	.	.	.	.	.	.	.
.	.	.	.	.	.	1	.	.	.	.	.	.	.	.	.	.	.
.	.	.	.	.	.	.	.	.	.	.	.	.	.	.	1	.	1
.	.	.	.	.	.	.	.	.	.	.	1	.	.	.	2	.	.
.	.	.	.	.	.	.	.	.	.	.	.	.	.	1	.	.	.
.	.	.		.	.	.	.	.	.	.	.	.	.	.	1	.	.
.	.	.	.	.	.	.	.	.	.	2	1	2	.	.	1	.	3
1	1	.	1	1	1	.	2	.	.	.	1	.	3	2	.	1	.
.	.	.	.	.	.	.	.	.	.	.	.	.	.	.	1	.	.
.	.	.	.	.	.	.	.	.	.	.	.	.	.	1	.	.	1
.	.	.	.	.	.	.	.	.	.	.	.	.	1	.	.	.	2
.	.	.	.	.	.	.	.	.	.	1	.	.	1	.	.	.	.
.	.	.	.	.	.	.	.	.	.	.	.	.	.	.	.	.	1
.	.	.	.	.	.	.	.	.	.	.	.	.	.	.	1	.	.
.	.	.	.	.	.	.	.	.	.	.	.	.	1	.	.	.	.
.	.	1	.	.	.	.	.	.	.	.	.	.	.	.	.	.	.
.	.	.	.	.	.	.	1	.	.	1	.	.	.	.	.	.	.
.	.	.	.	.	.	.	.	.	.	.	.	.	.	1	.	.	.

		1621—1625	1626—1635	1636—1645	1646—1655	1656—1665	1666—1675	1676—1685	1686—1695	1696—1705	1706—1715	1716—1725
Gustav	Adolf	.	.	.	.	.	.	.	.	.	.	.
Heinrich	Anton	.	.	.	.	.	.	.	.	.	.	.
	Christian	.	.	.	.	.	.	.	.	.	.	.
	Claudius	.	.	.	.	.	.	.	.	.	.	.
	Conrad	.	.	.	.	.	.	.	.	.	.	.
	Franz	.	.	.	.	.	.	.	.	.	.	.
	Friedrich	.	.	.	.	.	.	.	.	.	1	.
	Georg	.	.	.	.	.	.	.	.	.	.	.
	Gustav	.	.	.	.	.	.	.	.	.	.	.
	Hermann	.	.	.	.	.	.	.	.	.	.	.
	Hugo	.	.	.	.	.	.	.	.	.	.	.
	Jacob	.	.	.	.	.	.	.	.	1	.	.
	Johann	.	.	.	.	.	.	.	.	.	.	.
	Joseph	.	.	.	.	.	.	.	.	.	.	.
	Julius	.	.	.	.	.	.	.	.	.	.	.
	Lubentius	.	.	.	.	.	.	.	.	.	.	.
	Martin	.	.	.	.	.	.	.	.	.	.	.
	Paul	.	.	.	.	.	.	.	.	.	.	.
	Reitz	.	1	.	.	.	.	.	.	.	.	.
	Robert	.	.	.	.	.	.	.	.	.	.	.
	Theodor	.	.	.	.	.	.	.	.	.	.	.
	Wilhelm	.	.	.	.	.	.	.	.	.	1	.
Hermann	Heinrich	.	.	.	.	.	.	.	.	.	.	.
	Johann	.	.	.	.	.	.	.	.	.	.	.
	Joseph	.	.	.	.	.	.	.	.	.	.	.

1726–1735	1736–1745	1746–1755	1756–1765	1766–1775	1776–1785	1786–1795	1796–1805	1806–1815	1816–1825	1826–1835	1836–1845	1846–1855	1856–1865	1866–1875	1876–1885	1886–1895	1896–1905
.	.	.	.	.	.	.	.	.	.	.	.	.	.	.	.	1	.
.	.	.	.	.	.	.	.	.	.	.	.	.	.	.	1	.	.
.	.	1	.	.	.	.	.	.	.	.	.	.	.	.	.	.	.
.	.	.	.	.	.	.	.	.	.	.	.	.	.	.	.	1	.
.	.	.	.	.	.	.	.	.	.	.	.	.	.	.	.	1	.
.	.	1	.	.	.	2	.	.	.	.	.	.	.	.	.	.	.
.	.	.	.	.	.	.	.	.	.	.	.	.	.	.	.	.	1
.	.	.	.	.	.	.	.	.	.	.	.	.	.	.	.	.	1
.	.	.	.	.	.	.	.	.	.	.	.	.	1	.	.	.	.
.	.	.	.	.	.	.	.	.	.	.	.	.	.	.	.	1	.
.	.	.	.	.	.	.	.	.	.	.	.	.	.	.	1	.	.
.	.	.	.	1	.	.	1	.	1	.	.	1	.	.	.	.	.
.	.	.	.	.	.	.	.	.	.	.	.	.	.	.	.	1	.
.	.	.	.	1	.	.	.	.	1	.	.	.	3	3	.	.	4
.	.	.	.	.	.	.	.	.	.	.	.	.	.	.	.	.	1
.	.	1	.	.	.	.	.	.	.	.	.	.	.	.	.	.	.
.	.	.	.	.	.	.	.	.	.	.	.	.	.	.	.	.	1
.	.	.	.	.	.	.	.	.	.	1	.	.	.	.	.	.	.
.	.	.	.	.	.	.	.	.	.	.	.	.	.	.	.	.	.
.	.	.	.	.	.	.	.	.	.	.	.	.	.	.	.	1	.
.	.	.	.	.	.	.	.	.	.	.	.	.	1	1	.	.	.
.	.	.	.	.	.	1	.	.	.	1	.	.	.	.	1	.	.
.	.	.	.	.	.	.	.	.	.	.	.	.	.	.	.	.	1
.	.	.	.	.	.	.	.	.	.	.	.	.	.	.	.	.	1
.	.	.	.	.	.	.	.	1	.	1	.	1	.	.	1	2	.

		1621–1625	1626–1635	1636–1645	1646–1655	1656–1665	1666–1675	1676–1685	1686–1695	1696–1705	1706–1715	1716–1725
Hermann	Wilhelm	.	.	.	.	.	.	.	.	.	.	.
Hieronymus	Anton	.	.	.	.	.	.	.	.	.	1	.
Jacob	Adam	.	.	.	.	.	.	.	.	.	.	.
	Alexander	.	.	.	.	.	.	.	.	.	.	.
	Anton	.	.	.	.	.	.	.	.	.	.	.
	Carl	.	.	.	.	.	.	.	.	.	.	.
	Christoph	.	.	.	.	.	.	.	.	.	.	.
	Daniel	.	.	.	.	.	.	.	.	.	.	.
	Heinrich	.	.	.	.	.	.	.	.	.	.	.
	Johann	.	.	.	.	.	.	.	.	.	.	.
	Joseph	.	.	.	.	.	.	.	.	.	.	.
	Ludwig	.	.	.	.	.	.	.	.	.	.	.
	Matthäus	.	.	.	.	.	.	.	.	.	.	.
	Nicolaus	.	.	.	.	.	.	.	.	.	.	.
	Peter	.	.		.	.	.	.	.	.	.	.
	Philipp	.	.	.	.	.	.	.	.	.	.	.
	Robert	.	.	.	.	.	.	.	.	.	.	.
	Wilhelm	.	.	.	.	.	.	.	.	.	.	.
Jean	Wilhelm	.	.	.	.	.	.	.	.	.	.	.
Ignaz	Joseph	.	.	.	.	.	.	.	.	.	.	.
Joachim	Philipp	1	.	.	.	.	.	.	.	.	.	.
Johann	Adam	1	1	4		7	3	3	1	4	2	4
	Adolf	.	.	.	.	.	.	.	1	.	.	.
	Alois	.	.	.	.	.	.	.	.	.	.	.
	Andreas	.	.	.	.	.	.	.	.	.	.	1

1726–1735	1736–1745	1746–1755	1756–1765	1766–1775	1776–1785	1786–1795	1796–1805	1806–1815	1816–1825	1826–1835	1836–1845	1846–1855	1856–1865	1866–1875	1876–1885	1886–1895	1896–1905
.	.	.	.	.	.	.	.	.	.	.	.	.	.	.	.	1	.
.	.	.	.	.	.	.	.	.	.	.	.	.	.	.	.	.	.
.	.	.	.	.	.	.	.	.	.	.	.	.	.	.	.	1	.
.	.	.	.	.	.	.	.	.	.	.	.	.	.	.	.	.	1
.	.	.	.	.	.	.	.	.	.	.	.	.	.	.	.	1	.
.	.	.	.	.	.	.	.	.	.	.	.	.	.	.	.	.	1
.	.	.	.	.	.	.	1	.	.	.	.	.	.	.	.	.	.
.	.	.	1	.	.	.	.	.	.	.	.	.	.	.	.	.	.
.	.	.	.	.	.	.	.	.	.	.	.	.	.	.	1	1	.
.	.	.	.	.	.	.	.	.	.	.	.	.	.	.	1	.	.
.	.	.	.	.	.	.	.	.	.	.	.	1	.	.	.	1	.
.	.	.	.	.	.	.	.	.	.	.	.	.	1	.	.	1	.
.	.	.	.	.	.	.	.	.	.	.	.	.	.	.	1	.	.
.	.	.	.	.	.	.	.	.	.	.	.	.	2	.	.	.	.
.	.	.	.	.	.	.	.	.	.	.	.	.	1	.	.	.	.
.	.	.	.	.	.	.	.	.	.	.	.	.	.	.	1	.	.
.	.	.	.	.	.	.	.	.	.	.	.	.	.	1	.	.	.
.	.	.	.	.	.	.	.	.	.	.	.	.	1	.	.	1	1
.	.	.	.	.	.	.	.	.	.	.	.	.	.	.	.	.	1
.	.	.	.	.	.	.	.	.	.	.	.	.	1	.	.	.	.
.	.	.	.	.	.	.	.	.	.	.	.	.	.	.	.	.	.
6	8	2	3	1	4	7	.	1	1	1	2	2	.	2	2	1	.
.	.	.	.	.	.	.	.	.	.	.	.	.	1	1	.	.	1
.	.	.	.	.	.	.	.	.	.	1	1	.	.	.	.	.	.
.	.	.	.	.	.	.	.	.	.	.	.	.	.	.	.	.	.

		1621 — 1625	1626 — 1635	1636 — 1645	1646 — 1655	1656 — 1665	1666 — 1675	1676 — 1685	1686 — 1695	1696 — 1705	1706 — 1715	1716 — 1725
Johann	Anton	.	.	.	.	.	1	.	.	.	.	.
	Arnold	.	.	.	.	.	.	.	.	.	.	.
	August	.	.	.	.	.	.	.	.	.	.	.
	Balthasar	.	.	.	.	.	.	1	.	.	.	1
	Baptist	.	.	.	.	.	.	.	.	.	.	.
	Bernhard	.	.	.	.	.	.	.	.	.	.	.
	Blasius	.	.	.	.	.	.	.	.	.	.	.
	Carl	.	.	.	.	.	.	.	.	.	.	.
	Caspar	.	.	.	.	1	8	3	6	8	9	4
	Christian	.	.	1		.	.	.	1	.	.	.
	Christoph	.	1	.	.	.	.	1	1	1	.	1
	Clemens	.	.	.	.	.	.	.	.	.	.	.
	Conrad	.	9	6		2	3	3	5	7	4	6
	Daniel	.	.	1		.	.	.	.	.	.	.
	David	.	.	.	.	.	.	.	.	.	.	1
	Diether	.	.	.	.	.	.	.	.	.	.	1
	Eberhard	.	.	.	.	.	.	.	.	.	.	.
	Ernst	.	.	.	.	.	.	.	.	.	.	.
	Franz	.	.	.	.	.	.	.	.	.	.	1
	Friedrich	.	.	1		.	.	3	1	1	.	3
	Gabriel	.	.	.	.	.	.	1	.	1	.	.
	Gallus	.	.	.	.	.	.	.	1	3	1	1
	Georg	.	.	2		.	2	4	3	2	4	5
	Gerhard	.	.	.	.	.	.	.	.	.	.	.
	Gerlach	.	.	.	.	.	.	.	1	.	.	1

1726 — 1735	1736 — 1745	1746 — 1755	1756 — 1765	1766 — 1775	1776 — 1785	1786 — 1795	1796 — 1805	1806 — 1815	1816 — 1825	1826 — 1835	1836 — 1845	1846 — 1855	1856 — 1865	1866 — 1875	1876 — 1885	1886 — 1895	1896 — 1905
.	.	.	.	.	.	3	1	3	1	1	.	.	1	.	3	1	1
.	.	.	.	.	1	.	.	.	.	.	.	.	.	.	.	.	.
.	.	.	.	.	.	.	.	.	.	.	.	1	.	.	1	.	.
.	.	1	.	1	.	.	.	1	.	.	.	.	.	.	.	.	.
.	2	2	.	2	1	2	.	1	.	1	.	.	1	.	.	.	.
.	.	.	.	1	.	.	.	.	.	.	.	.	.	.	.	.	.
.	.	.	.	.	.	.	.	.	.	.	.	.	1	.	.	.	.
1	.	.	.	.	.	.	.	.	.	.	.	1	.	.	.	1	1
5	1	2	2	4	.	.	.	.	.	.	.	.	.	.	.	.	.
.	1	.	.	1	.	1	.	.	.	.	.	.	.	.	1	.	1
.	.	.	.	.	.	.	.	.	.	.	2	2	1	1	2	.	1
.	.	.	.	.	.	1	.	.	.	.	.	.	.	.	.	.	.
4	3	2	1	.	.	.	.	.	.	.	.	.	.	.	.	.	.
.	.	.	.	.	.	.	.	.	.	.	.	.	.	.	.	.	.
.	.	1	.	1	.	.	.	.	.	.	.	.	.	.	.	.	.
.	.	.	.	.	.	.	.	.	.	.	.	.	.	.	.	.	.
.	1	.	.	.	.	.	.	.	.	.	.	.	.	.	.	.	.
.	.	.	.	.	.	.	.	.	.	.	.	.	.	.	.	1	.
.	1	.	.	.	1	.	.	.	.	.	2	1	.	1	.	.	.
1	.	.	.	.	.	.	.	.	.	.	1	.	.	.	.	1	2
.	.	.	.	.	.	.	.	.	.	.	.	.	.	.	.	.	.
.	.	.	1	.	.	.	.	.	.	.	.	.	.	1	.	1	.
7	6	6	10	2	6	.	3	3	1	1	1	.	.	3	4	.	1
.	.	.	.	.	1	.	.	.	.	.	.	.	.	.	.	.	.
.	.	.	.	.	.	.	.	.	.	.	.	.	.	.	.	.	.

		1621–1625	1626–1635	1636–1645	1646–1655	1656–1665	1666–1675	1676–1685	1686–1695	1696–1705	1706–1715	1716–1725
Johann	Gottfried	.	.	.	.	.	.	.	.	.	.	.
	Gregor	.	.	.	.	.	.	.	1	.	.	.
	Hartmann	.	.	.	.	.	.	.	.	2	1	.
	Heinrich	.	2	1		2	2	9	1	4	7	8
	Hermann	.	.	.	.	1	.	.	.	.	.	.
	Hordmannus	.	.	.	.	.	1	.	.	.	.	.
	Hubert	.	.	.	.	1	.	.	.	.	.	.
	Jacob	.	1	.	.	4	7	8	4	14	16	9
	Ignaz	.	.	.	.	1	1	1	.	.	.	.
	Jodocus	1	.	.	.	.	1	.	1	.	.	.
	Joseph	.	.	.	.	.	.	.	.	.	.	.
	Lambert	.	.	.	.	.	.	1	.	.	.	.
	Leonhard	.	.	.	.	.	.	.	.	.	.	.
	Lorenz	.	.	.	.	1	4	2	2	.	.	.
	Ludwig	.	.	.	.	.	4	1	.	1	.	1
	Marcus	.	.	.	.	.	.	.	.	1	.	.
	Maria	.	.	.	.	.	.	.	1	.	.	.
	Martin	.	1	.	.	1	3	2	.	3	5	3
	Matthäus	.	.	.	.	1	.	.	.	.	.	.
	Matthias	.	.	.	.	.	.	1	.	.	.	.
	Melchior	.	.	.	.	.	.	1	.	1	1	.
	Michael	.	.	2		1	2	6	1	.	6	5
	Nepomuk	.	.	.	.	.	.	.	.	.	.	.
	Nicolaus	.	.	.	.	1	.	.	1	.	2	.
	Oswald	.	.	.	.	.	.	.	.	.	.	.

1726—1735	1736—1745	1746—1755	1756—1765	1766—1775	1776—1785	1786—1795	1796—1805	1806—1815	1816—1825	1826—1835	1836—1845	1846—1855	1856—1865	1866—1875	1876—1885	1886—1895	1896—1905
.	.	.	.	.	.	1	.	.	.	.	.	.	.	.	.	.	.
.	1	.	.	.	.	.	.	.	.	.	.	.	.	.	.	.	.
.	.	.	.	.	.	.	.	.	.	.	.	.	.	.	.	.	.
7	7	4	1	1	1	1	.	.	.	.	.	1	.	.	1	3	1
.	.	.	.	.	.	.	.	.	.	.	.	.	.	.	.	.	.
.	.	.	.	.	.	.	.	.	.	.	.	.	.	.	.	.	.
.	.	.	.	.	.	.	.	.	.	.	.	.	.	.	.	.	.
13	21	17	14	6	4	3	.	1	1	1	.	.	1	1	.	.	.
.	.	.	.	.	.	.	.	.	.	.	.	.	.	.	.	1	.
2	.	.	.	.	.	.	.	.	.	.	.	.	.	.	.	.	.
.	.	.	.	2	1	2	2	1	.	2	3	1	4	5	5	1	4
.	.	.	.	.	.	.	.	.	.	.	.	.	.	.	.	.	.
1	1	.	.	.	.	.	.	.	.	.	.	.	.	.	.	.	.
.	.	.	.	.	.	.	.	.	.	.	.	.	1	.	2	.	1
1	.	.	.	.	.	.	2	.	.	.	.	1	.	.	.	.	1
.	.	.	.	.	.	.	.	.	.	.	.	.	.	.	.	.	.
.	.	.	.	.	.	.	.	.	.	.	.	.	.	.	.	.	.
1	.	1	.	.	.	1	.	.	1	.	.	.	2	1	.	.	.
.	.	.	.	.	.	.	.	.	.	.	.	.	.	1	.	.	.
.	1	.	2	.	.	.	.	.	.	.	.	.	.	.	.	.	.
1	.	.	.	.	.	.	.	.	.	.	.	.	.	.	.	.	.
3	1	1	3	.	.	.	.	.	.	.	.	.	.	.	.	.	1
.	.	1	.	.	1	.	.	.	.	.	.	.	.	.	.	.	.
4	2	.	.	.	1	.	1	.	1	.	.	.	.	.	.	.	.
.	.	.	.	.	.	.	.	.	.	.	.	1	.	.	.	.	1

		1621–1625	1626–1635	1636–1645	1646–1655	1656–1665	1666–1675	1676–1685	1686–1695	1696–1705	1706–1715	1716–1725
Johann	Pancraz	.	.	.	.	.	.	.	.	.	.	.
	Paul	.	.	.	.	.	.	.	2	1	.	.
	Peter	.	5	.	.	3	12	13	7	11	16	23
	Philipp	1	1	3		9	7	13	7	13	9	3
	Reinhard	.	.	1		.	.	.	.	.	.	.
	Rudolf	.	.	.	.	.	.	.	.	1	1	.
	Sebastian	.	.	.	.	.	1	.	1	.	.	.
	Simon	.	.	.	.	.	.	1	.	.	1	.
	Theodor	.	.	.	.	1	1	1	1	.	.	.
	Theodoricus	.	.	.	.	1	.	.	.	.	1	.
	Tobias	.	.	.	.	.	.	.	.	.	.	.
	Ulrich	.	1	.	.	.	.	.	.	.	1	.
	Valentin	.	.	.	.	2	6	4	2	4	2	1
	Veit	.	.	.	.	.	.	.	.	1	.	.
	Walther	.	.	.	.	1	1	.	.	.	.	.
	Wendelin	1	.	.	.	1	.	1	2	.	.	.
	Wilhelm	.	.	.	.	.	.	.	1	3	1	1
	Wolfgang	.	.	.	.	1	.	.	.	.	.	.
Joseph	Adam	.	.	.	.	.	.	.	.	.	.	.
	Adolf	.	.	.	.	.	.	.	.	.	.	.
	Alexander	.	.	.	.	.	.	.	.	.	.	.
	Alois	.	.	.	.	.	.	.	.	.	.	.
	Andreas	.	.	.	.	.	.	.	.	.	.	.
	Anton	.	.	.	.	.	.	.	.	.	.	.
	Bartholomäus	.	.	.	.	.	.	.	.	.	.	.

1726–1735	1736–1745	1746–1755	1756–1765	1766–1775	1776–1785	1786–1795	1796–1805	1806–1815	1816–1825	1826–1835	1836–1845	1846–1855	1856–1865	1866–1875	1876–1885	1886–1895	1896–1905
.	.	.	.	.	.	.	.	.	2	.	.	.	.	.	.	.	.
1	.	.	.	.	.	1	.	.	.	.	.	.	1	.	.	.	.
26	21	29	14	11	12	2	4	7	5	.	1	2	4	2	1	1	2
5	4	2	1	1	.	1	.	.	.	1	1	1	2	1	2	.	4
.	.	.	.	.	.	.	.	.	.	.	.	.	.	.	.	.	.
.	.	.	.	.	.	.	.	.	.	.	.	.	.	.	.	.	.
.	.	.	.	1	.	.	.	.	.	.	.	.	.	.	.	.	.
.	.	.	.	.	.	.	.	.	.	.	.	.	.	.	.	.	.
.	.	.	.	.	.	.	.	.	.	.	.	.	.	.	.	.	.
.	.	.	.	.	.	.	.	.	.	.	.	.	.	.	.	.	.
.	.	1	1	.	.	.	.	.	.	.	.	.	.	.	.	.	.
.	1	.	.	.	.	.	.	.	.	.	.	.	.	.	.	.	.
.	.	1	2	.	.	.	.	.	.	.	.	.	.	.	.	.	.
.	.	.	.	.	.	.	.	.	.	.	.	.	.	.	.	.	.
.	.	.	.	.	.	.	.	.	.	.	.	.	.	.	.	.	.
.	.	.	.	.	.	.	.	.	.	.	.	.	.	.	.	.	.
7	1	.	2	2	.	2	.	.	.	.	.	.	1	.	1	.	1
.	.	.	.	.	.	.	.	.	.	.	.	.	.	.	.	.	.
.	.	.	.	.	.	.	.	.	.	.	.	.	1	.	.	.	.
.	.	.	.	.	.	.	.	.	.	.	.	.	.	.	.	.	1
.	.	.	.	.	.	.	.	.	.	.	.	.	.	.	.	.	1
.	.	.	.	.	1	.	1	1	1	1	2	.	1	.	1	.	3
.	.	.	.	.	.	.	.	.	.	.	.	.	.	.	.	1	.
.	.	.	1	1	2	2	1	3	2	4	3	3	4	3	5	2	2
.	.	.	.	.	.	.	.	.	.	.	.	.	.	.	.	.	1

		1621 — 1625	1626 — 1635	1636 — 1645	1646 — 1655	1656 — 1665	1666 — 1675	1676 — 1685	1686 — 1695	1696 — 1705	1706 — 1715	1716 — 1725
Joseph	Bernhard	.	.	.	.	.	.	.	.	.	.	.
	Carl	.	.	.	.	.	.	.	.	.	.	.
	Christian	.	.	.	.	.	.	.	.	.	.	.
	Christoph	.	.	.	.	.	.	.	.	.	.	.
	Georg	.	.	.	.	.	.	.	.	.	.	.
	Heinrich	.	.	.	.	.	.	.	.	.	.	1
	Jacob	.	.	.	.	.	.	.	.	.	.	.
	Ignaz	.	.	.	.	.	.	.	.	.	.	.
	Ludwig	.	.	.	.	.	.	.	.	.	.	.
	Maria	.	.	.	.	.	.	.	.	.	.	.
	Martin	.	.	.	.	.	.	.	.	.	.	.
	Michael	.	.	.	.	.	.	.	.	.	.	.
	Oswald	.	.	.	.	.	.	.	.	.	.	.
	Peter	.	.	.	.	.	.	.	.	.	.	.
	Philipp	.	.	.	.	.	.	.	.	.	.	.
	Wilhelm	.	.	.	.	.	.	.	.	.	.	.
	Wolfgang	.	.	.	.	.	.	.	.	.	.	.
Julius	Albert	.	.	.	.	.	.	.	.	.	.	.
Lorenz	Adam	.	.	.	.	.	.	.	.	.	.	.
	Anton	.	.	.	.	.	.	.	.	.	.	.
	Caspar	.	.	.	.	.	.	.	.	.	.	.
	Conrad	.	.	.	.	.	.	.	.	.	.	.
	Gerhard	.	.	.	.	.	.	.	.	.	.	.
	Jacob	.	.	.	.	.	.	.	.	.	.	.
	Joseph	.	.	.	.	.	.	.	.	.	.	.

1726—1735	1736—1745	1746—1755	1756—1765	1766—1775	1776—1785	1786—1795	1796—1805	1806—1815	1816—1825	1826—1835	1836—1845	1846—1855	1856—1865	1866—1875	1876—1885	1886—1895	1896—1905
.	.	.	.	.	.	.	1	.	.	.	.	.	.	.	.	.	.
.	.	.	.	.	.	.	.	.	.	.	.	.	.	.	.	2	.
.	.	.	.	.	.	.	.	.	.	.	.	.	1	.	1	.	.
.	.	.	.	.	.	.	.	.	.	.	.	.	2	.	.	.	.
.	.	.	.	.	.	.	.	.	.	.	.	.	.	.	1	.	.
.	.	.	.	.	.	.	.	.	.	.	.	.	.	1	.	.	1
.	.	.	.	.	.	.	.	.	.	.	.	.	.	1	2	2	.
.	.	.	.	.	.	1	.	1	.	2	1	.	2	1	.	.	.
.	.	.	.	.	.	.	.	.	.	.	.	1	.	.	.	.	2
.	.	1	.	.	.	.	.	.	.	.	.	.	.	.	.	.	.
.	.	.	.	.	.	.	.	.	.	.	.	.	.	.	.	.	2
.	.	.	.	.	.	.	.	.	.	.	.	.	.	.	.	.	2
.	.	.	.	.	.	.	.	.	.	.	.	.	.	1	.	.	.
.	.	.	.	.	.	.	.	.	.	.	.	1	.	1	.	.	.
.	.	.	1	.	.	.	.	.	.	.	.	.	.	.	.	.	1
.	.	.	.	.	.	.	.	.	.	.	.	.	1	.	1	1	.
.	.	.	.	.	.	.	.	.	.	.	.	.	.	.	1	.	.
.	.	.	.	.	.	.	.	.	.	.	.	.	.	.	.	.	1
.	.	.	.	.	.	.	.	.	.	.	.	.	.	.	.	1	.
.	.	.	.	.	.	.	.	.	.	.	1	.	.	.	.	.	.
1	.	.	.	.	.	.	.	.	.	.	.	1	.	.	.	.	.
.	.	.	.	.	.	.	.	.	.	.	1	.	.	.	.	.	.
.	.	.	.	.	.	.	.	.	.	.	.	.	1	.	.	1	.
.	.	.	.	.	.	.	.	.	.	.	.	.	.	1	.	.	.
.	.	.	.	.	.	.	.	.	.	.	.	.	.	.	.	.	1

		1621—1625	1626—1635	1636—1645	1646—1655	1656—1665	1666—1675	1676—1685	1686—1695	1696—1705	1706—1715	1716—1725
Lorenz	Martin	.	.	.	.	.	.	.	.	.	.	.
	Philipp	.	.	.	.	.	.	.	.	.	.	.
	Wilhelm	.	.	.	.	.	.	.	.	.	.	.
Ludwig	Andreas	.	.	.	.	.	.	.	.	.	.	.
	Christoph	.	.	.	.	.	.	.	.	.	.	.
	Franz	.	.	.	.	.	.	.	.	.	.	.
	Friedrich	.	.	.	.	.	.	.	.	.	.	.
	Julius	.	.	.	.	.	.	.	.	.	.	.
	Theodor	.	.	.	.	.	.	.	.	.	.	.
	Wilhelm	.	.	.	.	.	.	.	.	.	.	.
Marcus	Joseph	.	.	.	.	.	.	.	.	.	.	.
Maria	Heinrich	.	.	.	.	.	.	.	.	.	.	.
Martin	Andreas	.	.	.	.	.	.	.	.	.	.	.
	Carl	.	.	.	.	.	.	.	.	.	.	.
	Christian	.	.	.	.	.	.	.	.	.	.	.
	Franz	.	.	.	.	.	.	.	.	.	.	.
	Heinrich	.	.	.	.	.	.	.	.	.	.	.
	Jacob	.	.	.	.	.	.	.	.	.	.	.
	Johann	.	.	.	.	.	.	.	.	.	.	.
	Joseph	.	.	.	.	.	.	.	.	.	.	.
	Ludwig	.	.	.	.	.	.	.	.	.	.	.
	Nicolaus	.	.	.	.	.	.	.	.	.	.	.
Matthäus	Gerhard	.	.	.	.	.	.	.	.	.	.	.
	Johann	.	.	.	.	.	.	.	.	.	.	.
Matthias	Constantin	.	.	.	.	.	.	.	.	.	.	.

1726 — 1735	1736 — 1745	1746 — 1755	1756 — 1765	1766 — 1775	1776 — 1785	1786 — 1795	1796 — 1805	1806 — 1815	1816 — 1825	1826 — 1835	1836 — 1845	1846 — 1855	1856 — 1865	1866 — 1875	1876 — 1885	1886 — 1895	1896 — 1905
.	.	.	.	.	.	.	.	.	.	.	.	.	.	1	1	.	.
.	.	.	.	.	.	.	.	1	.	1	.	.	.	1	.	2	1
.	.	.	.	.	.	.	.	.	.	.	.	.	.	.	.	.	1
.	.	.	.	.	.	.	.	.	.	.	.	.	.	.	1	.	.
.	.	.	.	.	.	.	.	.	1	.	.	.	.	.	.	.	.
.	.	.	.	.	.	.	.	.	.	.	.	.	.	.	.	.	1
.	.	.	.	.	.	.	.	.	.	.	.	.	.	.	.	1	.
.	.	.	.	.	.	.	.	.	.	.	.	.	.	.	.	.	1
.	.	.	.	.	.	.	.	.	.	.	.	.	.	1	.	.	.
.	.	.	.	.	.	.	.	.	.	.	.	.	1	1	.	.	.
.	.	.	.	.	.	.	.	.	.	.	.	1	.	.	.	.	.
.	.	.	.	.	.	.	.	.	.	.	.	.	.	.	.	1	.
.	.	.	.	.	.	.	.	.	.	.	.	.	.	1	.	.	.
.	.	.	.	.	.	.	.	.	.	.	.	.	.	.	.	1	.
.	.	.	.	.	.	.	1	.	1	.	.	.	.	.	.	.	.
.	.	.	.	.	.	.	.	.	.	.	.	.	.	.	.	2	.
.	.	.	.	.	.	.	.	.	.	.	.	.	.	.	.	1	.
.	.	.	.	.	.	.	.	.	.	.	.	.	.	1	.	.	.
.	.	.	.	.	.	.	.	.	.	.	.	.	.	.	1	1	.
.	.	.	.	.	.	.	.	.	2	.	.	1	1	.	.	.	.
.	.	.	.	.	.	.	.	.	.	.	.	.	.	1	.	.	.
.	.	.	.	.	.	.	.	.	.	.	.	.	1	.	.	.	.
.	.	.	.	.	.	.	1	.	.	.	.	.	.	.	.	.	.
.	.	.	.	.	.	.	.	.	.	.	.	.	.	.	1	.	.
.	.	.	.	.	.	.	1	.	.	.	.	.	.	.	.	.	.

		1621—1625	1626—1635	1636—1645	1646—1655	1656—1665	1666—1675	1676—1685	1686—1695	1696—1705	1706—1715	1716—1725
Matthias	Gabriel	.	.	.	.	.	.	1	.	.	.	.
Max	Arno	.	.	.	.	.	.	.	.	.	.	.
	Otto	.	.	.	.	.	.	.	.	.	.	.
	Wilhelm	.	.	.	.	.	.	.	.	.	.	.
Maximilian	August	.	.	.	.	.	.	.	.	.	.	.
Maximin	Joseph	.	.	.	.	.	.	.	.	.	.	.
Michael	Conrad	.	.	.	.	.	.	.	.	.	.	.
	Franz	.	.	.	.	.	.	.	.	.	.	.
	Joseph	.	.	.	.	.	.	.	.	.	.	.
	Peter	.	.	.	.	.	1	.	.	.	.	.
Nicolaus	Alois	.	.	.	.	.	.	.	.	.	.	.
	Anton	.	.	.	.	.	.	.	.	.	.	.
	August	.	.	.	.	.	.	.	.	.	.	.
	Bernhard	.	.	.	.	.	.	.	.	.	.	.
	Carl	.	.	.	.	.	.	.	.	.	.	.
	Franz	.	.	.	.	.	.	.	1	.	.	.
	Johann	.	.	.	.	.	.	.	.	.	.	.
	Michael	.	.	.	.	.	.	.	.	.	.	.
	Rinaldi	.	.	.	.	.	.	.	.	.	.	.
	Robert	.	.	.	.	.	.	.	.	.	.	.
	Sigmund	.	.	.	.	.	.	.	.	.	.	.
	Walther	.	1	.	.	.	.	.	.	.	.	.
	Wilhelm	.	.	.	.	.	.	.	.	.	.	.
Oskar	Wilhelm	.	.	.	.	.	.	.	.	.	.	.
Oswald	Johann	.	.	.	.	.	.	.	.	.	.	.

1726—1735	1736—1745	1746—1755	1756—1765	1766—1775	1776—1785	1786—1795	1796—1805	1806—1815	1816—1825	1826—1835	1836—1845	1846—1855	1856—1865	1866—1875	1876—1885	1886—1895	1896—1905
.	.	.	.	.	.	.	.	.	.	.	.	.	.	.	.	.	.
.	.	.	.	.	.	.	.	.	.	.	.	.	.	.	.	.	1
.	.	.	.	.	.	.	.	.	.	.	.	.	.	.	.	.	1
.	.	.	.	.	.	.	.	.	.	.	.	.	.	.	.	.	1
.	.	.	.	.	.	.	1	.	.	.	.	.	.	.	.	.	.
.	.	.	.	.	.	.	.	.	.	.	.	.	.	.	.	1	.
1	.	.	.	.	.	.	.	.	.	.	.	.	.	.	.	.	.
.	.	.	.	.	.	.	.	.	.	.	.	.	.	.	.	.	1
.	.	.	.	.	.	.	.	.	.	.	.	.	.	.	1	.	.
1	.	.	.	.	.	.	.	.	.	.	.	.	.	.	.	.	.
.	.	.	.	.	.	.	.	.	.	.	.	.	.	.	1	.	.
.	.	.	.	.	.	.	.	.	.	.	.	1	.	.	.	.	.
.	.	.	.	.	.	.	.	.	.	.	.	.	.	1	.	.	.
.	.	.	.	.	.	.	.	.	.	.	.	.	.	.	.	.	1
.	.	.	.	.	.	.	.	.	.	.	.	.	.	.	.	1	.
.	.	.	.	.	.	.	.	.	.	.	.	.	.	.	.	.	.
.	.	.	.	.	.	.	.	.	.	.	.	.	1	.	.	.	.
.	.	.	.	.	.	.	.	.	.	.	.	.	.	.	.	.	1
.	.	.	.	.	.	.	.	.	.	.	.	.	.	.	.	1	.
.	.	.	.	.	.	.	.	.	.	.	.	1	.	.	.	.	.
.	.	.	.	.	.	.	.	.	.	.	.	.	.	.	.	1	.
.	.	.	.	.	.	.	.	.	.	.	.	.	.	.	.	.	.
.	.	.	.	.	.	.	.	.	.	.	.	.	1	.	.	.	.
.	.	.	.	.	.	.	.	.	.	.	.	.	.	.	.	1	.
.	.	.	.	.	.	.	.	.	.	.	.	.	1	.	.	.	.

		1621—1625	1626—1635	1636—1645	1646—1655	1656—1665	1666—1675	1676—1685	1686—1695	1696—1705	1706—1715	1716—1725
Otto	Joseph	.	.	.	.	.	.	.	.	.	.	.
	Maria	.	.	.	.	.	.	.	.	.	.	.
Paul	Heinrich	.	.	.	.	.	.	.	.	.	.	.
	Hieronymus	.	.	.	.	.	.	.	.	.	.	.
	Nicolaus	.	.	.	.	.	.	.	.	.	.	.
	Wilhelm	.	.	.	.	.	.	.	.	.	.	.
Peter	Adam	.	.	.	.	.	.	.	.	.	.	.
	Andreas	.	.	.	.	.	.	.	.	.	.	.
	Anton	.	.	.	.	.	.	.	.	.	.	.
	Caspar	.	.	.	.	.	.	.	.	.	.	.
	Christoph	.	.	.	.	.	.	.	.	.	.	.
	Edmund	.	.	.	.	.	.	.	.	.	.	.
	Ferdinand	.	.	.	.	.	.	.	.	.	.	.
	Gerhard	.	.	.	.	.	.	.	.	.	.	.
	Gottfried	.	.	.	.	.	.	.	.	.	.	.
	Heinrich	.	.	.	.	.	.	.	.	.	.	.
	Jacob	.	.	.	.	.	.	.	.	.	.	.
	Ignaz	.	.	.	.	.	.	.	.	.	.	.
	Johann	.	.	.	.	.	.	.	.	.	.	.
	Joseph	.	.	.	.	.	.	.	.	.	.	.
	Julius	.	.	.	.	.	.	.	.	.	.	.
	Lorenz	.	.	.	.	.	.	.	.	.	.	.
	Ludwig	.	.	.	.	.	.	.	.	.	.	.
	Moriz	.	.	.	.	.	.	.	.	.	.	.
	Oswald	.	.	.	.	.	.	.	.	.	.	.

1726—1735	1736—1745	1746—1755	1756—1765	1766—1775	1776—1785	1786—1795	1796—1805	1806—1815	1816—1825	1826—1835	1836—1845	1846—1855	1856—1865	1866—1875	1876—1885	1886—1895	1896—1905
.	.	.	.	.	.	.	.	.	.	.	.	.	.	.	.	.	1
.	.	.	.	.	.	.	.	.	.	.	.	.	.	.	.	1	.
.	.	.	.	.	.	.	.	.	.	.	.	.	.	.	.	.	1
.	.	.	.	.	.	.	.	.	.	.	.	.	.	.	.	.	1
.	.	.	.	.	.	.	.	.	.	.	.	.	.	.	.	.	1
.	.	.	.	.	.	.	.	.	.	.	.	.	1	1	1	.	.
.	.	.	.	.	.	.	.	.	.	1	.	1	.	.	.	1	1
.	.	.	.	.	1	.	.	.	.	.	.	.	.	.	.	.	.
1	.	.	.	1	.	.	1	.	.	1	1	1	.	.	.	1	.
.	.	.	3	.	.	.	.	.	1	.	.	.	.	.	.	.	1
.	.	.	.	.	.	.	.	.	.	.	.	.	.	1	1	.	.
.	.	.	.	1	.	.	.	.	.	.	.	.	.	.	.	.	.
.	.	.	.	.	.	.	.	.	.	.	.	.	1	.	.	.	.
.	.	.	.	.	.	.	.	.	.	.	.	.	.	.	.	.	1
.	.	.	.	.	.	.	.	.	.	.	.	.	1	.	.	.	.
.	.	.	.	.	.	.	.	.	.	.	1	.	.	.	.	.	.
.	.	.	1	.	.	.	.	.	.	.	.	.	1	3	2	1	1
.	.	.	.	1	.	.	.	.	.	.	.	.	.	.	.	.	.
.	.	.	.	.	.	.	.	.	.	.	.	1	.	.	.	1	.
.	.	.	.	.	.	.	1	1	.	.	.	5	6	5	11	11	6
.	.	.	.	.	.	.	.	.	.	.	.	.	.	.	.	.	1
.	.	.	.	.	.	.	.	.	.	1	.	.	1	1	2	1	.
.	.	.	.	.	.	.	.	.	.	.	.	.	1	.	.	.	.
.	.	.	.	.	.	.	.	.	.	.	.	.	2	.	.	.	.
.	.	.	.	.	.	.	.	.	.	.	.	.	.	1	.	.	.

		1621—1625	1626—1635	1636—1645	1646—1655	1656—1665	1666—1675	1676—1685	1686—1695	1696—1705	1706—1715	1716—1725
Peter	Paul	.	.	.	.	.	.	.	.	.	.	.
	Philipp	.	.	.	.	.	.	.	.	.	.	.
	Simon	.	.	.	.	.	.	.	.	.	.	.
	Stephan	.	.	.	.	.	.	.	.	.	.	.
	Wilhelm	.	.	.	.	.	.	.	.	.	.	.
Philipp	Adam	.	.	.	.	.	.	.	.	.	.	.
	Albert	.	.	.	.	.	1	.	.	.	.	.
	Alois	.	.	.	.	.	.	.	.	.	.	.
	Anton	.	.	.	.	.	.	.	.	.	.	.
	Caspar	.	.	.	.	.	.	.	.	.	1	.
	Cornelius	.	.	.	.	.	.	.	.	.	.	.
	David	.	.	.	.	.	.	.	.	.	.	1
	Franz	.	.	.	.	.	.	.	.	.	.	.
	Georg	.	.	.	.	.	.	.	.	.	.	.
	Gerhard	.	.	.	.	.	.	.	.	.	.	.
	Jacob	.	1	.	.	.	.	1	.	.	2	.
	Joseph	.	.	.	.	.	.	.	.	.	.	.
	Lorenz	.	.	.	.	.	.	.	.	.	.	.
	Matthäus	.	.	.	.	.	.	.	.	.	.	.
	Nicolaus	.	.	.	.	.	.	.	.	.	.	.
	Paul	.	.	.	.	.	.	.	.	.	.	.
	Peter	.	.	.	.	.	.	.	.	.	.	.
	Robert	.	.	.	.	.	.	.	.	.	.	.
	Rudolf	.	.	.	.	.	.	.	.	.	.	.
	Wilhelm	.	.	.	.	.	.	.	.	.	.	1

1726—1735	1736—1745	1746—1755	1756—1765	1766—1775	1776—1785	1786—1795	1796—1805	1806—1815	1816—1825	1826—1835	1836—1845	1846—1855	1856—1865	1866—1875	1876—1885	1886—1895	1896—1905
.	.	.	.	.	.	.	.	.	.	1	.	.	.	.	.	.	1
.	.	.	.	.	.	.	.	.	.	.	.	1	3	.	.	.	.
.	.	.	.	.	.	.	.	.	.	.	.	.	.	.	1	.	.
.	.	.	.	.	.	.	.	.	.	.	.	.	.	1	1	.	.
.	.	.	.	.	.	.	.	.	.	.	.	.	1	.	.	.	.
.	.	.	.	.	.	.	1	1	1	.	.	.	.	2	.	.	.
.	.	.	1	.	.	.	.	.	.	.	.	.	.	.	.	.	.
.	.	.	.	.	.	.	.	.	.	.	.	.	.	.	1	.	.
.	.	.	.	.	1	1	.	.	.	.	.	.	.	.	.	.	.
.	.	.	.	.	.	.	.	.	.	.	.	.	.	.	.	.	.
.	.	.	.	.	.	.	.	.	.	.	.	.	1	1	.	2	1
.	.	.	.	.	.	.	.	.	.	.	.	.	.	.	.	.	.
.	.	.	.	.	.	.	.	.	.	.	.	.	.	.	.	2	.
.	.	.	.	.	.	.	.	.	.	.	.	1	.	.	.	.	.
.	.	.	.	.	.	.	.	.	.	.	.	.	.	.	.	.	1
.	.	.	1	.	.	.	.	.	2	.	1	.	4	1	3	1	4
.	.	.	.	.	.	.	2	1	5	2	3	1	4	8	2	6	13
.	.	.	.	.	.	.	.	.	.	.	.	3	1	2	.	2	.
.	.	.	.	.	.	.	.	.	.	.	.	.	1	.	.	.	.
.	.	.	.	.	.	.	.	.	.	.	.	.	1	.	.	.	.
.	1	.	.	.	.	.	.	.	.	.	.	.	.	.	.	.	.
2	1	3	4	.	2	5	2	1	.	.	3	1	3	1	1	.	4
.	.	.	.	.	.	.	.	.	.	.	.	.	.	.	.	.	1
.	.	.	.	.	.	.	.	.	.	.	.	.	.	.	.	.	1
.	.	.	.	.	.	.	.	.	.	.	.	.	1	.	2	1	.

		1621—1625	1626—1635	1636—1645	1646—1655	1656—1665	1666—1675	1676—1685	1686—1695	1696—1705	1706—1715	1716—1725
Reinhard	Jacob	.	.	.	.	.	.	.	.	.	.	.
Rudolf	Alois	.	.	.	.	.	.	.	.	.	.	.
Samuel	Ludwig	.	.	.	.	.	.	.	.	.	.	.
Sebastian	Johann	.	.	.	.	.	.	.	.	.	.	.
Theodor	Martin	.	.	.	.	.	.	.	1	1	.	.
	Nicolaus	.	.	.	.	.	.	.	.	.	.	.
	Sigmund	.	.	.	.	.	.	.	.	.	.	.
Thomas	Oswald	.	.	.	.	.	.	.	.	.	.	.
Tobias	Philipp	.	.	.	.	.	.	.	.	.	.	.
Valentin	Johann	.	.	.	.	.	.	.	.	.	.	.
	Philipp	.	.	.	.	.	.	.	.	.	.	.
Wigand	Ignaz	.	.	.	.	.	.	.	.	.	.	.
Wilhelm	Adam	.	.	.	.	.	.	.	.	.	.	.
	Alfred	.	.	.	.	.	.	.	.	.	.	.
	August	.	.	.	.	.	.	.	.	.	.	.
	Carl	.	.	.	.	.	.	.	.	.	.	.
	Caspar	.	.	.	.	.	.	.	.	.	.	.
	Christoph	.	.	.	.	.	.	.	.	.	.	.
	Florian	.	.	.	.	.	.	.	.	.	.	.
	Franz	.	.	.	.	.	.	.	.	.	.	.
	Friedrich	.	.	.	.	.	.	.	.	.	.	.
	Georg	.	.	.	.	.	.	.	.	.	.	.
	Gerhard	.	.	.	.	.	.	.	.	.	.	.
	Jacob	.	.	.	.	.	.	.	.	.	.	.
	Joseph	.	.	.	.	.	.	.	.	.	.	.

1726—1735	1736—1745	1746—1755	1756—1765	1766—1775	1776—1785	1786—1795	1796—1805	1806—1815	1816—1825	1826—1835	1836—1845	1846—1855	1856—1865	1866—1875	1876—1885	1886—1895	1896—1905
.	.	.	.	.	.	.	.	.	.	.	.	.	.	1	.	.	.
.	.	.	.	.	.	.	.	.	.	.	.	.	.	.	.	.	1
1	.	.	.	.	.	.	.	.	.	.	.	.	.	.	.	.	.
.	.	.	.	.	.	.	.	.	.	.	.	.	.	.	.	.	1
2	.	.	.	.	.	.	.	.	.	.	.	.	.	.	.	.	.
.	.	.	.	.	.	.	.	.	.	.	.	.	1	.	.	.	.
.	.	.	.	.	.	.	.	.	.	.	.	.	.	.	.	.	1
.	.	.	.	.	.	.	.	.	.	.	.	.	1	.	.	.	.
.	.	.	.	.	1	.	.	.	.	.	.	.	.	.	.	.	.
.	.	.	.	.	.	.	.	.	.	.	.	1	.	.	.	.	.
.	.	.	.	.	.	.	.	.	.	.	.	.	1	.	.	.	.
.	.	.	.	.	.	.	.	.	.	.	1	.	.	.	.	.	.
.	.	.	.	.	.	.	.	.	.	.	.	.	.	.	.	.	1
.	.	.	.	.	.	.	.	.	.	.	.	.	.	.	.	1	.
.	.	.	.	.	.	.	.	.	.	.	.	.	1	.	.	.	.
.	.	.	.	.	.	.	.	.	.	.	.	.	.	.	.	.	1
.	.	.	.	.	.	.	.	.	.	.	.	.	.	.	1	.	1
.	.	.	.	.	.	.	.	.	.	.	.	.	.	.	1	.	.
.	.	.	.	.	.	.	.	.	.	.	.	.	.	.	.	.	1
.	.	.	.	.	.	.	.	.	.	.	.	.	.	.	1	.	.
.	.	.	.	.	.	.	.	.	.	.	.	1	.	.	1	.	.
.	.	.	.	.	.	.	.	.	.	.	.	.	.	.	.	1	.
.	.	.	.	.	.	.	.	.	.	.	.	.	.	.	.	1	.
.	.	.	.	.	.	.	.	.	.	.	.	.	.	1	.	1	.
.	.	.	.	.	.	.	.	.	.	.	.	.	.	.	.	.	2

		1621–1625	1626–1635	1636–1645	1646–1655	1656–1665	1666–1675	1676–1685	1686–1695	1696–1705	1706–1715	1716–1725
Wilhelm	Leonhard	.	.	.	.	.	.	.	.	.	.	.
	Lorenz	.	.	.	.	.	.	.	.	.	.	.
	Ludwig	.	.	.	.	.	.	.	.	.	.	.
	Martin	.	.	.	.	.	.	.	.	.	.	.
	Oswald	.	.	.	.	.	.	.	.	.	.	.
	Peter	.	.	.	.	.	.	.	.	.	.	.
Willi	Theobald	.	.	.	.	.	.	.	.	.	.	.
Wolfgang	Hubert	.	.	.	.	1	.	.	.	.	.	.
Summe der verglichenen	Namen	5	26	23		48	83	96	67	93	112	101
Summe der verschiedenen	Namen	5	13	11		23	24	29	30	24	35	29
	in %	100	50	48		48	29	30	45	26	32	29

Tabelle Nr. 3 b. Weib

		1621–1625	1626–1635	1636–1645	1646–1655	1656–1665	1666–1675	1676–1685	1686–1695	1696–1705	1706–1715	1716–1725
Agnes	Clara	.	.	.	.	.	.	.	.	.	.	.
	Elisabetha	.	.	.	.	.	.	.	.	.	.	.
	Franzisca	.	.	.	.	.	.	.	.	.	.	.
	Margaretha	.	.	.	.	.	.	.	.	.	.	.
	Mathilde	.	.	.	.	.	.	.	.	.	.	.
Anna	Angela	.	.	.	.	.	1	.	.	.	.	.
	Antonia	.	.	.	.	.	.	.	.	.	.	.
	Apollonia	.	.	.	.	.	.	.	1	.	.	.

1726 — 1735	1736 — 1745	1746 — 1755	1756 — 1765	1766 — 1775	1776 — 1785	1786 — 1795	1796 — 1805	1806 — 1815	1816 — 1825	1826 — 1835	1836 — 1845	1846 — 1855	1856 — 1865	1866 — 1875	1876 — 1885	1886 — 1895	1896 — 1905
.	.	.	.	.	.	.	.	.	.	.	.	.	.	.	.	.	1
.	.	.	.	.	.	.	.	.	.	.	.	1	.	.	.	.	.
.	.	.	.	.	.	.	.	.	.	.	.	.	.	.	1	.	.
.	.	.	.	.	.	.	.	.	.	.	1	.	.	.	.	.	1
.	.	.	.	.	.	.	.	.	.	.	.	.	.	.	.	.	1
.	.	.	.	.	.	.	.	.	1	.	.	.	.	.	.	.	.
.	.	.	.	.	.	.	.	.	.	.	.	.	.	.	.	.	1
.	.	.	.	.	.	.	.	.	.	.	.	.	.	.	.	.	.
113	95	93	82	57	52	49	47	50	52	53	45	70	124	109	135	131	182
34	24	28	30	33	27	32	35	30	34	35	31	52	85	71	86	90	121
30	25	30	37	58	52	65	74	60	65	66	69	74	69	65	64	69	67

liche Doppelvornamen.

1726 — 1735	1736 — 1745	1746 — 1755	1756 — 1765	1766 — 1775	1776 — 1785	1786 — 1795	1796 — 1805	1806 — 1815	1816 — 1825	1826 — 1835	1836 — 1845	1846 — 1855	1856 — 1865	1866 — 1875	1876 — 1885	1886 — 1895	1896 — 1905
.	.	.	.	.	.	.	.	.	.	.	.	.	1	.	.	.	.
.	.	.	.	.	.	.	.	.	.	.	.	.	.	1	.	.	.
.	.	.	.	.	.	.	.	.	.	.	.	.	.	.	1	.	.
.	.	.	.	.	.	.	.	.	.	.	.	.	1	.	.	.	.
.	.	.	.	.	.	.	.	.	.	.	.	.	.	.	.	1	.
.	.	.	.	.	.	.	.	.	.	.	.	.	.	.	.	.	.
.	.	.	.	.	.	.	.	.	.	.	.	1	.	1	.	.	.
.	.	.	.	.	.	.	.	.	.	.	.	.	.	.	.	.	.

		1621—1625	1626—1635	1636—1645	1646—1655	1656—1665	1666—1675	1676—1685	1686—1695	1696—1705	1706—1715	1716—1725
Anna	Babetta	.	.	.	.	.	.	.	.	.	.	.
	Barbara	.	.	.	.	2	3	8	1	2	1	1
	Carolina	.	.	.	.	.	.	.	.	.	.	.
	Catharina	1	2	2		6	8	9	4	7	5	7
	Christina	.	.	1		.	2	3	5	2	3	2
	Clara	.	.	.	.	.	.	.	.	.	.	.
	Dorothea	.	.	.	.	.	.	.	.	.	.	.
	Elisabetha	.	.	.	.	.	1	3	1	1	4	4
	Emma	.	.	.	.	.	.	.	.	.	.	.
	Esther	.	.	.	.	.	1	.	.	.	.	1
	Franzisca	.	.	.	.	.	.	.	.	.	.	.
	Gertrud	.	.	.	.	.	.	.	.	.	1	.
	Helena	.	.	.	.	.	.	.	.	.	.	.
	Jacobina	.	.	.	.	.	.	.	.	.	.	.
	Johanna	.	.	.	.	.	.	.	.	.	.	.
	Juliana	.	.	.	.	1	2	3	.	.	.	.
	Justina	.	.	.	.	.	.	.	.	.	.	.
	Kunigunde	.	.	.	.	.	.	1	.	.	.	.
	Luise	.	.	.	.	.	.	.	.	.	.	.
	Magdalena	.	.	.	.	.	.	.	.	1	.	.
	Margaretha	1	3	2		10	13	27	12	13	21	28
	Maria	2	15	6		14	10	21	19	21	42	47
	Martha	.	.	.	.	.	1	1	.	.	1	2
	Natalia	.	.	.	.	.	.	.	.	.	.	.
	Ottilia	.	.	.	.	.	.	.	.	.	.	.

1726—1735	1736—1745	1746—1755	1756—1765	1766—1775	1776—1785	1786—1795	1796—1805	1806—1815	1816—1825	1826—1835	1836—1845	1846—1855	1856—1865	1866—1875	1876—1885	1886—1895	1896—1905
.	.	.	.	.	.	.	.	.	.	.	.	.	.	.	.	.	1
2	.	1	3	2	2	1	2	2	.	.	.	1	.	.	1	.	1
.	.	.	.	.	.	.	.	.	.	.	.	.	.	1	.	.	.
6	4	6	5	1	1	4	2	.	.	.	1	2	7	7	10	6	6
2	1	3	1	1	1	2	1	.	.	1	.	1	1	.	.	.	2
1	.	1	.	1	.	.	.	.	.	.	.	1	.	.	.	.	.
.	.	.	.	.	.	.	.	.	.	.	.	.	.	.	.	.	1
5	2	1	.	1	.	.	.	.	.	1	.	2	.	2	3	2	4
.	.	.	.	.	.	.	.	.	.	.	.	.	.	.	.	.	1
.	.	.	.	.	.	.	.	.	.	.	.	.	.	.	.	.	.
.	.	.	1	.	.	.	.	.	.	.	.	1	.	1	.	1	.
.	.	.	.	.	.	.	.	.	.	.	.	.	.	.	.	.	2
.	.	.	.	.	.	.	.	.	.	.	.	.	.	.	.	.	1
.	.	.	.	.	.	.	.	.	.	.	.	.	1	.	.	.	.
.	.	.	.	.	.	.	.	.	.	.	.	.	.	.	1	.	.
1	.	.	.	.	.	.	.	.	.	.	.	.	.	1	.	.	.
.	.	.	.	.	.	.	.	.	.	.	.	1	.	.	.	.	.
.	.	.	.	.	.	.	.	.	.	.	.	.	.	.	.	.	.
.	.	.	.	.	.	.	.	.	.	.	.	.	1	1	1	1	1
.	.	.	.	.	.	.	.	.	.	.	.	.	.	.	1	2	.
34	29	52	39	18	22	15	6	5	1	2	1	2	3	7	1	3	5
62	64	68	42	52	47	57	43	62	54	49	70	56	53	61	48	64	63
1	1	.	.	.	.	.	.	.	.	.	.	.	.	.	.	.	.
.	.	.	.	.	.	.	.	.	.	.	.	.	.	.	1	.	.
.	.	.	.	.	.	.	.	.	.	.	.	.	.	1	.	.	.

		1621 — 1625	1626 — 1635	1636 — 1645	1646 — 1655	1656 — 1665	1666 — 1675	1676 — 1685	1686 — 1695	1696 — 1705	1706 — 1715	1716 — 1725
Anna	Regina	.	.	.	.	.	.	.	.	.	.	.
	Rosa	.	.	.	.	.	.	.	.	.	.	.
	Rosina	.	.	.	.	.	.	.	.	.	.	.
	Rufina	.	.	.	.	.	.	.	.	.	.	.
	Sabina	.	1	1		.	.	.	.	.	.	.
	Sibylla	.	.	.	.	.	.	.	.	.	.	.
	Sophia	.	.	.	.	.	.	.	.	.	.	.
	Thecla	.	.	.	.	.	.	.	.	.	.	.
	Theresia	.	.	.	.	.	.	.	.	.	.	.
	Ursula	.	.	1		1	1	4	.	.	.	1
	Veronica	.	.	.	.	.	.	.	.	.	.	.
	Walburg	.	.	.	.	.	.	1	.	.	.	.
Apollonia	Christina	.	.	.	.	.	.	.	.	.	.	.
	Justina	.	.	.	.	.	.	.	.	.	.	.
	Rosa	.	.	.	.	.	.	.	.	.	.	.
Augusta	Luise	.	.	.	.	.	.	.	.	.	.	.
	Margaretha	.	.	.	.	.	.	.	.	.	.	.
Barbara	Apollonia	.	.	.	.	.	.	.	.	.	.	.
	Catharina	.	.	.	.	.	.	.	.	.	.	.
	Elisabetha	.	.	.	.	.	.	.	.	.	.	.
	Eva	.	.	.	.	.	.	.	.	.	.	.
	Juliana	.	.	.	.	.	.	.	.	.	.	.
	Justina	.	.	.	.	.	.	.	.	.	.	.
	Magdalena	.	.	.	.	.	.	.	.	.	.	.
	Margaretha	.	.	.	.	.	.	.	.	.	.	.

1726—1735	1736—1745	1746—1755	1756—1765	1766—1775	1776—1785	1786—1795	1796—1805	1806—1815	1816—1825	1826—1835	1836—1845	1846—1855	1856—1865	1866—1875	1876—1885	1886—1895	1896—1905
.	.	.	.	.	1	.	.	.	.	.	.	2	.	.	.	.	.
.	.	.	.	.	.	.	.	.	.	.	.	.	.	.	.	.	1
1	.	.	.	.	.	.	.	.	.	.	.	.	.	.	1	.	1
.	.	.	3	.	.	.	.	1	.	.	.	.	.	.	.	.	1
.	.	.	.	.	.	1	.	.	.	.	.	.	.	.	.	.	.
.	.	.	.	1	.	.	.	.	.	.	.	.	.	.	.	.	.
.	.	.	.	.	.	.	.	.	.	.	.	.	1	.	.	1	.
.	.	.	.	.	.	.	.	.	.	.	.	.	.	.	.	1	.
.	.	.	.	.	.	.	.	.	.	.	.	.	1	.	1	.	.
.	.	.	.	.	.	.	1	.	.	.	.	.	.	.	.	.	.
.	1	.	.	.	.	.	.	.	.	.	.	.	.	.	.	.	.
.	.	.	.	.	.	.	.	.	.	.	.	.	.	.	.	.	.
.	.	.	.	.	.	.	.	.	.	1	.	.	.	.	.	.	.
.	.	.	.	.	.	.	.	.	.	.	.	.	.	.	.	.	1
.	.	.	.	.	.	.	.	.	.	.	.	.	.	.	.	.	1
.	.	.	.	.	.	.	.	.	.	.	.	.	.	1	.	.	.
.	.	.	.	.	.	.	.	.	.	.	.	.	.	.	.	1	2
.	.	.	.	.	.	.	.	.	.	.	.	.	.	1	.	.	.
.	.	.	.	.	.	.	.	.	.	.	2	.	1	1	.	1	2
.	.	.	.	.	.	.	.	.	1	.	.	.	.	.	.	.	.
.	.	.	.	.	.	.	.	.	.	1	.	.	.	.	.	.	.
.	.	.	.	.	.	.	.	.	.	.	.	.	.	1	.	.	.
.	.	.	.	.	.	.	.	.	.	.	1	.	.	.	.	.	.
.	.	.	.	.	.	.	.	.	.	.	.	.	.	.	.	1	.
.	.	.	.	.	.	.	.	.	.	.	.	1	.	.	.	.	.

		1621 — 1625	1626 — 1635	1636 — 1645	1646 — 1655	1656 — 1665	1666 — 1675	1676 — 1685	1686 — 1695	1696 — 1705	1706 — 1715	1716 — 1725
Barbara	Regina	.	.	.	.	.	.	.	.	.	.	.
Carolina	Amalia	.	.	.	.	.	.	.	.	.	.	.
	Catharina	.	.	.	.	.	.	.	.	.	.	.
	Elisabetha	.	.	.	.	.	.	.	.	.	.	.
	Ernestina	.	.	.	.	.	.	.	.	.	.	.
	Henrietta	.	.	.	.	.	.	.	.	.	.	.
	Hildegard	.	.	.	.	.	.	.	.	.	.	.
Catharina	Adelheid	.	.	.	.	.	.	.	.	.	.	.
	Alexandra	.	.	.	.	.	.	.	.	.	.	.
	Amalia	.	.	.	.	.	.	.	.	.	.	.
	Anna	.	.	.	.	.	.	.	.	.	.	.
	Apollonia	.	.	.	.	.	.	.	.	.	.	.
	Barbara	.	.	.	.	.	.	.	.	.	.	.
	Bernarda	.	.	.	.	.	.	.	.	.	.	.
	Carolina	.	.	.	.	.	.	.	.	.	.	.
	Christina	.	.	.	.	.	.	.	.	.	.	.
	Clara	.	.	.	.	.	.	.	.	.	.	.
	Dorothea	.	.	.	.	.	.	.	.	.	.	.
	Eleonore	.	.	.	.	.	.	.	.	.	.	.
	Elisabetha	.	.	.	.	.	.	.	.	.	.	.
	Eva	.	.	.	.	.	.	.	.	.	.	.
	Franzisca	.	.	.	.	.	.	.	.	.	.	.
	Gertrud	.	.	.	.	.	.	.	.	.	.	.
	Hildegard	.	.	.	.	.	.	.	.	.	.	.
	Josepha	.	.	.	.	.	.	.	.	.	.	.

1726–1735	1736–1745	1746–1755	1756–1765	1766–1775	1776–1785	1786–1795	1796–1805	1806–1815	1816–1825	1826–1835	1836–1845	1846–1855	1856–1865	1866–1875	1876–1885	1886–1895	1896–1905
.	.	.	.	.	.	.	.	.	.	.	.	.	1	.	.	.	.
.	.	.	.	.	.	.	.	.	.	.	.	.	.	.	.	1	.
.	.	.	.	.	.	.	.	.	.	.	.	.	.	.	1	.	.
.	.	.	.	.	.	.	.	.	.	.	.	.	1	1	.	1	1
.	.	.	.	.	.	1	.	.	.	.	.	.	.	.	.	.	.
.	.	.	.	.	.	.	1	.	.	.	.	.	.	.	.	.	.
.	.	.	.	.	.	.	.	.	.	.	.	.	.	.	1	.	.
.	.	.	.	.	1	.	.	.	.	.	.	.	.	.	.	.	.
.	.	.	.	.	.	.	.	.	.	.	.	.	.	.	.	1	.
.	.	.	.	.	.	.	.	.	.	.	.	.	.	.	.	1	.
:	.	.	.	.	.	.	.	.	.	.	.	.	.	.	1	1	.
.	.	.	.	.	.	.	.	.	.	1	.	.	.	.	.	.	.
.	.	.	.	.	2	.	.	.	.	.	.	.	1	1	1	1	.
.	.	.	1	.	.	.	.	.	.	.	.	.	.	.	.	.	.
.	.	.	.	.	.	.	.	.	.	.	.	.	.	.	.	1	.
.	.	.	.	.	.	.	.	.	1	.	.	.	.	.	1	1	1
.	.	1	.	.	.	.	.	.	.	.	.	.	.	.	.	.	.
.	.	.	.	.	.	.	.	.	.	1	.	.	.	.	.	.	.
.	.	.	1	.	.	.	.	.	.	.	.	.	.	.	1	.	.
.	.	1	.	.	3	.	1	.	2	4	.	5	1	4	1	3	4
.	.	.	.	.	.	.	.	.	.	1	.	.	.	.	.	.	.
1	.	.	:	.	1	1	2	.	1	2	.	7	2	1	1	2	.
.	.	.	.	.	.	.	.	.	.	.	.	.	.	.	.	.	1
.	.	.	.	.	.	.	.	.	.	.	.	.	.	.	.	.	2
.	.	.	.	.	.	.	.	2	1	2	2	5	1	.	.	.	1

		1621—1625	1626—1635	1636—1645	1646—1655	1656—1665	1666—1675	1676—1685	1686—1695	1696—1705	1706—1715	1716—1725
Catharina	Josephina	.	.	.	.	.	.	.	.	.	.	.
	Luise	.	.	.	.	.	.	.	.	.	.	.
	Margaretha	.	1	.	.	.	.	.	.	.	.	.
	Maria	.	.	.	.	.	.	.	.	.	.	.
	Martha	.	.	.	.	.	.	.	.	.	.	.
	Mathilde	.	.	.	.	.	.	.	.	.	.	.
	Philippina	.	.	.	.	.	.	.	.	.	.	.
	Regina	.	.	.	.	.	.	.	.	.	.	.
	Rosina	.	.	.	.	.	.	.	.	.	.	.
	Rufina	.	.	.	.	.	.	.	.	.	.	.
	Sibylla	.	.	.	.	.	.	.	.	.	.	:
	Sophia	.	.	.	.	.	.	.	.	.	.	.
	Susanna	.	.	.	.	.	.	.	.	.	.	.
	Theresia	.	.	.	.	.	.	.	.	.	.	.
Christina	Agnes	.	.	.	.	.	.	.	.	.	.	.
	Anna	.	.	.	.	.	.	.	.	.	.	.
	Antonia	.	.	.	.	.	.	.	.	.	.	.
	Barbara	.	.	.	.	.	.	.	.	.	.	.
	Catharina	.	.	.	.	.	.	.	.	.	.	.
	Clara	.	.	.	.	.	.	.	.	1	.	.
	Elisabetha	.	.	.	.	.	.	.	.	.	.	.
	Eva	.	.	.	.	.	.	.	.	.	.	.
	Juliana	.	.	.	.	.	.	.	.	.	.	.
	Magdalena	.	.	.	.	.	.	.	.	.	.	.
	Margaretha	.	.	.	.	.	.	.	.	.	1	.

1726–1735	1736–1745	1746–1755	1756–1765	1766–1775	1776–1785	1786–1795	1796–1805	1806–1815	1816–1825	1826–1835	1836–1845	1846–1855	1856–1865	1866–1875	1876–1885	1886–1895	1896–1905
.	.	.	.	.	.	.	.	.	.	.	.	.	.	.	.	.	1
.	.	.	.	.	.	.	.	.	.	.	1	.	.	.	.	.	1
2	.	.	.	.	.	2	.	.	1	1	1	.	2	.	.	.	1
.	1	.	.	.	.	.	.	.	.	.	.	.	.	.	.	.	1
.	.	.	.	.	.	.	.	.	.	.	.	.	.	.	.	1	.
.	.	.	.	.	.	.	.	.	.	.	.	1	.	.	.	1	.
.	.	.	.	.	.	.	1	.	.	.	.	.	.	.	1	.	.
.	.	.	.	.	.	.	.	.	.	.	.	.	.	1	.	.	.
.	.	.	.	.	.	.	.	.	.	.	.	1	.	.	.	.	1
.	.	.	.	.	.	.	.	.	1	.	.	.	.	.	.	.	.
.	.	.	.	.	.	.	.	.	.	.	1	.	.	.	.	.	.
.	.	.	.	.	.	.	.	.	.	.	.	.	1	.	.	1	.
.	.	.	.	.	.	.	.	.	.	.	.	1	.	.	.	.	1
.	.	.	.	.	.	.	.	.	1	.	.	.	.	1	.	.	.
.	.	.	.	.	.	.	.	1	.	.	.	.	.	1	1	.	.
.	.	.	.	.	.	.	.	.	.	.	.	.	1	.	.	.	.
.	.	.	.	.	.	.	.	.	.	1	.	.	.	.	.	.	.
.	.	.	.	.	.	.	.	.	.	.	.	.	.	1	.	.	.
.	.	.	.	.	.	.	.	.	.	.	.	.	.	.	.	2	.
.	.	.	.	.	.	.	.	.	.	.	.	.	.	.	.	.	.
.	.	.	.	.	.	1	.	.	.	.	.	.	.	.	.	.	1
.	.	.	.	.	.	.	.	.	.	.	.	.	1	.	.	.	.
.	.	.	.	.	.	.	.	.	.	.	.	.	.	.	1	1	.
.	.	.	.	.	.	.	.	.	.	.	.	.	.	.	.	1	.
.	1	.	.	.	.	.	.	.	.	1	.	.	.	.	1	1	.

		1621—1625	1626—1635	1636—1645	1646—1655	1656—1665	1666—1675	1676—1685	1686—1695	1696—1705	1706—1715	1716—1725
Christina	Wilhelmina	.	.	.	.	.	.	.	.	.	.	.
Clara	Johanna	.	.	.	.	.	.	.	.	.	.	.
	Josepha	.	.	.	.	.	.	.	.	.	.	.
	Justina	.	.	.	.	.	.	.	.	.	.	.
	Susanna	.	.	.	.	.	.	.	.	.	.	.
	Theresia	.	.	.	.	.	.	.	.	.	.	.
Dorothea	Christina	.	.	.	.	.	.	.	.	.	.	.
Eleonore	Magdalena	.	.	.	.	.	.	.	.	.	.	.
Elisabetha	Apollonia	.	.	.	.	.	.	.	.	.	.	.
	Augusta	.	.	.	.	.	.	.	.	.	.	.
	Barbara	.	.	.	.	.	.	.	.	.	.	.
	Carolina	.	.	.	.	.	.	.	.	.	.	.
	Catharina	.	.	.	.	.	.	1	.	.	.	1
	Charlotte	.	.	.	.	.	.	.	.	.	.	.
	Christina	.	.	.	.	.	.	.	.	.	.	.
	Emilia	.	.	.	.	.	.	.	.	.	.	.
	Eva	1	.	.	.	.	.	.	.	.	.	.
	Franzisca	.	.	.	.	.	.	.	.	.	.	.
	Josephina	.	.	.	.	.	.	.	.	.	.	.
	Luise	.	.	.	.	.	.	.	.	.	.	.
	Magdalena	.	.	.	.	.	.	.	.	.	.	.
	Margaretha	.	.	.	.	.	.	1	.	.	.	.
	Ottilia	.	.	.	.	.	.	.	.	.	.	.
	Sophia	.	.	.	.	.	.	.	.	.	.	.
	Susanna	.	.	.	.	1	.	.	.	.	.	.

1726—1735	1736—1745	1746—1755	1756—1765	1766—1775	1776—1785	1786—1795	1796—1805	1806—1815	1816—1825	1826—1835	1836—1845	1846—1855	1856—1865	1866—1875	1876—1885	1886—1895	1896—1905
.	.	.	.	.	.	.	.	.	.	.	.	.	.	.	1	.	.
.	.	.	.	.	.	.	.	.	.	.	.	.	.	.	.	1	.
.	.	.	.	.	.	.	1	1	.	.	.	1	1	.	.	.	.
.	.	.	.	.	.	.	.	.	.	.	.	.	.	.	1	.	.
.	.	.	.	.	.	.	.	.	1	.	.	.	.	.	.	.	.
1	.	.	.	.	.	1	.	.	.	.	.	.	.	.	.	.	.
.	.	.	.	.	1	.	.	.	.	.	.	.	.	.	.	.	.
.	.	.	.	.	.	1	.	.	.	.	.	.	.	.	.	.	.
.	.	.	.	.	.	.	.	.	.	.	.	.	.	.	1	.	.
.	.	.	.	.	.	.	.	.	.	.	.	.	.	1	.	.	.
.	.	.	.	.	1	.	.	.	.	.	.	1	.	.	.	.	1
.	.	.	.	.	.	.	.	.	.	.	.	.	.	.	1	.	.
.	.	.	.	.	.	.	.	.	.	.	.	2	1	1	.	.	1
.	.	.	.	.	.	.	.	.	.	.	.	.	1	.	.	.	.
.	.	.	.	.	.	.	.	.	.	.	1	.	.	.	2	.	.
.	.	.	.	.	.	.	.	.	.	.	.	.	.	.	1	.	.
.	.	.	.	.	.	.	.	.	.	.	.	.	.	.	.	.	.
.	.	.	.	.	.	.	.	.	.	.	.	.	.	1	.	.	.
.	.	.	.	.	.	.	.	.	.	.	.	.	.	1	1	1	1
.	.	.	.	.	.	.	.	.	.	.	.	.	.	1	1	.	.
.	.	.	.	.	.	.	.	.	.	.	.	.	.	.	.	1	.
.	.	.	.	.	.	.	.	.	.	.	1	1	.	.	1	1	.
.	.	.	.	.	.	.	.	.	.	.	.	.	.	.	.	.	1
.	.	.	.	.	.	.	.	.	.	.	.	.	1	.	1	.	.
.	.	.	.	.	.	.	.	.	.	.	.	.	.	1	.	.	.

		1621—1625	1626—1635	1636—1645	1646—1655	1656—1665	1666—1675	1676—1685	1686—1695	1696—1705	1706—1715	1716—1725
Elisabetha	Theresia	.	.	.	.	.	.	.	.	.	.	.
	Veronica	.	.	.	.	.	.	.	.	.	.	.
Elsa	Sophia	.	.	.	.	.	.	.	.	.	.	.
Emilia	Anna	.	.	.	.	.	.	.	.	.	.	.
	Maria	.	.	.	.	.	.	.	.	.	.	.
Eva	Antonia	.	.	.	.	.	.	.	.	.	.	.
	Catharina	.	.	.	.	.	.	.	.	.	.	.
	Christina	.	.	.	.	.	.	.	.	.	.	.
	Elisabetha	.	.	.	.	.	.	.	.	.	.	.
	Henrietta	.	.	.	.	.	.	.	.	.	.	.
	Justina	.	.	.	.	.	.	.	.	.	.	.
	Kunigunde	.	.	.	.	.	.	.	.	.	.	1
	Margaretha	.	.	1		.	.	.	.	.	.	.
	Maria	.	.	.	.	.	.	.	.	1	1	.
	Martha	.	.	.	.	.	1	.	.	.	.	.
	Regina	.	.	.	.	.	2	2	1	.	.	.
	Sibylla	.	.	.	.	.	.	.	.	.	.	.
	Theresia	.	.	.	.	.	.	.	.	.	.	.
Franzisca	Barbara	.	.	.	.	.	.	.	.	.	.	.
	Bernardina	.	.	.	.	.	.	.	.	.	.	.
	Catharina	.	.	.	.	.	.	.	.	.	.	.
	Eva	.	.	.	.	.	.	.	.	.	.	.
	Magdalena	.	.	.	.	.	.	.	.	.	.	.
Friederike	Elisabetha	.	.	.	.	.	.	.	.	.	.	.
	Philippina	.	.	.	.	.	.	.	.	.	.	.

1726—1735	1736—1745	1746—1755	1756—1765	1766—1775	1776—1785	1786—1795	1796—1805	1806—1815	1816—1825	1826—1835	1836—1845	1846—1855	1856—1865	1866—1875	1876—1885	1886—1895	1896—1905
.	.	.	.	.	.	.	.	.	.	.	.	.	.	.	1	.	.
.	.	.	.	.	.	.	.	.	.	.	.	.	.	.	.	1	.
.	.	.	.	.	.	.	.	.	.	.	.	.	.	.	.	.	1
.	.	.	.	.	.	.	.	.	.	.	.	.	.	.	1	.	.
.	.	.	.	.	.	.	.	.	.	.	.	.	.	.	1	.	.
.	.	.	.	.	.	.	.	.	.	.	.	.	1	.	.	.	.
.	.	1	1	.	1	.	.	1	.	.	.	.	.	1	.	1	.
.	.	.	.	.	.	.	.	.	.	.	.	.	.	1	.	.	.
.	.	.	.	.	.	.	.	.	.	.	.	.	.	.	1	.	1
.	.	.	.	.	.	.	.	.	.	.	.	1	.	.	.	.	.
.	.	.	.	.	.	.	.	.	.	.	.	2	.	.	.	.	.
.	.	.	.	.	.	.	.	.	.	.	.	.	.	.	.	.	.
.	.	.	.	.	.	.	.	.	1	.	1	1	.	1	.	.	1
.	.	.	.	.	.	.	.	.	.	.	.	.	.	.	.	.	.
.	.	.	.	.	.	.	.	.	.	.	.	.	.	.	.	.	.
.	.	.	.	.	.	.	.	.	.	.	.	.	.	.	.	.	.
.	.	.	.	.	.	.	.	.	.	.	.	.	.	.	.	.	1
.	.	.	.	.	.	.	.	.	.	.	.	.	.	.	.	1	.
.	.	.	.	.	.	1	.	.	.	.	.	.	.	.	.	.	1
.	.	.	.	.	.	.	.	1	.	.	.	.	.	.	.	.	.
.	.	.	.	.	.	.	.	1	.	.	.	.	.	.	.	.	.
.	.	.	.	.	.	.	.	.	.	.	.	.	1	.	.	.	.
.	.	.	.	.	.	.	.	.	.	.	.	.	.	.	.	.	1
.	.	.	.	.	.	.	.	.	.	.	.	.	.	.	.	2	.
.	.	.	.	.	.	.	.	1	.	.	.	.	.	.	.	.	.

		1621—1625	1626—1635	1636—1645	1646—1655	1656—1665	1666—1675	1676—1685	1686—1695	1696—1705	1706—1715	1716—1725
Gertrud	Maria	.	.	.	.	.	.	.	.	.	.	.
Helena	Christina	.	.	.	.	.	.	.	.	.	.	.
	Elisabetha	.	.	.	.	.	.	.	.	.	.	.
	Petronella	.	.	.	.	.	.	.	.	.	.	.
Hildegard	Elisabetha	.	.	.	.	.	.	.	.	.	.	.
Jacobina	Helena	.	.	.	.	.	.	.	.	.	.	.
Johanna	Christina	.	.	.	.	.	.	.	.	.	.	.
	Elisabetha	.	.	.	.	.	.	1	.	.	.	.
	Franzisca	.	.	.	.	.	.	.	.	.	.	.
	Gertrud	.	.	.	.	.	.	.	1	.	.	.
	Juliana	.	.	.	.	.	.	.	.	.	.	.
	Margaretha	.	.	.	.	.	.	.	.	.	.	.
Josephina	Elisabetha	.	.	.	.	.	.	.	.	.	.	.
	Helena	.	.	.	.	.	.	.	.	.	.	.
Juliana	Franzisca	.	.	.	.	.	.	.	.	.	.	.
	Margaretha	.	.	.	.	.	.	.	.	.	.	.
	Philippina	.	.	.	.	.	.	.	.	.	.	.
Justina	Carolina	.	.	.	.	.	.	.	.	.	.	.
	Christina	.	.	.	.	.	.	.	.	.	.	.
	Elisabetha	.	.	.	.	.	.	.	.	.	.	.
	Theresa	.	.	.	.	.	.	.	.	.	.	.
Lina	Regina	.	.	.	.	.	.	.	.	.	.	.
Lioba	Catharina	.	.	.	.	.	.	.	.	.	.	.
	Elisabetha	.	.	.	.	.	.	.	.	.	.	.
Ludovica	Amalia	.	.	.	.	.	.	.	.	.	.	.

1726 — 1735	1736 — 1745	1746 — 1755	1756 — 1765	1766 — 1775	1776 — 1785	1786 — 1795	1796 — 1805	1806 — 1815	1816 — 1825	1826 — 1835	1836 — 1845	1846 — 1855	1856 — 1865	1866 — 1875	1876 — 1885	1886 — 1895	1896 — 1905
.	.	.	.	.	.	.	.	.	.	.	.	.	.	1	.	.	1
.	.	.	1	.	.	.	.	.	.	.	.	.	.	.	.	.	.
.	.	.	.	.	.	.	.	.	.	.	.	.	.	1	.	.	.
.	.	.	.	.	.	.	.	.	.	.	.	.	.	.	.	1	.
.	.	.	.	.	.	.	.	.	.	.	.	.	.	.	1	.	.
.	.	.	.	.	.	.	.	.	.	.	.	.	.	.	.	1	.
.	.	.	.	.	.	.	.	.	.	.	.	.	.	.	1	.	.
.	.	.	.	.	.	.	.	.	.	.	.	.	.	.	.	.	.
.	.	.	.	.	.	.	.	.	.	.	.	.	.	.	.	1	.
.	.	.	.	.	.	.	.	.	.	.	.	.	.	.	.	.	.
.	.	.	.	.	.	.	.	.	.	.	.	.	.	.	.	.	1
.	.	.	.	1	.	.	1	1	.	.	.	.	.	.	.	.	.
.	.	.	.	.	.	.	.	.	.	.	.	.	.	.	1	.	.
.	.	.	.	.	.	.	.	.	.	.	.	.	.	.	.	1	.
.	.	.	.	.	1	.	.	.	.	.	.	.	.	.	.	.	.
.	.	.	.	.	.	.	.	.	.	.	.	.	.	.	.	1	.
.	.	.	.	.	.	1	.	.	.	.	.	.	.	.	.	.	.
.	.	.	.	.	.	.	.	.	.	.	.	1	.	.	.	.	.
.	.	.	.	.	.	.	.	.	.	.	.	.	1	.	.	.	.
.	.	.	.	.	.	.	.	.	.	.	.	.	.	.	1	.	.
.	.	.	.	.	.	.	.	.	.	.	.	.	1	.	.	.	.
.	.	.	.	.	.	.	.	.	.	.	.	.	.	1	.	.	.
.	.	.	.	.	.	.	.	.	.	.	.	.	.	.	.	.	1
.	.	.	.	.	.	.	.	.	.	.	.	.	.	1	.	.	.
.	.	.	.	.	.	.	1	.	.	.	.	.	.	.	.	.	.

		1621—1625	1626—1635	1636—1645	1646—1655	1656—1665	1666—1675	1676—1685	1686—1695	1696—1705	1706—1715	1716—1725
Luise	Antonia	.	.	.	.	.	.	.	.	.	.	.
	Apollonia	.	.	.	.	.	.	.	.	.	.	.
	Catharina	.	.	.	.	.	.	.	.	.	.	.
	Elisabetha	.	.	.	.	.	.	.	.	.	.	.
	Margaretha	.	.	.	.	.	.	.	.	.	.	.
	Sophia	.	.	.	.	.	.	.	.	.	.	.
Magdalena	Apollonia	.	.	.	.	.	.	.	.	.	.	.
	Catharina	.	.	.	.	.	.	.	.	.	.	.
	Christina	.	.	.	.	.	.	.	.	.	.	.
	Elisabetha	.	.	.	.	.	.	.	.	.	.	.
	Eva	.	.	.	.	.	.	.	.	.	.	.
	Franzisca	.	.	.	.	.	.	.	.	.	.	.
Margaretha	Anna	.	.	.	.	.	.	.	.	.	.	.
	Antonia	.	.	.	.	.	.	.	.	.	.	.
	Barbara	.	.	.	.	.	.	.	.	.	.	.
	Caecilia	.	.	.	.	.	.	.	.	.	.	.
	Catharina	.	.	.	.	.	.	1	1	1	.	.
	Christina	.	.	.	.	.	.	.	.	.	.	.
	Elisabetha	.	.	1		2	.	1	.	2	.	.
	Eva	.	.	.	.	.	2	.	.	.	.	.
	Franzisca	.	.	.	.	.	.	.	.	.	.	.
	Gertrud	.	.	1		1	.	.	.	.	.	.
	Josepha	.	.	.	.	.	.	.	.	.	.	.
	Josephina	.	.	.	.	.		.	.	.	.	.
	Juliana	.	.	.	.	.	.	.	.	.	.	.

1726–1735	1736–1745	1746–1755	1756–1765	1766–1775	1776–1785	1786–1795	1796–1805	1806–1815	1816–1825	1826–1835	1836–1845	1846–1855	1856–1865	1866–1875	1876–1885	1886–1895	1896–1905
.	.	.	.	.	.	.	.	.	.	.	.	.	.	.	.	.	1
.	.	.	.	.	.	.	.	.	.	.	.	.	.	.	1	.	.
.	.	.	.	.	.	.	.	.	.	.	.	.	1	.	.	.	1
.	.	.	.	.	.	.	.	.	.	.	1	.	.	.	.	.	1
.	.	.	.	.	.	.	.	.	.	.	.	.	.	1	.	.	.
.	.	.	.	.	.	.	.	.	.	.	.	.	.	1	.	.	.
.	.	.	.	1	.	.	.	.	.	.	.	.	.	.	.	.	.
.	.	.	.	.	.	.	.	.	.	.	.	.	1	.	.	.	1
.	.	.	.	.	.	.	.	.	.	.	.	.	.	1	.	1	.
.	.	.	.	.	.	.	.	.	.	.	.	.	1	.	.	.	.
.	.	.	.	.	.	.	.	.	.	.	2	.	.	.	.	.	.
.	.	.	.	.	.	.	.	.	.	.	.	.	1	.	.	.	.
.	.	.	.	.	.	.	.	.	.	.	.	.	.	.	.	.	1
.	.	.	.	.	.	.	.	.	.	.	.	.	.	.	1	.	.
.	.	.	.	.	.	.	.	.	.	.	.	.	.	.	.	.	3
.	.	.	.	.	.	.	.	.	.	.	.	.	.	.	.	.	1
.	.	.	.	.	.	.	.	.	.	.	.	.	1	1	.	4	1
.	.	.	.	.	.	.	.	.	.	.	.	.	.	1	.	.	.
1	3	.	.	.	.	.	.	.	2	2	.	1	1	1	1	1	1
.	.	.	.	.	.	.	.	.	.	.	.	.	.	.	.	.	.
.	.	.	.	.	.	.	.	.	.	.	.	.	.	.	.	1	.
.	.	.	.	.	.	.	.	.	.	.	.	.	.	.	.	.	.
.	.	.	.	.	.	1	.	.	.	.	.	.	.	.	.	.	.
.	.	.	.	.	.	.	.	.	.	.	.	.	.	.	1	.	.
.	.	.	.	.	.	.	.	.	.	.	.	.	.	2	.	.	.

		1621—1625	1626—1635	1636—1645	1646—1655	1656—1665	1666—1675	1676—1685	1686—1695	1696—1705	1706—1715	1716—1725
Margaretha	Maria	.	.	.	.	.	.	.	.	.	.	.
	Theresia	.	.	.	.	.	.	.	.	.	.	.
Maria	Agatha	.	1	.	.	.	.	.	.	.	.	.
	Agnes	.	.	.	.	.	.	1	2	1	7	1
	Angela	.	.	.	.	.	.	.	.	3	.	2
	Anna	.	.	.	.	.	.	.	.	.	.	3
	Antonetta	.	.	.	.	.	.	.	.	.	.	.
	Antonia	.	.	.	.	.	.	.	.	.	.	.
	Apollonia	.	.	1		2	1	.	2	5	3	6
	Barbara	.	1	.	.	.	.	1	4	7	9	6
	Carolina	.	.	.	.	.	.	.	.	.	.	.
	Catharina	.	1	.	.	1	8	9	8	12	24	18
	Charlotte	.	.	.	.	.	.	.	.	.	.	.
	Christina	.	.	.	.	2	1	3	.	1	1	3
	Clementina	.	.	.	.	.	.	.	.	.	.	.
	Dorothea	.	.	.	.	.	1	.	.	.	.	.
	Elisabetha	.	.	.	.	6	4	5	7	8	11	16
	Emma	.	.	.	.	.	.	.	.	.	.	.
	Esther	.	.	.	.	.	.	1	.	.	.	.
	Eva	.	.	.	.	5	3	2	7	3	6	6
	Franzisca	.	.	.	.	.	.	.	.	1	1	3
	Gertrud	.	.	.	.	.	.	1	2	4	.	1
	Helena	.	.	.	.	.	.	.	.	.	1	.
	Josepha	.	.	.	.	.	.	.	.	.	1	.
	Josephina	.	.	.	.	.	.	.	.	.	.	.

1726 — 1735	1736 — 1745	1746 — 1755	1756 — 1765	1766 — 1775	1776 — 1785	1786 — 1795	1796 — 1805	1806 — 1815	1816 — 1825	1826 — 1835	1836 — 1845	1846 — 1855	1856 — 1865	1866 — 1875	1876 — 1885	1886 — 1895	1896 — 1905
.	.	.	.	.	.	.	.	.	.	.	.	.	.	.	.	.	3
.	.	.	.	.	.	.	.	.	.	.	.	.	.	.	.	.	1
.	.	.	.	.	.	.	.	.	.	.	.	.	.	.	.	.	.
1	1	2	2	2	.	.	.	.	.	.	.	.	.	1	.	.	.
.	.	.	.	.	.	.	.	.	.	.	.	.	.	.	.	.	.
8	13	17	20	22	22	27	21	18	20	13	18	10	11	10	8	2	5
.	.	.	.	.	.	.	.	.	1	.	.	.	.	.	.	.	.
.	.	1	.	.	.	.	1	.	.	.	.	.	.	2	1	.	1
6	1	5	2	.	1	2	.	.	.	.	.	.	.	.	.	.	.
11	1	4	1	5	1	.	.	.	.	.	.	.	.	.	.	.	.
.	.	.	.	.	.	.	.	.	.	.	.	.	.	.	.	1	.
22	25	15	12	11	10	4	1	3	1	1	1	1	1	.	.	.	.
.	.	.	1	.	.	.	.	.	.	.	.	.	.	.	.	.	.
2	3	2	.	1	1	.	.	.	.	1	.	.	1	.	1	.	.
.	.	.	.	.	.	.	.	.	.	.	.	.	.	1	.	.	.
.	.	.	.	.	.	.	.	.	.	.	.	1	.	.	.	.	.
17	11	14	14	15	8	4	2	2	4	.	2	.	.	4	4	1	2
.	.	.	.	.	.	.	.	.	.	.	.	.	.	.	.	.	1
.	1	1	1	.	.	2	.	.	.	.	.	.	.	.	.	.	.
4	11	14	6	11	3	2	3	7	4	10	10	4	1	7	6	1	2
1	1	.	.	.	.	2	1	.	.	.	.	.	.	.	.	.	.
1	2	.	.	.	.	.	.	.	.	.	.	.	.	.	1	.	.
.	.	.	.	1	2	.	.	.	.	.	.	.	.	.	.	.	.
1	1	3	2	3	2	3	7	9	9	8	5	8	4	6	3	3	.
.	.	.	.	.	.	.	.	.	.	.	.	.	.	.	.	.	2

		1621—1625	1626—1635	1636—1645	1646—1655	1656—1665	1666—1675	1676—1685	1686—1695	1696—1705	1706—1715	1716—1725
Maria	Juliana	.	1	.	.	.	.	.	1	.	1	.
	Justina	.	.	.	.	.	1	.	.	.	.	.
	Luise	.	.	.	.	.	.	.	.	.	.	.
	Magdalena	.	.	.	.	.	3	5	4	2	5	4
	Margaretha	.	.	1		.	.	1	6	5	5	7
	Martha	.	.	.	.	.	.	.	1	1	.	1
	Mathilde	.	.	.	.	.	.	.	.	.	.	.
	Ottilia	.	.	.	.	.	.	.	.	.	.	.
	Rosa	.	.	.	.	.	.	.	.	.	.	.
	Rosalia	.	.	.	.	.	.	.	.	.	.	.
	Salome	.	.	.	.	3	1	.	.	.	1	1
	Sara	.	.	.	.	.	.	.	.	.	.	.
	Sophia	.	.	.	.	.	.	.	.	1	1	.
	Susanna		.	.	.	.	.	.	.	.	.	1
	Thecla	.	.	.	.	.	.	.	.	.	.	.
	Theresia	.	.	.	.	.	.	.	.	.	.	.
	Ursula	.	.	.	.	.	1	2	1	.	.	1
	Walburg	.	.	.	.	1	.	.	.	.	.	.
Martha	Elisabetha	.	.	.	.	.	.	.	.	.	.	.
Mathilde	Wilhelmina	.	.	.	.	.	.	.	.	.	.	.
Ottilia	Dorothea	.	.	.	.	.	.	.	.	.	.	.
Paula	Margaretha	.	.	.	.	.	.	.	.	.	.	.
Paulina	Luise	.	.	.	.	.	.	.	.	.	.	.
Philomena	Maria	.	.	.	.	.	.	.	.	.	.	.
Regina	Catharina	.	.	.	.	.	.	.	.	.	.	.

1726—1735	1736—1745	1746—1755	1756—1765	1766—1775	1776—1785	1786—1795	1796—1805	1806—1815	1816—1825	1826—1835	1836—1845	1846—1855	1856—1865	1866—1875	1876—1885	1886—1895	1896—1905
.	.	.	.	.	.	.	.	.	.	.	.	.	.	.	.	.	.
.	.	.	.	.	.	.	.	.	.	.	.	.	.	.	.	.	.
.	.	.	.	.	.	.	.	.	.	.	.	.	1	.	.	.	.
3	2	1	.	1	1	2	.	.	.	2	.	.	.	2	2	1	8
12	7	5	2	4	2	3	.	3	1	.	.	.	.	1	2	4	4
.	.	1	.	.	.	.	.	.	.	.	.	.	.	.	.	.	.
.	.	.	.	.	.	.	.	.	.	.	.	.	.	.	.	2	.
.	.	.	.	.	.	.	.	.	.	.	.	.	.	.	1	.	.
.	.	.	.	.	.	.	.	.	.	.	.	.	.	.	.	.	1
.	.	.	.	1	.	.	.	.	.	.	.	.	.	.	.	.	.
.	.	.	1	.	.	.	.	.	.	1	1	.	.	.	.	.	.
.	1	.	.	.	.	.	.	.	.	.	.	.	.	.	.	.	.
.	.	.	.	2	.	.	.	1	.	.	.	.	1	.	.	.	1
.	.	.	1	.	1	.	.	.	.	.	.	.	.	.	.	.	.
.	.	.	.	1	1	.	.	.	.	.	.	.	.	2	.	.	.
.	.	.	2	3	3	2	.	.	.	1	2	.	.	2	.	.	4
.	1	.	.	2	1	1	.	3	2	.	.	.	1	.	.	.	.
.	.	.	.	.	.	.	.	.	.	.	.	.	.	.	.	.	.
.	1	.	.	.	.	.	.	.	.	.	.	.	.	.	.	.	.
.	.	.	.	.	.	.	.	.	.	.	.	.	.	.	.	.	1
.	.	.	.	.	.	.	.	.	.	.	.	.	.	.	1	.	.
.	.	.	.	.	.	.	.	.	.	.	.	.	.	.	.	.	1
.	.	.	.	.	.	.	.	.	.	.	.	.	.	.	1	.	.
.	.	.	.	.	.	.	.	.	.	.	.	.	.	.	.	.	1
.	.	.	.	.	.	.	.	.	.	.	.	.	.	.	.	1	.

		1621—1625	1626—1635	1636—1645	1646—1655	1656—1665	1666—1675	1676—1685	1686—1695	1696—1705	1706—1715	171—172
Regina	Christina	.	.	.	.	.	.	.	.	1	.	.
	Paulina	.	.	.	.	.	.	.	.	.	.	.
Rosa	Anna	.	.	.	.	.	.	.	.	.	.	.
	Elisabetha	.	.	.	.	.	.	.	.	.	.	.
	Eva	.	.	.	.	.	.	.	.	.	.	.
	Sophia	.	.	.	.	.	.	.	.	.	.	.
Rosalia	Maria	.	.	.	.	.	.	.	.	.	.	.
Rosina	Elisabetha	.	.	.	.	.	.	.	.	.	.	.
	Margaretha	.	.	.	.	.	.	.	.	.	.	.
Rufina	Eva	.	.	.	.	.	.	.	.	.	.	.
Sabina	Catharina	.	.	.	.	.	.	.	.	.	.	.
Sophia	Anna	.	.	.	.	.	.	.	.	.	.	.
	Elisabetha	.	.	.	.	.	.	.	.	.	.	.
	Friederika	.	.	.	.	.	.	.	.	.	.	.
	Johanna	.	.	.	.	.	.	.	.	.	.	.
	Luise	.	.	.	.	.	.	.	.	.	.	.
	Margaretha	.	.	.	.	.	.	.	.	.	.	.
Susanna	Catharina	.	.	.	.	.	.	.	.	.	1	.
	Magdalena	.	.	.	.	.	.	.	.	.	.	.
	Maria	.	.	.	.	.	.	.	.	.	.	.
	Marianna	.	.	.	.	.	.	.	.	.	.	.
Theresia	Barbara	.	.	.	.	.	.	.	.	.	.	.
	Catharina	.	.	.	.	.	.	.	.	.	.	.
	Margaretha	.	.	.	.	.	.	.	.	.	.	.
Ursula	Apollonia	.	.	.	.	.	.	.	.	.	.	.

1726—1735	1736—1745	1746—1755	1756—1765	1766—1775	1776—1785	1786—1795	1796—1805	1806—1815	1816—1825	1826—1835	1836—1845	1846—1855	1856—1865	1866—1875	1876—1885	1886—1895	1896—1905
.	.	.	.	.	.	.	.	.	.	.	.	.	.	.	.	.	.
.	.	.	.	.	.	.	.	.	.	.	.	.	.	.	.	1	.
.	.	.	.	.	.	.	.	.	.	.	.	.	.	.	.	.	1
.	.	.	.	.	.	.	.	.	.	.	.	.	.	.	1	1	.
.	.	.	.	.	.	.	.	.	.	.	.	.	.	.	1	.	.
.	.	.	.	.	.	.	.	.	.	.	.	.	.	.	.	1	.
.	.	.	.	.	.	.	.	.	.	.	.	.	.	.	1	.	.
.	.	.	.	.	.	.	.	.	2	.	.	.	.	.	.	.	.
.	.	.	.	.	.	.	.	.	1	.	1	1	.	.	.	.	1
.	.	.	.	.	.	.	.	.	.	.	.	.	.	.	.	.	1
.	.	.	.	.	.	.	.	.	.	.	.	.	1	.	.	.	.
.	.	.	.	.	.	.	.	.	.	.	.	1	.	.	.	.	.
.	.	.	.	.	.	.	.	.	.	.	.	.	.	.	.	.	1
.	.	.	.	.	.	.	1	.	.	.	.	.	.	.	.	.	.
.	.	.	.	.	.	.	.	.	.	.	.	.	.	.	.	.	1
.	.	.	.	.	.	.	.	.	.	.	.	.	1	.	.	.	.
.	.	.	.	.	.	.	.	.	.	.	.	.	.	.	.	1	.
.	.	.	.	1	.	1	.	.	.	.	.	.	1	.	.	.	.
.	.	.	.	.	.	.	.	.	1	.	.	.	.	.	.	.	.
.	.	.	.	.	.	.	.	.	.	.	.	.	.	.	.	.	2
.	.	.	.	.	.	.	.	.	.	.	1	.	.	.	.	.	.
.	.	.	.	.	.	.	.	.	.	1	.	.	.	.	.	.	.
.	.	.	.	.	.	.	.	.	.	.	.	.	1	.	.	.	.
.	.	.	.	.	.	.	.	.	.	.	.	.	.	.	.	1	.
.	.	.	.	.	.	.	.	.	.	.	.	.	1	.	.	.	.

		1621—1625	1626—1635	1636—1645	1646—1655	1656—1665	1666—1675	1676—1685	1686—1695	1696—1705	1706—1715	1716—1725
Ursula	Margaretha	.	.	.	.	.	.	.	.	.	.	.
Veronica	Elisabetha	.	.	.	.	.	.	.	.	.	.	.
Wilhelmina	Anna	.	.	.	.	.	.	.	.	.	.	.
	Catharina	.	.	.	.	.	.	.	.	.	.	.
	Margaretha	.	.	.	.	.	.	.	.	.	.	.
	Rosina	.	.	.	.	.	.	.	.	.	.	.
Summe der verglichenen Namen		5	26	19		58	73	117	91	108	154	17
Summe der verschiedenen Namen		4	9	11		16	24	28	22	26	26	28
	in °/o	80	35	58		28	33	24	24	24	17	16

Statistische Übersichten

1533—1585.

Tabelle

Spalten	I	II	IIa	IIb		I	II	IIa	IIb		I	II	IIa	IIb
Frkf.	Gesamtziffer		Knab.	Mdch.	Frkf.	Gesamtziffer		Knab.	Mdch.	Frkf.	Gesamtziffer		Knab.	Mdch.
					1536	371	*2*	*2*		1546	486	*3*	*3*	
					37	457	*1*	*1*		47	368	*2*	*2*	
					38	505				48	482	*3*	*2*	*1*
					39	457	*1*	*1*		49	430	*2*	*2*	
					40	448				50	482	*5*	*5*	
					41	376	*2*	*2*		51	487	*1*	*1*	
					42	470	*1*	*1*		52	402			
1533	276				43	415	*1*	*1*		53	363	*5*	*5*	
34	495	*1*	*1*		44	515	*1*		*1*	54	430	*7*	*7*	
35	384				45	504				55	441	*3*	*3*	

1726—1735	1736—1745	1746—1755	1756—1765	1766—1775	1776—1785	1786—1795	1796—1805	1806—1815	1816—1825	1826—1835	1836—1845	1846—1855	1856—1865	1866—1875	1876—1885	1886—1895	1896—1905
.	.	.	.	.	.	.	.	.	.	.	.	.	.	.	1	.	.
.	.	.	.	.	.	.	.	.	.	.	.	.	.	1	.	.	.
.	.	.	.	.	.	.	.	.	.	.	.	.	.	.	1	.	.
.	.	.	.	.	.	.	.	.	.	.	.	.	.	.	1	.	.
.	.	.	.	.	.	.	.	.	.	.	.	.	.	.	.	.	1
.	.	.	.	.	.	.	.	.	.	.	.	.	.	1	.	.	.
208	190	222	166	165	144	144	100	132	112	110	126	126	124	159	173	147	183
29	27	24	25	27	29	28	21	20	24	25	23	34	50	56	64	61	77
14	14	11	15	16	19	19	21	15	21	23	18	27	40	35	37	41	42

für Frankfurt.

Nr. 1a.

Spalten Frkf.	I Gesamtziffer	II	IIa Knab.	IIb Mdch.	Frkf.	I Gesamtziffer	II	IIa Knab.	IIb Mdch.	Frkf.	I Gesamtziffer	II	IIa Knab.	IIb Mdch.
1556	493	*1*	*1*		1566	564	*8*	*7*	*1*	1576	521	*3*	*1*	*2*
57	394	*5*	*5*		67	510				77	600	*9*	*7*	*2*
58	446	*3*	*3*		68	534	*3*	*3*		78	609	*9*	*7*	*2*
59	422	*3*	*3*		69	443	*5*	*5*		79	623	*16*	*14*	*2*
60	448	*2*	*2*		70	619	*5*	*2*	*3*	80	584	*19*	*14*	*5*
61	541	*4*	*3*	*1*	71	570	*3*	*3*		81	642	*15*	*8*	*7*
62	515	*4*	*4*		72	561	*7*	*6*	*1*	82	559	*18*	*11*	*7*
63	537	*3*	*3*		73	484	*4*	*4*		83	615	*9*	*4*	*5*
64	489	*4*	*4*		74	525	*8*	*8*		84	584	*15*	*9*	*6*
65	529	*5*	*4*	*1*	75	481	*13*	*8*	*5*	85	577	*17*	*13*	*4*

Tabelle Nr. 1b.

Spalten	I	II	Ia	IIa	Ib	IIb
Frankfurt	Gesamtziffer		Knaben		Mädchen	
1535 Febr.	31		16		15	
1540 März	26		13		13	
1545 April	37		22		15	
1550 Mai	25		10		15	
1555 Juni	45		22		23	
1560 Juli	48		26		22	
1565 Aug.	56	*1*	25	*1*	31	
1570 Sept.	47		18		29	
1575 Okt.	36	*1*	10		26	*1*
1580 Nov.	41	*1*	22	*1*	19	
1585 Dez.	41	*2*	22	*2*	19	
1590 Jan.	61	*1*	34	*1*	27	
1595 Febr.	37	*2*	22	*1*	15	*1*
1600 März	57	*8*	25	*3*	32	*5*
1605 April	53	*15*	28	*8*	25	*7*
1610 Mai	45	*11*	24	*3*	21	*8*
1615 Juni	60	*16*	29	*7*	31	*9*
1620 Juli	52	*19*	21	*8*	31	*11*
1625 Aug.	74	*27*	38	*15*	36	*12*
1630 Sept.	79	*31*	42	*18*	37	*13*
1635 Okt.	69	*31*	41	*20*	28	*11*
1640 Nov.	73	*30*	32	*13*	41	*17*
1645 Dez.	53	*29*	24	*11*	29	*18*
1650 Jan.	54	*31*	30	*16*	24	*15*
1655 Febr.	47	*24*	21	*10*	26	*14*
1660 März	52	*26*	26	*13*	26	*13*
1665 April	46	*33*	20	*12*	26	*21*
1670 Mai	50	*34*	26	*15*	24	*19*
1675 Juni	52	*31*	31	*17*	21	*14*
1680 Juli	51	*33*	27	*15*	24	*18*
1685 Aug.	64	*49*	27	*20*	37	*29*
1690 Sept.	69	*50*	36	*24*	33	*26*
1695 Okt.	85	*55*	42	*22*	43	*33*
1700 Nov.	73	*47*	40	*22*	33	*25*
1705 Dez.	73	*57*	35	*25*	38	*32*
1710 Jan.	60	*46*	25	*17*	35	*29*
1715 Febr.	84	*68*	44	*31*	40	*37*
1720 März	71	*59*	33	*24*	38	*35*
1725 April	54	*45*	17	*12*	37	*33*
1730 Mai	74	*56*	38	*25*	36	*31*

	I	II	Ia	IIa	Ib
Frankfurt	Gesamtziffer		Knaben		Mäd
1735 Juni	81	*63*	41	*31*	40
1740 Juli	59	*41*	23	*17*	26
1745 Aug.	94	*80*	45	*37*	49
1750 Sept.	86	*70*	46	*35*	40
1755 Okt.	76	*60*	32	*19*	44
1760 Nov.	64	*45*	37	*27*	27
1765 Dez.	101	*86*	53	*43*	48
1770 Jan.	80	*65*	41	*32*	39
1775 Febr.	65	*56*	37	*32*	28
1780 März	77	*67*	43	*36*	34
1785 April	81	*71*	36	*30*	45
1790 Mai	74	*64*	35	*28*	39
1795 Juni	66	*56*	28	*20*	38
1800 Juli	60	*52*	30	*24*	30
1805 Aug.	71	*65*	37	*32*	34
1810 Sept.	76	*64*	32	*25*	44
1815 Okt.	73	*52*	35	*29*	38
1820 Nov.	111	*85*	60	*49*	51
1825 Dez.	77	*59*	38	*30*	39
1830 Jan.	102	*81*	54	*41*	48
1835 1.—15. Febr.	57	*48*	21	*20*	36
1840 16.—29. Febr.	47	*38*	18	*16*	29
1845 1.—15. März	54	*44*	26	*19*	28
1850 16.—31. März	66	*56*	28	*24*	38
1855 1.—15. April	62	*51*	29	*23*	33
1860 16.—30. April	46	*31*	22	*13*	24
1865 1.—15. Mai	75	*50*	40	*27*	35
1870 16.—31. Mai	97	*73*	47	*33*	50
1875 1.—8. Juni	68	*47*	29	*21*	39
1880 9.—16. Juni	84	*61*	36	*25*	48
1885 17.—24. Juni	103	*70*	57	*39*	46
1890 25.—30. Juni	100	*65*	57	*39*	43
1895 1.—8. Juli	92	*74*	34	*31*	58
1900 9.—16. Juli	157	*121*	83	*57*	74

Tabelle Nr. 2a. Einfache Mannsnamen.

		1535	1540–1565	1570–1595	1600–1625	1630–1655	1660–1685	1690–1715	1720–1745	1750–1775	1780–1805	1810–1835	1840–1865	1870–1895	1900
	Abraham	.	.	1	1	4	1	2	2	2	.	.	.	.	.
	Achilles	.	.	.	1	.	.	.	.	.	.	.	.	.	.
	Adam	.	2	2	2	3	1	1	1	.	.	.	.	2	.
	Adolf	.	.	.	2	.	.	.	.	.	1	.	2	.	.
	Adrian	.	.	.	.	1	.	.	.	.	.	.	.	.	.
	Albert	.	.	.	.	1	1	.	.	.	.	.	.	1	.
	Albrecht	.	1	.	.	.	.	.	.	.	.	.	.	.	.
	Alexander	.	.	.	.	.	1	1	.	.	.	1	.	.	.
	Alfred	.	.	.	.	.	.	.	.	.	.	.	.	1	.
10.	Alois	.	.	.	.	.	.	.	.	.	.	.	.	1	.
	Andreas	.	1	1	1	1	3	1	.	.	.	1	.	.	.
	Anton	.	.	3	2	1	.	1	4	1	1	2	.	.	.
	Arthur	.	.	.	.	.	.	.	.	.	.	.	.	1	.
	August	.	.	.	.	.	.	.	.	.	.	.	.	2	1
	Augustin	.	.	.	.	.	.	.	.	.	.	.	.	.	1
	Balthasar	1	2	1	1	1	.	.	1	2	.	.	.	.	.
	Bartholomäus	1	2	.	2	1	.	.	.	.	1	.	.	.	.
	Benjamin	.	.	.	.	.	.	1	1	1	.	1	.	.	.
	Bernhard	.	.	.	1	.	1	.	.	.	1	1	2	.	.
20.	Blasius	.	1	1	.	1	.	.	.	.	.	.	.	.	.
	Carl	.	1	.	1	.	1	2	1	.	.	2	3	4	.
	Caspar	1	5	3	.	3	.	.	1	.	1	.	.	.	.
	Christian	.	1	1	.	.	3	1	1	.	2	2	.	.	.
	Christoph	.	1	2	.	1	4	.	.	.	.	1	.	.	.
25.	Clemens	.	.	.	.	.	1	.	.	3	.	.	.	.	.

		1535	1540 — 1565	1570 — 1595	1600 — 1625	1630 — 1655	1660 — 1685	1690 — 1715	1720 — 1745	1750 — 1775	1780 — 1805	1810 — 1835	1840 — 1865	1870 — 1895	1900
26.	Conrad	1	11	6	4	2	1	2	1	1	.	1	2	1	1
	Cornelius	.	1	1	1	.	.	1	.	1	.	.	.	.	.
	Curt	.	.	.	.	.	.	.	.	.	.	.	1	.	.
	Daniel	.	2	1	3	.	1	1	4	.	.	.	.	.	.
	David	.	1	.	.	2	1	.	.	1	.	.	.	.	.
	Dietrich	.	2	1	1	1	2	.	1	.	.	.	.	.	.
	Dominicus	.	2	.	1	.	.	2	1	.	.	.	.	.	.
	Eduard	.	.	.	.	.	.	.	.	.	.	2	.	.	1
	Ehrenfried	.	.	.	.	.	.	.	1	.	.	.	.	.	.
	Ehrenreich	.	.	.	.	.	.	.	.	.	.	1	.	.	.
	Elias	.	.	.	.	1	.	.	.	.	.	.	.	.	.
	Engelhard	.	.	.	1	.	.	.	.	.	.	.	.	1	.
	Emanuel	.	.	.	.	.	.	.	.	.	1	.	.	.	.
	Emerich	1	.	.	.	.	.	.	.	.	.	.	.	.	.
	Emil	.	.	.	.	.	.	.	.	.	.	.	.	1	.
	Ernst	.	.	.	.	.	.	.	.	.	.	.	1	.	.
	Felix	.	1	.	.	.	.	.	.	1	.	.	.	.	.
	Ferdinand	.	.	.	.	.	.	.	.	.	1	.	.	2	.
	Franz	.	.	.	2	3	1	1	2	1	1	.	1	1	.
	Friedrich	.	.	2	.	.	.	2	1	2	1	1	1	7	2
	Georg	.	6	4	10	9	1	1	2	1	1	.	2	1	.
	Gerhard	.	.	1	.	1	.	.	.	.	2	2	.	.	.
	Gerlach	.	1	1	.	.	.	.	.	.	.	.	.	.	.
	Gispert	.	.	.	1	.	.	.	.	.	.	.	.	.	.
	Gottlieb	.	.	.	.	.	.	.	.	.	.	.	.	1	.

	1535	1540 — 1565	1570 — 1595	1600 — 1625	1630 — 1655	1660 — 1685	1690 — 1715	1720 — 1745	1750 — 1775	1780 — 1805	1810 — 1835	1840 — 1865	1870 — 1895	1900
Gottfried	.	.	.	1	.	1	1	.	1	.	1	.	.	.
Gustav	.	.	.	.	.	.	.	.	.	.	1	.	.	1
Hartmann	.	1	1	1	1	.	1	.	.	.	.	.	.	.
Hector	.	.	.	.	.	.	.	.	.	1	.	.	.	.
Heilmann	.	1	.	.	.	.	.	.	.	.	.	.	.	.
Heinrich	3	2	1	2	3	2	6	.	.	.	2	5	8	2
Hermann	.	1	1	.	1	.	.	1	.	.	4	.	.	2
Hieronymus	.	1	.	.	.	1	.	.	.	.	.	.	1	.
Hilarius	.	.	.	.	.	.	.	1	.	.	.	.	.	.
Hugo	.	.	.	.	.	.	.	.	.	.	.	.	1	.
Jacob	1	4	8	5	6	6	5	1	4	4	4	2	2	.
Jeremias	.	.	.	.	.	1	1	.	.	.	.	.	.	.
Jesaias	.	.	1	.	1	.	.	.	.	.	.	.	.	.
Joachim	.	.	1	.	.	.	1	.	.	.	.	.	.	.
Johann	3	35	32	20	17	10	18	10	16	11	4	2	1	2
Jonas	.	.	2	1	.	.	2	1	1	.	1	.	.	.
Joseph	.	.	.	.	.	.	.	.	.	.	.	4	4	1
Jost	.	.	.	2	1	.	.	.	.	.	1	.	.	.
Josua	.	.	.	.	.	1	.	.	.	.	.	.	.	.
Isaac	.	.	.	.	.	.	2	.	.	1	.	.	.	.
Israel	.	.	.	.	1	.	.	.	.	.	.	.	.	.
Julius	.	.	.	.	1	.	.	.	.	.	1	2	1	.
Justinian	.	.	.	.	.	.	1	.	.	1	.	.	.	.
Justus	.	.	.	.	.	.	.	.	.	.	.	.	1	.
Leonhard	.	.	1	.	1	2	1	.	.	.	.	.	1	.

	1535	1540 — 1565	1570 — 1595	1600 — 1625	1630 — 1655	1660 — 1685	1690 — 1715	1720 — 1745	1750 — 1775	1780 — 1805	1810 — 1835	1840 — 1865	1870 — 1895	190
Lorenz	.	.	2	3	.	.	.	.	.	.	.	.	.	1
Louis	.	.	.	.	.	.	.	.	.	.	2	.	.	.
Lucas	.	1	.	.	.	.	.	.	.	.	.	.	.	.
Ludwig	.	3	1	.	.	.	.	.	2	1	.	2	2	.
Marcus	.	1	1	1	.	.	.	.	.	.	.	.	.	.
Martin	1	.	2	2	2	1	2	.	2	.	2	.	.	.
Matern	.	1	1	.	1	.	.	.	.	.	.	.	.	.
Matthäus	.	.	3	2	3	1	.	.	.	.	.	.	.	.
Matthias	.	.	.	1	2	1	1	.	.	.	.	.	.	.
Max	.	.	.	.	.	.	.	.	.	.	.	2	2	.
Maximilian	.	.	.	1	.	.	.	.	.	.	.	.	.	.
Melchior	.	.	.	2	.	.	1	1	.	.	.	.	.	.
Michael	.	2	2	6	.	.	1	1	1	1	1	.	.	.
Moriz	.	1	.	.	.	.	.	.	.	.	.	2	.	.
Moses	.	.	.	1	.	.	.	.	.	.	.	.	.	.
Nicolaus	.	3	4	7	2	2	2	2	2	.	.	.	.	.
Ogier	.	.	.	1	.	.	.	.	.	.	.	.	.	.
Otto	.	.	.	.	.	.	1	.	.	.	.	.	.	.
Ottomar	.	.	1	.	.	.	.	.	.	.	.	.	.	.
Paul	.	.	1	2	2	1	3	.	1	.	.	.	.	.
Peter	1	7	10	3	9	3	2	4	4	2	.	.	1	.
Philipp	.	3	3	2	2	2	3	1	.	1	1	1	4	.
Quirinus	.	1	.	.	.	.	.	.	.	.	.	.	.	.
Reichard	.	.	.	1	.	.	.	.	.	.	.	.	.	.
Reimund	.	1	.	.	.	.	.	.	.	.	.	.	.	.

	1535	1540 — 1565	1570 — 1595	1600 — 1625	1630 — 1655	1660 — 1685	1690 — 1715	1720 — 1745	1750 — 1775	1780 — 1805	1810 — 1835	1840 — 1865	1870 — 1895	1900
Reinhard	.	.	1	.	.	1	.	.	.	.	.	.	.	.
Remigius	.	.	.	1	.	1	.	1	1	.	.	.	.	.
Richard	.	.	.	.	.	.	.	.	.	.	.	.	1	.
Robert	.	.	.	.	.	.	.	.	.	.	.	.	2	.
Rudolf	1	.	.	.	.	.	.	.	.	1	.	2	.	.
Samuel	.	.	1	.	.	.	1	.	.	1	.	.	.	.
Sebastian	.	.	.	3	1	1	1	.	.	.	.	1	.	.
Seger	.	.	.	.	1	1	.	.	.	.	.	.	.	.
Servatius	.	.	1	1	.	.	.	.	.	.	.	.	.	.
Sigfried	1	1	.	.	.	.	.	.	1	.	.	.	.	1
Simon	.	1	.	.	.	.	.	.	.	.	1	.	.	.
Stephan	.	1	.	2	.	1	.	.	.	.	.	.	.	.
Theobald	.	.	.	.	.	.	1	.	.	.	.	.	.	.
Theodor	.	.	.	.	.	.	.	1	.	.	1	.	1	.
Theophil	.	.	.	.	.	.	.	.	.	.	.	.	1	.
Thomas	.	.	1	1	3	1	.	.	.	1	.	.	.	.
Til	.	.	1	.	.	.	.	.	.	.	.	.	.	.
Valentin	.	.	1	.	.	.	1	.	.	.	.	.	.	.
Victor	.	.	.	.	.	.	.	.	.	.	.	1	1	.
Vincenz	.	.	2	.	1	.	.	.	.	.	.	.	.	.
Weigel	.	.	1	.	.	.	.	.	.	.	.	.	.	.
Wendel	.	.	.	1	.	.	.	.	.	.	.	.	1	.
Werner	.	.	1	2	.	.	.	.	.	.	.	.	.	.
Wigand	.	.	.	.	.	.	.	.	1	.	.	.	.	.
Wilhelm	.	.	.	4	.	.	4	1	1	.	3	2	5	3

	1535	1540—1565	1570—1595	1600—1625	1630—1655	1660—1685	1690—1715	1720—1745	1750—1775	1780—1805	1810—1835	1840—1865	1870—1895	1900
Willi	.	.	.	.	.	.	.	.	.	.	.	.	1	2
Wolf	.	.	.	.	.	.	.	.	.	.	1	.	.	.
Wolfgang	.	.	.	.	.	.	.	.	.	.	1	.	.	.
Zacharias	.	.	.	.	.	.	.	.	1	1	.	.	.	.
Zimbrecht	.	.	.	.	.	1	.	.	.	.	.	.	.	.
Summe der verglichenen Namen	16	116	121	120	99	66	83	51	56	41	50	43	69	21
Summe der verschiedenen Namen	12	40	47	49	40	38	40	30	27	25	31	22	36	14
in %	75	34	39	41	40	58	48	59	48	61	62	51	52	67

Tabelle Nr. 2 b. Einfache Frauennamen.

	1535	1540—1565	1570—1595	1600—1625	1630—1655	1660—1685	1690—1715	1720—1745	1750—1775	1780—1805	1810—1835	1840—1865	1870—1895	1900
Adele	.	.	.	.	.	.	.	.	.	.	.	2	.	.
Agatha	.	1	1	.	1	.	2	1	.	.	.	.	.	.
Agnes	.	1	6	1	6	2	1	.	.	.	.	.	.	.
Amalia	.	.	.	.	.	.	.	.	1	2	.	.	.	.
Anastasia	.	.	1	1	.	.	.	.	.	.	.	.	.	.
Anna	1	17	12	18	5	.	3	.	1	.	.	.	5	1
Antonetta	.	.	.	.	.	.	.	.	.	.	1	.	.	.
Apollonia	.	.	1	.	3	1	.	.	.	.	.	.	.	.
Augusta	.	.	.	.	.	.	.	.	.	.	.	1	3	.
Babetta	.	.	.	.	.	.	.	.	.	.	.	1	.	.
Barbara	.	4	4	7	3	.	.	.	.	.	.	1	1	.

	1535	1540 — 1565	1570 — 1595	1600 — 1625	1630 — 1655	1660 — 1685	1690 — 1715	1720 — 1745	1750 — 1775	1780 — 1805	1810 — 1835	1840 — 1865	1870 — 1895	1900
Bertha	.	.	.	.	.	.	.	.	.	.	1	1	3	.
Carolina	.	.	.	.	.	.	.	.	.	.	1	2	4	.
Catharina	5	25	22	16	15	8	10	4	8	2	3	3	5	1
Charlotte	.	.	.	.	.	.	.	.	.	.	.	1	.	.
Christiana	.	.	.	.	.	.	.	.	.	.	2	.	.	.
Christina	.	2	5	.	5	.	2	3	1	.	1	.	1	1
Clara	.	2	1	.	2	.	.	.	.	.	.	.	1	.
Cornelia	.	.	.	.	.	1	.	1	.	.	.	.	.	.
Dorothea	.	.	2	3	2	1	.	.	2	.	.	1	.	.
Eila	.	2	2	.	2	.	.	.	.	.	.	.	.	.
Elisabetha	2	16	15	20	12	6	2	1	4	1	6	1	9	2
Elise	.	.	.	.	.	.	.	.	.	.	.	.	3	.
Ella	.	.	.	.	.	.	.	.	.	.	.	.	.	1
Else	.	.	.	.	.	.	.	.	.	.	.	.	.	1
Emilia	.	.	.	.	.	.	.	.	.	.	.	2	2	.
Emma	.	.	.	.	.	.	.	.	.	.	1	1	1	2
Engel	.	.	1	.	.	.	.	.	.	.	.	.	.	.
Esther	.	.	.	1	.	.	.	.	.	.	.	.	.	.
Eulalia	.	.	.	.	.	1	.	.	.	.	.	.	.	.
Eva	.	1	1	.	.	.	.	.	.	.	.	.	2	.
Felicita(s)	.	3	.	.	.	.	.	.	.	.	.	.	.	.
Flora	.	.	.	.	.	.	.	.	.	.	.	.	1	.
Florence	.	.	.	.	.	.	.	.	.	.	.	1	.	.
Florentina	.	1	.	.	.	.	.	.	.	.	.	.	.	.
Franzisca	.	.	.	.	.	.	.	.	.	.	.	2	.	.

	1535	1540—1565	1570—1595	1600—1625	1630—1655	1660—1685	1690—1715	1720—1745	1750—1775	1780—1805	1810—1835	1840—1865	1870—1895	1900
Frida	.	.	.	.	.	.	.	.	.	.	.	.	3	.
Friederica	.	.	.	.	.	.	.	1	.	.	2	.	.	.
Gertrud	.	.	2	.	3	1	1	2	.	.	.	.	1	.
Gitta	.	.	.	.	.	.	.	.	.	.	.	1	.	.
Guda	1	1	.	.	.	.	.	.	.	.	.	.	.	.
Hanchen	.	.	.	.	.	.	.	.	.	.	1	.	.	.
Hedwig	.	.	.	.	.	.	.	.	.	.	.	.	1	.
Helena	.	1	1	.	.	.	.	1	1	1	.	2	1	.
Henrietta	.	.	.	.	.	.	.	.	.	.	2	2	2	.
Jacobea	.	.	.	.	.	.	1	.	.	.	.	.	.	.
Jacobina	.	.	.	.	1	.	1	.	.	.	.	.	.	.
Jacobis	.	.	.	1	.	.	.	.	.	.	.	.	.	.
Jeanetta	.	.	.	.	.	.	.	.	.	.	1	.	.	.
Jenny	.	.	.	.	.	.	.	.	.	.	.	.	1	.
Jetta	.	.	.	.	.	.	.	.	.	.	3	.	.	.
Johanna	.	.	.	.	1	.	.	.	.	1	1	1	1	.
Johannata	.	.	.	.	.	1	.	.	.	.	.	.	.	.
Johanneta	.	.	.	.	1	.	.	.	.	.	.	.	.	.
Johannetta	.	.	.	.	.	.	.	.	.	.	1	.	.	.
Jonica	.	.	1	.	.	.	.	.	.	.	.	.	.	.
Judith	.	1	3	2	.	.	.	.	.	.	.	.	.	.
Julia	.	.	.	.	.	.	.	.	.	.	.	.	1	.
Juliana	.	.	1	.	.	.	1	.	.	.	.	.	.	.
Justina	.	.	.	.	1	.	.	.	.	.	.	.	.	.
Kunigunde	.	1	.	3	.	.	.	.	.	.	.	.	.	.

	1535	1540 — 1565	1570 — 1595	1600 — 1625	1630 — 1655	1660 — 1685	1690 — 1715	1720 — 1745	1750 — 1775	1780 — 1805	1810 — 1835	1840 — 1865	1870 — 1895	1900
Lenchen	.	.	.	.	.	.	.	.	.	.	1	.	.	.
Leonore	.	.	.	.	.	.	.	.	.	.	.	.	1	.
Lina	.	.	.	.	.	.	.	.	.	.	.	.	1	.
Lucia	1	.	.	.	.	.	.	.	.	.	.	.	.	.
Lucretia	.	.	1	1	2	.	.	.	.	.	.	.	.	.
Luise	.	.	.	.	.	.	.	.	.	1	1	.	3	.
Magdalena	.	2	5	4	1	3	1	.	2	.	4	.	.	.
Margaretha	5	24	24	12	9	6	1	1	3	2	2	1	7	.
Maria	.	3	13	11	8	3	3	5	1	.	3	4	5	.
Marianna	.	.	.	.	.	.	.	.	1	1	1	.	1	.
Martha	.	1	.	.	.	.	.	.	.	.	.	.	.	.
Mathilde	.	.	.	.	.	.	.	.	.	.	3	.	.	.
Melanie	.	.	.	.	.	.	.	.	.	.	.	1	.	.
Merkel	.	1	.	.	.	.	.	.	.	.	.	.	.	.
Mina	.	.	.	.	.	.	.	.	.	.	1	.	3	.
Ottilia	.	1	1	.	.	1	.	.	1	.	.	.	.	.
Petronella	.	1	.	.	.	.	.	.	.	.	.	.	.	.
Philippina	.	.	.	.	.	.	1	.	.	.	.	.	.	.
Rachel	.	1	.	.	.	.	1	.	.	.	.	.	.	.
Rata	.	1	.	.	.	.	.	.	.	.	.	.	.	.
Rebecca	.	.	.	.	.	2	2	2	.	.	1	.	.	.
Regina	.	.	.	1	.	1	1	.	.	.	1	1	.	.
Rosa	.	.	.	.	.	.	.	.	.	.	.	.	1	.
Rosalia	.	.	.	.	.	.	.	.	.	.	2	.	.	.
Rosina	.	.	.	.	.	.	.	.	.	1	.	.	1	.

	1535	1540 — 1565	1570 — 1595	1600 — 1625	1630 — 1655	1660 — 1685	1690 — 1715	1720 — 1745	1750 — 1775	1780 — 1805	1810 — 1835	1840 — 1865	1870 — 1895	190
Sara	.	.	2	4	1	3	3	2	.	1	.	.	.	.
Sibylla	.	.	.	.	.	.	.	.	1	.	.	.	.	.
Sophia	.	.	1	1	.	.	.	.	.	.	3	.	5	.
Stephania	.	1	.	.	.	.	.	.	.	.	.	.	.	.
Susanna	.	2	2	7	9	3	5	3	4	2	2	1	.	.
Theresa	.	.	.	.	.	.	.	.	.	.	1	1	.	.
Ursula	.	1	.	8	1	.	.	.	.	.	.	.	.	.
Veronica	.	1	.	.	1	.	.	.	.	.	.	.	.	.
Walburg	.	.	1	1	1	1	.	.	.	.	.	.	.	.
Wilhelmina	.	.	.	.	.	.	.	.	.	.	1	1	.	
Summe der verglichenen Namen	15	119	122	123	96	44	42	27	31	15	54	36	80	1
Summe der verschiedenen Namen	6	20	28	21	25	18	19	13	14	11	30	25	32	
in %	40	25	23	17	26	41	45	48	45	74	56	69	40	8

Tabelle Nr. 3a. Männliche Doppelvornamen.

		1535	1540 — 1565	1570 — 1595	1600 — 1625	1630 — 1655	1660 — 1685	1690 — 1715	1720 — 1745	1750 — 1775	1780 — 1805	1810 — 1835	1840 — 1865	1870 — 1895	19
Adam	Balthasar	.	.	.	.	.	.	.	.	.	.	.	.	1	
	Friedrich	.	.	.	.	.	.	.	1	.	.	.	.	.	
	Heinrich	.	.	.	.	.	.	.	.	.	.	.	.	1	
	Valentin	.	.	.	.	.	.	.	.	.	1	.	.	.	
Adolf	Conrad	.	.	.	.	.	.	.	.	.	.	1	.	.	
	Friedrich	.	.	.	.	.	.	.	.	.	.	.	.	.	

		1535	1540 — 1565	1570 — 1595	1600 — 1625	1630 — 1655	1660 — 1685	1690 — 1715	1720 — 1745	1750 — 1775	1780 — 1805	1810 — 1835	1840 — 1865	1870 — 1895	1900
Adolf	Heinrich	.	.	.	.	.	.	.	.	.	.	.	1	.	.
	Hermann	.	.	.	.	.	.	.	.	.	.	.	.	1	.
	Maximilian	.	.	.	.	.	.	.	.	.	.	.	1	.	.
Albert	Eduard	.	.	.	.	.	.	.	.	.	.	.	.	1	.
	Otto	.	.	.	.	.	.	.	.	.	.	.	.	.	1
Alexander	Mortimer	.	.	.	.	.	.	.	.	.	.	1	.	.	.
Alfons	Gustav	.	.	.	.	.	.	.	.	.	.	.	.	1	.
Alfred	Carl	.	.	.	.	.	.	.	.	.	.	.	.	1	.
Andreas	Christian	.	.	.	.	.	.	.	1	.	.	.	.	.	.
Anton	Christian	.	.	.	.	.	.	.	.	.	.	1	.	.	.
	Hugo	.	.	.	.	.	.	.	.	.	.	.	.	1	.
Arnold	Albert	.	.	.	.	.	.	.	.	.	.	.	.	1	.
Arthur	Heinrich	.	.	.	.	.	.	.	.	.	.	.	.	1	.
	Leopold	.	.	.	.	.	.	.	.	.	.	.	.	1	.
August	Bernhard	.	.	.	.	.	.	.	.	.	.	.	1	.	.
	Christian	.	.	.	.	.	.	.	.	.	.	.	2	.	.
	Friedrich	.	.	.	.	.	.	.	.	.	2	.	.	.	.
	Georg	.	.	.	.	.	.	.	.	.	.	.	.	1	.
	Heinrich	.	.	.	.	.	.	.	.	.	.	.	.	2	.
	Johann	.	.	.	.	.	.	.	.	.	.	.	.	1	.
	Joseph	.	.	.	.	.	.	.	.	:	.	.	.	1	.
Balthasar	Heinrich	.	.	.	.	.	.	.	.	.	.	1	.	.	.
	Lorenz	.	.	.	.	1	.	.	.	.	.	.	.	.	.
	Nicolaus	.	.	.	.	.	.	.	.	1	.	.	.	.	.
Bartholom.	Matthäus	.	.	.	.	1	.	.	.	.	.	.	.	.	.

		1535	1540 — 1565	1570 — 1595	1600 — 1625	1630 — 1655	1660 — 1685	1690 — 1715	1720 — 1745	1750 — 1775	1780 — 1805	1810 — 1835	1840 — 1865	1870 — 1895	1900
Bernhard	Eduard	.	.	.	.	.	.	.	.	.	.	1	.	.	.
	Otto	.	.	.	.	.	.	.	.	.	1	.	.	.	.
Bodo	Wilhelm	.	.	.	.	.	.	.	.	1	.	.	.	.	.
Carl	Adolf	.	.	.	.	.	.	.	.	.	.	.	.	1	.
	Alexander	.	.	.	.	.	.	.	1	.	.	1	.	1	.
	Anton	.	.	.	.	.	.	.	.	.	.	1	1	.	.
	August	.	.	.	.	.	.	.	1	.	.	.	1	2	1
	Caspar	.	.	.	.	.	.	.	.	.	.	.	.	1	.
	Eberhard	.	.	.	.	.	.	.	.	.	1	.	.	.	.
	Elias	.	.	.	.	.	.	.	.	.	1	.	.	.	.
	Emil	.	.	.	.	.	.	.	.	.	.	.	.	1	.
	Franz	.	.	.	.	.	.	.	.	.	1	.	.	.	.
	Friedrich	.	.	.	.	.	.	.	1	.	.	3	2	3	.
	Gotthilf	.	.	.	.	.	.	.	.	.	.	1	.	.	.
	Heinrich	.	.	.	.	.	.	.	.	.	.	.	.	1	.
	Hermann	.	.	.	.	.	.	.	.	.	.	.	.	1	.
	Jacob	.	.	.	.	.	.	.	.	.	.	.	1	.	.
	Jean	.	.	.	.	.	.	.	.	.	.	.	.	.	1
	Julius	.	.	.	.	.	.	.	.	.	.	1	.	1	.
	Ludwig	.	.	.	.	.	.	1	.	1	.	2	3	2	1
	Martin	.	.	.	.	.	.	.	.	.	.	.	1	.	.
	Otto	.	.	.	.	.	.	.	.	.	.	1	.	1	.
	Philipp	.	.	.	.	.	.	.	.	.	1	.	.	1	.
	Robert	.	.	.	.	.	.	.	.	.	.	.	.	1	.
	Theodor	.	.	.	.	.	.	.	.	.	.	1	.	.	.

		1535	1540—1565	1570—1595	1600—1625	1630—1655	1660—1685	1690—1715	1720—1745	1750—1775	1780—1805	1810—1835	1840—1865	1870—1895	1900
Carl	Valentin	.	.	.	.	.	.	.	.	.	.	1	.	.	.
	Wilhelm	.	.	.	.	.	.	.	.	.	1	2	1	2	2
	Willi	.	.	.	.	.	.	.	.	.	.	.	.	.	1
Caspar	Jacob	.	.	.	.	.	.	.	.	.	.	.	.	1	.
	Wilhelm	.	.	.	.	.	.	.	.	1	.	.	.	.	.
Christian	August	.	.	.	.	.	.	.	.	.	.	1	.	.	.
	Friedrich	.	.	.	.	.	.	.	.	1	.	2	1	.	.
	Heinrich	.	.	.	.	.	.	.	.	1	.	2	.	.	.
	Ludwig	.	.	.	.	.	.	.	.	2	.	.	.	.	.
	Philipp	.	.	.	.	.	.	.	.	1	.	.	.	.	.
	Wilhelm	.	.	.	.	.	.	.	.	.	.	1	.	.	.
Christoph	Friedrich	.	.	.	.	.	.	1	.	.	.	.	.	.	.
	Heinrich	.	.	.	.	.	.	.	.	.	1	.	.	.	.
	Jacob	.	.	.	.	.	.	.	.	1	.	.	.	.	.
	Ludwig	.	.	.	.	.	.	.	.	.	1	.	.	.	.
Conrad	Caspar	.	.	.	.	.	.	.	.	.	.	1	.	.	.
	Friedrich	.	.	.	.	.	.	.	.	.	.	.	.	1	.
	Hieronym.	.	.	.	.	.	.	.	.	.	1	.	.	.	.
	Martin	.	.	.	.	.	.	.	.	.	.	1	.	.	.
Cornelius	Friedrich	.	.	.	.	.	.	.	.	1	.	.	.	.	.
Daniel	Ambrosius	.	.	.	.	.	.	.	.	.	.	1	.	.	.
	Arnold	.	.	.	.	.	.	.	.	.	.	1	.	.	.
	Ludwig	.	.	.	.	.	.	.	.	.	.	.	.	1	.
David	Christian	.	.	.	.	.	.	.	.	.	.	1	.	.	.
Eberhard	Ludwig	.	.	.	.	.	.	.	.	.	.	.	1	.	.

		1535	1540 — 1565	1570 — 1595	1600 — 1625	1630 — 1655	1660 — 1685	1690 — 1715	1720 — 1745	1750 — 1775	1780 — 1805	1810 — 1835	1840 — 1865	1870 — 1895	190
Eduard	Edmund	.	.	.	.	.	.	.	.	.	.	1	.	.	.
	Friedrich	.	.	.	.	.	.	.	.	.	.	.	1	.	.
	Hermann	.	.	.	.	.	.	.	.	.	.	.	.	1	.
Egidius	Willi	.	.	.	.	.	.	.	.	.	.	.	.	1	.
Emil	Carl	.	.	.	.	.	.	.	.	.	.	.	.	.	1
	Ludwig	.	.	.	.	.	.	.	.	.	.	.	.	1	.
Ernst	Bernhard	.	.	.	.	.	.	.	.	.	.	.	.	.	1
	Christian	.	.	.	.	.	.	.	.	1	.	.	.	.	.
	Ferdinand	.	.	.	.	.	.	.	.	.	.	1	.	.	.
	Friedrich	.	.	.	.	.	.	.	.	.	.	1	.	.	.
	Heinrich	.	.	.	.	.	.	.	.	.	1	.	.	1	.
	Jacob	.	.	.	.	.	1	.	.	.	.	.	.	.	.
	Julius	.	.	.	.	.	.	.	.	.	.	.	.	1	.
	Theodor	.	.	.	.	.	.	.	.	.	.	.	1	.	.
Erwin	Friedrich	.	.	.	.	.	.	.	.	.	.	.	.	1	.
Etienne	Emil	.	.	.	.	.	.	.	.	.	.	.	.	1	.
Eugen	Joseph	.	.	.	.	.	.	.	.	.	.	.	.	1	.
Felix	Richard	.	.	.	.	.	.	.	.	.	.	.	.	1	.
Ferdinand	August	.	.	.	.	.	.	.	.	.	1	.	.	.	.
	Gottlieb	.	.	.	.	.	.	.	.	.	.	.	.	1	.
Franz	Alexander	.	.	.	.	.	.	.	.	.	.	1	.	.	.
	Andreas	.	.	.	.	.	.	.	.	.	.	1	.	.	.
	August	.	.	.	.	.	.	.	.	.	.	.	.	1	.
	Carl	.	.	.	.	.	.	.	.	1	.	1	.	1	.
	Ignaz	.	.	.	.	.	.	.	.	.	.	.	.	1	.

		1535	1540 — 1565	1570 — 1595	1600 — 1625	1630 — 1655	1660 — 1685	1690 — 1715	1720 — 1745	1750 — 1775	1780 — 1805	1810 — 1835	1840 — 1865	1870 — 1895	1900
ranz	Johann	.	.	.	.	.	.	.	.	.	.	.	.	1	.
	Joseph	.	.	.	.	.	.	.	.	.	1	.	.	2	.
	Leonhard	.	.	.	.	.	.	.	.	.	.	.	.	1	.
	Nicolaus	.	.	.	.	.	2	.	.	.	.	.	.	.	.
	Peter	.	.	.	.	.	.	.	.	.	1	.	.	.	.
	Sigmund	.	.	.	.	.	.	.	.	.	2	.	.	.	.
	Wilhelm	.	.	.	.	.	.	1	.	.	.	1	.	.	.
riedrich	Carl	.	.	.	.	.	.	.	.	1	1	1	.	.	2
	Emil	.	.	.	.	.	.	.	.	.	.	.	.	1	.
	Ernst	.	.	.	.	.	.	.	.	.	.	.	1	.	.
	Franz	.	.	.	.	.	.	.	.	.	.	.	.	.	1
	Georg	.	.	.	.	.	.	.	.	1	.	.	.	.	.
	Heinrich	.	.	.	.	.	.	.	.	.	1	1	.	.	.
	Hermann	.	.	.	.	.	.	.	.	.	.	.	.	1	.
	Jacob	.	.	.	.	.	.	1	.	.	.	.	.	.	.
	Justus	.	.	.	.	.	.	.	.	.	1	.	.	.	.
	Ludwig	.	.	.	.	.	.	.	1	.	.	1	.	1	.
	Maximilian	.	.	.	.	.	.	.	.	1	.	.	.	.	.
	Theodor	.	.	.	.	.	.	.	.	.	1	.	1	.	.
	Wilhelm	.	.	.	.	.	.	1	.	1	.	.	4	4	5
abriel	Christoph	.	.	.	.	.	1	.	.	.	.	.	.	.	.
eorg	Adolf	.	.	.	.	.	.	.	.	1	.	.	.	.	.
	Adrian	.	.	.	.	.	1	.	.	.	.	.	.	.	.
	Alexander	.	.	.	.	.	.	.	.	.	.	.	.	1	.
	August	.	.	.	.	.	.	.	.	.	.	.	.	1	.

		1535	1540 — 1565	1570 — 1595	1600 — 1625	1630 — 1655	1660 — 1685	1690 — 1715	1720 — 1745	1750 — 1775	1780 — 1805	1810 — 1835	1840 — 1865	1870 — 1895	190
Georg	Carl	.	.	.	.	.	.	.	.	.	2	.	.	.	.
	Caspar	.	.	.	.	.	.	.	1	.	.	.	.	.	.
	Christian	.	.	.	.	.	.	.	.	2	.	.	.	.	.
	Christoph	.	.	.	.	.	.	.	.	1	.	.	.	.	.
	Friedrich	.	.	.	.	.	.	1	1	.	1	1	2	1	.
	Gottfried	.	.	.	.	.	.	.	.	1	.	.	.	.	.
	Gustav	.	.	.	.	.	.	2	.	.	.	.	.	.	.
	Heinrich	.	.	.	.	.	.	1	.	.	.	1	2	.	.
	Hermann	.	.	.	.	.	.	.	.	.	.	.	.	.	.
	Jacob	.	.	.	.	.	.	.	1	1	1	.	.	.	.
	Joseph	.	.	.	.	.	.	.	.	.	.	1	1	1	.
	Julius	.	.	.	.	.	.	1	.	.	.	.	.	1	.
	Ludwig	.	.	.	.	.	.	1	.	.	.	.	.	.	.
	Martin	.	.	.	.	.	.	.	.	.	.	.	1	.	.
	Michael	.	.	.	.	.	.	.	.	.	.	1	.	.	.
	Nicolaus	.	.	.	.	.	.	.	.	.	.	1	.	.	.
	Peter	.	.	.	.	.	.	.	.	.	1	.	.	.	.
	Philipp	.	.	.	.	.	1	.	.	2	.	.	.	.	.
	Simon	.	.	.	.	.	.	.	.	.	1	.	.	.	.
	Wilhelm	.	.	.	.	.	.	.	.	1	1	.	.	3	.
	Willi	.	.	.	.	.	.	.	.	.	.	.	.	1	.
	Wolfgang	.	.	.	.	.	.	.	.	1	.	.	.	.	.
Gerhard	Adolf	.	.	.	.	.	.	.	.	.	1	.	.	.	.
	Johann	.	.	.	.	.	.	.	.	.	.	.	1	.	.
Gottfried	Leonhard	.	.	.	.	.	.	.	.	.	.	1	.	.	.

		1535	1540 — 1565	1570 — 1595	1600 — 1625	1630 — 1655	1660 — 1685	1690 — 1715	1720 — 1745	1750 — 1775	1780 — 1805	1810 — 1835	1840 — 1865	1870 — 1895	1900
Gotthard	Eduard	.	.	.	.	.	.	.	.	.	.	.	1	1	.
Gottlieb	Friedrich	.	.	.	.	.	.	.	.	.	.	1	.	.	.
Gustav	Adolf	.	.	.	.	.	.	.	.	.	.	1	2	2	1
	Arthur	.	.	.	.	.	.	.	.	.	.	.	.	1	.
	August	.	.	.	.	.	.	.	.	.	.	.	1	.	.
	Justus	.	.	.	.	.	.	.	.	.	.	.	1	.	.
	Martin	.	.	.	.	.	.	.	.	.	.	1	.	.	.
	Remigius	.	.	.	.	.	.	.	.	.	1	.	.	.	.
Harry	Ferdinand	.	.	.	.	.	.	.	.	.	.	.	.	1	.
Heinrich	Adam	.	.	.	.	.	.	.	.	.	.	.	.	1	.
	Adolf	.	.	.	.	.	.	.	.	.	.	.	.	1	.
	Anton	.	.	.	.	.	.	.	.	.	.	1	.	.	.
	Arnold	.	.	.	.	.	.	.	.	.	.	.	1	.	.
	August	.	.	.	.	.	.	.	.	.	.	1	1	.	.
	Bernhard	.	.	.	.	.	.	1	1	.	.	.	.	.	.
	Carl	.	.	.	.	.	.	.	.	1	.	.	.	1	.
	Christian	.	.	.	.	.	.	.	.	.	.	.	1	.	.
	Daniel	.	.	.	.	.	.	.	.	.	1	.	.	.	.
	Dominicus	.	.	.	.	.	.	.	.	1	.	.	.	.	.
	Eduard	.	.	.	.	.	.	.	.	.	.	.	1	.	.
	Ehrenfried	.	.	.	.	.	.	.	1	1	1	.	.	.	.
	Gerhard	.	.	.	.	.	.	.	.	.	.	.	1	.	.
	Hermann	.	.	.	.	.	.	1	.	.	.	.	.	.	.
	Joseph	.	.	.	.	.	.	.	.	.	.	.	1	1	.
	Julius	.	.	.	.	1	.	.	.	.	.	.	.	.	.

		1535	1540 — 1565	1570 — 1595	1600 — 1625	1630 — 1655	1660 — 1685	1690 — 1715	1720 — 1745	1750 — 1775	1780 — 1805	1810 — 1835	1840 — 1865	1870 — 1895	190
Heinrich	Louis	.	.	.	.	.	.	.	.	.	.	.	.	1	.
	Ludwig	.	.	.	.	1	.	.	.	.	.	1	.	.	.
	Martin	.	.	.	.	.	.	.	.	.	.	.	.	1	.
	Max	.	.	.	.	.	.	.	.	.	.	.	.	1	.
	Otto	.	.	.	.	.	.	.	.	.	.	.	.	1	.
	Peter	.	.	.	.	.	.	.	.	.	.	.	1	.	.
	Wilhelm	.	.	.	.	.	.	.	.	.	.	.	.	2	1
Hermann	Adolf	.	.	.	.	.	.	.	1	.	.	.	.	.	.
Hieronym.	Adolf	.	.	.	.	.	.	1	.	.	.	.	.	.	.
	August	.	.	.	1	.	.	1	.	.	.	.	.	.	.
	Friedrich	.	.	.	.	.	.	.	.	.	.	.	.	1	.
	Peter	.	.	.	.	1	.	.	1	.	.	.	.	.	.
Hugo	Hermann	.	.	.	.	.	.	.	.	.	.	.	.	1	.
	Robert	.	.	.	.	.	.	.	.	.	.	.	.	1	.
Jacob	Andreas	.	.	.	.	.	.	.	.	.	1	.	.	.	.
	Emanuel	.	.	.	.	.	.	.	.	1	.	.	.	.	.
	Friedrich	.	.	.	.	.	.	2	1	1	5	1	.	.	.
	Heinrich	.	.	.	.	.	.	.	1	.	.	.	.	.	.
	Leonhard	.	.	.	.	.	.	.	.	.	.	.	.	1	.
	Peter	.	.	.	.	.	.	.	.	.	1	.	.	.	.
	Philipp	.	.	.	.	.	.	.	1	.	.	.	.	.	.
	Wilhelm	.	.	.	.	.	.	.	.	.	.	.	1	.	.
Jean	Carlomann	.	.	.	.	.	.	.	.	.	.	.	.	.	1
	Hermann	.	.	.	.	.	.	.	.	.	.	.	.	1	.
Jeremias	Peter	.	.	.	.	.	.	.	.	1	.	.	.	.	.

		1535	1540–1565	1570–1595	1600–1625	1630–1655	1660–1685	1690–1715	1720–1745	1750–1775	1780–1805	1810–1835	1840–1865	1870–1895	1900
esaias	Philipp	.	.	.	.	.	.	1	.	.	.	.	.	.	.
gnaz	Heinrich	.	.	.	.	.	.	.	.	.	.	.	.	1	.
'ohann	Achilles	.	.	.	.	.	1	.	.	.	.	.	.	.	.
	Adam	.	.	.	2	3	.	.	2	5	2	5	.	1	1
	Adolf	.	.	1	.	1	3	.	.	.	.	2	.	.	.
	Albrecht	.	.	.	.	.	.	.	1	.	.	.	.	.	.
	Alexander	.	.	.	.	.	.	.	.	1	.	.	.	.	.
	Andreas	.	.	.	.	.	1	.	2	6	.	1	.	.	.
	Anselm	.	.	.	.	.	.	1	2	.	.	.	.	.	.
	Anton	.	.	.	1	.	.	.	.	.	.	.	.	.	.
	Arnold	.	.	.	.	.	1	.	.	.	.	.	.	.	.
	August	.	.	.	.	.	.	.	.	.	.	2	.	.	.
	Balthasar	.	.	.	.	1	.	5	3	.	.	.	.	1	.
	Baptist	.	.	.	.	1	1	.	.	.	.	.	.	.	.
	Bartholom.	.	.	.	.	.	.	3	.	1	.	.	.	.	.
	Bechtold	.	.	.	.	1	.	.	.	1	.	.	.	.	.
	Benedict	.	.	.	.	.	.	1	.	.	.	.	.	.	.
	Benjamin	.	.	.	.	.	.	.	1	.	1	.	.	.	.
	Bernhard	.	.	.	.	1	.	.	2	.	1	1	.	.	.
	Carl	.	.	.	.	1	.	2	1	4	4	4	.	1	.
	Casimir	.	.	.	.	1	.	.	.	.	.	.	.	.	.
	Caspar	.	.	.	1	2	1	2	.	4	.	.	.	.	.
	Christian	.	.	.	1	.	1	2	3	4	.	5	.	.	.
	Christoph	.	.	2	1	1	1	7	4	2	2	3	.	.	.
	Conrad	.	.	.	2	4	3	4	6	2	2	1	1	.	.

		1535	1540 — 1565	1570 — 1595	1600 — 1625	1630 — 1655	1660 — 1685	1690 — 1715	1720 — 1745	1750 — 1775	1780 — 1805	1810 — 1835	1840 — 1865	1870 — 1895	190
Johann	Cornelius	.	.	.	.	.	.	1	.	.	.	.	.	.	
	Daniel	.	.	.	.	3	1	6	5	3	1	.	.	.	
	David	.	.	.	.	1	.	.	1	3	1	1	.	.	
	Dietrich	.	.	.	.	.	.	.	1	.	1	1	1	.	
	Dominicus	.	.	.	1	.	.	.	.	.	1	.	.	.	
	Eberhard	.	.	.	.	1	.	.	.	.	.	.	.	.	
	Emerich	.	.	.	.	.	.	.	.	1	.	.	.	.	
	Emil	.	.	.	.	.	.	.	.	.	.	.	.	1	
	Erasmus	.	.	.	.	.	1	1	.	.	.	.	.	.	
	Ernst	.	.	.	.	.	.	.	.	1	.	.	.	.	
	Felix	.	.	.	.	.	.	.	.	1	.	.	.	.	
	Franz	.	.	.	.	.	.	.	.	.	1	.	.	.	
	Friedrich	.	.	1	1	1	1	3	5	9	6	6	5	1	
	Gabriel	.	.	.	.	1	.	.	.	.	.	.	.	.	
	Georg	.	.	.	5	8	7	8	11	9	10	5	3	1	
	Gerhard	.	.	.	.	1	1	1	2	.	1	.	.	.	
	Gerlach	.	.	.	.	1	.	.	.	.	.	.	.	.	
	Gottfried	.	.	.	.	1	.	1	1	2	.	.	.	1	
	Gottlieb	.	.	.	.	.	.	.	.	1	.	1	.	.	
	Gustav	.	.	.	.	.	.	.	1	.	.	.	.	.	
	Hartmann	.	.	.	1	2	.	.	1	3	.	.	1	.	
	Hector	.	.	1	2	1	.	1	.	.	.	.	.	.	
	Heinrich	.	1	.	3	6	4	6	2	15	9	5	4	1	
	Helfrich	.	.	.	.	1	.	.	.	.	.	.	.	.	
	Hermann	.	.	.	.	1	.	1	.	1	.	.	.	.	

		1535	1540–1565	1570–1595	1600–1625	1630–1655	1660–1685	1690–1715	1720–1745	1750–1775	1780–1805	1810–1835	1840–1865	1870–1895	1900
hann	Hieronym.	.	.	.	2	.	.	.	.	.	.	.	.	.	.
	Jacob	.	.	.	6	7	7	5	12	13	11	2	2	3	.
	Jeremias	.	.	.	.	.	1	2	.	.	.	.	.	.	.
	Joachim	.	.	.	.	.	1	.	.	.	1	.	.	.	.
	Jost	.	.	.	.	.	1	.	.	.	.	.	.	.	.
	Isaac	.	.	.	.	.	.	.	.	1	.	.	.	.	.
	Justus	.	.	.	.	.	.	.	.	.	.	.	.	.	1
	Kilian	.	.	.	1	.	.	.	.	.	.	.	1	.	.
	Leonhard	.	.	.	.	.	3	.	.	.	.	.	1	.	.
	Lorenz	.	.	.	1	.	.	3	1	1	.	.	.	.	.
	Lucas	.	.	.	1	.	.	.	.	.	.	.	.	.	.
	Ludwig	.	.	.	1	2	1	.	2	3	4	2	1	1	.
	Magnus	.	.	.	.	.	.	1	.	.	.	.	.	.	.
	Marcus	.	.	.	.	.	1	.	1	.	.	.	.	.	.
	Martin	.	.	.	.	3	1	5	5	3	3	3	.	.	.
	Matthäus	.	.	.	.	.	.	3	2	1	.	.	.	.	.
	Maximilian	.	.	.	.	1	1	.	.	.	.	.	.	1	.
	Melchior	.	.	.	.	.	.	1	.	.	.	.	.	.	.
	Michael	.	.	.	1	.	2	2	5	3	2	.	.	.	.
	Moriz	.	.	.	.	.	1	.	.	.	.	.	.	1	.
	Nicolaus	.	.	.	1	2	1	2	3	1	2	.	1	.	.
	Noa	.	.	.	.	.	1	.	.	.	.	.	.	.	.
	Otto	.	.	.	.	1	.	.	.	.	.	.	.	.	.
	Paul	.	.	.	1	.	2	.	.	.	.	.	.	.	.
	Peter	.	.	1	4	7	6	6	6	3	8	3	.	.	.

		1535	1540 — 1565	1570 — 1595	1600 — 1625	1630 — 1655	1660 — 1685	1690 — 1715	1720 — 1745	1750 — 1775	1780 — 1805	1810 — 1835	1840 — 1865	1870 — 1895	190[0]
Johann	Philipp	.	.	.	.	4	6	5	2	7	10	6	.	1	.
	Reinhard	.	.	.	.	.	.	2	.	.	1	.	.	.	.
	Rudolf	.	.	.	.	.	.	1	.	.	.	.	.	.	.
	Rüdiger	.	.	.	.	.	.	.	1	.	.	.	.	.	.
	Sigmund	.	.	.	.	.	.	.	.	1	.	1	.	.	.
	Simon	.	.	.	1	.	.	.	.	.	1	.	.	.	.
	Stephan	.	.	.	.	.	1	.	.	.	.	.	.	.	.
	Theobald	.	.	.	.	.	.	.	.	1	1	1	.	.	.
	Thomas	.	.	.	.	.	4	2	.	.	.	1	.	.	.
	Tilmann	.	.	.	.	.	.	1	.	.	.	.	.	.	.
	Traugott	.	.	.	.	.	.	.	.	.	1	.	.	.	.
	Ulrich	.	.	.	1	.	1	3	.	.	.	.	.	.	.
	Valentin	.	.	.	1	2	1	1	1	.	.	.	.	.	.
	Wendel	.	.	.	.	.	.	.	.	.	.	1	.	.	.
	Wilhelm	.	.	.	.	6	4	2	3	6	6	2	1	1	.
	Wolfgang	.	.	.	.	1	.	.	1	.	1	.	.	.	.
Joseph	Carl	.	.	.	.	.	.	.	.	.	.	1	.	.	.
	Ferdinand	.	.	.	.	.	.	.	.	.	.	.	.	1	.
	Gustav	.	.	.	.	.	.	.	.	.	.	1	.	.	.
	Heinrich	.	.	.	.	.	.	.	.	.	.	1	.	.	.
	Wilhelm	.	.	.	.	.	.	.	.	.	.	.	.	1	.
Isaac	Johann	.	.	.	.	.	.	.	.	1	.	.	.	.	.
Julius	Eduard	.	.	.	.	.	.	.	.	.	.	.	1	.	.
	Friedrich	.	.	.	.	.	.	.	.	.	.	.	.	.	.
	Gustav	.	.	.	.	.	.	.	.	.	.	.	.	1	.

		1535	1540 — 1565	1570 — 1595	1600 — 1625	1630 — 1655	1660 — 1685	1690 — 1715	1720 — 1745	1750 — 1775	1780 — 1805	1810 — 1835	1840 — 1865	1870 — 1895	1900
Julius	Michael	.	.	.	.	.	.	.	.	.	.	1	.	.	.
	Philipp	.	.	.	.	.	.	.	.	.	.	.	1	.	.
Justus	Friedrich	.	.	.	.	.	.	.	.	1	.	.	.	.	.
	Wilhelm	.	.	.	.	.	.	.	.	.	1	.	.	.	.
Leonhard	Theodor	.	.	.	.	.	.	.	.	.	.	.	.	1	.
Leopold	Daniel	.	.	.	.	.	.	.	.	.	1	.	.	.	.
Lionel	James	.	.	.	.	.	.	.	.	.	.	.	.	1	.
Lorenz	Friedrich	.	.	.	.	.	.	.	.	.	.	1	.	.	.
Louis	Elisabetha	.	.	.	.	.	.	.	.	1	.	.	.	.	.
	Otto	.	.	.	.	.	.	.	.	.	.	.	.	1	.
Ludwig	Balthasar	.	.	.	.	.	.	.	.	.	1	.	.	.	.
	Christian	.	.	.	.	.	.	.	1	.	.	.	.	.	.
	Friedrich	.	.	.	.	.	.	.	.	1	.	.	.	.	.
	Gottfried	.	.	.	.	.	.	.	.	1	.	.	.	.	.
	Hector	.	.	.	.	.	.	.	1	.	.	.	.	.	.
	Julius	.	.	.	.	.	.	.	.	.	.	.	1	.	.
	Moses	.	.	.	.	.	.	.	.	.	.	.	1	.	.
	Philipp	.	.	.	.	.	.	.	.	.	.	1	.	.	.
	Wilhelm	.	.	.	.	.	.	.	.	.	.	.	1	.	.
Marcus	Anton	.	.	.	.	.	.	.	.	1	.	.	.	.	.
	August	.	.	.	.	.	.	.	.	1	.	.	.	.	.
Marquard	Georg	.	.	.	.	.	.	.	.	1	.	.	.	.	.
Martin	Adolf	.	.	.	.	.	.	.	.	.	.	1	.	.	.
	Alexander	.	.	.	.	.	.	.	.	.	.	.	1	.	.
	Ferdinand	.	.	.	.	.	.	.	.	.	.	.	.	1	.

		1535	1540—1565	1570—1595	1600—1625	1630—1655	1660—1685	1690—1715	1720—1745	1750—1775	1780—1805	1810—1835	1840—1865	1870—1895	1900
Martin	Gerhard	.	.	.	.	.	.	.	.	.	.	1	.	.	.
Matthäus	Franz	.	.	.	.	.	.	.	.	.	1	.	.	.	.
Matthias	Servatius	.	.	.	.	.	.	1	1	.	.	.	.	.	.
Max	Christian	.	.	.	.	.	.	.	.	.	.	.	.	.	1
Maximilian	Heinrich	.	.	.	.	.	.	.	1	.	.	.	.	.	.
Melchior	Wilhelm	.	.	.	.	.	.	.	1	.	.	.	.	.	.
Michael	Adam	.	.	.	.	.	.	.	.	.	.	.	.	1	.
	Friedrich	.	.	.	.	.	.	.	.	.	.	1	.	.	.
Moriz	Paul	.	.	.	.	.	.	.	.	.	.	1	.	.	.
Nicolaus	August	.	.	.	.	1	.	.	.	.	.	.	.	.	.
	Conrad	.	.	.	.	.	1	1	.	.	.	.	.	.	.
	Theodor	.	.	.	.	.	.	.	.	.	.	.	.	.	1
Oskar	Richard	.	.	.	.	.	.	.	.	.	.	.	.	.	1
Oswald	Georg	.	.	.	.	.	.	.	.	.	.	.	.	1	.
Ottmar	Ulrich	.	.	.	.	.	.	.	.	.	.	.	1	.	.
Paul	Abraham	.	.	.	.	.	.	.	.	1	.	.	.	.	.
	Carl	.	.	.	.	.	.	.	1	.	.	.	.	1	.
	Hermann	.	.	.	.	.	.	.	.	.	.	.	.	1	.
	Ignaz	.	.	.	.	.	.	.	.	.	.	.	.	1	.
Peter	Carl	.	.	.	.	.	.	1	1	.	1	.	.	.	.
	Clemens	.	.	.	.	.	.	.	.	1	1	.	.	.	.
	Friedrich	.	.	.	.	.	.	.	1	.	.	.	.	1	.
	Heinrich	.	.	.	.	.	.	.	.	1	.	.	.	.	1
	Jacob	.	.	.	.	.	.	.	.	.	1	.	.	.	.
	Joseph	.	.	.	.	.	.	.	.	.	.	.	1	1	.

		1535	1540–1565	1570–1595	1600–1625	1630–1655	1660–1685	1690–1715	1720–1745	1750–1775	1780–1805	1810–1835	1840–1865	1870–1895	1900
eter	Isaac	.	.	.	.	.	.	1	.	.	.	.	.	.	.
	Ludwig	.	.	.	.	.	.	.	.	.	.	1	.	.	.
	Matthäus	.	.	.	.	1	.	.	.	.	.	.	.	.	.
	Paul	.	.	.	.	1	.	.	.	.	.	.	.	.	.
hilipp	August	.	.	.	.	.	.	.	.	.	.	1	.	.	.
	Bernhard	.	.	.	.	.	.	.	1	2	1	.	.	.	.
	Bonaventura	.	.	.	.	.	1	.	.	.	.	.	.	.	.
	Carl	.	.	.	.	.	.	1	1	.	.	.	.	.	.
	Caspar	.	.	.	.	.	.	.	.	.	.	1	.	.	.
	Christian	.	.	.	.	.	.	.	1	.	1	1	.	.	.
	Dietrich	.	.	.	.	.	.	.	.	.	1	.	.	.	.
	Eduard	.	.	.	.	.	.	.	.	.	.	1	.	.	.
	Ernst	.	.	.	.	1	.	.	.	.	.	.	.	.	.
	Friedrich	.	.	.	.	.	.	.	.	.	.	.	1	.	.
	Georg	.	.	.	.	.	.	.	.	1	.	.	.	.	.
	Heinrich	.	.	.	.	.	.	1	.	.	3	.	1	1	.
	Jacob	.	.	.	.	.	1	4	3	2	4	3	1	1	.
	Ludwig	.	.	.	.	.	.	1	1	.	.	.	.	.	.
	Martin	.	.	.	.	.	.	.	.	.	.	.	1	.	.
	Maximilian	.	.	.	.	.	.	.	1	.	.	.	.	.	.
	Nicolaus	.	.	.	.	.	1	.	.	.	.	.	.	.	.
	Peter	.	.	.	.	.	.	.	.	.	.	.	.	1	.
	Wilhelm	.	.	.	.	.	1	1	.	1	.	1	1	.	.
ius	Adam	.	.	.	.	.	.	.	.	.	.	.	.	1	.
afael	Julius	.	.	.	.	.	.	.	.	.	.	1	.	.	.

		1535	1540 — 1565	1570 — 1595	1600 — 1625	1630 — 1655	1660 — 1685	1690 — 1715	1720 — 1745	1750 — 1775	1780 — 1805	1810 — 1835	1840 — 1865	1870 — 1895	190
Remigius	Nicolaus	.	.	.	.	1	.	.	.	.	.	.	.	.	.
	Wilhelm	.	.	.	.	.	.	.	.	.	.	1	.	.	.
Richard	Jacob	.	.	.	.	.	.	.	.	.	.	.	.	.	[illegible]
Robert	Emanuel	.	.	.	.	.	.	.	.	.	.	1	.	.	.
Rudolf	Ferdinand	.	.	.	.	.	.	.	.	.	.	.	.	2	.
	Leonhard	.	.	.	.	.	.	.	.	.	.	.	.	.	.
Samuel	Gottlieb	.	.	.	.	.	.	.	.	1	.	.	.	.	.
Sebastian	Heinrich	.	.	.	.	.	.	.	1	.	.	.	.	.	.
Sigmund	Hermann	.	.	.	.	.	.	.	.	.	.	.	1	.	.
Simon	Carl	.	.	.	.	.	.	.	.	.	.	1	.	.	.
	Friedrich	.	.	.	.	.	.	.	2	.	.	.	.	.	.
	Heinrich	.	.	.	.	.	.	.	.	.	.	.	1	.	.
	Martin	.	.	.	.	.	.	.	.	.	1	.	.	.	.
	Moriz	.	.	.	.	.	.	.	.	.	1	.	.	.	.
	Peter	.	.	.	.	.	.	.	1	.	.	.	.	.	.
Stephan	Cornelius	.	.	.	.	.	.	1	.	.	.	.	.	.	.
Theodor	Carl	.	.	.	.	.	.	.	.	.	.	.	1	.	.
Thomas	Alois	.	.	.	.	.	.	.	.	.	.	1	.	.	
Valentin	Christian	.	.	.	.	.	.	.	.	.	.	1	.	.	
	Friedrich	.	.	.	.	.	.	.	.	.	1	.	.	.	
	Heinrich	.	.	.	.	.	.	.	.	.	.	1	.	.	
Victor	Emil	.	.	.	.	.	.	.	.	.	.	.	1	.	
Wilhelm	Alban	.	.	.	.	.	.	.	.	.	.	.	.	1	
	Carl	.	.	.	.	.	.	.	.	.	.	.	.	1	
	Christian	.	.	.	.	.	.	.	.	.	.	.	.	1	

		1535	1540—1565	1570—1595	1600—1625	1630—1655	1660—1685	1690—1715	1720—1745	1750—1775	1780—1805	1810—1835	1840—1865	1870—1895	1900
ilhelm	Christoph	.	.	.	.	.	.	.	.	1	.	.	.	.	.
	Emil	.	.	.	.	.	.	.	.	.	.	1	.	1	.
	Ernst	.	.	.	.	.	.	1	.	.	.	.	.	.	.
	Franz	.	.	.	.	.	.	.	.	.	.	.	.	1	.
	Friedrich	.	.	.	.	.	.	.	.	.	.	.	.	1	.
	Georg	.	.	.	.	.	.	.	.	.	.	1	.	1	.
	Heinrich	.	.	.	.	.	.	.	.	.	.	.	1	1	1
	Hermann	.	.	.	.	.	.	.	.	.	.	.	.	.	1
	Hugo	.	.	.	.	.	.	.	.	.	.	.	.	.	1
	Joseph	.	.	.	.	.	.	.	.	.	.	.	.	1	.
	Julius	.	.	.	.	.	.	.	.	.	.	.	.	.	1
	Maximilian	.	.	.	.	.	.	.	.	.	.	1	.	.	.
olfgang	Anton	.	.	.	.	.	.	.	.	1	.	.	.	.	.
	Georg	.	.	.	.	.	.	.	1	.	.	.	.	.	.
	Jacob	.	.	.	.	.	.	.	1	.	.	.	.	.	.
	Sebastian	.	.	.	.	.	3	.	.	.	.	.	.	.	.
acharias	Conrad	.	.	.	.	.	.	1	.	2	.	.	.	.	.
Summe der verglichenen Namen		0	1	4	19	58	61	102	102	117	111	126	67	127	36
Summe der verschiedenen Namen		0	1	3	14	32	36	52	60	70	68	93	57	112	30
in °/o		0	100	75	74	55	59	51	59	59	61	74	85	88	83

Tabelle Nr. 3b. Weibliche Doppelvornamen.

		1535	1540 — 1565	1570 — 1595	1600 — 1625	1630 — 1655	1660 — 1685	1690 — 1715	1720 — 1745	1750 — 1775	1780 — 1805	1810 — 1835	1840 — 1865	1870 — 1895	190
Adolfina	Anna	.	.	.	.	.	.	.	.	.	.	.	.	1	.
Agnes	Catharina	.	.	.	.	.	.	1	.	.	.	.	.	.	.
Albertina	Josephina	.	.	.	.	.	.	.	.	.	.	.	.	1	.
Amalia	Maria	.	.	.	.	.	1	.	.	.	.	.	.	.	.
Andresia	Friederica	.	.	.	.	.	.	.	.	.	.	1	.	.	.
Anna	Agnes	.	.	.	.	.	1	.	.	.	.	.	.	.	.
	Antonia	.	.	.	.	.	.	.	.	.	.	.	.	1	.
	Babetta	.	.	.	.	.	.	.	.	.	.	.	.	1	.
	Barbara	.	.	.	1	3	2	4	.	.	3	.	1	.	.
	Carolina	.	.	.	.	.	.	.	.	.	.	1	.	.	.
	Catharina	.	.	1	4	13	16	10	12	11	5	4	5	3	.
	Christina	.	.	.	.	1	3	3	3	1	7	.	.	.	.
	Clara	.	.	.	2	1	4	1	2	2	.	.	.	.	.
	Cornelia	.	.	.	.	1	.	.	.	.	1	.	.	.	.
	Dorothea	.	.	.	1	.	2	4	1	2	2	3	.	.	.
	Elisabetha	.	.	.	5	9	6	17	11	12	7	3	2	4	.
	Elsa	.	.	.	.	.	.	.	.	.	.	.	.	1	.
	Emilia	.	.	.	.	.	.	.	.	.	.	.	.	1	.
	Eva	.	.	.	.	1	.	.	.	.	.	.	.	.	.
	Franzisca	.	.	.	.	.	.	.	.	.	1	1	1	2	.
	Gertrud	.	.	.	.	.	1	2	1	1	.	.	.	.	.
	Helena	.	.	.	.	.	1	.	.	.	.	.	.	.	.
	Juliana	.	.	.	.	.	.	.	.	.	.	.	1	.	.
	Justina	.	.	.	.	1	.	.	1	1	.	.	.	.	.

		1535	1540–1565	1570–1595	1600–1625	1630–1655	1660–1685	1690–1715	1720–1745	1750–1775	1780–1805	1810–1835	1840–1865	1870–1895	1900
nna	Kunigunde	.	.	.	.	.	1	1	1	.	.	.	.	1	1
	Lucia	.	.	.	.	.	1	1	2	.	.	.	.	.	.
	Luise	.	.	.	.	.	.	.	.	.	.	.	1	1	1
	Magdalena	.	.	.	.	3	.	.	.	.	1	.	.	.	.
	Margaretha	.	.	.	6	11	11	16	12	10	6	8	7	8	.
	Maria	.	.	1	17	14	18	18	16	10	16	13	4	8	3
	Martha	.	.	.	.	1	.	.	.	.	.	.	.	.	.
	Mathilde	.	.	.	.	.	.	.	.	.	.	.	1	.	.
	Ottilia	.	.	.	.	.	.	1	.	.	.	.	.	.	.
	Philippina	.	.	.	.	.	.	.	.	.	1	1		.	1
	Regina	.	.	.	.	1	1	.	3	.	2	.	.	.	.
	Rosina	.	.	.	.	1	.	.	2	1	2	.	.	.	.
	Sabina	.	.	.	.	.	.	.	.	.	1	.	.	.	.
	Sibylla	.	.	.	.	.	1	4	3	1	.	.	1	.	.
	Sophia	.	.	.	.	1	.	1	.	3	.	1	1	1	.
	Susanna	.	.	.	.	.	.	1	1	.	.	1	.	.	.
	Theresa	.	.	.	.	.	.	.	.	.	.	.	.	.	1
	Ursula	.	.	.	2	4	1	3	.	.	.	.	.	.	.
	Veronica	.	.	.	.	1	.	.	.	.	.	.	.	.	.
ntonetta	Elisabetha	.	.	.	.	.	.	.	3	2	2	.	.	.	.
	Margaretha	.	.	.	.	.	.	.	1	.	.	.	.	.	.
ntonia	Maria	.	.	.	.	.	.	.	.	.	.	.	1	1	.
ugusta	Carolina	.	.	.	.	.	.	.	.	.	.	.	1	.	.
	Emilia	.	.	.	.	.	.	.	.	.	.	.	.	1	.
	Jacobina	.	.	.	.	.	.	.	.	.	.	.	.	.	1

		1535	1540—1565	1570—1595	1600—1625	1630—1655	1660—1685	1690—1715	1720—1745	1750—1775	1780—1805	1810—1835	1840—1865	1870—1895	1900
Augusta	Margaretha	.	.	.	.	.	.	.	.	.	.	.	.	1	.
	Maria	.	.	.	.	.	.	.	.	.	1	.	.	.	.
	Philippina	.	.	.	.	.	.	.	.	.	.	.	1	.	.
	Rosina	.	.	.	.	.	.	.	.	.	.	1	.	.	.
	Victoria	.	.	.	.	.	.	.	.	.	.	.	.	.	1
Babetta	Ernestina	.	.	.	.	.	.	.	.	.	.	.	.	.	1
Barbara	Catharina	.	.	.	.	1	.	.	.	.	.	.	.	.	.
	Dorothea	.	.	.	1	.	.	.	.	.	.	.	.	.	.
	Eleonore	.	.	.	.	.	.	.	.	1	.	.	.	.	.
	Rosina	.	.	.	1	.	.	.	.	.	.	.	.	.	.
Bernhardina	Franzisca	.	.	.	.	.	.	.	.	.	.	.	1	.	.
Bertha	Catharina	.	.	.	.	.	.	.	.	.	.	1	.	1	.
	Christina	.	.	.	.	.	.	.	.	.	.	.	.	1	.
	Georgina	.	.	.	.	.	.	.	.	.	.	.	1	.	.
	Luise	.	.	.	.	.	.	.	.	.	.	.	.	1	.
Carolina	Augusta	.	.	.	.	.	.	.	.	.	.	.	.	.	[illegible]
	Elisabetha	.	.	.	.	.	.	.	.	1	1	1	.	.	.
	Elise	.	.	.	.	.	.	.	.	.	.	.	.	1	.
	Emilia	.	.	.	.	.	.	.	.	.	.	1	.	1	.
	Emma	.	.	.	.	.	.	.	.	.	.	.	.	.	[illegible]
	Franzisca	.	.	.	.	.	.	.	.	.	.	.	1	.	.
	Friederica	.	.	.	.	.	.	.	.	.	.	1	.	.	.
	Georgina	.	.	.	.	.	.	.	.	.	.	1	.	.	.
	Margaretha	.	.	.	.	.	.	.	.	.	.	.	1	1	[illegible]
Catharina	Augusta	.	.	.	.	.	.	.	.	.	.	.	.	.	

		1535	1540 — 1565	1570 — 1595	1600 — 1625	1630 — 1655	1660 — 1685	1690 — 1715	1720 — 1745	1750 — 1775	1780 — 1805	1810 — 1835	1840 — 1865	1870 — 1895	1900
atharina	Bertha	.	.	.	.	.	.	.	.	.	.	.	.	1	.
	Carolina	.	.	.	.	.	.	.	.	.	1	.	.	.	.
	Charlotte	.	.	.	.	.	.	.	.	1	.	.	.	.	.
	Christina	.	.	.	.	.	.	1	.	.	.	1	.	1	.
	Cornelia	.	.	.	.	.	.	.	1	.	.	.	.	.	.
	Dorothea	.	.	.	.	.	.	.	.	.	1	.	.	.	.
	Eleonore	.	.	.	.	.	.	.	.	.	1	.	.	.	.
	Elisabetha	.	.	.	.	1	.	2	2	12	9	2	.	2	.
	Felicitas	.	.	.	.	.	.	.	.	.	.	.	1	.	.
	Franzisca	.	.	.	.	.	.	.	.	.	.	1	.	.	.
	Gertrud	.	.	.	.	.	.	.	.	.	1	.	.		.
	Josepha	.	.	.	.	.	.	.	.	.	.	1	.	.	.
	Lassilie	.	.	.	.	.	.	.	.	.	.	.	.	1	.
	Luise	.	.	.	.	.	.	.	.	1	.	2	.	.	.
	Magdalena	.	.	.	.	.	1	.	.	.	.	1	.	.	.
	Margaretha	.	.	.	.	.	1	.	6	1	2	1	.	1	.
	Maria	.	.	.	.	.	.	.	.	.	.	.	.	1	.
	Rebecca	.	.	.	.	.	.	.	.	.	1	.	.	.	.
	Rosina	.	.	.	.	.	.	.	.	1	.	.	.	.	.
	Sibylla	.	.	.	.	.	.	1	1	.	.	.	.	.	.
harlotte	Augusta	.	.	.	.	.	.	.	.	.	.	.	.	1	.
	Elisabetha	.	.	.	.	.	.	.	.	.	.	.	1	.	.
	Emilia	.	.	.	.	.	.	.	.	.	1	.	.	.	.
	Wilhelmina	.	.	.	.	.	.	.	.	1	.	.	.	.	.
hristiana	Catharina	.	.	.	.	.	.	.	.	.	.	1	:	.	.

		1535	1540–1565	1570–1595	1600–1625	1630–1655	1660–1685	1690–1715	1720–1745	1750–1775	1780–1805	1810–1835	1840–1865	1870–1895	190[illegible]
Christiana	Charlotte	.	.	.	.	.	.	.	.	.	1	.	.	.	.
	Elisabetha	.	.	.	.	.	.	.	.	.	1	.	.	.	.
	Henrietta	.	.	.	.	.	.	.	.	.	1	.	.	.	.
	Luise	.	.	.	.	.	.	.	.	.	.	1	.	.	.
	Margaretha	.	.	.	.	.	.	.	.	.	1	.	.	.	.
Christina	Catharina	.	.	.	.	.	.	.	.	.	.	1	.	1	.
	Dorothea	.	.	.	.	.	.	.	1	.	.	.	.	.	.
	Elisabetha	.	.	.	.	.	.	.	1	1	.	.	.	.	.
	Friederica	.	.	.	.	.	.	.	.	.	.	.	.	1	.
	Luise	.	.	.	.	.	.	.	.	.	.	2	1	.	.
	Magdalena	.	.	.	.	.	.	.	1	.	.	.	.	.	.
	Margaretha	.	.	.	.	.	.	2	.	.	.	1	.	.	.
	Sibylla	.	.	.	.	.	.	.	1	.	.	.	.	.	.
Clara	Adolfina	.	.	.	.	.	.	.	.	.	.	.	.	1	.
	Anna	.	.	.	1	.	.	.	.	.	.	.	.	.	.
	Carolina	.	.	.	.	.	.	.	.	.	.	1	.	.	.
	Catharina	.	.	.	.	.	.	.	.	.	1	.	.	.	.
	Christina	.	.	.	.	.	.	.	1	.	.	.	.	.	.
	Constantina	.	.	.	.	.	.	.	1	.	.	.	.	.	.
	Franzisca	.	.	.	.	.	.	.	.	.	.	.	.	.	1
	Susanna	.	.	.	.	.	.	.	.	.	1	.	.	.	.
Conradina	Emilia	.	.	.	.	.	.	.	.	.	.	1	.	.	.
Constantia	Carolina	.	.	.	.	.	.	.	.	.	.	.	.	1	.
Cornelia	Elisabetha	.	.	.	.	.	.	.	.	.	1	.	.	.	.
Demuth	Susanna	.	.	.	.	.	.	.	.	.	1	.	.	.	.

		1535	1540–1565	1570–1595	1600–1625	1630–1655	1660–1685	1690–1715	1720–1745	1750–1775	1780–1805	1810–1835	1840–1865	1870–1895	1900
orothea	Amalia	.	.	.	.	.	.	.	.	.	1	1	.	.	.
	Catharina	.	.	.	.	.	1	.	.	.	.	.	.	.	.
	Emilia	.	.	.	.	.	.	.	.	.	.	.	1	.	.
	Luise	.	.	.	.	.	.	.	.	.	.	1	.	.	.
	Magdalena	.	.	.	.	.	.	.	.	.	1	.	.	.	.
	Margaretha	.	.	.	.	.	.	1	.	.	1	2	.	.	.
	Sophia	.	.	.	.	.	.	.	.	2	1	.	1	.	.
	Susanna	.	.	.	.	.	.	1	1	.	.	.	.	.	.
leonore	Elisabetha	.	.	.	.	.	.	1	.	1	.	.	.	.	.
	Franzisca	.	.	.	.	.	.	.	.	.	.	1	.	.	.
	Lucia	.	.	.	.	.	.	.	.	.	.	.	.	.	1
	Maria	.	.	.	.	.	.	.	.	.	.	.	1	.	.
lisabetha	Adelheid	.	.	.	.	.	.	.	.	.	.	.	.	1	.
	Barbara	.	.	.	.	.	.	.	.	1	.	.	.	.	.
	Carolina	.	.	.	.	.	.	.	.	.	.	1	.	1	.
	Catharina	.	.	.	.	.	.	.	.	1	1	2	.	1	.
	Charlotte	.	.	.	.	.	.	.	.	.	1	1	.	.	.
	Christiana	.	.	.	.	.	.	.	1	1	.	.	.	.	.
	Fernande	.	.	.	.	.	.	.	.	.	.	.	.	1	.
	Frida	.	.	.	.	.	.	.	.	.	.	.	.	.	1
	Friederica	.	.	.	.	.	.	.	.	.	1	1	.	.	.
	Henrietta	.	.	.	.	.	.	.	.	.	.	1	.	.	.
	Josepha	.	.	.	.	.	.	.	.	.	.	.	.	1	.
	Magdalena	.	.	.	.	.	1	.	.	.	.	.	.	.	.
	Margaretha	.	.	.	.	.	.	.	.	.	.	1	.	1	.

		1535	1540 — 1565	1570 — 1595	1600 — 1625	1630 — 1655	1660 — 1685	1690 — 1715	1720 — 1745	1750 — 1775	1780 — 1805	1810 — 1835	1840 — 1865	1870 — 1895	190
Elisabetha	Martha	.	.	.	.	.	.	.	.	.	.	.	.	.	
	Regina	.	.	.	.	.	.	.	.	.	1	.	.	.	.
	Wilhelmina	.	.	.	.	.	.	.	.	.	.	.	1	.	.
Elise	Clara	.	.	.	.	.	.	.	.	.	.	.	.	1	.
	Eugenie	.	.	.	.	.	.	.	.	.	.	.	1	.	.
	Friederica	.	.	.	.	.	.	.	.	.	.	.	.	1	.
	Jenny	.	.	.	.	.	.	.	.	.	.	.	.	1	.
Elsa	Betty	.	.	.	.	.	.	.	.	.	.	.	.	1	.
	Luise	.	.	.	.	.	.	.	.	.	.	.	.	1	.
Emilia	Eleonore	.	.	.	.	.	.	.	.	.	.	.	.	1	.
	Elisabetha	.	.	.	.	.	.	.	.	.	.	.	.	.	
	Frida	.	.	.	.	.	.	.	.	.	.	.	.	1	.
	Maria	.	.	.	.	1	1	.	.	.	.	.	.	.	.
Emma	Catharina	.	.	.	.	.	.	.	.	.	.	.	.	1	.
	Frida	.	.	.	.	.	.	.	.	.	.	.	.	1	.
	Helena	.	.	.	.	.	.	.	.	.	1	.	.	.	.
	Johanna	.	.	.	.	.	.	.	.	.	.	.	.	1	.
	Luise	.	.	.	.	.	.	.	.	.	.	.	.	1	.
Erna	Amalia	.	.	.	.	.	.	.	.	.	.	.	.	1	.
Eva	Charlotte	.	.	.	.	.	.	.	1	.	.	.	.	.	.
	Dorothea	.	.	.	1	.	.	.	.	.	.	.	.	.	.
	Josepha	.	.	.	.	.	.	.	.	.	.	.	1	.	.
	Margaretha	.	.	.	.	.	.	1	.	.	.	.	.	1	.
	Maria	.	.	.	.	.	.	.	.	1	.	.	.	.	.
	Quarta	.	.	.	.	.	.	.	.	.	.	.	1	.	.

		1535	1540 — 1565	1570 — 1595	1600 — 1625	1630 — 1655	1660 — 1685	1690 — 1715	1720 — 1745	1750 — 1775	1780 — 1805	1810 — 1835	1840 — 1865	1870 — 1895	1900
anny	Clara	.	.	.	.	.	.	.	.	.	.	.	.	1	.
lora	Mina	.	.	.	.	.	.	.	.	.	.	.	.	1	.
ranzisca	Augusta	.	.	.	.	.	.	.	.	.	.	.	.	1	.
	Henrietta	.	.	.	.	.	.	.	.	.	.	1	.	.	.
	Luise	.	.	.	.	.	.	.	.	.	.	.	.	1	.
	Rosina	.	.	.	.	.	.	.	.	.	.	1	.	.	.
rida	Wilhelmina	.	.	.	.	.	.	.	.	.	.	.	.	.	1
riederica	Christiana	.	.	.	.	.	.	.	.	.	1	.	.	.	.
	Margaretha	.	.	.	.	.	.	.	.	2	.	.	.	.	.
	Rebecca	.	.	.	.	.	.	.	.	.	1	.	.	.	.
	Sophia	.	.	.	.	.	.	.	.	.	.	.	1	.	.
	Wilhelmina	.	.	.	.	.	.	.	.	.	.	1	.	.	.
abriela	Maria	.	.	.	.	.	.	.	.	.	.	.	1	.	.
ertrud	Elisabetha	.	.	.	.	.	.	.	.	.	.	.	.	1	.
	Helena	.	.	.	.	.	.	.	.	.	.	.	.	.	1
edwig	Augusta	.	.	.	.	.	.	.	.	.	.	.	.	1	.
elena	Catharina	.	.	.	.	.	.	.	1	.	.	.	.	.	.
	Dorothea	.	.	.	.	.	.	.	1	.	.	.	.	.	.
	Emma	.	.	.	.	.	.	.	.	.	.	.	.	1	.
	Franzisca	.	.	.	.	.	.	.	.	.	.	1	.	.	.
	Juliana	.	.	.	.	.	.	.	1	.	.	.	.	.	.
	Maria	.	.	.	.	.	.	.	.	.	.	.	.	1	.
	Rebecca	.	.	.	.	.	.	.	2	1	.	.	.	.	.
	Wilhelmina	.	.	.	.	.	.	.	.	.	.	.	.	1	.
enrietta	Catharina	.	.	.	.	.	.	.	.	.	.	1	.	.	.

		1535	1540 — 1565	1570 — 1595	1600 — 1625	1630 — 1655	1660 — 1685	1690 — 1715	1720 — 1745	1750 — 1775	1780 — 1805	1810 — 1835	1840 — 1865	1870 — 1895	1900
Henrietta	Elisabetha	.	.	.	.	.	.	.	1	.	.	1	.	.	.
	Luise	.	.	.	.	.	.	.	.	.	1	.	.	.	.
	Ottilia	.	.	.	.	.	.	.	.	.	.	.	1	.	.
	Rosa	.	.	.	.	.	.	.	.	.	.	.	.	1	.
	Sibylla	.	.	.	.	.	.	.	1	.	.	.	.	.	.
	Wilhelmina	.	.	.	.	.	.	.	.	.	.	.	.	1	.
Jeanetta	Theresia	.	.	.	.	.	.	.	.	.	.	.	.	1	.
Jenny	Clementina	.	.	.	.	.	.	.	.	.	.	.	.	1	.
Johanna	Alberta	.	.	.	.	.	.	.	.	.	.	.	1	.	.
	Bertha	.	.	.	.	.	.	.	.	.	.	1	.	.	.
	Catharina	.	.	.	.	.	.	.	1	1	1	1	1	.	.
	Christiana	.	.	.	.	.	.	.	.	.	.	1	.	1	.
	Christina	.	.	.	.	.	.	.	1	.	1	.	.	.	.
	Clara	.	.	.	.	.	.	.	.	1	.	.	.	.	.
	Concordia	.	.	.	.	.	.	.	.	.	.	.	.	1	.
	Dorothea	.	.	.	.	.	.	.	1	.	.	.	.	.	.
	Elisabetha	.	.	.	.	.	.	.	1	2	.	1	1	.	.
	Emilia	.	.	.	.	.	.	.	.	.	.	2	.	.	.
	Franzisca	.	.	.	.	.	.	.	.	.	.	.	1	.	.
	Friederica	.	.	.	.	.	.	.	.	.	.	.	.	1	.
	Gertrud	.	.	.	.	.	.	.	.	1	.	.	.	.	.
	Helena	.	.	.	.	.	.	.	.	.	2	.	.	.	1
	Henrietta	.	.	.	.	.	.	.	.	.	.	1	1	.	.
	Jacobäa	.	.	.	.	.	.	.	1	.	.	.	.	.	.
	Lina	.	.	.	.	.	.	.	.	.	.	.	.	1	.

		1535	1540–1565	1570–1595	1600–1625	1630–1655	1660–1685	1690–1715	1720–1745	1750–1775	1780–1805	1810–1835	1840–1865	1870–1895	1900
ohanna	Luise	.	.	.	.	.	.	.	.	.	.	.	1	.	.
	Margaretha	.	.	.	1	.	.	1	.	2	.	1	.	.	.
	Maria	.	.	.	.	.	1	1	1	2	.	.	1	.	1
	Paulina	.	.	.	.	.	.	.	.	.	.	.	.	1	.
	Rebecca	.	.	.	.	.	.	.	1	1	.	.	.	.	.
	Regina	.	.	.	.	.	.	.	.	.	.	1	.	.	.
	Rosina	.	.	.	.	.	.	.	.	.	.	1	.	.	.
	Susanna	.	.	.	.	.	.	.	.	1	.	.	.	.	.
	Wilhelmina	.	.	.	.	.	.	.	.	.	.	1	.	.	.
ohannetta	Elisabetha	.	.	.	.	.	1	.	.	1	1	.	.	.	.
	Luise	.	.	.	.	.	.	.	.	.	.	.	1	.	.
osepha	Maria	.	.	.	.	.	.	.	.	.	.	1	.	.	.
osephina	Catharina	.	.	.	.	.	.	.	.	.	.	.	.	1	.
	Elisabetha	.	.	.	.	.	.	.	.	.	.	.	.	.	1
rma	Lotte	.	.	.	.	.	.	.	.	.	.	.	.	.	1
udith	Dorothea	.	.	.	.	.	.	.	1	1	.	.	.	.	.
ulia	Catharina	.	.	.	.	.	.	.	.	.	.	.	.	.	1
	Dorothea	.	.	.	.	.	.	.	.	.	.	1	.	.	.
uliana	Carolina	.	.	.	.	.	.	.	.	.	.	1	.	1	.
	Catharina	.	.	.	.	.	1	.	.	.	.	.	.	.	.
	Elisabetha	.	.	.	.	.	.	2	.	.	.	.	.	.	.
	Luise	.	.	.	.	.	.	.	.	.	.	1	.	.	.
	Magdalena	.	.	.	.	.	.	.	.	1	.	.	.	.	.
	Margaretha	.	.	.	.	.	.	1	.	1	.	1	.	1	.
	Veronica	.	.	.	1	.	.	.	.	.	.	.	.	.	.

		1535	1540–1565	1570–1595	1600–1625	1630–1655	1660–1685	1690–1715	1720–1745	1750–1775	1780–1805	1810–1835	1840–1865	1870–1895	1900
Justina	Catharina	.	.	.	.	.	.	.	.	.	.	1	.	.	.
	Margaretha	.	.	.	.	.	1	.	.	.	1	.	.	.	.
	Sibylla	.	.	.	.	.	.	1	.	.	.	.	.	.	.
Kunigunde	Elisabetha	.	.	.	.	.	.	.	.	.	.	.	.	1	.
	Jacobe	.	.	.	1	.	.	.	.	.	.	.	.	.	.
Lucia	Emilia	.	.	.	.	.	.	.	.	.	.	.	.	1	.
	Maria	.	.	.	.	.	.	.	.	1	.	.	.	.	.
Lina	Friederica	.	.	.	.	.	.	.	.	.	.	.	1	.	.
	Johanna	.	.	.	.	.	.	.	.	.	.	.	.	1	.
Luise	Amelia	.	.	.	.	.	.	.	1	.	.	.	.	.	.
	Carolina	.	.	.	.	.	.	.	.	.	.	.	.	1	.
	Catharina	.	.	.	.	.	.	.	.	.	.	.	.	.	1
	Elisabetha	.	.	.	.	.	.	.	.	.	.	.	1	.	.
	Gertrud	.	.	.	.	.	.	.	.	1	.	.	.	.	.
	Henrietta	.	.	.	.	.	.	.	.	.	.	2	.	.	.
	Lisetta	.	.	.	.	.	.	.	.	.	.	1	.	.	.
	Wilhelmina	.	.	.	.	.	.	.	.	.	.	.	.	1	.
Magdalena	Catharina	.	.	.	.	.	.	1	.	.	.	.	.	.	.
	Dorothea	.	.	.	.	.	.	.	1	1	.	.	.	.	.
	Elisabetha	.	.	.	.	.	1	2	.	.	.	.	.	.	.
	Gertrud	.	.	.	.	.	.	.	.	1	.	.	.	.	.
	Lucretia	.	.	.	.	.	.	1	.	.	.	.	.	.	.
	Luise	.	.	.	.	.	.	.	.	.	1	.	.	.	.
	Margaretha	.	.	.	.	.	.	1	.	.	.	.	.	.	.
	Salome	.	.	.	.	.	.	1	.	.	.	.	.	.	.

		1535	1540 — 1565	1570 — 1595	1600 — 1625	1630 — 1655	1660 — 1685	1690 — 1715	1720 — 1745	1750 — 1775	1780 — 1805	1810 — 1835	1840 — 1865	1870 — 1895	1900
agdalena	Sibylla	.	.	.	.	.	.	.	.	1	.	.	.	.	.
	Ursula	.	.	.	.	.	.	1	.	.	.	.	.	.	.
argaretha	Anna	.	.	.	.	.	.	.	.	.	.	.	1	.	.
	Barbara	.	.	.	.	.	.	1	.	.	.	.	.	.	.
	Carolina	.	.	.	.	.	.	.	.	.	1	.	.	.	.
	Catharina	.	.	.	.	1	.	.	.	.	.	.	2	.	.
	Christiana	.	.	.	.	.	.	.	.	.	.	.	.	1	.
	Constantina	.	.	.	.	.	.	.	.	.	.	.	1	.	.
	Dorothea	.	.	.	.	.	.	.	1	.	.	.	.	.	.
	Elisabetha	.	.	.	.	1	1	6	5	2	.	1	1	.	1
	Franzisca	.	.	.	.	.	.	.	.	.	.	1	.	.	.
	Friederica	.	.	.	.	.	.	.	.	.	.	.	1	.	.
	Gertrud	.	.	.	.	.	1	.	.	.	.	.	.	.	.
	Jacobina	.	.	.	.	.	.	.	.	1	.	.	.	.	.
	Maria	.	.	.	.	.	.	.	.	.	.	.	.	1	.
	Rebecca	.	.	.	.	.	.	1	.	1	.	.	.	.	.
	Philomena	.	.	.	.	.	.	.	.	.	.	.	1	.	.
	Walburga	.	.	.	.	.	.	.	.	.	.	.	.	1	.
	Wilhelmina	.	.	.	.	.	.	.	.	.	1	.	.	.	.
aria	Agnes	.	.	.	.	.	.	.	.	1	.	.	.	.	.
	Amalia	.	.	.	.	.	.	.	.	.	1	.	.	.	.
	Anna	.	.	.	.	.	.	.	.	1	2	.	2	1	.
	Apollonia	.	.	.	.	.	1	.	.	.	.	.	.	1	.
	Augusta	.	.	.	.	.	.	.	.	.	.	1	.	2	.
	Barbara	.	.	.	.	.	.	.	.	1	.	.	.	.	.

		1535	1540–1565	1570–1595	1600–1625	1630–1655	1660–1685	1690–1715	1720–1745	1750–1775	1780–1805	1810–1835	1840–1865	1870–1895	19[illegible]
Maria	Carolina	.	.	.	.	.	.	.	1	.	.	.	1	.	.
	Catharina	.	.	.	.	.	4	5	3	5	2	6	1	1	
	Charlotte	.	.	.	.	.	.	.	2	.	.	.	.	.	.
	Christiana	.	.	.	.	.	.	.	2	.	.	.	.	.	.
	Christina	.	.	.	.	.	.	.	2	3	2	.	.	.	.
	Dorothea	.	.	.	.	.	.	.	.	1	2	2	.	.	.
	Eleonore	.	.	.	.	.	1	1	1	.	1	.	1	.	.
	Eleophe	.	.	.	.	.	1	.	.	.	.	.	.	.	.
	Elisabetha	.	.	.	1	3	2	9	10	7	8	4	1	1	
	Elise	.	.	.	.	.	.	.	.	.	.	.	.	2	.
	Emilia	.	.	.	.	.	.	.	.	.	.	.	.	1	.
	Esther	.	.	.	.	.	.	1	.	.	.	.	.	.	.
	Eva	.	.	.	.	.	.	.	.	.	.	1	.	.	.
	Franzisca	.	.	.	.	.	.	.	.	.	1	.	.	.	.
	Gertrud	.	.	.	.	.	.	.	2	.	.	1	.	.	.
	Helena	.	.	.	.	.	.	.	.	.	2	.	1	.	.
	Henrietta	.	.	.	.	.	.	1	.	.	.	1	1	.	.
	Jacobäa	.	.	.	.	.	.	.	2	1	.	.	.	.	.
	Jacobe	.	.	.	1	.	.	1	.	.	.	.	.	.	.
	Jacobina	.	.	.	.	.	1	.	.	.	1	.	.	.	.
	Johanna	.	.	.	.	.	.	.	.	.	.	1	.	.	.
	Johannetta	.	.	.	.	.	1	.	.	.	.	.	1	.	.
	Josepha	.	.	.	.	.	.	.	.	1	.	.	.	.	.
	Judith	.	.	.	.	1	1	1	.	.	.	.	.	.	.
	Juliana	.	.	.	.	.	.	.	1	.	.	.	.	.	.
	Kunigunde	.	.	.	.	.	.	.	.	.	1	.	.	.	.

		1535	1540–1565	1570–1595	1600–1625	1630–1655	1660–1685	1690–1715	1720–1745	1750–1775	1780–1805	1810–1835	1840–1865	1870–1895	1900
Maria	Luise	.	.	.	.	.	.	.	1	.	.	2	.	2	.
	Magdalena	.	.	.	1	5	4	8	10	6	1	4	2	1	.
	Margaretha	.	.	.	.	3	1	3	7	6	2	2	1	3	2
	Martha	.	.	.	.	.	.	.	.	.	.	.	.	.	1
	Mathilde	.	.	.	.	.	.	.	.	.	.	.	.	.	1
	Mina	.	.	.	.	.	.	.	.	.	.	.	1	.	.
	Philippina	.	.	.	.	.	1	2	.	1	.	1	.	.	.
	Petronella	.	.	.	.	.	.	.	.	.	.	1	.	.	.
	Regina	.	.	.	.	.	.	.	1	.	.	.	.	1	.
	Rosalia	.	.	.	.	.	.	.	.	.	.	.	1	.	.
	Rosina	.	.	.	.	.	.	.	.	.	.	1	.	.	.
	Salome	.	.	.	2	1	2	4	2	1	3	.	.	.	.
	Sibylla	.	.	.	.	.	1	1	3	1	.	.	.	.	.
	Sophia	.	.	.	.	.	.	.	1	.	.	.	.	.	.
	Susanna	.	.	.	.	.	.	.	2	.	.	.	.	.	.
	Theresia	.	.	.	.	.	.	.	.	.	.	2	.	.	.
	Ursula	.	.	.	.	.	.	1	.	1	.	2	.	.	.
	Veronica	.	.	.	.	.	.	1	.	.	.	.	.	.	.
	Victoria	.	.	.	.	.	.	.	.	.	.	1	.	.	.
	Wilhelmina	.	.	.	.	.	.	.	1	.	2	.	.	.	.
Marianna	Anna	.	.	.	.	.	.	.	.	.	1	.	.	.	.
	Josepha	.	.	.	.	.	.	.	.	.	1	.	.	.	.
	Margaretha	.	.	.	.	.	.	.	.	.	.	1	.	.	.
Martha	Catharina	.	.	.	.	.	.	1	.	.	.	.	.	.	.
	Elisabetha	.	.	.	.	.	1	.	.	.	.	.	.	.	.
Mathilde	Elisabetha	.	.	.	.	.	.	.	.	.	.	.	1	.	.

		1535	1540 — 1565	1570 — 1595	1600 — 1625	1630 — 1655	1660 — 1685	1690 — 1715	1720 — 1745	1750 — 1775	1780 — 1805	1810 — 1835	1840 — 1865	1870 — 1895	1900
Mathilde	Friederica	.	.	.	.	.	.	.	.	.	.	.	.	1	.
Mina	Johanna	.	.	.	.	.	.	.	.	.	.	.	.	1	.
	Maria	.	.	.	.	.	.	.	.	.	.	.	.	1	.
Paula	Anna	.	.	.	.	.	.	.	.	.	.	.	.	.	1
	Catharina	.	.	.	.	.	.	.	.	.	.	.	.	1	.
Paulina	Dorothea	.	.	.	.	.	.	.	.	.	.	.	.	1	.
	Helena	.	.	.	.	.	.	.	.	.	.	.	1	.	.
	Philippina	.	.	.	.	.	.	.	.	1	.	.	.	.	.
Petronella	Elisabetha	.	.	.	.	.	.	.	.	.	.	1	.	.	.
Philippina	Elisabetha	.	.	.	.	.	.	.	.	1	.	.	.	.	.
Rebecca	Dorothea	.	.	.	.	.	.	.	.	.	1	.	.	.	.
	Elisabetha	.	.	.	.	.	.	.	1	.	.	.	.	.	.
	Kunigunde	.	.	.	.	.	.	1	.	.	.	.	.	.	.
	Magdalena	.	.	.	.	.	1	.	1	.	1	.	.	.	.
	Margaretha	.	.	.	.	.	.	.	.	1	.	.	.	.	.
Rosa	Barbara	.	.	.	.	.	.	.	.	.	.	.	.	1	.
	Johanna	.	.	.	.	.	.	.	.	.	.	.	.	.	
	Maria	.	.	.	.	.	.	.	.	.	.	.	.	1	.
Rosina	Catharina	.	.	.	.	.	.	.	.	.	.	.	.	1	.
	Elisabetha	.	.	.	.	.	.	.	.	.	1	.	.	.	.
	Sophia	.	.	.	.	.	.	.	.	.	1	.	.	.	.
Sabina	Elisabetha	.	.	.	.	.	.	1	.	.	.	.	.	.	
	Paulina	.	.	.	.	.	.	.	.	.	1	.	.	.	
Sara	Catharina	.	.	.	.	.	.	.	.	.	1	.	.	.	
	Cornelia	.	.	.	1	.	.	.	.	.	.	.	.	.	
	Elisabetha	.	.	.	.	.	.	.	2	.	.	.	.	.	

		1535	1540 — 1565	1570 — 1595	1600 — 1625	1630 — 1655	1660 — 1685	1690 — 1715	1720 — 1745	1750 — 1775	1780 — 1805	1810 — 1835	1840 — 1865	1870 — 1895	1900
ibylla	Charlotte	.	.	.	.	.	.	.	1	.	.	.	.	.	.
	Elisabetha	.	.	.	.	.	.	1	.	.	.	.	.	.	.
ophia	Barbara	.	.	.	.	.	.	.	.	.	.	.	1	.	.
	Christina	.	.	.	.	.	.	.	.	.	.	.	1	.	.
	Dorothea	.	.	.	.	.	.	.	1	.	.	.	.	.	.
	Eleonore	.	.	.	.	.	.	.	.	1	.	.	.	.	.
	Elisabetha	.	.	.	.	.	.	2	.	1	.	.	1	.	.
	Gertrud	.	.	.	.	.	.	1	.	.	.	1	.	.	.
	Henrietta	.	.	.	.	.	.	.	.	.	.	.	1	.	.
	Jacobina	.	.	.	.	.	.	.	.	.	.	.	.	1	.
	Johanna	.	.	.	.	.	.	.	.	.	1	.	.	.	.
	Josepha	.	.	.	.	.	.	.	.	.	1	.	.	.	.
	Magdalena	.	.	.	.	.	.	1	.	1	.	.	.	.	.
	Maria	.	.	.	.	.	.	.	.	.	.	1	.	.	.
	Rosina	.	.	.	.	.	.	.	.	1	.	.	.	.	.
usanna	Barbara	.	.	.	.	.	.	1	.	.	1	.	.	.	.
	Carolina	.	.	.	.	.	.	.	.	.	.	1	.	.	.
	Catharina	.	.	.	.	1	1	.	2	3	2	.	1	.	.
	Christina	.	.	.	.	.	1	.	.	.	.	.	.	.	.
	Dorothea	.	.	.	.	.	.	.	3	1	1	.	.	.	.
	Elisabetha	.	.	.	.	.	5	3	5	7	2	1	.	.	.
	Friederica	.	.	.	.	.	.	.	.	.	1	.	.	.	.
	Georgina	.	.	.	.	.	.	.	.	.	1	.	.	.	.
	Gertrud	.	.	.	.	.	.	.	.	2	.	.	.	.	.
	Johanna	.	.	.	.	.	.	.	.	.	.	.	.	1	.
	Kunigunde	.	.	.	.	.	.	.	.	.	.	1	.	.	.

		1535	1540–1565	1570–1595	1600–1625	1630–1655	1660–1685	1690–1715	1720–1745	1750–1775	1780–1805	1810–1835	1840–1865	1870–1895	190[illegible]
Susanna	Lucretia	.	.	.	.	.	1	.	.	.	.	.	.	.	.
	Luise	.	.	.	.	.	.	.	.	.	.	1	.	.	.
	Magdalena	.	.	.	.	.	.	.	.	.	1	1	.	.	.
	Margaretha	.	.	.	1	1	.	1	1	.	1	1	1	.	.
	Maria	.	.	.	.	1	1	3	5	2	7	.	.	1	.
	Theresia	.	.	.	.	.	.	.	.	.	.	.	1	.	.
	Ursula	.	.	.	.	.	.	1	.	.	.	.	.	.	.
Thecla	Catharina	.	.	.	.	.	.	.	.	.	.	.	.	1	.
Theresa	Antonia	.	.	.	.	.	.	.	.	.	.	1	.	.	.
	Mathilde	.	.	.	.	.	.	.	.	.	.	.	.	.	1
Ursula	Catharina	.	.	.	.	.	.	1	.	.	.	.	.	.	.
Walburg	Elisabetha	.	.	.	.	.	.	.	1	.	.	.	.	.	.
Wilhelmina	Anna	.	.	.	.	.	.	.	.	.	.	.	1	.	.
	Carolina	.	.	.	.	.	.	.	.	.	.	.	.	1	.
	Catharina	.	.	.	.	.	.	.	.	.	.	.	.	.	1
	Christina	.	.	.	.	.	.	.	.	.	.	.	.	1	.
	Eleonore	.	.	.	.	.	.	.	.	.	.	.	.	1	.
	Emma	.	.	.	.	.	.	.	.	.	.	.	1	.	.
	Helena	.	.	.	.	.	.	.	.	.	.	.	.	1	.
	Luise	.	.	.	.	.	.	.	.	.	.	.	1	.	.
Summe der verglichenen Namen		.	.	2	50	88	114	176	195	170	163	142	94	135	3[illegible]
Summe der verschiedenen Namen		.	.	2	21	30	48	66	79	77	87	92	76	108	3[illegible]
in %		.	.	100	42	34	42	38	41	45	53	65	81	80	9[illegible]

ERSTER HAUPTTEIL:

DIE EINFACHEN UND DIE DOPPELTEN VORNAMEN.

Viertes Kapitel: DIE ENTSTEHUNG DER DOPPELVORNAMEN.

Erster Abschnitt: Das Verfahren bei der Erteilung eines einfachen Vornamens.

Bis in die letzten Jahrzehnte hinein waren wir gewöhnt, es als natürlich und geradezu selbstverständlich anzusehen, daß ein Kind bei der Taufe, wofern es nur einen Vornamen erhielt, den seines Paten zugelegt bekam, und in einzelnen Gegenden Deutschlands betrachtete man es bis vor nicht allzulanger Zeit als eine Rücksichtslosigkeit gegen den Paten, wenn die Eltern das Kind nicht mit dessen Namen riefen.[1]) Dieser uns natürlich erscheinende Brauch ist nicht ebenso alt wie die Gevatterschaft selber, sondern hat sich erst im Laufe der Zeiten herausgebildet. Es ist dies nicht ohne mancherlei Hemmnisse geschehen. Da war z. B. die vor allem in katholischen Gegenden beliebte Sitte, die aber in Wirklichkeit lange nicht so verbreitet war und ist, wie gewöhnlich angenommen wird, dem Kinde bei der Taufe den Namen des seinen Geburts- (und für die ältere Zeit damit meist auch seinen Tauf-)tag regierenden Heiligen beizulegen, wodurch die Benennung nach dem Paten nur in den seltensten Fällen eintreten konnte. Man betrachtet gewöhnlich die Kirche mit ihrer Heiligenverehrung als das einzige treibende Moment bei dieser Sitte und gibt ihr so zugleich die Hauptschuld an dem Untergang

---

[1]) Braun a. a. O.

der altgermanischen Namen und der großen Verbreitung der fremden Heiligennamen. Aber abgesehen davon, daß gerade die Priester noch lange deutsche Namen führten und zwar solche, die nicht zugleich Heiligennamen waren, zu einer Zeit, wo bereits in den Kreisen der Bürger und Bauern die fremden Heiligennamen sich ein bedeutendes Gebiet erobert hatten, ist zu bemerken, daß bis zum Konzil von Trient im christlichen Abendlande keine darauf bezügliche Vorschrift vorhanden war. Bis zum Jahre 1571 wird diese Frage überhaupt nicht berührt, und wir finden nirgends eine Vorschrift über die Wahl des Taufnamens.[1])

Was war unter diesen Umständen natürlicher, als daß sich mit der Zeit der heute ja noch ziemlich verbreitete Brauch herausbildete, den Täufling mit dem Namen des Paten zu benennen? Die Anfänge und sicher die größere Verbreitung dieser Gepflogenheit haben wir eher auf dem Lande als in der Stadt zu suchen. Es ergab sich diese Sitte bei der Namenarmut, die bei den Bauern herrschte, ganz von selbst. Bei ihnen ist sie denn auch bis auf die heutige Zeit am weitesten verbreitet geblieben, während man in der Stadt auf eine Übereinstimmung der Namen des Paten und des Täuflings schon länger weniger Wert legt. Dies konnte umso leichter geschehen, als ja, falls das Kind einen Doppelvornamen oder gar mehrere Namen nach seinen Paten erhielt, es doch in der Regel nur mit einem Namen gerufen wurde, wobei die Namen der anderen Paten unberücksichtigt blieben. Aber es zeigt auch hier wieder die vielfach geübte Sitte, bei mehreren Paten als Rufnamen des Kindes einen Namen zu wählen, der keinem seiner Paten eignet, daß man sich eigentlich verpflichtet fühlt, das Kind mit dem Namen des Paten zu nennen. Da dies bei mehreren Paten nicht möglich ist, greift man zu jenem Ausweg.

Was die Verbreitung der Übereinstimmung der Namen von Paten und Täufling betrifft, so sind wir heute wieder, wenigstens was die Stadt und die fortgeschrittene vielfach von der Stadt beeinflußte ländliche Bevölkerung anbelangt,

[1]) Die ganze Stelle nach H. Weber a. a. O.

ungefähr auf demselben Punkte angekommen, auf dem man sich um die Mitte des 16. Jahrhs. befand. Genaue Feststellungen in dieser Hinsicht habe ich nicht unternommen, doch habe ich den Eindruck, daß heutzutage eine Übereinstimmung zwischen dem Namen des Paten und dem des Täuflings etwa bei 60 % vorhanden ist. Ebensoviel mag sie in dem ersten Geburtsbuch der Stadt Frankfurt um die Mitte des 16. Jahrhs. betragen. Doch ziemlich rasch geht man alsdann, wie sich leicht bemerken läßt, dazu über, eine immer größere Übereinstimmung zwischen Taufnamen und Patennamen zu erzielen, ein Bestreben, das, wie wir weiter unten sehen werden, uns tiefere Einblicke tun läßt in das Verständnis und die Auffassung, die man von den einzelnen Namen hatte. In der Zeit jedenfalls, wo die Rüsselsheimer Kirchenbücher beginnen, also am Ende des 16. Jahrhs., ist man gar streng darauf bedacht, daß der Name des Kindes mit dem des Paten übereinstimmt.

Wir fassen diesen Punkt etwas näher ins Auge. Es genügt, die Verhältnisse in Rüsselsheim eingehender zu betrachten, da hier alle typischen Fälle vertreten sind.

1. Der Name des Täuflings stimmt mit dem des Paten überein.

Für die ältere Zeit sind hierbei zwei Fälle zu unterscheiden. Entweder hat das Kind auf seinen einen Namen auch nur einen Paten, oder aber es hat, obwohl es nur einen Namen trägt, doch mehrere Paten. Diese hinwiederum können entweder denselben Namen führen oder verschiedene Namen, von denen aber dann einer mit dem Namen des Kindes übereinstimmt. In einer kleinen Anzahl von Fällen ist die Übereinstimmung nur eine teilweise.

a) Der Täufling besitzt nur einen Paten (und bekommt dessen Namen beigelegt).

Diesen einfachsten Fall schließen wir von der Betrachtung aus, weil er uns Bemerkenswertes nicht zu bieten vermag. Die anderen Fälle jedoch betrachten wir genauer, da wir in ihnen die Vorstufen zu der Doppelvornamigkeit erblicken.

b) Der Täufling besitzt mehrere Paten gleichen Namens.

Wir können diesen, wie auch die weiterhin zu besprechenden Fälle auf folgende Weise übersichtlicher darstellen:

$$\text{K[ind]}\begin{cases}\text{1. P[ate]}\\ \text{2. P[ate]}\end{cases}$$

Dabei ist stets unter K und P ein Kind bzw. ein Pate mit einem Namen zu verstehen. Obiger Fall [b)] stellt sich demnach so dar:

$$\text{I. Kx}\begin{cases}\text{1. Px}\\ \text{2. Px}\end{cases} \text{ oder II. Kx}\begin{cases}\text{1. Px}\\ \text{2. Px}\\ \text{3. Px}\end{cases} \text{usw.}$$

Aus Rüsselsheim stehen 3 Belege (für I) zur Verfügung, bei denen die Namen Catharina, Anna,[1]) Jacob in der angegebenen Weise verwandt werden.

1. 1590 (21). Conrad Stubenrauch eine Tochter getauft. Gevatterinnen: uxor Joēs Weybeli Catharina, uxor item Balthasaris Spengleri Catharina.

2. 1591 (3). Hans Dalben von Bornen bei Alzen ein Sohn getaufft. Gevatter Jacob Keuzer und Jacob Krafft.

3. 1593 (19). Niclas Edelmann von Finkenbach eine Tochter getauft. Gevatterinnen Hans Baumen Hausfrau und Philipp Hoffmanns Hausfrau Anna, beide von Haßloch.[1])

Die erteilten Namen gehören zu den häufigen, und es war daher leicht, als Paten unter den Verwandten oder Bekannten zwei desselben Namens zu finden, ohne daß man dadurch den Brauch, wonach nur ein namengebender Pate vorhanden zu sein pflegte, eigentlich durchbrach.

Dies geschah auch nicht, wenn man dazu überging, zu dem einen Paten, nach dem das Kind seinen Namen erhielt, einen zweiten oder auch noch mehrere hinzuzufügen, ohne daß man dem Kind auch ihre Namen beilegte.

c) Der Täufling besitzt nur einen Namen, aber mehrere Paten verschiedenen Namens.

$$\alpha.\ \text{zwei Paten: Kx}\begin{cases}\text{1. Px.}\\ \text{2. Py.}\end{cases}$$

Aus Rüsselsheim haben wir für diesen Fall zwei Belege. Einmal wird ein Mädchen nach der einen Patin Ger-

---

[1]) Dieser Beleg ist allerdings nicht ganz sicher.

traut getauft [welcher Name ausdrücklich als Taufname hervorgehoben wird, was sonst nicht zu geschehen pflegt], während die andere Patin den Namen Elisabeth führt:

1593 (22). „Gertraut; Gevatterinnen Niclas Spedenn hausfrau von Ginsheim und Jacob Beckers Tochter Elisabeth".

Sodann erhält ein Knabe nach dem einen Paten den Namen Balthasar, während der andere Jacob heißt. Dazu wird noch eine Frau als Patin erwähnt. Dieser Brauch, männliche und weibliche Personen zusammen zu Paten zu bitten, ist bereits im 16. Jahrh. vorhanden, wie die gleich aus Frankfurt angeführten Belege für den eben unter c) besprochenen Fall dartun,[1]) und zwar finden wir schon bei diesen frühesten Belegen die merkwürdige Tatsache, daß diese Sitte vornehmlich bei Soldaten beliebt ist. Dies springt noch mehr in die Augen, wenn wir die Belege dafür aus der Zeit bis zur Mitte des 17. Jahrhs. in Rüsselsheim mustern. Von da ab ist der Brauch dann für lange Zeit durchgehend, und noch bis in die neueste Zeit herrscht er in manchen Gegenden so sehr, daß man nur selten verfehlt, bei der Taufe eines Kindes Personen beiderlei Geschlechts zu Paten oder „Taufzeugen" zu bitten. In Frankfurt habe ich sechs Belege für den Fall c) α gefunden, von denen jedoch zwei zweifelhafter Natur sind, indem beidemal der dem Kinde erteilte Name nicht angegeben ist, sodaß die Möglichkeit bleibt, es sei ein Doppelvorname gewesen. Die beiden zweifelhaften Belege sind:

1. 1554. 25. Aug. Mertel Eytelwein Lantzknecht, margreth uxor, ein Suhn [Lücke]. hub Lamprecht von Braunschweig walmeister und Hans Braun Lantzknecht.

2. 1554. 29. Aug. Jorg in flandern, eyn Spielmann, pittor<nell> uxor, ein sohn [Lücke] hub Hans Rosenacker unnd Rudolff Knarscher [?] Steinmetz.

Die vier sicheren Belege sind:

1. 1547. 11. Jan. Joachim Blanck, guda uxor; son Engelbrecht, hub Engelbrecht von Eulzen Rentmeister in selantt und Johann von Gerstein Amptmann.

[1]) Dazu kommt noch folgender: 1547. 3. May. Ludwig Markoff, Emerentiana uxor, dochder genant Margred huben Margret Johan vom Rheins seligen dochter, Claus Scheidtt Schöffen und Georg vonn Zoll.

2. 1552. 6. Juli. Caspar Gampel von haydelsam unnd Anna uxor ein Tochter Jacobis, hub Elsa Walther Recken des Gertners hauſfr und Jacob Böckle hauptmann von Straßburg.

3. 1554. 12. Aug. Hans Jeorg ein Lanzknecht von ham, Gerdraut uxor ein Suhnn Heinrich hub Heinrich Jungblut, Lamprecht von Braunschweig und Anna Cornelius Lindemanns hauſsfrau.

4. 1562. 29. Okt. Werner Julius Carpensis welscher und Martha uxor ein son Hermann hub graue Hermann vonn Vervar unnd Adolff von Bors Canntzler und Catharina Glauburgerinn und Anna Augustus Hausfrau.

β. Drei Paten: Kx { 1. Px, 2. Py, 3. Pz }

Aus Rüsselsheim scheint ein Beleg hierher zu gehören. Es werden nämlich bei der Taufe des Sohnes des Amtmanns zu Rüsselsheim, abgesehen von den weiblichen Taufzeugen, aufgezählt: 1. Friedrich, Landgraf zu Hessen. 2. Hans Philipp von Busseck, genannt Mönch, Oberamtmann zu Darmstadt. 3. Balthasar Weitelshausen, genannt Schrautenbach, Amtmann auf Lichtenberg, ohne daß erwähnt wird, welchen Namen das Kind erhalten hat. Es ist anzunehmen, daß es den Namen des Landgrafen bekam.

Aus Frankfurt stehen folgende drei Belege zur Verfügung:

1. 1546. 15. Aug. Ulrich Schöffer, Elsa uxor; son Philippus. huben Philippus Reiffenstein, Jeronimus Bock, Anstatt Liddoltt und Dorothea, hans Reiffensteins hauſsfrau.

2. 1546. 30. Dez. Johann von Glauburg Schöffen, Anna uxor, son genant Maximilianus. hub der wolgeborne herr, her Maximilianus von Egmont und Jeronimus von Glauburg Doctor sampt Adolff von Glauburg Doctor.

3. 1549. 31. Mrz. Jorg Veitel von Nornburg ein Lantzknecht, Dorlo uxor; Anna ein tochter. hub Anna Steffan Kudelmeiers hauſsfrau und hans Riesen des Knoſsners [?] Hauſsfrau Katharina genant darzu Catharina Contz von Westhoffen des hauptmanns hauſsfrau.

γ. Vier Paten: Kx { 1. Pu, 2. Pv, 3. Px, 4. Py }

Ein Beleg aus Frankfurt:

1547. 6. Jan. Hans Hag Furmann, Catharina uxor. son genant Caspar. huben Johann von Spurbruck, Cornelius Riffbeck, Caspar Knippingk, Conrad Karberd.

Wenn wir fragen, was uns diese Fälle lehren, so dürfen wir wohl sagen: Wir finden hier das Bestreben, zwar bei der „Einvornamigkeit“ zu beharren, aber doch dem Kinde mehrere Paten zu geben. Wir erkennen, daß ein Grund dazu, mehrere Paten zu besitzen, nicht die Notwendigkeit war, eine Unterscheidung der Kinder von anderen Personen durch die von den Paten zu entlehnenden Namen herbeizuführen; denn es ist stets nur ein Name entlehnt worden. Wir erkennen vielmehr, daß die Sitte, einem Kinde mehrere Paten zuzuweisen, offenbar gewissen Rücksichten auf die Persönlichkeit des Paten entsprang, sei es, daß man sich dem zum Paten Erwählten irgendwie verpflichtet fühlte und das äußerlich in dieser Weise dartun wollte, sei es auch vor allem, daß man auf diese Weise durch die Patengeschenke für sich oder das Kind äußere Vorteile oder in Anbetracht der Stellung des Paten Ansehen und Einfluß zu erlangen hoffte.

Der nächste Schritt war der, nachdem man sich die Paten um ihrer Person willen verbunden hatte, auch ihre Namen dem Kinde mitzuteilen, sodaß alsdann das Kind öffentlich mehrere Namen führte.

2. Der Name des Täuflings stimmt mit dem des Paten nicht überein.

Daß dieser Fall in der ältesten Zeit sehr häufig war und auch noch im ersten Geburtsbuch von Frankfurt sehr oft anzutreffen ist, ist bereits oben gesagt worden. In Rüsselsheim und Flörsheim gehört er jedoch schon zu den seltenen Ausnahmefällen. Er wird dargestellt durch die Formel Kx—Py. Die Belege, die wir in Rüsselsheim und Flörsheim finden, tragen dasselbe Gepräge wie die Frankfurter. Wir können uns daher auf sie beschränken. In Rüsselsheim begegnet uns:

1. K: Gotthard — P: Philipp. Der Vater heißt Peter.

2. K: Niclas — P: Hans. Hier hat der Vater seinen Namen hergegeben, aber er wird nicht, wie es sonst zu geschehen pflegt,[1]) wenn er zugleich Pate ist, auch als Gevatter aufgeführt.

3. K: Christoffel — P: Steffan. Hier war der Austausch der Namen leicht, da in der Mundart beide Namen, indem Christoffel > Steffel und Stephan > Steffen wird, nahezu übereinstimmen, und die Kurzform Steff beiden Namen gemeinsam ist.

Aus den Flörsheimer Taufbüchern sind folgende Belege anzuführen:

4. 1622. Anna Gebelin leg(itima) Cristmanni Gebels ex ux. Cristina, quam Angela Starkin filia Nicolai Starck susc(epit).

5. 1623. Otilia Dippoltis leg. Conradi Dippolt ex ux. Anna, quam Anna Premin filia Wendelini brem susc.

Vielleicht ist der Beleg Nr. 4 den übrigen nicht gleichartig, indem die Namen Anna und Angela nicht als zwei durchaus verschiedene Namen aufgefaßt worden sind. Wir werden nämlich gleich Fälle kennen lernen, in denen der Name Anna dem Namen Susanna entspricht, weil man, wie deutlich ersichtlich ist, den letzteren als mit Anna zusammengesetzt auffaßte, wennschon der erste Bestandteil sus- ohne weiteres kein gültiger Name war. Bei Angela liegt die Sache günstiger. Wenn man den Namen in Ann — gela abteilte, kamen die beiden Teile als gültige Namen vor, mochte Gela wirklich der altgermanische Name sein, oder selbst wieder eine Kurzform von Angela.[2])

Wie es sich mit derartigen Fällen im einzelnen auch verhalten haben mag, es ist ganz wohl denkbar, daß alle solche Fälle, in denen eine völlige Übereinstimmung zwischen dem Namen des Paten und dem des Getauften nicht vorhanden war, zur Entstehung der Doppelvornamen beitrugen. Entweder konnte man sich durch die vorhandene Verschiedenheit vor die Frage gestellt sehen, welches denn eigentlich der dem Kinde zukommende Name sei; dabei konnte man wohl dazu

[1]) Gewöhnlich geschieht es mit den Worten: susceptor pater ipse.

[2]) Vgl. aus dem Jahre 1622 (Flörsheim) den Beleg: „Angela ſeu Gela“.

kommen, dem Kinde beide Namen beizulegen. Oder aber, wenn man dem Kinde aus irgend einem Grund den Namen des Paten nicht zum Rufnamen gegeben hatte, dem Paten aber doch sein Recht widerfahren lassen wollte, so konnte man einfach seinen Namen noch zu dem als Rufnamen erwählten hinzufügen, wodurch ein Doppelvorname entstand, ohne daß man ihn von vornherein beabsichtigt hatte.

Also auch in den eben besprochenen Fällen müssen wir eine Vorstufe für die Doppelvornamen erkennen.

3. Der Name des Täuflings stimmt mit dem des Paten nur teilweise überein.

Eine wenn auch nur teilweise Übereinstimmung zwischen dem Namen des Täuflings und dem des Paten zeigte die Bereitwilligkeit an, der Verpflichtung, das Kind mit dem Namen des Paten zu nennen, nachzukommen.

Das älteste Beispiel dafür bietet die Entsprechung Anna—Susanna, bei deren Häufigkeit bis in die neuere Zeit hinein es nicht zweifelhaft erscheint, daß man den Namen Susanna als mit Anna zusammengesetzt auffaßte, und das bereits zu einer Zeit, wo der einzige in dieser Weise wirklich mit Anna gebildete Name Marianna noch nicht gang und gäbe war. Aber auch für die älteste Zeit steht der Name Susanna nicht allein, vielmehr ist wohl auch bei der Entsprechung Juliana — Anna anzunehmen, daß man auch den Namen Juliana als eine Zusammensetzung mit Anna betrachtete. Wenn auch die durch die Abtrennung von Anna entstehenden Wortreste an sich keine Namen waren, so kamen sie doch in den Formen Suschen, Julchen usw. vor. Es sei gestattet, hier am Schlusse des Abschnittes auf derartige „falsche Entsprechungen" zwischen Tauf- und Patennamen noch etwas näher einzugehen.

Daß man nicht weit genug in der Annahme solcher Entsprechungen gehen kann, daß sie selbst da, wo sie auf den ersten Blick unglaublich erscheinen, in Wirklichkeit doch mit Bewußtsein vollzogen worden sind, hat mich folgender Fall gelehrt, von dem ich mir habe erzählen lassen. In den 70er Jahren des vorigen Jahrhunderts erhielt in einer Gegend, wo man bei der Taufe eines Kindes zwei männliche und zwei weibliche Taufpaten zuzuziehen pflegte (i. Langenschwalbach i. Taunus), ein Knabe, weil man ihm aus irgend welchen Gründen die Namen der männlichen Taufpaten nicht beilegen wollte, den dem Namen der einen Patin Anna „noch am ähnlichsten Namen" — Arnold (gesprochen Annold!). Und so mag es noch sehr viele Falle geben, von denen uns die Taufbücher nichts berichten. Wenn man dies im Auge behält, wird man die im Folgenden aufgezählten „falschen Entsprechungen", die ich mir ausgeschrieben habe, nicht zu gewagt finden. Auch die nur ungenauen Entsprechungen sind dazu gestellt.

a) Entsprechungen, veranlaßt durch Übereinstimmung des Schriftbildes oder des Klanges.[1])

α) Die Übereinstimmung erstreckt sich auf das ganze Wort: Christoph — Stephan veranlaßt durch die Übereinstimmung der mundartlichen Kurzformen. Diese heißen von Christoph wie von Stephan Steff. Beleg aus dem Jahre 1590 (aus Rüsselsheim), s. o. S. 242 Nr. 3.

β) Die Übereinstimmung erstreckt sich nur auf einen Teil des Wortes.

1. Susanna — Anna: Beispiele für K: Susanna — P: Anna für Rüsselsheim aus den Jahren 1588, 1591, 1626, 1715, 1749 (2 mal). Dazu ein zweifelhaftes aus dem Jahre 1741, nämlich K: Susanna Margaretha — P: 1. Susanna 2. Anna Margaretha. Beispiele für Frankfurt aus den Jahren 1537, 1538, 1539, 1541 (2 mal), 1543, 1552 (2 mal), 1558, 1566, 1568, 1572, 1573 (2 mal), 1582. Merkwürdigerweise heißt in allen diesen Fällen das Kind Susanna und die Patin Anna.

2. Anna — Kiliana: Beispiel aus Flörsheim aus dem Jahre 1895: K: Anna — P: Kiliana.

3. Juliana — Anna. Zwei Beispiele aus Frankfurt für K: Juliana — P: Anna aus den Jahren 1568 u. 1580.[2])

---

[1]) Es ist nicht immer zu entscheiden, welches von den beiden die Veranlassung bot.

[2]) Der Name Marianna wurde, wie es scheint, in der älteren Zeit nicht als Zusammensetzung empfunden, daher er auch meist Mariana geschrieben ist. Mitunter aber war man sich der Entstehung dieses Namens wohl bewußt, wie folgendes Beispiel aus Rüsselsheim

Solche Zerlegungen eines Namens, wie sie in diesen drei Fällen im Geiste ausgeführt und in die Praxis umgesetzt worden sind, unterstützten bisweilen die Umsetzung eines Mannsnamens in den entsprechenden Frauennamen. Wenn man in dem Namen Johanna sowohl den Namen Johann als den Namen Anna finden konnte, so wurde, wenn eine Patin zugleich Anna hieß, die Umsetzung des Namens des anderen Paten Johann in Johanna dadurch erleichtert. Belege:

1679. N: Johanna Rosina. Paten: 1. Johann Friedrich, 2. Philipp Christian, 3. Anna Rosina, 4. Johanna Margaretha. Hier kann eine kindliche Anschauung in dem Namen des Kindes die dreier Paten (Johanna, Johann, Anna) wiederfinden.

1712. N: Johanna Maria Margaretha. Paten: 1. Johann Werner, 2. Margaretha Magdalena, 3. Anna Margaretha. Hier hat vielleicht nicht einmal Umsetzung des Namens Johann in Johanna stattgefunden, sondern lediglich Zusammenschweißung von Johann + anna in Johanna. So kann man auch das folgende Beispiel auffassen:

1717. N: Johanna Sophia Catharina. Paten: 1. Anna Sophia Catharina, 2. Catharina, 3. Johann Christoph.

Eine Hilfe für die Umsetzung des männlichen in den weiblichen Namen liegt jedoch vor, wo das Bewußtsein, daß Johannetta durch Johann + etta gebildet sei, die Umsetzung von Henrich in Henrietta erleichtert. Beleg (1830/8): N: Henrietta. Paten: 1. Johann Henrich, 2. Johannetta.[1])

4. Josepha — Eva. (Josefa — Efa). Belege aus Flörsheim: 1800. N: Maria Josepha — P: Eva, adstitit Anna Maria. — 1819. N: Maria Josepha — P: Maria Eva.

5. Carolina — Lina. Belege für Rüsselsheim aus den Jahren 1882, 1899, 1904, für Flörsheim aus den Jahren 1888, 1890.

---

zeigt: 1841. N: Anna Maria Luise Amalia. Paten: 1. Justina Amalia, 2. Mari—anna, 3. Luise. Der Name Marianna der Patin Nr. 2 ist im Namen des Kindes in seine Bestandteile aufgelöst.

[1]) Oder ist auch hier Zusammenschweißung anzunehmen nach folgendem Muster:

Johann|Henrich }
Johann|etta } Henrietta.

Dann bekam jeder Pate seinen Anteil am Namen des Kindes.

6) Magdalena — Helena (lenchen, lena — lenchen, lena). Belege für Rüsselsheim aus 1861, 1865, 1882, 1897, 1903. Für Flörsheim aus dem Jahre 1897.

7. Jost — August, Justine — August, Justus — August. Die Entsprechungen sind veranlaßt durch die mundartlichen Formen Aujust und Juste (für Justine). Belege:

1734. N: August Eberhard. Paten: 1. Justina Margaretha, 2. Johann Eberhard.

1740. N: August Anton. Paten: 1. Joh. Jost, 2. Anton.

1868. N: August — P: Justus.

1870. N: Ludwig Carl August. Paten: 1. Ludwig, 2. Ludwig Johann. Der Name Carl entspringt hier der Familienüberlieferung, der Name August dagegen scheint hervorgerufen zu sein durch den Namen der Mutter, die Justina Amalia heißt.

8. Josepha — Josephina. Beispiel aus Flörsheim (1822).

b) Entsprechungen veranlaßt durch die Ähnlichkeit des Schriftbildes oder Klanges.

1. Rosa — Therese vermittelt durch die Ähnlichkeit der Koseformen Röschen > Rös und Res. Beispiel aus Flörsheim 1900 N: Maria Rosa — P: Maria Therese.

2. Lisette — Elisabethe[1]) vermittelt durch die Ähnlichkeit von Líssett und Lísbett, wobei noch die Form Lieschen mitspielt. Belege aus Rüsselsheim: In dreien (von 1827, 1888, 1890) heißt das Kind Elisabeth, die Patin Lisette; in fünf (von 1846, 1850, 1869 (2 mal), 1901) ist es umgekehrt.

c) Entsprechungen hervorgerufen durch bloßen Anklang.

1. Elisabeth — Samuel. Die anklingenden Teile bedeuten hier zufällig auch etymologisch dasselbe. Beleg aus Rüsselsheim. 1886. N: Anna Caroline Maria Elisabetha — Paten: 1. Anna, 2. Carl, 3. Maria, 4. Samuel.

2. Erwin — Emmy. Beleg aus Rüsselsheim. 1903. N: Erwin August — P. Emmy.

3. Irma — Emma. Beleg aus Rüsselsheim. 1903. N: Irma — P: Emma.

[1]) Wenn schon Lisette in letzter Linie auf Elisabetha zurückgeht, so werden im Volke doch die beiden Namen als von einander verschiedene aufgefaßt, wovon ich mich durch Umfrage überzeugt habe.

4. Ella — Elisabetha. Beleg aus Rüsselsheim. 1902. N: Ida Ella — Paten: 1. Rosa, 2. Elisabetha für Ida.

5. Emma — Elisabetha. Beleg aus Rüsselsheim. 1884. N: Emma — P: Maria Elisabetha.

6. Elisabetha — Babetta wohl vermittelt durch die Aussprache Elisabetta. Beleg (aus Rüsselsheim) nicht ganz sicher, nämlich (1901) N: Elisabetha — P: Elisabetha für Babetta.

7. Lina — Elisa(betha) wohl durch Lisette vermittelt. Belege aus Rüsselsheim 1879. N: Lina — P: Elise. 1895 N: Lina — P: Elisabetha.

8. Carl — Catharina nach dem sicheren Beispiel von Arnold — Anna durchaus nicht unmöglich. Beleg aus Rüsselsheim. 1848. N: Carl Adolf — P: 1. Adolf, 2. Catharina. Doch führen derartige Beispiele zu leicht ins Ungewisse, wenn ich meinerseits auch ganz gut für möglich halte, daß man sogar (1900. Rüsselsheim) K: Eugen — P: Elise reimte.

Nach dieser Abschweifung nehmen wir den Hauptfaden der Untersuchung wieder auf. Das Verfahren bei der Erteilung eines einfachen Vornamens haben wir kennen gelernt und gesehen, in welcher Weise dabei den doppelten Vornamen vorgearbeitet worden ist. Wir haben uns nunmehr diesen selbst zuzuwenden.

ZWEITER ABSCHNITT:

Das Verfahren bei der Erteilung eines doppelten Vornamens.

Drei verschiedene Erklärungen der Doppelvornamen sind mir zu Gesicht gekommen: [1])

[1]) Nachdem das Folgende bereits geschrieben war, hat zuletzt noch G. Blumschein in Zs. d. Allg. D. Spr.-Ver. 1906 Dez.-Nr. über die Entstehung der mehrfachen Vornamen gehandelt. Er sucht den Ursprung der Doppelvornamen in dem Unterscheidungsbedürfnis, das sich im 14. Jahrh. herausgestellt habe infolge des Rückgangs der Mannigfaltigkeit der deutschen Namen und der Verbreitung der fremden Kirchennamen bis zur Eintönigkeit, womit sich die Schwierigkeit, Träger desselben Vor- und Familiennamens zu unterscheiden, verband. Adel und Fürstenhäuser verwandten zuerst Doppelnamen, entweder zur Unterscheidung gleichzeitiger Sprossen verschiedener Zweige oder zur Auseinanderhaltung von Ahnen und Enkeln [Socin!]. Man half sich damit, „daß man dem Täufling einen zweiten Namen, wohl meist den

1. Socin sucht den Ursprung der Doppelvornamen in der Notwendigkeit nach alter Familienüberlieferung (besonders in den Kreisen des Freiherrenstandes) stets mit denselben Vornamen ausgestattete Familienmitglieder zu unterscheiden.

2. v. Zahn spricht davon, daß der Name Johannes im 16. Jahrh. etwa 30—40 % der männlichen Bewohner Steiermarks als Rufname oder „Beiname" gedient habe, und sagt im Anschluß daran „daß der Name Johannes den Brauch der Doppelnamen inauguriert", doch offenbar in dem Sinn, als sei infolge der großen Verbreitung des Namens Johannes die Unterscheidung der mit diesem Namen benannten Personen durch Zusetzung eines anderen Namens herbeigeführt worden.

---

des Vaters oder eines Paten zufügte". Die Doppelvornamen, so führt er weiter aus, dienten ursprünglich der Zweckmäßigkeit. [Aber gerade das erste Beispiel, das für Doppelvornamen angeführt wird, spricht schon gegen die obige Ansicht; auch die übrigen Beispiele, die der Verfasser für frühe Doppelvornamen vorbringt, müssen uns gleich Bedenken gegen seine Erklärung derselben aufsteigen lassen. Die Beispiele siehe oben S. 20 f.].

Seit den letzten Jahrzehnten des 17. Jahrhs. gehören einfache Namen geradezu zu den Seltenheiten. Besonders aber setzte man im 18. Jahrh. „eine Art von Stolz und Ehre" in möglichst starke Namenhäufungen. „Dabei entbehrte die zur Modesache gewordene Vielnamigkeit nicht eines gewissen geistlichen Schimmers" [vgl. die Bemerkung v. Zahns unter Nr. 3]. Der Verfasser sieht ferner [wie v. Zahn] in der auffallend großen Verbreitung des Namens Johannes einen „starktreibenden Anlaß zur Erweiterung der früheren Namengebung". Seine unbestrittene Herrschaft falle in das vorige [18.] Jahrh. Er stehe fast immer an erster Stelle. Daß er seiner Bedeutung „Gottes Geschenk" entsprechend namentlich für Erstgeborene beliebt gewesen zu sein scheint, ist mir unwahrscheinlich, da die Bedeutung der fremden (zumal der hebräischen) Namen im allgemeinen nicht bekannt gewesen sein dürfte.

„Bis stark in das 19. Jahrh. hinein hat die Hochflut der mehrfachen Namen gereicht. Aber während früher die mehrfachen Namen auch im Tagesgebrauch waren, hat sich in unserem auf das Zweckmäßige [vgl. dagegen oben!] gerichteten Zeitalter schon längst die Gewohnheit befestigt, im bürgerlichen Leben nur den Rufnamen zu brauchen, und den oder die anderen Vornamen für besondere, meist amtliche Gelegenheiten gleichsam als Aufputz aufzusparen. So läßt sich ein Zug zur Rückkehr, zum Alten, zu den einfachen Vornamen hauptsächlich im Bürgerstande nicht verkennen."

3. Derselbe (v. Zahn) sagt kurz darnach, als er vom 17. Jahrh. spricht, die Doppelvornamen seien nicht nur Mode, sondern auch ein Ausdruck der Frömmigkeit und Heiligenverehrung gewesen.

Wichtig für die Beurteilung der Doppelvornamen erscheint noch ein Satz bei Socin: „Nur häufige Taufnamen werden gedoppelt".

Aus allgemeinen Erwägungen heraus läßt sich zu diesen Ansichten folgendes bemerken: Wenn man die Entstehung der Doppelvornamen auf die Notwendigkeit der Unterscheidung entweder von Brüdern zurückführt, die infolge alter Familienüberlieferung mit dem nämlichen Namen ausgestattet waren, oder von Personen, die infolge der großen Verbreitung einzelner Namen, wie des Namens Johannes [1])

---

[1]) Daß insbesondere der Name Johannes durch die infolge seiner großen Verbreitung notwendig gewordene Unterscheidung der mit ihm ausgestatteten Personen an der Entstehung der Doppelvornamen schuld gewesen sei, läßt sich, wie ich glaube, aus der Entwickelungsgeschichte der Vornamen unmittelbar widerlegen. Trotzdem nämlich alle anderen Namen als Einzelnamen besser geeignet waren als der Name Johannes, eine Unterscheidung ihrer Träger von anderen Personen herbeizuführen, verschwinden diese anderen Einzelvornamen umso mehr, je mehr die Doppelvornamen zunehmen, nur der Name Johannes erhält sich als Einzelname beinahe ganz allein und schmückt fast alle Personen, die nur einen Vornamen erhalten, sodaß hier eine Unterscheidung gänzlich vereitelt war.

Wollte man ferner aus der Häufigkeit des Namens Johannes als Einzelname schließen, daß er die Entstehung der Doppelvornamen veranlaßt habe, so dürfte man wohl auch umgekehrt schließen, daß auch der Name Anna, weil er bei den Doppelvornamen dieselbe Stellung und Verbreitung besitzt wie der Name Johannes, als Einzelname annähernd ebenso häufig wie Johannes gewesen sei, oder doch mindestens häufiger als die übrigen weiblichen Einzelvornamen. Dieser Schluß entspräche aber den Tatsachen nicht. Auch der in Görlitz im 17. Jahrh. häufige Name Johann Georg zeigt, daß an der Entstehung dieses Namens in Görlitz wenigstens nicht der Name Hans schuld war, denn er ist ja aus der Nachahmung des Fürstennamens hervorgegangen. Von den anderen Zusammensetzungen mit Johann sind dann manche wohl wieder nach Johann Georg gebildet worden. Die allerdings auf den ersten Blick hin auffällige Tatsache, daß sich bald nach den Anfängen der Doppelvornamen gerade die Zusammensetzungen mit Johann so außerordentlich häufig finden, wodurch man wohl darauf geführt worden ist, diesem Namen die Schuld an dem Auftreten

(zumal da auch der Zuname oft der gleiche gewesen sein mag), nicht mehr deutlich genug von einander unterschieden werden konnten, so hat man sich doch vor allem zu fragen, für wen man denn wohl die Unterscheidung durch die Doppelnamen hätte schaffen wollen. Soweit ich sehe, kommt da nur dreierlei in Betracht.

Die Doppelvornamen könnten geschaffen worden sein:

1. zur Unterscheidung vor der Obrigkeit, in Urkunden usw. *Diese Ansicht darf von vornherein abgewiesen werden.* Denn die Obrigkeit hat sich sogar bis an das Ende des 18. Jahrhs. kaum um dergleichen gekümmert, viel weniger hatte sie es nötig in jenen früheren Zeiten. Auch dürfte der Allgemeinheit kaum soviel daran gelegen haben, daß es dadurch zur Verbreitung der Doppelvornamen gekommen wäre, zumal da sich ja genug andere Mittel darboten, die einzelnen von einander zu unterscheiden; vor allem konnte das in der Weise geschehen, auf die vielfach die mannigfaltigen Gattungen der Zunamen erst entstanden waren und zur Zeit der ersten Doppelvornamen noch entstanden.

Sodann könnten die Doppelvornamen geschaffen sein:

2. zur theoretischen Unterscheidung (wenn man es einmal so nennen will) der gleichbenannten einzelnen Familienmitglieder derselben oder verschiedener Zeiten. Es braucht jedoch nur auf die Reihe der deutschen Kaiser oder die Herrscher der einzelnen größeren und kleineren Staaten und die Angehörigen der alten Adelsgeschlechter hingewiesen zu werden, um auch an dieser Erklärung der Doppelvornamen unsere Zweifel zu erregen.[1])

---

der Doppelvornamen beizumessen, erklärt sich bei näherem Zusehen leicht. Es war ja bei der Entstehungsweise der Doppelvornamen, indem sie nämlich aus Einzelvornamen zusammengesetzt wurden, gar nicht anders möglich, als daß der allverbreitete Einzelname Johannes auch hier in den Vordergrund trat. Es zeigt sich, wie man bei der Bildung von Doppelvornamen auch da, wo gar keine Verpflichtung vorlag, den Namen Johannes zu erteilen, sich doch seinem allmächtigen Einfluß nicht entziehen konnte. Beispiele dafür werden wir noch kennen lernen.

[1]) So zeigt uns z. B. eine von diesem Standpunkt aus unternommene Betrachtung der in der Dez.-Nr. der Zs. d. Allg. D. Spr.-

Also könnten die Doppelvornamen, wenn sie durch die Notwendigkeit einer Unterscheidung entstanden wären, nur

3. zur Unterscheidung im täglichen Leben gedient haben. Ist man einmal zu dieser Ansicht gekommen, so erhebt sich die weitere Frage, wie man sich denn hier nun die Unterscheidung durch den Doppelvornamen zu denken habe. Hat man anzunehmen, daß die mit Doppelvornamen Ausgestatteten auch mit zwei Namen gerufen wurden? Diese Annahme widerstreitet zunächst schon im allgemeinen den Forderungen des täglichen Lebens und ist auch für die Anfänge der Doppelvornamen zurückzuweisen. Ich kann gleich darauf aufmerksam machen, wie ungeeignet dafür doch gerade die Zusammensetzungen waren, die für uns die ältesten sind. Man nehme die von Socin aus dem 13. Jahrh. gesammelten[1]) und versuche sie sich mundgerecht zu machen, sodaß eine für den täglichen Gebrauch einzig geeignete Verschweißung aus beiden Vornamen entsteht! Es wird kaum bei einem gelingen. Es sind eben nur ganz wenige der ältesten Zusammensetzungen geeignet, eine solche Verschweißung zu einem einzigen Namen einzugehen. Zu ihnen gehört z. B. die Doppelung Rudolf Otto, die uns als Rudott (aber erst aus dem 14. Jahrh.) überliefert ist. Die zahlreichen uns zum Teil heute noch geläufigen Verschweißungen des Namens Hans mit einem anderen Namen zu Hánjer(g), Hámpeter usw., die Namen Ammeri > Ammi, Marianna, die allerdings nur in der lebendigen Rede, d. h. wenn tatsächlich mit einem Doppelvornamen gerufen wurde, entstehen konnten, sind nachweislich erst späteren Ursprungs und kommen daher für die Betrachtung der Anfänge der Doppelvornamen nicht in Betracht.

Wir haben also hier gesehen, daß eine Unterscheidung von gleichnamigen Familienmitgliedern im täglichen Leben durch die Doppelvornamen bei der bisherigen Auffassung derselben, nach welcher der eine Name um der Unterschei-

Vereins Jahrgg. 1906 aufgeführten Beispiele dieser Art, daß, wenn man wirklich eine Unterscheidung hätte herbeiführen wollen, man dabei doch zum mindesten in sehr ungeschickter und ungeeigneter Weise vorging und die Unterscheidung fast zugleich, indem man sie herbeiführte, wieder aufhob.

[1]) Von uns eingangs des II. Kap. wiederholt.

dung willen zu dem anderen hinzugesetzt wäre, sogut wie nicht erreicht wurde. Daher müssen wir uns doch fragen, ob wir jene Doppelnamen bei Brüdern mit gleichem (einfachem) Namen nicht vielmehr in anderer Weise aufzufassen haben, als es seither geschehen ist.

Wenn wir uns noch denken können, daß man zwei oder auch drei mit demselben Namen versehene Brüder im täglichen Leben gar wohl auf allerlei Weise unterscheiden kann, so erkennen wir doch, daß dies bei vier und noch mehr, wenn nicht unmöglich, so doch recht schwierig und unbequem wird, sofern eben der Name dabei überhaupt noch sein Recht behalten soll. Umso merkwürdiger muß es uns dünken, daß man dem Kinde zuerst einen Namen beilegt, von dem man ganz genau weiß, daß er ihm im täglichen Leben gar nicht zur Unterscheidung von seinen Geschwistern oder Verwandten dienen kann, und ihm alsdann, entweder schon bei der Taufe selbst, sodaß hier der Doppelvorname als solcher mit Bewußtsein zur Unterscheidung geschaffen, oder später, sodaß er aus der Notwendigkeit der Unterscheidung entstanden wäre, gleichsam als unterscheidende Zugabe noch einen zweiten Namen aufläd, der aber doch allein für das Kind im täglichen Leben von Bedeutung sein wird. Denn daß das mit zwei Namen versehene Kind nicht auch noch mit dem bereits mehreren anderen Angehörigen derselben Familie eignenden Namen gerufen wird, sondern mit dem unterscheidenden, versteht sich wohl von selbst.

Ich glaube daher, daß es das Richtige sein wird, sich in diesem Falle die Entstehung der Doppelvornamen folgendermaßen vorzustellen.

Zwei Söhne oder auch drei mit demselben Namen zu rufen, geht noch an. Bei den weiteren ergibt sich die Unmöglichkeit den gleichen Namen fernerhin im täglichen Leben zu verwenden. Man sieht sich genötigt, dem Kinde einen anderen Namen beizulegen. Aber auf den Lieblingsnamen der Familie, der vielleicht schon seit langen Zeiten allein als Vorname gedient hatte und dienen konnte, da man noch nicht in eine derartige Lage wie jetzt gekommen war, oder dessen Reihe im Laufe der Jahrhunderte nur sehr selten von einem anderen durchbrochen war, wollte man nicht verzichten und legte ihn daher außer dem zur Unterscheidung notwendigen einfachen Vornamen dem Kinde bei;[1]) die Folge war, daß ein Doppelname entstand.

Die so entstandenen Doppelvornamen sind also nicht als Doppelnamen zum Zwecke der Unterscheidung erfunden oder geschaffen worden, da diese gegebenenfalls sehr einfach durch einen einzelnen, aus der Reihe der Lieblingsnamen der Familie *herausfallenden Namen herbeigeführt* werden konnte, sondern sie verdanken ihren Ursprung der Neigung, gegenüber den Forderungen des täglichen Lebens auf den einmal angestammten Lieblingsnamen so leicht nicht Verzicht zu leisten.

Die ältesten Beispiele von Doppelvornamen, die auf diese Art entstanden sind, finden sich demnach naturgemäß in den Kreisen des Freiherrenstandes, wo ja die Macht der Familienüberlieferung von jeher besonders stark ist. Aber daß sie auch in nichtadeligen Familien genau ebenso entstehen konnten, muß zugegeben werden. Wir wollen die auf diese Art entstandenen Doppelvornamen als I. Gruppe bezeichnen.

Bei dieser Auffassung begreifen wir auch, warum wir bei dieser ersten Gruppe nur häufige Namen gedoppelt finden, obwohl es uns doch an sich sehr merkwürdig erscheinen will, daß man, um einen gewöhnlichen Namen aus seinesgleichen hervorzuheben und mit einem unterscheidenden Merkmal zu versehen, ihm einen anderen gewöhnlichen Namen und nicht vielmehr einen seltenen und bezeichnenderen hinzufügt. Es war eben gar nicht nötig, sich nach einem besonders auffallenden und kennzeichnenden Namen zur Unterscheidung umzusehen, da jeder beliebige, auch wenn er sonst zu den häufigsten gehörte, den mit ihm Benannten innerhalb der Familie genügend von den Trägern des durch die Überlieferung geheiligten Namens unterschied, nach außen aber die

---

[1]) Dieser Brauch ist in vielen Familien bis auf die neueste Zeit bewahrt geblieben. Die Kinder erhalten, mögen sie sonst gerufen werden wie sie wollen, einen bestimmten Namen, der sich vielleicht seit Jahrhunderten in der Familie forterbt. Auch in der Familie des Verfassers herrscht, bis in das 17. Jahrh. zurückzuverfolgen, der allerdings mitunter durchbrochene Brauch, die Söhne Carl, die Töchter Caroline zuzubenennen, wennschon ihr Rufname [meist] ein anderer ist.

Mitglieder des einen Adelsgeschlechtes gegenüber einem anderen oder gegenüber den Bürgern vor allem durch den Stamm- oder Familiennamen hinreichend gekennzeichnet waren; ja so sehr, daß, wenn es sich darum handelt, sie in dieser Beziehung namhaft zu machen, auf ihren Vornamen ganz Verzicht geleistet, und nur der Geschlechtsname zur Benennung verwendet wird.

Während also allgemeine Erwägungen darauf hinführen, daß sich die doppelten Vornamen bei denjenigen Adelsgeschlechtern, die einen Lieblingsnamen kannten, und auch überall, wo in anderen Ständen etwas Ähnliches der Fall war, in der angegebenen Weise entwickelt haben, lag die Sache da, wo jene Voraussetzung nicht erfüllt war, vor allem bei den Bürgern und Bauern anders. Der Geschlechtsname hatte bei ihnen lange nicht die Bedeutung wie bei den Adeligen. Das zeigen schon die in Taufbüchern und anderen Urkunden bis ins 17. Jahrh. hinein nach Vornamen, nicht nach Zunamen angeordneten Verzeichnisse. Sogar zu der Zeit, wo die doppelten Vornamen bereits bei Bürgern und Bauern Eingang fanden, waren noch gar nicht überall feste Zunamen vorhanden. Umso mehr wird man von vornherein anzunehmen geneigt sein, daß man sich bestrebt habe, schon im Vornamen eine deutliche Unterscheidung der Einzelpersonen durchzuführen, umsomehr wird man sich über vielfache Eintönigkeit unter den Vornamen infolge der Anwendung einzelner vor den übrigen bevorzugten Namen wundern, und umsomehr wird man schließlich erstaunt sein, wenn man bei näherem Zusehen bemerkt, wie auch die Doppelvornamen nicht zur Unterscheidung der Einzelpersonen erfunden worden sind, ja infolge der Art und Weise, wie man sie zu bilden anfing und fortfuhr, gar nicht zum Unterscheidungsmittel für das tägliche Leben werden konnten. Was sich zu diesem Punkt, also gegen die Annahme von der unterscheidenden Absicht bei der Bildung der Doppelvornamen aus allgemeinen Erwägungen heraus bemerken läßt, wollen wir noch kurz betrachten.

Es gab bei den Bürgern und Bauern eine Reihe von Namen, die vor allen anderen beliebt waren. Dazu gehörte in erster Linie der Name Johannes. Wollte man unter diesen

Umständen eine Unterscheidung der gleichnamigen Personen herbeiführen, so hätte man zwar zunächst einfach zwei der Namen, wie sie gang und gäbe waren, zusammenkoppeln können. Das wäre an sich ungewöhnlich genug gewesen und zur Unterscheidung dienlich. Aber für das tägliche Leben eignete sich dieses Verfahren durchaus nicht. Denn mit seinen zwei Vornamen jemanden zu rufen, war doch zu umständlich; nannte man ihn aber mit einem, so war dieser ebenso gewöhnlich wie die vielen anderen, und damit für eine Unterscheidung nichts gewonnen.

Erst mit der zunehmenden Verbreitung der Doppelvornamen, als man sie tatsächlich als Unterscheidungsmittel zu handhaben begann, haben sich einige Namenkoppelungen, vor allem solche mit Hans an erster Stelle herausgebildet, die in der Tat wie ein Name aussahen und sich anhörten und daher auch im Tagesgebrauch verwendet werden konnten und bis auf den heutigen Tag verwandt werden.[1])

In ihren Anfängen aber waren die Doppelvornamen als solche, wie bereits dargelegt ist, sehr ungeeignet, im täglichen Leben eine Unterscheidung der einzelnen Personen herbeizuführen, die man ja doch immer nur mit einem Namen zu rufen pflegt. Wollte man jemand aber durch seinen Rufnamen von anderen unterscheiden, so genügte es vollkommen, wenn man einen der selteneren Namen für ihn wählte.

Wählte man zur Bildung des Doppelnamens aber nun einen gewöhnlichen und einen seltenen Namen, so konnte im täglichen Leben entweder der eine oder der andere als Rufname dienen. Der erstere vermittelte jedoch überhaupt keine Unterscheidung, der letztere hätte, wenn man auf eine solche ausging, allein genügt.

Schließlich konnte man auch Doppelnamen aus zwei ungewöhnlichen Namen schaffen. Dann war der Doppelname

---

[1]) Sie sind ein Beweis der vorhin entwickelten Sätze. Sie entstanden durch Koppelung zweier Namen, die zu den häufigsten gehörten, mußten sich also, da keiner von ihnen allein zur Unterscheidung dienen konnte, aber sie auch nicht als doppelte Vornamen dazu geeignet waren, zu einem neuen für das tägliche Leben und zur Unterscheidung geeigneten Lautkomplex entwickeln — zu eben jenen oft ganz unkenntlichen Verschweißungen.

für den Tagesgebrauch und auch für das öffentliche Leben eigentlich überflüssigerweise gebildet worden, da jeder von diesen Namen allein genügt hätte, eine Unterscheidung herbeizuführen.

Ich bin mir wohl bewußt, daß diese hier nur aus allgemeinen Erwägungen heraus vorgetragene Ansicht im ersten Augenblick nicht durchaus überzeugend wirken kann. Und sie will es zunächst auch gar nicht. Sie will nur an dem Begriffe rütteln, den wir mitbringen, wenn wir an die Frage nach den Doppelvornamen herantreten, daß wir es nämlich alle für so selbstverständlich halten, die Doppelvornamen seien der Unterscheidung wegen da und auch der Unterscheidung wegen aufgebracht worden. Dieser Gedanke ist uns so eingewurzelt, daß es uns schwer fällt, nun gleichsam den entgegengesetzten Standpunkt einzunehmen. Doch wenn wir uns nur einmal klar machen, wie wenig in der jetzigen Zeit, mögen die einzelnen Personen auch noch so viele Namen ihr eigen nennen, in Wirklichkeit im täglichen Leben eine Unterscheidung dadurch herbeigeführt wird, so werden wir schon eher geneigt sein, auch für die längst vergangenen Zeiten die Doppelvornamen einmal von diesem Gesichtspunkt aus zu betrachten.

Daß heutzutage die Doppelvornamen vielfach einer sehr bequemen und guten Unterscheidung der einzelnen Personen vor der Obrigkeit dienen, ist Tatsache. Und es soll ja nicht geleugnet werden, daß sie auch in früheren Zeiten diesen Zweck in vollkommener Weise ausfüllten. Aber daß sie zu diesem Zweck erfunden seien, will mir, wie oben schon gesagt, nicht einleuchten, da ich nicht einmal glaube, daß man sie für die Unterscheidung im täglichen Leben aufgebracht hat. Daß die Doppelvornamen aber, wie sie anfangs nicht als notwendiges Mittel der Unterscheidung aufgekommen sind, (später allerdings sind sie als ein Mittel der Unterscheidung auch der Einzelpersonen (Hanjerg!) gehandhabt worden) bis auf die neueste Zeit kein notwendiges Mittel der Unterscheidung gewesen oder geworden sind, läßt sich, wie ich glaube, am besten aus dem Gange ihrer Entwickelung dartun. Denn wenn man sie als notwendiges Mittel der Unterscheidung angesehen und zu verwenden nötig gehabt hätte, wie wäre dann der plötzliche und sehr starke Rückgang zu erklären, der bei der Wende des 18. zum 19. Jahrh. merkbar zu werden beginnt und sich bis über die Mitte des 19. Jahrhs. erstreckt? Gerade wo in dieser Zeit die Bevölkerung beständig zunahm und verhältnismäßig rascher wuchs als die Zahl der verschiedenen Namen, wäre ja der Möglichkeit, die Einzelpersonen zu unterscheiden, ihre wichtigste Grundlage entzogen worden. Da wir das nicht annehmen können, dürfen wir auch nicht behaupten, daß die doppelten Vornamen ein notwendiges Mittel zur Unterscheidung gewesen seien.

Nachdem freilich die Doppelvornamen einmal Mode geworden waren, mußte man innerhalb derselben möglichst auf eine Unterscheidung der mit Doppelvornamen ausgestatteten Personen bedacht sein. So gut jedoch drei Brüder durch die Namen Johann Adolf, Johann Heinrich und Johann Wilhelm, um diesen einfachsten Fall zu nehmen, unterschieden wurden, hätte man sogar vier durch die in diesen drei Namen enthaltenen Einzelnamen unterscheiden können. Erst die neue Zunahme der Doppelnamen in den letzten zwei bis drei Jahrzehnten mag, aber doch auch wohl nur zum kleineren Teil, darauf beruhen, daß man bei dem außerordentlichen Steigen der Bevölkerungsziffer tatsächlich die Unmöglichkeit empfand, mit den augenblicklich vorhandenen Namen als Einzelnamen eine Unterscheidung der Personen in dem gewünschten Maße durchführen zu können; man verwendet daher Doppelvornamen als solche im Tagesgebrauch als Rufnamen wie z. B. „Carl-Ludwig". Aber mehr Gewicht scheint hierbei doch die Mode zu haben als das Bedürfnis einer besseren Unterscheidung. Dieses allerdings ist vielleicht in letzter Linie auch der Grund, warum in der neueren Zeit gar manche alte deutsche Namen wieder aufleben: man braucht Namen, und da liegen die alten deutschen immer noch näher als die neben der großen Zahl gebräuchlicher fremder Namen vorhandenen nichtdeutschen Namen. Vielleicht aber ist hierbei der Einfluß vaterländischer Gesinnung doch höher einzuschätzen, als es damit geschieht. Doch das zu entscheiden gehört nicht hierher.

Um noch einmal kurz zusammenzufassen und hervorzuheben, was wir aus diesen Erörterungen als gesichert mitnehmen dürfen:

Bei den oben als I. Gruppe gekennzeichneten Doppelvornamen hat sich uns ergeben, daß sie als solche nicht um der Unterscheidung willen entstanden sind; daß bei ihrer Entstehung allerdings die Absicht zu unterscheiden eine Rolle spielt, aber an sich niemals zu einem Doppelvornamen geführt hätte, wenn nicht als Zweites die *Familienüberlieferung* hinzugekommen wäre.

In der angegebenen Weise aber entstand doch nur ein sehr geringer Teil der Doppelvornamen überhaupt. Welche Gründe bei der Entstehung der übrigen wirksam waren, wird die Einzeluntersuchung zeigen, in die wir jetzt eintreten.

Wir behandeln zuerst

Frankfurt 1533—1585.

Wir teilen diesen Zeitraum mit Rücksicht auf die Verbreitung der Doppelvornamen in fünf kleinere Zeitabschnitte ein.

I. 1533—1545.

Geburten: 5673. Doppelvornamen: 10 = 0,18 %.

Daß in dieser Zeit die Erteilung eines Doppelvornamens in den Kreisen des Volkes noch etwas sehr Ungewöhnliches war, veranschaulicht uns folgender Beleg:

1538. 17. Febr. Wilhelm Frifsysen huffschmit, Trin uxor, son Wilhelm hub Heinrich Wilhelm Notthafft.

Es zeigt sich uns hier zugleich, daß der Vater nicht die Notwendigkeit empfand, seinen gleichnamigen Sohn durch den sich bietenden Doppelvornamen zu unterscheiden.

Betrachten wir jetzt die Fälle, in denen zwei Namen erteilt werden.

Vorbereitet waren die Doppelvornamen schon, wie wir oben gesehen haben, durch eine bei der Erteilung eines einfachen Vornamens vielfach geübte Sitte, nach der das Kind, wennschon es nur einen Namen erhielt, doch zwei Paten verschiedenen Namens besaß. Warum sollte es da nicht die beiden verschiedenen Namen seiner Paten auch wirklich führen? Schon die Billigkeit verlangte dies, wenn man keinen der Paten ganz zurücksetzen wollte, und die Hoffnung auf die entsprechenden Patengeschenke mag ihr übriges getan haben. So erteilte man dem Kind nach seinen zwei Paten auch zwei verschiedene Namen. Dieser

Fall I stellt sich in folgender Formel dar:

$$Kxy \begin{cases} 1.\ Px \\ 2.\ Py \end{cases}$$

Wir haben dafür einen, allerdings nicht ganz sicheren Beleg.

1536. 18. April. Claus Scheit, Raitsfreunt, Barbara uxor, son genant (Marx) Philipp hub [Philipp Kessenstein] sin schwager D. Marx zu Wombs (?).

Der Name Marx ist erst nachträglich zugefügt, die Worte Philipp Kessenstein sind wieder getilgt.

War man nun aber einmal dazu gekommen, einem Kinde wirklich zwei Namen zu geben, so sah man nicht ein, warum ein Kind nicht auch zwei Namen führen sollte, selbst wenn es nicht zwei Paten besaß. Man brauchte ja nicht gleich soweit zu gehen, daß man zu dem Namen des Paten einen ganz fremden hinzufügte, man konnte vielmehr sozusagen in der Familie bleiben und dem Kinde noch den Namen des Vaters oder der Mutter zulegen. Dabei mag denn vielfach entweder die Familienüberlieferung mitgewirkt haben, oder auch der Gedanke, dem Kind auf diese Weise gleich bei der Taufe ein Stück von dem Wesen — denn Name und Wesen einer Person sind nach alter Anschauung eng miteinander verknüpft — des Vaters oder der Mutter auf seinen künftigen Lebensweg mitzugeben. In diesem Falle aber sind Vater oder Mutter in der Regel nicht Paten des Kindes, vielmehr wird der Fall, daß auch etwa der Vater mit zu Gevatter steht, immer besonders ausgedrückt, meist mit den Worten „susceptor pater ipse". Dieser

Fall II, in dem das Kind außer dem Namen des Paten noch den des Vaters erhält, ist einmal vertreten. Er wird dargestellt durch die Formel:

$$1)\ Kxy \begin{cases} 1.\ Px \\ 2.\ Vy \end{cases} \text{ oder } 2)\ Kxy \begin{cases} 1.\ Vx \\ 2.\ Py \end{cases}$$

Dabei bedeutet Vx oder Vy: der Vater trägt den Namen x oder y. Wenn das Kind nach der Mutter genannt wird, tritt für V M ein.

Daß auch dieser Fall II bei der Erteilung eines einfachen Vornamens schon vorbereitet war, zeigt die Tatsache, daß wir gar oft Belege finden, wo man das Kind mit einem einfachen Vornamen nach Vater oder Mutter statt nach dem Paten benennt. Dies konnte umso leichter geschehen, solange die Übereinstimmung zwischen dem Namen des Kindes und dem des Paten noch nicht zur Regel geworden war. Je mehr aber das Gefühl wuchs, daß man eigentlich dazu verpflichtet sei, desto eher konnte man sich entschließen, einen Doppelvornamen zu bilden, in dem auch der Name des Paten enthalten war. In vielen Fällen konnte es schließlich dazu kommen, daß der Name des Vaters oder der Mutter nicht mehr die Hauptsache war, sondern der Name des Paten, und diesem ein von den Eltern hergenommener Name nur beigefügt wurde.

Für Formel 2) bietet sich folgendes Beispiel dar:

1536. 30. Apr. Crafft von Elckershausen, Schultheis zu Frankfurt. son genant Crafft Gottfrid, hub Gothard von Ressenperg (?).

Daß das Kind hier mit seinem zweiten Namen nach dem Paten genannt ist, ist mir nicht zweifelhaft. Daß die Übereinstimmung nur eine teilweise ist, hat seinen Grund wohl darin, daß man mit dem Namen Gott-hard gegenüber Gott-fried irgend eine, den Namen nicht empfehlende Vorstellung verband.

In den bis jetzt unter I und II betrachteten Fällen ist es von vornherein nicht wahrscheinlich, daß die Doppelvornamen zur Unterscheidung geschaffen worden seien. Den Sohn vom Vater durch den Namen zu unterscheiden hatte man durchaus nicht nötig; und daß man um der Unterscheidung willen beim Fall I zwei Paten herbeizitiert habe, was ja an sich zur Unterscheidung gar nicht nötig war, weil man auch ohne Paten einen unterscheidenden Namen hätte beilegen können, ist gleichfalls nicht anzunehmen.

Anders steht es bei

Fall III, den wir jetzt zu betrachten haben, bei dem von vornherein leichter daran zu denken ist, der Doppelvorname sei der Unterscheidung wegen geschaffen worden. Es ist derjenige Fall, wo man zu dem einen Namen, den das Kind von seinem Paten hatte, als zweiten nicht den des Vaters oder der Mutter, sondern *einen fremden* hinzufügte. Dieser Fall wird dargestellt durch die beiden Formeln:

$$1)\ Kxy \begin{cases} 1.\ Px \\ 2.\ y \end{cases} \text{ und } 2)\ Kxy \begin{cases} 1.\ x \\ 2.\ Py \end{cases}$$

Aber auch dieser Fall ist bei der Erteilung eines einfachen Vornamens bereits vorgebildet. Wir haben oben Fälle kennen gelernt, wo man dem Kind aus irgend einem Grunde nicht den Namen seines einen Paten mitteilte, sondern ihm irgend einen anderen Namen beilegte, dessen Wahl durch die verschiedensten Umstände bedingt sein kann. Will man nun neben diesem selbstgewählten Namen auch den des Paten berücksichtigen, so ist der Doppelvorname fertig. Die Gründe, warum man den Namen des Paten als Rufnamen des Kindes verschmähte, können mannigfacher Art sein. Entweder kann der Name des Paten so gewöhnlich sein, daß man ihn nicht für unterscheidend genug hält, oder aber er kann umgekehrt so auffallend sein, daß man sich scheut, ihn dem Kinde beizulegen; er kann zu altmodisch erscheinen, man findet ihn aus irgend einem Grunde nicht „schön", es kann sich eine unangenehme Vorstellung mit ihm verbinden, die man vermeiden will und was dergleichen mehr ist. Nimmt man aus einem dieser Gründe einen anderen Rufnamen und fügt den des Paten nur pflichtgedrungen hinzu, so ist der Doppelname an sich zur Unterscheidung jedenfalls nicht geschaffen worden.

Aber die Sache kann sich auch anders verhalten. Man kann den Namen des Paten als Rufnamen des Kindes anerkennen und doch noch einen weiteren Namen aus freier Wahl hinzufügen. Zur Unterscheidung also? Keineswegs.[1]) Sie konnte ja, wie in den Vorbemerkungen zu diesem Abschnitt des Längeren erörtert worden ist, im täglichen Leben von ganz wenigen Ausnahmefällen abgesehen, gar nicht durchgeführt werden. Wir haben in diesem Falle vielmehr eine symbolische Bedeutung des Namens anzunehmen. Es ist zwar nicht abzuweisen, daß derartige Fälle ebensogut im Bauern- oder Bürgerstand eintreten konnten wie in den Kreisen des

---

[1]) Auch der Name Johannes gehört ja zu den häufig zugesetzten. Vgl. die Beispiele S. 262, 266.

Adels. Doch dürfte sich der letztere in dieser Hinsicht bald vor den übrigen Ständen ausgezeichnet haben, sodaß er es als sein besonderes Recht und als äußerlich unterscheidendes Merkmal seines Standes ansah, wenn er seinen Mitgliedern derartige Namen beilegte. Durch sein Vorbild konnte dann die im Volke auch selbständig auftretende aus den ursprünglich gleichen Beweggründen hervorgegangene gleiche Sitte wirksame Unterstützung erhalten. Beispiele dafür werden wir noch genug kennen lernen.

Wir glauben im Vorstehenden hinreichend gezeigt zu haben, daß die Absicht zu unterscheiden bei der Bildung der ersten Doppelvornamen nach Art des Falles Nr. III zwar bei allen Namenerteilungen im Spiele sein konnte, bei dem einen Teile derselben aber sicher nicht in dem Doppelvornamen als solchem seinen Ausdruck finden wollte, bei dem anderen Teile, wenn sie überhaupt vorhanden war, im täglichen Leben wenigstens in dem Doppelnamen keinen Ausdruck fand.

Im ganzen fallen 7 Doppelvornamen unter Nr. III. Gleich der älteste Beleg zeigt deutlich, daß hier der Doppelvorname sicher nicht um der Unterscheidung willen geschaffen, daß überhaupt die Absicht zu unterscheiden nicht mit im Spiele gewesen ist:

1534. 9. April. Doctor Adolff Knoblauch advocat und Margreta wespin sine eheliche hausſsfrau son. genannt Johann Heinrich. Pate Heinrich Knoblauch.

Es ist weder anzunehmen, daß der Pate oder der Vater außer dem aufgeführten Rufnamen noch den Namen Johannes geführt habe (und der Fall somit unter II oder IV gehöre): das wäre bei der Seltenheit eines solchen Namens in jener Zeit sicher bemerkt worden, zumal sich der Schreiber es recht angelegen sein läßt, die Personen möglichst vollständig zu bezeichnen (wespin sine eheliche), was sonst nicht geschieht. Kein Name aber war zur Unterscheidung ungeeigneter als gerade der Name Johannes. Daß man ihn trotzdem zusetzte, beweist einerseits, daß es nicht um Unterscheidung zu tun war, und zeigt anderseits den alles beherrschenden Einfluß des Namens Johannes, dem man sich auch hier nicht hat entziehen können.

Nicht so klar liegen die Verhältnisse bei den folgenden Belegen:

1. 1537. 14. Juni. Ortt zum Jungen Radtsfründt. Christina uxor. ein son genannt hans hector. hub hans Wacheimer amptmann zu wifsbach.

2. 1539. 20. Mai. Jacobus Miryllus, gerdrutt uxor. son genannt Johannes Theophilus. hub Johannes Reiffschneider.

3. 1541. 21. Juli. Justinianus holzhausen, Scheffen, Anna uxor son Johann hector hub Jungher Johan Buchseck Amptmann zu Bomefs.

4. 1541. 4. Sept. Doctor Eucharius Refslin Rat. arzt. Katharina uxor. son Johann [es folgt ein unleserlicher, weil ungewöhnlicher Name], hub Johann Nese appotecker.

5. 1542. 24. Dez. Hans Rosenacker. Anna uxor. son genannt hans Thomas hub Hanns Niclaus Steinmetz [Gewerbe: nach dem Register].

6. 1543. 4. Sept. Herr Justinianus von holzhausen Scheff und Radsfreund Anna uxor. son Jeronimus augustus. hub Doctor Jeronimus zum Lam advocat.

Wenn wir diese Belege mustern, so dürfen wir wohl annehmen, daß bei Nr. 1, 2 und 6 der aus freier Wahl zugefügte zweite Name um seiner symbolischen Bedeutung willen beigelegt wurde. Auch Nr. 3 gehört hierher. Aber hier ist doch offenbar schon Nr. 1 nachgeahmt. Ob Nr. 1 selber schon auf Nachahmung etwa von Fürsten (wie bekanntlich die Brandenburgischen aus dem Hause Hohenzollern in jener Zeit derartige Namen führten) beruht, kann man nicht entscheiden. Bei Nr. 4 war es wohl die Vorliebe der Familie für ungewöhnliche Namen, die zur Bildung des Doppelvornamens führte. Der Vater trägt ja gleichfalls einen derartigen Namen. In Nr. 5 endlich möchte ich nicht entscheiden, ob der Name Thomas sein Auftreten (und der Doppelname damit seine Entstehung) dem Umstand verdankt, daß man eine bessere Unterscheidung wünschte als sie durch den Namen des Paten gegeben war (das könnten wir sicher nur sagen, wenn wir wüßten, ob Thomas der Rufname war), oder ob der Name Thomas mit der Verbreitung der Bibel und des Luthertums zusammenhängt, oder endlich ob er erteilt worden ist, weil der Gedenktag eines heiligen Thomas dem Tauftag benachbart, vielleicht der Geburtstag des Kindes war (21. Dez.).

Zum Schlusse sei noch darauf hingewiesen, daß hier diejenigen zu Doppelvornamen verwendeten Namen, die nicht durch den Namen des einen Paten bedingt sind, keineswegs zu den häufigen gehören. Darüber ist oben S. 236 f. das Nötige bereits bemerkt worden.

Der nächste Fall (IV), den wir jetzt zu betrachten hätten, wenn für die eben behandelte Zeit Belege dafür zu Gebote ständen, ist der, daß das Kind seine beiden Namen von *einem einzigen Paten bezieht, dieser mithin schon einen* Doppelvornamen führen muß.

Bis jetzt haben wir solche Fälle betrachtet, bei welchen wenigstens ein Pate, wenn auch nur mit einem Namen an dem Namen des Kindes teil hat. Es bleibt jetzt noch der

Fall V. zu betrachten, in welchem der Pate keinen Anteil am Namen des Kindes hat. Auch dieser Fall hat seine Entsprechung bei der Erteilung eines einfachen Vornamens. Sogut man einen einfachen Vornamen, der von dem Namen des Paten verschieden war, nach dem Vorbild eines anderen einfachen Vornamens erteilen konnte, ebensogut konnte man, den Patennamen ablehnend, einen Doppelvornamen von selbst hervorbringen nach dem Vorbild der bereits vorhandenen. Hierbei kann nun der eine Name von den Eltern stammen, oder sie können beide frei gewählt sein. Der letztere Fall ist bei uns einmal vertreten.

1544. 7. Sept. Joachim Blanck, Judith uxor. dochder genant Anna Maria. hub Catharina Jorge uffstenders haufsfrau.

Merkwürdigerweise ist dieses Beispiel gerade das einzige für einen weiblichen Doppelvornamen. Ich sehe keinen anderen Grund, der zur Abweichung vom Namen der Patin geführt haben könnte als die Verehrung der Jungfrau Maria; den Namen der Maria jedoch allein zu führen, wagte man nicht recht.[1] Er tritt in dieser älteren Zeit als Einzelname selten auf. Daher fügte man lieber noch den Namen ihrer Mutter der hl. Anna hinzu.

Eine so eingehende Erörterung der einzelnen Fälle war für die Betrachtung der Anfänge der Doppelvornamen nötig und auch infolge der geringen Zahl der Belege möglich.

---

[1] Vgl. dazu das oben S. 6 u. 7/8 über den Namen Maria Bemerkte.

Bei den folgenden Zeitabschnitten können wir uns kürzer fassen. Bevor wir jedoch weitergehen, müssen wir noch einen Blick darauf werfen, welchem Stande die an den Doppelvornamen beteiligten Leute angehören. Da Paten mit zwei Vornamen nicht auftreten, haben wir nur den Stand der Eltern zu betrachten, die ihren Kindern doppelte Vornamen geben.

Unter den 10 Belegen finden wir zweimal denselben *adeligen Herrn Justinianus von Holzhausen.*[1]) In fünf weiteren Fällen finden wir Leute aus dem vornehmsten Bürgerstand. Bei den übrigen 3 Belegen fehlt die Angabe des Standes.

II. 1546 — 1556.

Geburten : 4865. Doppelvornamen : 32 = 0,66 %.

Fall I. $Kxy \begin{cases} 1.\ Px \\ 2.\ Py \end{cases}$: 3 Belege.

1. 1546. 10. Aug. Philippus Sommer Lantsknecht. anna uxor. son Hans Christoph. huben Christoff Knab und Hans Zimmer Tuchscherer.

2. 1553. 4. Juni. Dominicus Uffstender, Agatha uxor. ein sun Ludwig Caspar genannt, huben der Erenuest Ludwig Frawenberg unnd Doctor Caspar beir, beide herzog Christoffel von Wirtenbergs gesanten.

3. 1553. 30. Juli. Hans Haefs von Ochsenfurtt. Katharin uxor. ein sun Heinrich Thomas hub Heinrich her hanfs Niclas des Raths sun und Thoman her Georg Leimburger des Raths son darzu Johann Fausten hausfrau von Cöln.

Diese drei Beispiele zeigen deutlich, daß man die Doppelvornamen als Gegenleistung für die von Seiten des Paten winkenden äußeren Vorteile gebildet hat. Die Väter der Kinder gehören der Masse des Volkes an (bezeichnender Weise ist einer Soldat), von den Paten vier den ersten Klassen des Bürgerstandes. Der Soldat konnte nicht so hoch hinaufgehen als die beiden andern, aber auch er rechnete wohl sicher darauf, daß mehr dabei abfallen würde, wenn sein Sohn zwei Paten erhielt, als wenn er nur einen bekam.

---

[1]) Die Freiherrn v. Holzhausen gehören dem ältesten und bedeutendsten Frankfurter Patriziergeschlecht an. Vgl. Dietz a. a. O. S. 41 u. s.

Fall II. 1) Kxy $\begin{cases} 1.\ \mathrm{Px} \\ 2.\ \mathrm{Vy} \end{cases}$: 5 Belege, nämlich Johann Ulrich, Johann Phlilipp, Philipp Jacob, Johann Carl, Johann Adolf.

2) Kxy $\begin{cases} 1.\ \mathrm{Vx} \\ 2.\ \mathrm{Py} \end{cases}$: 7 Belege, nämlich Symon Petrus, Johann Jacob, Johann Stephan, Johann Conrad, Johann Friedrich, Johann Heinrich, Johann Philipp.

Wenn jemand ohne die Entstehungsweise dieser 12 Doppelnamen zu kennen, sagen sollte, warum sie entstanden wären, so würde er wohl antworten, daß der Namen Johann an ihrer Entstehung schuld gewesen wäre, indem jedesmal der Johann Benannte einen zweiten unterscheidenden Namen beigelegt bekommen hätte. Aber nichts wäre bei der Art, wie sie entstanden sind, leichter gewesen als diesen Namen Johann bei Seite zu lassen. Es wäre bei Nr. 1) gestattet gewesen, den Namen des Paten unberücksichtigt zu lassen, und bei Nr. 2) war eine Hinzufügung des Vaternamens Johann, wenn man eine Unterscheidung beabsichtigt hätte, doppelt unvorteilhaft, da diesen Namen schon der Vater trug und er auch sonst allgemein verbreitet war.

Fall III. 1) Kxy $\begin{cases} 1.\ \mathrm{Px} \\ 2.\ \mathrm{y} \end{cases}$: 1 Beleg. Johann Heinrich.

Dazu kommt ein besonderer Fall:

1554. 29. Apr. Melcher Stüber, Buchsenmeister von Würezburg, Anna uxor, ein sohn Johann Georg huben Johann hoff von Mainz, hanſs Breol von Salim lanzknecht, und Lamprecht von Braunschweig Buchssenmeister, darzu Niclas Kilbrers Castenschreiwers hauſsfrau.

Warum die Namen Heinrich und Georg in diesen beiden Fällen zugesetzt sind, läßt sich nicht leicht sagen. Daß die Doppelnamen zum Zweck der Unterscheidung geschaffen seien, läßt sich mit besonderen Gründen nicht beweisen, muß vielmehr aus allgemeinen Gründen abgelehnt werden. Beim zweiten Beispiel kann man noch darauf aufmerksam machen, daß durch die Zufügung von Lamprecht statt Georg diesem Zwecke jedenfalls besser entsprochen wäre. Aber der Name Georg scheint gar nicht deshalb zugefügt zu sein, sondern man wählte, weil man es doch für zu ungewöhnlich hielt, dem Kinde drei Namen zu geben, um keinen der beiden nicht den Namen Johannes führenden Paten zurückzusetzen, den keinen von ihnen eignenden Namen Georg.

2) $\text{Kxy} \begin{cases} \text{1. x} \\ \text{2. Py} \end{cases}$: 5 Belege, nämlich Jonas Bernhard, Julius Reinhard, Simon Petrus, Johann Peter, Johann Heinrich. Die beiden letzten Beispiele legen wieder den sprechendsten Beweis ab gegen die Ansicht von der notwendigen Unterscheidung durch die Doppelvornamen besonders infolge der Verbreitung des Namens Johannes. Denn dieser ist ja hier gerade aus freien Stücken hinzugefügt. Es bestätigt sich, was wir schon oben betreffs dieses Namens sagten: sein Einfluß war so stark, daß man sich ihm gar nicht entziehen konnte. Der Name Simon Petrus und die Zufügung von Jonas beruhen wohl auf dem Einfluß der Hl. Schrift. So bleibt nur der Name Julius übrig. Dieser könnte also um der Unterscheidung willen gegeben sein, denn an die „dynastische Hilfe" zu denken (Julius II? [1503—13]) geht kaum an. Ist er aber um der Unterscheidung willen gegeben, so hat er nur mittelbar den Doppelvornamen veranlaßt, insofern man auch dem Paten seinen Anteil am Namen des Kindes nicht verweigern wollte, nicht aber ist der Doppelname selbst zur Unterscheidung geschaffen worden.

Fall IV. Kxy — Pxy: 5 Belege. Elsa-Christina, Johann Heinrich, Johann Wolf, Johann Bechtold, Johann Heinrich. In diesen 5 Beispielen (während in dem vorher betrachteten Zeitabschnitt 1533—45 keines vorhanden war) zeigen sich die Fortschritte, welche die Verbreitung der Doppelnamen macht.

Fall V. 1) $\text{Kxy} \begin{cases} \text{1. Vx oder Vy} \\ \text{2. Pz} \end{cases}$: 2 Belege, nämlich K: Johann Adolf (V: Joh.) — P: Mathes; K: Philipp Johann (V: Joh.) — P: Peter. Da Johann nicht als Rufname zu denken ist (warum hätte man dann einen andern als den Namen des Paten zugesetzt?), kennzeichnen die Doppelnamen sich deutlich als solche, die nicht der Unterscheidung wegen geschaffen sind.

2) $\text{Kxy} \begin{cases} \text{1. Vv} \\ \text{2. Pz} \end{cases}$: 2 Belege. Primas Cyrillus, Johann Jacob.

Hier beweisen sich nun die beiden Beispiele gegenseitig, daß die Doppelvornamen nicht zur Unterscheidung geschaffen worden sind. Hätte man sie als Mittel dazu angesehen, so sollten wir doch erwarten, daß ein Primas Cyrillus in einer den besseren Schichten des Volkes angehörigen Familie vorkäme, der Name Johann Jacob dagegen in der Masse des Volkes. Aber es ist gerade umgekehrt. Der Vater von Johann Jacob ist Doctor Conradt Humbrecht Schöff und des Raths, der von Primas Cyrillus der unbekannte Johann Regulus. Wie man gerade auf diese Namen kam, ist kaum zu sagen (die Belege sind datiert vom 8. März u. 21. Juli). Vielleicht liegen hier schon die Anfänge der Mode vor. Es gehörte in den besseren Schichten der Bevölkerung zum guten Ton, zwei Vornamen zu führen. Da suchen die Leute aus dem Volke jene womöglich zu überbieten.

Es bleibt noch folgender zweifelhafte Beleg:

1547. 17. März. Jorg Pfeiffer, Stangenknecht, Margret uxor. son Johan Matthis hub Johann [Lücke].

Es erübrigt zum Schlusse dieses Abschnittes noch einen Blick auf die bereits mit zwei Vornamen ausgestatteten Paten und die Eltern der mit zwei Vornamen ausgestatteten Kinder zu werfen.

α) Die Paten: Elsa-Christina, Bastian Fuxk defs Beckers haufsfrau; Johann Heinrich vom Reyn, her Johann vom Reyn defs Raths sel. sun (2×); Johann Wolf Rückingen goltschmit; Hans Berthold Steinmez.

β) Die Eltern: 1. Adel (Patrizier), angesehene Bürger, Leute in öffentlicher Stellung: 13.

Hans Brom Scheff; Johann Geulchen <Buchdrucker>; Doctor Adolff von Glauburg, Scheff und defs Raths; Juncker Carl von Glauburg; Doctor Ludwig Graff; Doctor Conradt humprecht, Schöff und des Raths; Juncker Johann Keller Khonigstainscher Rath; Ludwig Martorff zum Paradies <des Raths>; Juncker Ulrich Nauhaus diefer Zeit her und Pfleger des gemeinen Castens; Johann Nese Apotheker (2×); her Philipp Uffstender des Raths; Juncker Johann Volker (der Junge)

2. Gewerbetreibende: 7.

Hans Brenzberger Kurfsner; Hans Ingweiler Scherer; Hans

Knor Schneider; Hans Krafft Schleiffer; Jacob Lafsmann Moler; Symon Schinz Schneider; Hans Weirich der Jung ein Hecker.

3. Aus dem Soldatenstande: 3.

Jorg Pfeiffer Stangenknecht; Philippus Sommer Lantsknecht; Melchior Stüber Büchsenmeister.

4. Ohne Angabe des Standes: 4.

Vor allem fällt die Beteiligung des Adels (der Patrizier), dann die des angesehenen Bürgerstandes bei der neuen Sitte auf. Diese Schichten standen an Zahl doch weit hinter der übrigen Bevölkerung zurück. Auch die Beteiligung des Soldatenstandes an der neuen Sitte tritt hervor.

III. 1557—1571.

Geburten: 7561. Doppelvornamen: 57 = 0,71 %.

Fall I. $Kxy \begin{cases} 1.\ Px \\ 2.\ Py \end{cases}$: 3 Belege. Melchior Eberhard, Friedrich Justus, Thomas Matthias. Von diesen ist der zweite deshalb bemerkenswert, weil er das erste Beispiel für die Umsetzung eines weiblichen Vornamens in einen männlichen bietet.

1565. 8. März. Niclas Thalwartur von Niclafspforten von Apfeltränk und Barbel ein Sohn Friedrich Justus hub Juncker Friedrich Scheydt und her Justinianus Holzhausen sel. Tochter Justina.

Der Name Justina, der hier den Namen Justus hervorruft, dürfte wohl selber einst durch den Vaternamen Justinianus hervorgerufen worden sein.

Der Vater der Kinder ist in keinem der drei Fälle ein Adeliger.

Fall II. 1) $Kxy \begin{cases} 1.\ Px \\ 2.\ Vy \end{cases}$: 12 Belege. Johann Jacob, Ludwig Christoph, Simon Peter, Johann Philipp, Johann Heinrich, Johann Hartmann, Philipp Friedrich, Johann Justus, Johann Friedrich, Johann Heinrich, Johann Philipp. Zu diesen 11 Belegen kommt ein höchst merkwürdiger, nämlich:

1570. 27. Okt. Hanfs Schmiedt hecker und Elisabeth ein Tochter Anna Hanfs hub [hub] Stöhr ffurmanns haufsfrau.

2) $Kxy \begin{cases} 1.\ Vx \\ 2.\ Py \end{cases}$: 5 Belege. Johann Nicolaus, Johann Bernhardt, Johann Heinrich, Philipp Jacob, Johann Heinrich.

Fall III. 1) $Kxy \begin{cases} 1.\ Px \\ 2.\ y \end{cases}$: 14 Belege. Hieronymus Hartmann, Johann Carl, Johann Friedrich, Johann Heinrich, Johann Jacob, Johann Siegmund, Claus Haylreich, Johann Stephan, Johann Conrad, Johann Heinrich, Johann Adolf, Johann Wilhelm, Hieronymus-Augustus — Maria Salome.

Von diesen ist der erste Beleg bemerkenswert:

1557. 21. Mrz. Salomo Jud von Ermertshoffen ist getaufft und hieronimus Hartmannus genannt worden. hub Doctor Hieronimus von Glauburg, her Claus Braun des Raths, Doctor Johann Stock, Lorenz Lela Lederberaiter, franc Loria, Doctor Jacob Schwarzkops Hausfsfrau, Jungfraw Adelheid-Catharina und Agatha Magister Hartmens predicanten hausfsfrau.

Hier hat man in dem Doppelvornamen ein Gegengewicht zu der großen Zahl der Taufpaten gesucht, die hier bei der Taufe des Juden ein „christlich Werk“ vollbrachten.

2) $Kxy \begin{cases} 1.\ x \\ 2.\ Py \end{cases}$: 11 Belege. Johann Heinrich, Johann Heinrich, Johann Jacob, Johann Ogier, Ort Hector, Johann Heinrich, Johann Jacob, Johann Adolf. — Maria Veronica, Anna Maria.

Unter 9 Belegen wird in 8 Fällen der Name Johannes zugesetzt, ohne daß im Namen des Vaters oder des Paten dazu irgendwelche Veranlassung gelegen hätte. Nichts spricht so deutlich als diese Tatsache dafür, welchen Einfluß der Name Johannes ausübte und dafür, daß diese Doppelvornamen nicht als ein notwendiges Mittel zur Unterscheidung der Einzelpersonen entstanden. Der Name Ort entspringt der Familienüberlieferung. Zu diesen bis jetzt besprochenen 10 Beispielen kommt ein merkwürdiges elftes.

1561. 13. Mrz. Michel von flurmol Ein Daglenner vnnd Dorothea uxor ein Tochter Anna Annastasius hub hans Wilhelm Metzger hausfsfrau Anastasius von Berga.

Vergebens habe ich Anastasia, Anastasina u. dgl. zu lesen versucht, doch nichts anderes als Anastasius lesen können. Ein Irrtum des Schreibers kann nicht vorliegen.

Fall IV. Kxy—Pxy : 6 Belege. Johann Ludwig, Johann Hector, Johann Hector, Hieronymus Augustus, Johann Heinrich. — Lucretia Maria.[1]) Wir bemerken, daß die ursprünglich in zwei Adelsfamilien heimischen Namen Johann Hector und Hieronymus Augustus in weitere Kreise dringen, sowohl des Adels als des Bürgerstandes. (Die Väter sind Ulrich Jeckel; Juncker Henrich Rosbach; Christoffel zum Jungen.)

Fall V. 1) Kxy $\begin{cases} 1.\ \text{Vx oder Vy} \\ 2.\ \text{Pz.} \end{cases}$: 4 Belege. K: Johann Hector (V: Johann Hector) — P: Jeronimus; K: Johann Ulrich (V: Johann) — P: Achilles; K: Johann Conrad (V: Conrad) — P: Peter; K: Johann Friedrich (V: Johann) — P: Tilmann. Bei Nr. 2 und 4 ist der Grund, weshalb man den Namen des Paten verschmähte, wohl der, daß er zu ungewöhnlich erschien.

2) Kxy $\begin{cases} 1.\ \text{Vv} \\ 2.\ \text{Pz} \end{cases}$: 2 Belege. K: Johann Jacob (V: Conrad) — P: Conrad; K: Johann Justinian (V: Trianus [= Traianus]) — P: Philipp. Im ersten Falle wollte man den Namen des Paten, Conrad, wohl deshalb nicht verwenden, weil der Vater des Kindes schon so hieß. Im zweiten Falle schien der Name Philipp zu gewöhnlich für den Angehörigen eines Adelsgeschlechtes. Aber in beiden Fällen konnte man es nicht unterlassen, den allbeliebten Namen Johannes hinzuzufügen.

Wir haben nunmehr noch nach dem Stande der mit zwei Vornamen ausgestatteten Paten und nach dem der Eltern zu fragen.

α) Die Paten: Johann Ludwig von Glauburg; Hieronymus Augustus von holzhausen; Juncker Johann Hector von Holzhausen (2×); Juncker Johann Heinrich vom Rein junger Burgemeister.

β) Die Eltern: 1. Adel (Patrizier), angesehene Bürger, Leute in öffentlicher Stellung: 39.

her Daniel Becht; Magister Hartmann Beyer Praedicant (4×); Juncker Jeronimus Brom (2×); Peter Brubach, Buchtrucker; Juncker Weyker Brum; DEr hochgelert herr Doctor Arnold Engelbrecht; Der hochgelert herr Doctor Johann Faust (2×); Sigmundt Feyerabend Buchtrucker; Doctor Raymundus

[1]) Zweifelhaft: 1566. 24. Nov. Sigmundt Feyerabend Buchtrucker und Magdalena uxor eine tochter Locretia Maria hub Christianus Egenolffs hausfrau selige Witwe [Name fehlt!]

Pius Fickhardus; Juncker Adolf von Glauburgk; Herr Carle von Glauburgk; herr Doctor Johann von Glauburgk; Heinrich Gut Schulmeister; Juncker Achilles von Holzhausen; Juncker Johann Hector von Holzhausen; Juncker Hieronymus Augustus von Holzhausen; Juncker Justinianus von Holzhausen; Juncker Trianus (sonst Traianus) Holzhausen; herr Doctor Conradt humpracht Scheff (2 ×); Herr Christoffel zum Jungen (2 ×); herr Carle Kuhorn Scheff; Heinrich Mor Goltschmidt; Juncker Ulrich Newhaufs; Juncker Henrich Rosbach; Johann Rückingen Goltschmidt; Juncker Conrad Schaid; Jungher Friedrich Scheydt; Philipp Schwarz Gerichtsschreiber; Juncker Philippus Stalburger; herr Doctor Studaenis (?); Magister Johann Ulrich Stumpf Praedicant; Juncker Christoph Volcker.

2. Gewerbetreibende: 13.

Hans Dayler Metzger; Michel von flurnod Daglenner; Jacob Glam Bender; Lorenz Happel Daglener; Michel Karle Steinmez; Hans Korb Schumacher; Jacob Korb Leinetuchhandler; Hans Lern Schnürweber; Johan Pilhan Wurtzkremer; Johann Riediger Wurtzkremer; Hans Schmiedt Hecker; Gerhard Schwarz Kürfner; Niclas Thalwartur von Niclafspforten (Förster?).

3. Ohne Angabe des Gewerbes oder Standes: 4.

Dazu: Salomo Jud von Ermertshoffen.

Die Beteiligung des Adels (der Patrizier) und der angesehenen Bürger an den Doppelvornamen tritt deutlich hervor. Noch haben die Leute aus dem niederen Bürgerstande und der großen Masse der Volkes nur sehr geringen Anteil an der neuen Sitte der Benennung.

IV. 1572—1578.

Geburten: 3781. Doppelvornamen: 53 = 1,4%.

Fall I. $\quad Kxy \begin{cases} 1.\ Px \\ 2.\ Py \end{cases}$ nicht vertreten.

Fall II. 1. α) $Kxy \begin{cases} 1.\ Px \\ 2.\ Vy \end{cases}$: 6 Belege. Philipp Friedrich, Johann Peter, Johann Philipp, Johann Franz, Johann Martin, Johann Heinrich.

β) $Kxy \begin{cases} 1.\ Px \\ 2.\ My \end{cases}$: 1 Beleg. Anna Maria.

2. α) Kxy $\begin{cases} 1.\ \mathrm{Vx} \\ 2.\ \mathrm{Py} \end{cases}$: 8 Belege. Philipp Ogyr, Johann Georg, Johann Jacob, Johann Philipp, Johann Adam, Johann Ulrich, Johann Carle, Johann Philipp.

β) Kxy $\begin{cases} 1.\ \mathrm{Mx} \\ 2.\ \mathrm{Py} \end{cases}$: 1 Beleg. Judica Anna.

Fall III. 1) Kxy $\begin{cases} 1.\ \mathrm{Px} \\ 2.\ \mathrm{y} \end{cases}$: 13 Belege. Joh. Philipp, Johann Jacob, Johann Oswald, Johann Jost, Johann Heinrich, Johann Caspar, Oiger Christoph, Johann Jacob, Johann Oiger, Johann Ludwig, Johann Conrad. — Anna Maria (2×).

2) Kxy $\begin{cases} 1.\ \mathrm{x} \\ 2.\ \mathrm{Py} \end{cases}$: 7 Belege. Johann Peter, Johann Georg, Johann Heinrich, Johann Philipp, Peter Matthias. — Maria Magdalena, Anna Maria. Der Name Johannes ist in 4 von 5 Fällen unnützer Weise zugefügt, lediglich aus der Sucht nach einem Doppelnamen.

Fall IV. Kxy — Pxy: 10 Belege.[1] Johann Hector (3×); Caspar Wolf, Johann Heinrich, Johann Caspar, Johann Adolf (2×), Johann Ulrich. — Anna Maria (2×).

Fall V. 1) Kxy $\begin{cases} 1. \begin{cases} \mathrm{Mx\ oder\ My} \\ \mathrm{Vx\ oder\ Vy} \end{cases} \\ 2.\ \mathrm{Pz} \end{cases}$: 4 Belege. Johann Diodorus (V: Johann Franzois — P: Franz Linhardt); Johann Peter (V: Peter — P: Michael Wilhelm); Anna Maria (2×).

2) Kxy $\begin{cases} 1.\ \mathrm{Vv\ oder\ Mu} \\ 2.\ \mathrm{Pz} \end{cases}$: 3 Belege. Anna Maria (2×); Maria Jacobis. Bei einem Beleg (1578. 26. Okt.) fehlt der männliche Pate und auch der Name des angegebenen weiblichen. Der erteilte Name ist Philipp Ludwig.

Wenn wir die bis jetzt auftretenden weiblichen Doppelvornamen betrachten, so springt uns der auffallende Anteil, den der Name Maria dabei hat, sogleich in die Augen. Vor allem bemerken wir auch, daß er vielfach ganz aus freier Wahl erteilt wird, und dieses meist mit Anna zusammen. Schon oben ist hierzu das Nötige bemerkt worden. Wir

[1] Darunter der unsichere „Jacob Appel Bonebecker und Anna uxor e. Dochter Anna Maria hub Clausen Brummen haufsfrau" (1575. 20. Dez.).

werden für das Auftreten der Doppelvornamen bei den Frauen zu einem großen Teil den Namen Maria verantwortlich zu machen haben. Nicht jedoch so, daß seine Verbreitung eine Unterscheidung nötig gemacht hätte (denn er war verhältnismäßig sehr wenig verbreitet), sondern so, daß man aus Verehrung für Maria deren Namen annahm und sich damit zugleich in ihren Schutz stellte. Diesen Namen aber allein und auch als Rufnamen zu führen wagte man nicht recht. Kein anderer als der Name Anna war geeigneter, mit Maria eine engere Verbindung einzugehen, einmal wegen seiner Beziehung auf die Mutter Marias, sodann auch aus rhythmischen Gründen. So dürfen wir denn annehmen, daß die Verbindung, da sie bald beliebt wurde, wohl noch eher die uns allerdings nirgends belegte Verschweißung zu Ammeri (Ammi) einging als ihr Gegenstück Marianna, das uns auch erst ziemlich spät entgegentritt.

Für die Entstehung der nicht mit dem Namen Maria gebildeten — und natürlich auch eines großen Teiles der Doppelnamen mit Maria dürfen wir unbedenklich dieselben Gründe annehmen, die auch zur Bildung der männlichen Doppelvornamen führten.

Wir haben uns jetzt noch über den Stand der Eltern und der bereits mit zwei Vornamen versehenen Paten zu vergewissern.

α) Die Paten: Juncker hans hector von holzhausen; Juncker hans hector Zum Jungen (2×); Johann Adolf Knoblauch;[1]) Juncker hans Heinrich vom Stein; Hans Caspar Schultheis von Kelsterbach; die übrigen fünf sind ohne nähere Bezeichnung.

β) Die Eltern: 1. Adel (Patrizier) angesehene Bürger, Leute in öffentlicher Stellung: 26.

Martin Bauer Castenausreiter; Juncker Jacob Degenhardt; Johann Eyrer Spitalmeister; her Doctor Johann Faust von Aschaffenburg; Doctor Reimundus Pius Fickardus; herr Daniel von hinsperg Schöff und des Raths; Juncker Augustinus holzhausen; Juncker Julius von holzhausen; Herr Christoph

---

[1]) Vgl. 1575. 26. Mai „Juncker Johann Adolf von Knoblauch".

zum Jungen Schöff und des Raths; Juncker Johann zum Jungen (2×); herr Doctor Heinrich Kelnher advocat; herr Philipp Knoblauch des Raths; Claufs Laub Richter der Stadtknecht; Juncker Thomas Laueberg; Juncker Johann Martruff des Raths; Juncker Johann von Melven; Juncker Johann Ulrich Neuhaufs (2×); herr Peter Ort Alttebürgemeyster; herr hans Henrich vohm Rain Schöff und des Raths; Johann Schadt procurator (?); Juncker Johann Schweygenhausen; Juncker Crafft Stalburg; her hans Steffa Schöff; Doctor Johann Franzois Vollhardt Welscher.

2. Gewerbetreibende: 13.

Jacob Appel Bonebecker (?); Seyffried Bach Visirer; Peter Carchois Briefmaler; Albrecht Derfus Büchsenscheffter; Schiffer Junghens hans, heintzler; hannibal Klenk Müller; hans Knaff Scherer; Heinrich Offenbach Formenschmied; Johann Orchnig (?) Kremer; Justinianus Reimsch Steckler; Peter Schmidt Büchsenscheffter; Philipp Strohecker Maler; Georg Wedderauer Bereuter.

3. Aus dem Soldatenstande: 1.

hans Hector Soldtner (?)

4. Ohne Angabe des Standes und Gewerbes: 14.

Darunter folgender Beleg: (1577. 25. Juni.) „Anna ein Dochter ein hurenkind Anne Maria“ usw. Zwei von den 14 offenbar aus der Masse des Volkes stammenden Leuten führen schon zwei Vornamen (Johann Gerlach, Heinrich Peter).

Der Adel (Patrizier) und der angesehene Bürgerstand sind schon um $^1/_3$ weniger an den Doppelvornamen beteiligt im Verhältnis zu den Leuten aus den unteren Schichten des Volkes als in dem zuvor betrachteten Zeitabschnitt.

V. 1579—1585.

Geburten: 4184. Doppelvornamen: 109 = 2,6 %.

Fall I. Kxy $\begin{cases} 1.\ Px \\ 2.\ Py \end{cases}$: 3 Belege. Wolf Adam, Christian Philipp. — Veronica Margaretha.

Fall II. 1. α) Kxy $\begin{cases} 1.\ Px \\ 2.\ Vy \end{cases}$: 7 Belege. Johann Christoph, Johann Adolf, Johann hannibal, Johann Daniel, Johann Barthel, Johann Bechtold, Hieronymus Romanus.

β) Kxy $\begin{cases} 1.\ Px \\ 2.\ My \end{cases}$: 1 Beleg. Anna Jacobi(s?).

2. α) Kxy $\begin{cases} 1.\ Vx \\ 2.\ Py \end{cases}$: 8 Belege. Hieronymus Augustus, Johann Philipp, Johann Christian, Johann Marx, Johann Adam, Jacob Reimundus, Johann Jacob (2 ×).

β) Kxy $\begin{cases} 1.\ Mx \\ 2.\ Py \end{cases}$: 1. Beleg. Anna Maria.

Fall III. 1) Kxy $\begin{cases} 1.\ Px \\ 2.\ y \end{cases}$: 16 Belege. Johann Jacob, Ludwig Ernst, Johann Adolf, Johann Christoph, Johann Christian, Johann Ernst, Johann Philipp, Johann Heinrich, Johann Georg (2 ×), Augustus Felix. — Anna Maria (2 ×), Anna Sibylla, Anna Christina, Juliana Salome.

2) Kxy $\begin{cases} 1.\ x \\ 2.\ Py \end{cases}$: 7 Belege. Johann Philipp, Philipp Adam, Claus Engel, Heinrich Christoph, Johann Christian, Johann Jacob. Dazu der zweifelhafte:

1582. 15. Febr. herr Christoph Stalburger Schöff und des Raths und Frau Catharina ein dochter Rosina Regina hub herrn Hieronymi von Glauburgk des Raths haufsfrau Regina.

Fall IV. Kxy – Pxy: 29 sichere [1]) Belege, 31 zweifelhafte [2]).

a) Die sicheren Belege sind: hans Hector (9 ×), Johann Philipp (4 ×), Johann Adolf (9 ×), Philipp Jacob, Johann Ludwig (2 ×), Reimundus Pius, Johann Jacob (2 ×), Johann Friedrich (2 ×), Christoph Ludwig. — Maria Salome.

Wir sehen, wie sich die Namen Johann Hector und Johann Adolf immer weiter verbreiten. Sie waren unter den ersten Doppelnamen, welche überhaupt gebildet wurden. Sie haben sich in der kurzen Zeit von 50 Jahren durch das Ansehen der sie ursprünglich führenden Personen eine solche Beliebtheit errungen, daß sie jetzt bereits innerhalb sechs

---

[1]) Darunter der besondere: K: Johann Ludwig — P_1: Johann Ludwig, P_2: Friedrich.

[2]) Weil der Name des Paten nicht angegeben ist, sodaß die einzelnen Belege auch unter Fall II oder III gehören können. Einmal fehlt der Pate überhaupt.

Jahren je 9 mal aus erster, zweiter und dritter Hand ausgeteilt werden. Überhaupt bemerken wir bei den festgewordenen Doppelnamen bereits jetzt schon einzelne Verbindungen, die der Mannigfaltigkeit der Doppelvornamen durch ihre Verbreitung Abtrag tun. Es sind vor allem die Verbindungen mit Johann, so Johann || Philipp, Ludwig, Jacob, Friedrich.

b) Die zweifelhaften Belege sind: Johann Crafft, Johann Georg, Philipp Jacob, Johann Hector (2 ×), Ulrich Christoph, Johann Ludwig, Philipp Moriz. — Anna Maria (14 ×), Anna Sibylla (2 ×), Anna Christina, Anna Clara, Anna Caecilia, Amalia Maria, Maria Magdalena, Maria Salome (2 ×).

Fall V. 1) $\text{Kxy}\begin{cases}1.\begin{cases}\text{Mx oder My}\\ \text{Vx oder Vy}\end{cases}\\ 2.\ \text{Pz}\end{cases}$: 2 Belege. Claus Weicker (V : Claus) — P : Christoph; Anna Maria (M : Anna) — P : Catharina.

Besonderer Fall: $\text{Kxy}\begin{cases}1.\ \text{Vxy}\\ 2.\ \text{Pz}\end{cases}$: 1 Beleg. Johann Adolf — P : Daniel.

2) $\text{Kxy}\begin{cases}1.\begin{cases}\text{Vv}\\ \text{Mu}\end{cases}\\ 2.\ \text{Pz.}\end{cases}$: 3 Belege. Johann Philipp (V : Christoph) — P : Peter; Anna Maria (M : Veronica) — P : Margaretha; Anna Florentina (M : Maria) — P : Elisabetha.

Zum Schlusse betrachten wir noch, welchem Stande die bereits mit zwei Vornamen versehenen Paten und die Eltern der mit zwei Vornamen ausgestatteten Kinder angehören.

α) Die Paten: a) Die sicheren Belege: 31.

Maria Salome Becherin weiland herrn Abraham Bechers der Rechten Doctor und der Stadt Nürnberg advocat und Rechtgebers sel Dochter; Doctor Reimundus Pius Fischard dißer Stadt advocat und syndicus; Juncker Johann Adolf von Glauburg (6 ×); Juncker Johann Ludwig von Glauburg (4 ×); Juncker Johann Hector zum Jungen (8 ×); Juncker Johann Friedrich von Knoblauch; Juncker Christoph Ludwig Völker; Juncker Johann Philipp Völker (5 ×). — Johann Friedrich Bender; Johann Jacob Crafft (2 ×); Johann Hector Zu Nierrat; Philipp Jacob von Flenßheim Trappierer.

b) Die zweifelhaften Belege.

1. Adel (Patrizier), angesehene Bürger, Leute in öffentlicher Stellung: 17.

Herr Daniel Braunmann des Raths dochter; Juncker Jacob Degenhard haufsfrau (2×); herr Carle von Glauburgk Scheff sel. sohn (3×); Jeronimus von Glauburg des Raths sohn; Achilles von holzhausen dochter; Hieronymus Augustus von holzhausen Stieftochter; herrn Doctor Humbrecht Schöffen und des Raths sel. Wittib; herr Christoph zum Jungen Schöffen haufsfrau; Juncker Johann Kelnher Schultheisen haufsfrau (2×); her Nicolaus Kreiff des Raths haufsfrau; Juncker Oiger des Raths sel. Sohn; Juncker Crafft Stalburgs sohn; Herrn Philipp Uffstenders Schöff und defs Raths sel. Dochter.

2. Gewerbetreibende: 5.

Claufen Geifsen Schneiders dochter; Elias Hartmann Moler; Nicolaufs Kochalfs Buchbinders sel. sohn; Hans Ruf Scherers sohn; Barthel Strohecker Duechscherers haufsfrau.

3. Ohne Angabe des Standes oder Gewerbes: 9.

β) Die Eltern.

1. Adel (Patrizier), angesehene Bürger, Leute in öffentlicher Stellung: 46.

Juncker Jacob Degenhardt; her Doctor Raimundus Pius Fichardus diefser Stadt frankfurt syndicus (3×); Juncker Johann Adolf von Glauburg (5×); Valentin Happ Nota(r) und Procurator; Juncker hans Hector von Holzhausen; Juncker Hieronymus Augustus von Holzhausen; Juncker Hieronymus zum Jungen; her Doctor Heinrich Kelner Syndicus und Advocat der Stadt frankfurt; Juncker Johann Adolf Kelner; Doctor Bechtold Medicus; Junker Johann von Mölheim; Juncker Johann Ulrich Neuhaufs; Doctor Erasmus Plock (2×); Hanfs Rinzert Keller auf dem Römer; Heinrich Roß Buchdrucker (2×); her Johann Seipoch; Romanus Seliger Castendiener; Johann Spiefs Buchtrucker; Hieronymus Spiefser Obrister Richter; Juncker Christoph Stalburger (4×); Juncker Claufs Stalburger; Juncker Hieronymus Stalburger (3×); Juncker Daniel Stephan (2×); her hanfs Stephan der Jung des Raths; Juncker Johann Strolberg (3×); Juncker Johann Uffstender;

Doctor Johann Vetter; Juncker Johann Weiß; herr hans Zink des Raths.

2. Gewerbetreibende: 28.

Adolf Bechtold Steinmez; Christoph Buler Schneider; Jacob Egl Seckler; Georg Ergremz Pulffermacher; Peter Eych Bender; hans Grofs Sackträger; Conrad Imhoff Taglener; Jacob Kemp Zimmermann; Wolf Kornschiltt Gürtler; Mathias Kostner Rechenschreiber; Samuel Lonicerus Buchbinder; Michel Luppellford Taglöhner; Hans Heinrich Maier Bender; Heinrich Marxheimer Metzler; Peter May Schuemacher; hanfs Moser Taglöhner; Barthel Pfeiffer Schmied; hans Philipp Tagloner; Hermann Riem Duchscherer; Antonius Schmidt Weinschröder; hanfs Schwarz Schneider; Johann Seiffer Taglöhner; Philipp Silvester Bend(er); Hans Somay Schreiner; Conradt Steck Bender; Gerhard Wolfhard Leineweber; Seuffried Wüst heckler; Michel Wydenn Weifserbend(er).

3. Aus dem Soldatenstande: 1.

Niclaus Weinacker Soldner.

4. Ohne Angabe des Standes oder Gewerbes: 26.

Darunter zwei mit Doppelvornamen (Johann Jacob und Johann Adam).

5. Leute vom Lande: 7.

Johann Becker von Bornheim; Kilian hard zu Bornheim; hans Petermann von Bornheim; hans Crafft von Niderradt; Georg Ball von Norlingen; hanfs Fandt zu Sachsenhausen; Georg Zahn zu Sachsenhausen.

Dieser letzte Abschnitt zeigt uns, daß nunmehr die neue Sitte der Namengebung bereits auf dem Lande vorliegt. Die dafür angeführten Beispiele sind wohl alle unter dem Einfluß der Stadt entstanden. Aber daß sich dieselbe Sitte auch selbständig auf dem Lande entwickelt hat, und wie sie sich hier in immer weitere Kreise verbreitet, soll uns nun die genauere Betrachtung der Verhältnisse auf dem Lande lehren. Es stehen uns die Belege von Rüsselsheim und Flörsheim zur Verfügung. Wir beginnen mit dem zeitlich unmittelbar an unsere bis zum Jahre 1585 geführte Betrachtung der Frankfurter Verhältnisse anschließenden Rüsselsheim, wo wir die Zeit von 1586 bis 1645 einer eingehenderen Untersuchung unterwerfen.

Rüsselsheim 1586—1645.

Wir teilen diesen Zeitraum in 4 Abschnitte ein. Von 1616 ab treten Doppelvornamen regelmäßig in jedem Jahre auf.

I. 1586—1615.

Geburten: 1586—1595: 211, Doppelvornamen: 12 (= 5,7 %); 1596—1605: 184, Doppelvornamen: 14 (= 7,6 %); 1606—1615: 193, Doppelvornamen: 7 (= 3,6 %);

1586—1615: 588, Doppelvornamen: 33 = 5,6 %.

Aus der älteren Zeit finden wir bereits 5 Personen mit Doppelvornamen. Bezeichnenderweise sind es lauter Zusammensetzungen mit Johann, nämlich: Hans Arnold, Hans Caspar, Hans Heinrich, Hans Philipp, Hans Wolf. Zwei der doppelte Vornamen führenden Personen können wir der angesehenen Bevölkerungsklasse zuweisen: Hans Heinrich Epstein Schultheis; Hans Philipp von Busseck Amptmann zu Rüsselsheim.

Fall I. $Kxy \begin{cases} 1.\ Px \\ 2.\ Py \end{cases}$: 3 Belege. Johann Heinrich, Anna Christina, Catharina Margaretha.

Fall II. 1) $Kxy \begin{cases} 1.\ Px \\ 2.\ Vy \text{ (oder } My) \end{cases}$: 3 Belege. Johann Heinrich (2 ×), Wolf Heinrich.

2) $Kxy \begin{cases} 1.\ Vx \text{ (oder } Mx) \\ 2.\ Py \end{cases}$: 3 Belege. Anna Christina, Anna Catharina, Anna Maria.

Fall III. $Kxy \begin{cases} 1.\ Px \\ 2.\ y \end{cases}$. Die Belege sind nicht alle sicher, weil, wenn nicht ausdrücklich das Gegenteil angegeben ist, immer die Möglichkeit bleibt, daß die betreffenden Belege unter II oder IV gehören. Sicher sind nur Anna Maria, Anna Lucia; Johann Philipp.

Fall IV. Kxy — Pxy: 12 Belege. Davon ist ein Beleg deshalb beachtenswert, weil er uns eine Entwickelung in der Gemeinde vorführt: Johann Heinrich Epstein und Heinrich Scheffer sind Paten von Johann Heinrich Will (Sohn des Niclas Will). Dieser seinerseits ist Pate von Hans Heinrich Scheffer (Sohn des Martin Scheffer). Der Doppelvorname, aus zwei einfachen Vornamen entstanden, wirkt also als Doppelvorname weiter.

Fall V. Kxy {1. Vv (oder Mu) / 2. Pz.} : 2 Belege. 1. Vater: Anstatt Zöllner — Sohn: Johann Wilhelm — Gevatter: Friedrich Landenfeld (auch sonst und stets mit einem Vornamen erwähnt). 2. K: Anna Maria — P: Eulalia. Hier ist der Grund des Verfahrens deutlich zu erkennen. Man will den ungewöhnlichen Namen der Patin vermeiden.

Wenn wir fragen, welchem Stande die bei den Doppelvornamen beteiligten Leute angehören, so ergibt sich folgendes:

α) Von den 12 Paten, die schon mit zwei Vornamen ausgestattet sind, lassen sich folgende sieben genauer ermitteln: Hans Philipp von Busseck, Amptmann zu Rüsselsheim (2 ×); Philipp Jacob Schmelzer, Keller zu Mainz und haselach; Anna Julia die Schmittbergerin von Mainz; die Frau des Johann Jacob Klözen von Frankfurt; Anna Maria, Burggräfin zu Rüsselsheim; Anna Christina des Schultheisen Tochter.

Wir finden also Vertreter des Adels und der Städte, ferner Leute in öffentlicher Stellung.

β) Die Eltern, welche ihren Kindern Doppelvornamen beilegen, sind folgende: Johann Heinrich Epstein Schultheiss (Von drei Kindern erhalten zwei doppelte Vornamen); Wilhelm Seyler, Cellarius (gibt vier seiner Kinder doppelte Vornamen); Johann Angelus Parochus; Johann Zacharias Schmidt (trägt als Vater bereits zwei Vornamen); Hans Reiz, Niclas Will, Heinrich Buz, Martin Scheffer, Heinrich Kessler (geben je zwei von ihren Kindern doppelte Vornamen).

Die anderen Belege stehen vereinzelt da. Zweimal sind Leute von auswärts dabei: Peter Faust von Rinderwiegen, Niclas Becker von Nackum.

Wir fassen zusammen: Soweit sich erkennen läßt, sind bei der neuen Namengebung vor anderen beteiligt: Adel, Städter, Leute aus dem besseren Bürgerstande; in einzelnen Familien wird die neue Art der Namengebung bei allen Kindern durchgeführt.

II. 1616—1625.

Geburten: 200, Doppelvornamen: 42 = 21%.

Von diesen 42 Doppelvornamen sind 19 als solche überkommen, d. h. der Pate des Kindes besaß bereits zwei Vornamen und teilte diese dem Kinde bei der Taufe mit (Fall IV: Kxy—Pxy).

α) Die Paten sind: 1. von auswärts (a. d. Stadt): 3.

Johann Jacob Klözen (?) von Frankfurt; Johann Philipp Kessler, incola franckfurtensis; Hans Steffan [Zuname fehlt!] von Mainz.

2. in öffentlicher Stellung: 5.

Anna Maria pastoris Treburiensis uxor. Johann Friedrich Calvel (?) Cellarius Kelsterbachensis; Anna Maria und Anna Christina filiae Wilhelm Seylers, Cellarius zu Rüsselsheim.

3. aus dem Soldatenstand: 5.

Hans Philipp Schaumanns capitaneus; socrus Hans Baiskair (?) des Büchsenmeisters im Schloß; uxor Hans Baiskair; uxor capitanei; Anna Gela famula marschalli et praefecti.

4. die übrigen: 7.

Davon gehören 3 Belege den schon vorher mit Doppelvornamen vertretenen Familien an. Die anderen sind nicht näher zu bestimmen.

Nicht mit Sicherheit der Formel Kxy — Pxy (Fall IV) oder einer anderen zuzuweisen sind 4 Belege. Einmal steht dabei ein Soldat aus Marburg zu Gevatter.

Wir können hier folgendes feststellen: Von den bereits festgewordenen Doppelvornamen gehören mehr als die Hälfte (fast $^{2}/_{3}$) der besseren Bevölkerungschicht, Städtern und Soldaten an. Diese drei Klassen tragen zur Weiterverbreitung der neuen Namengebung hervorragend bei. Wird diese einmal in einer Familie heimisch, so pflegt man sie beizubehalten.

β) Die Eltern der mit zwei Vornamen ausgestatteten Kinder sind

1. aus der Stadt: 1.

Hans Georg von Frankfurt, zugleich Feldwebel.

2. in öffentlicher Stellung: 3.

Johann Angelus, parochus (2 ×); Johann Küchenmeister, praetor (2 × und 1 × seine Wittib); Hans Haan Unterschultheiss (2 ×).

3. aus dem Soldatenstand: 7.

Hans Georg Feldwebel; 3 mal „ein Soldat im Schloß“; Hans Baiskair, Büchsenmeister (3 ×); Herr Jeremias Capeller <Leutnant>; Georg Immel, Leutnant.

4. der Vater trägt bereits zwei Vornamen: 1. Johann Peter Vetter (2×).

5. Von den übrigen gehören zwei Belege früher schon mit Doppelvornamen vertretenen Familien zu. Dazu kommen weitere vier Familien, die mehrfach an den Doppelvornamen beteiligt sind. Alle anderen (noch 19 von 49) sind vorher nicht vertreten. Bei diesen ist die Bildung der Doppelvornamen in folgender Weise geschehen:

Fall I. Kxy { 1. Px / 2. Py : 1 Beleg.

Fall II. 1) Kxy { 1. Px / 2. Vy : 1 Bel.; 2) Kxy { 1. Vx / 2. Px : 4 Bel.

Dazu kommen folgende: α) Kxy { 1. Vxy / 2. Px : 1 Beleg.

β) Kxy {
Vxy Hans Georg von Frankfurt, Feldwebel
1. Py Georg Immel, Leutnant
2. P civis francofurtensis
3. P signifex Geravianus.

Fall III. 1) Kxy { 1. Px / 2. y : 5 Belege.

2) Kxy { 1. x / 2. Py : 4 Belege.

Fall V. Kxy {
1. Vx Hans
2. y Friedrich
3. Pz Lorenz

Es bleibt dann noch ein Beleg übrig, der möglicherweise der Formel Kxy { 1. Px / 2. Py zuzuweisen ist.

Es hat diese genaue Aufstellung über die Jahre 1606—1625 bestätigt, was aus den Jahren 1586—1605 nur vermutet werden konnte. Ganz besonders tritt jetzt die große Beteiligung des Soldatenstandes an der neuen Sitte hervor. Deutlich wird auch, daß es zunächst einige besondere Familien sind, bei welchen die neue Namengebung rasch Eingang findet und eifrig gepflegt wird.

III. 1626—1635.

Geburten: 243. Doppelvornamen: 65 = 26,7 %.

Von diesen sind 23 unzweifelhaft nach der Formel Kxy — Pxy (Fall IV) gebildet.

α) Die Paten sind dabei:

1. von auswärts (a. d. Stadt): 3.

Herr Hans Wilhelm von der Strafsen, civis francofurtensis; uxor Philippi Hirten von Gerau; Johann Jacob Rau (?) von Erbenheim.

2. in öffentlicher Stellung: 11.

praetor *Rüsselsheimensis Wolf Henrich Epstein; Johann* Daniel Waitzel, Landschreiber; Herr Burggraf Johann Wilhelm Epstein (2 ×); (des Cellarius) Wilhelm Seylers cognata (2 ×); Johann Gottfried filius Marschalli Hans Han, Unterschultheisen tochter; Johann Christoph Engell, Oberschultheis (3 ×).

3. aus dem Soldatenstand: 1.

Peter Johann Baiskair, Constabel.

4. schon früher an den Doppelvornamen beteiligt: 4.

5. früher noch nicht genannt: 4.

Nicht mit Sicherheit der Formel Kxy — Pxy zuzuweisen (infolge des ungenauen Textes) sind 13 Belege. Dabei treten folgende Personen als Paten auf: uxor Domini Krapffi, senatoris Wormatiensis; filia Philippi Alten auf dem neuen Hof; Herrn Abraham Capeller, Stattmeister zu Wormbs Hausfrau; filia Domini Abraham Capellers zu Wormbs; filia Domini Cellarii Epsteiniensis Laurentii Herolten; uxor Philippi Spenglers; uxor praetoris (?); uxor M. Jōēs Angeli Parochi; incola Ginsheimensis, gener Petri Daumen; Herrn Kellers Hausfrau aus Do<rnberg?>; des Herrn Capi(tanei) Hausfrau; der Schultheis von Bauschheim; filia Johann Adenbach.

β) Die Eltern der mit zwei Vornamen ausgestatteten Kinder sind.

1. von auswärts: 6.

Philipp Volk von Neustedten (?); Heinrich Wolf von Bischofsheim; Niclas Rost von Bauschheim; Stoffel Schäfer von Bischofsheim; ein Mann von Castell; Wendel Laubenheimer von Ginsheim.

2. in öffentlicher Stellung: 15.

Johann Küchenmeisters praetor sel. wittib; Ludimoderator Nicolaus Süfselius; Dominus Jeremias Capeller Cellarius (4 ×);

Johann Christoph Engell Oberschultheiss; M. Johann Angelus parochus (2 ×); Herrn Johann Wilhelm Epsteins sel. Wittwe; pastor Rüsselsheimensis; Stieglitz, Schultheis von Hochheim; M. Arnold (?) Gardarius (?); pastor Raunheimensis; Wilhelm Weigolt, praetor; Herr Johann Helfmann (Keller).

3. aus dem Soldatenstand : 8.

Ein Soldat im Schloß von Köppern (?); Ein Soldat im Schloß, der Seiler; Niclas Bischoff, Soldat im Schloß; Cornet Crayſs (?); ein Soldat im Schloß; Hans Weber Soldat; Ein Trabant aus Darmstadt; Johann Martin Michelfelder Soldat; ein Soldat im Schloß.

4. Weitere 33 Belege verteilen sich so, daß ein großer Teil solchen Familien zugehört, welche auch früher schon mit zwei Vornamen vertreten sind. Aber es finden sich auch Leute, die keineswegs den besseren Ständen angehören : Hans Rudolf der Strohschneider; der lahm Schneider; eine fremde arme Frau, welche angeben, daß ihr Mann zu Creizenach verstorben.

Bevor wir zur Betrachtung der neugebildeten Doppelvornamen übergehen, behandeln wir noch drei bemerkenswerte Einzelfälle.

1. Ein deutlicher Beweis für die bei den Soldaten beliebte Sitte, mehrere Namen zu besitzen, zugleich auch bei der Taufe den gehörigen Prunk zu entfalten, sowie sich Einfluß zu verschaffen, ist folgender Eintrag :

1631. 30. Nov. Christophoro Fuchsen, einem schwedischen Soldaten zu Flörsheim in Johann Flicken behausung in Gegenwart vieler schwedischer Offiziere ein junges töchterlein getauft, Anna Catharina, und sind 13 Personen zu Gevatter gestanden.

Trotzdem erhält das Kind nur zwei Namen.

2. Zweifelhaft scheint dies bei folgendem Eintrag, weil gerade die Taufnamen fehlen :

Deſs Appels Tochter ein Sohn, so sie mit Philipp Weiſsen gezeugt, taufen lassen, und hat der Pfarrer (Conradt Stein) zu Gevatter gestanden, Hans Lendolſt (?) und Wenzel Mönch von Bischofsheim.

3. Bezeugt sind 3 Vornamen zum erstenmal im Jahre 1634 (19): Hans Fischer von Klingeſs (?) ein Soldat dahier

eine junge Tochter taufen lassen. Gevatter waren 1. des Feldwebels frau 2. Adam des Corporals frau 3. Hans Baiskair (Büchsenmeisters) älteste Tochter 4. Anton Schleids (?) Frau 5. 3 Musketiere: hiess Anna Maria Catharina.

Wir betrachten nun die noch übrigen 26 Fälle, bei denen Doppelvornamen neugebildet worden sind. Davon sind 3 Belege ohne Angabe der Patenvornamen. Sie scheiden also von vornherein aus. Bezeichnenderweise aber treten dabei als Paten zwei Soldaten auf und „ein Mann von Castell“. Die verbleibenden Doppelvornamen sind auf folgende Weise gebildet.

Fall I. Kxy $\begin{cases} 1.\ \text{Px} \\ 2.\ \text{Py} \end{cases}$: 6 Belege.

Fall II. 1) Kxy $\begin{cases} 1.\ \text{Px} \\ 2.\ \text{Vy} \end{cases}$: 1 Beleg (mit Johann an 1. Stelle).

2) Kxy $\begin{cases} 1.\ \text{Vx} \\ 2.\ \text{Py} \end{cases}$: 4 Belege (sämtlich mit Johann an erster Stelle).

Fall III. 1) Kxy $\begin{cases} 1.\ \text{Px} \\ 2.\ \text{y} \end{cases}$: 2 Belege. 2) Kxy $\begin{cases} 1.\ \text{x} \\ 2.\ \text{Py} \end{cases}$: 9 Belege: (5 mit Johann an erster Stelle, 4 mit Anna).

Dazu gehört auch Kxy $\begin{cases} \left.\begin{matrix} 1.\ \text{Px} \\ 2.\ \text{Px} \end{matrix}\right\} \text{Anna} \\ 3.\ \text{y} \quad \text{Maria.} \end{cases}$

Wir kommen zur Betrachtung des letzten Zeitabschnittes, der für die Beurteilung der Entwickelung der Doppelvornamen von Wichtigkeit ist.

IV. 1636—1645.

Geburten: 307. Doppelvornamen: 136 = 30,8%.

In dieser Zeit sind die Taufbücher nicht ganz so sorgfältig geführt wie vorher, sodaß es nicht möglich ist, die Ermittelungen so genau anzustellen wie in den früheren Zeitabschnitten. Im allgemeinen ist zu bemerken, daß in dieser Zeit die Zahl der Taufzeugen größer wird, als sie in den vorhergehenden Jahren gewesen ist, auch da, wo das Kind nur zwei Namen erhält. Dabei wird es fast zur Regel, daß bei der Taufe eines Mädchens wenigstens e i n Mann, bei der Taufe eines Knaben wenigstens e i n e Frau Taufzeuge ist.

Wir wenden uns denjenigen Belegen zu, die unter die Formel Kxy — Pxy (Fall IV) unterzubringen sind. Darunter sind diesmal auch solche nach folgenden Formeln:

$$Kxy \begin{cases} 1.\ Pxy \\ 2.\ P\ (\text{nicht genannt}) \end{cases}$$

$$\text{und } Kxy \begin{cases} 1.\ Pxy \\ 2.\ xz \text{ oder } yz. \end{cases}$$

α) Die Paten bei den 19 sicheren Belegen sind

1. Leute in öffentlicher Stellung: 5.

des Pfarrers Sohn Johann Henrich; Johann Henrich Reyd, Herr Kellers Schreiber pro tempore; Anna Maria Capeller <Centgrafentochter>; <des Pfarrers> Tochter Elisabetha Catharina; <des Pfarrers> Töchterlein Anna Maria.

2. die übrigen: 14.

Balthasar Knopf hauſsfrau Anna Christina (8 mal Patin); Georg Dambmann Schwester Anna Christina; des Zöllners Tochter Anna Catharina; des Raunheimer Schneiders Tochter Anna Maria; Hans Henrich Schäfer; Johann Wilhelm Spengler; Hans Jacob Nippert (?)

Ferner können hierher gehören diejenigen Fälle, in denen nur ein Pate ohne Angabe seines Vornamens genannt wird, das Kind bei der Taufe aber einen doppelten Vornamen erhält. Freilich können derartige Namen auch gebildet sein nach

$$Kxy \begin{cases} 1.\ Vx \text{ oder } Mx \\ 2.\ Py \end{cases}$$

Bei den 36 der Formel Kxy — Pxy (Fall IV) nicht mit Sicherheit zuzuweisenden Belegen sind die Paten

1. Leute von auswärts: 4.

Meister Georg des Maurers von Trebur Tochter; Herr Lindheimer Metzgers Weib zu Frankfurt; eine Frau von Frankfurt; Georg Dambmanns Schwagers Eulers Weib zu Weiterstadt.

2. Leute in öffentlicher Stellung: 11.

Herrn Cellarii Johann Helfmanns Tochter (2 ×); des Cellarius zu Dornberg Hauſfrau; Hans Joachim Kampfen, Commandanten hausfrau; die Pfarrin allhier (2 ×); Herr Amptmann von Epstein; des wohledelen herrn Hans Joachim Bamſt hausfrau; der Schultheis; der herr Caplan zu Groß Gerau; die Schulmeisterin.

3. die übrigen 22 Belege gehören den Kreisen des Volkes zu.

β) Die Eltern, welche ihren Kindern doppelte Vornamen geben lassen, sind:

1. von auswärts: 16.

Es sind Leute von Bischofsheim (2 ×); „Main-bischofsheim" (2 ×); Bobenhausen; Raunheim (3 ×); ein Mann aus dem Hessenland; ein Taglöhner von hohenweißel; Georg der Maurer von Trebur; *Leute von Schönberg (?); Reinheim (?)*; Bauschheim; Georg Frudmann (?) aus der Grafschaft Stolberg; Jacob Nodnagel aus der Grafschaft Henneberg; ein Weib aus dem fremden Land.

2. in öffentlicher Stellung: 14.

Centgraf Jeremias Capeller; herr Keller Johann helffmann (4 ×); M. Bernhardus Angelus, pastor zu Rüsselsheim (4 ×); Herr Johann Christoph Engel, Keller zu Kelsterbach; M. Melchior Agricola; der Forstmeister Hoffmann von Delkenheim; herr Schultheis aus Trebur; der Schulmeister von Ginsheim.

3. aus dem Soldatenstand: 43.

der Comißbecker im Schloß Philipp Volz; Jost Kohlmann (?) Soldat im Schloß; Jacob Kopf (?) von Wirtes (?) Soldat im Schloß; der Feldwebel auf dem Schloß (2 ×); ein Corporal unter Herr Martinus Wolffen allhier; Soldat im Schloß von Idstein; fünfmal „ein Soldat im Schloß"; ein Soldat unter den Bairischen; Hans Wolff Zöllner; ein Gefreiter auf dem Schloß; der wohledele und gestrenge Herr Bamſt, Commandant der Festung Rüsselsheim; Herr Hauptmann Hans Joachim Bambst (?); ein Webell auf dem Schloß; ein Sergeant im Schloß; Herr Fendrich (2 ×); ein Marketender; der Treber Johann, Corporal von dem Leibregiment; achtmal „ein Soldat"; Hans Wilhelm der Sergeant im Schloß; Soldat aus Lothringen (?); Soldat von Saarbrücken; Christoffel Müller Fuhrirer im Schloß; Velten der Sergeant; Velten Köhler Soldat allhier; Herr Leutnant im Schloß; ein Soldat in der Festung aus Zwingenberg; ein Gefreiter; Goi Lafontin Soldat im Schloß.

4. Es bleiben noch 63 weitere Belege für Doppelvornamen, darunter z. B. ein Kleinkrämer; ein Taglöhner; ein Krämer.

Es erübrigt noch, die Neubildungen von Doppelvornamen

zu behandeln. Ohne Angabe der Paten sind 11 Belege (darunter 5 Soldatenkinder). Die übrigen Doppelvornamen sind auf folgende Weise gebildet:

Fall I. $\text{Kxy}\left\{\begin{array}{l}\text{1. Px}\\ \text{2. Py}\end{array}\right.$: 36 Belege.

Fall II. 1) $\text{Kxy}\left\{\begin{array}{l}\text{1. Px}\\ \text{2. Vy}\end{array}\right.$: 1 Beleg (Johann Heinrich).

2) $\text{Kxy}\left\{\begin{array}{l}\text{1. Vx}\\ \text{2. Py}\end{array}\right.$: 6 Belege, sämtlich mit Johann

Fall III. 1) $\text{Kxy}\left\{\begin{array}{l}\text{1. Px}\\ \text{2. y}\end{array}\right.$: 12 Belege, darunter 8 mit Johann, 3 mit Anna.

2) $\text{Kxy}\left\{\begin{array}{l}\text{1. x}\\ \text{2. Py}\end{array}\right.$: 9 Belege (davon 8 mit Johann).

Dazu folgende besondere Fälle:

α) $\text{Kxy}\left\{\begin{array}{l}\text{1 Pxy}\\ \text{2. Px od. y}\end{array}\right.$ β) $\text{Kxy}\left\{\begin{array}{l}\text{1. Pxz}\\ \text{2. Pxu}\end{array}\right.$: je ein Beleg.

γ) $\text{Kxy}\left\{\begin{array}{l}\text{1. P. der Fendrich}\\ \text{2. P. der Feldwebel}\\ \text{3. P. der Constabel}\end{array}\right\}$ Ohne Angabe der Namen.

Desgleichen (δ) ein Beleg mit „Soldat, Constabel, Pfeifer"

ε) Kxy Agnes Maria (dem wohledelen und gestrengen Herrn Bamst Commandant der Festung Rüsselsheim): 7 Paten, nämlich „Gräfin zu Erbach, Gräfin zu Fürstenau, Herr Präsident Schlosser (?), Jungfer Rodinstein, Herr Amtmann zu Vetzbergk, meine (des Pfarrers) Frau, her Jäger Obrist zu Darmstadt."

Dieses Beispiel ist vorbildlich für die Taufe eines Kindes, dessen Vater einen höheren militärischen Rang bekleidet.

Die Untersuchung der Jahre 1636 bis 1645 ergibt demnach, daß sich die Sitte der doppelten Vornamen auf die breitesten Schichten der Bevölkerung ausgedehnt hat. Zugleich tritt in verschiedener Beziehung im einzelnen eine große Mannigfaltigkeit bei der Namengebung hervor. Zu beachten ist wieder die Rolle, welche der Soldatenstand [1]) spielt.

---

[1]) Weitere Beispiele dafür, daß gerade dem Soldatenstand angehörige oder in Beziehung zu ihm stehende Leute der Sitte huldigten, ihren Kindern möglichst mehrere oder viele Vornamen

Wir haben nun noch die Anfänge der Doppelvornamen in Flörsheim zu betrachten. Hier bieten die Taufbücher für die Betrachtung der Anfänge der neuen Sitte nicht so viel wie in Rüsselsheim. Der Grund liegt zum großen Teil darin, daß in Flörsheim die Taufeinträge volle 25 Jahre später anfangen als in Rüsselsheim. Gerade die Zeit von 1586 bis 1621 war aber, wie wir bei der Behandlung der Namengebung in Rüsselsheim gesehen haben, für die Beurteilung der Anfänge der *Doppelvornamen besonders wichtig.*

Wir dehnen unsere Betrachtung auf die Zeit von 1621 bis 1646 aus. Jenseits der 1646 beginnenden Lücke in den Taufbüchern ist die Entwickelung der doppelten Vornamen bereits soweit fortgeschritten, daß wir uns eine weitere genauere Betrachtung derselben ersparen können.

Flörsheim 1621—1646.

Unsere Untersuchung verfolgt 1) welchem Stande die Taufpaten und die Eltern der mit zwei Vornamen benannten Kinder zugehören und 2) auf welche Weise die neugebildeten Namen entstanden sind.

Die Paten sind nur insoweit von Wichtigkeit als sie bereits doppelte Namen führen.

Unter den 80 Belegen, die uns für unsere Untersuchung zu Gebote stehen, ist dies 50 mal der Fall. Dabei sind die Paten

1. aus dem Adel: 2.

Elisabetha Eva von Walbrunnin (1622); Adm. Rds. ac

---

beizulegen, bieten folgende Einträge dar, die ich mir im Vorübergehen ausgeschrieben habe: 1765. Friedrich Justus Zönner Husar (Joh. Phil. Friedrich); 1767. Joh. Herm. Popperg gewesener Königlich großbrittannischer Unteroffizier (Susanne Friederike, Ernestine); 1793. Joh. Daniel Merwald, preußischer Feuerwerker vom I. Regiment Artillerie (Friederike Wilhelmine Dorothea); 1794. Joachim Friedrich Adam Nessler, Reuter bei der Companie des Herrn von Quitzow unter dem Kürassierregiment von Borstel (Maria Catharina Elisabetha); 1795. Joh. Franz Bauer, Kgl. Preufsischer Feldbecker aus Süderrode (Friederike Sophie Elisabethe); 1795. Johann Michael, Soldat beim Kgl. preuss. Infanterieregiment (Johann Friedrich Joseph Michael); 1795. Gottlieb Blach, Oberbecker bei der Feldbeckerei (Christian Daniel August); 1816 Landwehrleutnant Johann Heinrich Christian Vollbrecht (Johanna Rosine Catharina Henriette Luise Mariane).

Praenob. D. Jōēs Udalricus ab antlauro (?) metropolitan<us> ac Ecclesiae Moguntinae canonicus (1630).

2. Leute von auswärts (a. d. Stadt): 8.

Joannes Jodocus Inglings filius Werneri Inglings ex Höchst Laeonis (1623); Joannes Philippus Hubenkremer civis Bingensis (1624); Anna Maria Stieftochter Heliae Löhrs zu Meintz (1629); Anna Maria fla. leg. Reinhardi Kirchners piscatoris Moguntini (1630); Anna Catharina ux. Conradi Jacobi incolae et pistoris in Rüsselsheim (1634); Maria Agatha Türkin moguntina (1634); Joannes Petrus fils. Jols Westenberger ex Hochheim (1635); Maria Apollonia patrina uxor Jols Boltz de Wicker (1644).

3. Leute in öffentlicher Stellung: 14.

Anna Maria fia. D. Joachimi Sutoris praetoris (1623): Anna Maria ux. Joīs imkeller ptoris (1626); Joannes Conradus Spaan ptor (1627, 1628, 1628, 1629 [spahn], 1629, 1630, 1631, 1633, 1635); Anna Margaretha ux. Philippi Hattstein ptoris in Hittersheim (1629); Anna Maria Catharina rlta mr Joīs Conradi span (1634); Joannes Petrus Allendorf ptor in Wicker (1635).

4. Die übrigen Belege.

Davon sind zu bestimmen: Joannes Henricus leg. filius Jols Adami Schreinen vietoris (1636); Anna Maria vidua relicta Jols Andreae. p. m. beders (?) (1625, 1628, 1628, 1628, 1630); Anna Maria ux. Jacobi Kempf (1633, 1633); Anna Maria filia der Schmünkin (1633, 1635); Christianus Georg Wilhelmi (1633, 1646); Anna Margaretha ancilla Petri Stracks fabri ferrari (1633); Anna Maria uxor Marci Naule (1644, 1644).

Alle anderen Paten mit zwei Vornamen sind nicht näher bestimmt. Vielleicht gehören zu ihnen noch folgende: 1) < Joannes? > Petrus Nicel (1635, 1635): erteilt beidemal dem Täufling den Namen Johann Peter. Die Väter der beiden Kinder heißen Andreas und Wendelin. 2) Drei weitere, bei denen der Vorname zerstört ist (1645, 1646, 1646), die Kinder, die Doppelvornamen Anna Elisabetha, Anna Christina, Johann Daniel erhalten.

Die Eltern, die ihren Kindern zwei oder mehrere Namen beilegen lassen, sind:

1. Leute von auswärts (a. d. Stadt): 1.

Marcus Hoffmann civis frankofurtensis (1636).

2. in öffentlicher Stellung: 13.

Joachim Sutor, praetor (1622); Nicolaus Ricker ludimagister in Herſsheimb (1624); Joannes Hartt, Ludimagister (1627, 1634); Joannes German Ludimagister (1627, 1628, 1630, 1633, 1635); ? Martinus Bieberkorn p. m. (1628); Joannes imkeller ptor in Eddersheim (1629); D. Joannes Conradus Sphaan praetor (1634); Jacobus Staub, vice praetor in Eddersheim (1634);

3. aus dem Soldatenstand etc: 2.

Joannes Christophorus Nirlinger, Wildschütz (1631); Jeremias Köch, vexillifer sub capitaneo bredae (1636).

4. nachweislich geringer Herkunft: 3.

filia illegitima Philipps Deubert, Hausknecht zu Frankfurt (1628); Henricus Ebalt (lahm Schneider) (1633); Henrici N des lahm Schneiders (1635).

Bei allen übrigen (61) Belegen fehlt die Angabe des Standes des Vaters.[1]) In 9 Fällen (= 18 Belegen) erhalten je zwei Kinder desselben Vaters doppelte Vornamen.

Unter den Eltern der mit Doppelvornamen ausgestatteten Kinder sind bereits folgende Doppelvornamen vorhanden: Joh. Bernhard, Joh. Christoph, Joh. Conrad, Joh. Heinrich, Joh. Jacob; Anna Maria.

Wir betrachten nun noch, auf welche Weise die doppelten Vornamen gebildet worden sind, wobei wir nur besonders bemerkenswerte Fälle deutlicher hervorheben. Nach Ausscheidung von 4 Belegen, bei denen es infolge der Zerstörung des Taufeintrags zweifelhaft ist, welcher Gruppe sie zuzuweisen sind, bleiben folgende:

Fall I. $\quad Kxy \begin{cases} 1.\ Px \\ 2.\ Py \end{cases}$: 2 Belege.

Fall II. 1. α) $Kxy \begin{cases} 1.\ Px \\ 2.\ Py \end{cases}$: 2 Belege. β) $Kxy \begin{cases} 1.\ Px \\ 2.\ My \end{cases}$: 1 Doppelname, der als Beispiel der Soldatensitte beachtenswert ist:

[1]) Für einen gibt sie ein anderer Eintrag: Daniel Feuerbach ist cerevisiarius, gehört also dem Bürgerstande an.

1636. 12. Mrz. Anna Sabina leg. Jeremiae Köchs vexilliferi sub capitaneo bredae regiminis baronis de Dona ex ux. Sabina quā Anna ux. D. Joĩs Conradi Spaan praetoris loci suscepit. fuerunt assistentes et conpatrini ipse Capitaneus Breda (sein Wachtmeister ein Corporal und Hirsenkrämer von Frankfurt).

$$2)\ Kxy \begin{cases} 1.\ Vx \\ 2.\ Py \end{cases} :\ 2\ \text{Belege.}$$

Fall III. $1)\ Kxy \begin{cases} 1.\ Px \\ 2.\ y \end{cases}$: 10 Belege. Dabei steht fünfmal der Name Johann, fünfmal der Name Anna an der Spitze der Zusammensetzung. Sie erhalten zugesetzt die Namen Christian, Heinrich, Martin, Philipp (2 ×) — Catharina, Maria (2 ×), Sabina, Ursula. Man wird, da Flörsheim katholisch ist, leicht auf den Gedanken kommen, daß die Zufügung dieses oder jenes Namens in Beziehung steht zu dem Schutzheiligen, der diesen Namen führt. Genauer wird an anderer Stelle über diese Frage gehandelt werden. Hier nur soviel: bei den eben behandelten Belegen haben wir dafür ein Beispiel und ein Gegenbeispiel:

1. 1631. Anna Catharina leg. Joh. Agesheimers ex. ux. Maria, quam die festo Catharinae virginis et martyris Anna ux. Joĩs Flick suscepit. 2. 1644. Ipsa (sc. die) S. Stepani bapt: Joēs Christianus filius Joĩs Rürer. patrinus Joēs La<mperter?> promiscue ratione Exilus (?).

Das Kind erhält nicht den Namen Stephan sondern Christian! Auch der Beleg für Anna Ursula dürfte als Gegenbeispiel dienen. Er ist eingetragen am 22. Febr. 1636. Nun ist aber dies festus Sctae. Ursulae am 21. Okt. Also ist auch hier die Zusetzung von Ursula nicht durch den Tag veranlaßt, an welchem das Kind geboren oder getauft wurde. Die sonst vorkommende Zusetzung von Maria versteht sich leicht.

$2)\ Kxy \begin{cases} 1.\ x \\ 2.\ Py \end{cases}$: 7 Belege. Dabei sind zu dem Namen des Paten zugesetzt die Namen Maria (2 ×); Adam, Nicolaus, Johann (3 ×). Gerade die letzten drei Belege sind bezeichnend für die Entstehung der Doppelnamen. Der Gedenktag Scti. Johannis ist der 24. Juni. Keiner der drei Doppelvornamen ist aber an diesem Tage entstanden. Vielmehr rühren sie her vom 25. Jan., 17. Febr., 26. April. Warum hat man also Johann zugesetzt? Und warum hat man den Namen an die erste Stelle gesetzt? Es scheint hier schon gedankenlose Nachahmung der anderen Doppelvornamen vorzuliegen, die ja meist mit Johann zusammengesetzt waren. Es ist kein Wunder, daß, wenn sich derartige Fälle wiederholten, bald dieselbe Einförmigkeit im Namenschatz entstehen mußte, die auch vor dem Auftreten der Doppelvornamen vorhanden war.

Es bleiben nunmehr noch 3 Belege für dreifache Vornamen.

1. 1634. Anna Maria Catharina leg. Philippi Backofens ex ux. Anna, quam Anna Maria Catharina rlta. mr. Jois Conradi Span suscepit.

Der dreifache Vorname ist bereits aus der älteren Zeit ererbt. Über seine Entstehung läßt sich also nichts weiter sagen.

2. 1634. Anna Catharina Veronica leg. Alberti Zaay (?) ex ux. Maria, quam Catharina ux. Daniel Feuerbachs cerevisiarii suscepit.

Mit dem Gedenktage der hl. Anna (26. Juli) und der hl. Veronica (4. Febr.) ist hier nichts anzufangen, da der Geburts- und Tauftag des Kindes der 16. April ist. Die Namen sind also nach freiem Ermessen zugesetzt.

3. Ebenso scheint dies beim letzten hierhergehörigen Beleg zu sein: Maria Juliana Ursula leg. Danielis Feuerbachs ex ux. Catharina, quā Juliana coqua Dominae ab Hagen suscepit.

Fall IV. Kxy—Pxy: 50 Belege. Die in Betracht kommenden Paten und Eltern sind bereits besprochen worden.

So haben wir alle in Flörsheim zu Gebote stehenden Belege untersucht. Es hat sich in vollem Umfang bestätigt, was wir bereits bei der Behandlung der Frage nach dem Ursprung und der anfänglichen Verbreitung der Doppelvornamen auf Grund der Rüsselsheimer Urkunden ermittelt hatten. Eines tritt in Flörsheim noch deutlicher hervor: wie sich die Sitte der Doppelvornamen von einer einzelnen (angesehenen) Person aus auf eine ganze Reihe von Gemeindemitgliedern bezw. deren Kinder verbreiten kann. So konnten wir dies neben anderen Fällen besonders bei dem Namen des praetoris loci Johann Conrad Spaan bemerken.

Wir haben damit die Untersuchung über den Ursprung der Doppelvornamen zu Ende geführt. Die Hauptergebnisse wollen wir noch einmal kurz zusammenfassen.

1. Die Doppelvornamen als solche sind nicht zur Unterscheidung der Einzelpersonen geschaffen worden[1]).

2. Die Absicht, Einzelpersonen zu unterscheiden, konnte bei der Entstehung der Doppelvornamen höchstens mitwirkend sein. Regelmäßig ist dies der Fall gewesen bei der Entstehung derjenigen Doppelvornamen, die wir als „erste Gruppe" bezeichnet haben. Aber nirgends hat diese Absicht ihren Ausdruck in dem Doppelvornamen als solchem finden wollen.

3. Doppelvornamen als solche sind vielmehr zur Unterscheidung lediglich des Standes ihrer Träger geschaffen worden.

4. Von der „ersten Gruppe" abgesehen, sind sämtliche Arten, auf die Doppelvornamen erstmalig, d. h. nicht durch einen anderen Doppelvornamen hervorgerufen, entstehen konnten, in dem bei der Erteilung eines einfachen Vornamens geübten Verfahren bereits vorgebildet gewesen.

Wir haben also zwei Gruppen von Doppelvornamen zu unterscheiden hinsichtlich der Ursache ihrer Entstehung.

Die „erste Gruppe" steht hinter der zweiten an Umfang bedeutend zurück. Die ihr zugehörigen Doppelvornamen haben ihre Grundlage in der Sitte, Mitglieder derselben Familie mit dem gleichen Vornamen zu benennen. Sie traten hier in die Erscheinung, sobald die Absicht zu unterscheiden sich mit der Familienüberlieferung verquickte. Sie sind also das Ergebnis eines Ausgleichs.

An und für sich können auf diese Weise Doppelvornamen in allen Schichten des Volkes entstehen. Doch begreift es sich, daß da, wo die Familienüberlieferung besonders stark ist, in den Kreisen des Adels, sich eher Beispiele finden als in anderen Schichten der Bevölkerung. Bei der vorwiegenden Beteiligung des Adels erklärt es sich weiterhin, daß er der-

[1]) Sie sind auch bis auf die neueste Zeit kein notwendiges Mittel zur Unterscheidung gewesen, wennschon sie, nachdem sie einmal aufgekommen waren, als Mittel zur Unterscheidung gehandhabt worden sind: darüber werden die folgenden Abschnitte noch genaueren Aufschluß geben.

artige Namen als sein besonderes Recht und Kennzeichen empfand und auch da entstehen ließ, wo die ursprünglichen Vorbedingungen nicht erfüllt waren. Es setzt sich damit der ursprünglichen (ersten) Schicht der Doppelvornamen der ersten Gruppe eine zweite Schicht zur Seite, indem das entwickelte Standesgefühl der Adeligen allein die Veranlassung zur Bildung eines Doppelvornamens werden konnte. Dann ist der Doppelvorname als solcher zur Unterscheidung zwar, aber nur der Einzelperson als einem ganzen Stande angehörig geschaffen worden. Zu einem Mittel, den Standunterschied zum Ausdruck zu bringen, konnte er aber auch auf der Grundlage der zweiten Gruppe werden.

Diese zweite Gruppe der Doppelvornamen fußt auf dem bei der Erteilung eines einfachen Vornamens zur Zeit der Entstehung der Doppelvornamen geübten Verfahren. Sie stellt sich lediglich als dessen Weiterentwickelung dar. Diese tritt ein unter mannigfachen Veranlassungen. Sie wird gefördert durch die in der ersten Gruppe entstehenden Doppelvornamen (ursprüngliche und unursprüngliche) und übt ihrerseits rückwirkenden Einfluß auf die zweite Schicht der ersten Gruppe aus. Beides beschränkt sich zunächst auf die Kreise des Adels. Aber je weiter wir abwärts steigen, desto günstiger ist der Boden für das Aufblühen der Doppelvornamen, und desto größer zugleich ist die Nachahmung der schon bestehenden. Wie sich der Adel von den Nichtadeligen durch den Doppelvornamen abhebt, so suchen sich auch die höheren Schichten des Bürgerstandes von der Menge des Volkes zu sondern. Wie sich aber die Bewegung vom Adel auf die besseren Schichten des Bürgerstandes fortpflanzt, so geht sie von da auf die niederen Schichten der Bürger und der Bauern über. So ist hier durchweg die Nachahmung der Gepflogenheiten der höheren Stände durch die niederen die allgemeinste Veranlassung zur Bildung von Doppelvornamen geworden. Aber die „Mode“ ist doch nur die letzte Erscheinung in dieser Entwickelung und nichts Ursprüngliches mehr. Ursprünglich konnten aus der Entwickelung heraus, welche die Namengebung bei den einfachen Vornamen genommen hatte, in allen Schichten des Volkes Doppelvornamen von selbst und ohne Vorbilder entstehen. Und je weiter wir in die breiten Massen des Volkes heruntersteigen, desto mehr Veranlassungen boten sich, bei denen ein Doppelvorname in die Erscheinung treten konnte. Was da alles wirksam sein konnte, haben wir oben bei der Besprechung der einzelnen Fälle und Belege bereits kennen gelernt. Wir machen noch einmal kurz auf das Hauptsächlichste aufmerksam.

Zur Entstehung eines Doppelvornamens führt das Streben nach Einfluß und Ansehen, welche man sich durch die Gewinnung mehrerer Paten zu verschaffen hofft. Als Gegenleistung erhält das Kind auch wirklich die Namen der Paten beigelegt. Wo sich dieses Streben mit der Nachahmung der Gepflogenheiten der höheren Stände verband, ward es besonders wirksam für die Entstehung der Doppelvornamen. Das ist vor allem bei dem Soldatenstande zu bemerken, wo die Absicht auf äußere Vorteile wie Patengeschenke u. dgl. und ebenso die Nachahmung der Gepflogenheiten der (adeligen) Offiziere deutlich hervortritt. Wo die ersteren nicht zu erreichen sind, tut man in der letzteren ein übriges, sodaß die Sucht, mit einer langen Namenreihe zu prunken, bei den Soldaten geradezu heimisch wird. So haben sie zur Verbreitung der Doppelvornamen hervorragend beigetragen.

Außer dem Streben nach Einfluß und äußeren Vorteilen ist es die Ablehnung des Patennamens als Rufnamen verbunden mit der Rücksicht auf den Paten, die zur Bildung eines Doppelnamens führen. Auch hier kann die Absicht zu unterscheiden nur mitwirkend bei der Bildung des Doppelvornamens zur Geltung kommen: denn erst zusammen mit der Rücksichtnahme auf den Paten führt sie zur Entstehung eines Doppelvornamens.

Noch in einem anderen Fall ist die Ablehnung des Patennamens für die Bildung von Doppelvornamen von Bedeutung. Es kann nämlich die Abweisung des Patennamens überhaupt, verbunden mit der allgemeinen Nachahmung (der Mode), zur Bildung eines Doppelvornamens führen, während sie allein keinen Entstehungsgrund für jenen bietet.

Im Gegensatz dazu vermag jedoch auch die Annahme des Patennamens mitzuwirken zur Entstehung eines Doppelvornamens, wenn sich nämlich die Rücksicht auf den Paten (d. h. Annahme seines Namens) verbindet mit der Freude über die Erstgeburt. Hierher gehören alle jene Fälle, in denen dem Nicht-Rufnamen eine symbolische Bedeutung beigelegt ist.

Endlich dürfen wir auch die Frömmigkeit und Heiligenverehrung als einen Grund zur Entstehung der Doppelvornamen anführen.

Über die allmähliche Verbreitung der Doppelvornamen nach ihren ersten Anfängen brauche ich hier nichts mehr zu wiederholen.

Zum Schlusse dieses Abschnittes soll noch eine Skizze die verschiedenen Strömungen bei der Entstehung der Doppelvornamen veranschaulichen.

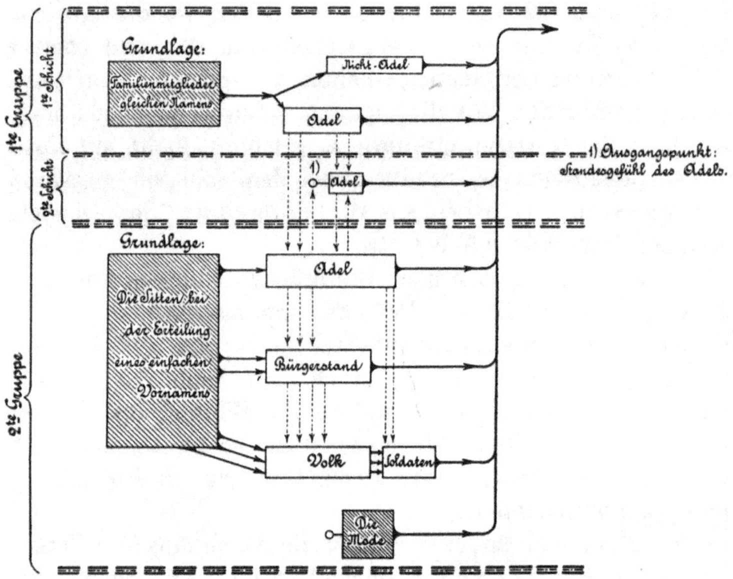

Die punktierten Pfeile bedeuten die Beeinflussung.

Fünftes Kapitel:

DIE VERBREITUNG DER DOPPELVORNAMEN VON DEN ANFÄNGEN BIS ZUM JAHRE 1905[1]).

Wir benutzen die Tabelle Nr. 1.

a) Rüsselsheim.

Bereits 1587 begegnen wir zwei Doppelvornamen (bei 20 Geburten). Seit 1615 finden wir kein Jahr mehr, das nicht wenigstens einen Doppelvornamen aufzuweisen hätte. 1638 überflügelt die Zahl der doppelten Vornamen zum erstenmal die der einfachen. Seit 1654 beträgt (bis 1828) die Zahl der Doppelvornamen nie weniger als die Hälfte der Gesamtzahl der Geburten. 1743 sowie 1776 und 1785 treten überhaupt keine einfachen Vornamen auf. Mit dem Jahre 1828 sinkt die Zahl der Doppelvornamen zum erstenmal wieder unter die Hälfte der Gesamtziffer der Geburten. 1856, 1857, 1865 beträgt die Zahl der Doppelvornamen sogar weniger als den sechsten Teil der Gesamtziffer der Geburten. Von 1830 bis 1905 hat sich die Zahl der Doppelvornamen nicht mehr über die Hälfte der Gesamtziffer erhoben.

Wir veranschaulichen diese Entwickelung durch folgende Zeitabschnitte und Verhältnisziffern: Von

I. 1586—1616 kommen Doppelvornamen jährlich 1—4 mal vor, ergibt für diese Zeit 5 %.

1. Steigend:

II. 1617—1629: 3— 7 mal = 21,3 %;
III. 1630—1637: 3—13 mal = 30 %;
IV. 1638—1655: 6—25 mal = 46,8 %;

---

[1]) In diesem Kapitel sind unter der Bezeichnung „Doppelvornamen" auch die mehrfachen Vornamen mit einbegriffen; beide hier zu trennen hat keinen Zweck, da die „mehrfachen" gegenüber den „doppelten Vornamen" an Zahl ganz zurückstehen.

V. 1656—1677 : 5—21 mal = 66,3 %;
VI. 1678—1774 : 9—29 mal = 83,2 %:
VII. 1775—1788 : 20—32 mal = 92,3 % (Höhepunkt);

2. Fallend:

VIII. 1789—1813 : 13—51 mal = 85,5 %;
IX. 1814—1825 : 25—40 mal = 75,9 %;
X. 1826—1845 : 15—29 mal = 38,9 %;
XI. 1846—1888 : 10—35 mal = 25,2 % (Tiefstand);

3. Wieder steigend:

XII. 1889—1905 : 24—54 mal = 31,9 %.

Bis jetzt haben wir die Doppelvornamen ohne Rücksicht auf ihre Verteilung an Knaben und Mädchen betrachtet. Wir gehen nun auch auf diesen Punkt noch etwas näher ein.

1618 überschreitet die Zahl der doppelten weiblichen Vornamen zum erstenmal die Hälfte der Gesamtsumme, in einem Jahre, in welchem unter den männlichen Vornamen überhaupt kein Doppelvorname erscheint. Ebenso beträgt die Zahl der doppelten weiblichen Vornamen die Hälfte oder mehr als die Hälfte der Gesamtziffer in den Jahren 1630, 1638, 1641, 1642, 1643, 1646, 1649, 1650, während erst 1651 die Zahl der doppelten männlichen Vornamen zum erstenmale die Hälfte der Gesamtziffer erreicht. Regelmäßig mehr als die Hälfte beträgt die Zahl der doppelten weiblichen Vornamen seit 1663, die der doppelten männlichen dagegen erst seit 1764. Bei den weiblichen Vornamen wird bis 1788 die Gesamtziffer von der Zahl der doppelten Vornamen in 33 Fällen erreicht, bei den männlichen in 10 Fällen. Davon entfallen auf die Zeit vor 1775 von den weiblichen Namen 25 Fälle (der erste 1664), von den männlichen 8 Fälle (der erste 1683). Nach 1788 erreicht die Zahl der doppelten Vornamen die Gesamtziffer bei den Frauennamen noch in 5, bei den Mannsnamen in 2 Fällen. Weniger als die Hälfte der Gesamtziffer beträgt die Zahl der doppelten männlichen Vornamen zum erstenmal wieder 1815, die der weiblichen 1828. Sie sinkt dann bei den männlichen Namen 1834 auf 3, 1849 auf 1, 1858 auf 0; bei den weiblichen 1856 auf 6, 1865 auf 3, dann aber nicht weiter. 1896 erhebt sich die Zahl der doppelten weiblichen Vornamen zum erstenmal wieder auf die Hälfte der Gesamtziffer.

Für die oben getroffene Zeiteinteilung stellt sich das Verhältnis von doppelten Knaben- und Mädchennamen folgendermaßen dar:

I.	1586—1616:	Kn: 3,8 %	—	Md: 7,4 %;
II.	1617—1629:	Kn: 22,9 %	—	Md: 21,3 %;
III.	1630—1637:	Kn: 31,1 %	—	Md: 29,2 %;
IV.	1638—1655:	Kn: 42,2 %	—	Md: 51,3 %;
V.	1656—1677:	Kn: 61,4 %	—	Md: 72,7 %;
VI.	1678—1774:	Kn: 78,9 %	—	Md: 82,6 %;
VII.	1775—1788:	Kn: 89,4 %	—	Md: 96 %;
VIII.	1789—1813:	Kn: 83,6 %	—	Md: 87,7 %;
IX.	1814—1825:	Kn: 70,8 %	—	Md: 81,9 %;
X.	1826—1845:	Kn: 26,9 %	—	Md: 47 %;
XI.	1846—1888:	Kn: 21 %	—	Md: 29,4 %;
XII.	1889—1905:	Kn: 28,6 %	—	Md: 34,1 %.

Bei den Frauen finden also die Doppelvornamen fast doppelt so rasch Eingang als bei den Männern. Alsdann überflügelt die Zahl der doppelten männlichen Vornamen die der doppelten weiblichen kurze Zeit um ein Geringes. In der Zeit der größten Verbreitung jedoch übertreffen die Doppelvornamen bei den Frauen die bei den Männern um etwa 7 %. Der Rückgang macht sich bei den Frauennamen nicht in derselben heftigen Weise geltend wie bei den Mannsnamen; die Zahl der doppelten weiblichen Vornamen beträgt vielmehr zur Zeit des tiefsten Standes noch etwas über 8 % mehr als die der doppelten männlichen. Diesen Vorsprung scheinen jedoch die letzteren seit etwa 15 Jahren wieder einholen zu wollen.

b) Flörsheim.

Seit 1653, vielleicht schon etwas früher, frühestens jedoch seit 1633, finden wir kein Jahr mehr, das nicht wenigstens einen Doppelvornamen aufwiese. 1656 überflügelt die Zahl der Doppelvornamen zum erstenmal die Zahl der einfachen Vornamen. Nach 1766 jedoch erreicht die Zahl der Doppelvornamen (bis 1905) nicht mehr die Hälfte der Gesamtziffer der Geburten in den einzelnen Jahren. Von 1656 bis 1766 beträgt die Zahl der doppelten Vornamen nur in 33 Jahren [1]) mehr als die Hälfte aller erteilten Namen. $^2/_3$ oder noch mehr beträgt sie jedoch nur in dem einen Jahr 1710. Allein gerade dies ist nicht vollständig erhalten. Es fehlen vielmehr die Monate Februar bis Oktober, sodaß wir wohl sagen dürfen, daß sich die Zahl der doppelten Vornamen in ihrer ganzen Entwickelung niemals bis zu $^2/_3$ der Geburtenziffer in den einzelnen Jahren erhob. Von 1783 bis 1862 beträgt die Zahl der doppelten Vornamen nur ein einziges Mal (1813) mehr als $^1/_3$ der Gesamtziffer. Dagegen fällt sie bis zum Jahre 1813 schon fünfmal unter $^1/_4$, dazu noch dreimal unter $^1/_5$ der Gesamtziffer der Geburten. Von 1817 bis 1852 beträgt die Zahl der doppelten Vornamen nur noch in 8 Jahren mehr als $^1/_4$ der Gesamtsumme, in allen anderen weniger. Seit 1853 dagegen steigt sie in 7 Fällen wieder auf über $^1/_3$ der Gesamtziffer und beträgt in nur 12 Fällen weniger als $^1/_4$.

Wir veranschaulichen uns diese Entwickelung nun noch durch Zeitabschnitte und Verhältnisziffern.

Doppelvornamen erscheinen:

I. 1621—1627: 1— 3 mal = 5,3 %;
II. 1628—1645: 1—10 mal = 12,4 %;
III. 1646—1683: 4—26 mal = 44,3 %;
IV. 1684—1735: 7—40 mal = 51,8 %;
V. 1736—1782: 14—38 mal = 40,7 %;
VI. 1783—1816: 8—28 mal = 27,7 %;
VII. 1817—1852: 10—26 mal = 19,6 %;
VIII. 1853—1905: 16—53 mal = 28,2 %.

Wir gehen jetzt auf die *Verteilung der Doppelvornamen an Knaben und Mädchen* noch etwas näher ein.

1655 überschreitet die Zahl der doppelten männlichen Vornamen zum erstenmal die Hälfte der Gesamtziffer, 1658 auch die der doppelten weiblichen. Bis 1683 geschieht dasselbe bei den Manns- und Frauennamen noch je 6 mal; von 1683 bis 1735 9 mal bei den männlichen Vornamen, 45 mal bei den weiblichen Vornamen. 1710 finden sich überhaupt

---

[1]) Davon sind zwei Jahre (1711 u. 1712) unvollständig.

keine weiblichen einfachen Vornamen[1]). Dauernd (bis 1905) weniger als die Hälfte beträgt die Zahl der männlichen Doppelvornamen seit 1733 (sie sinkt 1809 und 1840 bis auf 1), der weiblichen erst seit 1864 (sie sinkt 1859 bis auf 4). Doch überschreitet die letztere nur zweimal (1793 und 1815) in der Zeit von 1789 bis 1864 die Hälfte der Gesamtsumme.

In Verhältnisziffern stellt sich dieser Verlauf bei der oben getroffenen Zeiteinteilung folgendermaßen dar:

I. 1621—1627: Kn: 5,5% — Md: 5,0%;
II. 1628—1645: Kn: 14,5% — Md: 17,8%;
III. 1646—1683: Kn: 43,8% — Md: 44,9%;
IV. 1684—1735: Kn: 39,8% — Md: 64,9%;
V. 1736—1782: Kn: 23,8% — Md: 58,1%;
VI. 1783—1816: Kn: 15,1% — Md: 41,7%;
VII. 1817—1852: Kn: 13,8% — Md: 33,3%;
VIII. 1853—1905: Kn: 24,7% — Md: 31,9%.

Die Doppelvornamen bürgern sich also hier bei Männern und Frauen ziemlich mit der gleichen Schnelligkeit ein. Während sie jedoch bei den Männern im dritten Zeitabschnitt die größte Verbreitung erreichen und schon im folgenden Zeitraum, der Zeit der größten Verbreitung der Doppelvornamen überhaupt, einen Rückgang um 5% zeigen, steigt die Zahl der weiblichen Doppelvornamen noch weiter, sodaß sie die der männlichen sogar um mehr als 25% überflügelt. Beim Rückgang der Doppelvornamen macht sich eine stärkere Abnahme der männlichen als der weiblichen bemerkbar, sodaß zur Zeit des Tiefstandes (1817—52) die Frauen immer noch etwa 20% mehr Doppelvornamen zählen als die Männer. Bei dem nun folgenden Steigen nehmen jedoch die männlichen Doppelvornamen an Zahl rasch zu, während die weiblichen noch beinahe 2% zurückgehen. Trotzdem zählen diese noch 7% mehr als jene. Bei den Männern tragen etwa $^1/_4$, bei den Frauen etwa $^1/_3$ doppelte Vornamen.

c) Frankfurt.

Für 1533—1585 verfügen wir über vollkommene Induktion. In dieser Zeit erscheinen Doppelvornamen:

---

[1]) Aber dieses Jahr ist nicht vollständig erhalten.

I. 1533—1545: 1—2 mal = 0,18 %;
II. 1546—1556: 1—7 mal = 0,66 %;
III. 1557—1571: 3—8 mal = 0,71 %;
IV. 1572—1578: 4—13 mal = 1,4 %;
V. 1579—1585: 9—19 mal = 2,6 %.

Erst seit 1568 treten Doppelvornamen regelmäßig in jedem Jahre auf. Auch für die auf 1585 zunächst folgenden Jahre dürfen wir, nach der Zahl der Doppelvornamen in den vorhergehenden Jahren zu urteilen, dasselbe annehmen. Was die Beteiligung der beiden Geschlechter an den Doppelvornamen anlangt, so sehen wir, daß die Beteiligung der Frauen sehr hinter der der Männer zurückbleibt. Einen weiblichen Doppelvornamen finden wir erst 1544. Und von da bis 1574 beträgt die Zahl der weiblichen Doppelvornamen nur 9 gegenüber 109 männlichen. Von 1575 ab beginnt sie dann beträchtlich zu wachsen. Bis 1585 zählen wir 96 männliche, 47 weibliche Doppelvornamen. Letztere sind also von $^1/_{12}$ auf $^1/_2$ der männlichen Doppelvornamen gestiegen. Diese Tatsache kann bei der Größe des zur Untersuchung herangezogenen Stoffes nicht zufällig sein. Sie erklärt sich vielmehr aus der Art der Entstehung der Doppelvornamen: bei Knaben war die Mehrzahl der oben gekennzeichneten, zur Bildung von Doppelvornamen führenden Anlässe weit wirksamer als bei Mädchen, sofern sie bei diesen überhaupt vorhanden sein konnten. Daher die anfänglich geringere Beteiligung des weiblichen Geschlechtes an den Doppelvornamen. Das plötzliche Hinaufschnellen derselben bei diesem erklärt sich vor allem durch die Anfänge der Mode und dadurch, daß man in gewissen Doppelvornamen einen Ausdruck der Frömmigkeit sah.

Für die Zeit nach 1585 verfügen wir nicht über vollständige Induktion. Es können daher Beobachtungen die wir hier anstellen, keine unbedingte Gültigkeit besitzen. Das zeigt sich schon an dem ersten Satz, den wir aus der Tabelle 1b ablesen: (erst) seit 1575 finden wir kein Jahr mehr, das nicht wenigstens einen Doppelvornamen aufwiese. In Wirklichkeit wird dies wohl schon seit 1568 der Fall sein Wir erkennen daraus zugleich, wieweit etwa sich die für die

Entwickelung der Namengebung in Frankfurt bedeutsamen, von uns festgelegten Zeitpunkte verschieben können. Wir dürfen dies bei den folgenden Aufstellungen nicht aus dem Auge lassen.

1645 überflügelt die Zahl der Doppelvornamen zum erstenmal die der einfachen Vornamen und erhält sich auch bis 1905 dauernd in dieser Höhe. Doch ist sie sich nicht überall gleichgeblieben, wie folgende Übersicht lehrt:

1. Steigend:	
1535—1580:	1 mal = 0,7 %;
1585—1595:	1—2 mal = 3,6 %;
1600:	8 mal = 14 %;
1605—1615:	11—16 mal = 26,6 %;
1620—1640:	19—31 mal = 45,5 %;
1645—1680:	24—32 mal = 59,5 %;
1685—1710:	47—57 mal = 71,9 %;
1715—1760:	41—80 mal = 79,0 %;
1765—1770:	65—86 mal = 83,4 %;
1775—1790:	56—71 mal = 86,9 %;
1795—1800:	52—56 mal = 85,7 %;
1805:	65 mal = 91,6 %;
2. Fallend:	
1810:	64 mal = 84,2 %;
1815—1830:	52—85 mal = 73,5 %;
1835—1855:	38—56 mal = 82,9 %;
1860—1890:	31—73 mal = 69,3 %;
3. Wieder steigend:	
1895—1900:	74—121 mal = 78,3 %.

Wenn wir die hinsichtlich der Verbreitung der Doppelvornamen einander näher stehenden kleineren Zeitabschnitte zu größeren zusammenfassen, ergibt sich:

1. Steigend:	
1535—1595:	2,2 %;
1600—1615:	20,6 %;
1620—1640:	45,5 %;
1645—1710:	67,0 %;
1715—1800:	83,7 %;
1805:	91,6 %.
2. Fallend:	
1810:	84,2 %;
1815—1890:	75,2 %;
3. Wieder steigend:	
1895—1900:	78,3 %.

Über den Unterschied in der Verbreitung der männlichen und weiblichen Vornamen läßt sich folgendes feststellen. 1645 überschreitet die Zahl der doppelten Mädchenvornamen zum erstenmal die Hälfte der Gesamtsumme. Bei den Knaben geschieht das Entsprechende 1650. Bei den Mädchen beträgt die Zahl der Doppelvornamen seit 1660 stets mehr als die Hälfte der Gesamtsumme, bei den Knaben seit 1665. Für die oben abgegrenzten Zeitabschnitte finden wir also:

1535—1595: Kn: 2,7 % — Md: 0,7 %;
1600—1615: Kn: 19,8 % — Md: 26,6 %;
1620—1640: Kn: 42,5 % — Md: 36,9 %;
1645—1710: Kn: 58,3 % — Md: 73,0 %;
1715—1800: Kn: 75,5 % — Md: 88,8 %;
1805: Kn: 86,5 % — Md: 97,1 %;
1810: Kn: 78,1 % — Md: 88,7 %;
1815—1890: Kn: 75,0 % — Md: 74,1 %;
{ 1815—1855: Kn: 81,3 % — Md: 79,1 %
{ 1860—1890: Kn: 68,4 % — Md: 70,2 %
1895—1900: Kn: 75,2 % — Md: 81,1 %.

Anfangs sind demnach die Doppelvornamen etwa 4 mal so häufig bei den Knaben als bei den Mädchen vertreten. Am Ende des 16. Jahrhs. nimmt jedoch die Zahl der weiblichen Doppelvornamen so außerordentlich zu, daß sie die Zahl der männlichen beträchtlich (um etwa 1/3) überflügelt. Nachdem sich dann auf kurze Zeit wieder etwas mehr männliche als weibliche Doppelvornamen vorfinden, sind bis zum Höhepunkt die letzteren den ersteren an Zahl so sehr überlegen, daß sie zur Zeit der größten Verbreitung der Doppelvornamen etwa 11 % mehr betragen als jene. Bei dem nun folgenden Rückgang der Doppelvornamen sinkt die Zahl der weiblichen anfangs rascher, dann ungefähr in derselben Weise wie die der männlichen. Daher finden wir zur Zeit des Tiefstandes mehr Doppelvornamen auf Seiten der Männer als der Frauen. In den letzten 10 Jahren steigt die Zahl der Doppelvornamen allerdings bei diesen wieder rascher als bei jenen.

Wenn wir uns fragen, inwieweit wir in der eben geschilderten Verbreitung der Doppelvornamen an den drei verschiedenen Orten Gemeinsames erkennen dürfen, so läßt sich darüber etwa folgendes sagen:

Allgemein zeigen die Doppelvornamen anfangs eine langsame Zunahme, dann einen plötzlichen Rückgang und endlich ein abermaliges Anwachsen. Die Zunahme erfolgt stetig und erstreckt sich in Frankfurt und Rüsselsheim bis ungefähr zum Jahre 1800. Die Doppelvornamen betragen hier in ihrer höchsten Blüte übereinstimmend etwa 92 %. In Flörsheim dagegen nehmen die Doppelvornamen nur bis in die erste Hälfte des 18. Jahrhs. zu und erreichen erst hier eine Verbreitung (52 %), wie sie in Frankfurt und Rüsselsheim bereits mehr als ein halbes Jahrhundert früher vorhanden war. Worin zunächst die langsamere um etwa 50 Jahre hinter der Verbreitung in Rüsselsheim zurückbleibende Verbreitung der Doppelvornamen in Flörsheim begründet liegt, ist nicht ohne weiteres zu sagen. Den Grund darin zu suchen, daß man in Flörsheim wegen größerer Mannigfaltigkeit der Einzelvornamen nicht die Notwendigkeit empfunden habe, in dem Umfange Doppelvornamen zu bilden, wie es in Rüsselsheim geschehen ist, geht nicht an. Denn die Mannigfaltigkeit der Einzelvornamen in Rüsselsheim ist jedesmal mit der etwa 50 Jahre später in Flörsheim vorhandenen verglichen ungefähr gleich (eher größer als kleiner). So sehe ich nicht, auf welchen Gegensatz zwischen den beiden Orten man den auffälligen Unterschied in der Verbreitung der Doppelvornamen anders zurückführen könnte, als auf den konfessionellen. In welcher Weise dieser jedoch wirksam gewesen ist, wird nicht deutlich.

Weiterhin haben wir nach dem Grund für den plötzlichen Rückgang der Doppelvornamen zu fragen. Eine sichere Antwort scheint auch hier nicht möglich. Zwar läßt sich leicht annehmen, daß der Umschwung in Frankfurt und Rüsselsheim mit der Höhe zusammenhängt, welche die Doppelvornamen hier erreicht haben. Da an den beiden Orten fast jedermann einen Doppelnamen führte, konnte man sich, ihrer überdrüssig, von ihnen als etwas allgemein Verbreitetem und Gewöhnlichem, leicht der einmal aufgebrachten Mode folgend, wieder der Einvornamigkeit zuwenden. Aber wie steht es bei dieser Annahme mit der Erklärung des Umschwungs in Flörsheim?

Hier tritt ja der Rückgang der Doppelvornamen ein, als sie nur kaum etwas mehr als die Hälfte der zur Zeit des Umschlags in Frankfurt und Rüsselsheim gebräuchlichen Doppelvornamen erreicht haben. So kann die oben zur Erklärung des Umschlags in der Namengebung gemachte Annahme allein jedenfalls nicht stichhaltig sein. In welcher Weise jedoch Gegensätze politischer oder wirtschaftlicher Art den Unterschied zwischen der Namenentwickelung in Rüsselsheim und Flörsheim hervorgerufen haben könnten, ist mir nicht erfindlich. Den Umschwung aber auf dieselben politisch-nationalen Gründe zurückzuführen, geht nicht an, da ja der Umschwung in Flörsheim im Gegensatz zu Rüsselsheim und Frankfurt zu einer ganz anderen Zeit stattgefunden hat. So bleibt zwischen Flörsheim einerseits und Rüsselsheim—Frankfurt andererseits nur wiederum der konfessionelle Gegensatz übrig. Merkwürdig ist dabei, daß in dem katholischen Flörsheim die Doppelvornamen nicht über 52 % hinaus steigen. Anzunehmen, daß, worauf man schließlich noch hinweisen könnte, die Entwickelung in Flörsheim die Regel für das Land bilde, die in Rüsselsheim dagegen unter dem Einfluß der Stadt vor sich gegangen sei, ist nicht angängig, da man nicht erkennt, warum nur gerade in Rüsselsheim der Einfluß Frankfurts zu spüren sein sollte. So könnten wir denn am Ende von der Mode reden. Damit verzichteten wir aber auf eine Erklärung.

Wir haben noch einen Blick auf die weitere Entwickelung der Namengebung zu werfen. Es zeigt sich, daß Rüsselsheim und Frankfurt, was die zeitlichen Grenzen anbelangt, wiederum auf der einen Seite stehen, Flörsheim auf der anderen. An den beiden ersteren Orten nämlich fällt der Tiefstand der Doppelvornamen in die 2. Hälfte des 19. Jahrhs. und zieht sich von der Mitte desselben bis in die 80er Jahre hinein, in Flörsheim dagegen ist er in der ersten Hälfte des Jahrhunderts vorhanden. Ob dieser Unterschied in der Zeit mit dem früheren hinsichtlich des Höhepunktes in der Verbreitung der Doppelvornamen hier und dort in Beziehung steht, ist nicht eher mit Sicherheit zu sagen, als bis man für jenen eine befriedigende Erklärung gefunden hat. Daß in

Frankfurt die Zahl der Doppelvornamen nicht ebensosehr zurückgeht wie in Rüsselsheim und Flörsheim, ist wohl im Gegensatz von Stadt und Land begründet und hängt in erster Linie damit zusammen, daß man jetzt die Doppelvornamen zur genaueren Unterscheidung der einzelnen in der Öffentlichkeit benutzte, was bei der raschen Zunahme der Bevölkerung und den verwickelteren Verhältnissen des öffentlichen Lebens in der Stadt mehr und mehr zur Notwendigkeit ward. Diesem Umstande ist es wohl auch zu verdanken, daß auf den Tiefstand bald wieder ein neues Steigen der Doppelvornamen folgt, bei dem wiederum, was die Verbreitung anbelangt, Stadt und Land einander gegenüberstehen. Im übrigen können natürlich überall da, wo neue Doppelvornamen gebildet werden, alle jene Gründe hereinspielen, die wir schon oben bei den Anfängen der Doppelvornamen kennen gelernt haben.

Nachdem wir so den äußeren Gang der Entwickelung in großen Zügen verfolgt haben, müssen wir noch einen Blick auf die tatsächlich durch die Doppelvornamen herbeigeführte Unterscheidung der Einzelpersonen werfen, obgleich sie, wie wir schon gesehen haben, ursprünglich bei der Bildung der Doppelvornamen nicht beabsichtigt war, sondern nur, nachdem diese einmal entstanden und Mode geworden waren, innerhalb derselben zur Notwendigkeit ward, und die Doppelvornamen erst in der neuesten Zeit als ein Mittel zur genauen Unterscheidung der Einzelpersonen in vielen Fällen mit Bewußtsein gehandhabt werden.

Sechstes Kapitel:

DAS VERHÄLTNIS DER VERSCHIEDENEN VORNAMEN ZUR GESAMTZIFFER DER VORNAMEN UND GEBURTEN.

a) Rüsselsheim.

Wir bemerken, daß die Zahl der verschiedenen einfachen Vornamen von Jahrzehnt zu Jahrzehnt bis etwa 1785 (oder noch etwas weiter: 1805 bzw. 1795) bei den Männern und Frauen einen Rückgang aufweist. Der Grenzpunkt, 1785, läßt uns vermuten, daß der in diesem Jahre vorhandene Wendepunkt mit dem in der Verbreitung der Doppelvornamen zur selben Zeit stattfindenden Umschlag in ursächlichem Zusammenhang steht, und somit auch die bis dahin andauernde Abnahme der Zahl der verschiedenen Einzelvornamen durch die gleichzeitige Zunahme der Doppelvornamen bedingt ist. Das ist in der Tat der Fall. An sich wäre das nicht notwendig. Es ließe sich vielmehr sehr wohl denken, daß tatsächlicher Verlust an Namengut vorläge, daß Namen wirklich (von selbst) untergegangen seien. So steht es aber hier nicht. Es liegt vielmehr so, daß die Verbreitung der Doppelvornamen überhaupt nicht gestattete, mehr verschiedene einfache Namen anzuwenden. Wenn nämlich z. B. überhaupt nur 7 einfache Vornamen auftreten (Mädchen 1776—1785!), können nicht alle 18 ursprünglich vorhandenen verschiedenen Einzelvornamen zur Anwendung kommen. Daß die ursprünglich vorhandenen verschiedenen Vornamen (von einzelnen tatsächlich untergegangenen, teilweise durch andere ersetzten abgesehen) während der ganzen Zeit des Rückganges in der Zahl der verschiedenen Namen noch lebendiges Namengut waren, zeigen zwei Tatsachen.

Einmal sehen wir, wenn wir die Zahlen für die Mädchenvornamen genauer betrachten, wie sich die vorhandenen verschiedenen Vornamen zur Zeit der geringsten Verbreitung der einfachen Vornamen förmlich darum streiten, sich von den wenigen einfachen Vornamen, die erteilt werden, doch wenigstens einen zu eigen zu machen. Daher kommt es denn auch, daß die Verhältnisziffern bei den Mädchenvornamen trotz des Rückgangs der Zahl der verschiedenen Vornamen in beständiger Zunahme begriffen sind. Daß dies bei den Knabenvornamen nicht ebenso ist, verschuldet der Name Johannes. Während nämlich bei den Mädchen die gebräuchlichsten Vornamen — denn diese kamen ja bei den wenigen überhaupt erteilten einfachen Vornamen am ersten in Betracht — an Verbreitung einander ziemlich gleich standen, überragte bei den Knabenvornamen der Name Johannes die neben ihm besonders beliebten Namen sehr beträchtlich. In der Zeit nun, wo überhaupt nur wenige einfache Vornamen erteilt wurden, schlug er die übrigen ganz aus dem Felde[1]). Daher beginnt mit der Abnahme der Zahl der erteilten einfachen Vornamen immer größere Einförmigkeit zu herrschen, und die Verhältnisziffern der durch einfache Vornamen unterschiedenen Knaben werden immer geringer. Daß trotzdem auch bei den Knaben die ursprünglich vorhandenen verschiedenen einfachen Vornamen als solche fast alle während dieser Zeit des Rückgangs lebendig waren, sehen wir deutlich in dem Augenblicke, wo die Doppelvornamen jenen plötzlichen starken Rückgang aufweisen. Da erscheinen sie in der alten Stärke mit einem Schlage wieder auf dem Plan. Bei den Knabenvornamen, wo neben den Namen Johannes jetzt wieder die anderen ehemals beliebten treten, wird das besonders deutlich: die Verhältnisziffer der verschiedenen Namen schnellt plötzlich noch einmal in die Höhe. Bei den einfachen Mädchenvornamen konnte dieses Aufleben der alten seither bei der Benennung mit einfachen Vornamen mehr im Hintergrunde

[1]) Nur der Name Johannes wird in Rüsselsheim als einfacher männlicher Vorname verwendet in den Jahren 1736 (3 mal), 37 (2) 38 (3) 41 (2) 42 (1) 44 (1) 51 (4) 60 (4) 71 (1) 72 (4) 73 (1) 74 (3) 75 (1) 77 (2) 78 (1) 79 (6) 80 (1) 81 (3) 82 (2) 83 (2) 84 (2) 86 (1) 87 (2) 88 (2) 90 (2) 91 (4) 93 (3) 96 (3) 96 (3) 97 (3) 99 (2) 1800 (5) 02 (2) 03 (4) 04 (2) 05 (1) 07 (5) 08 (3) 09 (2) 11 (2) 12 (1) 13 (3).

stehenden Namen nicht so deutlich werden, da sich ja hier möglichst alle ursprünglich vorhandenen Einzelvornamen bei der Benennung mit einem einfachen Vornamen beteiligt hatten.

Nach 1785 beginnen die Verhältnisziffern bei den durch einfache Vornamen unterschiedenen Knaben und Mädchen in gleicher Weise beständig geringer zu werden. Die Erklärung dafür ergibt sich leicht. Während der langen Zeit von 1586 bis 1785 hatte eine beständige Zunahme der Geburten stattgefunden. Dagegen waren die einfachen Vornamen, weil in ihrer Verbreitung durch die Doppelvornamen auf einen Bruchteil beschränkt, gehindert worden, ihre Zahl gleichfalls zu vergrößern, um mit der Geburtenziffer im entsprechenden Verhältnis gleichen Schritt zu halten. Bei den wenigen einfachen Vornamen, die erteilt wurden, genügten ja die althergebrachten, und man fühlte kein Bedürfnis, sich zur Unterscheidung[1]) nach anderen Namen umzusehen.

Die Folgen dieses durch die Verbreitung der Doppelvornamen in der Entwickelung der einfachen Vornamen bewirkten Stillstandes zeigen sich bei dem Rückgang der Doppelvornamen deutlich. Der alte Vorrat an einfachen Vornamen ist nicht mehr entfernt imstande, die alte Mannigfaltigkeit bei der gesteigerten Zahl der mit einfachen Vornamen ausgestatteten Kinder zu erreichen. Zwar versucht man nun, durch neu aufgenommene Einzelvornamen diesem Übelstande abzuhelfen, und wirklich wird auf diese Weise innerhalb eines einzigen Jahrzehntes (1896—1905) fast die doppelte Zahl der 1586—1595 und auch wieder in der Zeit nach dem Umschlag vorhandenen verschiedenen Vornamen erreicht, aber trotzdem wird die Möglichkeit der Unterscheidung immer geringer. Die Vermehrung der Zahl der verschiedenen einfachen Vornamen hat erst zu spät beginnen können, sodaß sie die zur gleichen Unterscheidung wie früher nötigen verschiedenen Vornamen nicht mehr hervorbringen konnte. Das Endergebnis ist, daß 1896—1905 von den mit einfachen Vornamen ausgestatteten Personen trotz der gegen-

[1]) Die Doppelvornamen waren allmählich ja ein Mittel der Unterscheidung geworden(!); hieß einer Johann, so konnte ein anderer Johann [Adam] heißen, und beide waren verschieden benannt.

über den Jahren 1586—1595 eingetretenen Vermehrung der verschiedenen Vornamen nur noch 6% durch ihre Namen unterschieden werden. Diese Vermehrung nach der Zeit des Umschlags wird, wie wir hier vorwegnehmen und später noch im einzelnen betrachten wollen, einesteils den sich auflösenden Doppelvornamen verdankt, anderenteils aber erklärt sie sich aus der Notwendigkeit, unterscheiden zu müssen. Die Unterstützung, welche so die Zahl der verschiedenen einfachen Vornamen von den Doppelvornamen aus erfuhr, erstreckt sich jedoch kaum über das Jahr 1865 hinaus[1]). Von da ab beginnt eine Vermehrung der verschiedenen einfachen Vornamen aus sich selbst heraus. Sie wird veranlaßt durch die Unmöglichkeit, mit den vorhandenen Namen eine Unterscheidung in dem gewünschten Maßstabe durchzuführen, wozu noch andere Veranlassungen gekommen sein mögen, wie sie zu jeder Zeit vorhanden sein konnten. Jedenfalls beweist diese Entwickelung der einfachen Vornamen in den letzten 40 Jahren, daß sie auch schon früher imstande gewesen wären, sich in derselben Weise zu vermehren, hauptsächlich um angesichts der vorhandenen verschiedenen Vornamen der durch die Steigerung der Geburtenziffer immer stärker hervortretenden Notwendigkeit der Unterscheidung Genüge zu leisten, und daß sie sich ebenso entwickelt hätten, wenn ihnen die Notwendigkeit und die Möglichkeit nicht durch die Verbreitung der Doppelvornamen ferngehalten worden wäre. Sollte es sich uns ergeben, daß die Einbuße, welche die Möglichkeit der Unterscheidung durch bloße einfache Vornamen seit 1586 infolge der Entstehung der Doppelvornamen und die dadurch gestörte und verzögerte Entwickelung der einfachen Vornamen erlitten hat, nicht durch die vermittelst der Doppelvornamen mögliche (allerdings meist nur auf dem Papier vorhandene) Unterscheidung aufgewogen wird, so müßten wir die übermäßige Verbreitung derselben, wenn nicht gar ihr Aufkommen überhaupt, verantwortlich machen für die heute vorhandene Armut unseres Namenschatzes hinsichtlich der Unterscheidung der Einzelpersonen durch den Vornamen, die man ja durch alle möglichen Notbehelfe abzustellen versucht.

---

[1]) vgl. dazu S. 383—387.

Ehe wir auf diesen Punkt ausführlicher eingehen, müssen wir in Kürze unsern Blick noch auf die durch die Doppelvornamen herbeigeführte Möglichkeit der Unterscheidung richten.

Die Zahl der verschiedenen Doppelvornamen zeigt bei Knaben und Mädchen von Jahrzehnt zu Jahrzehnt ein beständiges Steigen. Bis 1785 jedoch hält dieses Steigen nicht gleichen Schritt mit der Zunahme der Doppelvornamen überhaupt. Daher wird bis 1785 die Möglichkeit der Unterscheidung immer geringer, sodaß zur Zeit des Höhepunktes in der Entwickelung der Doppelvornamen die Unterscheidung durch sie am geringsten ist. Als dann nach 1785 die Doppelvornamen stetig zurückgehen, da sind die vorhandenen verschiedenen Doppelvornamen, zumal da die von Anfang an bestehende Neubildung derselben ruhig weiter geht, vollkommen hinreichend, trotz der größeren Zahl der mit Doppelvornamen versehenen Kinder, sogar eine weitergehende Unterscheidung unter diesen herbeizuführen, als sie vor dem Zeitpunkt des Umschwungs vorhanden war. Daher bemerken wir ein Steigen der Verhältnisziffern. Daß sich dies auch über 1885 hinaus erstreckt, wo doch die Doppelvornamen wieder häufiger zu werden beginnen, hat seinen einen Grund wohl darin, daß diese neue Zunahme der Doppelvornamen überhaupt nicht so bedeutend ist, daß sie auf die Möglichkeit der Unterscheidung einen wesentlichen Einfluß ausüben könnte, seinen anderen Grund in dem sich geltend machenden bewußten Bestreben, tatsächlich neue Namenverbindungen zu schaffen, die geeignet wären, eine Unterscheidung der Einzelpersonen in größerem Umfange als bislang herbeizuführen.

b) Frankfurt.

In Frankfurt können wir natürlich, da wir nur einen geringen Teil der Geburtsbücher ausgebeutet haben, keine unbedingten Schlüsse ziehen. Aber daß in den von uns verarbeiteten Geburtseinträgen eine vollkommene Übereinstimmung mit den Rüsselsheimer Verhältnissen herrscht, ist doch sehr bemerkenswert. Die Zahl der verschiedenen einfachen Vornamen zeigt bei Knaben und Mädchen einen Rückgang bis zum Höhepunkt der Doppelvornamen, und zugleich finden wir ein Steigen der Verhältnisziffern. Auch in der Zeit nach 1805 zeigt sich der gleiche Verlauf der Reihen wie in Rüsselsheim. Aber die Vermehrung der einfachen verschiedenen Vornamen geht nur sehr langsam vor sich; sie erreicht bei den Mädchen 1870—95 eben eine Höhe, welche die von 1540—65 um etwa $^1/_{10}$ übertrifft. Bei den Knaben fehlt noch etwa $^1/_{10}$ daran. Doch haben beide im Jahre 1900 die Ziffer von 1535 wirklich überholt.

Auch die verschiedenen Doppelvornamen zeigen wie in Rüsselsheim von den Anfängen bis zur Gegenwart ein beständiges Steigen. Die Verhältnisziffern sinken deutlich bis 1775, dann steigen sie wieder.

c) Flörsheim.

Hier hatten die Doppelvornamen nicht jene gebietende Stellung erlangt wie in Rüsselsheim und Frankfurt. Daher kann hier auch die in den beiden anderen Orten beobachtete Entwickelung nicht so scharf hervortreten. Sie ist jedoch auch hier vorhanden und tritt uns deutlicher bei den Mädchenvornamen entgegen, allerdings in sehr bescheidenem Maße. Der Grenz- und Wendepunkt ist das Jahr 1735 (bzw. 1715).

Die Entwickelung der einfachen Vornamen zeigt, wie sich diese beständig aus sich selbst heraus vermehren. Denn (wie wir noch sehen werden) in Flörsheim ist von einer Vermehrung aus den sich auflösenden Doppelvornamen nicht die Rede; eine mit diesen allerdings in Beziehung stehende Vermehrung beginnt eben in den letzten Jahren, aber sie fließt auch da nicht unmittelbar aus sich auflösenden Doppelvornamen, sondern findet nur mit Hilfe der aus diesen sonstwo entstandenen und jetzt in Flörsheim eingeführten Namen statt. Aber die allgemeine Entwickelung der einfachen Vornamen wird stets durch die verhältnismäßig zu allen Zeiten nicht sehr verschiedene Zahl der Doppelvornamen beständig gehemmt und vermag sich daher nicht recht zu entfalten.

Wir haben nunmehr noch das Verhältnis der verschiedenen (einfachen sowohl als doppelten) Vornamen zur Geburtenziffer zu betrachten. Mit anderen Worten, wir fragen: Wie steht es mit der durch die Doppelvornamen und die einfachen Vornamen z u s a m m e n herbeigeführten Unterscheidung der Einzelpersonen in den verschiedenen Zeiten? Wir wollen zur Beantwortung dieser Frage den Anfangs- und den Endpunkt der vor unseren Augen sich vollziehenden Entwickelung betrachten.

In Rüsselsheim beträgt

1. 1586—1595 die Zahl der Geburten 211. Zur Benennung der Kinder sind verwendet a) 39 verschiedene einfache Vornamen, b) 7 verschiedene Doppelvornamen. Durch erstere werden unterschieden 18,5 %, durch letztere 3,3 %, zusammen also 21,8 %.

2. 1896—1905: Zahl der Geburten: 1172. Zur Benennung der Kinder sind verwendet a) 90 verschiedene einfache, und b) 201 verschiedene Doppelvornamen. Durch erstere werden unterschieden 7,7 %, durch letztere 17,2 %, zusammen also 24,9 %.

Es werden also 1896—1905 3,1 % Einzelpersonen mehr durch ihre Vornamen von einander unterschieden als 1586—95.

Wären 1586—1595 lediglich einfache Vornamen zur Benennung der 211 Kinder verwendet worden, und hätte man alle in Wirklichkeit in einfachen und doppelten Vornamen verwendeten Einzelvornamen (40 statt 39 oben) zur Benennung herangezogen, so wären 19,8 % Einzelpersonen durch ihre Namen unterschieden worden. Wollte man auch die zwischen 1896 und 1905 Geborenen mit allen in dieser Zeit als einfache oder in doppelten Vornamen verwendeten Namen unterscheiden (es sind 125 gegen 90 oben), so würden dagegen nur 10,8 % durch ihre Namen unterschieden sein. Der Anteil der Doppelvornamen an der tatsächlich beidemal vorhandenen größeren Unterscheidung beträgt demnach 17 %. Wir sehen aus dieser Zahl, daß die Doppelvornamen heute ein wesentliches Mittel zur Unterscheidung der Einzelpersonen bilden. Aber, müssen wir uns nun einmal fragen, wie wäre es denn mit der Unterscheidung bestellt gewesen, wenn die Doppelvornamen überhaupt nicht aufgekommen, und dadurch die einfachen Vornamen in ihrer Entwickelung nicht aufgehalten worden wären?

Zur Beantwortung dieser Frage müssen wir von den Jahren 1866—1905 ausgehen. Innerhalb dieser Zeit hat sich die Zahl der verschiedenen Vornamen lediglich aus sich selbst heraus vermehrt, wie wir das bereits oben betont haben [1]. Wenn wir ihre Zunahme (sie beträgt seit 1866 im ganzen 36) lediglich auf die Notwendigkeit, eine bessere Unterscheidung der Einzelpersonen in die Wege leiten zu müssen, zurückführen, so müßten wir annehmen, daß diese Notwendigkeit um so stärker hervorträte, je mehr die Zahl der Einzelpersonen wächst, die mit einfachen Vornamen zu benennen sind. Wir müßten also jene Zunahme der verschiedenen Einzelvornamen von der Zahl der mit solchen zu benennenden Einzelpersonen abhängig machen. Die Zahl dieser hat von 1866 bis 1905 um 302 (Knaben + Mädchen) zugenommen. Die Zunahme der Geburten von 1596 bis 1865 beträgt 431. Wenn wir uns denken, daß die Entwickelung der einfachen Vornamen ohne die Einwirkung der Doppelvornamen seit 1596 weitergegangen wäre in jenem Verhältnis zu der Zahl der Geburten, wie wir es zwischen 1865 und 1905 gefunden haben, und also bloß durch die Notwendigkeit zu unterscheiden bedingt wäre, so hätten sich zu den 39 anfänglichen Vornamen von 1595 weitere 51 entwickelt, sodaß 1865 für 652 Geburten 90 verschiedene Einzelvornamen zu Gebote gestanden hätten. Von 1865 bis 1905 aber ist die Zahl der Geburten weiterhin um 520 gestiegen. Es wären dann zu den 90 im gleichen Verhältnis wie vorher weitere 62 hinzugekommen, sodaß 1896—1905 für 1172 Geburten 152 verschiedene Namen zur Verfügung gestanden hätten (= 14 %). Dabei haben wir jedoch noch einen Umstand unberücksichtigt gelassen: aus den Tabellen ersehen wir daß 1896—1905 im ganzen 90 verschiedene Einzelvornamen als einfache Vornamen verwandt sind. In Wirklichkeit sind aber bedeutend mehr vorhanden gewesen. Es sind nämlich außer diesen 90 noch weitere 35 von ihnen verschiedene bei der Bildung der Doppelvornamen verwendet worden, die doch, wenn sie von den Doppelvornamen nicht in Anspruch genommen, nicht noch mit einem anderen Namen versehen worden wären, allein gestanden hätten; es wären also im ganzen 125 verschiedene einfache Vornamen vor-

---

[1]) Vgl. S. 313 u. Anm. das.

handen gewesen. Da sich diese 1896—1905 vorhandenen weiteren verschiedenen Einzelvornamen doch auch neben den anderen als einfache Vornamen auftretenden entwickelt haben, müssen wir eine derartige weitere Bereicherung der Zahl der verschiedenen Namen auch bei der oben von uns ermittelten Zahl 152 annehmen, sodaß diese gemäß dem Verhältnis von 90 : 125 auf 211 anwächst. Diese Zahl bedeutete für 1172 Geburten (1896—1905) eine Möglichkeit der Unterscheidung von 18%. Wir müßten also die oben aufgeworfene Frage nach der Möglichkeit der Unterscheidung durch einfache Vornamen in den Jahren 1896—1905 bei angenommener ungestörter Entwickelung der einfachen Vornamen nach dem bis jetzt erörterten Gesichtspunkte dahin beantworten, daß die heute vorhandene Unterscheidung der Einzelpersonen durch einfache und doppelte Vornamen zusammen die nur durch einfache Vornamen herbeigeführte um 7% übertreffe. Aber, so müssen wir einwenden, sind wir denn berechtigt, die Zunahme der Zahl der verschiedenen einfachen Vornamen zwischen 1866 und 1905 einzig und allein auf die Notwendigkeit der Unterscheidung zurückzuführen und demgemäß nur mit dem Anwachsen der Geburten in Beziehung zu setzen? Sind vielmehr nicht ebenso häufig wie durch die Notwendigkeit der Unterscheidung neue Namen durch andere Anlässe in Gebrauch gekommen und beliebt geworden? Diese Frage ist ganz gewiß zu bejahen. Ebenso gewiß müssen wir jedoch das verneinen, daß die Zahl solcher Namen sich richte nach der Zahl der Geburten. Sie wächst vielmehr mit der Zeit. Ein Beweis dafür, daß neue Vornamen nicht aus der Notwendigkeit der Unterscheidung entstanden, läßt sich unmittelbar aus der Tabelle für die einfachen Knabenvornamen führen. Die Zahl der verschiedenen Knabenvornamen zeigt ein Steigen von 1586 bis 1655, wo die 21 ursprünglichen Vornamen auf 25 angewachsen sind, obgleich doch die Notwendigkeit der Unterscheidung infolge des Rückgangs der Zahl der mit einfachen Vornamen zu versehenden Kinder geringer geworden war. Es hätten, um dieselbe Unterscheidung, wie sie 1586—1595 vorhanden war, auch 1646—1655 herbeizuführen, bereits 18 verschiedene Vornamen genügt. Mit den ursprünglich vorhandenen 21 verschiedenen Vornamen wären statt wie anfangs 23 % bereits 27,6 % unterschieden worden. Trotz alledem hat noch eine Vermehrung der Zahl der verschiedenen Einzelvornamen um 4 (= 5,4 %) stattgefunden. Wir müssen also anerkennen, daß doch von den 1866—1905 hinzukommenden verschiedenen Vornamen ein großer Teil nicht der Notwendigkeit der Unterscheidung, sondern anderen Anlässen entsprungen ist, wie sie ja zu allen Zeiten vorhanden sein konnten.

Dies veranlaßt uns zu sehen, welches Ergebnis wir dann erhalten, wenn wir jene Zunahme um 36 zwischen 1866 und 1905 mit der Zeit in Beziehung setzen. Dieser Zunahme um 36 in 40 Jahren entspricht in den 270 Jahren von 1596—1865 eine Zunahme von 243. Dazu kommen dann noch 39 anfangs vorhandene Vornamen und die 36 von 1866—1905. Im ganzen erhalten wir so für die Jahre 1896—1905 318 verschiedene einfache Vornamen[1], sodaß damit in dieser Zeit eine Unterscheidung von 27,1 % ermöglicht worden wäre. Es wäre also dadurch schon die in Wirklichkeit durch einfache und doppelte Vornamen zusammen zwischen 1896 und 1905 herbeigeführte Unterscheidung (24,9 %) übertroffen worden. Nun haben wir für unsere Berechnung noch nicht die neben den als einfache Vornamen belegten Einzelnamen herlaufenden, in Doppelnamen vorhandenen, berücksichtigt. Nach dem Verhältnis von 90 : 125 (siehe oben!) ergibt sich also eine Gesamtsumme von 442 einfachen verschiedenen Vornamen und damit die Möglichkeit, 37,7 % der Einzelpersonen durch den Vornamen zu unterscheiden.

Da nun weder die Notwendigkeit der Unterscheidung allein, noch auch andere Anlässe allein wirksam gewesen sind, sondern beide zusammen und wohl etwa in gleichem Maße, so würde das arithmetische Mittel aus beiden Endergebnissen der Wahrscheinlichkeit am nächsten kommen, und wir hätten also für 1896—1905 bei ungestörter Entwickelung der einfachen Vornamen ohne Beeinträchtigung durch die Doppel-

---

[1]) Daß diese Zahl nicht ungewöhnlich groß ist, zeigen die verschiedenen Tabellen; vgl. auch Arnold a. a. O. S. 34 f. u. S. 71 ff.

vornamen eine nur durch einfache Vornamen herbeigeführte Unterscheidung der Einzelpersonen in 29 %. Das sind 4 % mehr als die tatsächlich 1896—1905 vorhandene, durch einfache und doppelte Vornamen zusammen erreichte Unterscheidung beträgt[1]).

Wir schließen die Ausführungen dieses Abschnittes mit folgenden Sätzen:

Die Doppelvornamen haben nicht nur nicht die ihnen *in hohem Grade innewohnende Fähigkeit zur Unterscheidung* auch nur annähernd in der Weise zum Ausdruck gebracht, wie es ihnen möglich gewesen wäre, sie haben vielmehr durch ihr Auftreten eine bei den einfachen Vornamen bestehende Entwickelung wenn nicht vernichtet, so doch auf beinahe 200 Jahre unterbunden oder gehemmt; sie haben allerdings für die Schädigung der einfachen Vornamen sich selber zum Ersatz gestellt und dadurch teilweise sogar am Ende eine größere Mannigfaltigkeit der Unterscheidung erzielt, als es, wie es scheint, bei ungestörter Entwickelung der einfachen Vornamen möglich gewesen wäre. In einzelnen Fällen jedoch, so z. B. in Rüsselsheim, wäre, wie es scheint, bei ungestörter Entwickelung der einfachen Vornamen durch diese allein wahrscheinlich die gleiche, möglicherweise sogar eine größere Mannigfaltigkeit in der Unterscheidung herbeigeführt worden, als sie tatsächlich besteht. Jedenfalls aber tragen die Doppelvornamen durch ihr Aufkommen dazu bei, an ihrem Teil jene Richtung fortzusetzen, die sich längst vor ihrem Auftreten in den Reihen der einfachen Vornamen gezeigt hatte, die Richtung auf die Einförmigkeit und Eintönigkeit, der man erst in der neuesten Zeit bewußt entgegenzutreten beginnt.

[1]) Die Ergebnisse für Flörsheim: tatsächlich 1896—1905 vorhandene Unterscheidung: 20,5 %. Die beiden Grenzwerte nach obiger Berechnung sind 11 % und 25 %: Mittel 18 %. — Die Ergebnisse für Frankfurt sind: tatsächlich 1870—1895 vorhandene Unterscheidung 53,5 %. Die beiden Grenzwerte sind 26 % und 70 %; Mittel 48 %.

Siebentes Kapitel:

ZUR GESCHICHTE UNSERES NAMENSCHATZES I.

(DIE EINFACHEN UND DIE DOPPELTEN VORNAMEN.)

Im Vorhergehenden haben wir die Geschichte unserer Vornamen von den Anfängen der doppelten Vornamen bis auf die Gegenwart betrachtet, ohne auf die auftretenden einfachen oder doppelten Vornamen im einzelnen Rücksicht zu nehmen; das wird nun in diesem Kapitel zu geschehen haben. Da wäre es jedoch zu umständlich, wollte man die Geschichte eines jeden einzelnen Vornamens für sich durch den ganzen Zeitraum hindurch bis zur Gegenwart verfolgen, obwohl dies für manchen Vornamen ganz interessant wäre, sondern wir müssen uns ein Bild von der Gesamtentwickelung unseres Namenschatzes verschaffen, müssen versuchen, einen Einblick zu erhalten in das gegenseitige Verhältnis der einzelnen Namen zu einander in den verschiedenen Zeiten. Denn erst dann kann z. B. die Zahl, wie oft ein bestimmter Name vorkommt, die für sich betrachtet uninteressant und wertlos ist, Bedeutung gewinnen, wenn wir sie mit den Zahlen anderer Namen vergleichen. Da wir nun, wie gesagt, stets die zur selben Zeit zusammen auftretenden Namen auch zusammen betrachten müssen, ergibt sich für die Behandlung ganz von selbst, daß, da nicht zu allen Zeiten dieselben Namen zusammen vorgekommen sind, oder in dem gleichen Verhältnis zu einander gestanden haben, es versucht werden muß, aus der Gesamtentwickelung gleichsam durch Querschnitte größere Zeiträume, die im Hinblick auf die in ihnen vorkommenden Namen eine Einheit bilden, von einander abzutrennen. Diese größeren Zeiträume können wieder in kleinere, in irgend einer Beziehung noch gleichartigere zerfallen. So gründet sich denn die Einteilung, die wir im folgenden vornehmen, nicht auf die Verbreitung der einfachen oder der doppelten Vornamen, sondern auf die Beschaffenheit des Namenschatzes in den einzelnen Zeiten. Daß dabei Wendepunkte in der äußeren Entwickelung zugleich Wendepunkte in der Gestaltung des Namenschatzes werden können, ist nicht verwunderlich. Wir behandeln zuerst

A. DIE ZEIT BIS ZUM JAHRE 1805.

I. in Rüsselsheim und Frankfurt.

a) bis 1775.

α) in Rüsselsheim.

aa) Die einfachen Vornamen [1]) 1586—1775.

αα) in der Zeit 1586—1685.

1. Auswahl der Namen.

Auf 706 Knaben kommen 46 verschiedene Namen (=6,5%), auf 590 Mädchen 31 (= 5,3%).

Am häufigsten treten auf

a) Mannsnamen:

Johann 214, Philipp 94, Nicolaus 38, Christoph 32, Jacob 31, Martin 31, Conrad 25, Wilhelm 21, Adam 17, Heinrich 15, Peter 15, Balthasar 14, Michael 14, Georg 13, Paul 13, Caspar 12.

Am häufigsten ist der Name Johannes. Er wird mehr als doppelt so oft verwandt als der nächsthäufigste Name Philipp, der seinerseits den Namen Nicolaus um mehr als die Hälfte übertrifft. Die übrigen Namen schließen sich dann an den letzteren in absteigender Reihenfolge an, ohne daß zwischen irgendwelchen Gliedern der Reihe derartige einschneidende Unterschiede in der Verwendung zu bemerken wären, wie zwischen den ersten drei Namen der Reihe. Die häufige Verwendung gerade des Namens Philipp ist vielleicht auf die „Dynastische Hilfe" zurückzuführen (Philipp der Großmütige).

Von den 46 verwendeten Namen sind 8 noch recht häufig gebraucht, d. h. etwa der 6. Teil. Von diesen acht Namen sind jedoch nur Conrad und Wilhelm deutschen Ursprungs.

---

[1]) Diese Trennung von den zur selben Zeit vorkommenden Doppelvornamen scheint nicht erlaubt zu sein. Ihre Berechtigung wird sich jedoch unten ergeben.

b) Frauennamen:

Catharina 111, Margaretha 94, Elisabetha 71, Anna 68, Susanna 32, Barbara 29, Esther 26, Magdalena 23, Christina 14, Gertrud 14, Juliana 13, Maria 12, Ottilia 12, Veronica 12, Apollonia 10.

Bei den Frauennamen können wir ein derartiges Überwiegen eines einzelnen Namens, wie wir es bei den Mannsnamen finden, nicht feststellen. Auch sind die am meisten verwendeten Namen hier nicht durch solche Unterschiede von einander getrennt, wie es bei den Mannsnamen mit Johann und Philipp der Fall ist. Während dort nur diese beiden die größten Zahlen in der Verwendung erreichen und von den in der Reihe folgenden durch eine große Kluft getrennt sind, finden wir hier vier Namen, Catharina, Margaretha, Elisabetha, Anna als die am häufigsten gebrauchten. Sie sind dann freilich durch denselben Abstand, den wir auch in der Reihe der Mannsnamen bemerken können, von den folgenden Gliedern der Reihe getrennt, die ihrerseits keine solchen Unterschiede in der Verwendung aufweisen.

Von den 31 verschiedenen Frauennamen sind 8 Namen verhältnismäßig häufig gebraucht. Von diesen ist jedoch, wenn wir Anna als fremden Namen betrachten[1]), kein einziger deutscher Herkunft. Während also bei den Mannsnamen die Mannigfaltigkeit der Namen im allgemeinen größer ist als bei den Frauennamen, besteht dagegen bei den meistverwandten Namen eine größere Mannigfaltigkeit auf seiten der Frauennamen: von diesen werden 4 Namen, von den Mannsnamen jedoch nur 2 vor allen anderen verwandt.

Im Zusammenhang mit der Frage nach der Auswahl der Namen steht die Frage nach der

2. Herkunft der Namen.

a) Mannsnamen: 1. Deutsche: 18 in 110 Fällen:

Bernhard, Burchard, Conrad, Eberhard, Ewald, Friedrich, Gotthard, Günther, Heinrich, Leonhard, Ludwig, Reinhard, Rudolf, Walther, Wendelin, Werner, Wilhelm, Wolf.

---

[1]) Nach Socin, Mhd. NB. S. 63 ist er jedoch altgermanisch.

2. Fremde: 27 in 596 Fällen:

α) Alttestamentl. Namen: 4 in 25 Fällen:
Adam, Daniel, Jeremias, Ruben.

β) Neutestamentl. u. Heiligennamen: 23 in 571 Fällen:
Andreas, Antonius, Balthasar, Bartholomäus, Benedict, Caspar, Christian, Christoph, Georg, Jacob, Johann, Jost/Justus, Lorenz, Martin, Matthias, Melchior, Michael, Nicolaus, Paul, Peter, Philipp, Valentin, Vincenz.

γ) Sonstige fremde Namen: 0.

b) Frauennamen: 1. Deutsche: 3 in 20 Fällen:
Gela, Gertrud, Kunigunde.

2. Fremde: 28 in 570 Fällen:

α) Alttestamentl. Namen: 7 in 66 Fällen:
Esther, Eva, Judith, Rahel, Rebecca, Sara, Susanna.

β) Neutestamentl. u. Heiligennamen: 19 in 582 Fällen:
Agatha, Agnes, Anna, Apollonia, Barbara, Catharina, Christina, Dorothea, Elisabetha, Helena, Juliana, Magdalena, Margaretha, Maria, Martha, Ottilia, Sophia, Ursula, Veronica.

γ) Sonstige fremde Namen: 2 in 2 Fällen:
Emerentia, Sibylla.

Die deutschen Namen stehen hinter den fremden Namen zurück, jedoch nicht so sehr die Mannsnamen als die Frauennamen. Es verhalten sich die deutschen Namen zu den fremden bei den Mannsnamen wie 2 : 3 (unterschieden werden durch deutsche 15,7 %), bei den Frauennamen wie 1 : 9 (unterschieden werden durch deutsche 3,4 %).

Wenn wir dazu noch in Betracht ziehen, daß Gela, wenn wir es überhaupt als deutschen Namen zu betrachten haben und nicht vielmehr als eine Koseform für Angela [1]) nur einmal, Kunigunde nur 5 mal vorkommt, so bleibt als einziger deutscher Frauenname, der sich neben all den andern fremden Namen einer gewissen Beliebtheit erfreut, nur der Name Gertrud übrig.

Die alttestamentlichen Namen werden noch verhältnismäßig oft verwandt. Neben den anderen, nur seltener gebrauchten treten besonders die Namen Adam und Susanna hervor.

---

[1]) Vgl. darüber oben S. 242 u. Anm. 2 das.

Daß der Stand der Eltern einen Einfluß auf die Verwendung eines deutschen oder eines fremden Namens bei der Taufe ausübte, ist nicht zu beobachten.

ββ) in der Zeit 1686—1715.

1. Auswahl der Namen.

Auf 84 Knaben kommen 17 verschiedene Namen (=20,2%), auf 63 Mädchen 17 (=27%). Die Mannigfaltigkeit ist diesmal größer auf seiten der Frauennamen als auf seiten der Mannsnamen.

Mehr als einmal kommen vor

a) Mannsnamen:

Johann 48, Andreas 5, Bartholomäus 5, Philipp 5, Adam 4, Christoph 3, Martin 3, Peter 2.

Auch diesmal wird der Name Johannes häufiger als alle anderen verwendet. Aber der Abstand zwischen ihm und dem nächsthäufigen Namen ist noch viel größer geworden. Während Johann im vorigen Zeitabschnitt doppelt so oft gebraucht worden war, als der nach ihm kommende Name, tritt er jetzt 9 mal so häufig auf als der nächst ihm am meisten verwendete Namen Andreas. Von diesem abgesehen, sind uns die übrigen 5 noch mehr als einmal vorkommenden Namen schon oben in der Reihe der meistverwandten Namen begegnet. Doch zählt der Name Philipp jetzt nur noch den 9. Teil der Verwendungsziffer von Johannes, während er vordem fast halb so oft als dieser gebraucht worden war. Dagegen hat der Name Adam an Verwendung zugenommen. Einen Einschnitt in der Reihe finden wir nur hinter dem Namen Johannes, während wir vorher zwei tiefgehende Einschnitte in der Reihe wahrnehmen konnten. Von allen mehr als einmal verwendeten Namen ist kein einziger deutschen Ursprungs.

b) Frauennamen:

Susanna 19, Margaretha 12, Anna 4, Elisabetha 4, Ottilia 4, Gertrud 3, Magdalena 3, Barbara 2, Christina 2, Juliana 2, Sibylla 2.

Wiederum können wir feststellen, daß bei den Frauennamen ein derartiges Überwiegen eines einzelnen Namens wie bei den Mannsnamen nicht zu bemerken ist. Damit hängt es zusammen, daß die Zahl der meistverwandten verschiedenen

Frauennamen größer ist als die Zahl der meistverwandten Mannsnamen. Wie bei diesen der Einschnitt in der Reihe hinter den ersten Namen (Johann) gerückt ist, ist auch bei jenen in ähnlicher Weise der Einschnitt, der die vor allen anderen gebrauchten Namen von den folgenden scheidet, von der Stelle hinter dem vierten Namen (Elisabetha) an die Stelle hinter dem zweiten Namen (Margaretha) gerückt; auch hat er sich gerade wie bei den Mannsnamen vergrößert. Aber die beiden vor allen anderen verwendeten Namen sind nicht dieselben geblieben. Vielmehr ist der im ersten Zeitabschnitt am meisten verwandte Name Catharina ganz verschwunden, und der Name Susanna, welcher vorher nicht einmal zu den 4 am meisten gebrauchten gezählt hatte, ist an seine Stelle getreten. Die übrigen noch mehr als einmal verwandten Namen sind dagegen schon alle bis auf Sibylla unter den meistgebrauchten Namen des ersten Zeitabschnittes vertreten gewesen. Deutscher Herkunft ist darunter nur der Name Gertrud, der einzige, der auch vorher sich einer größeren Beliebtheit erfreut hatte.

2. Herkunft der Namen.

a) Mannsnamen: 1. Deutsche: 4 in 4 Fällen: Hartmann, Heinrich, Weipert, Wolrat.

2. Fremde: 13 in 80 Fällen:

α) Alttestamentl. Namen: 2 in 5 Fällen: Adam, Elias.

β) Neutestamentl. u. Heiligennamen: 11 in 75 Fällen: Andreas, Balthasar, Bartholomäus, Christoph, Georg, Johannes, Julius, Martin, Matthäus, Peter, Philipp.

b) Frauennamen. 1. Deutsche: 1 in 3 Fällen: Gertrud.

2. Fremde: 16 in 60 Fällen.

α) Alttestamentl. Namen: 2 in 20 Fällen: Esther, Susanna.

β) Neutestamentl. u. Heiligennamen: 12 in 37 Fällen. Anna, Barbara, Catharina, Elisabetha, Magdalena, Margaretha, Martha, Ottilia.

γ) Sonstige fremde Namen: 2 in 3 Fällen: Philippina, Sibylla.

Die deutschen Namen sind von den fremden noch weiter zurückgedrängt. Sie verhalten sich zu diesen bei den Mannsnamen nunmehr wie 1 : 3 (deutsche Namen tragen 4,7 %), bei den Frauennamen wie 1 : 16 (deutsche Namen tragen 4,8%). Bei den alttestamentlichen Namen sind, von Esther und Elias abgesehen, die beide bloß einmal vorkommen, nur noch Adam und Susanna im Gebrauch.

3. An neuauftretenden Namen können wir für diese Zeit verzeichnen

a) Mannsnamen:

Elias, Hartmann, Julius, Weipert, Wolrat. Die drei deutschen Namen darunter gehören zu den altertümlichen und selten gebrauchten. Daher können sie sich gegen die fremden Namen nicht behaupten. Auch der Name Elias vermag dies nicht bei der Abnahme, in der die alttestamentlichen Namen begriffen sind. So bleibt nur der fremde Name Julius als eine Erweiterung des Namenschatzes bestehen.

b) Frauennamen:

Julia, Philippina, Regina. Es sind drei fremde Namen, eine Ableitung auf -ina von einem Mannsnamen, ein weiterer Name auf -ina und eine Entsprechung zu dem gleichzeitig neu auftretenden Namen Julius.

Die deutschen Namen haben also durch die neuauftretenden Namen keine Förderung erfahren.

γγ) in der Zeit 1716—1775.

1. Auswahl der Namen.

Auf 177 Knaben kommen 21 verschiedene Namen (= 11,8%), auf 75 Mädchen 15 (= 20%).

Es verhält sich die Zahl der verschiedenen Mannsnamen zu der der verschiedenen Frauennamen wie 4 : 3.

Am häufigsten kommen vor

a) Mannsnamen:

Johannes 116, Christoph 10, Adam 9, Philipp 8, Jacob 7, Andreas 4, Peter 4, Balthasar 3.

Der Abstand zwischen dem Namen Johannes und dem nächsthäufig gebrauchten Namen ist noch größer geworden: Johannes ist fast 12 mal so oft verwendet worden als Christoph. Dieser Name ist jetzt statt Andreas an die zweite Stelle gerückt; dagegen ist Andreas etwas zurückgegangen, hat sich jedoch bei den meistgebrauchten Namen erhalten, während der in dem vorangegangenen Zeitabschnitt ebenso häufig vorkommende Name Bartholomäus ganz aus der Reihe der Einzelnamen verschwunden ist. Alle übrigen Namen der Reihe sind uns schon von früher bekannt. Der Name Philipp, der diesmal so ziemlich seinen alten Platz behalten hat, zählt 14 mal weniger als der Name Johannes: auch dadurch wird der Abstand des Namens Johannes von den übrigen Namen gekennzeichnet, denn Philipp zählte im zweiten Zeitabschnitt (1686—1715) nur 9 mal so wenig, im ersten Zeitabschnitt gar nur etwas weniger als die Hälfte der Ziffer des Namens Johannes. Ein deutscher Name ist auch diesmal wieder nicht unter den meist gebrauchten Namen zu finden.

b) Frauennamen:

Susanna 32, Catharina 13, Elisabetha 7, Margaretha 4, Ottilia 4, Christina 3.

Die Entwickelung, wie sie bei den Mannsnamen in größeren Ziffern und rascher vor sich gegangen ist, daß sich nämlich anfangs mehrere Namen als die vor allen anderen gebrauchten durch einen scharfen Einschnitt von den übrigen meistverwandten abhoben, alsdann aber nur ein einziger Name gegenüber der langen Reihe der anderen in den Vordergrund trat, diese Entwickelung ist nun auch bei den Frauennamen bis zum Ende gediehen.

1586—1685 zählten wir 4 Namen, die durch einen Einschnitt sich von den übrigen meist gebrauchten absonderten, 1686—1715 nur noch zwei, jetzt aber nimmt der Name Susanna allein diese Stelle für sich in Anspruch. Er wird mehr als doppelt so oft verwandt wie der nächsthäufigste Name. Zu bemerken ist dabei, daß der Name Susanna ursprünglich gar nicht zu jenen 4 von den übrigen getrennten Namen gehörte, alsdann nach Ausscheidung von 3 sich neben Margaretha an die erste Stelle gesetzt hat, ohne sich aber bedeutend von diesem in der Verwendung zu unterscheiden, und jetzt sich nicht nur an erster Stelle gehalten hat, während der Name Margaretha aus der zweiten Stelle verschwunden ist, sondern auch den an die Stelle von Margaretha getretenen Namen Catharina um mehr als das Doppelte (2,6 mal) übertrifft.

Wie im vorigen Zeitabschnitt Catharina aus der Zahl der meistgebrauchten Namen verschwunden ist, so ist das jetzt mit Anna der Fall. Die übrigen Namen sind auch früher in der Reihe vorhanden gewesen. Deutscher Herkunft ist keiner von ihnen.

2. Herkunft der Namen.

a) Mannsnamen: 1. Deutsche: 6 in 6 Fällen: Bernhard, Conrad, Dietrich, Friedrich, Heinrich, Wilhelm.

2. Fremde: 15 in 171 Fällen:

α) Alttestamentl. Namen: 3 in 12 Fällen: Adam, Elias, Israel.

β) Neutestamentl. u. Heiligennamen: 12 in 159 Fällen: Andreas, Balthasar, Christoph, Christian, Georg, Jacob, Johann, Matthäus, Michael, Nicolaus, Peter, Philipp.

b) Frauennamen: 1. Deutsche: 1 in 2 Fällen: Gertrud.

2. Fremde: 14 in 73 Fällen:

α) Alttestamentl. Namen: 1 in 32 Fällen: Susanna.

β) Neutestamentl. u. Heiligennamen: 11 in 39 Fällen: Anna, Apollonia, Catharina, Elisabetha, Magdalena, Margaretha, Ottilia.

γ) Sonstige fremde Namen: 2 in 2 Fällen: Charlotte, Eleonore.

Das Verhältnis der verschiedenen deutschen Namen zu den verschiedenen fremden ist bei den Mannsnamen 2 : 5, bei den Frauennamen 1 : 14. Es hat sich also bei beiden ein wenig zugunsten der deutschen Namen verschoben. Jedoch tragen von den Knaben deutsche Namen nur 3,4 %, von den Mädchen 1,3 %. Bei den alttestamentlichen Namen nehmen wiederum Adam und Susanna die herrschende Stelle ein.

3. Neuauftretende Namen:

a) Dietrich, Israel. b) Charlotte, Eleonore.

bb) Die doppelten Vornamen 1586—1775.

Der Zeitabschnitt 1586—1775 zerfällt deutlich in zwei kleinere, von denen der erste etwa bis zum Jahre 1635 reicht. Diesen selbst können wir jedoch noch einmal in die Zeitabschnitte 1586—1615 und 1616—1635 teilen gemäß der Art und Weise, wie sich die Entwickelung der Doppelvornamen in demselben vollzogen hat.

αα) in der Zeit 1586—1635.

I. 1586—1615.

1. Auswahl der Namen.

Auf 12 Knaben kommen 7 verschiedene Vornamen (= 58,3%), auf 21 Mädchen 8 (= 38,1%).

Wenn wir von dem mit Wolf, einem verhältnismäßig selten gebrauchten Namen, gebildeten zwei Doppelnamen absehen, so bestehen alle übrigen Mannsnamen aus solchen Gliedern, die für sich allein in der Reihe der meistverwandten Namen vorkommen. Die beiden an erster Stelle stehenden Namen sind auch die sonst vor allen anderen verbreiteten. Bei den Frauennamen liegt die Sache etwas anders. Zwar fangen hier bis auf den nur einmal vorkommenden Namen Catharina Margaretha alle Doppelungen mit dem zu den meistgebrauchten gehörigen Namen Anna an, aber von den an zweiter Stelle stehenden gehören 3 nicht zu den am häufigsten verwendeten Namen. Und auch Anna selbst steht an Häufigkeit der Verwendung als Einzelname weit hinter dem bei den Doppelungen nur einmal erscheinenden Catharina zurück. Der Grund hierfür scheint mir ein rhythmischer zu sein.

Die gebräuchlichsten Namenverbindungen: Johann Heinrich, Johann Philipp einerseits, Anna Maria, Anna Christina, Anna Catharina andererseits, sind aus solchen Namen zusammengesetzt, die auch als Einzelnamen zu den häufigsten gehörten.

2. Herkunft der Namen.

Nunmehr fassen wir die Herkunft der Glieder, aus denen die Doppelvornamen bestehen, ins Auge. Wir können dabei 4 Arten der Namenverbindungen unterscheiden: 1. Typus: Deutsch + Deutsch; 2. Typus: Deutsch + Fremd; 3. Typus: Fremd + Deutsch; 4. Typus: Fremd + Fremd.

a) Mannsnamen:

Typus 1 ist einmal vertreten, Typus 3 dreimal, Typus 4 dreimal.

b) Frauennamen:

Typus 4 in allen Fällen, d. h. also: keiner von den zu Doppelungen verwendeten Einzelnamen ist deutscher Herkunft.

II. 1616—1635.

1. Auswahl der Namen.

Auf 53 Knaben kommen 24 verschiedene Doppelvornamen (= 45,3 %). Auf 52 Mädchen 14 (= 26,9 %).

Die Mannigfaltigkeit der Namenverbindungen ist bei den Mannsnamen also wiederum fast doppelt so groß als bei den Frauennamen. Aber das Bild, das die einzelnen Zusammensetzungen uns bieten, hat sich geändert. Eine Reihe von solchen Namen, die als Einzelnamen keineswegs zu den häufigen gehören, begegnen uns als zweites Glied der Zusammensetzungen, mitunter sogar als erstes. Im Gegensatz dazu sind Namen, die als Einzelnamen zu den gebräuchlichsten zählen, selten oder überhaupt nicht an erster Stelle anzutreffen. Dahin gehören Namen wie Philipp, Nicolaus, Christoph, Jacob, Martin; Catharina, Elisabetha, Margaretha, Susanna.

Der Löwenanteil fällt den mit Johann und Anna als erstem Glied gebildeten Doppelnamen zu. Am häufigsten treten nämlich auf

a) Mannsnamen:

Joh. Peter 8, Joh. Philipp 7, Joh. Heinrich 6, Joh. Wilhelm 6, Joh. Christoph 3, Joh. Michael 3, Joh. Friedrich 2, Joh. Zacharias 2.

b) Frauennamen:

Anna Maria 18, Anna Catharina 10, Anna Margaretha 8, Anna Christina 6.

Wenn wir von den mit Johann und Anna gebildeten Namen absehen, bleibt für jede der nicht mit einem dieser Namen bezeichneten Personen ein besonderer übrig. Bemerkenswert erscheint noch, daß wir in der Häufigkeitsreihe der Mannsnamen einen Einschnitt, nämlich nach Johann Wilhelm finden, bei der Reihe der Frauennamen dagegen zwei, einen nach dem ersten Namen Anna Maria, einen zweiten nach Anna Christina. Es werden dadurch bei den Frauennamen die wenigen am meisten gebrauchten Namen streng von der Menge der übrigen geschieden, während dies bei den Mannsnamen nicht der Fall ist. Bei letzteren heben sich also aus der längeren Reihe der am häufigsten verwendeten Namen 4 noch besonders heraus, dagegen steht bei den Frauennamen ein einziger Name, Anna Maria, allen übrigen voran. Man vergleiche damit das umgekehrte Verhältnis bei den einfachen Namen.

2. Herkunft der Namen.

a) Mannsnamen:

1. Typus 1; 3. Typus 8; 4. Typus 15.

b) Frauennamen:

3. Typus 1 (?)[1]); 4. Typus 13.

Das Vorwalten der Typen 3 und 4 bei den Mannsnamen ist veranlaßt durch den Namen Johann, ebenso bei den Frauennamen das Vorwalten des Typus 4 durch Anna. Aber immerhin weisen die doppelten Mannsnamen, wie Typus 3 zeigt, doch noch ziemlich viele deutsche Bestandteile auf, während diese bei den Frauennamen nur in einem dazu noch zweifelhaftem Beleg zu finden sind. Das gegenseitige Verhältnis der Typen kommt, wenn wir dem Typus 4 den Wert 1 geben, in folgender Weise zum Ausdruck:

a) Mannsnamen:

4. Typus = 1; 3. Typus = 0,53; 1. Typus = 0,07.

b) Frauennamen:

4. Typus = 1; 3. Typus = 0,08.

ββ) in der Zeit 1636—1775.

Schon gleich im Anfang derselben treten die doppelten Vornamen sehr zahlreich auf. Sie zeigen sich uns in jenen verschiedensten Verbindungen, deren Anfänge wir schon im vorigen Abschnitt beobachten konnten.

1. Auswahl der Namen.

Auf 1248 Knaben kommen 178 verschiedene Doppelvornamen (= 14,2%). Auf 1008 Mädchen 174 (= 17,3%). Am häufigsten kommen vor

a) Mannsnamen:

Joh. Philipp 161, Joh. Adam 126, Joh. Jacob 112, Joh. Peter 104, Joh. Georg 94, Joh. Heinrich 78, Joh. Conrad 50, Joh. Christoph 48, Joh. Wilhelm 47, Joh. Caspar 24, Joh. Balthasar 22, Joh. Michael 20, Joh. Martin 19, Joh. Nicolaus 18,

---

[1]) Anna Gela; über Gela vgl. oben S. 324 Anm.

Joh. Daniel 12, Joh. Jost 12 — alles Doppelvornamen mit Johann als erstem Glied. Die gebräuchlichsten von ihnen verschmelzen im Munde des Volkes zu einem einzigen Namen: Hámphilipp, Hánadam, Hánjacob, Hámpeter, Hánjer(g) — von den folgenden seltener die Namen Hán-Hen, Hámmichel, Hánnikel.

b) Frauennamen:

Anna Catharina 204, Anna Margaretha 119, Anna Christina 115, Anna Maria 113, Elisabetha Catharina 78, Anna Elisabetha 56, Maria Catharina 37, Maria Elisabetha 36, Elisabetha Margaretha 32, Anna Magdalena 27, Catharina Margaretha 20, Anna Barbara 19, Catharina Elisabetha 19, Justina Amalia 17, Sophia Catharina 15, Sophia Elisabetha 15, Margaretha Elisabetha 14, Maria Magdalena 14, Elisabetha Magdalena 13, Sibylla Magdalena 11, Christina Margaretha 11.

Die 4 am häufigsten vorkommenden Namen sind mit Anna als erstem Glied gebildet. In die nächsten 8 häufigsten Doppelnamen teilen sich bezüglich des ersten Gliedes die Namen Anna (3 ×), Elisabetha, Maria (2 ×), Catharina. Auch unter den weiteren finden sich noch je einmal Catharina, Elisabetha, Maria. Wiederum machen wir die Beobachtung, daß der Name Catharina, obwohl er als Einzelname zu den meist verwendeten gehörte, bei den Doppelnamen sehr selten als erstes Glied der Zusammensetzung erscheint. Ähnlich steht es mit dem Namen Margaretha.

Der Vergleich der Reihe für die weiblichen Doppelnamen mit der für die männlichen zeigt uns eine größere Mannigfaltigkeit auf seiten der Frauennamen. Die Reihe der Mannsnamen umfaßt 16, die Reihe der Frauennamen dagegen 21 Glieder. Doch geben die Frauennamen bei den am meisten gebrauchten Doppelnamen den Mannsnamen an Häufigkeit nichts nach. Die Doppelung Anna Catharina nimmt eine ähnliche Stellung ein wie der Name Johannes bei den einfachen Vornamen, indem sie den anderen Doppelnamen weit vorauseilt. Erst die mittleren Glieder der Reihe für die Frauennamen stehen hinter denen der Gegenreihe zurück, ermöglichen aber so eine weitere Ausdehnung der Reihe, d. h. eine größere Mannigfaltigkeit.

2. An erster Stelle stehen bei den Doppelungen

a) Mannsnamen:

Johann 64 ×, Philipp 18, Georg 15, Heinrich 9, Carl 6, Jacob 6, Christian 5, Ludwig 5, Friedrich 4, Peter 4, Wilhelm 4, August 3.

b) Frauennamen:

Maria 27, Anna 24, Catharina 15, Elisabetha 14, Johannetta 10, Margaretha 10, Christina 9, Dorothea 7, Susanna 7, Sophia 5, Justina 4, Eva 3, Juliana 3, Magdalena 3, Sibylla 3.

Wiederum wird die Ausnahmestellung des Namens Johannes deutlich. Im übrigen finden wir meist solche Namen, die uns früher schon unter den gebräuchlicheren begegnet waren. Doch haben sich auch solche eingestellt, die uns als Einzelnamen noch gar nicht oder nur ganz selten vorgekommen sind, so z. B. Carl und August.

3. Herkunft der Namen.

a) Mannsnamen:

1. Typus 22; 2. Typus 20; 3. Typus 61; 4. Typus 75.

b) Frauennamen:

2. Typus 3; 3. Typus 6; 4. Typus 165.

Das Überwiegen der Typen 3 und 4 bei den Mannsnamen ist veranlaßt durch den Namen Johann. Doch ist hier das Verhältnis von Typus 3 und 4 zu 1 und 2 immerhin noch erträglich. Dagegen zeigt das Verhältnis von Typus 4 der Frauennamen zu den übrigen drei die gänzliche Entnationalisierung des Namenschatzes der Frauen aufs deutlichste. Darin nimmt sich ein vereinzelter altertümlich-deutscher Name wie Erdmuth[1]) ganz sonderbar aus, während uns bei den Knaben Namen wie Krafft, Tilmann, Wolrat, Wolf nicht so ganz außergewöhnlich vorkommen.

Es erübrigt jetzt noch zum Verständnis der gesamten Namenentwickelung zwischen 1586 und 1775 einen Blick darauf zu werfen, wie oft die vorkommenden Namen

[1]) Patin ist „... durchlauchtigste Fürstin und Fräulein, Fräulein Erdmuth Dorothea, Herzogin zu Sachsen, Jülich, Cleve und Berg, unseres gnädigsten Landesfürsten herzgeliebte fürstliche Verlobte und künftige Gemahlin“.

als Einzelnamen auftreten[1]), und wie oft sie in Zusammensetzungen begegnen[2]).

a) Mannsnamen:

	Abraham	1		Ferdinand	2		Moriz	1
30	Adam	135		Franz	2	39	Nicolaus	20
	Adolf	3	5	Friedrich	19	13	Paul	5
	Albert	2		Gallus	1	21	Peter	124
	Albrecht	2	16	Georg	128	107	Philipp	229
	Ambrosius	1		Gerhard	1		Ratius	1
17	Andreas	16		Gottfried	4	2	Reinhard	12
7	Antonius	4	1	Gotthard		1	Ruben	
	Arnold	3	1	Günther		4	Rudolf	3
	Asmus	1	1	Hartmann			Samuel	1
	August	6	17	Heinrich	121		Simeon	1
18	Balthasar	28		Helfrich	1		Simon	1
	Baptist	1		Hermann	4		Stephan	1
11	Bartholomäus	4		Hieronymus	1		Theodor	1
1	Benedikt		38	Jacob	139		Thomas	2
	Benjamin	1	4	Jeremias	3		Tilmann	1
7	Bernhard	14		Joachim	2		Tobias	1
3	Burkhard	5	378	Johann	1130		Ulrich	1
	Carl	14	8	Jost	12	4	Valentin	9
	Casimir	1	1	Israel	3		Veit	1
12	Caspar	32	1	Julius	1	1	Vincenz	1
6	Christian	19	2	Justus	5		Vollmar	3
45	Christoph	60		Krafft	6	1	Walther	1
26	Conrad	56	3	Leonhard	3	1	Weipert	
3	Daniel	15	2	Lorenz		5	Wendelin	4
	David	3	3	Ludwig	23	6	Werner	3
1	Dietrich	4	34	Martin	20	22	Wilhelm	81
2	Eberhard	2	3	Matthäus	5	1	Wolf	3
3	Elias	1	3	Matthias	3		Wolfgang	2
	Ernst	7	3	Melchior	2	1	Wolrat	4
7	Ewald		15	Michael	25		Zacharias	2
						967	—	2626

[1]) Durch die Ziffer vor dem Namen bezeichnet.

[2]) Durch die Ziffer hinter dem Namen bezeichnet.

1586—1775 kommen vor: Einzelnamen 967, Doppelnamen 1313.

b) Frauennamen:

10	Agatha	5	1	Eva	13		Luise	9
3	Agnes	3		Felicitas	1	27	Magdalena	78
	Amalia	20		Franzisca	1	110	Margaretha	268
	Angela	1		Friederica	4	12	Maria	308
73	Anna	766	1	Gela	1	4	Martha	7
	Antonetta	1	19	Gertrud	2	20	Ottilia	
12	Apollonia	2		Hanna	1	1	Philippina	16
	Augusta	1		Hedwig	1	1	Rahel	1
31	Barbara	30	8	Helena	7	2	Rebecca	1
	Bibliana	1		Henrietta	1	1	Regina	7
125	Catharina	448		Jacobäa	1		Rosina	7
1	Charlotte	12		Jacobina	1		Sabina	3
19	Christina	166		Johanna	6	1	Sara	
	Clara	2		Johannetta	28	3	Sophia	39
8	Dorothea	36	3	Judith		3	Sibylla	32
1	Eleonore	11	1	Julia	1	83	Susanna	26
82	Elisabetha	308	16	Juliana	24	1	Ursula	3
1	Emerentia			Justina	34	12	Veronica	
	Erdmuth	1	5	Kunigunde	1		Wilhelmina	2
	Ernestina	1		Lucia	4	728	—	2760
27	Esther	3		Lucina	1			

1586—1775 kommen vor: Einzelnamen 728; Doppelnamen 1380.

Da die 1313 vorkommenden männlichen Doppelnamen sich aus 2626 Einzelnamen zusammensetzen, so war jedem der 967 Einzelnamen die Möglichkeit geboten 2,7 mal so oft bei den Doppelnamen vorzukommen, als er bei den einfachen Namen auftritt. In gleicher Weise konnte jeder der Frauennamen bei den doppelten Namen im Durchschnitt (2760 : 728) 3,8 mal so oft vorkommen als bei den einfachen Namen. Nehmen wir rund für die Mannsnamen 3 mal, für die Frauennamen 4 mal an, und sehen wir, wie es steht.

a) Mannsnamen.

Da sind zunächst solche, die lediglich als einfache Vornamen und solche, die nur in Zusammensetzungen vorkommen. Die ersteren sind:

1 Benedikt, 7 Ewald, 1 Gotthard, 1 Günther, 1 Hartmann, 2 Lorenz, 1 Ruben, 1 Weipert. Wie haben wir diese Namen zu beurteilen? Benedikt und Lorenz sind wohl sicher auf katholischen Einfluß (sei es, daß Pate, oder etwa Vater oder Großvater katholisch war) zurückzuführen. Sie sind als fremd bald wieder ausgeschieden worden. Der Name Ruben ist gleichfalls wegen seiner Ungewöhnlichkeit (er kommt überhaupt nur hier vor) nicht weiter verwandt worden. Es bleiben dann noch lauter altertümliche Namen, die, von Ewald abgesehen, dazu alle nur einmal vorkommen. Daß sie verschwanden, ist begreiflich. So können wir den Schluß ziehen: Die früher als einfache Namen verwendeten Mannsnamen sind grundsätzlich alle zur Bildung der doppelten Vornamen verwendet worden. Oder umgekehrt: Die doppelten Vornamen sind durchaus aus den einfachen hervorgewachsen.

Diejenigen Namen, die nur in Zusammensetzungen, nicht aber als einfache Namen auftreten, sind:

Abraham 1, Adolf 3, Albert 2, Albrecht 2, Ambrosius 1, Arnold 3, Asmus 1, August 6, Baptist 1, Benjamin 1, Carl 14, Casimir 1, David 3, Ernst 7, Ferdinand 2, Franz 2, Gallus 1, Gerhard 1, Gottfried 4, Helfrich 1, Hermann 4, Hieronymus 1, Joachim 2, Krafft 6, Moriz 1, Ratius 1, Samuel 1, Simeon 1, Simon 1, Stephan 1, Theodor 1, Thomas 2, Tilmann 1, Tobias 1, Ulrich 1, Veit 1, Vollmar 3, Wolfgang 2, Zacharias 2.

Ihre Zahl ist 5 mal so groß als die Zahl derjenigen, die nur als einfache Namen vorkommen. In ihnen haben wir einerseits solche zu erkennen, die hier fortleben, wie sie als einfache Namen auch sonst gebraucht wurden, aber nur zufällig nicht belegt sind. Andererseits sind unter ihnen solche, die man, da der vorhandene Namenvorrat zur Bildung hinreichend von einander verschiedener Doppelungen nicht ausreichte, aus den Schätzen der Vergangenheit oder vom Auslande entnahm. Dazu mag man auch hin und wieder in die reiche Fülle der katholischen Heiligennamen gegriffen haben, um auf diese Weise das heimische und hergebrachte Namengut zu vermehren. Betrachten wir nach diesen Gesichtspunkten die nur bei den Doppelnamen vorkommenden Namen, so scheiden sie sich in folgender Weise:

Katholische Namen:

Ambrosius 1, Asmus 1, Baptist 1, Franz 2, Gallus 1, Gerhard 1, Hieronymus 1, Moriz 1, Stephan 1, Thomas 1.

Zu den in unserem Material zufällig nicht belegten, aber sonst als

Einfache Namen gebräuchlichen dürften von den übrigen vor allem die gehören, die nur eine geringe Ziffer der Verwendung aufzuweisen haben. Dahin sind zu rechnen:

Abraham 1, Benjamin 1, Helfrich 1, Ratius 1, Samuel 1, Simeon 1, Simon 1, Tilmann 1, Tobias 1, Ulrich 1, Veit 1.

Mehr als die Hälfte von ihnen sind altbiblische Namen. Es ist begreiflich, daß sie dem wechselnden Zeitgeschmack zum Opfer fielen. Auch David (3) und Zacharias (2) gehören zu ihnen; Helfrich, Tilmann, Ulrich, Veit sind auch sonst sehr selten; Ratius weiß ich nicht unterzubringen.

Es bleiben dann noch folgende:

Adolf 3, Albert 2, Albrecht 2, Arnold 3, August 6, Carl 14, Casimir 1, Ernst 7, Ferdinand 2, Gottfried 4, Hermann 4, Joachim 2, Krafft 6, Theodor 1, Vollmar 3, Wolfgang 2.

Die Mehrzahl dieser Namen mutet uns sehr bekannt an: es sind solche, die wir heute mit am meisten verwenden (Adolf, August, Carl, Ernst, Hermann) oder die doch zu den gebräuchlicheren zählen (Albert, Albrecht, Arnold, Ferdinand, Gottfried, Joachim, Theodor, Wolfgang). Eine Ausnahme davon machen nur Casimir (2×), Krafft (6×), Vollmar (3×).

Diese Gruppe können wir nicht als solche Namen auffassen, die uns als einfache Namen zufällig nicht belegt sind; dafür kommen sie zu häufig vor. Man vergleiche nur: zwischen 4 und 14 mal (wie August, Carl, Ernst, Gottfried, Hermann) kommen bei den Doppelnamen in dem betrachteten Zeitraum noch vor: Anton (7), Bartholomäus (11), Bernhard (7), Jost (8), Paul (13), Wendel (5). Und von den obigen sollten wir als einfache Namen keine Spur besitzen? Sie sind eben in dieser Eigenschaft vorher nicht oder sehr selten im Gebrauch gewesen[1]).

[1]) Vgl. dazu Jecht[2] (im N. L. Magazin 68) S. 36 f. Es erscheinen dort zwischen 1415 und 1705 obige Namen wie folgt: Adolf 2 (seit 1642), Albert/brecht 7, Arnold 1 (seit 1705), August 1 (seit 1705), Carl 8

Diese Annahme wird gestützt durch die doch merkwürdige Tatsache, daß sie auch jetzt nicht als einfache Namen zur Verwendung kommen; man ist ihrer in dieser Eigenschaft nicht gewohnt, sie leben nur in den Doppelnamen.

b) Frauennamen.

Nur als einfache Namen begegnen:

1 Emerentia, 3 Judith, 20 Ottilia, 1 Sara, 12 Veronica. — Emerentia, Judith, Sara scheiden aus oben bereits dargelegten Gründen von vornherein aus. Ottilia verschwindet mit dem Jahre 1735 und kommt dann in 100 Jahren nur einmal vor. Veronica geht bereits 1685 unter und tritt erst in den letzten Jahrzehnten, nach mehr als 200 Jahren, wohl unter katholischem Einfluß hie und da wieder auf. Also auch die beiden letzten Namen tragen in sich die Erklärung, warum wir sie bei den Doppelnamen nicht vertreten finden. Sie widersprechen dem Satze nicht, daß grundsätzlich alle Einzelnamen zur Bildung von Doppelungen herangezogen werden können.

Nunmehr kommen wir zu denjenigen Namen, die uns nicht als Einzelnamen, sondern nur in Verbindung mit anderen entgegentreten. Es sind folgende:

Amalia 20, Angela 1, Antonetta 1, Augusta 1, Bibliana 1, Clara 1, Erdmuth 1, Ernestina 1, Felicitas 1, Franzisca 1, Friderica 4, Hanna 1, Hedwig 1, Henrietta 1, Jacobäa 1, Jacobina 1, Johanna 6, Johannetta 28, Justina 34, Lucia 1, Lucina 1, Luise 9, Rosina 7, Sabina 3, Wilhelmina 2.

Ihre Zahl ist gerade wie bei den Mannsnamen genau fünfmal so groß als die derjenigen Namen, welche nur als einfache Namen auftreten. Mustern wir sie etwas genauer! Vorwiegend von Katholiken werden von diesen Namen verwendet: Angela 1, Bibliana 1, Clara 1, Felicitas 1, Franzisca 1, Lucia 1, Lucina 1. Es sind lauter Heiligennamen. Von ihnen

---

(1585: 2; 1705: 2 in Doppelvornamen), Ernst 5 (seit 1615), Gottfried (seit 1615: 10, seit 1675: 58), Hermann 5, Joachim (häufig seit 1570), Wolfgang 11.

Dazu die Bemerkung: „Von den heute ziemlich beliebten Vornamen finden sich selten Adolf, Carl, Ernst; Otto nur in Doppelnamen [!] zu Anfang des 18. Jahrhs. (vorher vereinzelt und im 14. Jahrh.)".

wird Franzisca noch besonders gestützt, wie auch wohl Lucina, durch seine äußere Gestalt. Betrachten wir nämlich die übrigen Namen, so erweisen sie sich ihrer Mehrzahl nach entweder

1. als leicht erkennbare Ableitungen von geläufigen Mannsnamen: Antonetta 1, Augusta 1, Ernestina 1, (Franzisca 1), Friederika 1, <Jo>hanna 1, Luise 1 [1]), Henrietta 1, Jacobäa 1, Jacobina 1, Johanna 6, Johannetta 28, Justina 34, Wilhelmina 2, oder

2. als Frauennamen auf -ina: Ernestina 1, Jacobina 1, Justina 1, (Lucina 1), Rosina 7, Sabina 3, Wilhelmina 2.

3. bleiben dann noch folgende Namen übrig: Amalia 20, Erdmuth 1, Hedwig 1. Davon ist Erdmuth auf „dynastische Hilfe" zurückzuführen [2]). Alle übrigen Namen aber unter 1, 2 und 3 gehören teils einzeln, teils der Art nach zu den heute häufigeren. Oder wer möchte leugnen, daß wir heute mehr als genug nach Mannsnamen gebildete Frauennamen besitzen, besonders aber solche auf -etta und -ina?

Bei den Namen unter 1. und 2. und bei Hedwig, der auch heute sich einer gewissen Beliebtheit erfreut, geben uns diesmal die geringen Ziffern ihrer Verwendung nicht an, daß diese Namen zu denjenigen gehören, die uns als einfache Namen aus dem soeben behandelten Zeitraum zufällig nicht belegt sind (dazu ist auch ihre Zahl zu groß), sondern sie zeigen uns, wie eben in diesem Zeitraum die Neuschaffung solcher Frauennamen, veranlaßt durch den Mangel an anderen, beginnt. Bei Johanna, Johannetta und Justina ist sie schon besonders weit vorgedrungen, wie es natürlich war bei der großen Häufigkeit der betreffenden Mannsnamen, vor allem des Namens Johann.

Das Merkwürdigste daran ist wiederum, was wir schon oben bei den Mannsnamen hervorgehoben haben, daß alle diese Namen auf die Doppelnamen beschränkt bleiben, und daß man sich immer mit den hergebrachten Einzelnamen als einfachen Namen weiterbehilft.

Wir kommen von denjenigen Namen, die ausschließlich

---

[1]) Fem. zu Ludwig. Vgl. die Entsprechungen in Kap. XI.

[2]) Vgl. darüber oben S. 334 Anm.

als einfache Namen oder in Doppelnamen vorkommen, zur Betrachtung derjenigen, die überwiegend hier oder dort auftreten. Im Durchschnitt sollten die

a) Mannsnamen

dreimal so oft bei den Doppelnamen vertreten sein als bei den einfachen.

1. Diese Durchschnittsziffer überschreiten: Adam (4,5), Daniel (5), Dietrich (4), Friedrich (3,8), Georg (8), Heinrich (7,1), Jacob (3,5), Ludwig (7,6), Peter (5,9), Reinhard (6), Wilhelm (3,7), Wolrat (4). Zu berücksichtigen ist jedoch dabei, daß nicht die Ziffern aller Namen gleichgewertet werden dürfen. Vielmehr müssen wir von Dietrich, Wolrat, Reinhard absehen, da diese als Einzelnamen nur einmal, bzw. zweimal vorkommen, ein geringer Zuwachs bei den Doppelnamen daher für sie mehr ins Gewicht fällt als etwa bei Georg oder Heinrich. Vielleicht darf man aus demselben Grund auch auf Daniel und Ludwig nicht zuviel Nachdruck legen. Aber die übrig bleibenden Adam, Friedrich, Georg, Heinrich, Jacob, Peter, Wilhelm bilden den Grundstock unserer heute am meisten gebrauchten Namen. Setzen wir zum Vergleich noch einmal die Häufigkeitsreihe der einfachen Vornamen von 1586 bis 1775 her. Sie heißt: Johann 378, Philipp 107, Christoph 45, Nicolaus 39, Jacob 38, Martin 34, Adam 30, Conrad 26, Wilhelm 22, Peter 21, Balthasar 18, Andreas 17, Heinrich 17, Georg 16, Michael 15, Paul 13, Caspar 12, Bartholomäus 11.

Wir erkennen: die vier als einfache Namen am häufigsten gebrauchten sind bei der Verwendung im Doppelvornamen alle überholt worden. Besonders stark tritt das bei Johann und Philipp gegenüber Georg und Heinrich zutage. Friedrich und Ludwig finden wir in der Reihe überhaupt nicht vertreten. Die Namen Johann und Philipp haben heute ihre ehemalige herrschende Stellung eingebüßt, wennschon sie immer noch zu den häufiger gebrauchten zu rechnen sind. Daß Christoph, Nicolaus, Martin, Conrad, Balthasar, Andreas, Michael, Paul, Caspar, Bartholomäus heute zu den häufigen gehörten, kann man nicht behaupten.

Wir ziehen den Schluß: Eine Reihe von heute am meisten gebrauchten einfachen Namen verdankt ihre hervorragende Stellung nicht ihrer Eigenschaft als Einzelnamen, sondern sie sind durch die Vermittelung der Doppelnamen, in denen sie in der Verwendung den ehemals am meisten gebrauchten Einzelnamen vorauseilten, zu ihrer jetzigen Beliebtheit gelangt. Bei der übermächtigen Stellung des Namens Johannes hätten sie sich als einfache Vornamen nie zu einer solchen Beliebtheit emporschwingen könnnen, wenn ihnen nicht eben der Name Johannes in den Doppelvornamen dazu verholfen hätte, indem er sich in solchen gern mit ihnen verband, sodaß sie mit ihm, der beliebt war, selber beliebt wurden.

2. Wir zählen zweitens diejenigen Einzelnamen auf, die sich bei den Doppelnamen etwa dem Durchschnitt gemäß vervielfältigt haben. Es sind: Christian (3,16 mal), Johann (3,01), [Wolf (3)]. Sie haben also durch die Doppelnamen keine Erweiterung ihrer Verwendung erfahren.

3. Zurückgeblieben hinter dem Durchschnittsmaß sind von früher häufiger gebrauchten Namen: Andreas (1,06 mal), Balthasar (1,05), Bartholomäus (0,36), Caspar (2,66), Christoph (1,33), Conrad (2,15), Martin (1,7), Michael (1,07), Nicolaus (0,51), Paul (0,39), Philipp (2,14).

Wir haben sie bereits alle bei der Häufigkeitsreihe kennen gelernt. Daß sie hinter den oben erwähnten zurückblieben, dürfte nicht zum wenigsten durch rhythmische Gründe hervorgerufen sein.

Wir wenden uns nunmehr zu den

b) Frauennamen.

Diese sollten im Durchschnitt 4 mal so oft in Doppelnamen denn als einfache Namen vorkommen.

1. Diese Durchnittsziffer überschreiten:

Anna (10,49), Christina (8,73), Dorothea (4,5), Eva (13), Eleonore (11), Charlotte (12), Maria (25,66), Philippina (16), Regina (7), Sibylla (10,66), Sophia (13).

Charlotte [1]), Eleonore, Eva, Philippina, Regina sind zunächst auszuscheiden. Sie kommen als einfache Namen nur

[1]) Charlotte 1766/75 schon Einfluß der doppelten Vornamen auf die einfachen. S. u. S. 361.

einmal vor. Doch ist bemerkenswert, daß 2 von ihnen auf -ina endigen. Auch Christina gehört hierher. Sibylla und Sophia weisen so hohe Ziffern auf, weil sie als einfache Namen nur je dreimal belegt sind. Dorothea überschreitet das Durchschnittsmaß nur wenig. So bleiben Anna und Maria, von denen besonders der letztere Name an Häufigkeit ganz außerordentlich zugenommen hat. Doch dürfen wir dies kaum auf katholischen Einfluß zurückführen.

2. Wir fügen diejenigen Namen an, deren Zahl sich gemäß dem Durchschnitt etwa viermal verfielfältigt hat. Es sind Catharina (3,59) und Elisabetha (3,75). Sie ergeben mit Anna und Maria zusammen diejenigen Namen, die wir heute die verbreitetsten nennen dürfen.

3. Früher häufiger gebrauchte Namen, die hinter dem Durchschnittsmaß zurückgeblieben sind: Agatha (0,5), Apollonia (1,07), Barbara (0,97), Esther (0,11), Gertrud (0,10), Juliana (1,5), Magdalena (2,88), Margaretha (2,44), Susanna (0,31). Margaretha und Magdalena, die am wenigsten an Häufigkeit verloren haben, gehören auch heute nicht zu den selteneren.

So haben auch unsere Aufstellungen über die Frauennamen nichts aufgewiesen, was mit dem Ergebnis bezüglich der Mannsnamen in Widerspruch stände. So können wir den oben nur im Hinblick auf diese ausgesprochenen Satz für die ganze Namenentwickelung gelten lassen.

A. DIE ZEIT BIS ZUM JAHRE 1805.

a) bis 1775.

β) in Frankfurt.

aa) Die einfachen Vornamen 1535—1775.

αα) in der Zeit 1535—1595.

1. Auswahl der Namen.

Auf 255 Knaben kommen 64 verschiedene Vornamen (= 25,1 %), auf 256 Mädchen 41 (= 16 %).

Am häufigsten treten auf

a) Mannsnamen:

Johann 70, Conrad 18, Peter 18, Jacob 13, Georg 10, Caspar 9, Nicolaus 7, Heinrich 6, Philipp 6.

b) Frauennamen:

Margaretha 53, Catharina 52, Anna 30, Elisabetha 23, Maria 16, Barbara 8, Agnes 7, Christina 7.

Der Name Johannes steht allen anderen voran. Er ist bei den Knabenvornamen 3,8 mal so häufig als der nächstdem meistverwandte Namen Conrad. Die Reihe der folgenden Namen weist keine so starken Einschnitte auf. Unter den am häufigsten vorkommenden Namen sind zwei deutsche, Conrad und Heinrich.

Bei den Frauennamen heben sich die ziemlich gleichoft vorkommenden Namen Margaretha und Catharina deutlich aus der Reihe der übrigen ab, dann schließen sich auch die beiden folgenden, Anna und Elisabetha, enger zusammen. Maria folgt in einigem Abstand, hierauf in etwa gleichem Abstand die Menge der übrigen Namen.

2. Die Herkunft der Namen wollen wir nur insoweit genauer betrachten, daß wir die deutschen Namen feststellen. Es sind bei den Mannsnamen 22 (in 54 Fällen), bei den Frauennamen 5 (in 10 Fällen), bei ersteren verhalten sich also die deutschen Namen zu den fremden wie 1 : 1,9, bei den letzteren wie 1 : 7,2; bei ersteren führen von 100 Kindern etwa 21, bei letzteren etwa 4 deutsche Vornamen.

An alttestamentlichen Namen erscheinen: Abraham, Adam (4), Daniel (3), David, Jeremias, Jonas (2). — Eva (2), Judith (4), Rahel, Sara (2), Susanna (4). Zusammen: Knabennamen 6 (0,9 %) in 12 Fällen (4,7 %), Mädchennamen 5 (12 %) in 13 Fällen (5,1 %).

ββ) in der Zeit 1600—1715.

1. Auswahl der Namen.

Auf 368 Knaben kommen 82 verschiedene Vornamen (= 22 %), auf 359 Mädchen 41 (= 11 %).

Am häufigsten treten auf

a) Mannsnamen:

Johann 65, Jacob 22, Georg 21, Peter 17, Heinrich 13, Nicolaus 13, Conrad 9, Philipp 9, Wilhelm 8.

b) Frauennamen:

Catharina 49, Elisabetha 40, Margaretha 28, Anna 26, Maria 25, Susanna 24, Sara 11, Agnes 10, Barbara 10, Magdalena 9.

Der Name Johannes kommt 2,9 mal so oft vor als der

nächsthäufigste Mannsname. Dieser ist jetzt Jacob; Conrad zählt dagegen jetzt nur noch den 7. Teil des Namens Johannes, ist also um etwa die Hälfte in seiner Verbreitung zurückgegangen. In der Reihe der häufigsten Namen treten drei deutsche Vornamen auf: Heinrich, Conrad, Wilhelm.

Bei den Frauennamen heben sich wiederum zwei aus der Reihe der übrigen ab, diesmal Catharina und Elisabetha. Nun folgen die beiden auch vorher zu den 4 vor allen anderen beliebten Namen gehörigen Margaretha und Anna. Doch schließt sich Maria nun eng daran an, und auch der Name Susanna, der vorher gar nicht in der Reihe der häufigsten Namen erschienen war, ist jetzt ungefähr ebenso oft vertreten wie Maria. Bemerkenswert ist dann noch die Verbreitung des anderen alttestamentlichen Namens Sara.

2. Herkunft der Namen.

Deutsche Namen treten auf bei den Mannsnamen 23 in 68 Fällen, bei den Frauennamen 8 in 13 Fällen. Es verhalten sich also die deutschen Namen zu den fremden wie 1 : 2,2 bei den Mannsnamen, dagegen wie 1 : 4,1 bei den Frauennamen. Von 100 Knaben erhalten 18 deutsche Vornamen, von 100 Mädchen dagegen 4.

Von alttestamentlichen Namen sind folgende vertreten: Abraham (8), Adam (7), Benjamin, Daniel (5), David (3), Elias, Jeremias (2), Joachim, Jonas (3), Josua, Isaak (2), Israel, Moses, Samuel, zusammen 14 (17,1 %) in 37 Fällen (10 %). — Esther, Judith (2), Rahel, Rebecca (4), Sara (11), Susanna (24), zusammen 6 (14,6 %) in 43 Fällen (11,9 %).

γ) Die Zeit 1720—1775.

1. Auswahl der Namen.

Auf 107 Knaben kommen 40 verschiedene Vornamen (= 38 %), auf 58 Mädchen 20 (= 35 %).

Am häufigsten treten auf

a) Mannsnamen:

Johann 25, Peter 8, Anton 5, Jacob 5, Abraham 4, Daniel 4, Nicolaus 4, Balthasar 3, Clemens 3, Franz 3, Friedrich 3, Georg 3.

b) Frauennamen.

Catharina 12, Susanna 7, Maria 6, Elisabetha 5, Christina 4, Margaretha 4.

Der Name Johannes kommt 3,3 mal so oft vor als der nächsthäufige Mannsname. Conrad ist ganz aus der Reihe der häufigsten Mannsnamen ausgeschieden. Unter diesen befindet sich nur ein deutscher Name (Friedrich).

Der Name Catharina hat sich bei den Frauennamen noch mehr von den übrigen abgesondert. Er zählt fast doppelt so viel als der nach ihm kommende Name Susanna. Dieser ist aus der 6. Stelle bereits an die zweite gerückt. Anna ist ganz aus der Reihe verschwunden. Bemerkenswert erscheint in beiden Reihen das Hervortreten der alttestamentlichen Namen Abraham, Daniel — Susanna.

2. Herkunft der Namen.

Deutsche Namen finden sich unter den Mannsnamen 11 in 16 Fällen (= 15 %), unter den Frauennamen 2 in 3 Fällen (5 %). Die deutschen Namen verhalten sich zu den fremden bei den Knaben wie 1 : 2,6, bei den Mädchen wie 1 : 9.

An alttestamentlichen Namen treten folgende auf: Abraham (4), Adam, Benjamin (2), Daniel (4), David, Jonas (2), zus. 6 (15 %) in 14 Fällen (13,1 %). — Rebecca (2), Sara (2), Susanna (7), zusammen 3 (15 %) in 11 Fällen (17,2 %).

3. Neuauftretende Namen: Amalia, Friederica, Marianna, Sibylla.

bb) Die doppelten Vornamen 1535—1775.

αα) in der Zeit 1535—1625.

1. Auswahl der Namen.

Auf 51 Knaben kommen 27 verschiedene Doppelvornamen (= 53 %), auf 54 Mädchen 21 (= 41 %).

Alle außer mit Johann, Anna, Maria als erstem Glied zusammengesetzten Namen kommen nur einmal vor.

Am häufigsten treten auf

a) Mannsnamen:

Joh. Jacob 6, Joh. Georg 5, Joh. Peter 5, Joh. Heinrich 4, Joh. Christoph 3, Joh. Hector 3, Joh. Adam 2, Joh. Conrad 2, Joh. Friedrich 2, Joh. Hieronymus 2.

b) Frauennamen:

Anna Maria 18, Anna Margaretha 6, Anna Catharina 5, Anna Elisabetha 5, Anna Clara 2, Anna Ursula 2, Maria Salome 2.

In der Reihe der Mannsnamen finden wir keinen Einschnitt, dagegen bei den Frauennamen einen starken hinter Anna Maria.

2. Herkunft der Namen.

Unter allen vorkommenden Doppelvornamen findet sich keiner, bei dem beide Glieder deutscher Herkunft wären. Eines der Glieder ist deutsch bei 7 Mannsnamen und einem Frauennamen (im ganzen 28,8 %).

ββ) in der Zeit 1630—1715.

1. Auswahl der Namen.

Auf 316 Knaben kommen 107 verschiedene Doppelvornamen (= 33,8 %), auf 378 Mädchen 99 (= 26,2 %).

Am häufigsten treten auf

a) Mannsnamen:

Joh. Georg 23, Joh. Jacob 19, Joh. Peter 19, Joh. Heinrich 16, Joh. Philipp 15, Joh. Wilhelm 12, Joh. Conrad 11, Joh. Daniel 10, Joh. Christoph 9, Joh. Martin 9.

b) Frauennamen:

Anna Maria 50, Anna Catharina 39, Anna Margaretha 38, Anna Elisabetha 32, Maria Magdalena 17, Maria Elisabetha 14, Anna Barbara 9, Maria Catharina 9.

Die häufigsten Namen sind alle mit Johann, Anna, Maria zusammengesetzt. Der Name Anna Maria hat bei den Frauennamen die erste Stelle behauptet. Bei den Mannsnamen hat der Name Johann Georg den Namen Johann Jacob überflügelt. Innerhalb der Reihe der Frauennamen bemerken wir zwei Einschnitte: den einen hinter den mit Anna als erstem Glied zusammengesetztem Namen, den anderen hinter dem Namen Anna Maria.

2. Herkunft der Namen:

Bei 6 Mannsnamen sind beide Glieder deutsch, bei 41 eines der beiden. Bei den Frauennamen finden wir einen Doppelvornamen aus zwei deutschen Einzelnamen überhaupt nicht. Bei nur 5 ist eines der beiden Glieder deutschen Ursprungs.

3. An erster Stelle stehen bei den Doppelungen

a) Mannsnamen:

Johann (63×), Georg (8), Philipp (8), Heinrich (4) Peter (4), Hieronymus (3).

b) Frauennamen:

Anna (26 ×), Maria (18), Susanna (8), Magdalena (6), Catharina (5), Margaretha (5), Dorothea (3), Juliana (3), Sophia (3).

Von diesen Namen gehören nur Hieronymus, Juliana, Sophia zu den in dieser Zeit als Einzelnamen selten gebrauchten.

γγ) in der Zeit 1720—1775.

1. Auswahl der Namen.

Auf 304 Knaben kommen 114 verschiedene Doppelvornamen (= 37,5%), auf 383 Mädchen 118 (= 30,8%).

Am häufigsten treten auf

a) Mannsnamen:

Joh. Jacob 25, Joh. Georg 20, Joh. Heinrich 17, Joh. Friedrich 14, Joh. Peter 9, Joh. Philipp 9, Joh. Wilhelm 9, Joh. Andreas 8, Joh. Daniel 8, Joh. Martin 8, Joh. Michael 8.

b) Frauennamen:

Anna Catharina 33, Anna Elisabetha 33, Anna Maria 26, Anna Margaretha 22, Maria Elisabetha 17, Maria Magdalena 16, Catharina Elisabetha 14, Maria Margaretha 13, Susanna Elisabetha 12, Maria Catharina 8.

Bei den Mannsnamen sind die häufigsten immer noch Zusammensetzungen mit dem Namen Johann. Dagegen haben sich in der Reihe der häufigsten Frauennamen außer den mit Anna und Maria als erstem Glied zusammengesetzten bereits zwei andere, Catharina Elisabetha und Susanna Elisabetha, eingefunden.

2. Herkunft der Namen.

Bei 10 Mannsnamen sind beide Glieder deutsch, bei 56 eines von beiden. Namen aus zwei deutschen Gliedern finden wir bei den Frauen überhaupt nicht, mit einem deutschen Glied sind 6 vorhanden.

3. An erster Stelle stehen bei den Doppelungen

a) Mannsnamen:

Johann (47 ×), Georg (10), Philipp (8), Friedrich (5), Carl (4), Christian (4), Heinrich (4), Jacob (4), Peter (4), Wolfgang (3).

b) Frauennamen:

Maria (26 ×), Anna (16), Johanna (11), Catharina (7), Susanna (6), Sophia (5), Christina (4), Helena (4), Margaretha (4), Elisabetha (3), Magdalena (3), Rebecca (3).

Wir bemerken, daß der Name Johann nicht mehr durch eine solche Kluft von den übrigen Namen getrennt ist wie vorher. Bei den Frauennamen haben Maria und Anna ihre Stellen getauscht.

Es bleibt uns nun noch übrig zu betrachten, wie oft die zwischen 1535 und 1775 vorkommenden Namen als einfache Vornamen auftreten und wie oft sie in Doppelvornamen vorkommen[1]).

a) Mannsnamen:

13	Abraham	1	13	Caspar	12	1	Gispert	
1	Achilles	1	7	Christian	21		Gottlieb	2
12	Adam	13	8	Christoph	23	4	Gottfried	6
2	Adolf	8	4	Clemens	1		Gustav	3
1	Adrian	1	29	Conrad	24	5	Hartmann	7
2	Albert		5	Cornelius	3		Hector	5
1	Albrecht	1	12	Daniel	18	1	Heilmann	
2	Alexander	2	5	David	4	19	Heinrich	52
8	Andreas	10	8	Dietrich	1		Helfrich	1
	Anselm	3	6	Dominicus	2	4	Hermann	5
12	Anton	2	1	Ehrenfried	2	2	Hieronymus	7
	Arnold	1	1	Elias		1	Hilarius	
	August	4		Emanuel	1	40	Jacob	73
9	Balthasar	13		Emerich	1	3	Jeremias	4
	Baptist	2	1	Engelhard		1	Jesaias	1
6	Bartholomäus	5		Erasmus	2	2	Joachim	1
	Benedikt	1		Ernst	5	161	Johann	536
3	Benjamin	1		Eberhard	1	7	Jonas	
2	Bernhard	8	2	Felix	1	1	Josua	
	Bechtold	2	10	Franz	4	3	Jost	1
3	Blasius		7	Friedrich	42	2	Isaac	3
	Bodo	1		Gabriel	2	1	Israel	
	Bonaventura	1	34	Georg	72	1	Julius	2
6	Carl	21	2	Gerhard	5	1	Justinian	
	Casimir	1	2	Gerlach			Kilian	1

[1]) Das erstere ist durch die Ziffer vor dem Namen, das letztere durch die Ziffer hinter dem Namen angegeben.

5	Leonhard	3	1	Ottomar		4	Stephan	2
5	Lorenz	7	10	Paul	6	1	Theobald	1
	Lucas	1	43	Peter	45	1	Theodor	
6	Ludwig	17	16	Philipp	57	6	Thomas	6
	Magnus	1	1	Quirinus		1	Til	
3	Marcus	2	1	Reichard			Tilmann	1
12	Martin	17	1	Reimund			Ulrich	5
3	Matern		2	Reinhard	2	2	Valentin	6
9	Matthäus	8	4	Remigius	1	3	Vincenz	
5	Matthias	1	1	Rudolf	1	1	Wigand	
1	Maximilian	4		Rüdiger	1	1	Weigel	
4	Melchior	1	2	Samuel	1	1	Wendel	
13	Michael	13	6	Sebastian	4	3	Werner	
1	Moriz	1	2	Seger		10	Wilhelm	32
1	Moses			Servatius	1		Wolfgang	9
	Noa	1	3	Sigfried		1	Zacharias	2
1	Ogier			Sigmund	1	1	Zimbrecht.	
1	Otto	1	1	Simon	4			

b) Frauennamen:

6	Agatha			Eleophe	1	1	Johannata	
17	Agnes	3	63	Elisabetha	191	1	Johanneta	
1	Amalia	1		Emilie	2		Johannetta	3
2	Anastasia		1	Engel		1	Jonica	
57	Anna	410	1	Esther			Josepha	1
	Antonetta	6	1	Eulalia		6	Judith	5
5	Apollonia	1	2	Eva	5	2	Juliana	9
18	Barbara	18	3	Felicitas		1	Justina	5
	Carolina	2	1	Florentina		4	Kunigunde	5
113	Catharina	146	1	Friederica	2	1	Lucia	5
	Charlotte	6	9	Gertrud	14	4	Lucretia	2
	Christiana	4	2	Guda			Luise	4
18	Christina	25		Henrietta	3	18	Magdalena	57
5	Clara	15	4	Helena	7	85	Margaretha	136
	Constantia	1	1	Jacobäa	4	47	Maria	284
2	Cornelia	3		Jacobe	1	1	Marianna	
10	Dorothea	32	2	Jacobina	2	1	Martha	3
6	Eila		1	Jacobis		1	Merkel	
	Eleonore	7	1	Johanna	22	4	Ottilia	

	Paulina	1		Rosina	4	35	Susanna	60
1	Petronella			Sabina	1	10	Ursula	15
1	Philippina	1		Salome	13	2	Veronica	3
2	Rahel		15	Sara	3	4	Walburg	1
1	Rata		1	Sibylla	23		Wilhelmina	2
6	Rebecca	12	2	Sophia	17			
4	Regina	6	1	Stephania				

Von 1535 bis 1775 treten auf bei Knaben 730 einfache Vornamen, 671 Doppelvornamen; bei Mädchen 673 einfache Vornamen, 815 Doppelvornamen. Da die 671 männlichen Doppelvornamen sich aus 1342 Einzelvornamen zusammensetzen, war jedem der einfachen Vornamen die Möglichkeit gegeben, 1,8 mal so oft bei den Doppelvornamen als bei den einfachen Vornamen vorzukommen. In derselben Weise war den einfachen Frauennamen die Möglichkeit gegeben, 2,4 mal so oft bei den Doppelvornamen zu erscheinen als bei den einfachen. Nehmen wir in runder Ziffer für die Mannsnamen 2 mal, für die Frauennamen 2,5 mal und sehen wir, wie es in Wirklichkeit steht.

a) Mannsnamen.

1. Nur als einfache Vornamen treten auf:

2 Albert, 3 Blasius, 1 Elias, 1 Engelhard, 2 Gerlach, 1 Gispert, 1 Heilmann, 1 Hilarius, 7 Jonas, 1 Josua, 1 Israel, 1 Justinian, 3 Matern, 1 Moses, 1 Ogier, 1 Ottomar, 1 Quirinus, 1 Reichard, 1 Reimund, 2 Seger, 3 Siegfried, 1 Theodor, 1 Til, 3 Vincenz, 1 Weigel, 1 Wendel, 1 Werner, 1 Wigand, 1 Zimbrecht.

Daß die nur einmal belegten, also nur selten gebrauchten Namen nicht bei den Doppelvornamen erscheinen, kann nicht verwundern. Die mehr als einmal verwendeten sind altertümliche Namen deutschen oder fremden Ursprungs und tragen darin den Grund für ihr Nichterscheinen bei den Doppelvornamen. Albert kann durch Albrecht am Erscheinen verhindert worden sein. Mehr als 3 mal ist keiner dieser Namen als einfacher Vorname belegt.

2. Nur in Doppelvornamen treten auf:

Anselm 3, Arnold 1, August 4, Baptist 2, Benedikt 1,

Bechtold 2, Bodo 1, Bonaventura 1, Casimir 1, Emanuel 1, Erasmus 2, Ernst 5, Eberhard 1, Gabriel 2, Gottlieb 2, Gustav 3, Hector 5, Helfrich 1, Kilian 1, Lucas 1, Magnus 1, Noa 1, Rüdiger 1, Servatius 1, Sigmund 1, Tilmann 1, Ulrich 5, Wolfgang 9.

Die nur einmal belegten Namen kommen für die Beurteilung, wie bereits oben ausgeführt ist, nicht weiter in Betracht. Die mehr als einmal belegten sind teils altertümliche deutsche Namen (Bechtold, Ulrich), die uns aus diesem Grund wohl zufällig nicht als einfache Vornamen belegt sind, teils solche, die in irgend welchen besonderen Umständen ihren Ursprung haben. So darf man wohl Anselm, Baptist, Erasmus, Gabriel auf religiös-kirchlichen Einfluß zurückführen; die Verbreitung des Namens Hector steht mit örtlichen Verhältnissen in Zusammenhang[1]), — aber wie erklären sich die Namen August (4 ×), Ernst (5), Gottlieb (2), Gustav (3), Wolfgang (9)? Zu den in der bis jetzt betrachteten Zeit gebräuchlichen einfachen Vornamen gehören sie keineswegs, denn wir müßten doch von den mehrfach belegten in diesem Falle irgend eine Spur haben. Ihre Verbreitung jedenfalls haben sie innerhalb der Doppelnamen erlangt, und damit sind sie auch in die Schar derjenigen einfachen Namen gekommen, die heute die gebräuchlichsten sind. Sie haben ihre Verbreitung der Verbreitung der Doppelvornamen zu verdanken, bei diesen aber konnten sie aufkommen durch die Art und Weise, wie dieselben entstanden.

Wir betrachten unter denselben Gesichtspunkten die

b) Frauennamen.

1. Nur als einfache Vornamen treten auf:

6 Agatha, 2 Anastasia, 6 Eila, 1 Engel, 1 Esther, 1 Eulalia, 3 Felicitas, 1 Florentina, 2 Guda, 1 Jacobis, 1 Johannata, 1 Johanneta, 1 Jonica, 1 Marianna, 1 Merkel, 4 Ottilia, 1 Petronella, 2 Rachel, 1 Rata, 1 Stephania.

Von den nur einmal vertretenen Namen abgesehen, ist zu den übrigen zu bemerken, daß Eila und Guda nicht in Doppelvornamen auftreten, weil sie veraltet schienen. Agatha

---

[1]) Vgl. oben S. 276.

stirbt um die Mitte des 18. Jahrhs. aus, Ottilia beginnt gleichfalls um diese Zeit sehr selten zu werden; Rachel, Felicitas, Anastasia haben ihr Erscheinen besonderem biblischem oder religiösem Einfluß zu verdanken.

2. Nur in Doppelvornamen treten auf:

Antonetta 6, Carolina 2, Charlotte 6, Christiana 4, Constantia 1, Eleonore 7, Eleophe 1, Emilia 2, Henrietta 3, Jacobe 3, Johannetta 3, Josepha 1, Luise 4, Paulina 1, Rosina 4, Sabina 1, Salome 13, Wilhelmina 2.

Von diesen 18 Vornamen sind nicht weniger als 13 Entsprechungen zu Mannsnamen. Dazu kommen noch, sich durch ihren Ausgang anschließend, Ros-ina und Sab-ina. Welchen Einflüssen Salome (ist als Einzelname sonst häufiger belegt, fehlt bei uns nur zufällig) und Eleonore ihre Verbreitung verdanken, ist ungewiß.

Überwiegend als einfache oder in doppelten Namen treten auf

a) Mannsnamen:

1. Die Durchschnittsziffer überschreiten:

Adolf (mit 4 × statt 2 ×), Bernhard (4 ×), Carl (3,5), Christian (3), Christoph (2,9), Friedrich (6), Georg (2,1), [Gerhard (2,5)], Heinrich (2,7), [Hieronymus (3,5)], Johann (3,3), Ludwig (2,7), [Maximilian (4)], Philipp (4,2), [Simon (4)], [Valentin (3)], Wilhelm (3,2).

Dabei ist noch zu berücksichtigen, daß es dem Namen Johann leichter werden konnte, die Durchschnittszahl zu überschreiten, da er bereits als Einzelname eine sehr große Verbreitung besaß. Je weniger dagegen ein Einzelname als solcher vorkam, desto schwerer nur konnte es ihm gelingen.

2. Hinter der Durchschnittsziffer blieben zurück:

Abraham (nur 0,1 × statt 2 ×), Adam (1,1), Andreas (1,2), Anton (0,2), Balthasar (1,4), Bartholomäus (0,8), Benjamin (0,3), Caspar (0,9), Clemens (0,2), Conrad (0,8), Daniel (1,5), Dietrich (0,1), Dominicus (0,3), Franz (0,4), Gottfried (1,5), Hartmann (1,4), Hermann (1,2), Jacob (1,8), Jeremias (1,3), Jost (0,3), Leonhard (0,6), Lorenz (1,4), Marcus (0,6), Martin (1,4), Matthäus (0,9), Matthias (0,2), Melchior (0,2), Michael (2), Nicolaus (0,8), Paul (0,6), Peter (1,1), Remigius (0,2), Sebastian (0,7), Stephan (0,5), Thomas (1).

Von diesen Namen hatten zwischen 1535 und 1775 folgende einen Platz in der Reihe der häufigsten einfachen Vornamen:

Abraham, Anton, Balthasar, Caspar, Clemens, Conrad, Daniel, Franz, Jacob, Nicolaus, Peter.

Die Gründe, warum gerade diese Namen nicht in dem Maße in Doppelnamen verwendet worden sind, wie als einfache Vornamen, können verschiedener Art sein. Es kann vorliegen: Gegenströmung gegen altbiblische Namen (Abraham, Daniel) oder gegen (die katholischen) heiligen Namen (Anton, Balthasar, Caspar, Franz, Nicolaus), es kann auch die Mode maßgebend gewesen sein, der Conrad, Jacob, Peter zu abgebraucht erschienen. Zu jedem dieser Gründe kann als besonderer noch hinzutreten oder auch selbständig wirken ein rhythmisch-euphonischer (bes. wohl bei Balthasar, Nicolaus).

b) Frauennamen:

1. Die Durchschnittsziffer überschreiten:

Anna (7,2 × statt 2,5 ×), Clara (3), Dorothea (3,2), Elisabetha (3,0), Jacobäa (4), Johanna (22), Juliana (4,5), Justina (5), Lucia (5), Magdalena (3,2), Maria (6,1), Martha (3), Sibylla (23), Sophia (8,5).

Jacobäa, Johanna, Justina, Lucia, Martha, Sibylla erscheinen als Einzelnamen nur einmal, daher die großen Ziffern.

2. Die Durchschnittsziffer hat eingehalten:

Eva (2,5 ×).

3. Die Durchschnittsziffer haben nicht erreicht:

Agnes (0,2), Apollonia (0,2), Barbara (1), Catharina (1,3), Christina (1,4), Cornelia (1,5), Gertrud (1,6), Helena (1,8), Judith (0,9), Kunigunde (1,2), Margaretha (1,6), Rebecca (2), Regina (1,5), Sara (0,2), Susanna (1,7), Ursula (1,5), Veronica (1,5), Walburg (0,2).

Wenn wir die Hauptergebnisse dieses Abschnittes in kurzen Sätzen zusammenfassen wollen, dürfen wir etwa sagen:

Die Doppelvornamen benutzen die jeweilig vorhandenen Einzelvornamen zu ihrer Bildung. Jeder einfache Vorname ist an sich befähigt, bei der Bildung eines Doppelvornamens verwendet zu werden, aber nicht alle einfachen Vornamen sind in gleicher Weise dazu geeignet.

Nachdem es einmal Mode geworden war, nicht einen, sondern zwei Vornamen zu erteilen, konnte sich die Auswahl nicht mehr auf den engen Kreis der als einfache Vornamen ehemals gebräuchlichsten Namen beschränken, da diese zur Bildung voneinander verschiedener Namen nicht ausreichten. Man mußte weiter greifen, und so kam es, daß Namen, die ehemals als einfache Vornamen zu den selten gebrauchten gehörten, durch die zunehmende Verwendung zur Bildung von Doppelvornamen allmählich eine solche Verbreitung erlangten, daß sie den ehemals meistgebrauchten einfachen Namen die Wage hielten, oder sie gar aus dem Felde schlugen. Ohne die Doppelvornamen hätten sie bei der übermächtigen Stellung der alten meistgebrauchten einfachen Vornamen niemals oder weit langsamer eine solche Verbreitung gewonnen.

Da aber mit der zunehmenden Häufigkeit dieser Namen sich gleichzeitig wiederum das Bedürfnis geltend machte, die erteilten Doppelvornamen mehr voneinander zu unterscheiden, so begnügte man sich nicht damit, nur ehemals gebräuchliche einfache Vornamen zur Bildung von Doppelvornamen heranzuziehen, sondern man nahm noch neue Namen aus anderen Quellen hinzu.

Aber diese neuaufgenommenen Namen treten nicht für sich nun ihrerseits neben den alten einfachen Namen gleichfalls als solche auf.

Daher erfährt, solange die Doppelvornamen in Blüte stehen, der Namenschatz der Einzelnamen, obwohl er selbst die Doppelvornamen beeinflußt, seinerseits keinen rückwirkenden Einfluß von diesen her.

Die Entwickelung der einfachen Vornamen und die der Doppelvornamen erfolgt also von den ersten Anfängen getrennt, so jedoch, daß ein Weg von den einfachen Vornamen zu den Doppelvornamen hinüberführt, aber keiner von den Doppelvornamen zu den einfachen.

Dies ist in großen Zügen der Zustand und die Entwickelung, wie sie unsere bis zum Jahre 1775 reichende Darstellung aufgezeigt hat. Mit dem Überschreiten des Höhepunktes in der Verbreitung der Doppelvornamen ändert sich jedoch die Sachlage; auf die Spuren einer neuen Entwickelung, die vor allem die Vermehrung des Namenschatzes der einfachen Vornamen in die Wege leitet, haben wir bereits aufmerksam gemacht. Wir müssen sie zunächst noch etwas weiter verfolgen.

b) in der Zeit 1776—1805.

α) Rüsselsheim.

aa) Die einfachen Vornamen 1776—1805.

αα) in der Zeit 1776—1795.

1. Auswahl der Namen.

a) Mannsnamen:

Johannes 44, Jacob 3, Balthasar 1, Christian 1, Martin 1. Summe: 50.

b) Frauennamen:

Catharina 9, Susanna 5, Dorothea 4, Amalia 1, Christina 1, Justina 1, Luise 1, Ottilia 1, Regina 1, Sophia 1. Summe: 25.

Im Durchschnitt führen 10 Knaben den gleichen Namen (unterschieden werden also 10%), dagegen 2,5 Mädchen (unterschieden also 40%).

Dieser auffallende Unterschied erklärt sich daraus, daß wir unter den 50 männlichen Einzelnamen, die erteilt werden, 44 mal den Namen Johannes antreffen. Er kommt 14,3 mal so oft zur Anwendung als der nächsthäufigste Jacob (3 ×). Die anderen Namen treten nicht mehr wie einmal auf. Ein deutscher Name kommt dabei nicht vor. Bei den Frauennamen ist der Name Susanna wieder aus seiner beherrschenden Stellung gewichen und hat den Platz nach Catharina eingenommen. Daneben ist nur noch Dorothea mehrmals verwendet. Deutsch ist unter den Frauennamen nur der Name Amalia.

2. Herkunft der Namen.

a) Mannsnamen:

Wir finden lauter neutestamentliche und Heiligennamen.

b) Frauennamen:

1. Deutsche: 1 in 1 Fall:

Amalia.

2. Fremde: 9 in 24 Fällen.

α) Alttestamentliche: 1 in 5 Fällen:

Susanna.

β) Neutestamentl. und Heiligennamen: 7 in 18 Fällen:

Catharina, Dorothea, Ottilia.

γ) Sonstige fremde Namen: 1 in 1 Fall:

Luise.

3. Neueingeführte Mannsnamen finden wir nicht, dagegen an Frauennamen Amalia und Luise. In diesen zeigen sich, wie wir später noch genauer sehen werden, die ersten Einflüsse der Doppelvornamen auf den Namenschatz der einfachen Vornamen, der in der Folgezeit dann beständig zunimmt.

ββ) in der Zeit 1796—1805.

1. Auswahl der Namen.

a) Mannsnamen:

Johannes 30, Peter 2, Friedrich 1. Summe: 33.

b) Frauennamen:

Susanna 5, Catharina 4, Charlotte 4, Carolina 1, Christina 1, Dorothea 1, Eleonore 1, Elisabetha 1, Gertrud 1, Helena 1, Magdalena 1, Rosina 1. Summe: 22.

Die Zahl der verschiedenen Mannsnamen verhält sich zu der Zahl der verschiedenen Frauennamen wie 1 : 4. Im Durchschnitt führen 11 Knaben den gleichen Vornamen (unterschieden werden also 9,1%), dagegen nur 1,8 Mädchen (unterschieden werden 54,5%).

Der Name Johannes hat die unumstrittene Alleinherrschaft erreicht; bei den Frauennamen ist Susanna wieder an die erste Stelle getreten, daneben hat sich Catharina gehalten und ist Charlotte hinzugekommen. Von deutschen Namen sind vorhanden Friedrich und Gertrud.

2. Neueingeführt sind die fremden Namen Carolina und Rosina, beide unter dem Einfluß der Doppelnamen.

In diesem zuletzt betrachteten Jahrzehnt (1796—1805) hat die Entwickelung der einfachen Vornamen ihren Höhepunkt erreicht und zugleich überschritten, denn schon machen sich einzelne Spuren einer neuen Entwickelung, auf die wir bereits hingewiesen haben, besonders bei den Frauennamen bemerkbar. Diese vollzieht sich nunmehr in umgekehrter Richtung unter dem Einfluß der Doppelnamen. Um sie zu verstehen, müssen wir daher zunächst die Doppelvornamen von 1776—1805 betrachten.

Zuvor wollen wir noch einmal einen vergleichenden Blick von diesem letzten Jahrzehnt der stetigen Entwickelung auf das erste Jahrzehnt derselben zurückwerfen.

Wir stellen nebeneinander:

a) Mannsnamen:

1. 1586—1595: Adam 4, Balthasar 1, Caspar 1, Christian 1, Christoph 6, Conrad 1, Ewald 4, Heinrich 3, Jacob 10, Johann 22, Jost 1, Ludwig 2, Martin 2, Michael 1, Nicolaus 9, Paul 2, Peter 1, Philipp 15, Rudolf 1, Wendel 2, Wolf 1. Summe: 90.

2. 1796—1805: Friedrich 1, Johann 30, Peter 2. Summe 33.

b) Frauennamen:

1. 1586—1595: Agatha 2, Agnes 1, Anna 13, Barbara 15, Catharina 28, Dorothea 1, Elisabetha 10, Esther 3, Gela 1, Gertrud 1, Helena 3, Judith 1, Magdalena 2, Margaretha 17, Maria 3, Ottilia 2, Susanna 2, Veronica 3. Summe: 108.

2. 1796—1805: Carolina 1, Catharina 4, Charlotte 4, Christina 1, Dorothea 1, Eleonore 1, Elisabetha 1, Gertrud 1, Helena 1, Magdalena 1, Rosina 1, Susanna 5. Summe: 22.

Wir erkennen:

1. Verschiebungen in der Zusammensetzung des Namenschatzes, vor allem Entnationalisierung. Die Zahl der deutschen Vornamen fällt bei den Mannsnamen von 7 auf 1. 1586—1595 erhalten von 90 Knaben 14 deutsche Vornamen. 1796—1805 erhält von 33 Knaben 1 einen deutschen Vornamen. Die Verwendung einfacher deutscher Vornamen sinkt also von 15,5 % auf 3,0 %. Bei den Frauennamen finden wir nichts derartiges, denn sie waren bereits in dem ersten von uns betrachteten Jahrzehnt so entnationalisiert, daß es nur zu verwundern ist, wenn sich von den beiden deutschen Frauennamen Gertrud und Gela der erstere bis in das eben von uns betrachtete Jahrzehnt hinein gehalten hat.

2. Verschiebungen in der Verwendung der einzelnen Namen; wir betrachten z. B.:

Johannes	1586/95 : 24,4 %;	1796/1805 : 90,9 %
Philipp	1586/95 : 16,6 %;	1796/1805 : —
Catharina	1586/95 : 25,9 %;	1796/1805 : 18,2 %
Margaretha	1586/95 : 15,7 %;	1796/1805 : —
Susanna	1586/95 : 1,9 %;	1796/1805 : 22,2 %.

bb) Die doppelten Vornamen 1776—1805.

1. Auswahl der Namen:

Auf 396 Knaben kommen 55 Doppelnamen (= 13,8 %), auf 337 Mädchen 63 (= 18,7 %).

Am häufigsten treten auf

a) Mannsnamen:

Joh. Philipp 60, Joh. Jacob 54, Joh. Adam 51, Joh. Peter 39, Joh. Georg 38, Joh. Heinrich 19, Joh. Christoph 17, Joh. Balthasar 12, Joh. Daniel 9, Joh. Wilhelm 9, Joh. Christian 6, Joh. Conrad 6, Joh. Martin 6, Joh. Nicolaus 6, Georg Philipp 5, Joh. Michael 4.

Im Vergleich zur vorhergehenden Zeit sind Joh. Caspar und Joh. Jost ausgeschieden, Joh. Christian und Georg Philipp dafür eingetreten. Damit ist an einer Stelle wenigstens die Vorherrschaft des Namens Johann durchbrochen.

b) Frauennamen:

Anna Maria 50, Anna Catharina 46, Anna Margaretha 34, Elisabetha Catharina 21, Anna Christina 18, Catharina Elisabetha 14, Anna Elisabetha 13, Catharina Margaretha 10, Justina Amalia 10, Maria Elisabetha 10, Eva Catharina 8, Maria Magdalena 8, Margaretha Elisabetha 7, Johannetta Margaretha 6, Dorothea Elisabetha 5, Justina Margaretha 5, Sophia Elisabetha 5, Elisabetha Margaretha 4, Maria Catharina 4.

Als Glieder der Doppelungen sind im Vergleich zur Reihe der voraufgegangenen Zeit Barbara und Sibylla ausgeschieden, dafür eingetreten Johannetta und Sophia. Im einzelnen haben kleine Verschiebungen stattgefunden. An der Spitze der Reihe steht jetzt Anna Maria; der Einschnitt nach dem ersten Glied der ganzen Reihe ist verschwunden. Anna steht fünfmal, Maria dreimal an erster Stelle. Die anderen Namen weniger oft.

2. An erster Stelle stehen bei den Doppelnamen

a) Mannsnamen:

Johann (25 mal), Georg (6), Carl (5), Friedrich (4), Philipp (4), Wilhelm (3), Heinrich (2).

Dabei bildet also Georg den 4,2. Teil der Verbindungen, welche Johann eingeht (gegen 4,3 der voraufgegangenen Zeit), Carl den 5. Teil (gegen 10,7), Friedrich den 6,25. Teil (gegen 16,0), Philipp den 6,25. Teil (gegen 3,6), Wilhelm den 8,3. Teil (gegen 16,0), Heinrich den 12,5. Teil (gegen 7,1). Einen Rückgang also hat nur Philipp zu verzeichnen, alle anderen haben einen Zuwachs aufzuweisen, der bei einigen bis auf mehr als das Doppelte steigt. Genau dasselbe haben wir bei diesen Namen schon oben angetroffen.

b) Frauennamen:

Anna 10, Maria 9, Elisabetha 8, Catharina 6, Johannetta 3, Justina 3, Christina 2, Dorothea 2, Luise 2, Sophia 2.

Neueingestellt hat sich in die Reihe Luise, sonst sind mehrere verschwunden, zum Teil gleichfalls solche, bei denen wir einen Rückgang infolge der Doppelnamen bereits oben bemerken konnten.

3. Herkunft der Namen.

a) Mannsnamen:

1. Typus: 7×; 2. Typus: 11×; 3. Typus: 16×; 4. Typus: 22×.

Die Verhältnisse haben sich trotz der größeren Verbreitung von Carl, Friedrich, Heinrich, Wilhelm kaum günstiger für die deutschen Namen gestaltet (Verhältnis der deutschen Namen zu den fremden wie 1 : 2,9 gegen 1 : 3 vorher).

b) Frauennamen:

2. Typus: 1×; 3. Typus: 3×; 4. Typus: 59×.

Die Verhältnisse haben sich nicht geändert.

Nun ziehen wir zur abschließenden Betrachtung noch einmal die Ergebnisse in Rücksicht, die wir oben erhalten haben, als wir die einfachen Vornamen 1776—1805 untersuchten. Dort verzeichneten wir als Namen, die 1776—1795 neu in die Reihe der Einzelvornamen traten, die beiden Namen Amalia und Luise, als in den Jahren 1796—1805 neueingeführte die Namen Carolina und Rosina. Wir wiesen darauf hin, daß dies unter dem Einfluß der Doppelvornamen geschehen sei, ohne die Sache näher zu erörtern. Jetzt können wir die Richtigkeit jener Behauptung bestätigen. Wir haben noch einen weiteren Namen hinzuzufügen, den Namen Charlotte. Dieser ist 1766—1775 der erste Vorläufer des rückwirkenden Einflusses der Doppelnamen auf die einfachen Namen. Er bringt es in den Jahren 1796 bis 1805 bereits auf die Ziffer 4. Diese Namen: Amalia, Carolina, Charlotte, Luise, Rosina finden wir sämtlich in den Zusammensetzungen der Jahre 1776—1805 vertreten.

So bestätigen hier die Frauennamen rückhaltlos, was wir oben (S. 355) hauptsächlich auf Grund der Mannsnamen betreffs der Wechselwirkung zwischen Doppelnamen und Einzelnamen festgestellt hatten.

β) Frankfurt 1780—1805.

aa) Die einfachen Vornamen.

1. Auswahl der Namen.

a) Mannsnamen:

Adolf 1, Anton 1, Bartholomäus 1, Bernhard 1, Caspar 1, Christian 2, Emanuel 1, Ferdinand 1, Franz 1, Friedrich 1, Georg 1, Gerhard 2, Hector 1, Jacob 4, Johann 11, Isaak 1, Justinian 1, Ludwig 1, Michael 1, Peter 2, Philipp 1, Rudolf 1, Samuel 1, Thomas 1, Zacharias 1. Summe: 41.

b) Frauennamen:

Amalia 2, Catharina 2, Elisabetha 1, Helena 1, Johanna 1, Luise 1, Margaretha 2, Marianna 1, Rosina 1, Sara 1, Susanna 2. Summe: 15.

Es werden durch die Vornamen 61% Knaben, 73,3% Mädchen unterschieden.

Mehr als einmal treten auf:

a) Mannsnamen:

Johann 11, Jacob 4, Christian 2, Gerhard 2, Peter 2.

b) Frauennamen:

Amalia 2, Catharina 2, Margaretha 2, Susanna 2.

Die Ausnahmestellung des Namens Johannes tritt aufs deutlichste zutage.

2. Herkunft der Namen.

Deutsche Namen sind vorhanden 4 in 4 Fällen (9,3%) bei den Knaben, bei den Mädchen keine.

3. Neuauftretende Namen.

Emanuel, Ferdinand, Hector, Amalia (2 ×; 1 × bereits 1750/75), Johanna (1 × bereits 1630/55), Luise, Marianna (1 × bereits 1750/75).

bb) Die doppelten Vornamen.

1. Auswahl der Namen.

Auf 156 Knaben kommen 77 (= 48,9 %), auf 163 Mädchen 87 (= 53,4 %) verschiedene Namen.

Am häufigsten treten auf

a) Mannsnamen:

Joh. Jacob 11, Joh. Georg 10, Joh. Philipp 10, Joh. Heinrich 9, Joh. Peter 8, Joh. Friedrich 6, Joh. Wilhelm 6, Jacob Friedrich 5, Joh. Carl 4, Joh. Ludwig 4, Philipp Jacob 4, Joh. Martin 3, Philipp Heinrich 3.

b) Frauennamen:

Anna Maria 16, Catharina Elisabetha 9, Maria Elisabetha 8, Anna Christina 7, Anna Elisabetha 7, Susanna Maria 7, Anna Margaretha 6, Anna Catharina 5, Maria Salome 3.

In der Reihe der Zusammensetzungen erscheinen außer denen mit Johann als erstem Glied bereits solche mit Jacob und Philipp (2); in der Reihe der Frauennamen zwei ohne Anna oder Maria an erster Stelle.

2. Herkunft der Namen.

Bei den Mannsnamen erscheinen 8 aus zwei deutschen Namen gebildete Doppelvornamen. Bei 36 ist wenigstens der eine Name deutsch. Bei den Frauennamen finden sich solche aus zwei deutschen Namen nicht, 5, bei denen ein Vorname deutsch ist.

3. An erster Stelle stehen

a) Mannsnamen:

Johann (29 ×), Georg (6), Carl (5), Philipp (5), Friedrich (4), Franz (3), Jacob (3), Peter (3), Christoph (2), Heinrich (2), Simon (2).

b) Frauennamen:

Maria (15), Anna (14), Susanna (9), Catharina (7), Christina (4), Dorothea (4), Elisabetha (4), Johanna (3), Clara (2), Friederica (2), Margaretha (2), Marianna (2), Rebecca (2), Rosina (2), Sabina (2), Sophia (2).

Der Name Johannes ist den übrigen schon wieder etwas näher gerückt. Bemerkenswert erscheint das Vordringen des Namens Carl.

Hiermit schließen wir die Betrachtung der Namengebung in Rüsselsheim und Frankfurt bis zum Anfang des 19. Jahrhs. ab. Wir sind dabei von den Einzelvornamen als Grundlage der Doppelvornamen ausgegangen. Wir haben die Doppelvornamen bis dahin verfolgt, wo sie die unumstrittene Herrschaft besitzen, wo sich aber zugleich schon die ersten Zeichen des Umschlags geltend machen.

Für die folgende Zeit werden uns die Doppelvornamen als Grundlage unserer Betrachtung dienen. Denn sie sind in der Zeit, von deren Betrachtung wir nun ausgehen, das ausschlaggebende Moment geworden und bis zuletzt geblieben. Sie wirken jetzt selbständig auf die einfachen Namen ein, deren alte Schicht aber daneben nicht verloren geht. Diese tritt vielmehr, nachdem sie für längere Zeit gleichsam versteckt war, auf einmal wieder ans Tageslicht und vereinigt sich mit dem von den Doppelvornamen ausgehenden Strom. Wir werden also jetzt drei Strömungen zu betrachten haben:

1. Die Doppelvornamen, die sich selbständig weiterentwickeln und umbilden bis auf unsere Zeit.

2. Die aus ihnen hervorgehenden Einzelnamen und

3. Die alte Schicht der einfachen Namen, die unabhängig neben der Gesamtentwickelung der Doppelvornamen hergelaufen war, und sich jetzt mit den aus diesen hervorgehenden neuen Einzelnamen vereinigt.

Wie aber einerseits aus den Doppelnamen neue Einzelnamen hervorgehen, so werden andererseits aus den alten und neuen Einzelnamen stets wiederum Doppelnamen neu gebildet.

Bevor wir jedoch zur Betrachtung der Zeit nach 1805 übergehen, wollen wir sehen, inwieweit das, was wir vorstehend auf Grund der Rüsselsheimer und Frankfurter Namengebung aufgezeigt haben, durch die Namengebung in Flörsheim bestätigt wird.

II. in Flörsheim.

Die Zeit von 1621 bis 1905 zerfällt ohne weiteres in 3 große Abschnitte: 1. Bis zum Beginn des Höhepunktes in der Entwickelung der Doppelvornamen (1621—1685). 2. Die Zeit der höchsten Entwickelung derselben (1686—1735). 3. Die Zeit nach der größten Verbreitung der Doppelvornamen (1736—1905).

a) Die Zeit 1621—1735.

aa) Die einfachen Vornamen 1621—1735.

αα) in der Zeit 1621—1685.

1. Auswahl der Namen.

Auf 624 Knaben kommen 68 verschiedene Vornamen (= 10,9%), auf 570 Mädchen 37 (= 6,5%).

Am häufigsten treten auf

a) Mannsnamen:

Johann 217, Nicolaus 34, Peter 32, Jacob 29, Philipp 29, Michael 27, Heinrich 26, Georg 16, Caspar 14, Martin 14, Adam 10, Conrad 10.

Der Name Johannes übertrifft alle anderen an Verbreitung. Er wird mehr als 6 mal so oft verwendet als der nächsthäufige Nicolaus, an den sich dann die übrigen Namen in absteigender Reihe ohne größere Unterschiede in der Verwendung anschließen. Unter den 68 von 1621 bis 1685 vorkommenden verschiedenen Mannsnamen treten im ganzen 7 noch verhältnismäßig häufig auf. Von diesen ist jedoch nur der Name Heinrich deutsch.

b) Frauennamen:

Margaretha 93, Anna 88, Elisabetha 81, Catharina 56, Maria 38, Barbara 33, Gertrud 30, Juliana 21, Apollonia 19, Christina 14, Magdalena 11 (Esther 9, Martha 9, Susanna 9).

Bei den Frauennamen können wir also ein auffallendes Überwiegen eines einzelnen Namens nicht bemerken. Die Namen Margaretha, Anna Elisabetha, Catharina erscheinen von den übrigen durch einen größeren Zwischenraum geschieden, und von diesen 4 am häufigsten gebrauchten Namen steht wieder der Name Catharina hinter den 3 anderen in der Verwendung zurück.

Unter den 31 zwischen 1621 und 1685 auftretenden verschiedenen Vornamen werden 8 noch ziemlich häufig verwendet. Von diesen ist nur der Name Gertrud deutsch.

Während also die Mannigfaltigkeit im allgemeinen bei den Mannsnamen ziemlich größer ist als bei den Frauennamen, stehen, was die Mannigfaltigkeit in den meistgebrauchten Namen anlangt, diese jenen voraus. Bedingt wird dies durch den Namen Johannes.

2. Herkunft der Namen.

a) Mannsnamen.

1. Deutsche: 25 in 83 Fällen:

Adolf, Bernhard, Conrad, Eberhard, Engelbert, Engelhard, Eramund, Friedrich, Gerhard, Hatard, Heinrich, Hermann, Lambert, Leonhard, Marquard, Oswald, Richard, Rudolf, Tilmann, Waldus, Walther, Wendelin, Wigand, Wilhelm, Wolfgang.

2. Fremde: 43 in 541 Fällen.

α) Alttestamentl. Namen: 3 in 14 Fällen:

Adam, Daniel, Elias.

β) Neutestamentl. u. Heiligennamen: 40 in 527 Fällen:

Alban, Andreas, Anton, Balthasar, Bartholomäus, Caspar, Christian, Christoph, Diodorus, Fabian, Franz, Georg, Hieronymus, Jacob, Ignaz, Joachim, Jodocus, Johann, Joseph, Kilian, Lorenz, Marcus, Martin, Matthäus, Matthias, Melchior, Michael, Nicolaus, Pankraz, Paul, Peter, Philipp, Quirinus, Sebastian, Simon, Stephan, Theodor, Theodoricus, Thomas, Valentin.

b) Frauennamen.

1. Deutsche: 6 (4) in 35 (33) Fällen:

Amalia, ?Ela, ?Gela, Gertrud, Hedwig, Walburg.

2. Fremde: 31 in 535 Fällen.

α) Alttestamentl. Namen: 4 in 25 Fällen:

Esther, Eva, Susanna, Sara.

β) Neutestamentl. u. Heiligennamen: 25 in 508 Fällen:

Agatha, Agnes, Angela, Anna, Apollonia, Barbara, Caecilia, Catharina, Charitas, Christina, Clara, Dorothea, Elisabetha, Helena, Juliana, Lucia, Magdalena, Margaretha, Maria, Martha, Ottilia, Regina, Sophia, Ursula, Veronica.

γ) Sonstige fremde Namen: 2 in 2 Fällen:

„Eulelia sive Eulogia“, Olalia.

Die deutschen Namen stehen in der Verwendung weit hinter den fremden Namen zurück, wennschon im einzelnen die Zahl der verschiedenen deutschen Namen nicht so sehr hinter der Zahl der verschiedenen fremden Namen zurückbleibt. In beiden Beziehungen jedoch steht die Sache schlechter bei den Frauennamen als bei den Mannsnamen. Bei ersteren verhalten sich die deutschen Namen zu den fremden wie 1 : 1,7, bei den letzteren dagegen wie 1 : 5,1. Von 100 Knaben erhalten 13,3 deutsche Namen, von 100 Mädchen jedoch nur 6,1. Wenn wir dazu noch bedenken, daß weder Gela noch Ela mit Sicherheit als die deutschen Namen zu betrachten sind, daß vielmehr Gela sehr wahrscheinlich Kurzform für Angela ist,[1]) wenn wir ferner von Amalia, Hedwig, Walburg, die nur einmal vorkommen, absehen, so bleibt als einziger deutscher Name, der nun allerdings auch zu den meistverwandten zählt, nur der Name Gertrud übrig. Dieser verdankt seine große Beliebtheit wie jene drei ihr Auftreten überhaupt dem Umstand, daß diese 4 Namen Heiligennamen sind. Es spielt also für das Auftreten dieser Namen die „religiöse Hilfe" eine Rolle. Bei den Mannsnamen haben demselben Umstand wohl die deutschen Namen Bernhard, Engelbert, Gerhard, Lambert, Marquard, Oswald ihr Vorkommen überhaupt zu verdanken, während die übrigen deutschen Mannsnamen zum Teil zu den seit Jahrhunderten häufiger gebrauchten gehören wie Conrad, Friedrich, Heinrich, teils auf „dynastische Hilfe" zurückzuführen sind (Adolf), teils anderen, weniger durchsichtigen Ursachen ihre Verwendung verdanken, teils altgebräuchliche Heiligennamen sind (z. B. Wendelin).

Altbiblische Namen werden noch verhältnismäßig häufig verwandt, besonders Adam (10); Esther (9), Eva (6), Susanna (9).

Ein Unterschied in der Verwendung von deutschen und fremden Namen oder etwa von alttestamentlichen und anderen Namen nach dem Stande der Eltern ist nirgends zu beobachten.

ββ) in der Zeit 1686—1735.

1. Auswahl der Namen.

Auf 731 Knaben kommen 53 verschiedene Vornamen (= 7,5%), auf 387 Mädchen 27 (= 6,9).

Am häufigsten treten auf

a) Mannsnamen:

Johann 258, Philipp 51, Martin 36, Nicolaus 29, Hein-

[1]) Vgl. darüber S. 324 Anm.

rich 25, Andreas 22, Matthäus 20, Conrad 19, Michael 19, Valentin 18, Caspar 17, Balthasar 16, Christoph 15, Jacob 14, Peter 13, Friedrich 11, Sebastian 11, Thomas 10, Wiegand 10.

Der Name Johannes zählt immer noch mehr als 5 mal soviel als der nächsthäufigste Name. Dieser war vordem Nicolaus, jetzt ist Philipp an seine Stelle gerückt, Nicolaus dagegen in die 4. Stelle zurückgeschoben. In die 3. Stelle ist Martin eingetreten, dessen häufiges Vorkommen gerade in einem ganz katholischen Orte kaum 150 Jahre nach der Reformation man nicht erwarten sollte. Auch sonst haben im einzelnen manche Verschiebungen stattgefunden. Auch ist die Reihe der häufig verwendeten Namen von 12 auf 19 gewachsen. Es verschwinden also seltener gebrauchte Namen, auf deren Kosten die beliebteren ihr Gebiet erweitern. Von diesen sind 4 deutschen Ursprungs: Heinrich, Conrad, Friedrich, Wigand.

b) Frauennamen:

Elisabetha 86, Catharina 55, Margaretha 35, Gertrud 33, Barbara 24, Anna 22, Susanna 20, Christina 15, Apollonia 13, Ursula 13, Juliana 10, Dorothea 7, Magdalena 7, Eva 6, Maria 6, Ottilia 6, Veronica 6.

Wir können feststellen, daß wir auch diesmal bei den Frauennamen kein solches Überwiegen eines einzigen Namens finden wie bei den Mannsnamen. Aber eine darauf hinausgehende Bewegung scheint doch vorhanden zu sein. Wir sehen, daß der Einschnitt, welcher in der für die voraufgegangene Zeit gültigen Reihe hinter dem 3. Namen stand (es war bis zum 4. ein Abstand von 25), nunmehr hinter den 2. Namen gerückt ist (bis zum 3. ein Abstand von 20). Allerdings sind die beiden meistverwandten Namen selbst nicht mehr Margaretha und Anna, sondern Elisabetha und Catharina.

Bemerkenswert erscheint, daß der deutsche Name Gertrud die 4. Stelle einnimmt. Im einzelnen haben mancherlei Veränderungen stattgefunden. So sind Anna und Maria mehr in den Hintergrund getreten, was durch die diese Vornamen an erster Stelle führenden Doppelvornamen veranlaßt ist. Wie bei den Mannsnamen ist auch hier die Reihe gewachsen: von 14 auf 17 Glieder. Von den sämtlichen Namen der Reihe ist jedoch außer Gertrud keiner deutsch.

2. Herkunft der Namen.

a) Mannsnamen: 1. Deutsche: 14 in 97 Fällen: Bernhard, Conrad, Diether, Friedrich, Gerhard, Gottfried, Heinrich, Ludwig, Oswald, Rupert, Ulrich, Wendel(in), Wigand, Wilhelm.

2. Fremde: 41 in 634 Fällen.

α) Alttestamentl. Namen: 2 in 7 Fällen: Adam, Tobias.

β) Neutestamentl. u. Heiligennamen: 39 in 627 Fällen: Alexander, Andreas, Anton, Balthasar, Bartholomäus, Bernhardin, Caspar, Christian, Christoph, Cornelius, Fabian, Franz, Gallus, Georg, Gregor, Hieronymus, Jacob, Jodocus, Johann, Joseph, Kilian, Lorenz, Marcus, Martin, Matthäus, Matthias, Michael, Nicolaus, Paul, Peter, Philipp, Sebastian, Silvester, Simon, Stephan, Theodoricus, Thomas, Valentin, Veit.

b) Frauennamen: 1. Deutsche: 2 in 36 Fällen: Gertrud, Hedwig.

2. Fremde: 25 in 351 Fällen.

α) Altbiblische Namen: 3 in 27 Fällen: Esther, Eva, Susanna.

β) Neutestamentl. u. Heiligennamen: 22 in 324 Fällen: Agatha, Agnes, Angela, Anna, Antonia, Apollonia, Barbara, Catharina, Christina, Dorothea, Elisabetha, Helena, Juliana, Magdalena, Margaretha, Maria, Martha, Ottilia, Regina, Sophia, Ursula, Veronica.

Die verschiedenen deutschen Namen verhalten sich nunmehr zu den fremden bei den Knaben wie 1 : 2,9, bei den Mädchen wie 1 : 12,2. Bei beiden, besonders aber bei den Mädchen, ist der Rückgang in der Mannigfaltigkeit der deutschen Namen sehr stark. Von 100 Knaben erhalten 13,3 deutsche Namen, von 100 Mädchen dagegen 9,3. Es werden also zwar weniger verschiedene deutsche Namen verwandt, aber es führen doch mehr Kinder einen deutschen Vornamen. Die Zahl ist bei den Knaben dieselbe geblieben, bei den Mädchen sogar etwas gestiegen. Allerdings heißen nun diese Mädchen fast durchweg Gertrud. Hedwig behauptet sich daneben gestützt durch die „religiöse Hilfe“. Bei den Mannsnamen kommt diese besonders den Namen Bernhard, Gerhard, Gottfried, Oswald, Rupert, Wendel zugute.

Von alttestamentlichen Namen treten nur Eva (6), Susanna (20) und Adam (4) hervor.

3. Neuauftretende Namen.

a) Mannsnamen:

Alexander, Bernhardin, Cornelius, Diether, Gallus, Gottfried, Ludwig, Rupert, Silvester, Tobias, Ulrich, Veit.

Gallus ist der Kirchenpatron; das Vorkommen dieses Namens dürfen wir daher mit Sicherheit auch für die früheren Zeiten voraussetzen. Alle Namen sind — bis auf Ludwig — zu den seltenen zu rechnen. So können wir nur für diesen eine künftige Erweiterung seines Gebietes mit Wahrscheinlichkeit annehmen. Zu bemerken ist noch, daß sämtliche neuauftretenden Namen Heiligennamen sind.

b) Frauennamen:

Antonia, ein Heiligenname.

bb) Die doppelten Vornamen 1621—1735.

αα) in der Zeit 1621—1685.

I. 1621—1635.

1. Auswahl der Namen.

Auf 31 Knaben kommen 16 verschiedene Doppelvornamen (= 51,2%), auf 31 Mädchen 10 (= 32,9%).

Weitaus die meisten der Zusammensetzungen sind bei den Mannsnamen mit Johann als erstem Glied gebildet, bei den Frauennamen mit Anna oder Maria. Gegenüber den 25 Verbindungen mit Anna an erster Stelle erscheint der als Einzelname noch häufig gebrauchte Name Margaretha garnicht an erster Stelle. Und auch der als einfacher Name viel häufiger als Maria auftretende Name Catharina ist nur einmal als erstes Glied einer Zusammensetzung vorhanden, dagegen erscheint Maria viermal in dieser Eigenschaft. Der Grund dafür, daß gerade Anna und Maria so häufig, Margaretha und Catharina so selten erscheinen, dürfte ein rhythmischer sein.[1])

[1]) Über den Rhythmus der Doppelvornamen hofft der Verfasser ein andermal handeln zu können.

Am häufigsten (mehr als einmal) treten auf

a) Mannsnamen:

Joh. Conrad 9, Joh. Peter 5, Joh. Adam 2, Joh. Heinrich 2, Joh. Philipp 2.

b) Frauennamen:

Anna Maria 17, Anna Margaretha 4, Anna Catharina 3.

Man beachte den großen Abstand zwischen Anna-Maria und den übrigen Namen.

2. Herkunft der Namen.

Es sind vertreten bei den

a) Mannsnamen:

1. Typus: 1 ×; 3. Typus: 14 ×; 4. Typus: 16 ×.

b) Frauennamen:

4. Typus: 31 ×.

Bei den Frauennamen ist also kein zur Bildung von Doppelvornamen verwendeter Einzelname deutscher Herkunft.

II. 1636—1685.

1. Auswahl der Namen:

Auf 250 Knaben kommen 48 verschiedene Vornamen (= 19,2%); auf 266 Mädchen 41 (= 15,3%).

Das Bild der Zusammensetzungen ist einerseits einförmiger geworden, insofern als von den 48 zusammengesetzten Mannsnamen 38 mit Johann als erstem Glied gebildet sind, von den 41 Frauennamen 14 Anna, 16 Maria an erster Stelle aufweisen; mannigfaltiger andererseits dadurch, daß jetzt nicht nur die als einfache Vornamen häufig verwendeten Namen in den Zusammensetzungen erscheinen, sondern auch andere Namen nicht bloß einmal (das war schon in der voraufgegangenen Zeit der Fall gewesen), sondern zwei- und mehrmals in den Zusammensetzungen auftreten. So die Namen Valentin, Lorenz, Ludwig (als einfache Vornamen gar nicht vertreten), Friedrich, Ignaz, Theodor — Eva, Ursula, Regina, Salome. Von letzteren nimmt Eva sogar in 3 verschiedenen Zusammensetzungen die erste Stelle ein. Im Gegensatz dazu sind gewisse Namen, die als einfache Vornamen zu den häufigsten gehörten, an erster Stelle wenig oder gar nicht vertreten, so die Namen Nicolaus, Peter, Jacob usw., Margaretha, Elisabetha (beide unverhältnismäßig selten), Catharina (gar nicht).

Am häufigsten treten auf

a) Mannsnamen:

Joh. Philipp 32, Joh. Peter 28, Christian Georg 22, Joh. Jacob 19, Joh. Adam 17, Joh. Conrad 14, Joh. Heinrich 14, Joh. Caspar 12, Joh. Valentin 12, Joh. Michael 11, Joh. Georg 8, Joh. Lorenz 7, Joh. Martin 6, Joh. Ludwig 5 [Joh. Friedrich 4].

b) Frauennamen:

Anna Margaretha 52, Anna Maria 51, Anna Catharina 25, Maria Catharina 18, Maria Elisabetha 15, Anna Barbara 13, Maria Eva 10, Maria Magdalena 8, Anna Ursula 7, Anna Christina 6, Anna Juliana 6, Maria Christina 6.

Es finden sich bei den Mannsnamen — bis auf den Doppelnamen Christian Georg — lauter Zusammensetzungen mit Johann als erstem Glied, bei den Frauennamen lauter Doppelungen mit Anna und Maria als erstem Glied. Der männliche Doppelname Christian Georg fällt ganz aus dem Rahmen heraus. Einmal gehören weder Georg noch Christian zu den besonders häufig gebrauchten Einzelvornamen dieser Zeit — letzterer kommt gar nicht in der Reihe der häufigen Namen vor — und dann widerspricht auch diese Doppelung, wie es scheint, einem bei den gewöhnlichen Zusammensetzungen vorhandenen rhythmischen Prinzip. So dürfte die Ursache für das häufige Vorkommen des Doppelvornamens Christian Georg außerhalb der Gemeinde Flörsheim zu suchen sein.

Bei der Reihe der Frauennamen erscheint bemerkenswert der Einschnitt, der sich nach den beiden meistgebrauchten Namenverbindungen Anna Margaretha und Anna Maria in der Reihe vorfindet und durch den diese beiden Doppelvornamen streng von den übrigen gesondert werden. Bei den männlichen Doppelvornamen können wir nichts derartiges beobachten. Bei den einfachen Vornamen hatten dagegen in dieser Beziehung die Manns- und Frauennamen die umgekehrten Rollen.

2. Herkunft der Namen.

a) Mannsnamen:

1. Typus: 2; 2. Typus: 2; 3. Typus: 13; 4. Typus: 31.

b) Frauennamen:

3. Typus: 5; 4. Typus: 38.

Das Vorwalten von Typus 3 und 4 wird den Namen Johann, Anna und Maria verdankt. Es zeigt sich deutlich aus dieser Zusammenstellung, wie sich bei den Frauennamen fast gar keine deutschen Namen (nur einmal Kunigunde, je zweimal Walburg und Gertrud) finden, während bei den Mannsnamen die deutschen Bestandteile noch ziemlich beträchtlich sind. Die deutschen Mannsnamen verhalten sich zu den fremden wie 1 : 4, die deutschen Frauennamen zu den fremden wie 1 : 16.

ββ) in der Zeit 1686—1735.

1. Auswahl der Namen.

Auf 483 Knaben kommen 80 verschiedene Doppelvornamen (= 16,6 %), auf 739 Mädchen 49 (= 6,6 %). Dieser Unterschied in der Mannigfaltigkeit hängt, wie wir alsbald deutlicher sehen werden, damit zusammen, daß bei den Mannsnamen die Entwickelung der doppelten Vornamen ihren Höhepunkt erreicht und bereits überschritten hat, während dies bei den Frauennamen noch nicht der Fall ist.

Am häufigsten treten auf

a) Mannsnamen:

Joh. Peter 83, Joh. Jacob 56, Joh. Philipp 37, Joh. Caspar 32, Christian Georg 27, Joh. Heinrich 27, Joh. Conrad 26, Joh. Georg 21, Joh. Adam 17, Joh. Michael 15, Joh. Wilhelm 13, Joh. Martin 12, Joh. Valentin 9, Joh. Nicolaus 7, Joh. Friedrich 6, Joh. Gallus 6.

Es sind, von Christian Georg abgesehen, lauter Zusammensetzungen mit Johann. Bei einer Reihe von ihnen verschmelzen in der Mundart die beiden Bestandteile zu einem einzigen Namen [1]).

b) Frauennamen:

Anna Maria 191, Anna Margaretha 108, Maria Catharina 84, Maria Elisabetha 59, Maria Barbara 37, Maria Margaretha 35, Anna Catharina 29, Maria Eva 26, Maria Apollonia 22, Maria Magdalena 18, Anna Elisabetha 15, Anna Christina 14, Maria

[1]) Vgl. dazu oben S. 251 u. S. 333.

Agnes 12, Maria Anna 11, Maria Gertrud 8, Anna Barbara 7, Maria Christina 7, Maria Franzisca 6.

Die doppelten Frauenamen, soweit sie häufiger vorkommen, sind also alle mit Anna (16 mal) oder mit Maria (12 mal) zusammengesetzt. Zwei Doppelvornamen, Anna Maria und Anna Margaretha, sind von den übrigen durch einen scharfen Einschnitt abgesondert, und von diesen ist wiederum Anna Maria durch einen viermal größeren Abstand von Anna Margaretha getrennt, als dieser Name von Maria Catharina. Diesen Vorgang, daß sich in der Reihe der häufiger verwandten Namen mit der Zeit immer weniger Namen aussondern, die durch eine immer größer werdende Kluft von den übrigen weniger häufigen getrennt sind, haben wir schon wiederholt beobachten können.

2. An erster Stelle stehen

a) Mannsnamen:

Johann (44 ×), Georg (5), Philipp (5), Franz (4), Heinrich (3), Adam (2), Michael (2).

Die übrigen 16 Namen sind nur in je einer Verbindung vertreten.

b) Frauennamen:

Maria (20 ×), Anna (15), Eva 3, Catharina 2, Christina 2, Margaretha 2.

Die übrigen 5 Namen sind nur in einer Zusammensetzung vertreten.

Die Ausnahmestellung von Johannes — Maria, Anna tritt wieder deutlich hervor.

3. Herkunft der Namen.

a) Mannsnamen:

1. Typus: 3; 2. Typus: 5; 3. Typus: 24; 4. Typus: 48.

b) Frauennamen:

3. Typus: 4; 4. Typus: 45.

Das Überwiegen der Typen 3 u. 4 ist wiederum durch Johann, Maria, Anna hervorgerufen. Bei den Mannsnamen verhält sich das deutsche Element zu dem fremden wie 1 : 3,6; bei den Frauennamen dagegen wie 1 : 23,5.

b) Die Zeit nach 1735.

Wir gehen, obgleich bei den männlichen Vornamen die einfachen die Oberhand haben, doch von der Betrachtung der Doppelvornamen aus, da sich von jetzt ab deren Einfluß auf die einfachen Vornamen bemerkbar macht, während dies vorher nicht der Fall war. Scharfe Einschnitte sind in dem ganzen Zeitraum von 1736—1905 kaum vorhanden; am ehesten kann man noch mit den Jahren 1776 und 1866 den Beginn neuer Zeitabschnitte ansetzen. Um aber einen Vergleich mit der Namengebung in Rüsselsheim zu ermöglichen, wollen wir, jedoch unter Berücksichtigung der besonderen Flörsheimer Verhältnisse, eine Einteilung der Zeit von 1736—1905 nach der oben für Rüsselsheim aufgestellten Abgrenzung der einzelnen Zeitabschnitte vornehmen.

Wir behandeln also: I. die Zeit von 1736—1775; II. die Zeit von 1776—1865, a) von 1776—1805, b) von 1806—1865; III. die Zeit von 1866—1905, a) von 1866—1895, b) von 1896—1905.

Weil, wie gesagt, keine großen Unterschiede zwischen den einzelnen Zeiten vorhanden sind, wird eine gewisse Einförmigkeit hervortreten. Doch kommt gerade so wieder die beste Vorstellung von der Namengebung in Flörsheim zwischen 1736 und 1905 zustande.

I. Die Zeit 1736—1775.

aa) Die doppelten Vornamen.

1. Auswahl der Namen.

Auf 321 Knaben kommen 68 verschiedene Doppelvornamen (= 21,2%), auf 739 Mädchen 51 (= 6,9%).

Am häufigsten treten auf

a) Mannsnamen:

Joh. Peter 75, Joh. Jacob 58, Joh. Georg 24, Joh. Adam 14, Joh. Heinrich 13, Christian Georg 11, Joh. Caspar 9, Joh. Philipp 8, Philipp Peter 7, Joh. Baptist 6, Joh. Conrad 6, Joh. Michael 5, Joh. Wilhelm 5.

b) Frauennamen:

Anna Maria 226, Anna Margaretha 138, Maria Anna 72, Maria Catharina 63, Maria Elisabetha 54, Maria Eva 42, Maria Margaretha 18, Anna Catharina 16, Maria Barbara 11.

2. An erster Stelle stehen

a) Mannsnamen:

Johann (28 ×), Heinrich (5), Peter (5), Georg (4), Adam (3), Christoph (3), Franz (3), Joseph (3), Philipp (3), Christian (2), Conrad (2), Friedrich (2).

b) Frauennamen:

Maria (27), Anna (12), Catharina (5). Alle anderen Namen nur einmal.

3. Herkunft der Namen.

a) Mannsnamen:

1. Typus : 1; 2. Typus : 10; 3. Typus: 10; 4. Typus : 47.

b) Frauennamen.

3. Typus: 1; 4. Typus: 50.

bb) Die einfachen Vornamen.

1. Auswahl der Namen.

Auf 1004 Knaben kommen 56 verschiedene Namen (= 5,6 %), auf 501 Mädchen 29 (= 5,8 %).

Am häufigsten treten auf

a) Mannsnamen:

Johann 213, Philipp 98, Heinrich 66, Martin 61, Peter 51, Nicolaus 47, Wigand 38, Andreas 31, Caspar 27, Conrad 27, Gerhard 25, Jacob 24, Lorenz 24, Wilhelm 24, Franz 15, Joseph 15, Paul 14, Friedrich 14, Gallus 14, Michael 13.

b) Frauennamen:

Catharina 124, Elisabetha 104, Barbara 55, Christina 36, Gertrud 24, Susanna 23, Margaretha 19, Magdalena 15, Veronica 12, Anna 11, Regina 11, Ursula 10, Apollonia 9, Eva 9, Helena 9, Agnes 8, Dorothea 7.

2. Herkunft der Namen.

a) Mannsnamen: 1. Deutsche: 18 in 226 Fällen.

Bernhard, Carl, Conrad, Eberhard, Ewald, Friedrich, Gerhard, Gottfried, Heinrich, Leonhard, Ludwig, Norbert, Oswald, Reimund, Theobald, Wigand, Wilhelm.

2. Fremde: 38 in 778 Fällen.

α) Alttestamentl. Namen: 5 in 18 Fällen:

Adam, Daniel, David, Elias, Tobias.

β) Neutestamentl. u. Heiligennamen: 33 in 760 Fällen: Andreas, Anton, Augustin, Balthasar, Bartholomäus, Caspar, Christian, Christoph, Cornelius, Dominicus, Franz, Gallus, Georg, Gregor, Hieronymus, Jacob, Ignaz, Johann, Joseph, Lorenz, Marcus, Martin, Matthäus, Matthias, Michael, Nicolaus, Paul, Peter, Philipp, Sebastian, Stephan, Thomas, Valentin.

b) Frauennamen: 1. Deutsche: 3 in 27 Fällen: Gertrud, Hedwig, Kunigunde.

2. Fremde: 26 in 474 Fällen:

α) Alttestamentl. Namen: 3 in 33 Fällen: Esther, Eva, Susanna.

β) Neutestamentl. u. Heiligennamen: 23 in 441 Fällen: Agnes, Anna, Apollonia, Barbara, Beatrix, Catharina, Christina, Clara, Dorothea, Elisabetha, Helena, Juliana, Justina, Magdalena, Margaretha, Maria, Martha, Ottilia, Regina, Sophia, Theresia, Ursula, Veronica.

Die deutschen Namen verhalten sich zu den fremden bei den Knaben wie 1 : 2,1, bei den Mädchen wie 1 : 8,7.

Im letzten Jahrzehnt des soeben behandelten Zeitraums macht sich bereits eine Rückwirkung[1]) gegen die Doppelvornamen geltend. Da es nicht vorteilhaft sein wird, sie für jeden der folgenden Abschnitte gesondert zu behandeln, weil sie sich uns als eine einheitliche Bewegung darstellt, wollen wir hier ihre Betrachtung einschieben.

Zunächst machen wir uns an einer Übersicht klar, welchen Anteil die aus doppelten oder mehrfachen Vornamen hervorgehenden einfachen Vornamen an der Gesamtsumme der Einzelvornamen in jedem Jahrzehnt besitzen.

1. 1766—1775: Unter 329 einfachen Vornamen befinden sich 8 aus Doppelvornamen hervorgegangene = 2,4%. Es sind 6 Mannsnamen und 2 Frauennamen: [Johann] Jacob (2 ×)[2]), [Johann] Heinrich (2 ×), Ewald [Theobald], [Johann] Georg; Maria [Eva], Anna [Maria].

---

[1]) Ausführlicher wird über diese Erscheinung gehandelt S. 383 u. ff.

[2]) Die eingeklammerten Namen kommen in Wegfall.

2. 1776—1785: 436 : 5 (= 1,1%). 2 Mn., 3 Frn.

[Johann] Heinrich, Philipp [Peter]; [Eva] Catharina, [Johanna Catharina] Elisabetha, Maria [Elisabetha] Thecla.

3. 1786—1795: 455 : 5 (= 1,1%). 3 Mn., 2 Frn.

Joseph [Anton], [Johann] Peter, [Johann] Adam.

Besondere Fälle: [Anna Maria] > Elisabetha, [Anna Barbara] > Gertrud.

4. 1796—1805: 468 : 2 (= 0,5%). 1 Mn., 1 Frn.

[Christian] Georg; bes. Fall: [Maria Margaretha] > Theresia.

5. 1806—1815: 488 : 1 (= 0,2%). 1 Frn.

[Anna] Margaretha.

6. 1816—1825: 556 : 2 (= 0,4%). 1 Mn., 1 Frn.

Johann [Peter]; [Maria] Elisabetha.

7. 1826—1835: 564 : 2 (= 0,3%). 1 Mn., 1 Frn.

Joseph [Alois]; [Maria] Josepha.

8. 1836—1845: 619 : 1 (= 0,2%). 1 Mn.

[Franz] Anton.

9. 1846—1855: 574 : 2 (= 0,3%). 1 Mn., 1 Frn.

Johann [Peter]; Anna [Maria].

10. 1856—1865: 584 : 4 (= 0,7%). 1 Mn., 3 Frn.

[Peter] Anton; Anna [Maria] (2 ×), [Maria] Eva.

11. 1866—1875: 778 : 5 (= 0,6%). 2 Mn., 3 Frn.

Georg [Peter], [Joseph] Alois; Anna [Maria] (2 ×), Elisabetha [Sophia].

12. 1876—1885: 775 : 1 (= 0,1%). 1 Mn.

Johann [Gallus].

13. 1886—1895: 812 : 12 (= 1,5%). 5 Mn., 7 Frn.

[Peter] Martin, Franz [Peter], Georg [Jacob], Peter [Franz]. Bes. Fall: [Philipp Gerhard] > Adam; Maria [Anna], Anna [Maria] (4 ×). Bes. Fälle: [Anna Maria] > Antonie, [Catharina Johanna] > Maria.

14. 1896—1905: 1055 : 11 (= 1,0%). 4 Mn., 7 Frn.

Carl [Joseph], [Philipp] Adam, [Philipp] Joseph, [Johann] Michael; Anna [Maria] (6 ×), Catharina [Emilia].

Aus dieser Übersicht ergibt sich, daß die Rückwirkung gegen die Doppelvornamen, insofern sie sich darin zeigt, daß man mit Bewußtsein Doppelvornamen ablehnt, für die Gestaltung des Namenschatzes in Flörsheim keine Bedeutung besitzt, wie sie denn auch keine innere Entwickelung aufweist. Ganz anders steht es damit, wie wir noch sehen werden, in Rüsselsheim.

II. Die Zeit 1776—1865.

a) 1776—1805.

aa) Die doppelten Vornamen.

1. Auswahl der Namen.

Auf 150 Knaben kommen 65 verschiedene Doppelvornamen (= 43,3%), auf 338 Mädchen 48 (= 12,4%).

Am häufigsten treten auf

a) Mannsnamen:

Joh. Peter 18, Joh. Adam 11, Joh. Georg 9, Philipp Peter 9, Joh. Jacob 7, Joh. Joseph 5, Joseph Anton 5, Carl Joseph 4, Georg Friedrich 4, Joh. Anton 4, Franz Joseph 3, Georg Adam 3, Joh. Baptist 3.

b) Frauennamen:

Anna Maria 147, Maria Anna 70, Anna Margaretha 43, Maria Catharina 15, Maria Elisabetha 14, Maria Josepha 12, Maria Eva 8, Anna Catharina 7, Anna Barbara 5, Maria Margaretha 5, Maria Theresia 5.

2. An erster Stelle stehen

a) Mannsnamen:

Johann (21 ×), Georg (8), Franz (7), Joseph (4), Philipp (4), Carl (3), Heinrich (3), Peter (3).

b) Frauennamen:

Maria (18), Anna (8), Catharina (6), Carolina (2), Clara (2), Juliana (2).

3. Herkunft der Namen.

a) Mannsnamen:

1. Typus: 2; 2. Typus: 5; 3. Typus: 10; 4. Typus: 48.

b) Frauennamen:

3. Typus: 2; 4. Typus: 46.

bb) Die einfachen Vornamen.

1. Auswahl der Namen.

Auf 841 Knaben kommen 56 verschiedene Vornamen (= 6,7%), auf 511 Mädchen 31 (= 6,2%).

Am häufigsten treten auf

a) Mannsnamen:

Johann 127, Philipp 75, Peter 70, Jacob 66, Martin 53, Andreas 41, Gerhard 39, Nicolaus 32, Joseph 31, Wilhelm 28, Lorenz 25, Caspar 24, Heinrich 24, Franz 18, Christoph 16, Conrad 14, Georg 12, Paul 11, Anton 10, Hieronymus 10.

b) Frauennamen:

Catharina 123, Elisabetha 110, Margaretha 63, Barbara 46, Susanna 26, Christina 22, Apollonia 12, Gertrud 12, Eva 11, Magdalena 11, Rufina 7, Ursula 6.

2. Herkunft der Namen:

a) Mannsnamen: 1. Deutsche: 18 in 148 Fällen:

Adolf, Bernhard, Carl, Conrad, Engelhard, Ewald, Friedrich, Gerhard, Heinrich, Leonhard, Leopold, Ludwig, Oswald, Reimund, Wendelin, Wigand, Wilhelm, Wolfgang.

2. Fremde: 38 in 693 Fällen:

α) Alttestamentl. Namen: 2 in 23 Fällen:

Adam, Tobias.

β) Neutestamentl. u. Heiligennamen: 36 in 670 Fällen.

Andreas, Anton, Augustin, Balthasar, Bartholomäus, Caspar, Christian, Christoph, Cornelius, Franz, Georg, Hieronymus, Jacob, Ignaz, Johann, Joseph, Julius, Lorenz, Marcus, Martin, Matthäus, Matthias, Michael, Moriz, Nicolaus, Paul, Peter, Philipp, Sebastian, Servilian, Simon, Stephan, Theodor, Thomas, Valentin, Xaver.

b) Frauennamen: 1. Deutsche: 3 in 17 Fällen:

Gertrud, Hedwig, Kunigunde.

2. Fremde: 29 in 494 Fällen:

α) Alttestamentl. Namen: 2 in 37 Fällen:

Eva, Susanna.

β) Neutestamentl. u. Heiligennamen: 26 in 453 Fällen:

Agnes, Angela, Anna, Apollonia, Barbara, Catharina, Christina, Clara, Dorothea, Elisabetha, Juliana, Justina, Magdalena, Margaretha, Ottilia, Regina, Rosalia, Rosina, Rufina, Sabina, Salome, Sophia, Thecla, Theresia, Ursula, Veronica.

γ) Sonstige fremde Namen: 1 in 4 Fällen:

Ludovica.

Wir haben damit die Betrachtung der Namengebung in Flörsheim bis zu dem Zeitpunkte geführt, wo sich uns in Rüsselsheim der Umschwung deutlich gekennzeichnet hatte. In Flörsheim haben wir derartiges nicht bemerkt.[1]) Der Grund liegt darin, daß sich hier die Doppelvornamen nicht so sehr ausgebreitet haben wie in Rüsselsheim.

B) DIE ZEIT NACH DEM JAHRE 1805.

I. Rüsselsheim 1806—1905.

Wir haben bereits oben bemerkt, daß etwa mit dem Ende der 80er Jahre ein neuer Aufschwung der Doppelvornamen festzustellen ist. Wir betrachten also zunächst

a) Die Zeit 1806—1885.

aa) Die doppelten Vornamen.

1. Auswahl der Namen.

Auf 794 Knaben kommen 165 verschiedene Doppelvornamen (= 20,8%) auf 898 Mädchen 154 (= 17,1%).

Am häufigsten treten auf

a) Mannsnamen:

Joh. Philipp 88, Joh. Georg 74, Joh. Jacob 72, Joh. Adam 57, Joh. Peter 45, Joh. Heinrich 30, Joh. Friedrich 20, Joh. Wilhelm 18, Georg Heinrich 17, Georg Peter 16, Joh. Christoph 12, Joh. Martin 11, Georg Philipp 10, Philipp Heinrich 10, Joh. Daniel 9, Georg Wilhelm 8, Joh. Conrad 8, Philipp August 8, Philipp Jacob 8.

Die Vorherrschaft des Namens Johannes ist noch weiter eingeengt worden. In dem vorhergehenden Zeitabschnitt stand eine Doppelung, welche nicht den Namen Johann enthielt (Georg Philipp) an 15. Stelle. Nunmehr folgen bereits an 9. u. 10. Stelle zwei solcher Doppelvornamen ohne Johann (Georg Heinrich und Georg Peter). Während ferner früher überhaupt nur eine nicht den Namen Johann enthaltende Doppelung sich unter den meistgebrauchten Namenverbindungen vorfand, haben wir jetzt deren sieben.

[1]) Die Beispiele, die man als Zeichen eines auch hier beginnenden Umschlages betrachten könnte, sind nicht aus dem Namensystem herausgewachsen, sondern verdanken der Mode ihren Ursprung.

b) Frauennamen:

Anna Maria 132, Anna Catharina 81, Catharina Elisabetha 65, Elisabetha Catharina 58, Anna Margaretha 45, Dorothea Elisabetha 37, Maria Elisabetha 33, Justina Amalia 31, Maria Catharina 25, Anna Elisabetha 22, Elisabetha Margaretha 22, Anna Christina 21, Catharina Margaretha 19, Margaretha Elisabetha 18, Maria Magdalena 17, Anna Barbara 16, Johannetta Margaretha 15, Elisabetha Dorothea 10, Eva Catharina 10.

Die Häufigkeit des Doppelvornamens Anna Maria hat wieder zugenommen, der Abstand zum zweiten Glied der Reihe ist wieder größer geworden. Anna erscheint 6 mal, von den übrigen Namen keiner mehr als 3 mal an erster Stelle. Im einzelnen haben kleinere Verschiebungen stattgefunden.

2. An erster Stelle stehen

a) Mannsnamen:

Johann (28 ×), Carl 14, Georg 14, Heinrich 12, Philipp 12, Friedrich 12, Peter 9. Adam 8, Jacob 7, Christian 6, Ludwig 6, Franz 5, Wilhelm 5.

Vergleichen wir mit dem vorigen Zeitabschnitt, so erhalten wir folgendes Ergebnis:

	1776—1805	1806—1885		1776—1805	1806—1885
	zählte			zählte	
Carl	0,2	0,5	[Adam	—]	0,32
Georg	0,24	0,5	[Jacob	—]	0,28
Friedrich	0,16	0,48	[Christian	—]	0,24
Heinrich	0,08	0,48	[Ludwig	—]	0,24
[Peter	0,04]	0,36	[Franz	0,04]	0,2
			Wilhelm	0,12	0,2

der Ziffer des Namens Johannes.

Am meisten an Verbreitung zugenommen hat also der Name Heinrich. Ihm folgen in absteigender Reihe die Namen Friedrich, Philipp, Carl, Georg, Wilhelm.

b) Frauennamen:

Maria 50, Catharina 17, Anna 14, Elisabetha 10, Margaretha 10, Susanna 8, Luise 7, Charlotte 5, Christina 5, Dorothea 5, Friederica 4, Johannetta 4, Sophia 4.

Von den übrigen geringfügigen Veränderungen abgesehen erscheint bemerkenswert, welchen Platz sich Susanna, Luise, Charlotte gesichert haben.

3. Herkunft der Namen.

a) Mannsnamen:

1. Typus: 23; 2. Typus: 39; 3. Typus: 42; 4. Typus: 61.

Das Verhältnis des deutschen Elementes zum fremden hat sich zugunsten des deutschen um die Hälfte gebessert (d : fr. = 1 : 1,6 gegen 1 : 2,9). Es wird dies der größeren Verbreitung der deutschen Namen Carl, Heinrich, Friedrich, Ludwig, Wilhelm verdankt.

b) Frauennamen:

2. Typus: 2; 3. Typus: 3; 4. Typus: 149.

Die Sache der deutschen Namen steht noch schlechter als vorher.

bb) Die einfachen Vornamen.

1. Auswahl der Namen.

Auf 1700 Knaben kommen 47 verschiedene Namen (= 2,75%), auf 1439 Mädchen 51 (= 3,5%).

Diese ungünstige Stellung der Knaben wird jedoch zu ihren Gunsten verschoben, wenn man die Mannigfaltigkeit der Doppelvornamen zu derselben Zeit dazu in Betracht zieht.

Am häufigsten treten auf

a) Mannsnamen:

Jacob 228, Johann 223, Georg 187, Philipp 152, Heinrich 149, Adam 136, Peter 119, Wilhelm 98, Friedrich 66, Ludwig 48, Carl 44, Daniel 38, Martin 33, Christian 31, August 24.

Das erste, was uns in die Augen fällt, ist, daß der Name Johannes aus seiner seitherigen alles überragenden Stellung verdrängt ist. Nicht nur nicht ist der Abstand, der bei seiner Verwendung als einfacher Vorname von den nachfolgenden Namen seither immer größer geworden war, nun bedeutend geringer worden, sondern er ist sogar an die zweite Stelle gerückt; der Name Jacob hat ihn überflügelt. Ähnlich ist es mit den anderen Namen gegangen: die vorher weit hinter ihm standen, sind jetzt in der Verwendung ihm ziemlich nahe gerückt. Wir haben diese Namen schon fast durchweg bei den Doppelvornamen kennen gelernt als solche, die dem Namen Johannes auch dort das Gebiet streitig machten.

b) Frauennamen:

Catharina 247, Elisabetha 216, Margaretha 181, Maria 101, Dorothea 95, Magdalena 90, Christina 59, Susanna 49, Justina 47, Luise 37, Anna 30, Charlotte 29, Eva 27, Lisetta 24, Henrietta 23, Eleonore 22, Helena 21, Marianna 20.

Voran stehen die als einfache Vornamen altgebräuchlichen. Bemerkenswert ist jedoch, daß der Name Luise, der erst um die Wende des 18. Jahrhs. größere Verbreitung zu erlangen begonnen hatte, an Beliebtheit bereits den Namen Anna nicht unbedeutend überflügelt hat. Auch der vordem als einfacher Vorname nicht übliche Name Charlotte hat nahezu den Namen Anna erreicht. Ganz plötzlich erscheinen in der Reihe der häufigeren Namen Lisetta und Marianna.

Nunmehr haben wir uns der Frage zuzuwenden, welche von diesen einfachen Vornamen aus Doppelvornamen hervorgegangen sind, und welche als Fortsetzung der alten einfachen Vornamen auftreten. Wir werden dann auch entscheiden können, ob die Doppelvornamen zugunsten oder -ungunsten des deutschen Bestandteils des Namenschatzes gewirkt haben. Wir haben also jetzt die Rückwirkung gegen die Doppelvornamen von ihren ersten Anfängen an, soweit sie mit Deutlichkeit in den Taufbüchern zu erkennen ist, bis in ihre letzten Ausläufer hinein zu verfolgen. Wir rechnen zu dieser „Rückwirkung gegen die Doppelvornamen“ nicht diejenigen Fälle, in denen ein Kind, obwohl es zwei oder auch eine ganze Reihe von Paten aufweisen kann, trotzdem nur einen Namen erhält, weil aus diesen Fällen, so wie sie uns urkundlich vorliegen, nicht zu entnehmen ist, ob man bei der Erteilung des Namens wirklich die besondere Absicht verfolgte, dem Kinde nur einen Namen und keinen Doppelvornamen beizulegen, oder ob es nicht vielmehr Fälle sind, wie wir sie als Vorstufen der Doppelvornamen oben (S. 238 c) kennen gelernt haben.

Aus demselben Grunde schließen wir von der Betrachtung diejenigen Fälle aus, bei denen dem Kind, obwohl es die Anzahl der Paten und ihrer verschiedenen Namen gestattet hätte (indem etwa 3 oder mehr Paten verschiedenen Namens vorhanden sind), etwa drei oder noch mehr Namen beizulegen, trotzdem nur zwei erteilt werden. Auch die Erteilung etwa von 3 Namen an Stelle von 5 oder 6 Namen kann ebensowenig als bewußte Rückwirkung gegen die Namenfülle angesehen werden und kommt daher für unsere Betrachtung gleichfalls in Wegfall.

So bleiben zwei Hauptgruppen übrig, die eine, bei der aus einem Doppelvornamen ein einfacher hervorgeht, die andere, bei der sich ein neuer Name aus drei- oder mehrfachen Namen entwickelt. Bei letzterer Gruppe können wir noch zwischen solchen Fällen scheiden, in denen aus einem drei- oder mehrfachen Namen ein Einzelname hervorgeht, und solchen, bei denen aus einem drei- oder mehrfachen Namen ein Doppelname entspringt.

Wir betrachten nun diese Rückwirkung gegen die Doppelvornamen, die die Haupteigentümlichkeit des eben von uns behandelten Zeitabschnittes bildet, gleich bis in die letzten Ausläufer hinein, um nicht später noch einmal darauf zurückkommen zu müssen.

Für die Rückwirkung gegen die Doppelvornamen liegen folgende urkundlichen Belege vor:

1. 1806—1815: 1 Frn.

[Maria] Elisabetha[1]).

2. 1816—1825: 1 Mn. (D), 1 Frn.

Gottlieb Heinrich [Otto]; [Maria] Elisabetha.

3. 1826—1835: 1 Mn., 11 Frn.

[Georg Ludwig] Wilhelm; [Maria] Catharina, [Catharina] Elisabetha, Elisabetha [Catharina], [Margaretha] Elisabetha, [Anna] Margaretha (2 ×), [Catharina] Margaretha, [Elisabetha] Margaretha. Bes. Fälle: [Anna Catharina] > Margaretha, [Anna Maria] > Margaretha, [Elisabetha Catharina] > Margaretha.

4. 1836—1845: 50 Mn., 42 Frn.

[Johann] Adam (3 ×), Carl [Christian], [Philipp] Christian (3 ×), [Johann] Daniel, [Hermann] Dietrich, [Johann] Friedrich (2 ×), Georg [Adam], Georg [Peter], Georg [Philipp],

---

[1]) Der eingeklammerte Name kommt bei der Taufe in Wegfall.

[Johann] Georg (7 ×), [Georg] Heinrich (2 ×), [Johann] Heinrich (4 ×), [Philipp] Heinrich (3 ×), [Johann] Jacob (6 ×), [Philipp] Jacob, [Johann] Justus, [Georg] Ludwig, [Johann] Ludwig, [Johann] Peter (2 ×), [Johann] Philipp (3 ×), Philipp [Heinrich], Philipp [Martin], [Johann] Wilhelm. Bes. Fälle: [Georg Philipp] > Wilhelm, [Marianna Margaretha Luise] > Julius.

Augusta [Elisabetha], [Maria] Carolina, [Anna] Catharina (4 ×), [Elisabetha] Catharina, Charlotte [Magdalena], Christina [Eleonore], Dorothea [Elisabetha] (3 ×), [Anna] Elisabetha, [Catharina] Elisabetha, Elisabetha [Catharina], Eva [Catharina], Justina [Amalia] (4 ×), Luise [Catharina], [Anna] Magdalena (3 ×), [Maria] Magdalena, [Anna] Margaretha (5 ×), [Anna] Maria (6 ×), Susanna [Catharina]. — Amalia [Theresa Wilhelmina], [Johannetta] Margaretha [Magdalena], Marianna [Margaretha Luise]. — Johanna Luise [Elisabetha Wilhelmina Friederika Sophia Henrietta] > Luise Johanna; Wilhelmina [Maria] Magdalena.

5. 1846—1855: 55 Mn., 65 Frn.

[Johann] Adam (4 ×), [Philipp] Adolf, August [Friedrich], [Johann] Balthasar, Christian [Rudolf], [Johann] Daniel, [Johann] Georg (11 ×), Heinrich [Adam], [Johann] Heinrich (5 ×), [Philipp] Heinrich, [Johann] Jacob (6 ×), [Philipp] Jacob (2 ×), [Johann] Ludwig, [Johann] Martin, [Johann] Peter (2 ×), Peter [Leopold], [Johann] Philipp (8 ×), Philipp [Adolf], Philipp [Heinrich], [Johann] Wilhelm. Bes. Fälle: [Johann Georg] > Daniel, [Joh. Christoph] + Friedrich > Friedrich. — [Johann Heinrich] Georg, Louis [Alfons Theodor] > Ludwig.

Anna [Maria], Charlotte [Eleonore], [Anna] Christina (3 ×), [Anna] Catharina (8 ×), Catharina [Elisabetha] (2 ×), [Maria] Catharina (3 ×), Dorothea [Elisabetha] (3 ×), Dorothea [Maria], [Elisabetha] Dorothea, [Anna] Elisabetha, [Catharina] Elisabetha (2 ×), [Dorothea] Elisabetha, Elisabetha [Catharina] (4 ×), Elisabetha [Margaretha], [Margaretha] Elisabetha (2 ×), Ida [Josephina], Justina [Amalia], Elisabetha [Catharina] > Lisetta, [Luise] Lisetta, [Maria] Elisabetha > Lisetta, [Anna] Magdalena, [Anna] Margaretha (4 ×), [Barbara] Margaretha, [Elisabetha] Margaretha, Margaretha [Barbara], Margaretha [Luise], Margaretha [Veronica] (2 ×), [Anna] Maria (6 ×), [Anna] Philippina, Susanna [Catharina]. Bes. Fälle: [Anna Christina] > Luise, [Amalia Charlotte] > Maria. — Luise [Margaretha Marianna], Marianna [Margaretha Luise]. — Anna [Maria Luise Amalia], Carl [Friedrich Wilhelm] > Caroline. — Anna Maria [Luise Amalia].

6. 1856—1865: 4 Mn., 4 Frn.

[Johann] Christoph, Georg [Adam], Heinrich [Adam], [Johann Carl] Friedrich.

Anna [Maria], [Margaretha] Catharina, Maria [Margaretha]. — [Maria Philippina] Antoinetta.

7. 1866—1875: 3 Mn., 17 Frn.

Adolf [Philipp], [Friedrich] Jacob, [Johann] Peter.

Anna [Eva], Anna [Maria] (2 ×), [Catharina] Barbara, [Anna] Catharina, Catharina [Elisabetha], Catharina [Veronica], [Anna] Christina, Elisabetha [Agatha], Elisabetha [Dorothea], [Maria] Elisabetha, Elisabetha [Catharina] > Lisetta (2 ×), [Anna] Maria (2 ×), Maria [Eva]. — [Maria Helena] Lina.

8. 1876—1885: 7 Mn., 22 Frn.

[Johann] Adam (2 ×), Gottfried [Heinrich], [Carl] Heinrich, Jacob [Heinrich], [Heinrich] Joseph. — [Ludwig Christoph] Heinrich.

Anna [Catharina] (2 ×), Anna [Maria] (2 ×), Anna [Barbara], [Anna] Catharina (2 ×), Catharina [Elisabetha] (2 ×), [Eva] Catharina, [Maria] Catharina, [Anna] Christina, [Anna] Elisabetha, Eva [Magdalena], [Margaretha] Jacobina, [Maria] Luise, [Anna] Magdalena, [Catharina] Margaretha, [Catharina] Maria. Bes. Fall: [Maria Elisabetha] > Emma. — Anna [Elisabetha Catharina], Maria [Martha Elisabetha].

9. 1886—1895: 16 Mn., 18 Frn.

Carl [Ernst], Carl [Jacob], Friedrich [Jacob], Friedrich [Wilhelm], [Johann] Friedrich, [Johann] Georg, Georg [Philipp], [Johann] Gottlieb, [Johann] Heinrich (2 ×), [Philipp] Heinrich, [Johann] Jacob, Johann [Conrad], Philipp [August] (2 ×), Philipp [Jacob].

Anna [Christina], Anna [Magdalena], Anna [Rosina], Dorothea [Elisabetha], [Anna] Catharina, Catharina [Margaretha], [Elisabetha] Catharina, [Eva] Catharina, Elisabetha [Catharina], Elisabetha [Margaretha], [Margaretha] Elisabetha, [Anna] Margaretha (4 ×), [Anna] Maria, Maria [Carolina]. — Anna [Maria Luise].

10. 1896—1905: 20 Mn., 19 Frn.

[Wilhelm] Adam, [Christian] Carl, [Adam] Friedrich, Friedrich [Wilhelm], Georg [Peter], [Johann] Georg, Gustav [Eduard], Heinrich [Adam], [Johann] Heinrich (2 ×), [Philipp] Heinrich (2 ×), [Johann] Jacob, Johann [Jacob], [Georg] Philipp, [Johann] Philipp (2 ×), [Georg] Wilhelm, [Johann] Wilhelm. — Friedrich [Johann Carl].

Anna [Barbara], Anna [Elisabetha], Anna [Margaretha], Anna [Maria] (2 ×), Catharina [Elisabetha] (2 ×), Catharina [Margaretha], [Margaretha] Christina, [Anna] Elisabetha, [Catharina] Elisabetha, Elisabetha [Margaretha], Helena [Margaretha], Helena [Maria], Luise [Margaretha], Magdalena [Catharina], [Elisabetha] Margaretha, Susanna [Elisabetha]. — [Anna] Maria [Catharina].

Machen wir uns zunächst durch eine Tabelle klar, welchen Anteil die aus doppelten oder mehrfachen Vornamen hervorgegangenen einfachen Vornamen an der Gesamtsumme der einfachen Vornamen in jedem Jahrzehnt besitzen.

Jahre	Gesamtsumme d. Einzelvorn.	Davon aus Doppelvorn. hervorgeg.	%
1806—15	62	1	1,6 %
1816—25	102	1	0,98 %
1826—35	289	12	4,2 %
1836—45	421	91	21,6 %
1846—55	445	119	26,7 %
1856—65	500	8	1,6 %
1866—75	574	20	3,4 %
1876—85	730	29	3,97 %
1886—95	726	34	4,67 %
1896—1905	792	39	4,99 %

Vom Anfang bis zur Mitte des Jahrhunderts nimmt die Summe der aus den doppelten Vornamen hervorgehenden Einzelnamen ziemlich rasch zu, dann fällt sie plötzlich bis auf ihre Anfangsziffer zurück, um sogleich, nun aber sehr langsam wieder zu steigen. Wie haben wir uns diesen merkwürdigen

Verlauf zu erklären? War man etwa um die Mitte des Jahrhunderts soweit gekommen, daß man einerseits mit Hilfe der alten, niemals ganz untergegangenen Einzelnamen und andererseits der immer von neuem aus den Doppelvornamen erzeugten Einzelnamen einen Namenschatz der Einzelnamen geschaffen hatte, der durch die häufige Verwendung der einzelnen Namen diesen ihre Beliebtheit gegenüber den Doppelnamen zu sichern schien, sodaß man es jetzt nicht mehr als nötig empfand, auf diese Weise den Doppelvornamen Abtrag zu tun? Und sah man sich, da sich die Doppelvornamen lebenskräftig und als den stets angreifenden Teil zeigten, erst allmählich gezwungen, das alte Verfahren wieder aufzunehmen? Diese Erklärung des merkwürdigen Verlaufs der Rückwirkung gegen die Doppelvornamen halte ich nicht für unwahrscheinlich. Selbstverständlich hat sich der Vorgang im großen und ganzen unbewußt abgespielt.

Nunmehr haben wir uns zunächst zu fragen, welche Einzelnamen denn durch Ausscheidung aus den doppelten Vornamen entstanden sind.

Es sind folgende:

a) Mannsnamen:

Adam 9, Adolf 2, August 1, Balthasar 1, Carl 1, Christian 4, Christoph 1, Daniel 3, Dietrich 1, Friedrich 4, Georg 23, Gottfried 1, Heinrich 19, Jacob 17, Joseph 1, Julius 1, Justus 1, Ludwig 4, Martin 1, Peter 6, Philipp 15, Wilhelm 4.

Vergleichen wir die Zahlen mit den Gesamtziffern der Einzelnamen, so ergibt sich an Zuwachs aus den aufgelösten Doppelnamen für die einzelnen Namen folgendes:

Adolf 4,5te Teil, Christian 7,7., Heinrich 7,8., Georg 8,1., Philipp 10,1., Ludwig 12. — Daniel 12,6., Jacob 13,4., Adam 15,1., Friedrich 16,5., Peter 19,8., Wilhelm 24,5. Teil.

Eine Förderung des deutschen Elementes hat durch die doppelten Vornamen und ihre Auflösung zwar stattgefunden, jedoch hält sie sich in bescheidenen Grenzen.

b) Frauennamen:

Amalia 1, Anna 13, Augusta 1, Antonetta 1, Barbara 1, Carolina 2, Catharina 29, Charlotte 2, Christina 6, Dorothea 8, Elisabetha 23, Emma 1, Eva 2, Jacobina 1, Ida 1, Justina 5,

Lina 1, Lisetta 5, Luise 3, Magdalena 6, Margaretha 24, Maria 19, Marianna 2, Philippina 1, Susanna 2.

Eine Untersuchung über den deutschen Bestandteil im Namenschatz der Frauennamen ist überflüssig.

Wir haben nun noch zu betrachten, welche Namen denn bei der Auflösung der Doppelnamen aus irgend einem Grunde verschmäht worden sind. Es sind folgende:

a) Mannsnamen:

Adam 4, Adolf 1, Alfons 1, Carl 2, Christian 1, Christoph 2, Friedrich 1, Georg 7, Heinrich 5, Hermann 1, Johann 78, Leopold 1, Ludwig 3, Otto 1, Peter 1, Philipp 18, Rudolf 1, Theodor 1.

b) Frauennamen:

Agatha 1, Amalia 8, Anna 57, Barbara 3, Catharina 26, Charlotte 1, Christina 1, Dorothea 2, Eleonore 2, Elisabetha 21, Eva 3, Friederica 2, Helena 1, Henrietta 1, Johannetta 1, Josephina 1, Luise 6, Magdalena 3, Margaretha 10, Maria 24, Marianna 1, Martha 1, Philippina 1, Sophia 1, Theresa 1, Veronica 3, Wilhelmina 3.

Schon die größere Anzahl der Namen bei den Frauen (27 gegen 18 Mannsnamen) zeigt, daß bei ihnen der Geschmack verschiedengearteter ist als bei den Männern, bei denen man leichter zufrieden gestellt wird. Die Gründe, gerade diese oder jene Auswahl unter den Namen zu treffen, können verschiedenartig sein, und auch bei der vorliegenden Auswahl haben sicher gerade entgegengesetzte ihre Hand im Spiele gehabt. Bei der Wahl des Namens läßt sich der eine so bestimmen, daß er keinen von den verbreitetsten und gewöhnlichsten auswählt. Das zeigt sich besonders deutlich bei der Verschmähung des Namens Johannes (78 ×); aber auch bei Philipp (18 ×) sowie bei den Frauennamen Anna (57 ×), Catharina (26 ×), Elisabetha (21 ×), Maria (24 ×), Margaretha (10 ×) tritt dieser Beweggrund genugsam hervor. Andere scheuen sich, ihren Kindern selten gebrauchte Namen beizulegen; das ist wohl bei den Namen Alfons, Leopold, vielleicht auch bei Otto, Rudolf, Theodor der Fall gewesen. Bei den Frauennamen dürften hierhin etwa Agatha, Josephina, Theresa gehören, vielleicht auch Henrietta, Philippina. Weiter konnte bei der Wahl des Namens den Ausschlag geben, daß man den betreffenden Namen nicht mehr für zeitgemäß hielt, so etwa Barbara, Veronica.

So konnte derselbe Name aus demselben Grund von den einen aus den Doppelvornamen aufgenommenen, von dem anderen verschmäht werden. Stellen wir bei den häufiger verwendeten kurz einen Vergleich an, so finden wir:

a) Mannsnamen:

Adam 9 × angenommen gegen 4 × abgelehnt, Carl 1 gegen 2, Christian 4 gegen 1, Christoph 1 gegen 2, Friedrich 4 gegen 1, Georg 23 gegen 7, Heinrich 19 gegen 5, Jacob 17 gegen 0, Johann 0 gegen 78, Ludwig 4 gegen 3, Peter 6 gegen 1, Philipp 15 gegen 18, Wilhelm 4 gegen 0.

b) Frauennamen:

Amalia 1 gegen 8, Anna 13 gegen 57, Barbara 1 gegen 3. Catharina 29 gegen 26, Christina 6 gegen 1, Dorothea 8 gegen 2, Elisabetha 23 gegen 21, Luise 3 gegen 6, Magdalena 6 gegen 3, Margaretha 24 gegen 10, Maria 19 gegen 24.

Es wird uns in diesen Zahlen deutlich vor Augen geführt, wie die verschiedenen Strömungen nebeneinander herlaufen, sich gegenseitig beeinflussen und jede die Oberhand zu gewinnen strebt.

Nach diesen Ausführungen bleibt uns für die Zeit von 1806—1885 noch zu behandeln die

Herkunft der Namen.

a) Mannsnamen: 1. Deutsche: 17 in 451 Fällen:

Adolf, Albert, Bernhard, Carl, Conrad, Ernst, Friedrich. Gottlieb, Gottfried, Heinrich, Helfrich, Hermann, Leopold, Ludwig, Otto, Richard, Wilhelm.

2. Fremde: 30 in 1249 Fällen:

α) Alttestamentl. Namen: 2 in 174 Fällen:

Adam, Daniel.

β) Neutestamentl. u. Heiligennamen: 26 in 1072 Fällen:

Alexander, Andreas, Anton, August, Balthasar, Christian. Christoph, Ferdinand, Franz, Georg, Jacob, Johann, Joseph. Julius, Justus, Lorenz, Marcus, Martin, Matthäus, Michael, Nicolaus, Paul, Peter, Philipp, Theodor, Valentin.

γ) Sonstige fremde Namen: 2 in 3 Fällen:
Gustav, Louis.

Es ist eine nicht unbedeutende Zahl von deutschen Namen, die uns unter den vielen fremden entgegentreten. Wenn wir auf den Anfang unserer Untersuchung zurückblicken und die ersten 100 von uns behandelten Jahre (1586—1685) in Betracht ziehen, so sehen wir dort (1586—1685) 18 deutsche und 27 fremde Namen, hier (1806—1885) 17 deutsche und 30 fremde Namen. Aber wir müssen bedenken, daß, wenn auch so die Zahl der deutschen und fremden Namen fast wieder gleich geworden ist, sich doch jetzt die Zahl der Kinder, die sich mit diesen Namen begnügen müssen, gegen früher sehr vergrößert hat. So ist schließlich das Ergebnis für die deutschen Namen ein sehr klägliches: 1586—1685 erhalten von 100 Knaben 15,7 deutsche Namen, 1806—1885 dagegen nur 2,7!

b) Frauennamen: 1. Deutsche: 4 in 8 Fällen:
Amalia, Emma, Gertrud, Ida.

2. Fremde: 47 in 1431 Fällen:

α) Alttestamentl. Namen: 2 in 76 Fällen:
Eva, Susanna.

β) Neutestamentl. u. Heiligennamen: 26 in 1159 Fällen:
Agnes, Anna, Augusta, Barbara, Catharina, Christiana, Christina, Clara, Dorothea, Elisabetha, Franzisca, Helena, Johanna, Juliana, Justina, Magdalena, Margaretha, Maria, Mariana(?), Mathilde, Ottilia, Regina, Rosina, Sophia, Thecla, Veronica.

γ) Sonstige fremde Namen: 19 in 196 Fällen:
Antonetta, Babetta, Carolina, Charlotte, Eleonore, Elise, Emilia, Ernestina, Friederica, Henrietta, Jacobina, Johannetta, Lina, Lisetta, Luise, Nannetta, Philippina, Sibylla, Wilhelmina.

Verhielten sich 1586—1685 die deutschen Frauennamen zu den fremden wie 1:9, so verhalten sie sich jetzt (1806—85) wie 1 : 11,8. Es kommen jetzt auf 100 Mädchen nur 0,6 mit deutschen Namen, oder auf 1000 ganze 6, während 1685 von 1000 Mädchen doch noch 34 deutsche Namen führten.

b) Die Zeit 1886—1905.

Wir wollen von diesen beiden letzten Jahrzehnten jedes für sich betrachten, weil eine solche Trennung da, wo wir doch kein abschließendes Urteil über den augenblicklichen Stand der Dinge, wie es scheint, fällen können, zweckdienlicher sein wird.

α) 1886—1895.

aa) Die doppelten Vornamen.

1. Auswahl der Namen.

Auf 102 Knaben kommen 65 verschiedene Namen (= 63,7 %), auf 125 Mädchen 61 (= 40,8 %). Bereits in der Zeit von 1806 bis 1885 hatte sich eine Verschiebung der Mannigfaltigkeit bei den Doppelvornamen zugunsten der Mannsnamen angebahnt.

Am häufigsten treten auf

a) Mannsnamen:

Georg Peter 5, Jacob Friedrich 5, Philipp August 5, Georg Heinrich 4, Carl Philipp 3, Georg Wilhelm 3, Johann Philipp 3, Wilhelm Friedrich 3.

Die beherrschende Stellung des Namens Johannes ist verschwunden. Die Namen, deren eben beginnende Blüte wir bereits 100 Jahre früher in den Anfängen bemerken konnten, sind an seine Stelle getreten. An erster Stelle stehen bei den 8 am meisten gebrauchten Namenverbindungen 6 verschiedene Vornamen.

b) Frauennamen:

Anna Maria 21, Anna Catharina 12, Anna Elisabetha 7, Anna Margaretha 6, Elisabetha Catharina 5, Anna Barbara 4, Catharina Elisabetha 4, Dorothea Elisabetha 4, Catharina Margaretha 3, Maria Elisabetha 3.

Die Häufigkeit des Doppelvornamens Anna Maria hat weiter zugenommen, der Abstand von Anna Catharina ist noch größer geworden. Bei den 10 Doppelvornamen, die am meisten gebraucht sind, ist nur in 5 Fällen das erste Glied der Zusammensetzung verschieden.

2. An erster Stelle stehen

a) Mannsnamen:

Johann (10), Heinrich (8), Georg (6), Philipp (6), Carl (5), Friedrich (5), Ludwig (5), Ernst (4), Adam (2), Peter (2), Wilhelm (2).

Am meisten hat wieder die Verbreitung des Namens Heinrich zugenommen. Ihm folgen der Reihe nach Philipp, Georg, Ludwig, Friedrich; Wilhelm ist im gleichen Verhältnis zu Johann geblieben, ebenso Carl. Adam und Peter sind zurückgegangen, Ernst ganz neu in die Reihe eingerückt.

b) Frauennamen:

Maria (9), Anna (8), Margaretha (5), Justina (4), Catharina (3), Charlotte (3), Elisabetha (3), Emilia (2), Eva (2), Luise (2), Magdalena (2).

Der Name Catharina ist in seiner Verwendung noch weiter zurückgegangen, Charlotte vorgerückt, Justina (und Emilia) neu in die Reihe eingetreten. Im übrigen zeigt sich die die Frauennamen überall kennzeichnende Veränderlichkeit. Ein einheitlicher und bestimmter Zug der Bewegung wie bei den Mannsnamen ist hier nicht zu finden.

Wir wollen gleich hier schon mit der Behandlung der einfachen Vornamen beginnen und die Frage nach der Herkunft der Glieder der einzelnen Zusammensetzungen zusammen mit der Frage nach der Herkunft der Einzelnamen am Schlusse des letzten Zeitabschnittes (1886—1905) betrachten, da eine Aufteilung der beiden Jahrzehnte 1886—1895 und 1896—1905 zwar zur Veranschaulichung der im Namenschatz herrschenden Strömung angebracht war, jedoch für die Frage nach der Herkunft der Namen keine Bedeutung hat.

bb) Die einfachen Vornamen.

Auswahl der Namen.

Auf 394 Knaben kommen 31 verschiedene Vornamen (= 7,8%), auf 331 Mädchen 39 (= 11,7%). Die Sache steht noch ungünstiger für die Mädchennamen als vorher (1806—85: Kn.: Md.: = 1 : 1,2; 1886—95: Kn.: Md.: = 1 : 1,5).

Am häufigsten treten auf

a) Mannsnamen:

Heinrich 47, Georg 45, Adam 35, Wilhelm 34, Friedrich 30, Jacob 29, Carl 28, Ludwig 26, Johann 25, Philipp 22, Peter 16, August 10, Christian 8, Martin 8.

Es sei nur hervorgehoben, daß der Name Johannes an die 9. Stelle gerückt ist. Im übrigen spricht die Reihe für sich selbst deutlich genug.

b) Frauennamen:

Elisabetha 59, Catharina 42, Margaretha 42, Maria 26, Anna 25, Magdalena 20, Dorothea 15, Christina 10, Justina 10, Luise 9, Friederica 8, Lisetta 7, Luise 6, Helena 5, Barbara 4, Eva 4, Henrietta 4.

Wir haben diese Namen alle, auch ungefähr in derselben Reihenfolge, bei den in der Zeit von 1806—1885 am meisten verwendeten vorgefunden.

β) 1896—1905.

aa) Die doppelten Vornamen.

1. Auswahl der Namen.

Auf 154 Knaben kommen 75 verschiedene Vornamen (= 61,7 %), auf 161 Mädchen 102 (= 63,4 %).

Am häufigsten treten auf

a) Mannsnamen:

Friedrich Wilhelm 7, Johann Heinrich 6, Carl Wilhelm 5, Georg Philipp 4, Heinrich Johann 4, Joh. Friedrich 4, Joh. Wilhelm 4, Adam Friedrich 3, Carl Friedrich 3, Carl Heinrich 3, Georg Friedrich 3, Georg Heinrich 3, Philipp Adam 3, Philipp Heinrich 3.

Man sieht, wie die am meisten verwendeten Namen ziemlich gleichwertig geworden sind: 7 verschiedene Namen stehen als erstes Glied der Zusammensetzungen.

b) Frauennamen:

Anna Maria 16, Anna Catharina 15, Anna Margaretha 5, Catharina Elisabetha 5, Maria Margaretha 5, Elisabetha Catharina 4, Dorothea Elisabetha 4, Anna Elisabetha 3.

Es sind im großen und ganzen dieselben Namen, die uns vorher schon in dieser Reihe begegnet sind. Auch hier sind, wenn wir von Anna Maria und Anna Catharina absehen, die einzelnen Zusammensetzungen ziemlich gleichwertig geworden, sodaß sich ihre gegenseitige Stellung ziemlich leicht verschieben kann. Bei 5 von 10 Zusammensetzungen ist das erste Glied verschieden.

2. An erster Stelle stehen

a) Mannsnamen:

Johann (11), Heinrich (10), Carl (9), Georg (9), Friedrich (7), Ludwig (5), Otto (5), Philipp (5), Wilhelm (5), Ernst (3), Jacob (3).

Der Name Johannes ist nun beinahe von Heinrich erreicht. Auch die Namen Carl und Georg sind nahe herangerückt. Neueingetreten ist in die Reihe der Name Otto, ausgeschieden sind Adam und Peter, die beide schon im vorhergehenden Jahrzehnt an Verbreitung abgenommen hatten.

b) Frauennamen:

Maria (11), Anna (10), Elisabetha (9), Catharina (6), Augusta (5), Luise (5), Christina (4), Dorothea (4), Johanna (4), Margaretha (4), Eleonore (3), Helena (3), Ida (3), Lina (3), Susanna (3).

Neueingerückt sind in die Reihe die Namen Augusta, Johanna, Eleonore, Helena, Ida, Lina; Luise hat weitere Verbreitung erlangt.

bb) Die einfachen Vornamen.

1. Auswahl der Namen:

Auf 410 Knaben kommen 39 verschiedene Vornamen (= 9,5%), auf 379 Mädchen 51 (= 13,4%). Die Verschiebung der Mannigfaltigkeit zuungunsten der Mädchen hat also keine weiteren Fortschritte gemacht (1886—95: Kn.: Md. = 1:1,5; 1896—1905: Kn.: Md. = 1 : 1,41).

Am häufigsten treten auf

a) Mannsnamen:

Heinrich 56, Wilhelm 45, Jacob 39, Philipp 34, Georg 33, Adam 30, Friedrich 28, Carl 26, Ludwig 24, Peter 23, Johann 20 [August 6, Christian 6, Ernst 4, Hermann 4, Otto 4].

Der Name Johannes ist an die 11. Stelle gerückt. Als die meistgebrauchten erscheinen zwei deutsche Namen: Heinrich und Wilhelm. Unter den meistgebrauchten Namen, im ganzen 11, finden wir 5 deutsche Namen; hinter Johann ist ein starker Einschnitt. Die Namenreihe zerfällt gleichsam in zwei Reihen. Unter den nächsten 5 Namen finden wir noch 3 deutsche.

b) Frauennamen:

Elisabetha 57, Catharina 49, Margaretha 45, Anna 33, Maria 28, Magdalena 16, Christina 14, Dorothea 14, Helena 13, Charlotte 11, Luise 10, Elise 18, Juliana 8, Susanna 8.

Die Veränderungen gegen die voraufgegangene Zeit sind ohne Bedeutung.

Wir werfen an dieser Stelle noch kurz einen Blick darauf, welche Einzelnamen man in dieser Zeit aus den Doppelnamen aufgenommen und welche man verschmäht hat.

Aufgenommen hat man von 1886 bis 1905 aus den Doppelvornamen folgende Einzelnamen:

a) Mannsnamen:

Adam 1, Carl 3, Friedrich 6, Georg 6, Heinrich 8, Jacob 2, Johann 2, Philipp 6, Wilhelm 2.

b) Frauennamen:

Anna 8, Catharina 7, Christina 1, Dorothea 1, Elisabetha 6, Helena 2, Luise 1, Magdalena 1, Margaretha 5, Maria 3, Susanna 1.

Verschmäht worden sind folgende Namen:

a) Mannsnamen:

Adam 2, August 2, Carl 1, Christian 1, Conrad 1, Eduard 1, Ernst 1, Georg 1, Jacob 4, Johann 14, Peter 1, Philipp 4, Wilhelm 3.

b) Frauennamen:

Anna 8, Barbara 1, Carolina 1, Catharina 6, Christina 1, Elisabetha 7, Luise 1, Magdalena 1, Margaretha 9, Maria 4, Rosina 1.

Das Ergebnis der beiden Vorgänge ist folgendes:

a) Mannsnamen:

Adam — 1	Georg + 5
(August — 2)	Heinrich + 8
Carl + 2	Jacob — 2
(Christian — 1)	Johann — 12
(Conrad — 1)	Peter — 1
(Eduard — 1)	Philipp + 2
(Ernst — 1)	Wilhelm — 1
Friedrich + 6	

b) Frauennamen:

Anna ± 0	Helena + 2
(Barbara — 1)	Luise ± 0
(Carolina — 1)	Magdalena ± 0
Catharina + 1	Margaretha — 4
Christina ± 0	Maria — 1
Dorothea + 1	Susanna + 1
Elisabetha — 1	Rosina — 1

Die Richtung der Bewegung bei den Mannsnamen läßt sich deutlich erkennen.

Wir haben noch zu erledigen die

A. Herkunft der Doppelvornamen 1886—1905.

a) Mannsnamen:

1. Typus: 36; 2. Typus: 35; 3. Typus: 31; 4. Typus: 60.

Die Verhältnisse haben sich weiter zugunsten der deutschen Vornamen verschoben.

(D : Fr. = 1 : 1,3 gegen D : Fr = 1 : 1,6).

b) Frauennamen:

2. Typus: 10; 3. Typus: 8; 4. Typus: 147.

Die Verhältnisse der deutschen Namen haben sich etwas gebessert gegen 1806/1885.

B. Herkunft der einfachen Vornamen 1886—1905.

a) Mannsnamen: 1. Deutsche: 17 in 382 Fällen:

Adolf, Albert, Carl, Conrad, Erich, Ernst, Friedrich, Gottfried, Gottlieb, Heinrich, Hermann, Hugo, Ludwig, Otto, Rudolf, Waldemar, Wilhelm.

2. Fremde: 28 in 425 Fällen:

α) Alttestamentl. Namen: 2 in 68 Fällen:

Adam, Daniel.

β) Neutestamentl. u. Heiligennamen: 25 in 356 Fällen:

Albin, Alexander, Anton, August, Balthasar, Christian, Christoph, Constantin, Emil, Eugen, Ferdinand, Franz, Georg, Jacob, Johann, Joseph, Julius, Lorenz, Martin, Michael, Paul, Peter, Philipp, Theodor, Valentin.

γ) Sonstige fremde Namen: 1 in 1 Fall:

Gustav.

1806—1885 erhielten 2,7 % (!) Knaben deutsche Namen; 1886—1905 nur noch 2,4 %.

b) Frauennamen: 1. Deutsche: 8 in 13 Fällen:

Bertha, Emma, Hedwig, Hertha, Hildegard, Ida, Irma, Mathilde.

2. Fremde: 51 in 697 Fällen:

α) Alttestamentl. Namen: 2 in 19 Fällen:

Eva, Susanna.

β) Neutestamentl. u. Heiligennamen: 28 in 573 Fällen:

Anna, Augusta, Apollonia, Barbara, Catharina, Christiana,

Christina, Dorothea, Elisabetha, Franzisca, Helena, Johanna, Julia, Juliana, Justina, Magdalena, Margaretha, Maria, Marianna (?), Martha, Ottilia, Petronella, Regina, Rosa, Rosina, Sophia, Theresia, Veronica.

γ. Sonstige fremde Namen: 21 in 105 Fällen: Babetta, Carolina, Charlotte, Eleonore, Emilia, Elise, Emma, Erna, Ernestina, Frida, Friederica, Henrietta, Jacobina, Johannetta, Lina, Lisetta, Luise, Mina, Philippina, Wendelina, Wilhelmina.

1806—1885 erhielten 0,6% Mädchen deutsche Namen, 1886—1905 1,8%.

Damit haben wir die Darstellung bis zum Jahre 1905 herabgeführt; die Behandlung der letzten Jahrzehnte hat gezeigt, daß wir überall eine solche Richtung in der Namengebung finden, mit der wir uns einverstanden erklären dürfen. Die alten und die neuen Einzelnamen sind verschmolzen zu einem Gesamtstock, aus dessen Vorrat man nun nach Belieben herausgreift, auch wenn man zur Bildung neuer Doppelvornamen schreitet. Denn auch dabei haben sich die neuerstandenen und -entstandenen Namen den althergebrachten und ehemals allein herrschenden als gleichwertig zur Seite gesetzt. Dafür sehen wir als Beweis an, daß nun Namen wie Ernst, Eugen, Otto, Theodor; Augusta, Babetta, Emma, Helena, Ida, Lina, Luise bei den Zusammensetzungen nicht mehr bloß an zweiter Stelle erscheinen, sondern daß sie an erster Stelle in einer Reihe von Doppelvornamen auftreten, welche neu gebildet werden aus alten Einzelnamen sowohl als aus den neuen, die sich eben erst selber aus Doppelvornamen herausgeschält haben, um als einfache Vornamen aufzutreten.

II. Frankfurt 1810—1900.

a) Die Zeit 1810—1865.

aa) Die doppelten Vornamen.

1. Auswahl der Namen.

Auf 232 Knaben kommen 144 verschiedene Vornamen (= 62,1%), auf 232 Mädchen 149 (= 64,2%).

Am häufigsten treten auf

a) Mannsnamen:

Joh. Friedrich 11, Joh. Heinrich 9, Joh. Georg 8, Joh.

Philipp 6, Carl Friedrich 5, Carl Ludwig 5, Joh. Adam 5, Joh. Christian 5, Friedrich Wilhelm 4, Joh. Carl 4, Joh. Jacob 4, Philipp Jacob 4.

b) Frauennamen:

Anna Maria 17, Anna Margaretha 15, Anna Catharina 9, Maria Catharina 7, Maria Magdalena 6, Anna Elisabetha 5, Maria Elisabetha 5.

Während bei den Frauennamen Maria und Anna noch das Feld beherrschen, erscheinen bei den Mannsnamen in der Reihe der häufigsten bereits 4 Namen ohne Johann.

2. An erster Stelle stehen

a) Mannsnamen:

Johann (29), Carl (13), Heinrich (9), Philipp (9), Friedrich (6), Georg (6), Christian (4), Franz (4), Gustav (4), Ludwig (4), Wilhelm (4), Adolf (3), Ernst (3), Joseph (3), Julius (4).

b) Frauennamen:

Maria (24), Anna (15), Johanna (14), Catharina (8), Susanna (8), Elisabetha (7), Margaretha (7), Carolina (6), Sophia (6), Dorothea (5), Augusta (3), Christina (3), Henrietta (3), Juliana (3), Luise (3), Wilhelmina (3).

Der Name Carl geht schon fast die Hälfte der Verbindungen des Namens Johannes ein. Bei den Frauennamen fällt besonders das Umsichgreifen des Namens Johanna auf.

3. Herkunft der Namen.

a) Mannsnamen:

1. Typus: 28; 2. Typus: 26; 3. Typus: 46; 4. Typus: 44.

b) Frauennamen:

2. Typus: 1; 3. Typus: 6; 4. Typus: 142.

bb) Die einfachen Vornamen.

1. Auswahl der Namen.

Auf 93 Knaben kommen 43 verschiedene Vornamen (= 46,2%), auf 90 Mädchen 42 (= 46,6%).

Am häufigsten treten auf

a) Mannsnamen:

Heinrich 7, Jacob 6, Johann 6, Carl 5, Wilhelm 5, Hermann 4, Joseph 4, Bernhard 3, Conrad 3, Julius 3.

b) Frauennamen:

Elisabetha 7, Maria 7, Catharina 6, Henriette 4, Magdalena 4, Carolina 3, Jette 3, Margaretha 3, Mathilde 3, Sophia 3, Susanna 3.

Der Name Johannes ist aus seiner beherrschenden Stellung verdrängt worden. Bemerkenswert erscheint auch, daß der Name Anna bei den Frauennamen gar nicht vertreten ist.

2. Herkunft der Namen.

a) Mannsnamen: 1. Deutsche: 18 in 45 Fällen:

Adolf, Bernhard, Carl, Conrad, Curt, Eduard, Ehrenreich, Ernst, Friedrich, Gerhard, Gottfried, Heinrich, Hermann, Ludwig, Rudolf, Wilhelm, Wolfgang, Wolf.

2. Fremde: 25 in 48 Fällen:

α) Alttestamentl. Namen: 2 in 2 Fällen:

Benjamin, Jonas.

β) Sonstige: 23 in 46 Fällen:

b) Frauennamen: 1. Deutsche: 4 in 8 Fällen.

Bertha, Emma, Gitta, Mathilde.

2. Fremde: 38 in 82 Fällen:

α) Alttestamentl. Namen: 2 in 4 Fällen:

Rebecca, Susanna.

β) Sonstige: 36 in 78 Fällen.

Es mag noch darauf hingewiesen werden, daß sich nunmehr unter den 42 Frauennamen 18 (d. i. fast die Hälfte!) von Mannsnamen abgeleitete befinden.

b) Die Zeit 1870—1900.

aa) Die doppelten Vornamen.

1. Auswahl der Namen.

Auf 174 Knaben kommen 140 verschiedene Vornamen (= 80,4%), auf 173 Mädchen 136 (= 72,8%).

Am häufigsten treten auf

a) Mannsnamen:

Friedrich Wilhelm 9, Carl Wilhelm 4, Georg Wilhelm 4, Carl August 3, Carl Friedrich 3, Carl Ludwig 3, Gustav Adolf 3, Heinrich Wilhelm 3, Joh. Jacob 3.

b) Frauennamen:

Anna Maria 11, Anna Margaretha 8, Maria Margaretha 5, Anna Elisabetha 4.

Der Name Johannes erscheint nur noch in einer Verbindung unter den meistgebrauchten Namen. Der Name Carl erscheint 4 mal unter den 9 häufigsten Verbindungen, alle anderen Namen nur einmal an erster Stelle. Die häufigsten Frauennamen sind aus den 4 altgebräuchlichen Namen Anna, Maria, Margaretha, Elisabetha zusammengesetzt.

2. An erster Stelle stehen

a) Mannsnamen:

Carl (16), Johann (15), Wilhelm (12), Heinrich (9), Georg (8), Franz (6), Friedrich (6), August (4), Ernst (3), Paul (3), Peter (3), Philipp (3).

b) Frauennamen:

Anna (14), Maria (13), Catharina (7), Elisabetha (7), Johanna (7), Carolina (5), Wilhelmina (5), Emma (4), Margaretha (4), Augusta (4), Bertha (3), Elise (3), Emilia (3), Helena (3), Luise (3).

Der Name Johann ist von dem Namen Carl überholt. Innerhalb der Reihe der Frauennamen haben wieder kleine Verschiebungen stattgefunden, wie sie häufig zu bemerken sind.

3. Herkunft der Namen.

a) Mannsnamen:

1. Typus: 40; 2. Typus: 27; 3. Typus: 35; 4. Typus: 38.

b) Frauennamen:

2. Typus: 12; 3. Typus: 8; 4. Typus: 116.

bb) Die einfachen Vornamen.

1. Auswahl der Namen.

Auf 90 Knaben kommen 42 verschiedene Vornamen (= 46,6%), auf 89 Mädchen 35 (= 39,3%).

Am häufigsten treten auf

a) Mannsnamen:

Heinrich 10, Friedrich 9, Wilhelm 8, Joseph 5, Carl 4, Philipp 4, August 3, Johann 3, Willi 3.

b) Frauennamen:

Elisabetha 11, Margaretha 7, Anna 6, Catharina 6, Maria 5, Sophia 5, Carolina 4, Augusta 3, Bertha 3, Emma 3, Frida 3, Luise 3, Mina 3.

Unter den häufigsten Mannsnamen befinden sich 4 deutsche Namen. Der Name Johannes ist ganz in den Hintergrund getreten. Unter den häufigsten Frauennamen befinden sich 5 von Mannsnamen abgeleitete. Voran stehen in der

Reihe wiederum die fünf altgebräuchlichen Namen Elisabetha, Margaretha, Anna, Catharina, Maria.

2. Herkunft der Namen.

a) Mannsnamen: 1. Deutsche: 21 in 54 Fällen: Albert, Alfred, Alois, Arthur, Carl, Conrad, Eduard, Engelhard, Friedrich, Gottlieb, Heinrich, Hermann, Hugo, Leonhard, Ludwig, Richard, Robert, Siegfried, Wendel, Wilhelm, Willi.

2. Fremde: 21 in 36 Fällen:

α) Alttestamentl. Namen: 1 in 2 Fällen: Adam.

β) Sonstige: 20 in 34 Fällen.

b) Frauennamen: 1. Deutsche: 4 in 8 Fällen: Bertha, Emma, Gertrud, Hedwig.

2. Fremde: 31 in 81 Fällen:

α) Alttestamentl. Namen: 1 in 2 Fällen: Eva.

β) Sonstige: 30 in 79 Fällen.

III. Flörsheim 1806—1905.

[II. Die Zeit 1776—1865.]

b) 1806—1865.

aa) Die doppelten Vornamen.

1. Auswahl der Namen.

Auf 389 Knaben kommen 158 verschiedene Namen (= 40,3%), auf 725 Mädchen 102 (= 14,1%).

Am häufigsten treten auf

a) Mannsnamen:

Joh. Peter 19, Joseph Anton 19, Philipp Joseph 16, Franz Anton 14, Peter Joseph 12, Joh. Joseph 11, Franz Peter 10, Franz Joseph 9, Georg Friedrich 9, Adam Philipp 8, Philipp Peter 8, Joh. Adam 7, Philipp Jacob 7.

Der Name Johannes findet sich nur in zwei Doppelungen.

b) Frauennamen:

Anna Maria 344, Maria Anna 90, Maria Josepha 43, Maria Eva 36, Anna Margaretha 14, Catharina Josepha 13, Catharina Elisabetha 12, Catharina Franzisca 12, Anna Catharina 10, Maria Elisabetha 8, Maria Catharina 8.

Neben Anna und Maria findet sich Catharina in drei Doppelungen.

2. An erster Stelle stehen

a) Mannsnamen:

Johann (25), Peter (15), Carl (10), Philipp (10), Franz (9), Joseph (9), Adam (9), Georg (8), Heinrich (6), Jacob (5), Lorenz (5), Wilhelm (5), Friedrich (4), Nicolaus (4), Christian (3), Gerhard (3), Martin (3).

b) Frauennamen:

Catharina (17), Anna (16), Maria (15), Barbara (6), Elisabetha (6), Eva (6), Christina (4), Magdalena (4), Franzisca (3), Justina (3), Susanna (3).

3. Herkunft der Namen.

a) Mannsnamen:

1. Typus: 8; 2. Typus: 30; 3. Typus: 38; 4. Typus: 82.

b) Frauennamen:

3. Typus: 1; 4. Typus: 101.

bb) Die einfachen Vornamen.

1. Auswahl der Namen.

Auf 1929 Knaben kommen 66 verschiedene Namen (= 3,4%), auf 1443 Mädchen 46 (= 3,2%).

Am häufigsten treten auf

a) Mannsnamen:

Johann 217, Peter 195, Philipp 170, Jacob 151, Joseph 114, Martin 100, Lorenz 87, Gerhard 81, Nicolaus 68, Wilhelm 68, Franz 68, Adam 67, Georg 62, Andreas 57, Caspar 46, Anton 44, Heinrich 36, Christoph 32, [Oswald 20].

b) Frauennamen:

Catharina 366, Elisabetha 267, Margaretha 203, Barbara 110, Christina 68, Theresia 42, Magdalena 39, Susanna 38, Apollonia 37, [Eva 20].

2. Herkunft der Namen.

a) Mannsnamen: 1. Deutsche: 25 in 285 Fällen:

Adolf, Albert, Alois, Bernhard, Carl, Conrad, Eduard, Ernst, Ewald, Friedrich, Gerhard, Gottfried, Heinrich, Hermann, Ludwig, Oswald, Reimund, Reinhard, Richard, Robert, Theobald, Walter, Wigand, Wilhelm, Wolfgang.

2. Fremde: 41 in 1644 Fällen:

α) Alttestamentl. Namen: 3 in 73 Fällen: Adam, Daniel, Tobias.

β) Sonstige: 38 in 1571 Fällen.

b) Frauennamen: 1. Deutsche: 4 in 22 Fällen: Adelheid Genoveva, Gertrud, Kunigunde.

2. Fremde: 42 in 1421 Fällen:

α) Alttestamentl. Namen: 3 in 60 Fällen: Eva, Sara, Susanna.

β) Sonstige: 39 in 1361 Fällen.

III. Die Zeit 1866—1905.

a) 1866—1895.

aa) Die doppelten Vornamen.

1. Auswahl der Namen.

Auf 368 Knaben kommen 126 verschiedene Namen (= 34,2 %), auf 449 Mädchen 132 (= 29,4 %).

Am häufigsten treten auf

a) Mannsnamen:

Peter Joseph 27, Philipp Joseph 16, Joh. Joseph 11, Franz Anton 10, Franz Joseph 10, Joseph Anton 10, Joh. Georg 7, Adam Philipp 6, Franz Jacob 6, Peter Jacob 6.

Das Gebiet des Namens Johannes ist noch weiter eingeschränkt worden.

b) Frauennamen:

Anna Maria 173, Anna Catharina 23, Maria Anna 20, Maria Eva 14, Maria Josepha 12, Anna Margaretha 11, Maria Elisabetha 9, Catharina Elisabetha 8, Anna Elisabetha 7, Maria Margaretha 7, Margaretha Catharina 5, Maria Magdalena 5.

Alle anderen überragt die Doppelung Anna Maria.

2. An erster Stelle stehen

a) Mannsnamen:

Johann (22), Joseph (13), Georg (12), Peter (11), Heinrich (10), Franz (10), Jacob (10), Friedrich (9), Philipp (9), Wilhelm (9), Adam (7), Carl (6), Martin (6), Lorenz (5), Nicolaus (5), Andreas (4), Caspar (4), Christoph (4), Ludwig (4), Anton (3), Gerhard (3).

b) Frauennamen:

Anna (18), Maria (16), Catharina (15), Elisabetha (15), Christina (7), Margaretha (7), Barbara (4), Carolina (4), Eva (4), Agnes (3), Luise (3), Rosa (3), Wilhelmina (3).

3. Herkunft der Namen.

a) Mannsnamen:

1. Typus: 22; 2. Typus: 29; 3. Typus: 43; 4. Typus: 32.

b) Frauennamen:

2. Typus: 3; 3. Typus: 7; 4. Typus: 122.

bb) Die einfachen Vornamen.

1. Auswahl der Namen.

Auf 1278 Knaben kommen 58 verschiedene Namen (= 4,2%), auf 1087 Mädchen 50 (= 4,6%).

Am häufigsten treten auf

a) Mannsnamen:

Johann 138, Peter 109, Joseph 106, Jacob 92, Philipp 74, Georg 69, Franz 64, Wilhelm 63, Adam 50, Martin 50, Lorenz 49, Gerhard 46, Heinrich 45, Nicolaus 45, Anton 38, Christoph 25, Carl 20, Andreas 19, Friedrich 19, Caspar 18, Ludwig 14, Ignaz 12, Valentin 12.

b) Frauennamen:

Catharina 244, Elisabetha 167, Margaretha 156, Barbara 87, Anna 65, Magdalena 45, Christina 40, Susanna 25, Theresia 22, Clara 21, Maria 21, Agnes 20, Eva 19, Apollonia 18, Carolina 14, Franzisca 14, Josephina 12, Sophia 12, Gertrud 11, Luise 10.

2. Herkunft der Namen.

a) Mannsnamen: 1. Deutsche: 23 in 254 Fällen:

Adolf, Albert, Alois, Bernhard, Carl, Conrad, Edmund, Eduard, Ernst, Friedrich, Gebhard, Gerhard, Gottfried, Heinrich, Hermann, Ludwig, Oswald, Otto, Robert, Sigmund, Theobald, Wilhelm, Wolfgang.

2. Fremde: 35 in 1024 Fällen:

α) Alttestamentl. Namen: 1 in 50 Fällen:

Adam.

β) Sonstige: 34 in 974 Fällen.

b) Frauennamen: 1. Deutsche: 4 in 15 Fällen:

Amalia, Emma, Gertrud, Mathilde.

2. Fremde: 46 in 1072 Fällen:

α) Alttestamentl. Namen: 3 in 46 Fällen:

Eva, Sara, Susanna.

β) Sonstige: 43 in 1026 Fällen.

b) 1896—1905.

aa) Die doppelten Vornamen.

1. Auswahl der Namen.

Auf 181 Knaben kommen 124 (= 68,5 %) verschiedene Namen, auf 181 Mädchen 77 (= 42,5 %).

Am häufigsten treten auf

a) Mannsnamen:

Philipp Joseph 13, Peter Joseph 6, Adam Philipp 4, Heinrich Joseph 4, Joh. Joseph 4, Joh. Philipp 4, Philipp Jacob 4, Philipp Peter 4.

b) Frauennamen:

Anna Maria 63, Maria Magdalena 8, Anna Catharina 6, Maria Anna 5, Anna Elisabetha 4, Catharina Elisabetha 4, Maria Margaretha 4, Maria Theresia 4.

2. An erster Stelle stehen

a) Mannsnamen:

Johann (16), Joseph (10), Philipp (9), Wilhelm (9), Peter (8), Franz (7), Georg (7), Adam (6), Carl (6), Friedrich (5), Heinrich (5), Gerhard (3), Jacob (3), Lorenz (3), Max (3), Paul (3).

b) Frauennamen:

Anna (15), Catharina (11), Maria (11), Margaretha (7), Elisabetha (4), Eva (3), Luise (3).

3. Herkunft der Namen.

a) Mannsnamen:

1. Typus: 13; 2. Typus: 25; 3. Typus: 38; 4. Typus: 48.

b) Frauennamen:

2. Typus: 3; 3. Typus: 5; 4. Typus: 69.

bb) Die einfachen Vornamen.

1. Auswahl der Namen.

Auf 589 Knaben kommen 54 verschiedene Vornamen (= 9,2 %), auf 466 Mädchen 44 (= 9,4 %).

Am häufigsten treten auf

a) Mannsnamen:

Joseph 64, Wilhelm 51, Johann 50, Georg 37, Jacob 35,

Franz 32, Peter 31, Philipp 30, Heinrich 29, Adam 23, Nicolaus 22, Anton 20, Carl 20, Andreas 14, Martin 13, Lorenz 12, Gerhard 9, Christoph 8, Friedrich 6, Paul 6.

Der Name Johannes ist aus seiner beherrschenden Stellung verdrängt und an die 3. Stelle zurückgeschoben.

b) Frauennamen:

Catharina 92, Elisabetha 72, Margaretha 56, Anna 39, Barbara 24, Magdalena 23, Maria 23, Christina 15, Apollonia 9, Clara 9, Eva 9, Franzisca 9, Luise 8, Theresa 8, Agnes 5, Gertrud 5, Helena 5, Johanna 5, Susanna 5.

2. Herkunft der Namen.

a) Mannsnamen: 1. Deutsche: 22 in 121 Fällen:

Adolf, Albert, Alois, Burkhard, Carl, Eduard, Ernst, Friedrich, Fritz, Gerhard, Gottfried, Heinrich, Hermann, Leonhard, Ludwig, Oswald, Otto, Ottomar, Robert, Wendelin, Wilhelm, Wolfgang.

2. Fremde: 32 in 478 Fällen:

α) Alttestamentl. Namen: 1 in 23 Fällen:
Adam.

β) Sonstige: 31 in 455 Fällen.

b) Frauennamen: 1. Deutsche: 3 in 10 Fällen:
Amalia, Gertrud, Mathilde.

2. Fremde: 41 in 456 Fällen:

α) Alttestamentl. Namen: 3 in 15 Fällen:
Eva, Sara, Susanna.

β) Sonstige: 38 in 441 Fällen.

ZWEITER HAUPTTEIL:

DIE DREI- UND MEHRFACHEN VORNAMEN.

Achtes Kapitel:

STOFFSAMMLUNG.

Tabelle Nr. 1a.

Übersicht über den Anteil der drei- und mehrfachen Vornamen an der Namengebung in Rüsselsheim.

Jahre	Gesamtziffer der Geburten	Dreifache Vornamen	in %	Vierfache Vornamen	Fünf- u. mehrfache Vornamen	Mehrfache Vornamen %
1626—1635	243	1 (1)	0,4	—	—	0,4
1636—1645	307	—	—	—	—	—
1646—1655	256	1 (1)	0,4	—	—	0,4
1656—1665	216	3 (1)	1,4	—	—	1,4
1666—1675	202	3 (2)	1,5	—	—	1,5
1676—1685	267	8 (4)	2,9	—	—	2,9
1686—1695	222	2 (0)	0,9	1 (1)	—	1,4
1696—1705	274	5 (3)	1,8	1 (0)	—	2,2
1706—1715	238	6 (4)	2,5	1 (1)	—	2,9
1716—1725	244	7 (5)	2,9	1 (1)	—	3,3
1726—1735	284	16 (11)	5,6	2 (1)	—	6.3
1736—1745	252	18 (14)	7,1	—	—	7.1
1746—1755	305	15 (10)	4,9	—	—	4,9
1756—1765	307	22 (13)	7,1	2 (2)	1 (1)	8,1
1766—1775	290	17 (8)	5,9	4 (1)	—	7,2
1776—1785	292	17 (9)	5,8	—	—	5,8
1786—1795	315	19 (14)	6,0	1 (0)	—	6,3
1796—1805	322	13 (7)	4,0	—	—	4,0
1806—1815	419	28 (20)	6,6	2 (1)	4 (3)	8,1
1816—1825	446	19 (10)	4.3	6 (3)	1 (1)	5,8
1826—1835	500	3 (2)	0,6	2 (1)	1 (0)	1,2
1836—1845	663	7 (5)	1,1	1 (1)	—	1,2
1846—1855	619	16 (12)	2,6	1 (1)	—	2,8
1856—1865	652	13 (10)	1,9	1 (0)	—	2,1
1866—1875	797	15 (7)	1,9	2 (1)	1 (1)	2,3
1876—1885	942	34 (23)	3,4	3 (1)	1 (0)	4,0
1886—1895	1011	44 (27)	4,4	7 (4)	2 (1)	5,3
1896—1905	1172	37 (19)	3,2	2 (1)	3 (2)	3,6

Anmerkung: Die in ( ) eingeschlossenen Zahlen bedeuten die Frauennamen, die außerhalb der Klammer stehenden die Gesamtzahl.

Tabelle Nr. 1 b.

Übersicht über den Anteil der drei- und mehrfachen Vornamen an der Namengebung in Flörsheim.

Jahre	Gesamtziffer der Geburten	Dreifache Vornamen	in %	Vierfache Vornamen	Fünf- u. mehrfache Vornamen	Mehrfache Vornamen %
1626—1635	432	3 (3)	0,7	—	—	0,7
1636—1645	[40]	—	—	—	—	—
1646—1655	[67]	—	—	—	—	—
1656—1665	248	—	—	—	—	—
1666—1675	375	3 (0)	0,8	—	—	0,8
1676—1685	442	1 (0)	0,2	—	—	0,2
1686—1695	301	—	—	—	—	—
1696—1705	385	—	—	—	—	—
1706—1715	[470]	1 (0)	[0,2]	—	—	[0,2]
1716—1725	580	2 (0)	0,4	—	—	0,4
1726—1735	626	1 (0)	0,2	—	—	0,2
1736—1745	708	3 (3)	0,4	1 (0)	—	0,6
1746—1755	734	6 (1)	0,8	1 (0)	—	0,9
1756—1765	610	6 (4)	0,9	2 (0)	—	1,3
1766—1775	560	9 (7)	1,6	—	—	1,6
1776—1785	637	5 (2)	0,8	—	—	0,8
1786—1795	654	4 (2)	0,6	1 (1)	1 (0)	0,9
1796—1805	626	10 (6)	1,6	1 (0)	—	1,8
1806—1815	675	3 (3)	0,4	1 (1)	1 (1)	0,7
1816—1825	724	4 (2)	0,6	—	—	0,6
1826—1835	733	6 (4)	0,8	—	—	0,8
1836—1845	801	9 (8)	1,1	1 (1)	—	1,2
1846—1855	782	11 (9)	1,4	—	1 (1)	1,5
1856—1865	846	11 (8)	1,3	3 (3)	—	1,7
1866—1875	1066	15 (12)	1,4	4 (1)	1 (1)	1,9
1876—1885	1100	14 (9)	1,3	3 (1)	—	1,5
1886—1895	1110	18 (11)	1,6	2 (1)	—	1,8
1896—1905	1446	21 (11)	1,5	4 (1)	1 (1)	1,8

Tabelle Nr. 1 c.

Übersicht über den Anteil der drei- und mehrfachen Vornamen an der Namengebung in Frankfurt.

Jahre	Gesamtziffer der Geburten	Dreifache Vornamen	in %	Vierfache Vornamen	Fünf- u. mehrfache Vornamen	Mehrfache Vornamen %
1690—1715	444	8 (3)	1,8	1 (1)	—	2,0
1720—1745	433	10 (7)	1,3	—	—	2.3
1750—1775	472	26 (16)	4,8	2 (2)	1 (0)	5,5
1780—1805	429	53 (37)	12,3	5 (4)	1 (1)	13,7
1810—1835	486	81 (49)	16,6	13 (6)	2 (0)	19.7
1840—1865	350	88 (57)	25,1	4 (3)	1 (1)	26,6
1870—1895	544	104 (54)	19,1	18 (10)	1 (1)	22,6
1900	157	31 (14)	19,8	2 (1)	1 (1)	21,6

Tabelle Nr. 2 a.

Übersicht über die auftretenden mehrfachen Vornamen in Rüsselsheim[1]).

1634. Anna Maria Catharina
1648. Margar. Doroth. Elisab.
1656. Joh. Christoph Friedrich
1661. Joh. Jost Friedrich
1663. Anna Maria Eleonore
1666. Anna Helena Elisab.
1669. Philippin. Maria Barbara
1674. Maria Luise Dorothea
1676. Anna Elisab. Ottilia
1677. Anna Christina Cathar.
1680. Joh. Georg Christian
1681. Joh. Adolf Gottlieb
1682. Maria Helena Johanna
Maria Magdal. Christina
1683. Joh. Bernhard Wilhelm
1685. Joh. Georg Heinrich
1686. Joh. Friedrich Christian
1687. Joh. Andreas Conrad
1690. — Maria Juliana Anna Margaretha
1697. Johannetta Helena Maria
1699. — Hans Michael Nicolaus Philipp
1700. Cathar. Helena Justina
1702. Joh. David Wilhelm
1704. Maria Christiana Margar.
1705. Joh. Caspar Christian
1706. Sophia Margar. Wilhelm.
1707. Joh. Conrad Eberhard
Anna Christina Barbara
1708. Anna Christina Margar.
1709. Georg Christoph Heinr.
1712. Johanna Maria Margar.
1713. — Anna Margaretha Dorothea Elisabetha
1717. Johanna Sophia Cathar.
1718. Anna Elisab. Magdalena
— Anna Christina Sophia Catharina
1719. Theodorus Gottlieb Hermann
1722. Anna Christina Margar.
1723. Anna Christina Margar.
1724. Joh. David Wilhelm
1725. Henrietta Wihelmina Catharina
1726. Johannetta Maria Philippina
Sophia Margaretha Wilhelmina
— Justus Wilhelm Philipp Carl
1727. — Eleonore Wilhelm. Regina Christina
1728. Joh. Peter Jacob
Anna Ernestina Morizina
Sophia Maria Elisabetha
1729. Anna Christin. Elisabeth.
1730. Sophia Maria Elisabetha
1731. Joh. Georg Ludwig

[1]) Die vierfachen Vornamen sind eingerückt und mit einem Vorstrich versehen. Die fünf- und mehrfachen sind gleichfalls eingerückt, aber mit zwei Vorstrichen versehen. Die eingeklammerten Ziffern hinter den Strichen geben die Zahl der gekoppelten Einzelnamen an.

1731. Joh. Samuel Friedrich
1732. Johann Georg Adam
Friederica Justina Cath.
SusannaElisab.Christina
1734. Anna Barbara Elisab.
Anna Elisab. Agatha
1735. Joh. Heinrich Ernst
Dorothea Johannetta
Charlotte
1738. Anna Catharina Margar.
Anna Christina Juliana
Philipp. Cathar. Margar.
1739. Anna Elisab. Barbara
1740. Johann Georg Wilhelm
Anna Maria Christina
Aug. Johannetta Cathar.
1741. Johann PhilippNicolaus
Maria Catharina Elisab.
1742. Anna Cathar. Barbara
Augusta Cathar.Susanna
Maria Hedwig Agatha
1743. Johann Georg Philipp
Anna Maria Catharina
Johanna Philipp. Maria
1744. Johann Jacob Christoph
Amalia Susanna Cathar.
1745. Frieder. Sophia Christin.
1746. Joh. Christian Heinrich
Cathar. Elisab. Barbara
1747. Joh. Christian Aegidius
Cathar. Magdal. Sophia
1748. Joh. Conrad Wilhelm
PolyxenaCarol.Christin.
1750. Cathar. Juliana Elisab.
Sophia Henrietta Elisab.
1751. Anna Barbara Eleonore
Christina Charlotte
Ferdinande
1752. Cathar. Charlotte Eleon.
1753. Joh. Peter Carl
Anna Catharina Rosina
Johannetta Sophia Ernestina
1755. EmanuelCarlAlexander
1756. Johann Georg Bernhard
Johann Georg Wilhelm
— Maria Charlotte Susanna Margaretha
1757. Ernst Ludwig Philipp
AnnaMargarethaElisab.
1759. Anna Magaretha Ottilia
1760. Justina Helena Cathar.
1761. Christiana Ernest. Marg.
Christina Maria Marg.
Johannetta Maria Philippina (2×)
= Elisabetha Polyxena
Christiana Sophia
Cornelia
1762. Doroth.JohannettaMarg.
— Christina Catharina
Eleonore Elisab.
1763. Johann Peter Zacharias
Friederica Justina Cath.
Maria Elisab. Dorothea
1764. Johann Georg Heinrich
Johann Georg Ludwig
Elisab. Justina Ferdin.
Maria Cathar. Jacobina
1765. Jacob Friedrich Carl
Joh. Heinrich Friedrich
Joh. Philipp Friedrich
Carol. Justina Wilhelm.
1766. Maria Ernest. Friederica
Wilhelmina Friederica
Cornelia

1767. Jacob Conrad Friedrich
Ludwig Johann Carl
1768. Georg Philipp Ernst
Jacob Friedrich Michael
Anna Cathar. Eleonore
— Maria Elisabetha Catharina Carolina
1769 Joh. Georg Asmus
Anna Maria Eleonore
1770. Joh. Phil. Michael
1771. Anna Margar. Elisab.
1772. Joh. Conrad Philipp
Elisab. Cathar. Margar.
1775. Georg Friedr. Heinrich
Ludwig Georg Wilhelm
Augusta Susanna Cath.
Marianna Margar. Luise
1776. Georg Friedrich Carl
1777. Anna Marg. Elisabetha
Elisabetha Cath. Juliana
Elisabetha Cath. Justina
Elisabetha Cath. Margar.
Maria Friederica Wilh[a]
1779. Joh. Jacob Christoph
Joh. Philipp Jacob
Anna Cathar. Margar.
1780. Johann Adam Ludwig
Johann Adam Martin
1781. Johann Peter Zacharias
1782. Johann Peter Zacharias
1784. Anna Cathar. Charlotte
Johannetta Dorothea
Charlotte
1785. Johann Philipp Jacob
Anna Margar. Elisab.
1786. Anna Elisab. Margar.
Maria Elisab. Margar.
1787. Augusta Susanna Cath.
1788. Elisab. Cathar. Juliana
Elisab. Cathar. Justina
1789. Augusta Susanna Cath.
Maria Wilh[a] Magdalena
1790. Johann Georg Philipp
Maria Cath. Elisabetha
Marianna Marg. Luise
1791. Johannetta Just. Marg.
1792. Johann Heinrich Ernst
Anna Elisabetha Marg.
Maria Elisabetha Marg.
1793. Friedrich Conr. Leopold
Friederica Wilh[a] Doroth.
1794. Dietrich Peter Werner
1795. Christian Daniel August
Frieder. Sophia Elisab.
— Johann Friedrich
Joseph Michael
1796. Augusta Luise Henrietta
1797. Georg Ludwig Wilhelm
Augusta Susanna Cath.
Johannetta Cath. Adelh.
Maria Amalia Margar.
1798. Charlotte Marg. Barbara
1802. Christian Phil. Wilhelm
Johann Philipp Conrad
Marianna Marg. Luise
1803. Georg Ludwig Wilhelm
1804. Georg Gottlieb Julius
Johann Peter Jacob
1805. Johannetta Marg. Magd.
1806. Georg Ludwig Wilhelm
Georg Phil. Friedrich
1807. Friederica Carol. Marg.
1808. Johann Georg Peter
Amalia Juliana Luise
Maria Friederica Wilh[a]
Maria Johannetta Magd.

1808. Marianna Marg. Luise
1809. Georg Friedrich Julius
Ludwig August Helfrich
Maria Wilhelm[a] Magd.
Marianna Margar. Luise
1810. Susanna Frieder. Phil[a]
= (6) Elisabetha Maria
Sophia Charlotte
Carolina Luise
1811. Maximilian Reinhard
Wilhelm
Charlotte Frieder. Soph.
Wilhelmina Maria Magd.
= (7) Johanna Luise Elisabetha Wilhelmina Friederica Sophia Henrietta
1812. Johann Jacob Friedrich
Johannetta Marg. Magd.
Marianna Margar. Luise
Theresia Elisab. Juliana
— Ernst Wilhelm Louis Carl
= (6) Johanna Emilia Frieder. Eleonore Wilhelm. Helena
1813. Carol. Reinhard. Nanetta
Jacobina Cath. Wilhelm.
Marianna Margaretha Luise (2×).
— Johannetta Margar. Emilia Adelheid
= (5) Joh. Phil. Georg Friedrich Heinrich
1814. Carol. Reinhard. Nanetta
1815. Joh. Heinrich Christian
Maria Catharina Barbara
Marianna Margar. Luise
1816. Carl Alexander Wilhelm
Joh. Christoph Ludwig
Christina Maria Margar.
Maria Charlotte Frieder.
— Heinrich Leonhard Carl Theodor
— Carol. Marg. Friederica Franzisca
— Henrietta Leontina Carolina Theodora
— Maria Helena Luise Adelheid
= (6) Johanna Rosina Cathar. Henrietta Luise Marianna
1817. Johann Daniel Martin
Johannetta Marg. Magd.
1818. Friedrich Carl Wilhelm
Marg. Elisab. Adelheid
Marianna Margar. Luise
1819. Johann Philipp Gottfried
Christina Maria Margar.
1821. Georg Ludwig Wilhelm
1822. Johann Philipp Conrad
Amalia Theresa Wilhelmina
— Joh. Heinrich Gottfried Friedrich
1823. Johann Georg Justus
Luise Margar. Marianna
1824. Johann Georg Peter
Anna Margar. Elisabetha
— Johann Ludwig Theodor Emil
1825. Luise Marianna Margar.
1826. Margar. Marianna Luise
1828. — Anna Christina Elisabetha Maria

1829. — Heinrich Matthias Johann Jacob
= (6) Franz Joseph Friedrich Ludwig Christian Ekhard
1832. Georg Franz Friedrich
1833. Anna Maria Magdalena
1836. Friedrich Johann Gustav
1837. Anna Maria Catharina
1839. Friedrich Ludwig Georg
Julia Catharina Luise
1840. Charlotte Maria Sophia
1841. Sibylla Franzisc. Joseph.
— Anna Maria Luise Amalia
1844. Maria Elisabetha Luise
1846. Anna Maria Elisabetha
1847. Frieder. Ida Constantina
Julia Catharina Luise
1848. Johann Hermann Adam
Margar. Elisab. Carolina
Marianna Margar. Luise
1849. Maria Philipp. Antonetta
1850. Adam Gottfried Heinrich
Johann Philipp Lorenz
Ludwig Wilh. Friedrich
1851. Johann Martin Daniel
Susanna Friederica Phil[a]
1852. Julia Catharina Luise
1855. Johann Carl Jacob
Johann Peter Andreas
Margar. Marianna Luise
— Elisabetha Carolina Phil[a] Friederica
1857. Maria Cathar. Margar.
1859. Dorothea Cath. Elisab.
Johannetta Marg. Luise
1860. Wilh[a] Margar. Elisab.
1861. Anna Elisabetha Cathar.
1863. Wilhelm Adolf Theodor
Anna Elisabetha Barbara
Anna Marg. Elisabetha
1864. Joh. Philipp Alexander
Christina Maria Marg.
— Otto Ernst Florentin Ludwig
1865. Johann Georg Friedrich
Elisab. Marg. Christiana
Marianna Margar. Luise
1866. Georg Franz Friedrich
Philipp Gustav Adolf
Julia Carolina Luise
— Marg. Amalia Henrietta Luise
1868. Anna Margaretha Wilh[a]
Julia Catharina Luise
Luise Helena Carolina
— Carl Ludwig Wilhelm Friedrich
1869. Georg Adolf Carl
Amalia Charlotte Wilh[a]
1870. Carl Hermann Wilhelm
Johann Peter Hermann
Ludwig Carl August
Marianna Margar. Luise
= Bertha Anna Maria Catharina Sophia
1872. Jacob Hermann Carl
1874. Julius Wilh. Christoph
Catharina Helena Ida
1876. Anna Elisabetha Cathar.
1877. Albert Max Ludwig
1878. Adolf Emil Rudolf
Carl Friedrich Wilhelm
Michael Conrad Franz
Anna Marg. Elisabetha

1878. Friederica Carol. Henr.
Mina Henrietta Luise
1879. Jacob Friedrich Georg
Helena Cornel. Johanna
= Georg Adam Philipp
Franz Friedrich
1880. Anna Maria Eva
Cath. Frieder. Wilhelm[a]
Cathar. Margar. Elisab.
Magd. Wilhelm[a] Luise
— Philipp Gustav Adolf
Leonhard
1881. Carl Otto Adam
Georg August Wilhelm
Gustav Friedrich Walter
Johanna Wilhelm[a] Julia
1882. Cathar. Clara Mathilde
Johanna Cath. Margar.
1883. Anna Maria Catharina
Anna Maria Christina
Ida Augusta Elisabetha
1884. Max Wilhelm Sigmund
Cath. Elisab. Kunigunde
Christina Maria Margar.
Emilia Elisab. Johanna
Emma Mathilde Elsa
— Carl Dan. Otto Ludw.
1885. Carl Ernst Christian
Johann Anton Ernst
Anna Catharina Eva
Anna Maria Sophia
Helena Cathar. Charlotte
Margot Stephan. Amalia
— Maria Luise Margar.
Catharina
1886. Johann Adam Wilhelm
Wilhelm Philipp Peter
Anna Marg. Wilhelmina
1886. Anna Maria Elisabetha
Mathilde Hel. Antonia
— Anna Carolina Maria
Elisabetha
1887. Arthur Otto Johann
Amalia Julia Anna
Anna Christina Elisab.
Elisab. Magd. Carolina
1888. Friedrich Wilh. Eduard
— Julia Anna Nanetta
Elisabetha
1889. Georg Friedrich August
Carolina Elisab. Marg.
Elisab. Marg. Christina
Marianna Marg. Luise
— Carl Georg Friedrich
Franz
— Hedwig Emilia Luise
Hermina
— Sophia Johanna Anna
Elisabetha
1890. Johann Adam Friedrich
Johann Adam Heinrich
Anna Margar. Catharina
Anna Maria Philippina
Carolina Maria Elisab.
Catharina Anna Justina
Lina Dorothea Elisab.
Mathilde Anna Cathar.
Mathilde Helena Antonia
— Friedrich Maximilian
Paul Christian
= Elisab. Ernest. Maria
Margar. Susanna
1891. August Philipp Ludwig
Ernst Wilhelm Eduard
Gustav Otto Paul
Anna Maria Catharina

1891. Emilia Sophia Maria
— Natalia Anna Maria Margaretha
1892. Conrad Joh. Friedrich
Justina Maria Christina
1893. Carl Wilhelm Georg
Johann Heinr. Wilhelm
Anna Maria Eleonore
Elisabetha Mina Irene
Wilhelmina Magdalena Henrietta
1894. Emma Christina Valesca
1895. Adam Johann Joseph
Erich Paul Ludwig
Heinrich Gottfr. Ludwig
Johann Adam Ludwig
Christina Luise Eleonore
Elisabetha Margaretha Christiana
Margar. Barbara Maria
Rosa Elisab. Catharina
= (7) Ludwig Johann Phil. Ernst Heinrich Conrad Peter
1896. Carl August Heinrich
Carl Philipp Wilhelm
Paul Friedrich Philipp
Anna Margaretha Wilhelmina
Anna Maria Catharina
Emma Selma Ida
Maria Frieder. Hermina
Susanna Cathar. Helena
1897. Carl Christoph Adam
Anna Margaretha Wilhelmina
Magdalena Charlotte Margaretha
1898. Herbert Carl Ferdinand
Jacob Heinrich Peter
Anna Maria Cath. (2×)
Sophia Clara Erna
1899. Friedr. Adam Hermann
Friedrich Emil Carl
Heinrich August Emil
Anna Maria Alice
Doroth. Ernest. Antonia
Johanna Catharina Elisabetha
1900. Carl Johann Friedrich
Friederica Mina Emilia
Maria Marg. Magdalena
1901. Albert August Wilhelm
Paul Friedrich Eduard
Anna Maria Luise
Emilia Maria Luise
— Anna Luise Wilhelmina Lisetta
1902. Adam Martin Joseph
Jacob Georg Adam
Johann Ernst Georg
— Peter Wilhelm Carl Joseph
= Cathar. Mina Anna Maria Elisabetha
1903. Carl Jacob Heinrich
Ernst Carl Christian
Johann Adam Theodor
= Erna Sophia Georgina Johannetta Cathar.
1904. Helena Catharina Magd.
1905. Curt Julius Fritz
Carolina Augusta Magdalena
= Carl Wilhelm Heinrich Fritz Ludwig.

Tabelle Nr. 2b.
Übersicht über die auftretenden mehrfachen Vornamen in Flörsheim.

1626/35. Anna Cathar. Veron.
Anna Maria Catharina
Maria Juliana Ursula
1666/75. Joh. Friedrich Kilian
Johann Georg Heinrich
Johann Lorenz Caspar
1676/85. Peter Jacob Johann
1706/15. Franz Emmer. Wilh.
1716/25. Joh. Adam Wilhelm
Joh. Joseph Wolfgang
1726/35. Johann Franz Georg
1736/45. Anna Maria Elisab.
Catharina Anna Maria
Maria Eva Catharina
— Johann Hermann Joseph Gerhard
1746/55. Anselm Franz Andr.
Bonifatius Johann Georg
Gerhard Anton Balthas.
Johann Georg Joseph
Joseph Adam Wilhelm
Anna Maria Gertrud
— Joh. Franz Jac. Anton
1756/65. Anton Phil. Joseph
Hugo Franz Carl
Johanna Cathar. Elisab.
Maria Carolina Doroth.
Maria Elisabetha Thecla
Maria Margar. Thecla
— Bernhard Peter Judas Thaddäus
— Lorenz Peter Ivo Joseph
1766/75. Joh. Anton Conrad
Joh. Michael Aegidius
1766/75. Anna Elisab. Cathar.
Anna Elisabetha Thecla
Anna Maria Catharina
Anna Maria Eva
Maria Elisab. Susanna
Maria Elisabetha Thecla
Maria Philipp. Josepha
1776/85. Carl Joseph Conrad
Friedrich Carl Joseph
Matthias Joseph Moses
Johanna Cathar. Elisab.
Maria Anna Catharina
1786/95. Joh. Heinrich Ignaz
Johann Philipp Jacob
Margar. Sophia Elisab.
Maria Susanna Salome
— Maria Anna Cathar. Barbara
= Matthias Joseph Alois Judas Thaddäus
1796/1805. Christian Hermann Joseph
Georg Friedrich Joseph
Johann Peter Carl
Philipp Franz Martin
Elisab. Henrica Wilhelm.
Jacob. Sophia Franzisca
Maria Anna Agnes
Maria Anna Josepha
Sophia Cathar. Eleonore
Sophia Ernest. Carolina
— Christian Georg Ferdinand Joseph
1806/15. Jacobina Sophia Franzisca

1806/15. Maria Anna Frieder.
Sophia Adelheid Clara
— Maria Rebecca Margaretha Amalia
= Friederica Henrietta RosinaMargaretha Carolina
1816/25. Georg Ludwig Herm.
Johann Friedrich Wilh.
Anna Maria Eva
Leonore Emilia Justina
1826/35. August Ludwig Carl
Otto Philipp Heinrich
Carolina Cathar. Elisab.
Catharina Anna Maria
Wilhelmina Anna Maria
Wilhelm^a Franzisc. Marg.
1836/45. Philipp Lorenz Julius
Amalia Johanna Theod.
Anna Maria Elisab. (2×)
Anna Maria Helena
Catharina Anna Maria
Maria Anna Franzisca
Maria Josepha Elisab.
Rebecca Cathar. Philipp.
— Johanna Margaretha Anna Julia
1846/55. Lothar Anton Peter
Philipp Nicolaus Joseph
Anna Maria Christina
Anna Maria Eva
Anna Maria Josepha
Barbara Anna Maria
Catharina Anna Maria
Clara Josepha Margar.
Dorothea Ottilia Elisab.
Theresa Christina Marg.
Wilhelm^a Cathar. Marg.
1846/55. = (6) Elisab. Carol. Petronella Sophia Anna Maria
1856/65. Andreas Carl Ferdin.
Christoph Georg Friedr.
Conrad Johann Elisab.
Wilhelm Friedrich Otto
Anna Frieder. Hermina
Anna Luise Friederica
Anna Maria Elisab. (2×)
Anna Maria Magdalena
Antonetta Carol. Elisab.
Cathar. Rufina Susanna
Sophia Anna Maria
— Barbara Clara Franzisca Wilhelmina
— Hermina Friederica Maria Elisabetha
— Josephina Anna Maria Catharina
1866/75. Anton Louis Ludwig
Franz Joseph Anton
Gerhard Peter Lorenz
Johann Georg Nicolaus
Anna Maria Catharina
Anna Maria Elisabetha
Anna Maria Johanna
Anna Maria Josepha
Bertha Antonetta Franz.
Christina Maria Josepha
Elisab. Anna Catharina
Eva Carolina Elisabetha
Gertrud Anna Henrietta
Luise Anna Maria (2×)
Luise Cathar. Josepha
— Carl Joh. Phil. Jacob
— Georg Caspar Valentin Julius

1866/75. — Georg Joh. Theod. Reinhold
— Margaretha Carolina Elisab. Mathilde
= Theresia Marg. Lina Carolina Christina

1876/85. Carl Otto Guido
Carl Wilhelm Peter
Heinrich Adolf Franz
Heinr. Christian Wilh.
Otto Friedrich Johann
Anna Maria Elisab. (2×)
Anna Maria Margaretha
Barbara Emilia Frieder.
Cathar. Elisab. Margar.
Cathar. Maria Josepha
Emma Anna Maria
Maria Carolina Philipp.
Maria Catharina Elisab.
— Alb. Carl Bernh. Maria
— Carl Adolf Joh. Phil.
— Anna Maria Clara Josepha

1886/95. Carl Wilhelm Johann
Erich August Clemens
Georg Carl Friedrich
Hans Carl Ernst
Johann Georg Peter
Wilhelm Herm. Martin
Wilhelm Nicolaus Louis
Anna Maria Christina
Anna Maria Josepha
Elise Sophia Hedwig
Emma Rosalia Margar.
Ernest. Carol. Johanna
Gertrud Maria Magdal.
Maria Cathar. Elisabeth.
Maria Elisabetha Luise

1886/95. Maria Josepha Sophia
Maria Theresia Clara
Paula Maria Christina
— Heinrich Anton Joseph Maria
— Josephina Maria Sidonia Barbara

1896/1905. Ant. Franz Seraph.
Carl Franz Peter
Carl Gottfried Emanuel
Franz Carl Peter
Friedrich Wilhelm Joh.
Hellmuth Peter Berthold
Johann Georg Heinrich
Oswald Maria Canisius
Paul Robert Hermann
Wilhelm Joseph Anton
Anna Carolina Maria
Anna Eva Elisabetha
Anna Maria Adelheid
Anna Maria Magdalena
Anna Maria Wilhelmina
Catharina Anna Maria
Elisab. Cathar. Rosalia
Gertrud Helena Anna
Johanna Maria Elisab.
Magdal. Cathar. Margar.
Margar. Wilhelm[a] Gertr.
— Heinrich Christian Wilhelm Peter
— Ludw. Adam Phil. Jac.
— Ottomar Leopold Johann Baptist
— Johanna Jacobina Elisabetha Emma
= Margherita Lauritta Alexandra Julia Ludmilla.

Tabelle Nr. 2c.
Übersicht über die auftretenden mehrfachen Vornamen in Frankfurt.

1690/1715. Friedrich August Carl (2 ×)
Johann Georg Jacob
Johann Philipp Christian
Doroth. Johanna Elisab.
Johanna Maria Juliana
Johanna Maria Lucia
— Catharina Eleonore Maria Magdalena
1720/45. Alexander Louis Joseph
Joh. Friedrich Christian
Joh. Friedrich Eberhard
Anna Catharina Sibylla
Antonetta Elisab. Marg.
Dorothea Eleon. Elisab.
Johanna Dorothea Christina
Johanna Frieder. Marg.
Johanna Maria Salome
Maria Jacobina Elisab.
1750/75. Carl Ludw. Alexand.
Emanuel Paul Ludwig
Johann Caspar Nicolaus
Johann Christoph Wilh.
Johann Friedr. Christian
Johann Georg Christoph
Wilhelm Elias Friedrich
Anna Catharina Rosina
Anna Christiana Elisab.
Anna Elisabetha Barbara
Anna Eva Elisabetha
Anna Maria Catharina
Anna Maria Gertrud
Anna Rebecca Dorothea
1750/75. Clara Cath. Dorothea
Dorothea Luise Carolina
Euphrosyne Elisabetha Christiana
Margar. Rebecca Elisab.
Maria Catharina Barbara
Maria Christiana Barbar.
Maria Elisab. Gertrud
Maria Sibylla Ernestina
Maria Sophia Barbara
— Eleonore Amalia Philippina Justina
— Walburg Maria Johanna Jacobäa
= Gustav Philipp August Carl Adolf
1780/1805. Anton Joh. Nicol.
Carl August Bernhard
Carl Wilhelm Christian
Christian Ernst Gottlieb
Ernst Friedrich Carl
Ernst Wilhelm Emanuel
Georg Ludwig Carl
Johann Abraham Joseph
Johann August Theodor
Johann Christian Wilh.
Johann Friedr. Gottlieb
Johann Georg Michael
Johann Jacob Casimir
Johann Philipp Michael
Johann Wilh. Leonhard
Johann Wilhelm Philipp
Adelheid Friederica Wilhelmina
Anna Catharina Luise

1780/1805. Anna Cath. Rosina
Anna Maria Ursula
Anna Ursula Wilhelm[a]
Carol. Frieder. Henrietta
Carol. Wilhelm[a] Maria
Christina Cathar. Marg.
Doroth. Cath. Antonetta
Elisab. Philipp. Sophia
Emma Johanna Mathilde
Eva Christina Margar.
Frieder. Charlotte Amal.
Friederica Wilhelmina Christina
Johanna Cathar. Luise
Johanna Gerhardina Christiana
Johanna Marg. Franzisca
Johanna Petron. Maria
Johannetta Friederica Margaretha
Magdal. Sibylla Cathar.
Maria Barbara Kunig.
Maria Carolina Wilhelm[a]
Maria Cathar. Friederica
Maria Constantia Barbar.
Maria Elisabeth. Ernest.
Maria Josepha Cathar.
Maria Magd. Catharina
Maria Magd. Franzisca
Sabina Magd. Dorothea
Sophia Maria Anna
Susanna Elisab. Rosina
Susanna Marg. Elisab.
Susanna Maria Carolina
Theresia Philipp. Henr.
Wilhelm[a] Charl. Margar.
Wilhelmina Franzisca Dorothea

1780/1805. — Johann Philipp Eberhard Adam
— Anna Catharina Elisabetha Eleonore
— Johanna Philippina Elisabetha Clara
— Maria Anna Franzisc. Johannetta
— Maria Anna Josepha Dorothea
= Carolina Catharina Emilia Constantina Victorina

1810/35. Adolf Fredric Franz
Adolf Heinrich Wilhelm
Andreas Christian Ludw.
Andreas Ludwig Friedr.
August Martin Gottlieb
Carl Anton Christian
Carl August Ferdinand
Carl Friedrich August
Carl Ludwig August
Carl Samuel Friedrich
Christian Gottfried Jac.
Conrad Heinrich Ludwig
Friedr. Wilhelm Martin
Georg Franz Oskar
Georg Gottfried Ludwig
Georg Ludwig Christian
Gottfried Heinrich Adolf
Heinr. Christoph Georg
Heinr. Maximilian Xaver
Johann Adam Friedrich
Johann Adolf Eusebius
Johann Conrad Hermann
Johann Georg Martin
Johann Jacob Friedrich
Johann Peter Theobald

1810/35. Joh. Sigism. Heinr.
Joh. Wilhelm Heinrich
Ludwig Carl Heinrich
Peter Joseph Hermann
Philipp Carl Merian
Philipp Friedrich Louis
Wilhelm Franz Ferdin.
Anna Christina Cathar.
Anna Dorothea Elisab.
Anna Eleonore Magdal.
Anna Emilia Elisabetha
Anna Margar. Helena
Anna Margaretha Luise
Anna Maria Carolina
Anna Maria Elisabetha
Anna Susanna Cathar.
Antonia Johanna Carol.
Augusta Ferdinande Elisabetha
Caecil. Eugenia Theresia
Carol. Antonia Franzisca
Carolina Luise Sophia
Cathar. Amalia Eleonore
Cathar. Elisab. Caecilia
Cathar. Elisab. Frieder.
Cathar. Friederica Luise
Cathar. Margar. Carolina
Cathar. Marg. Dorothea
Christiana Susanna Margaretha
Doroth. Sophia Johanna
Elisab. Sibylla Franzisca
Emma Theresia Christin.
Franzisca Luisa Augusta
Frieder. Maria Clement.
Gertrud Dorothea Maria
Jeanetta Christina Maria
Johanna Maria Benedict.

1810/35. Johanna Maria Carol.
Johanna Maria Elisab.
Johanna Wilhelmª Cath.
Julia Sophia Emma
Magd. Elisab. Catharina
Magd. Maria Margaretha
Marg. Wilhelmª Elisab.
Margar. Wilhelmª Luise
Maria Anna Emma
Maria Christina Jacobina
Maria Margar. Augusta
Maria Margar. Charlotte
Maria Margar. Henrietta
Sophia Frieder. Camilla
Susanna Magd. Augusta
Susanna Wilhelmª Maria
Wilhª Augusta Mathilde
Wilhelmª Luise Elisab.
— Guido August Maria Hubert
— Heinrich Carl Philipp Friedrich
— Heinrich Philipp Gustav Adolf
— Jean Georg Friedrich Wilhelm
— Johann Christoph Wilhelm Georg
— Johann Peter Ferdinand Wilhelm
— Johann Philipp Conrad Carl
— Anna Christina Catharina Veronica
— Anna Franzisca Walburga Luise
— Augusta Rosalia Agnes Liutgarda

1810/35. — Cathar. Philippina
Margar. Regina
— Magdalena Kathinka
Luise Malinka
— Margar. Philippina
Cathar. Franzisca
= Johann Carl Adam
Friedr. Christian
= Joh. Friedr. Heinr.
Philipp Alfred
1840/65. Adolf Wolfgang
Alexander
Alexander Carl Ludwig
Alexander Moriz Emil
Arthur Gustav Adolf
Arthur William Leopold
August Carl Franz
August Max Wilhelm
Carl Adolf Gustav
Carl Friedrich Wilhelm
Carl Heinrich Philipp
Carl Johann Heinrich
Christian August Ludw.
Eduard Friedrich Wilh.
Ernst Wilhelm Conrad
Friedr. Wilhelm Nicol.
Georg Leonhard Julius
Jacob Friedr. Hermann
Jacob Georg Christian
Johann Carl Heinrich
Johann Friedr. Theodor
Johann Georg Ernst
Joh. Gerhard Christian
Johann Heinrich Friedr.
Johann Michael Ferdin.
Johann Philipp Jacob
Johann Valentin Friedr.
Julius Anton Heinrich

1840/65. Louis Franz August
Philipp Gottfried Heinr.
Theob. Alexand. Heinr.
Wilhelm Adolf Emil
Amalia Encarnacion
Gregoria
Anna Augusta Carolina
Anna Carolina Philipp.
Anna Cathar. Augusta
Anna Cathar. Caecilia
Anna Catharina Sophia
Anna Christina Elisab.
Anna Christina Wil-
helmina
Anna Georgina Chri-
stiana
Anna Johanna Mathilde
Anna Margaretha Maria
Anna Maria Christiana
Anna Maria Christina
Anna Maria Mathilde
Anna Maria Sophia
Carolina Elisab. Paulina
Carolina Frieder. Marg.
Cathar. Henrietta Luise
Clara Felicia Octavia
Elisab. Juliana Margar.
Elisab. Justina Carolina
Emilia Luise Carolina
Emilia Luise Friederica
Emilia Wilhelm[a] Marg.
Emma Luise Augusta
Florence Maria Eugenia
Georgina Mina Margar.
Helena Theresia Julia
Johanna Carol. Elisab.
Johanna Cath. Jacobina
Johanna Cath. Wilhelm[a]

1840/65. Johanna Friederica Emilia
Johanna Friederica Sara
Johanna Margar. Cathar.
Johanna Maria Gertrud
Johanna Philippina Franzisca
Johannetta Carol. Marg.
Kathinka Henrietta Friederica
Kathinka Maria Magd.
Luise Augusta Cathar.
Luise Friederica Margar.
Maria Anna Elisabetha
Maria Catharina Josepha
Maria Emilia Luise
Maria Eva Rosalia
Maria Jacobe Johanna
Maria Julia Ferdinande
Maria Luise Charlotte
Maria Luise Friederica
Maria Mathilde Victoria
Maria Sophia Henrietta
Maria Susanna Cathar.
Natalia Anna Maria
Sophia Magdal. Elisab.
Susetta Johanna Henrietta
Wilhelmina Valentina Gabriela
— Ernst August Jacob Eduard
— Anna Franzisca Maria Theresia
— Johanna Carolina Elisabetha Maria
— Barbara Margaretha Luise Emilia

1840/65. = Anna Maria Catharina Henrietta Franzisca

1870/95. Adam Matthias Emil
Adolf Heinrich Johann
Adolf Julius Ludwig
Adolf Paul Joachim
Arthur Oskar Alfred
August Anton Heinrich
August Ferdin. Friedrich
August Theodor Walter
Carl Anton Maximilian
Carl Joseph Wilhelm
Carl Justus Joseph
Carl Ludwig Christoph
Carl Theodor Oskar
Caspar Joseph Wilhelm
Ernst Ludwig Carl
Ernst Robert Emil
Ferdinand Peter Georg
Friedrich Georg Lorenz
Friedrich Philipp Joseph
Friedrich Wilhelm Emil
Georg Carl Otto
Georg Richard Wilhelm
Georg Wilhelm Nicolaus
Gottfried Adam Ludwig
Gustav Albert Georg
Gustav Eberhard Ewald
Heinr. Alexander Walter
Heinr. Joseph Alexander
Hugo Wilhelm Max
Jacob Johann Constant.
Jean Balthasar Rudolf
Johann Carl Wilhelm
Johann Friedr. Christian
Johann Georg Joseph
Johann Heinrich Julius

1870/95. Johann Julius Carl
Johann Philipp Eduard
Joseph Georg Christian
Joseph Maria Anna
Leo Adam Maria
Ludwig Johann Franz
Matthäus Louis August
Maximilian Albert Joh.
Paul Otto Erich
Stephan Emil Roderich
Otto Alfred Oskar
Wilhelm Carl Friedrich
WilhelmFriedrich Georg
Wilhelm Jacob Walter
Adolfina Henrietta Bernhardina
Anna Catharina Maria
Anna Catharina Sophia
Anna Crescentia Lisetta
Anna Margaretha Elisab.
Anna Margaretha Emma
Anna Margaretha Lisetta
Anna Maria Augusta
Anna Maria Babetta
Anna Maria Margaretha
Anna Wilhelmina Luise
Asgard Merida Elwine
Augusta Doroth. Antonia
Augusta Josephina Franzisca
Bertha Susanna Carolina
Carolina Cathar. Sophia
Christina Elisab. Luise
Clara Margar. Victoria
Dorothea Carol. Johanna
Dorothea Henrietta Clara
Dorothea Sophia Luise
Elisab. Friederica Luise

1870/95. Elisabetha Margaretha Maria
Emilia Paulina Adelheid
Emma Anna Maria
Emma Paulina Bertha
Franzisca Catharina Brunhilde
Frida Carolina Caecilia
Frida Jacobina Adelheid
Helena Georgina Eva
Henrietta Ernestina Helena
Hilda Augusta Bertha
Ida Anna Catharina
Jenny Emmi Melania
Johanna Catharina Wilhelmina
Johanna Elisab. Cathar.
Julia Bertha Hedwig
Justina Carolina Margar.
Lina Georgina Helena
Lina Johanna Maximiliana
Luise Anna Maria
Margar. Elisab. Maria
Margar. Emilia Emma
Maria Agnes Helena
Maria Kunigunde Anna
Maria Luise Catharina
Maria Magdalena Anna
Paulina Anna Catharina
Paulina Rosina Cathar.
Philippina Anna Henr.
Sophia Augusta Lona
Susanna Maria Clara
Wilhelmina Elisabetha Emma
Wilhelmina Maria Marg.

1870/95 — Albert Wilhelm Caspar Alwin
— Carl Adolf August Friedrich
— Carl August Friedr. Edmund
— Carl Emil Joseph Heinrich
— Ernst Ludwig Johann Adolf
— Heinrich Amandus Carl Ernst
— Johann August Theodor Heinrich
— Johann Carl Gustav Waldemar
— Anna Margaretha Maria Magdalena
— Antonetta Dorothea Catharina Maria
— Carolina Alexandrina Frieder. Wilhelm[a]
— Elisabetha Carolina Ludovica Georgin.
— Elisabetha Wilhelm[a] Paulina Luisa
— Henrietta Elisabetha Christina Magdal.
— Irma Emilia Luise Friederica
— Julia Carolina Luise Josephina
— Magdalena Elisab. Anna Salome
— Margaretha Cathar. Luise Paulina
1900. Albert Leopold Alexand.
August Wilhelm Heinr.
1900. Balthasar Cornelius Wilhelm
Carl Gottlieb Wilhelm
Carl Joseph Andreas
Christian Emil Walter
Christian Friedrich Paul
Ferdinand Ludw. Wilh.
Franz Joseph Christian
Franz Xaver Georg
Georg Friedrich August
Georg Willi Rudolf
Heinr. Bernhard Richard
Joh. Philipp Cornelius
Max Carl Ludwig
Philipp Gallus Alexand.
Wilhelm Jacob Heinrich
Anna Catharina Wilhelmina
Anna Luise Martha
Anna Maria Dorothea
Eva Luise Catharina
Gertrud Anna Maria
Hildegard Erna Elsa
Johanna Christina Carol.
Luise Catharina Paula
Margaretha Agnes Lydia
Maria Christina Magdal.
Maria Emilia Augusta
Mathilde Margar. Maria
Nora Helena Agnes
Ottilia Anna Veronica
— Johann Georg Wilhelm Julius
— Ella Frida Anna Maria
= Elisabetha Alfredina Maria Philippina Hedwig.

DAS VERHÄLTNIS DER AN DEN MEHRFACHEN VORNAMEN TEILHABENDEN MANNSNAMEN ZU DEN FRAUENNAMEN.

A. In Rüsselsheim

ist es während der ganzen Zeit etwa das von 2 : 3. Man vergleiche:

1626—1775: Mannsnamen 48, Frauennamen 85.
1776—1805: Mannsnamen 20, Frauennamen 30.
1806—1825: Mannsnamen 22, Frauennamen 37.
1826—1905: Mannsnamen 80, Frauennamen 117.

B. In Flörsheim

ist es gleichfalls ungefähr das von 2 : 3, doch weisen die mehrfachen männlichen Vornamen neuerdings eine Zunahme auf.

1626—1735:	Mn. 8 Frn. 3	Mannsnamen 39. Frauennamen 58.
1736—1855:	Mn. 31 Frn. 56	

1856—1905: Mannsnamen 39, Frauennamen 58.

C. In Frankfurt

verschiebt sich das Verhältnis der Mannsnamen zu den Frauennamen von 1 : 2 auf annähernd 1 : 1.

1690—1805: Mannsnamen 33, Frauennamen 74.
1810—1865: Mannsnamen 73, Frauennamen 116.
1870—1900: Mannsnamen 76, Frauennamen 82.

Neuntes Kapitel:

DIE ANFÄNGE UND DIE ENTWICKELUNG DER MEHRFACHEN VORNAMEN.

Wenn wir an die Betrachtung der mehrfachen Vornamen gehen, erheben sich uns zunächst zwei Fragen: 1. In welchem Verhältnis steht die Erscheinung der mehrfachen Vornamen zu der der doppelten Vornamen? 2. In welchem Verhältnis stehen die dreifachen Vornamen zu den vier- und mehrfachen?

1. Die doppelten und die mehrfachen Vornamen.

Wir haben ins Auge zu fassen: a) Die Anfänge der mehrfachen Vornamen; b) Die Entwickelung derselben bis auf die Gegenwart.

a) Die Anfänge der drei- und mehrfachen Vornamen.

A) In Rüsselsheim.

Sicher bezeugt sind uns zum erstenmal drei Vornamen im Jahre 1634. Der Fall ist schon oben S. 285 kurz besprochen. Der Taufeintrag lautet: „(1634) Hans Fischer von Klingeſs (?) ein Soldat dahier eine junge Tochter taufen lassen. Gevatter waren 1. des Feldwebels frau 2. Adam des Corporals frau 3. Hans Baiskair <des Büchsenmeisters> älteste Tochter 4. Anton Schleids Frau, 5. 3 Musketiere: hiess Anna Maria Catharina".

Es werden nicht weniger als 7 Paten genannt. Hätte das Kind drei Namen erhalten sollen, weil zwei nicht mehr zur Unterscheidung ausreichten, so wäre es mit drei Paten genug gewesen.

Über die Anfänge der mehrfachen Vornamen wird uns die Zeit bis etwa 1735 genügenden Aufschluß geben. Der besseren Übersicht halber teilen wir sie in drei Abschnitte ein.

I. 1646—1695. Zahl der Belege: 18.

Unter den Eltern der Getauften finden wir folgende Personen:

1. von auswärts: Marcus Mauker aus dem Etschland, Taglöhner allhier.

2. Leute in öffentlicher Stellung: Reinhard Wilhelm Renker itziger Pfarrer allhier (3×).

3. Leute aus dem Soldatenstand: Herrn Hauptmann Schottens Friedrich; Herr Obrist von Freudenberg; Johann Peter Emmel Kannengiefser Soldat allhier; Joh. Philipp Best, Soldat allhier im Schloß.

4. Die übrigen Belege sind aus dem Bürgerstande, doch befinden sich darunter auch solche, die ganz geringen Leuten zugehören.

II. 1696—1715. Zahl der Belege: 12.

Darunter ist einer, der uns von der Taufe eines Judenmädchens (Maria Christiana Margaretha) meldet, bei der 9 den besten Ständen angehörige Personen Paten stehen (D. Bielefelds Eheliebste, Herr Geheimerat Hülsemann, Frau Landrätin von Weller, Herr Hofkammerrat Reusen, Frau Ambtmännin Riesin, Herr Lindheimer von Frankfurt, Frau Ambtskeller Dillenius, Herr Dr. Spengler, Jungfer Sibylla Margaretha Rauchin) und so das „christlich Werk" der Taufzeugen verrichten.

Bei den anderen Belegen sind die Eltern

1. von auswärts: Andreas Obermeyer ein Cramer von Ordenburg; Anna Catharina Martini von Kleberg; Copian (?) Nagel, der Tiroler.

2. Leute in öffentlicher Stellung: Herr Johannes Barst... k (?) hochfürstlicher hessisch-Darmbstädtischer Rentmeister.

3. aus dem Soldatenstand: Sergeant Zimmers Frau.

4. die übrigen Belege gehören geringen Leuten zu; darunter ein mercennarius.

III. 1716—1735. Zahl der Belege: 27.

Die Eltern sind

1. Leute in öffentlicher Stellung: Herr Johann Friedrich Christian Renker (3×); der zeitige Pfarrer Daniel Wilhelm Hafsner (3×); Herr Amtmann Clausi; Herr Johann Conrad Clausi; Frau Maria Catharina, des hochedelen und hochgelehrten herrn Wolfgang Henrich Schmoller, genannt Eyfsenwarth, dermaligen hochfürstlichen Dillenburgischen Land- und

Cammerrath, dermaligen hier gewesenen churfürstl. Ampts-verwalters Eheliebste; Meister Johann Henrich Steuerwald herrschaftlichen Küfers und Gegenschreibers (?) Ehefrau; Herr Organist Johann Gabriel Rister (2 ×).

2. Die übrigen Belege gehören dem Bürgerstande an.

In diesem letzten Zeitabschnitt sind uns zweimal Personen begegnet, welche bereits 3 Vornamen führten: Johann David Wilhelm Jung (1730), Johann Friedrich Christian Renker (1726). Vielleicht gehört auch „Johann Peter Emmel [= Immanuel?] Kannengiefser Soldat allhier" dazu.

Wir haben noch etwas darüber zu sagen, wie man bei der Namengebung im einzelnen verfuhr. Bei der Erteilung von dreifachen Vornamen können wir zum erstenmal genau beobachten, wie Mädchen von Mannsnamen abgeleitete Frauennamen beigelegt erhalten, und wie auch das Umgekehrte stattfindet. Wir kommen auf diese Erscheinung gleich noch eingehender zurück.

Je nach der Zahl der namengebenden[1]) Paten wechselt die Art, wie der dreifache Name gebildet wird. Auf das einzelne einzugehen, hat wenig Zweck; die oben für die Bildung der Doppelvornamen festgelegten Formeln finden (erweitert) hier entsprechende Anwendung. Um einiges anzuführen: Ein namengebender Pate für den ganzen Namen (Formel Kxyz — Pxyz) ist vorhanden in drei Fällen. Die Paten sind: Johann David Wilhelm, Johann Jungen, Gerichts- und Centschöffen Sohn; Sophie Margaretha Wilhelmine, Meister Peter Emmanuel Walthers, des Maynbeckers, Tochter; Herr Johann Samuel Friedrich Susenbesch, dermaliger Mädgerpraeceptor zu Trebur.

Zwei namengebende Paten sind in 12 Fällen vorhanden. Einmal vertritt auch der Vater die Stelle eines namengebenden Paten. Dann finden sich Fälle mit nur einem Paten, entweder für einen oder für zwei Namen, während die fehlenden vom Vater entlehnt oder frei zugesetzt werden.

Drei namengebende Paten sind in 28 Fällen vorhanden,

[1]) Nur um diese handelt es sich hier bei der Betrachtung der formalen Seite der mehrfachen Vornamen.

die untereinander wieder große Verschiedenheit zeigen, sodaß die Grundformel Kxyz $\left\{\begin{array}{l}\text{1. Px ...}\\ \text{2. Py ...}\\ \text{3. Pz ...}\end{array}\right.$ mannigfache Abänderungen erleidet. Eine Reihe von Belegen sind nicht genauer einzureihen, da in den Einträgen die Patennamen fehlen.

Soviel erkennen wir aus dem Angeführten jedenfalls, daß sich die dreifachen Vornamen äußerlich genau in derselben Weise aus den einfachen und doppelten Vornamen entwickelt haben, wie die doppelten aus den einfachen. Während aber bei Erteilung eines doppelten Vornamens gewiß öfters die Absicht, Einzelpersonen zu unterscheiden, mitwirksam war, ist dies bei der Erteilung eines dreifachen Vornamens kaum zu bemerken. Damit ist schon gesagt, daß der dreifache Vorname als solcher ganz und gar nicht zur Unterscheidung der Einzelpersonen geschaffen worden ist. Es gelten hier dieselben allgemeinen Erwägungen, die wir bei den doppelten Vornamen bezüglich dieses Punktes angestellt haben, in noch höherem Grade. Aber auch wenn wir die Einzelbeispiele ins Auge fassen, bestätigt sich unsere Meinung. Sehen wir einmal nach dem Stande der Eltern, welche ihrem Kinde mehr als zwei Vornamen beilegen lassen.

Da sind vor allem die Soldaten vertreten, bei denen, wie wir oben gesehen haben, schon die Sitte der doppelten Vornamen nicht aus dem Bedürfnis der Unterscheidung hervorgegangen war, sondern aus dem Streben nach Einfluß und Ansehen, welche man sich durch eine zahlreiche Gevatternschaft verschaffen konnte, und aus der Nachahmung ihrer Vorgesetzten, denen sie auch in diesem Luxus gleichkommen wollten.

Da sind ferner die Kreise der angesehenen Bürger, die in dem Besitz mehrerer Vornamen ein Zeichen der Vornehmheit erblicken und sich durch mehrere Namen von der Menge des gemeinen Volkes abheben wollen.

Da sind endlich die Leute aus der Menge auch des niedersten Volkes, die ganz gewiß ihren Kindern nicht mehrere Namen beilegen, um sie so von anderen zu unterscheiden; vielmehr stellt sich bei ihnen die Sitte als Nachahmung der Gepflogenheiten der besseren Kreise dar.

Während sich die zweifachen Vornamen in der ersten Zeit ihres Auftretens auf die besseren Schichten der Bevölkerung beschränkten oder doch dort ihre meisten Vertreter fanden, ist dies also bei den dreifachen Vornamen nicht mehr der Fall, da, als sie auftreten, die Doppelvornamen bereits in voller Blüte standen und sich auf alle Schichten der Bevölkerung ausgedehnt hatten. Zwar sind die besseren Schichten zu einem großen Teil an den dreifachen Vornamen beteiligt, doch läßt sich kein Überwiegen der dreifachen Vornamen bei ihnen feststellen.

Wir führen zur Ergänzung und Bestätigung noch die uns aus

B) Flörsheim.

zu Gebote stehenden Belege vor.

Wenn wir hier ungefähr die gleiche Zahl mehrfacher Vornamen zur Betrachtung heranziehen wollen, wie in Rüsselsheim, müssen wir unsere Untersuchung etwa bis 1805 ausdehnen, da die mehrfachen Vornamen in Flörsheim nur langsam einsetzen. Wir teilen den Zeitraum von 1626 bis 1805 der besseren Übersicht halber in zwei kleinere Abschnitte ein, deren Scheidepunkt das Jahrzehnt 1736/45 sein soll, in dem uns zum erstenmal ein vierfacher Vorname begegnet.

I. 1626—1745.

Bezeugt sind uns zum erstenmal drei Vornamen im Jahre 1630. Die beiden nächsten Belege stammen aus dem Jahre 1634. Über alle drei ist oben bereits gehandelt worden (S. 294). Im folgenden führen wir nur diejenigen Belege ausführlich an, bei denen sich der Stand der an den mehrfachen Vornamen beteiligten Personen genauer bestimmen läßt.

α) Die Eltern.

1738. (Joh. Hermann Joseph Gerhard) der Vater ist „D. Joannes Buch, venator gratiosi Dni. Decani Metropolitani ...“

1743. (Cathar. Anna Maria) der Vater wird „piscator“ genannt.

1744. (Anna Maria Elisabetha) der Vater ist „Dn. Joannes Müller, subpraetor“.

β) Die Paten

mit mehrfachen Vornamen sind:

1738. (Joh. Hermann Joseph Gerhard) „levabat D. Halffius

Moguntinus et R. D. Gerardus Kotzner, Vicarius ad gradus B. M. Virginis Moguntiae" [??]

1745. „Maria Eva Catharina Müllerin".

II. 1746—1805.

α) Die Eltern

lassen sich unter den 46 Fällen in folgenden 30 genauer bestimmen.

1. von auswärts (3): Joh. Georg Müller aus Lohr (1774); Johann Charhammel, Aschaffenburgensis, herbarum collector et fossor (1774); Johann Hehn aus Düsseldorf (1784).

2. Beamte und angesehene Bürger (14): ? Honestus vir Franziscus Meschino (1752); Henricus Mauer, Ludirector in Hafsloch (1765); Caspar Baumhauer, Ludirector et Organista (1758); Joseph Eberhard, Director fabricae (1781); Joseph Eckhard, director fabricae (1786); Johann Welzenbach, inspector fabricae (1788); Martin Neumann, scriba iudiciarii (1789); Christoph Tingel, Receptor Rmi Capituli Metropolitani Moguntin (1796); Christoph Friedrich Machenhauer, conductor fabricae hujatis (1799, 1800, 1802, 1803); Jacob Becker, scholarum rector (1799), Hattersheimensis (1803).

3. Soldatenstand etc. (3): Friedrich Gütte, miles Borussius (1794); Hieronymus Grün, miles caesareus (1797); Andreas Schmitt, venator circuli franconici (1797)[1].

4. Gewerbetreibende, Arbeiter u. ä. (9): honestus vir Joannes Michael Müller, artifex in fabrica porcellanea (1767); Joannes Wagner, operarius (1771); Joannes Carl Heyl, sartor (1771), Joannes Jacob Appel, molitor (1772); Joannes Wagner, operarius („former") (1772); Joannes Scherstein, operarius in fabrica (1788); Carl Joseph Müller, nauta Trevirensis (1794); Franz Burbach, mercator (1800); Franz Carl Wagner, pictor (1800).

β) Die Paten,

die bereits drei Vornamen tragen, sind:

Anselmus Franziscus Andreas Traut von Hofheim (1750);

[1]) Ein Beispiel für die oben S. 289 Anm. zahlreich belegte Soldatensitte auch aus Flörsheim (1803): „Maria Ignatius Josephus Mikler, primus locumtenens („Oberleutnant") olim moguntinus, nunc Darmstadtiensis".

Joseph Adam Wilhelm Hochheimer, honestus ac pereruditus (1751); ? „(levabat Joës Kohl procuratorio nomine pro) R^mo ac illustrissimo Capitulo Metropolitano Moguntino" [Franz Jacob Anton?] (1751); Adam Philipp Joseph Mathes filius praetoris in Hassloch (1765); Maria Carolina Dorothea Mollic ex Camperg (1765); Anna Elisabetha Catharina de Gal (1768); Maria Philippina Josepha de Hagen, uxor Colonelli Moguntini (1771); Anna Elisabetha Thecla Bachmännin, filia pastoris (1774); Johanna Catharina Elisabetha de Gal (1784); Maria Susanna Solome Schwab, Mogona (1786); Joannes Henricus Ignatius Raipel, Mogonus, mercator (1788); Maria Anna Josepha Scholl, Coloniensis (1796); Maria Anna Agnes Bisackin (1797).

γ) Die Getauften.

Je nachdem das getaufte Kind seine drei oder mehr Vornamen von einer, zwei oder mehreren Personen erhält, können wir drei Gattungen unterscheiden, die nun weiter in eine ganze Menge von Arten zerfallen. Auf das einzelne einzugehen verlohnt sich nicht, zumal schon oben bei den Belegen in Rüsselsheim etwas näher darüber gesprochen wurde, und die Belege aus Flörsheim uns nichts Neues lehren.

So hat uns die Betrachtung der Anfänge der mehrfachen Vornamen gelehrt, daß zwar die doppelten Vornamen, und insbesondere die Verhältnisse der Patenschaft, wie sie sich bis zum Auftreten der Doppelvornamen und weiterhin durch diese herausgebildet hatten, die Voraussetzung für das Auftreten der mehrfachen Vornamen sind, daß sie sich aber, nachdem einmal ein Muster geschaffen war, unabhängig von den doppelten Vornamen neben diesen entwickeln konnten. Ob und wieweit dies etwa der Fall gewesen ist, wird eine Betrachtung der

b) Entwickelung der mehrfachen Vornamen bis auf die Gegenwart

lehren.

A) Rüsselsheim.

Wir vergleichen die Verbreitung der drei- und mehrfachen Vornamen mit der der doppelten Vornamen. Bei diesen hatten wir eine beständige Zunahme bis etwa 1790 beobachtet, darauf einen beständigen Rückgang bis in das letzte Jahrzehnt des vergangenen Jahrhunderts hinein. Die Zahl der mehrfachen Vornamen ist bei der nicht allzu verbreiteten Sitte größeren Schwankungen unterworfen gewesen als die Zahl der doppelten Vornamen. Den einzigen einigermaßen bedeutenden Einschnitt zeigt die Entwickelung der mehrfachen Vornamen in der Zeit etwa 1826—1845. Bis dahin war eine beständig aufwärts gehende Entwickelung vorhanden. Daß der plötzliche Rückschlag hervorgerufen sei durch das sehr starke Zurückgehen der Doppelvornamen in dieser Zeit, soll nicht in Abrede gestellt werden. Aber gerade der Umstand, daß sich die mehrfachen Vornamen so rasch von diesem Tiefstand erholen, und ihre Verbreitung von neuem zunimmt, während zur selben Zeit die doppelten Vornamen immer mehr in den Tiefstand hineingeraten, zeigt, wie wenig eigentlich ihre Entwickelung im Grunde mit derjenigen der doppelten Vornamen zu tun hat. Dieser Umstand scheint mir neben anderen auch einen Grund dafür abzugeben, daß die drei- und mehrfachen Vornamen in dieser Darstellung einen besonderen Abschnitt einnehmen und auch äußerlich nicht mit der Entwickelung der übrigen Namen verknüpft erscheinen.

B) Flörsheim.

Wir müssen uns ins Gedächtnis rufen, daß etwa bis 1735 ein beständige Zunahme der Doppelvornamen zu bemerken war, darnach aber, bis in die zweite Hälfte des 19. Jahrhs. eine Abnahme derselben und erst in den letzten Jahrzehnten des vergangenen Jahrhunderts eine allmähliche neue Zunahme. Vergleichen wir mit dieser Entwickelung der doppelten Vornamen die der mehrfachen Vornamen, so finden wir einen Rückschlag in der anfangs aufsteigenden Entwickelung derselben erst am Ende des 18. Jahrhs., gleich darauf wieder ein Anwachsen und dann einen neuen kleinen Rückgang, darauf ein neues heftiges Steigen bis zur Gegenwart.

Demnach können wir hier auf Grund der Flörsheimer Taufbücher unseren oben ausgesprochenen Satz über den Zusammenhang zwischen der Entwickelung der Doppelvornamen und der mehrfachen Vornamen bestätigen: Die mehrfachen Vornamen, obwohl sie erst aus den Doppelvornamen, oder vielmehr aus denselben Gründen wie diese und nach demselben Muster entstanden sind, entwickeln sich gleich von

Anfang an selbständig und bleiben von den Wechselfällen, denen jene unterworfen sind, im ganzen verschont. Mit diesem Ergebnis scheinen sich auch die Verhältnisse in

C) Frankfurt.

soweit aus den ausgebeuteten Geburtsbüchern ersichtlich ist nicht in Widerspruch zu stellen.

2. Das Verhältnis der dreifachen Vornamen zu den vier- und mehrfachen.

A) Rüsselsheim.

Ein Blick auf die Übersichtstabelle lehrt uns, daß beide in enger Beziehung zu einander stehen. Wir bemerken, daß die Ziffer der vier- und mehrfachen Vornamen größer wird, sobald die dreifachen Vornamen häufiger vorkommen. Von einer selbständigen Entwickelung ist also nichts zu finden. Auch eine Untersuchung der einzelnen Fälle, in denen vier- und mehrfache Vornamen auftreten, wird uns zeigen, daß sie nichts von den dreifachen Vornamen Verschiedenes darstellen. Darüber noch einige kurze Bemerkungen.

Bis 1735 haben wir 6 Belege für *vierfache Vornamen*.

α) *Die Eltern sind:*

1. Herr Joh. Conrad Claus <Amtmann> (1726);
2. Der zeitige Pfarrer Daniel Wilh. Hassner (1727);
3. Andreas Obermeyer ein Cramer v. Ordenburg (1699);
4. Joh. David Schmidt, Gastwirth allhier (1713);
5. Caspar Guld Beisafs allhier (1718);
6. Cristina (vulgo die Vorell (?)) ihr Hurenkind, darzu sie zum Vater einen sächsischen Leutnant namens Brandstein angeben (1690).

β) *Paten mit 4 Vornamen:* 1 Beleg.

7. Anna Margaretha Dorothea Elisabetha, Johanni Bötzen, Beckers und Bürgers in Wiesbaden Ehefrau.

Diese 7 uns zu Gebote stehenden Beispiele könnten gar nicht besser gewählt sein, um uns zu veranschaulichen, wie sich die vierfachen Vornamen ebenso wie die dreifachen gleich mit ihrem Auftreten über *alle* Schichten der Bevölkerung verbreiten. Auch was die formelle Seite der Entstehung der vierfachen Vornamen angeht, unterscheiden sie sich nicht von den dreifachen. Natürlich ist die Zahl der Bildungsweisen noch größer als bei diesen. Weil wir es bei den dreifachen Vornaman wegen ihrer großen Anzahl unterlassen haben, die einzelnen Bildungsweisen vorzuführen, wollen wir hier an den eben genannten 6 Beispielen wenigstens einige derselben veranschaulichen.

1. Kxyzu—Pxyzu. Darnach ist gebildet der Name des Kindes Nr. 4, Patin ist Nr. 7. Wir haben also einen namengebenden Paten für alle 4 Namen.

2. Zwei namengebende Paten sind vorhanden bei dem Kinde Nr. 5. „Gevatterinnen waren: *Christina Müllerin*.. Metzgerstochter allhier und Sophia Catharina, Meister Vincentii Schirmers Gemeindbeckers Tochter und nenntens Anna Christina Sophia Catharina“.

Formel: Kxyzu { x. [oder Mx]
1. Py.
2. Pzu.

3. Drei namengebende Paten sind vorhanden bei den Kindern von Nr. 3 und 6.

Nr. 3: „ein Söhnlein durch Hans Michel Diesenthaler, einen Krämer, und Apolloniam Philipp Deutschen Frau, auch einen Krämer von Wiesbaden zur heil. Tauf tragen lassen und Hans Michel Philipp nennen lassen“.

Formel: Kxyzu { 1. Pxy.
2. Pz (?).
3. P Frau des u.

Nr. 6. „zur heil. Tauf tragen lassen durch Mariam Margaretham des Schotten Metzges Magd 2. Julianam Caspar Schmucken Tochter 3. Annam ein Hessenmensch und Maria Juliana Anna Margaretha nennen lassen“.

Formel: Kxyzu { 1. Pxu.
2. Py.
3. Pz.

4. Vier namengebende Paten sind vorhanden bei dem Kinde von Nr. 2. „Gevatter waren Jungfer Johanne Eleonore, Herrn Amptmanns Clusii allhier älteste Tochter 2. Georg Wilhelm Schenk studiosus juris anjetzo zu Jena studierend, der Frau Oberhofprediger Bindewald Sohn 3. Jungfer Regina

H. Ober Berginspectors Müller zu Thal Itter Tochter 4. Jungfer Christina, Herrn Metropolitani Schmollen zu Echzell Tochter und wird genannt Eleonore Wilhelmina Regina Christina".

Formel: Kxyzu { 1. Pax. 2. Pby. 3. Pz. 4. Pu.

5. Nicht sicher steht der Anteil der Paten am Namen des Kindes Nr. 1. „Herrn Johann Conrad Clausii Frau Eheliebste ein Sohn wegen grosser Kälte im Amtshaus getauft worden. Gevatter: 1. Herr Hoefcammerrath Gmelin 2. Frau Justina Ritzen von Groſsgerau 3. Dero Herr Bräutigam Referendarius Neumann Wittiber von Darmstadt 4. Herr Amtsverweser Elbert von Dornberg und wird genannt Justus Wilhelm Philipp Carl".

Diese Taufeinträge mögen mit den früher schon hie und da ausgeschriebenen zugleich ein Bild geben von der Art der Einträge in den älteren Kirchenbüchern.

Die vierfachen Vornamen sind also in keiner Beziehung anders zu beurteilen als die dreifachen. Daß es auch mit den fünf- und mehrfachen so steht, sollen folgende Belege dartun:

α) Die Eltern sind:

1. 1761: Pfarrer. 2. 1810: Weinhändler x. 3. 1811: Weinhändler y. 4. 1812: Weinhändler y. 5. 1813: Küfer und Bierbrauermeister. 6. 1816: Landwehrleutnant [!]. 7. 1829: Groſsherz. berittener Grenzaufseher. 8. 1870: Ortsbürger und Gastwirth. 9. 1879: Fabrikarbeiter. 10. 1890: Fabrikarbeiter. 11. 1895: Gastwirt.

β) Paten sind vorhanden (namengebende):

1 bei Nr. 8; 2 bei Nr. 5 u. 7; 4 bei Nr. 6 u. 9; 5 bei Nr. 10; 6 bei Nr. 1 u. 2; 7. bei Nr. 4; 9. bei Nr. 11; 10 bei Nr. 3.

B) Flörsheim.

Die Entwickelung der vier- und mehrfachen Vornamen schließt sich eng an die Entwickelung der dreifachen Vornamen an. Besonders deutlich zeigt sich diese Beziehung der beiden zu einander seit 1856.

Die Eltern, die ihren Kindern eine größere Anzahl von Vornamen beilegen lassen, sind: 1738 venator; 1751, 1759,

1765 nicht angegeben; 1788 inspector fabricae; 1794 nauta (Trevirensis); 1803 rector scholarum; 1813 consors fabricae hujatis; 1813 hujatis fabricae proprietarius; 1840 Kurhalter am Schwefelbrunnen; 1854 unehelich; 1858 desgl. (M : Dienstmagd); 1861 Kurverwalter; 1862 Wildprethändler; 1866 Wirt; 1866 Eisenbahnhofverwalter; 1867 Schneider; 1867 Wirt (= 1866); 1875 Wirt (= 1867/66); 1877 Schreiner; 1884 Turmuhrmacher; 1885 Händler; 1886, 1888 Händler (= 1885); 1897 Faßmacher; 1898 Chemiker; 1902 Schleusenarbeiter; 1902 nicht angegeben; 1905 Chemiker (Fabrikant).

Die in Rüsselsheim gewonnenen Ergebnisse werden dadurch vollkommen bestätigt.

Zehntes Kapitel:

DIE ZUSAMMENSETZUNG DER MEHRFACHEN VORNAMEN.

A) In Rüsselsheim.

Im ganzen treten auf 389 dreifache, 40 vierfache, 8 fünffache, 4 sechsfache, 2 siebenfache Vornamen. Sie sind aus 1405 Einzelnamen zusammengesetzt. Von diesen sind folgende verwendet:

I. 1626—1805.

a) Mannsnamen:

Adam 3, Adolf 1, Aegidius 1, Alexander 1, Andreas 1, Asmus 1, August 1, Bernhard 2, Carl 6, Caspar 1, Christian 7, Christoph 4, Conrad 7, Daniel 1, David 2, Dietrich 1, Eberhard 1, Emanuel 1, Ernst 4, Friedrich 13, Georg 20, Gottlieb 3, Heinrich 8, Hermann 1, Jacob 9, Johann 49, Joseph 1, Jost 1, Julius 1, Justus 1, Leopold 1, Ludwig 8, Martin 1, Michael 4, Nicolaus 2, Peter 7, Philipp 14, Samuel 1, Theodor 1, Werner 1, Wilhelm 11, Zacharias 3 (Summe 43).

Am meisten werden verwandt:

Johann (49), Georg (20), Philipp (14), Friedrich (13), Wilhelm (11), Jacob (9), Ludwig (8), Heinrich (8), Conrad (7), Christian (7), Peter (7), Carl (6).

Sehen wir von dem Namen Johann ab, welcher, wie überall in der älteren Zeit, so auch hier eine Ausnahmestellung einnimmt, so bleiben im wesentlichen solche Namen, von denen wir bereits bei der Behandlung der Doppelnamen sahen, daß sie ein viel größeres Verbreitungsgebiet in Zusammensetzungen, denn als Einzelnamen haben. Dahin gehören Georg, Friedrich, Wilhelm, Jacob, Ludwig, Heinrich, Peter, außerdem die weniger oft vorkommenden Adam, Daniel, Dietrich. Oder aber es sind solche Namen, denen wir in dieser Zeit nie als Einzelnamen, sondern stets in Zusammensetzungen begegneten, wie die Namen Carl, Adolf, August, Ernst, Hermann, Theodor.

b) Frauennamen:

Adelheid 1, Agatha 2, Amalia 2, Anna 36, Augusta 7, Barbara 8, Carolina 3, Catharina 40, Charlotte 7, Christiana 5, Christina 15, Cornelia 2, Dorothea 8, Eleonore 7, Elisabetha 37, Ernestina 4, Ferdinande 2, Friederica 8, Hedwig 1, Helena 5, Henrietta 3, Jacobina 1, Johanna 4, Johannetta 12, Juliana 5, Justina 9, Luise 5, Magdalena 5, Margaretha 34, Maria 33, Marianna 3, Morizina 1, Ottilia 2, Philippina 6, Polyxena 2, Regina 1, Rosina 1, Sophia 12, Susanna 8, Wilhelmina 9 (Summe 40).

Am meisten werden verwandt:

Catharina (40), Elisabetha (37), Anna (36), Margaretha (34), Maria (33), Christina (15), Johannetta (12), Sophia (12).

Es sind dies die auch sonst häufig oder am häufigsten gebrauchten Frauennamen. Die 4 ersten haben immer ihren Rang behauptet. Wir fassen sie zusammen als

1. Gruppe: Catharina, Elisabetha, Anna, Margaretha, Maria: 5 Namen in 180 Fällen. Es bleiben dann noch 32 Namen übrig. Von diesen sind mehr als die Hälfte von Mannsnamen abgeleitet. Wir fassen die Ableitungen zusammen als

2. Gruppe: 20 Namen in 110 Fällen: Augusta 7, Carolina 3, Charlotte 7, Christiana 5, (Christina 15), Cornelia 2, Ernestina 4, Ferdinande 2, Friederica 8, Henrietta 3, Jacobina 1, Johanna 4, (Johannetta 12), Juliana 5, Justina 9, Luise 5, Morizina 1, Ottilia 2, Philippina 6, Wilhelmina 9.

Auch Christina und Johannetta gehören dazu. Ihre Ziffer aber ist so hoch wegen der Häufigkeit der entsprechenden Mannsnamen. Auch die Namen Rosina und Regina dürfen wir in diese Gruppe einreihen. Sie verdanken, wie es scheint, ihre Verwendung (bei uns sind sie allerdings nur einmal belegt) dem Ausgange -ina, der sich ja so zahlreich vorfand in Ableitungen wie Carol-ina, Ernest-ina, Jacob-ina, Just-ina etc. etc. Es bleiben noch als

3. Gruppe: 13 Namen in 64 Fällen: Adelheid 1, Amalia 2, Agatha 2, Barbara 8, Dorothea 8, Eleonore 7, Hedwig 1, Helena 5, Magdalena 5, Marianna 3, Polyxena 2, Sophia 12, Susanna 8.

Der Zahl der verschiedenen Namen nach verhalten sich

die drei Gruppen wie 5 : 20 : 13 = 1 : 4 : 2,6. Der Zahl der Verwendungen nach wie 180 : 110 : 64 = 1 : 0,6 : 0,4.

II. 1806—1845.

a) Mannsnamen:

Alexander 1, August 1, Carl 4, Christian 2, Christoph 1, Conrad 1, Daniel 1, Eckard 1, Emil 1, Ernst 1, Franz 2, Friedrich 10, Georg 10, Gottfried 2, Gustav 1, Heinrich 5, Helfrich 1, Jacob 2, Johann 14, Joseph 1, Julius 1, Justus 1, Leonhard 1, Louis 1, Ludwig 7, Martin 1, Matthias 1, Maximilian 1, Peter 2, Philipp 4, Reinhard 1, Theodor 2, Wilhelm 6 (Summe 33).

Am meisten werden verwandt:

Johann (14), Friedrich (10), Georg (10), Ludwig (7), Wilhelm (6), Heinrich (5), Carl (4), Philipp (4).

Bemerkenswert erscheint die große Mannigfaltigkeit der Glieder der Zusammensetzungen, dann das Zurücktreten der Namen Johannes und Philipp zugunsten von Friedrich und Georg, und endlich, was damit in Verbindung steht, das häufigere Auftreten von vorher nur selten verwendeten Namen (z. B. Carl, Friedrich, Georg, Heinrich, Ludwig, Theodor, Wilhelm).

b) Frauennamen.

Wir ordnen gleich in Gruppen:

1. Gruppe: 5 in 56 Fällen: Margaretha 23, Maria 16, Elisabetha 7, Anna 5, Catharina 5.

2. Gruppe: 19 in 69 Fällen: Carolina 6, Charlotte 4, Christina 3, Emilia 2, Franzisca 2, Friederica 8, Henrietta 3, Jacobina 1, Johanna 3, Johannetta 4, Josephina 1, Julia 1, Juliana 2, Leontina 1 [1]), Luise 17, Philippina 1, Reinhardina 2, Theodora 1, Wilhelmina 7.

Ferner gehören dazu die nach dem Vorbild der Namen auf -ina und -etta verwandten Rosina (1) und Nanetta (2). Vielleicht dürfen wir sogar eine Einwirkung von Namen wie Juliana auf die Verbreitung von Mariana (10) annehmen, und nicht ausgeschlossen scheint auch eine Einwirkung der Namen auf -etta auf den Namen Elisabetha (gesprochen Elisabetta)

[1]) Als femininum gebildet zu Leonhard vgl. S. 469, 17. u. 477,10.

3. Gruppe (die übrigen): 11 in 34 Fällen: Adelheid 3, Amalia 3, Barbara 1, Eleonore 1, Helena 2, Magdalena 6, Mariana 10, Sibylla 1, Sophia 4, Susanna 1, Theresia 2.

Nach der Zahl der verschiedenen Namen verhalten sich die drei Gruppen wie 5 : 19 : 11 = 1 : 3,8 : 2,2. Gegen vorher haben die Ableitungen schon etwas an Verbreitung gewonnen. Nach der Zahl der Verwendungen verhalten sich die drei Gruppen wie 56 : 69 : 34 = 1 : 1,2 : 0,6. d. h. die Gruppe der Ableitungen behauptet jeder anderen gegenüber den Vorrang was vorher noch nicht der Fall gewesen war.

III. 1846—1905.

a) Mannsnamen:

Adam 14, Adolf 5, Albert 2, Alexander 1, Andreas 1, Anton 1, Arthur 1, August 7, Carl 22, Christian 3, Christoph 2, Conrad 3, Curt 1, Daniel 2, Eduard 3, Emil 3, Erich 1, Ernst 7, Ferdinand 1, Florentin 1, Franz 4, Friedrich 19, Fritz 2, Georg 11, Gottfried 2, Gustav 4, Heinrich 10, Herbert 1, Hermann 5, Jacob 6, Johann 21, Joseph 3, Julius 2, Leonhard 1, Lorenz 1 Ludwig 12, Martin 2, Max 2, Maximilian 1, Michael 1, Otto 5, Paul 5, Peter 6, Philipp 10, Rudolf 1, Sigmund 1, Theodor 2, Walter 1, Wilhelm 18 (Summe 48).

Bemerkenswert erscheint wiederum die große Mannigfaltigkeit unter den Gliedern der Zusammensetzungen, beachtenswert auch die ziemlich veränderte Reihenfolge in der Häufigkeit der Verwendung. Die Reihe lautet jetzt:

Carl (22), Johann (21), Friedrich (19), Wilhelm (18), Adam (14), Ludwig (12), Georg (11), Heinrich (10), Philipp (10).

Auch das Hervortreten der neueingeführten Namen soll hervorgehoben werden: August 7, Ernst 7, Adolf 5, Hermann 5, Otto 5, Paul 5, Franz 4, Gustav 4.

b) Frauennamen.

1. Gruppe: 5 in 160 Fällen: Anna 36, Catharina 32, Elisabetha 31, Maria 31, Margaretha 30.

2. Gruppe: α) leicht erkennbare Ableitungen: 23 in 103 Fällen: Antonetta 1, Antonia 3, Augusta 2, Carolina 9, Charlotte 3, Christiana 2, Christina 8, Constantina 1, Cornelia 1, Emilia 5, Ernestina 2, Friederica 7, Georgina 1,

Henrietta 4, Hermina 2, Johanna 6, Johannetta 2, Julia 7, Justina 2, Luise 19, Philippina 4, Stephania 1, Wilhelmina 11.

β) undeutliche und angeschlossene: 9 in 15 Fällen: Erna 2, Lina 1, Mina 4, Nanetta 1, Rosa 1, Selma 1 (als Femininum zu [An]selmus?), Valesca 1, Dorothea 3, Lisetta 1.

3. Gruppe (die übrigen): 21 in 62 Fällen: Alice 2, Amalia 4, Barbara 2, Bertha 1, Clara 2, Eleonore 2, Else 1, Emma 3, Eva 2, Hedwig 1, Helena 8, Ida 4, Irena 1, Kunigunde 1, Magdalena 7, Margot 1, Marianna 5, Mathilde 5, Natalia 1, Sophia 6, Susanna 3.

Der Zahl der verschiedenen Namen nach verhalten sich die 3 Gruppen wie 5 : 23 (32) : 21 = 1 : 4,6 (6,4) [Mittel: 5,5]: 4,2 d. h. die Entsprechungen zu den Mannsnamen sind etwa ebenso häufig vertreten als die übrigen verwendeten Namen. Der Rückgang ist zurückzuführen auf das Eindringen von neuen Namen wie Alice, Bertha, Emma, Ida, Irene, Mathilde. Der Zahl der Verwendungen nach verhalten sich die 3 Gruppen wie 160 : 103 (109) : 61 = 1 : 0,64 (0,74) [Mittel 0,69] : 0,38. Der Rückgang in der Verwendung der Ableitungen ist weiter veranlaßt dadurch, daß man nicht mehr so ängstlich wie in früheren Zeiten darauf bedacht ist, eine Übereinstimmung zwischen dem Namen des Kindes und dem seines Paten herzustellen, vielmehr werden häufig dem Kinde eine Reihe von Namen (besonders solche, wie sie eben aufgeführt sind: Alice, Bertha etc.) beigelegt, für die es gar keine Paten besitzt.

B) In Flörsheim.

Im ganzen treten auf 168 dreifache, 24 vierfache, 4 fünffache, 1 sechsfacher Vorname. Sie sind aus 626 Einzelnamen zusammengesetzt, von denen folgende verwendet sind:

I. 1626 – 1805.

a) Mannsnamen:

Adam 2, Aegidius 1, Alois 1, Andreas 1, Anselm 1, Anton 4, Balthasar 1, Bernhard 1, Bonifatius 1, Carl 4, Caspar 1, Christian 2, Conrad 2, Emmerich 1, Ferdinand 1, Franz 6, Friedrich 3, Georg 6, Gerhard 2, Heinrich 2, Hermann 2, Hugo 1, Jacob 3, Ignaz 1, Johann 16, Joseph 13, Judas 2, Ivo 1, Kilian 1, Lorenz 2, Martin 1, Matthias 2, Michael 1, Moses 1, Peter 4, Philipp 3, Thaddäus 2, Wilhelm 3, Wolfgang 1 (Summe 39).

Am meisten werden verwandt:

Johann (16), Joseph (13), Franz (6), Georg (6), Anton (4), Carl (4), Peter (4), Friedrich (3), Jacob (3), Philipp (3), Wilhelm (3).

b) Frauennamen:

1. Gruppe: 5 Namen in 55 Fällen: Maria 19, Anna 13, Catharina 11, Elisabetha 10, Margaretha 2.

2. Gruppe: 10 in 13 Fällen: Carolina 2, Ernestina 1, Franzisca 1, Henrica 1, Jacobina 1, Johanna 2, Josepha 2, Juliana 1, Philippina 1, Wilhelmina 1.

3. Gruppe (die übrigen): 12 in 20 Fällen: Agnes 1, Barbara 1, Dorothea 1, Eleonore 1, Eva 2, Gertrud 1, Salome 1, Sophia 4, Susanna 2, Thecla 4, Ursula 1, Veronica 1.

Nach der Zahl der Namen verhalten sich die Gruppen wie 5 : 10 : 12 = 1 : 2 : 2,4 (nach Abzug von Dorothea : 2,2), nach der Zahl der Verwendungen wie 55 : 13 : 20 = 1 : 0,23 : 0,36 (0,23 gegen 1,36).

II. 1806—1845.

a) Mannsnamen:

August 1, Carl 1, Friedrich 1, Georg 1, Heinrich 1, Hermann 1, Johann 1, Julius 1, Lorenz 1, Ludwig 2, Otto 1, Philipp 2, Wilhelm 1 (Summe 13). Zweimal erscheinen nur Ludwig und Philipp.

b) Frauennamen:

1. Gruppe: 5 in 33 Fällen: Anna 10, Catharina 4, Elisabetha 4, Margaretha 4, Maria 11.

2. Gruppe: 13 in 19 Fällen: Carolina 2, Emilia 1, Franzisca 3, Friederica 2, Henrietta 1, Jacobina 1, Johanna 2, Josepha 1, Julia 1, Justina 1, Philippina 1, Theodora 1, Wilhelmina 2.

Anschließen dürfen wir noch Rosina (1).

3. Gruppe (die übrigen): 8 in 11 Fällen: Adelheid 1, Amalia 2, Clara 1, Eva 1, Helena 1, Leonore 1, Rebecca 2, Sophia 2.

Nach der Zahl der verschiedenen Namen verhalten sich die Gruppen wie 5 : 13 : 8 = 1 : 2,6 : 1,6; die abgeleiteten Namen sind jetzt so oft vertreten wie alle übrigen. Der Zahl der Verwendung nach verhalten sich die Gruppen wie 33 : 19 : 11 = 1 : 0,57 : 0,33 (0,57 gegen 1,33). Die abgeleiteten

Frauennamen werden also nur etwa 1/2 mal so häufig verwandt als die anderen. Aber sie haben doch auch hier beträchtlich gegen früher zugenommen.

III. 1846—1905.

a) Mannsnamen:

Adam 1, Adolf 2, Albert 1, Andreas 1, Anton 6, August 1, Baptist 1, Bernhard 1, Berthold 1, Canisius 1, Carl 12, Caspar 1, Christian 2, Christoph 1, Clemens 1, Conrad 1, Elisabeth 1, Emanuel 1, Erich 1, Ernst 1, Ferdinand 1, Franz 5, Friedrich 5, Georg 7, Gerhard 1, Gottfried 1, Guido 1, Hans 1, Heinrich 5, Hellmuth 1, Hermann 2, Jacob 2, Johann 11, Joseph 4, Julius 1, Leopold 1, Lorenz 1, Lothar 1, Louis 2, Ludwig 2, Maria 3, Martin 1, Nicolaus 3, Oswald 1, Otto 3, Ottomar 1, Paul 1, Peter 8, Philipp 4, Reinhold 1, Robert 1, Seraphim 1, Theodor 1, Valentin 1, Wilhelm 9 (Summe 55).

Beachte die große Mannigfaltigkeit in den Gliedern der Zusammensetzungen!

Am meisten werden verwandt:

Carl (12), Johann (11), Wilhelm (9), Peter (8), Georg (7), Anton (6), Franz (5), Friedrich (5), Heinrich (5), Joseph (4), Philipp (4).

Die Reihenfolge der einzelnen Namen hat sich stark verändert. Auch hier hat wieder der Name Carl dem Namen Johann den Rang abgelaufen. Joseph ist ganz zurück-, dagegen Wilhelm hervorgetreten.

b) Frauennamen:

1. Gruppe: 5 in 125 Fällen: Anna 36, Catharina 14, Elisabetha 20, Margaretha 12, Maria 43.

2. Gruppe: 21 in 58 Fällen: Alexandra 1, Antonetta 2, Carolina 8, Christina 6, Emilia 1, Ernestina 1, Franzisca 2, Friederica 4, Henrietta 1, Hermina 2, Jacobina 1, Johanna 4, Josepha 9, Josephina 2, Julia 1, Luise 5, Ottilia 1, Paula 1, Petronella 1, Philippina 1, Wilhelmina 4.

Daran schließen sich an Dorothea (1), Lina (1), Rufina (1).

3. Gruppe (die übrigen): 19 in 42 Fällen: Adelheid 1, Barbara 4, Bertha 1, Clara 4, Elise 1, Emma 3, Eva 3, Gertrud 4, Hedwig 1, Helena 1, Lauritta 1, Ludmilla 1, Magdalena 4, Mathilde 1, Rosalia 2, Sidonia 1, Sophia 4, Susanna 1, Theresa 3.

Nach der Zahl der verschiedenen Namen verhalten sich die drei Gruppen wie 5 : 21 : 19 = 1 : 4,2 : 3,8. Der (freilich geringe) Rückgang in Gruppe 2 ist hervorgerufen durch das Auftreten neuer Namen wie Bertha, Emma etc. Der Zahl der Verwendungen nach verhalten sich die Gruppen wie 125 : 58 : 42 = 1 : 0,46 : 0,33 (0,46 gegen 1,33). Die abgeleiteten Frauennamen zeigen somit einen Rückgang in der Verwendung von $^1/_2$ auf $^1/_3$ der Summe der übrigen Namen. Ähnlich war es in Rüsselsheim. Dort ist auch der Grund dafür angegeben.

C) In Frankfurt.

Im ganzen treten auf 398 dreifache, 45 vierfache, 11 fünffache Vornamen. Sie sind aus 1429 Einzelnamen zusammengesetzt. Von diesen sind folgende verwendet:

I. 1690—1805.

a) Mannsnamen:

Abraham 1, Adam 1, Adolf 1, Alexander 2, Anton 1, August 5, Bernhard 1, Carl 8, Casimir 1, Caspar 1, Christian 6, Christoph 2, Eberhard 2, Elias 1, Emanuel 1, Ernst 3, Friedrich 8, Georg 5, Gottlieb 2, Gustav 1, Heinrich 1, Jacob 2, Immanuel 1, Johann 19, Joseph 2, Leonhard 1, Louis 1, Ludwig 3, Michael 2, Nicolaus 2, Paul 1, Philipp 6, Theodor 1, Wilhelm 7 (Summe 34).

Am meisten werden verwandt:

Johann (19), Carl (8), Friedrich (8), Wilhelm (7), Christian (6), Philipp (6), August (5), Georg (5), Ernst (3), Ludwig (3).

b) Frauennamen.

1. Gruppe: 5 in 88 Fällen: Catharina 18, Maria 29, Anna 16, Elisabetha 16, Margaretha 9.

2. Gruppe: α) leicht erkennbare Ableitungen: 25 in 75 Fällen: Antonetta 2, Carolina 6, Charlotte 2, Christiana 4, Christina 4, Constantia 1, Constantina 1, Emilia 1, Ernestina 2, Franzisca 4, Friederica 7, Gerhardina 1, Henrietta 2, Jacobäa 1, Jacobina 1, Johanna 13, Johannetta 2, Josepha 2, Juliana 1, Justina 1, Luise 3, Petronella 1, Philippina 4, Victorina 1, Wilhelmina 8.

β) undeutliche und angeschlossene: 4 in 15 Fällen: Dorothea 10, Euphrosyne 1 (-ine), Rosina 3, Sabina 1.

3. Gruppe (die übrigen): 20 in 44 Fällen: Adelheid 1, Amalia 2, Barbara 6, Clara 2, Eleonore 4, Emma 1, Eva 2, Gertrud 2, Kunigunde 1, Lucia 1, Magdalena 5, Mathilde 1, Rebecca 2, Salome 1, Sibylla 3, Sophia 3, Susanna 3, Theresia 1, Ursula 2, Walburg 1.

Nach der Zahl der verschiedenen Namen verhalten sich die Gruppen wie 5 : 25 (29) : 20 = 1 : 5 (5,8) : 4, nach der Zahl der Verwendungen wie 88 : 75 (90) : 44 = 1 : 0,83 (1,2) : 0,5 (1,0 gegen 1,5).

II. 1810—1865.

a) Mannsnamen:

Adam 2, Adolf 9, Alexander 4, Alfred 1, Andreas 2, Anton 2, Arthur 2, August 10, Carl 17, Christian 8, Christoph 2, Conrad 4, Eduard 2, Emil 2, Ernst 3, Eusebius 1, Ferdinand 4, Franz 5, Friedrich 19, Georg 10, Gerhard 1, Gottfried 3, Gottlieb 2, Guido 1, Gustav 3, Heinrich 19, Hermann 2, Hubert 1, Jacob 6, Jean 1, Johann 22, Joseph 1, Julius 2, Leonhard 1, Leopold 1, Louis 2, Ludwig 9, Maria 1, Martin 3, Max 1, Maximilian 1, Merian 1, Michael 1, Moriz 1, Nicolaus 1, Oskar 1, Peter 3, Philipp 9, Samuel 1, Sigismund 1, Theobald 2, Theodor 1, Valentin 1, Wilhelm 14, Wolfgang 1, Xaver 1 (Summe 56).

Am meisten werden verwandt:

Johann (28), Friedrich (19), Heinrich (19), Carl (17), Wilhelm (14), August (10), Georg (10), Adolf (9), Ludwig (9), Philipp (9), Christian (8), Jacob (6), Franz (5), Alexander (4), Conrad (4), Ferdinand (4).

b) Frauennamen:

1. Gruppe: 5 in 139 Fällen: Maria 40, Anna 32, Catharina 24, Margaretha 24, Elisabetha 19.

2. Gruppe: α) leicht erkennbare: 34 in 148 Fällen: Antonia 2, Augusta 11, Benedicta 1, Camilla 1, Carolina 15, Charlotte 2, Christiana 2, Christina 10, Clementine 1, Emilie 7, Eugenie 2, Felicia 1, Ferdinande 2, Franzisca 8, Friederica 11, Gabriele 1, Georgina 2, Gregoria 1, Henrietta 6, Jacobe 1, Jacobina 2, Jeanetta 1, Johanna 18, Johanetta 1, Josepha 1, Julia 3, Juliana 1, Justina 1, Luise 17, Paulina 1, Philippina 4, Valentina 1, Wilhelmina 10.

β) undeutliche und angeschlossene: 7 in 10 Fällen: Dorothea 4, Lina 1, Mina 1, Octavia 1, Regina 1, Susetta 1, Victoria 1.

3. Gruppe (die übrigen): 26 in 62 Fällen: Agnes 1, Amalia 2, Barbara 1, Caecilia 3, Clara 1, Eleonore 2, Emma 4, Encarnacion 1, Eva 1, Florence 1, Gertrud 2, Helena 3, Kathinka 3, Liutgarda 1, Magdalena 7, Malinka 1, Mathilde 4, Natalia 1, Rosalia 2, Sara 1, Sibylla 1, Sophia 8, Susanna 5, Theresia 4, Veronica 1, Walburga 1.

Nach der Zahl der verschiedenen Namen verhalten sich die Gruppen zu einander wie 5 : 34 (41) : 26 = 1 : 6,8 (8,2) : 5,2; nach der Zahl der Verwendungen wie 139 : 148 (158) : 62 = 1 : 1,1 (1,1) : 0,44 (1,1 gegen 1,4).

III. 1870—1900.

a) Mannsnamen:

Adam 3, Adolf 5, Albert 4, Alexander 4, Alfred 2, Alwin 1, Amandus 1, Andreas 1, Anna 1, Anton 2, Arthur 1, August 9, Balthasar 2, Bernhard 1, Carl 18, Caspar 2, Christian 5, Christoph 1, Constantin 1, Cornelius 2, Eberhard 1, Edmund 1, Eduard 1, Emil 6, Erich 1, Ernst 4, Ewald 1, Ferdinand 4, Franz 3, Friedrich 11, Gallus 1, Georg 13, Gottfried 1, Gottlieb 1, Gustav 3, Heinrich 11, Hugo 1, Jacob 3, Jean 1, Joachim 1, Johann 15, Joseph 11, Julius 4, Justus 1, Leo 1, Leopold 1, Lorenz 1, Louis 1, Ludwig 9, Maria 2, Matthäus 1, Matthias 1, Max 3, Maximilian 2, Nicolaus 1, Oskar 3, Otto 3, Paul 3, Peter 1, Philipp 4, Richard 2, Robert 1, Roderich 1, Rudolf 2, Stephan 1, Theodor 3, Waldemar 1, Walther 4, Wilhelm 18, Xaver 1 (Summe 70).

Am meisten treten auf:

Carl (18), Wilhelm (18), Johann (15), Georg (13), Friedrich (11), Heinrich (11), Joseph (11), August (9), Ludwig (9), Emil (6), Adolf (5), Christian (5).

b) Frauennamen:

1. Gruppe: 5 in 89 Fällen: Anna 25, Maria 23, Catharina 15, Margaretha 14, Elisabetha 12.

2. Gruppe: α) leicht erkennbare Ableitungen: 28 in 88 Fällen: Adolfina 1, Alexandrina 1, Alfredina 1, Antonetta 1, Antonia 1, Augusta 6, Bernhardina 1, Carolina 10,

Christina 4, Emilia 4, Ernestina 1, Franzisca 2, Friederica 3, Georgina 3, Henrietta 5, Jacobina 1, Johanna 5, Josephina 2, Julia 2, Justina 1, Ludovica 1, Luise 14, Maximiliana 1, Ottilia 1, Paula 1, Paulina 6, Philippina 2, Wilhelmina 7.

β) undeutliche und angeschlossene: 12 in 21 Fällen: Babetta 1, Crescentia 1, Dorothea 6, Elwina 1, Erna 1, Frida 3, Jenny 1, Lina 2, Lisetta 2, Lona 1, Rosina 1, Victoria 1.

3. Gruppe (die übrigen): 33 in 59 Fällen: Adelheid 2, Agnes 3, Asgard 1, Bertha 4, Brunhilde 1, Caecilia 1, Clara 3, Ella 1, Elsa 1, Emma 5, Emmi 1, Eva 2, Gertrud 1, Hedwig 1, Helena 6, Hilda 1, Hildegard 1, Ida 1, Irma 1, Kunigunde 1, Lydia 1, Magdalena 5, Martha 1, Mathilde 1, Melania 1, Merida 1, Nora 1, Rosa 1, Salome 1, Sophia 4, Susanna 2, Theresa 1, Veronica 1.

Nach der Zahl der Namen verhalten sich die Gruppen wie 5 : 28 (40) : 33 = 1 : 5,8 (8) [Mittel : 6,9] : 6,6; nach der Zahl der Verwendungen wie 89 : 88 (109) : 59 = 1 : 0,9 (1,2) : 0,69 (1 gegen 1,69).

Bis jetzt hat die Untersuchung gezeigt, daß bei den die mehrfachen Vornamen bildenden weiblichen Einzelnamen ein starkes Überwiegen der von Mannsnamen abgeleiteten Frauennamen zu bemerken ist, und daß dieses sich im Laufe der Zeit in einer ganz bestimmten Richtung verschiebt. Es ist bereits angedeutet, daß das mit der Entstehungsweise der mehrfachen Vornamen zusammenhängt. Es bedarf hier noch einer näheren Ausführung. Wir müssen unsern Blick richten auf die „Entsprechungen“ zwischen Mannsnamen und Frauennamen d. h. diejenigen Fälle, in denen der männliche Name eines Paten bei der Taufe eines Mädchens den von ihm abgeleiteten Frauennamen hervorruft oder umgekehrt.

Elftes Kapitel:

DIE ENTSPRECHUNGEN ZWISCHEN MANNS- UND FRAUENNAMEN UND DAS AUFKOMMEN DER VON MANNSNAMEN ABGELEITETEN WEIBLICHEN NAMEN.

In Rüsselsheim sind folgende Entsprechungen belegt:

1. Bei einfachen Vornamen.

1830:	Heinrich: Henrietta
1853:	Johann: Johannetta
	Carl: Carolina
	Heinrich: Henrietta
1855:	Ludwig: Luise
1856:	Justus: Justina
1861:	Ludwig: Luise
1865:	Theodor: Dorothea
1873:	Wilhelm: Wilhelmina
1874:	Theodor: Dorothea
	Jacob: Jacobina
1875:	Justus: Justina
1878:	Ernst: Ernestina
1882:	Ludwig: Luise
1882:	Ludwig: Luise
1883:	Philipp: Philippina
1891:	Jacob: Jacobina
	Wilhelm: Wilhelmina
	Johann: Johanna
1895:	Carl: Carolina
	Friedrich: Friederica
	Jacob: Jacobina
1897:	Philipp: Philippina
1898:	Wilhelm: Wilhelmina
1899:	Wilhelm: Wilhelmina
1902:	Friedrich: Frida
1904:	Heinrich: Henrietta.

Es sei darauf hingewiesen, daß vor dem Jahre 1830 keine Entsprechung von Manns- und Frauennamen bei einfachen Vornamen vorliegt.

2. Bei doppelten Vornamen.

1678:	Jacob: Jacobina
	Ludwig: Luise
1679:	Philipp: Philippina
	Johann: Johanna
1681:	Philipp: Philippina
1683:	Jost: Justina
1684:	Carl: Charlotte
	Johann: Johanna
1685:	Wilhelm: Wilhelmina
1687:	Johann: Johannetta
	Johann: Johannetta
1689:	Carl: Charlotte??
1697:	Johann: Johanna
1699:	Johann: Johanna
1700:	Philipp: Philippina
	Johann: Johannetta

1700: Johann: Johanna
1701: Johann: Johanna
Johann: Johanna
1702: Johann: Johanna
1707: Johann: Johannetta
1709: Johann: Johanna
1710: Philipp: Philippina
1712: Johann: Johannetta
1715: Philipp: Philippina
1716: Philipp: Philippina
Johann: Johannetta
1717: Carl: Charlotte
1721: Wilhelm: Wilhelmina
Johann: Johannetta
1728: Christian: Christina?
1736: Carl: Carolina
Carl: Carolina
1740: Carl: Charlotte
1741: Carl: Charlotte
1791: Heinrich: Henrietta
1814: Ludwig: Luise
1820: Carl: Charlotte
Wilhelm: Wilhelmina
1835: Carl: Charlotte
1836: Carl: Carolina
1837: Ferdinand: Ferdinande
1838: Carl: Carolina
Anton: Antonetta
Carl: Carolina
1842: Ludwig: Luise
1844: Friedrich: Friederica
1847: Ludwig: Luise
1848: Georg: Georgina
1849: Ludwig: Luise
1851: Johann: Johannetta
1854: Ludwig: Luise
1864: Otto: Ottilia
(1876: Carl: Carolina
Gottfried: Gottfriede)
1879: Christian: Christina
1885: Carl: Carolina
August: Augusta
1888: Georg: Georgina
1890: Johann: Johanna
Wilhelm: Wilhelmina
1891: Ernst: Ernestina
Friedrich: Friederica
1894: Wilhelm: Wilhelmina
1902: Friedrich: Frida
1903: Friedrich: Friederica
1904: Wilhelm: Wilhelmina
1905: Ernst: Ernestina.

3. Bei mehrfachen Vornamen.

1648: Theodor: Dorothea?
1669: Philipp: Philippina?
1674: Ludwig: Luise
1680: Christian: Christina
1682: Johann: Johanna
1686: Christian: Christina
1697: Johann: Johannetta?
1700: Justus: Justina
1704: Christian: Christiana?
1705: Christian: Christiana
1706: Wilhelm: Wilhelmina
1708: Christian: Christina?
1712: Johann: Johanna
1717: Johann: Johanna
1719: Theodor: Dorothea
1725: Heinrich: Henrietta
Wilhelm: Wilhelmina
1726: Justus: Justina
Philipp: Philippina
Johann: Johannetta

1727: Wilhelm: Wilhelmina
1728: Moriz: Morizina?
1732: Friedrich: Friederica
Jost: Justina
1735: Carl: Charlotte
1738: Philipp: Philippina
1740: Johann: Johannetta
1743: Johann: Johanna
1745: Friedrich: Friederica
1748: Carl: Carolina
1753: Ernst: Ernestina
1761: Philipp: Philippina
1764: Jacob: Jacobina
1765: Carl: Carolina
1767: Carl: Carolina
Ludwig: Luise
Friedrich: Friederica
1784: Carl: Charlotte
Johann: Johannetta
1789: Wilhelm: Wilhelmina
1793: Friedrich: Friederica?
Wilhelm: Wilhelmina?
Theodor: Dorothea
1795: Friedrich: Friederica
Christian: Christiana
1808: Johann: Johannetta
1809: Julius: Juliana
1810: Philipp: Philippina
1811: Johann: Johanna
Wilhelm: Wilhelmina
Friedrich: Friederica
1812: Louis: Louise
Friedrich: Friederica
Johann: Johannetta
1813: Johann: Johannetta
1816: Johann: Johanna
1816: Heinrich: Henrietta
Friedrich: Friederica
Heinrich: Henrietta
Heinrich: Henrietta
Leonhard: Leontina
Carl: Carolina
Theodor: Theodora
1824: Ludwig: Luise
1847: Friedrich: Friederica
1849: Philipp: Philippina
1850: Carl: Carolina
1852: Carl: Carolina
Johann: Johanna
1855: Heinrich: Henrietta
Philipp: Philippina
1866: Carl: Carolina
Julius: Julia
1878: Emil: Emilia
Carl: Carolina
Ludwig: Luise
1880: Friedrich: Friederica
Wilhelm: Wilhelmina
1881: Johann: Johanna
Wilhelm: Wilhelmina
1884: Wilhelm: <Wilhel>mina
1886: Carl: Carolina
1889: Hermann: Hermina
1890: Ernst: Ernestina
Maximilian: Milli
Philipp: Philippina
Carl: Carolina
1893: Wilhelm: Wilhelmina
Adolf: Adolfina
1899: Johann: Johanna
1900: Friedrich: Friederica.

1. Von 1826—1905 kommen vor 4477 einfache Vornamen, darunter 28 Entsprechungen (= 0,6 %).

2. Von 1676—1905 kommen vor 5166 doppelte Vornamen, darunter 62 Entsprechungen (= 1,2 %).

3. Von 1646—1905 kommen vor 441 mehrfache Vornamen, darunter 76 Entsprechungen (= 17,2 %).

Von den in Entsprechungen belegten Mädchennamen treten auf unter den

	1826—1905 2068 einfachen	1676—1905 2627 doppelten	1646—1905 303 mehrfachen
	Mädchenvornamen		
Adolfina	—	—	1 mal
Antonetta	1	1	1
Augusta	11 (0,5 %)	16 (0,6 %)	4 (1,3 %)
Carolina	22 (1,0 %)	17 (0,6 %)	22 (7,2 %)
Charlotte	41 (1,9 %)	41 (1,8 %)	16 (5,3 %)
Christiana	1	2	7
Christina	79 (3,8 %)	200 (7,6 %)	27 (8,9 %)
Dorothea	112 (5,8 %)	116 (4,4 %)	12 (3,9 %)
Emilia	2	7	8
Ernestina	4	4	5
Ferdinande	—	3 (0,1 %)	1 (0,3 %)
Frida	1	3	—
Friederica	14	24	29
Georgina	—	3 (0,1 %)	1 (0,3 %)
Henrietta	30 (1,4 %)	7 (0,2 %)	10 (3,3 %)
Hermina	—	—	2
Jacobina	6	2	4
Johanna	8	20 (0,9 %)	12 (3,9 %)
Johannetta	10	58 (2,2 %)	19 (6,2 %)
Julia	1	2	8
Juliana	2 (0,1 %)	18 (0,7 %)	8 (2,6 %)
Justina	62	90 (3,4 %)	12 (3,3 %)
Leontina	—	—	1
Luise	56	53 (2,0 %)	45 (14,8 %)
Milli	—	—	1
Mina	1	—	4
Morizina	—	—	1
Ottilia	3	4 (0,1 %)	2 (0,7 %)
Philippina	10	20 (0,7 %)	12 (3,9 %)
Theodora	—	—	1
Wilhelmina	9	18	32

Die Entsprechung selbst ist belegt	bei einfachen	bei doppelten Vornamen	bei mehrfachen
Adolf : Adolfina	—	—	1 mal
Anton : Antonetta	—	1	—
August : Augusta	—	1	—
Carl : Carolina	2	6	10
Carl : Charlotte	—	7	2
Christian : Christiana	—	—	3
Christian : Christina	1	2	3
Theodor : Dorothea	2	—	3
Emil : Emilia	—	—	1
Ernst : Ernestina	1	2	2
Ferdinand : Ferdinande	—	1	—
Friedrich : Frida	1	1	—
Friedrich : Friederica	1	2	11
Georg : Georgina	—	2	—
Heinrich : Henrietta	3	1	5
Hermann : Hermina	—	—	1
Jacob : Jacobina	3	1	1
Johann : Johanna	1	10	7
Johann : Johannetta	1	8	7
Julius : Julia	—	—	1
Julius : Juliana	—	—	1
Justus : Justina	2	—	2
Jost : Justina	—	1	1
Leonhard : Leontina	—	—	1
Louis : Louise	—	—	1
Ludwig : Luise	4	6	4
Maximilian : Milli	—	—	1
Wilhelm : Mina	—	—	1
Moriz : Morizina	—	—	1
Otto : Ottilia	—	1	—
Philipp : Philippina	2	6	8
Theodor : Theodora	—	—	1
Wilhelm : Wilhelmina	4	7	9

Es ist bereits darauf aufmerksam gemacht worden, daß sich Entsprechungen bei einfachen Vornamen erst seit

1830 belegen lassen. Wir haben den Grund dafür nicht in den einfachen Vornamen als solchen, sondern in den einzelnen bei den Entsprechungen auftretenden Namen selbst zu suchen.

Diese scheiden sich in zwei Gruppen:

1. Namen, die vor 1830 bereits häufiger als Einzelnamen verwendet wurden. Zu diesen gehören:

a) Christian, Friedrich, Georg, Heinrich, Jacob, Johann, Jost/Justus, (Ludwig), Philipp, Wilhelm.

b) *Christina, Dorothea, Juliana, (Justina).*

2. Namen, die nach 1830 als Einzelnamen häufiger verwendet werden. Zu diesen gehören:

a) Adolf, August, Carl, Christian, Ernst, Friedrich, Georg, Heinrich, Hermann, Jacob, Johann, (Julius), Justus, Louis/Ludwig, Otto, Philipp, Theodor, Wilhelm.

b) Augusta, Carolina, Charlotte, Christina, Dorothea, (Ernestina), Friederica, Henrietta, Jacobina, Johanna, Johannetta, (Julia - Juliana), Justina, Luise, (Ottilia), Philippina, Wilhelmina.

Alle anderen bei den Entsprechungen in Betracht kommenden Namen sind entweder sehr selten oder gar nicht vor, beziehentlich nach 1830 als Einzelvornamen anzutreffen[1]. Nun ist nichts natürlicher, als daß die ohnehin recht seltenen Entsprechungen (1830—1905 nur bei 0,6 % der Einzelnamen!) in der Regel bei häufiger verwendeten Namen vorkommen. Sehen wir aber näher zu, so finden wir, daß bei den vor 1830 häufigen einfachen Namen außer Christian und Christina überhaupt keine zu finden sind, zwischen denen eine Entsprechung möglich wäre. Genau entgegengesetzt liegen die Dinge für die Zeit nach 1830. Hier kommen die den häufig gebrauchten Mannsnamen entsprechenden weiblichen Namen sämtlich unter den häufig verwendeten einfachen Namen vor. Vor 1830 treten also keine Entsprechungen bei den einfachen Namen auf, weil es der Namenschatz nicht zuließ, weil teils bei den Mannsnamen, teils bei den Frauennamen die Korrelate fehlten.

---

[1] Die auf der Grenze zwischen „häufiger" und „seltener" stehenden Namen sind in Klammern eingeschlossen.

Über die Zahl der Entsprechungen in den einzelnen Jahrzehnten ergibt sich folgendes: 1830—40 : 1; 1840—50 : 0; 1850—60 : 5; 1860—70 : 2; 1870—80 : 5; 1880—90 : 4; 1890—1900 : 9. Die Zahl der Entsprechungen bei den einfachen Vornamen nimmt also stetig zu. Es ist wohl kein Zweifel, daß dies auf den sich immer mehr ausgleichenden Gebrauch der häufiger verwendeten Vornamen zurückzuführen ist, zu denen auch die gehören, die eine solche Entsprechung zulassen.

Wie wenden uns den doppelten Vornamen zu. Die Entsprechungen beginnen hier bereits 1678. Sie waren schon in dieser Zeit möglich, da bei den doppelten Vornamen die zu den Entsprechungen nötigen Namen häufiger verwendet wurden, während sie zur selben Zeit bei den Einzelvornamen nur selten oder gar nicht auftraten. Zu beachten ist das Verhältnis, in dem die Zahl der Entsprechungen bei den einfachen Vornamen und bei den Doppelvornamen zu der Gesamtzahl der erteilten Namen steht. Die Entsprechungen bei den einfachen Vornamen betragen nur die Hälfte der bei den Doppelvornamen vorkommenden. Wenn wir aber unsere Blicke auf die mehrfachen Vornamen richten, so finden wir hier mehr als 25 mal so viel Entsprechungen als bei den Einzelvornamen. Dies läßt uns vermuten, daß wir bei den mehrfachen Vornamen den eigentlichen Herd für jene Entsprechungen haben. Dieser Hinweis wird noch unterstützt durch das, was wir aus der Übersicht auf S. 454 und S. 455 entnehmen.

Die erste Spalte auf S. 454 soll einen Vergleich gestatten mit der sonstigen Verbreitung der nach 1830 in Entsprechungen vorkommenden Namen. Die beiden anderen Spalten zeigen uns, daß fast alle die in Entsprechungen vorkommenden weiblichen Namen zum Teil außerordentlich viel häufiger bei den mehrfachen als bei den doppelten Vornamen anzutreffen sind. Besonders deutlich tritt dies hervor bei Carolina, Charlotte, Henrietta, Johanna, Johannetta, Luise, Philippina, Juliana, noch mehr aber bei Christiana, Emilia, Ernestina, Friederica, Jacobina, Julia, Wilhelmina. Nur Dorothea und Justina kommen bei den mehrfachen Vornamen weniger oft vor als bei den doppelten. Bei Dorothea liegt der Grund darin, daß die Entsprechung Doro-thea - Theo-dor von anderer Art ist als die übrigen, und die Erkenntnis der Zugehörigkeit von Dorothea zu Theodor und die Umsetzung des Namens nicht so leicht ist als bei den übrigen Entsprechungen.

Es ist hiermit gezeigt, daß bei den mehrfachen Vornamen der hauptsächlichste Ausgangspunkt und die Hauptpflegestätte der von Mannsnamen abgeleiteten Frauennamen ist.

Auch die Belege für tatsächlich vorhandene Entsprechungen stehen damit nicht in Widerspruch. Sie zeigen, daß zwar auch bei den doppelten Vornamen ähnlich günstige Bedingungen für die Entsprechungen vorlagen, aber Namen wie Adolfina, Leontina, Morizina, Theodora, Hermina beweisen doch gerade, daß die mehrfachen Vornamen der eigentliche Herd für diese merkwürdigen Bildungen gewesen sind. Auch weist ja gerade das 18. Jahrh., diejenige Zeit, in der die mehrfachen Vornamen sich zu voller Blüte entwickeln, die meisten Belege für Entsprechungen bei mehrfachen Vornamen auf. So führt uns alles darauf, für die Entstehung und Verbreitung der Hauptmasse der von männlichen Vornamen abgeleiteten oder mit ihnen in Beziehung gesetzten weiblichen Vornamen die doppelten, mehr aber noch die mehrfachen Vornamen verantwortlich zu machen; gleiche Bedingungen, die bei diesen beiden vorhanden, aber in weitaus größerem Maße bei den mehrfachen als bei den doppelten Vornamen anzutreffen sein mußten, veranlaßten jene Ableitungen, die heute einen sehr bedeutenden Teil des Namenschatzes der Frauen ausmachen.

Gleiche Verhältnisse lagen aber bei den doppelten und mehrfachen Namen hinsichtlich ihrer Entstehung vor, wie wir das bereits oben genauer dargelegt haben. Wir haben gesehen, daß zur Zeit der Entstehung der Doppelvornamen in der Namengebung der Brauch vorhanden war, dem Kinde nur einen Namen und einen Paten zu geben. Die Namen von Kind und Pate werden regelmäßig und mit peinlicher Genauigkeit in Übereinstimmung gesetzt und erhalten. Wenn Ausnahmen vorkommen, so haben sie ihre ganz besondere Veranlassung. Allmählich geht man dazu über, dem Kinde zwei und mehr Paten zu geben, und fühlt sich verpflichtet,

— was man alsbald, nachdem die ersten Anfänge dieser Neuerung einmal überwunden sind, auch regelmäßig befolgt —, dem Kinde wenigstens von jedem Paten einen Namen beizulegen, gleichsam als Gegenleistung für die Übernahme der Patenschaft. Mit dem Aufkommen der Sitte, jedes Kind von männlichen und weiblichen Personen zur Taufe tragen zu lassen, wie sie um die Mitte des 17. Jahrhs. gang und gäbe ist, und wie wir sie in den Anfängen besonders bei den Soldaten beobachten können[1]), will nun auch jede der bei der Taufe anwesenden Personen dem Kinde seinen Namen mitteilen. So kommt es dazu, daß ein Mädchen wenigstens einen seiner Namen von einem Manne empfangen, und umgekehrt ein Knabe nach dem Namen einer Frau getauft werden soll. So werden zu den vorhandenen und in häufigem Gebrauch befindlichen Mannsnamen entsprechende Frauennamen gebildet, und auch die Wiedereinführung so manches Mannsnamens zu einem entsprechenden häufiger gebrauchten Frauennamen wird auf die gleiche Rechnung zu setzen sein.

Wenn ein Kind nur einen Vornamen erhielt, finden wir eine solche Entsprechung der Namen nicht. Das hat seinen Grund in der Häufigkeit derjenigen als Einzelnamen verwendeten Vornamen, die eine Entsprechung zuließen. Wollte man ein Kind Christina nennen, so hatte man infolge der Häufigkeit des Namens keinen Paten Christian nötig. Oder aber, war der Pate die Veranlassung des Namens und nicht die freie Wahl der Eltern, so war es leicht, zu einem Paten Christian noch eine Christina hinzuzufinden, sodaß diese ihren Namen hergab, und jener wohl gar nicht als der namengebende Pate aufgezeichnet wurde.

Sodann ist die Häufigkeit der als Einzelnamen am meisten verwendeten Namen in folgender Weise die Ursache zur Bildung jener Ableitungen geworden.

Suchte man Paten für ein Kind und stellte es sich heraus, daß von denen, die dafür in Betracht kamen, nur zwei oder gar nur ein Name auf das Kind übertragen werden konnte,

[1]) Diese Sitte scheint dann nach der Mitte des 18. Jahrhs. allmählich wieder abzunehmen. Genau läßt sich das nicht feststellen, da in den Einträgen meist nur die namengebenden Paten aufgeführt sind.

weil die anderen gleich waren, so entschloß man sich zu jenen für ihre Zeit ungewöhnlichen Bildungen, da man doch dem Kinde nach der Sitte der Zeit mehrere Vornamen beilegen wollte.

Die Neubildungen erweisen sich bald als ein sehr einfaches Mittel, eine ganze Schar von Paten heranzuziehen und sie doch alle zufrieden zu stellen, indem jeder seinen Namen (oder doch eine Ableitung von demselben) dem Kinde beilegen darf und kann, und man gelangt so zugleich auf die einfachste Weise zu einer längeren Namenreihe. Daß derartige Fälle öfter zu mehrfachen Namen führten als zu zweifachen, ist natürlich, aber daß infolge der Gleichheit unter den Namen der Paten oft auch nur zweifache Vornamen entstanden, ist gleichfalls richtig und wird durch die Belege selbst im einzelnen dargetan. Umgekehrt dürfte es in den meisten Fällen, selbst wenn man nur einen zweifachen Namen hätte erteilen wollen, schwer gewesen sein, alle Paten zufrieden zu stellen, sodaß man gern zu den mehrfachen Namen griff. Daß man sich nicht so ohne weiteres dazu entschloß, den entsprechenden Manns- oder Frauennamen zu erteilen, sondern daß man es leichter nahm, wenn dieser irgendwie gestützt war, dafür werden wir unten mannigfache Beispiele kennen lernen. So haben wir uns das Aufkommen[1]) und

[1]) Die Bildung der Namen ist nicht deutsch, sondern romanisch. Wo sie daher in früherer Zeit als Einzelnamen auftreten, können wir vielfach den fremden Ursprung und Einfluß unmittelbar nachweisen. Auf Grund der Frankfurter Geburtsbücher läßt sich dazu folgendes bemerken: Daß auch als Einzelnamen weibliche von Mannsnamen abgeleitete Vornamen entstehen konnten, doch infolge der Beschaffenheit des Namenschatzes sehr selten entstehen mußten, ist vorhin ausgeführt worden. Die ältesten Entsprechungen in Frankfurt sind folgende:

1552. 6. Juli. „Caspar Gampel von haydelsam unnd Anna uxor ein Tochter Jacobis, hub Elsa Walther Recken des Gertners hauffr und Jacob Böckle hauptmann von Straßburg“.

1565. 8. Mrz. „Niclas Thalwartur vonn Niclafspforten von Apfeltränk und Barbel ein Sohn Friedrich Justus hub Juncker Friedrich Schleydt und her Justinianus Holzhausen sel. Tochter Justina“.

1576. 12. Aug. „Hanfs Henrich vohm Rain Schöff und defs Raths und fraw Anna uxor ein dochter Maria Jacobi<s>, hub Margaretha Juncker Traiani von holzhausen selige dochter“.

1580. 2. Juni. „J. Jacob Degenhard und frau Anna uxor ein dochter Anna Jacobis, hub herrn D. Nicolaus Rückers haufsfrau Ottilia

die Verbreitung jener weiblichen Namen, von denen dieses Kapitel handelt, aus den bei der Namengebung obwaltenden Umständen erklärt. Eben diese erklären es auch, warum wir sie im Anfang nicht als Einzelnamen finden, sondern sie als solche erst auftreten, nachdem sie zusammen mit anderen Namen durch die außerordentliche Verbreitung der doppelten und mehrfachen Vornamen eine genügende Verbreitung gewonnen hatten, um nun selbständig auftreten zu können. Die ersten Spuren dieses Auftretens haben wir oben aufgezeigt, und auch die weitere Entwickelung ebendort verfolgt.

Wir lassen zur Verdeutlichung des eben Ausgeführten noch eine Übersichtstafel folgen, die uns jedes für die Beurteilung der eben betrachteten Frauennamen wichtige Datum sofort abzulesen gestattet. Zu ihrer Erläuterung sei bemerkt: Die Jahreszahlen geben bei jedem Namen an, wann er zuerst als Einzelname, in Doppelnamen, in mehrfachen Namen belegt ist. Carolina 7 (8) bedeutet: „Der Name Carolina ist im ganzen 15 mal belegt. Dabei steht er 7 mal an erster Stelle des Doppel- (bzw. mehrfachen) Vornamens, 8 mal an zweiter, bzw. dritter Stelle". Cornelia (2) heißt „Der Name Cornelia kommt zweimal in Doppelnamen vor, doch steht er niemals an erster Stelle".

---

von Speier und herrn Philipp Uffstenders Scheff und defs Raths selige dochter Anna".

Aus den Jahren 1533—1586 habe ich folgende Beispiele notiert, bei denen der weibliche Name nicht durch Umsetzung eines Mannsnamens entstanden ist: Steffaney (Steffania) dreimal als einfacher Vorname (1556, 58, 60); Franzisca 1 mal (1563); Johanna in zahlreichen Fällen. In etwa 95 % ist der Vater dabei ein „Welscher". Jacobina 3 mal (1578, 82, 85), der Vater jedesmal ein Wälscher; Paulina 1 mal (1573), der Vater ist Jacob Bernule „Prabenter"; Jenetta öfters (z. B. 1585 der Vater ein Wälscher); Franssina (Francina) 3 mal (1571, 78, 84), der Vater ist jedesmal ein Wälscher.

Diese „wälschen" Namensformen sind als fremd empfunden und demgemäß als einfache Vornamen von Deutschen sehr selten verwandt worden. Erst später, als sich die Verhältnisse bei der Patenschaft und Namengebung in der von uns geschilderten Weise entwickelten, ersieht man in ihnen ein bequemes Mittel, seinen Verpflichtungen gegen die Paten nachzukommen, und sie geben dann das Muster ab, nach dem zahlreiche neue Namen bei der Erteilung von mehrfachen Vornamen gebildet werden.

Übersicht über die von gebräuchlichen Mannsnamen abgeleiteten weiblichen Vornamen sowie die angeschlossenen auf -ina, -ana, -etta usw. in Rüsselsheim.

Es tritt auf	vor 1775			von 1776 bis 1805			von 1806 bis 1825			von 1826 bis 1905		
	als einfacher Vornam.	in Doppelvornamen	in mehrfachen Vornam.	als einfacher Vornam.	in Doppelvornamen	in mehrfachen Vornam,	als einfacher Vornam.	in Doppelvornamen	in mehrfachen Vornam.	als einfacher Vornam.	in Doppelvornamen	in mehrfachen Vornam.
Antonetta		(1) (1676)								1 (1856)		(1) (1849)
Antonia												(3) (1886)
Augusta		(1) (1706)	(3) (1740)		1 (2)	4		1		11 (1836)	7 (4)	(2)
Babetta										3 (1856)	3 (4) (1876)	
Carolina			1 (2) (1748)	1 (1796)	(3) (1776)			(1)	3 (2)	22	7 (8)	2 (8)
Charlotte	1 (1766)	2 (10) (1716)	(4) (1735)	4	1 (1)	(3)	1	4 (4)	1 (2)	41	14 (7)	1 (3)
Christiana			2 (1) (1704)		1 (1796)		1 (1816)	1		1		(2)
Christina	19 (1596)	25 (144) (1586)	(15) (1677)	2	4 (22)		4	1 (12)	2	79	16 (24)	3 (6)
Constantina												(1) (1847)
Cornelia			(2) (1761)						(1)			(1)
Emilia									(2) (1812)	2 (1836)	3 (6) (1836)	3 (2)

Es tritt auf	vor 1775			von 1776 bis 1805			von 1806 bis 1825			von 1826 bis 1905		
	als einfacher Vornam.	in Doppelvornamen	in mehrfachen Vornam.	als einfacher Vornam.	in Doppelvornamen	in mehrfachen Vornam.	als einfacher Vornam.	in Doppelvornamen	in mehrfachen Vornam.	als einfacher Vornam.	in Doppelvornamen	in mehrfachen Vornam.
Ernestina		1 (1766)	(4) (1728)					1		4 (1826)	2	(2)
Ferdinande			(2) (1751)					1 (1) (1806)			(1)	
Franzisca		1 (1686)							(1) (1816)	3 (1876)	1 (1)	(1)
Friederica		1 (3) (1726)	2 (3) (1732)			2 (1)		2 (1)	1 (7)	14 (1826)	4 (13)	3 (4)
Georgina											1 (3) (1846)	(1) (1903)
Henrietta		(1) (1736)	1 (1) (1725)		(1)	(1)	1 (1816)		1 (2)	30	4 (3)	(4)
Hermina												(2) (1889)
Jacobäa		(1) (1726)										
Jacobina		(1) (1676)	(1) (1764)						1	6 (1866)	(1)	
Johanna		6 (1736)	3 (2) (1682)		1				3	8 (1866)	10 (3)	3 (3)
Johannetta		27 (1) (1676)	5 (3) (1697)		9	4		7	3 (1)	10 (1836)	12 (2)	1 (1)
Josepha								(1) (1806)				

Es tritt auf	vor 1775			von 1776 bis 1805			von 1806 bis 1825			von 1826 bis 1905		
	als einfacher Vornam.	in Doppelvornamen	in mehrfachen Vornam.	als einfacher Vornam.	in Doppelvornamen	in mehrfachen Vornam.	als einfacher Vornam.	in Doppelvornamen	in mehrfachen Vornam.	als einfacher Vornam.	in Doppelvornamen	in mehrfachen Vornam.
Josephina								(1) (1816)			(1)	(1) (1841)
Julia	1 (1686)	(1) (1606)								1	1 (1)	4 (4) (1839)
Juliana	16 (1626)	4 (20) (1646)	(2) (1690)			(2)	1		(2)	2	(1)	
Justina		30 (5) (1656)	(6) (1700)	1 (1786)	16	(3)	3	10		62	28 (3)	1 (1)
Leontina									(1) (1816)			
Lina										11 (1866)	4 (1) (1886)	1 (1890)
Lisetta								(1) (1806)		35 (1826)	9 (4)	(1) (1901)
Luise		2 (7) (1676)	(2) (1674)	1 (1786)	2 (2)	(3)		1 (2)	2 (12)	56	22 (18)	1 (22)
Marian(n)a			1 (1775)		1 (1) (1796)	1 (1)			7 (3)	24 (1826)	(5)	4 (2)
Mina										1 (1886)		1 (3) (1878)
Morizina			(1) (1728)									
									(2) (1813)	1 (1836)	1 (1896)	(1)

Es tritt auf	vor 1775			von 1776 bis 1805			von 1806 bis 1825			von 1826 bis 1905		
	als einfacher Vornam.	in Doppelvornamen	in mehrfachen Vornam.	als einfacher Vornam.	in Doppelvornamen	in mehrfachen Vornam.	als einfacher Vornam.	in Doppelvornamen	in mehrfachen Vornam.	als einfacher Vornam.	in Doppelvornamen	in mehrfachen Vornam.
Ottilia	21 (1586)		(2) (1676)							3	3 (1) (1826)	
Paulina											1 (2) (1876)	
Philippina	1 (1686)	2 (14) (1676)	2 (4) (1669)		1				(1)	10	(2)	(4)
Regina	1 (1706)	4 (3) (1646)	(1) (1727)	1			1	(1)		1	(1)	
Reinhardina									(2) (1813)			
Rosina		(7) (1676)	(1) (1753)	1 (1796)	1 (3)		2	1	(1)	9	2	
Sabina		2 (1) (1726)			1							
Stephania												(1) (1885)
Theodora									(1) (1816)			
Ursulina											(1) (1866)	
Wendelina										1 (1896)		
Wilhelmina		(2) (1716)	1 (5) (1706)		1	(3)	1 (1816)	(1)	1 (6)	9	4 (13)	2 (9)

Aus dieser Übersicht entnehmen wir folgendes:

1. In mehrfachen Vornamen sind zuerst belegt:

a) von Mannsnamen abgeleitete weibliche Vornamen auf -ina: Carolina, Constantina, Ernestina, Hermina, Jacobina, Leontina, Mina, Morizina, Philippina, Reinhardina, Wilhelmina (11).

b) von Mannsnamen abgeleitete weibliche Vornamen auf -etta und -ana: Henrietta, Christiana.

c) sonstige von Mannsnamen abgeleitete Frauennamen: Cornelia, Emilia, Ferdinande, Johanna, Luise, Stephania, Theodora (7).

d) „angeschlossene" Frauennamen: Mariana, Nanetta.

2. In Doppelvornamen sind zuerst belegt:

a) abgeleitete Frauennamen auf -ina: Christina, Georgina, Josephina, Justina, Paulina (5).

b) abgeleitete Frauennamen auf -etta und -ana: Antonetta, Johannetta.

c) sonstige abgeleitete Frauennamen: Augusta, Charlotte, Franzisca, Friederica, Jacobäa, Josepha, Julia.

d) „angeschlossene" Frauennamen: Lisetta, Regina, Rosina, Sabina, Ursulina.

3. Als einfache Vornamen sind zuerst belegt:

a) Lina, Wendelina, b) Juliana, c) Ottilia, d) Babetta.

Die Namen auf -ina, soweit sie als Ableitungen von Mannsnamen empfunden wurden, sind belegt:

I.	1586	Christina	III.	1813	Reinhardina
	1656	Justina		1816	Josephina
	1669	Philippina		1816	Leontina
II.	1706	Wilhelmina		1846	Georgina
	1728	Ernestina		1847	Constantina
	1728	Morizina		1876	Paulina
	1748	Carolina		1889	Hermina
	1764	Jacobina		1896	Wendelina

Die Namen auf -etta und ana:

1676	Antonetta	1626	Juliana
1676	Johannetta	1704	Christiana
1725	Henrietta		

Die übrigen abgeleiteten Frauennamen:

I. 1586 Ottilia	1726 Jacobäa
1606 Julia	1751 Ferdinande
1676 Luise	1761 Cornelia
1682 Johanna	II. 1806 Josepha
1686 Franzisca	1812 Emilia
—	1816 Theodora
1706 Augusta	1885 Stephania
1716 Charlotte	1886 Antonia
1726 Friederica	1878 Mina.

Demnach fällt die Entstehung der weiblichen Vornamen auf -ina (abgesehen von Christina) in die Zeit von 1650 bis 1750. Verstärkung erhalten sie in den Jahren 1800—1820. Die Entstehung der Namen auf -etta (und -ana, von Juliana abgesehen,) fällt in die Zeit von 1670 bis 1730, geht also der Entstehung der Namen auf -ina parallel. Die Hauptmasse der sonstigen Ableitungen von Mannsnamen entsteht in den Jahren 1650—1750. Verstärkt werden sie in der Zeit von 1800—1820.

Wir lassen nun die Belege für die Entsprechungen folgen.

DIE ENTSPRECHUNGEN ZWISCHEN MANNSNAMEN UND FRAUENNAMEN IN RÜSSELSHEIM.

1. Gruppe: Der männliche Name des Paten ruft den entsprechenden weiblichen Namen bei der Taufe des Kindes hervor.

A) Die mehrfachen Vornamen. 59 Belege.

I. Die Umsetzung des männlichen Namens in den weiblichen wird durch den Namen eines Paten gefördert.

a) Der Name des Paten wird in den des Täuflings umgesetzt. α) eine Umsetzung.

1. 1812. Johanna Emilie Friederike Eleonore Wilhelmine Helene. P: 1. Johanna Christiane, 2. Emilie, 3. Friederike, 4. Eleonore, 5. Friedrich, 6. Wilhelmine, 7. Helene. Umsetzung von Friedrich in Friederike, gefördert durch Friederike (Nr. 3).

β) zwei Umsetzungen.

2. 1732. Friederike Justine Catharina. P: 1. Friederike Dorothea, 2. Friedrich Christian, 3. Johann Jost, 4. Catharina Elisabetha, Gemahlin des Georg Friedrich. Umsetzung von

Friedrich in Friederike (dieser Name selbst sekundär, weil in Doppelvornamen?), sowie von Jost in Justine.

b) Der Name des Vaters wird in den der Tochter umgesetzt. α) Umsetzung eines einfachen Namens:

3. 1761. Johannetta Maria Philippina. P: ebenso, Vater: Johann.

4. 1784. Anna Catharina Charlotte. P: ebenso, Vater: Carl.

5. 1784. Johannetta Dorothea Charlotte. P: ebenso, Vater: Johann.

6. 1789. Maria Wilhelmina Magdalena. P: 1. Maria Wilhelmina, 2. Magdalena. Der Vater heißt Wilhelm. Auch hier steht die Ableitung Wilhelmina nicht als Einzelname.

7. 1808. Maria Johannetta Magdalena. P: 1. Johannetta Magdalena, 2. Maria Magdalena. Der Vater heißt Johann Peter. Die Ableitung Johannetta steht im Doppelnamen.

8. 1810. Susanna Friederica Philippina. P: ebenso, Vater: Johann Philipp.

9. 1812. Johannetta Margaretha Magdalena. P: ebenso, Vater: Johann Heinrich.

10. 1813. Johannetta Emilie Adelheid. P: 1. Elisabetha Margaretha, 2. Johannetta. Vater: Joh. Daniel.

11. 1847. Friederike Ida Constantine. P: 1. Luise Catharina Ida, 2. Friederike. Vater: Joh. Friedrich. Der Name Friederike hat im Jahre 1847 als Einzelname nichts Auffälliges.

12. 1855. Elisabetha Caroline Philippine Friederike. P: ebenso, Vater: Philipp Conrad.

13. 1890. Elisabetha Ernestine Maria Margaretha Susanna. P: 1. Margaretha, 2. Ernestine, 3. Susanna, 4. Maria, 5. Elisabetha. Vater: Ernst Georg Moriz.

14. 1890. Caroline Maria Elisabetha. P: 1. Maria Elisabetha, 2. Caroline. Vater: Carl Friedrich August.

β) Umsetzung eines Doppelnamens:

15. 1866. Julie Caroline Luise. P: 1. Julie, 2. Caroline, 3. Luise. Vater: Anton Carl Julius. Wir haben hier einen Fall, wo drei eben erst aus einem mehrfachen Vornamen entstandene Einzelnamen aufs neue einen dreifachen Vornamen bilden. Bei der Umsetzung werden beide Namen gefördert.

16. 1816. Johanna Rosina Catharina Henriette Luise Marianna. P: 1. Johanna Rosina Catharina. 2. Der Vater <Johann Heinrich>, 3. Luise, 4. Marianna. Bei der Umsetzung wird nur der eine Name gefördert.

c) Der Name des Bruders wird in den der Schwester umgesetzt:

17. 1816. Henriette Leontine Caroline Theodore: P: Henriette. Der Zwillingsbruder erhält von derselben Patin den Namen Heinrich Leonhard Carl Theodor.

d) Neben der Umsetzung des Namens des Paten läuft noch eine zweite her (Vereinigung von Ia u. b):

18. 1816. Maria Charlotte Friederike. P: 1. Maria Charlotte Friederike, 2. Johann Jacob Friedrich. Der Vater heißt gleichfalls Johann Jacob Friedrich.

II. Die Umsetzung des männlichen Namens in den weiblichen wird nicht gefördert.

a) Der Name des Paten wird in den des Täuflings umgesetzt. α) eine Umsetzung:

19. 1674. Maria Luise Dorothea. P: 1. Ludwig (VI. Landgraf zu Hessen), 2. Maria Hedwig (Herzogin zu Sachsen), 3. Dorothea Eleonore (v. Babenhausen).

20. 1700. Catharina Helena Justina. P: 1. Catharina, 2. Herrn Lindheimers Töchterlein (Helene?), 3. Justus Christoph.

21. 1706. Sophia Margaretha Wilhelmina. P: 1. Jean Sittmanns älteste Tochter (Soph. Margar.?) 2. Wilhelm.

22. 1712. Johanna Sophia Catharina. P: 1. Anna Sophia Catharina, 2. Catharina, 3. X (masc.), 4. X (masc.). 5. Joh. Christoph. Die in Gedanken vorgenommene Zerlegung des Namens Johanna in Joh(ann) + anna[1]) unterstützte vielleicht die Umsetzung von Johann in Johanna. Bei diesem Verfahren fand man auch den ganzen Namen der Patin Nr. 1, in dem Taufnamen des Kindes wieder.

23. 1735. Dorothea Johannetta Charlotta. P: 1. Dorothea Elisabetha, 2. Johannetta Beata, 3. Carl.

24. 1738. Philippina Catharina Margaretha. P: 1. Johann Philipp, 2. die Mutter, 3. die Schwiegermutter, 4. Jungfer X.

---

[1]) Vergl. darüber oben S. 245.

Die Umsetzung des Namens war vielleicht durch Nr. 2, 3 oder 4 gestützt.

25. 1740. Augusta Johannetta Catharina. P: 1. Augusta Catharina, 2. Johann Peter. Zu bemerken ist, daß die Ableitung Augusta in einem Doppelvornamen steht.

26. 1745. Friederike Sophia Christina. P: 1. Jungfer NN. 2. Margaretha, 3. Friedrich. Die Umsetzung vielleicht durch Nr. 1 vermittelt.

27. 1748. Polyxena Caroline Christina. P: 1. Polyxena Catharina, 2. Elisabetha Christina, 3. Carl Ludwig.

28. 1765. Carolina Justina Wilhelmina. P: 1. Carl Franz, 2. Justina Catharina, 3. Elisabetha Wilhelmina. Wiederum steht die Ableitung Wilhelmine in einem Doppelvornamen.

29. 1795. Friederike Sophie Elisabetha. P: 1. Friedrich, 2. Maria Sophia Philippina, 3. Sophia Elisabetha. Die Ableitung Philippina steht in einem mehrfachen Vornamen!

30. 1849. Maria Philippina Antonetta. P: Maria, Frau des Philipp. Antonetta ist wie im folgenden Beleg Luise einfach zugesetzt, wie dies im 19. Jahrh. ohne weiteres möglich ist, da beide Namen als Einzelnamen verbreitet waren.

31. 1866. Margaretha Amalia Henriette Luise. P: 1. Margaretha Amalia, 2. Heinrich.

32. 1886. Anna Carolina Maria Elisabetha. P: 1. Samuel, 2. Carl, 3. Anna, 4. Maria. Die Mutter führt gleichfalls den Namen Maria, von ihr ist also der Name Elisabetha nicht entlehnt. Vielleicht ist er durch Samu-el hervorgerufen [1]).

33. 1889. Hedwig Emilie Luise Hermine. P: 1. Hedwig, 2. Luise, 3. Emilie, 4. Hermann. Im 19. Jahrh. haben Luise und Emilie als Einzelnamen nichts Auffallendes.

34. 1890. Anna Maria Philippina. P: Anna Maria, Ehefrau des Philipp.

35. 1893. Wilhelmine Magdalena Henrietta. P: Wilhelm.

36. 1893. Elisabetha Carolina Adolfine. P: 1. Johann Daniel Philipp Adolf, 2. Carolina.

37. 1900. Friederike Maria Emile. P: 1. Mina für Emilie, 2. Carl Friedrich.

---

[1]) Vgl. dazu auch S. 246, c, 1.

β) zwei Umsetzungen.

38. 1753. Johannetta Sophia Ernestina. P: 1. Sophia Juliana, Frau des Johann, 2. Ernst Ludwig.

b) Der Name des Vaters wird in den der Tochter umgesetzt. α) Umsetzung eines einfachen Namens.

39. 1743. Johanna Philippina Maria. P: 1. Maria Martha, 2. Catharina Philippina. Vater: Johann. Zu bemerken ist noch, daß die Ableitung Philippina in einem Doppelnamen steht.

40. 1899. Johanna Catharina Elisabetha. P: Catharina Elisabetha. Vater: Johann.

β) Umsetzung eines Doppelnamens.

41. 1880. Catharina Friederika Wilhelmina. P: Catharina, Vater: Friedrich Wilhelm.

42. 1881. Johanna Wilhelmina Julia. P: Julia. Vater: Johann Wilhelm.

γ) Umsetzung zweier einfacher Namen.

43. 1725. Henrietta Wilhelmina Catharina. P: 1. Ihro churfürstliche Durchlaucht die Prinzessin, 2. Wilhelm. Der Vater heißt Heinrich. Die Prinzessin war wohl Friederike Charlotte. Der Name Catharina stammt von der Mutter.

c) Neben der Umsetzung des Namens des Paten läuft noch eine weitere Umsetzung her (Vereinigung von a) und b)). α) Desselben Namens:

44. 1682. Maria Helena Johanna. P: 1. Helena. 2. Maria Esther, 3. Johann Caspar. Der Vater heißt gleichfalls Johann.

45. 1712. Johanna Maria Margaretha. P: 1. Johann, 2. Maria Magdalena, 3. Anna Margaretha. Vater: Johann. Wir haben hier bei der Namenümsetzung zwischen Johann, Anna und Johanna dasselbe Verhältnis wie oben bei Nr. 22.

46. 1727. Eleonore Wilhelmine Regine Christina P: 1. Johanna Eleonore, 2. Georg Wilhelm, 3. Regina, 4. Christina. Der Vater heißt Wilhelm. Die Ableitung Johanna steht in einem Doppelnamen.

β) eines anderen Namens.

47. 1726. Johannetta Maria Philippina. P: 1. Johannetta Margaretha, 2. Frau X (Maria?), 3. Philipp Caspar. Der Vater führt den Namen Johann Friedrich Christian, dessen Umsetzung

durch die eine Patin Johannetta gestützt wird. Zu bemerken ist, daß die Ableitung Johannetta nicht als Einzelname steht.

48. 1852. Carolina Luise Johanna. P: 1. Johann, 2. Luise. Vater: Carl.

III. Zusammengesetzter Fall (I a α + II a α).

49. 1811. Johanna Luise Elisabetha Wilhelmina Friederike Sophia Henrietta. Paten: 1. Johanna Christiana, 2. Luise, 3. Johann Valentin, 4. Elisabetha, 5. Johann Daniel, 6. Wilhelm, 7. Friederike, 8. Friedrich, 9. Sophia, 10. Henrietta. Die Mutter heißt: Charlotte Maria Sophia Lucretia Christina Henrietta. Dieser Beleg zeigt das Namenunwesen um die Wende des 18. Jahrhs. in seiner ganzen Blüte.

Es folgen noch diejenigen Belege, die nicht mit Sicherheit dieser oder jener Gruppe zugewiesen werden können.

50. 1648. Margaretha Dorothea Elisabetha. P: 1. Herrn X Frau, 2. die Frau des Y, 3. die Frau des Z, 4. Herrn Obristen V Leutnant und 5. Fändrich. Bei Nr. 4 und 5 fehlt der Name (Theodor?).

51. 1699. Philippina Maria Barbara. P: Herr Rentmeister X, 2. Valentin Y. Bei Nr. 1 fehlt der Name (Philipp?).

52. 1697. Johannetta Helena Maria. P: 1. Herr Leutnant X, 2. Johann Y's Tochter. Johannetta entweder von Nr. 1 oder Nr. 2 (Johann) oder von der (denselben Taufnamen führenden) „Tochter".

53. 1704. Maria Christiana Margaretha. Die Paten sind oben S. 429, II. aufgezählt, doch fehlen die Vornamen (Christiana als Entsprechung zu Christian?).

54. 1708. Anna Christina Margaretha. Bei dem männlichen Paten fehlt der Vorname (Christine als Entsprechung zu Christian?).

55. 1728. Anna Ernestine Morizine. P.: 1. Frau X, 2. Herr Y, 3. Herr Amtmann Z. Leider fehlen die Vornamen.

56. 1764. Maria Catharina Jacobina. P: 1. Frau X, 2. Frau Y, 3. Herr Leutnant Z. (Jacob: Jacobine?).

57. 1793. Friederike Wilhelmina Dorothea. P: 1. Herr Hauptmann X, 2. Herr Leutnant Y, 3. Mademoiselle Z, 4. Mademoiselle V. (Friedrich: Friederika, Wilhelm: Wilhelmina, Theodor: Dorothea?).

B) Die doppelten Vornamen. 48 Belege.

I. Die Umsetzung des männlichen Namens in den weiblichen wird durch den Namen eines Paten gefördert.

a) Der Name des Paten wird in den des Täuflings umgesetzt.

1. 1679. Johanna Rosina. P: 1. Johann Friedrich, 2. Philipp Christian, 3. Johanna Margaretha, 4. Anna Rosina. Der Name Johanna schließt Johann und Anna in sich.[1])

2. 1687. Johannetta Catharina. P: 1. Johann Georg, 2. Johannetta Catharina.

3. 1710. Philippina Margaretha. P: 1. Philipp Adam, 2. Philippina Margaretha.

4. 1721. Johanna Elisabetha. P: 1. Johann Georg, 2. Johannetta Susanna Elisabetha.

5. 1740. Johannetta Charlotte. P: 1. Johannetta Ernestina Charlotte, 2. Ludwig Carl.

6. 1844. Friederika Wilhelmina. P: 1. Wilhelm, 2. Friederika Wilhelmina.

b) Der Name des Vaters wird in den der Tochter umgesetzt.

7. 1851. Johannetta Elisa. Patin ebenso. Vater Johann.

c) Vereinigung von Ia und Ib.

8. 1876. Caroline Gottfriede. P: Gottfried, 2. Caroline Friederike. Der Vater heißt Carl.

II. Die Umsetzung des männlichen Namens in den weiblichen wird nicht gefördert.

a) Der Name des Paten wird in den des Täuflings umgesetzt. α) Umsetzung eines einfachen Namens.

9. 1678. Erdmuth Luise. P: 1. Ludwig (VII Landgraf zu Hessen), 2. Erdmuth Dorothea (Herzogin zu Sachsen).

10. 1678. Maria Jacobina. P: 1. Johann Jacob, 2. Juliana.

11. 1679. Elisabetha Philippina. P: 1. Anna Elisabetha, 2. Philipp Ludwig.

12. 1681. Magdalena Philippina. P: 1. Anna Magdalena, 2. Philipp.

13. 1683. Anna Justina. P: 1. Anna Christina, 2. Jost.

---

[1]) Vgl. Nr. 22. S. 469.

14. 1684. Johanna Maria. P: 1. Johann Burkhard, 2. Elisabetha Maria.

15. 1685. Juliana Wilhelmina. P: 1. Johann Wilhelm, 2. Sophia Luise Juliana.

16. 1687. Johannetta Maria. P: 1. Johann Heinrich, 2. Maria Ursula.

17. 1699. Johanna Elisabetha. P: 1. Johann Conrad, 2. Elisabetha.

18. 1700. Johanna Maria. P: 1. Anna Maria[1]), 2. Johann Peter.

19. 1701. Johanna Margaretha. P: 1. Jacob X' Tochter, 2. Johann Adam.

20. 1701. Johanna Elisabetha. P: 1. Elisabetha, 2. Johann Heinrich.

21. 1702. Johanna Helena. P: 1. Helena, 2. Johann Georg.

22. 1707. Johannetta Catharina. P: 1. Johann Heinrich, 2. Catharina Sabina.

23. 1709. Johanna Sibylla. P: 1. Sibylla, 2. Johann Georg.

24. 1712. Elisabetha Johannetta. P: 1. Johann, 2. Margaretha Elisabetha.

25. 1715. Magdalena Philippina. P: 1. Magdalena Catharina, 2. Philipp Ernst.

26. 1716. Johannetta Maria. P: 1. Anna Maria, 2. Johann Georg.

27. 1721. Dorothea Wilhelmina. P: 1. Elisabetha Dorothea Sibylla, 2. Wilhelm Elias.

28. 1741. Johannetta Charlotta. P: 1. Johannetta Ernestina, 2. Ludwig Carl.

29. 1791. Gertrud Henrietta. P: 1. Gertrud, 2. der Vater Johann Heinrich Carl.

30. 1837. Sophia Ferdinande. P: 1. Ferdinand, 2. Sophia.

31. 1838. Emilie Caroline. P: 1. Carl, 2. Emilie.

32. 1842. Ida Luise. P: 1. Ida, 2. Franz Ludwig Wilhelm Jacob.

33. 1847. Luise Elisabetha. P: 1. Georg Ludwig, 2. Elisabetha.

34. 1849. Amalia Luise. P: 1. Amalia, 2. Ludwig.

---

[1]) Vgl. Nr. 22, S. 469.

35. 1851. Caroline Wilhelmine. P: Caroline, 2. Wilhelm.

36. 1864. Ottilie Margaretha. P: 1. Otto, 2. Margaretha.

37. 1888. Julia Georgine. P: der Vater Georg.

38. 1894. Catharina Wilhelmina. P: 1. Wilhelm, 2. Anna Catharina.

39. 1904. Anna Wilhelmina. P: Wilhelm.

β) Umsetzung eines Doppelnamens.

40. 1890. Johanna Wilhelmina. P: Johann Wilhelm.

41. 1891. Ernestine Friederike. P: der Vater Ernst Friedrich.

b) Der Name des Vaters wird in den der Tochter umgesetzt.

42. 1903. Wilhelmina Friederike. P: Wilhelmina. Der Vater heißt Friedrich.

c) Vereinigung von IIa und IIb.

α) Umsetzung desselben Namens.

43. 1902. Carolina Frida. P: 1. Ludwig Fritz, 2. Caroline. Der Vater heißt gleichfalls Friedrich.

β) Umsetzung eines anderen Namens.

44. 1848. Johanna Georgine. P: Georg Philipp. Der Vater heißt Johann Friedrich.

45. 1885. Caroline Auguste. P: Carl. Vater: August.

Keiner bestimmten Gruppe zuzuweisen sind folgende Belege:

46. 1689. Franzisca Charlotte. P: 1. Caspar D.'s jüngste Tochter, 2. Anna Elisabetha, 3. ein sächsischer Diener. (Franz: Franzisca, Carl: Charlotte?).

47. 1697. Johanna Elisabetha. P: 1. Johann X' hausfrau, 2. Johann Matthäus. Ist etwa die Umsetzung des Namens Johann durch Pate Nr. 1 gefördert worden?

48. 1700. Johannetta Maria. P: 1. Frau H's Tochter, 2. Johann Daniel. (Johann: Johannetta gefördert durch Pate Nr. 1?)

C) Die einfachen Vornamen. 12 Belege.

Die Belege stammen alle aus dem 19. Jahrh. Es wird stets der eine Namen des einen Paten in den Namen des Täuflings umgesetzt. Die Belege bieten daher nichts Besonderes bis auf folgende drei:

1. 1830. Henriette. P: 1. Johann Heinrich. 2. Johannette. Die Umsetzung von Heinrich in Henriette gefördert durch den Namen Johannette. Aus Heinrich + Johannette wird Henriette.

In 2 Fällen wird der Name des Vaters umgesetzt:

2. 1874. Jacobine. P: Maria. Vater Jacob.

3. 1883. Philippina. P: Maria. Vater Philipp.

2. Gruppe: Der weibliche Name des Paten ruft den entsprechenden männlichen Namen bei der Taufe des Kindes hervor.

A) Die mehrfachen Vornamen. 17 Belege[1]).

I. Die Umsetzung des weiblichen Namens in den männlichen wird durch den Namen eines Paten gefördert.

a) Der Name des Paten wird in den des Täuflings umgesetzt:

1. 1884. Max Wilhelm Sigmund. P: 1. Martin Gottlieb Wilhelm, 2. Sigmund, 3. Mina, 4. Maria.

b) Der Name der Mutter wird in den des Sohnes umgesetzt.

2. 1767. Jacob Conrad Friedrich. P: ebenso. Mutter: Susanna Friederike Ernestine.

3. 1812. Ernst Wilhelm Louis Carl. P: 1. Ernst Wilhelm, 2. Louis, 3. Carl. Mutter: Catharina Luise Friederike.

4. 1824. Johann Ludwig Theodor Emil. P: 1. Johann Joachim, 2. Ludwig Theodor Emil. Mutter: Caroline Luise Friederike.

5. 1878. Carl Friedrich Wilhelm. P: ebenso. Mutter: Caroline.

II. Die Umsetzung des weiblichen Namens in den männlichen wird nicht gefördert.

Es finden sich nur Belege, bei denen der Name des Paten in den des Täuflings umgesetzt wird.

6. 1705. Johann Caspar Christian. P: 1. Johann Jacob, 2. Johann Caspar, 3. Maria Christiana.

7. 1719. Theodor Gottlieb Hermann. P: 1. Charlotte Dorothea, 2. Samuel Gottlieb, 3. Johann Hermann.

---

[1]) Man beachte, daß die zweite Gruppe, nach unserer Ansicht die sekundäre, im Vergleich zu der ersten Gruppe (57 Belege) nur 17 Belege aufweist. In das 17. Jahrh. gehören nur 2 von ihnen, beide nicht vollkommen gesichert.

8. 1795. Christian Daniel August. P: 1. Daniel, 2. August Friedrich, 3. Christiana.

9. 1809. Georg Friedrich Julius. P: 1. Georg Andreas, 2. Johann Georg, 3. Philippina Juliana.

10. 1816. Heinrich Leonhard Carl Theodor. P: Henriette.

11. 1855. Charles Henri Alexander. P: 1. Charles, 2. Alexander, 3. Betty, 4. Henriette.

12. 1878. Adolf Emil Rudolf. P: 1. Adolf, 2. Emilie.

13. 1890. Friedrich Maximilian Paul. P: 1. Fritz, 2. Milli, 3. Julius, 4. Christian.

III. Zusammengesetzter Fall (Vereinigung von Ia und IIa).

14. 1767. Ludwig Johann Carl. P: 1. Ludwig (Landgraf zu Hessen), 2. Johann, 3. Caroline, 4. Luise Caroline. Luise: Ludwig gefördert durch Nr. 1; Caroline: Carl nicht gefördert.

Nicht mit Sicherheit ist die Zugehörigkeit folgender Belege zu bestimmen:

15. 1680. Johann Georg Christian. P: 1. Herr X, 2. Herr Y, 3. Z (femin.). (Entsprechung von Christine (Nr. 3?): Christian?)

16. 1686. Johann Friedrich Christian. P: 1. Herr X, 2. Herr Y, 3. Margaretha Ursula, 4. Christina Elisabetha. Die Umsetzung von Christina in Christian kann durch Pate 1 oder 2 gefördert worden sein.

17. 1726. Justus Wilhelm Philipp Carl. P: 1. Wilhelm, 2. Justina, 3. Referendarius X, 4. Herr Y. Justina: Justus durch 3 oder 4 gefördert?

B) Die doppelten Vornamen. 15 Belege.

I. Die Umsetzung des weiblichen Namens in den männlichen wird durch den Namen eines Paten gefördert.

Es gehören wohl hierher:

1. 1700. Johann Philipp. P: 1. Herr X, 2. Philippine, 3. Herr Y. Philippine kommt früh schon vereinzelt vor, zweifellos unter dem Einfluß des sehr häufigen Namens Philipp, wie das noch ältere Christine durch Christian. Immerhin ist es wahrscheinlich, daß Pate Nr. 2 einen Doppelnamen führte, von dem hier nur ein Name angeführt ist[1]).

[1]) Vgl. z. B. (aus Frankfurt) 1735. Johanna Friederica Margaretha — V: Johann Gottfried. P: 1. Johann Georg, 2. Friederica pp. [d. h. die Patin besitzt noch andere Vornamen außer dem angeführten (Ruf-)Namen], 3. Margaretha.

2. 1716. Johann Philipp. P: 1. Herr X [derselbe wie bei Beleg Nr. 1], 2. Catharina Philippina.

Hier sehen wir die Ableitung Philippina in einem Doppelnamen.

II. Die Umsetzung des weiblichen Namens in den männlichen wird nicht gefördert.

Es wird in allen unseren Belegen der Name des Paten in den des Täuflings umgesetzt. Aus dem 17. und 18. Jahrh. stammen folgende Belege:

3. 1684. Friedrich Carl. P: 1. Friedrich Ludwig, 2. Charlotte. Daß Charlotte der einzige Name der Patin Nr. 2 ist, geht aus dem Taufeintrag nicht mit unbedingter Sicherheit hervor, da die Namen der Taufpaten ja nur insoweit von Wichtigkeit sind und aufgeführt zu werden brauchen, als sie mit dem Namen des Täuflings in Beziehung stehen. Ein Doppelname mit Charlotte ist um so wahrscheinlicher, als der Vater von Nr. 2 „Commandant auf der Schanze zu Mainz" ist, die Soldaten aber in den seltensten Fällen sich mit nur einem Namen für ihre Kinder begnügten. Als einfacher Vorname wäre Charlotte eine sehr vereinzelte frühe Loslösung aus einem doppelten oder mehrfachen Vornamen.

4. 1717. Ludwig Carl. P: 1. Erbprinz Ludwig, 2. Dero Gemahlin Charlotte Christine, 3. Princessin Friederike Charlotte. Charlotte steht beidemal nicht als Einzelname.

5. 1728. Johann Christian. P: 1. Anna Christina, 2. Johann Christoph.

6. 1736. Carl Johann. P: 1. Caroline, 2. der Vater [Johann? Beleg zweifelhaft!].

7. 1736. Carl Johann. P: Caroline.

Diese beiden letzten Belege (Nr. 6 nnd 7) sind hinsichtlich des Namens Caroline zu beurteilen wie der Fall mit Charlotte (Nr. 3) als scheinbarem (oder wirklichem) Einzelnamen.

Aus dem 19. Jahrh. stammen 8 Belege (Nr. 8—15), von denen nur der folgende nicht so einfach ist als die übrigen, die wir deshalb auslassen.

1820. Carl Wilhelm. P: 1. Charlotte Juliana, 2. Luise Johannette Charlotte Wilhelmina.

III. Zusammengesetzter Fall (Vereinigung von I und II).

16. 1844. Friedrich Wilhelm. P: 1. Wilhelm, 2. Friederike Wilhelmine. Wilhelmina > Wilhelm gefördert durch Nr. 1; Friederike > Friedrich nicht gefördert.

C) Die einfachen Vornamen. 16 Belege.

Es sind lauter Umsetzungen des (in der Regel) einen Namens des Paten in den Namen des Täuflings. Die Umsetzung wird nirgends anderweitig gefördert außer in folgendem Beleg.

1902. Friedrich. Paten: 1. Friedrich, 2. Frieda.

IN FLÖRSHEIM

ist die Bildung der eben besprochenen Frauennamen lange nicht in dem Umfange eingetreten wie in Rüsselsheim, da man in Flörsheim die doppelten und mehrfachen Vornamen nicht ebenso pflegte[1]) wie dort.

ENTSPRECHUNGEN ZWISCHEN MANNS- UND FRAUENNAMEN.

a) im allgemeinen:

1. bei einfachen Vornamen:

1887: Johann: Johanna; 1889: Johann: Johanna; 1894: Wilhelm: Mina.

2. bei doppelten Vornamen:

1803: Carl: Carolina + Heinrich: Henrietta; 1859: Justin: Justina; 1862: Jacob: Jacobina.

3. bei mehrfachen Vornamen:

1810: Jacob: Jacobina; 1832: Heinrich: Henrietta; 1832: Carl: Carolina; 1835: Franz: Franzisca; 1842: Julius:

[1]) Bei folgenden Belegen für mehrfache Vornamen aus dem kathol. Flörsheim ist der Vater oder die Mutter evangelisch: 1813 Maria Rebecca Margaretha Amalia, 1822 Leonore Emilia Justina, 1824 Georg Ludwig Hermann, 1831 Carolina Catharina Elisabetha, 1832 Otto Philipp Heinrich, 1832 August Ludwig Carl, 1840 Johanna Margaretha Anna Julia, 1843 Amalia Johanna Theodora, 1849 Theresa Christina Margaretha, 1854 Elis Carolina Petronella Sophia Anna Maria, 1859 Anna Friederica Hern[illegible]a, 1866 Carl Johann Philipp Jacob, 1875 Margaretha Carolina Elisabetha Mathilde, 1876 Barbara Emilia Friederica, 1878 Carl Otto Guido, 1881 Catharina Elisabetha Margaretha, 1890 Wilhelm Hermann Martin, 1894 Wilhelm Nicolaus Louis, 1901 Anton Franz Seraphim, 1908 Anna Eva Elisabetha.

Juliana; 1843: Theodor: Theodora; 1854: Peter: Petronella; 1865: Anton: Antonetta? + Carl: Carolina?; 1866: Franz: Franzisca + Anton: Antonetta (?); 1867: Carl: Carolina; 1888: Joseph: Josepha; 1894: Louis: Louise + Wilhelm: Wilhelmina.

b) im besonderen:

1. Gruppe.

a) einfache Vornamen. 1887. Johanna. P: Johann; 1889. Johanna. P: Elisabetha, Vater Johann.

b) doppelte Vornamen. 1803. Carolina Henrietta. P: Carl Heinrich. Die Umsetzung von Carl in Carolina gestützt durch den Namen der Mutter Carolina (Francisca).

c) mehrfache Vornamen. α) die Umsetzung des Namens wird nicht gefördert. 1810. Jacobina Sophia Francisca. P: 1. Jacob, 2. Sophia. Mutter Carolina Francisca; 1854. Elise Carolina Petronella Sophia Anna Maria [unehelich]. P: Anna Maria. Als Vater bekennt sich Peter X; 1865. Antonetta Carolina Elisabetha. P: nicht vorhanden. Der Vater heißt Franz <Anton Carl?>; 1866. Bertha Antonetta Franzisca. P: Bertha. Der Vater heißt Franz <Anton Carl?> (vgl. 1865); 1867. Theresia Margaretha Lina Carolina Christina. P: Theresia. Der Vater der Mutter heißt Carl.

β) Die Umsetzung des Namens wird gefördert. 1835. Wilhelmina Franzisca Margaretha. P: 1. Franz, 2. Wilhelmina Franzisca; 1843. Amalia Johanna Theodora. P: 1. Amalia, 2. Johanna, 3. Theodor Georg.

2. Gruppe.

a) doppelte Vornamen.

1859. Adam Justin<us>. P: 1. Adam, 2. Justina.

b) mehrfache Vornamen.

1832. Otto Philipp Heinrich. P: 1. Philipp, 2. Henriette; 1832. August Ludwig Carl. P: 1. Ludwig, 2. Carolina; 1842. Philipp Lorenz Julius. P: 1. Lorenz, 2. Juliana; 1894. Wilhelm Nicolaus Louis. P: Nicolaus; Die Mutter heißt (Marie) Wilhelmine Luise.

Von den durch Umsetzung eines Mannsnamens in einen Frauennamen entstandenen Ableitungen in den mehrfachen Vornamen abgesehen, sind die übrigen Ableitungen:

a) in 7 Fällen aus Doppelvornamen hergenommen (ihr

Auftreten widerspricht also unserer oben ausgesprochenen Ansicht von der Entstehung dieser Namen nicht.)

b) in 12 Fällen als Einzelnamen entlehnt. Es sind folgende: 1799 Ernestina; 1802 Wilhelmina; 1813 Carolina; 1843 Johanna; 1858 Josephina; 1862 Wilhelmina; 1870 Luise; 1872 Luise; 1876 Emilie; 1888 Luise; 1892 Caroline, Johanna; 1693 Josepha.

Zu Ernestina und Wilhelmina ist zu bemerken, daß diese Namen 1799, wie wir in Rüsselsheim gesehen haben, ganz wohl als Einzelnamen möglich waren (in der Stadt sind sie vielleicht noch früher als solche vorhanden gewesen).

c) in 22 Fällen als Einzelnamen aus freier Wahl zugefügt: 1806 Friederica; 1814 Josepha; 1822 Emilia; 1840 Johanna; 1854 Carolina; 1862 Franzisca, Wilhelmina; 1869 Josepha; 1871 Josepha; 1875 Henrietta; 1876 Friederica; 1885 Carolina, Philippina; 1886 Josephina; 1897 Johanna, Jacobina; 1898 Carolina, 1898 Alexandra, (Julia); 1900 Wilhelmina; 1903 Johanna; 1905 Wilhelmina.

Daß diese Ableitungen alle erst nach 1800 auftreten, bestätigt von neuem unsere Ansicht von ihrer Entstehung und Verbreitung, der auch ein Vorkommen dieser Namen vor 1800 hier nicht entgegen gewesen wäre, wo diese Namen nach freier Wahl zugesetzt sind.

NAMENVERZEICHNIS.

Bemerkung: N—, —N, —N— bedeutet, daß an den aufgeführten Stellen der betreffende Name am Anfang, am Ende oder in der Mitte einer Zusammensetzung steht.

FSC
www.fsc.org
MIX
Papier | Fördert
gute Waldnutzung
FSC® C083411

Kolibri 360 GmbH
Ferdinand-Jühlke-Straße 7
99095 Erfurt, Deutschland
produktsicherheit@kolibri360.de